▲ 1948 年辅仁中学初中毕业

▲ 1951 年 6 月，摄于参军后

▲ 1956 年考入北京大学

▲ 1992 年于南京

张培昌童年就读于苏州培德小学和无锡连元街小学，毕业后进入无锡辅仁中学；1951 年 3 月被华东人民革命大学录取参加革命，同年 6 月选入华东军区青年干校学习，12 月分配到华东军区司令部气象训练大队学习；1952 年 10 月毕业后留队任教，1954 年 12 月调北京气象学校任教员。1956 年考入北京大学物理系，1962 年毕业于北京大学地球物理系，随即分配到南京气象学院任教，历任物理教研室副主任，大气物理教研室主任，大气物理系副主任，南京气象学院副院长、院长及党委书记，1997 年退休。

▲ 1985 年在南京气象学院备课

▲ 1993 年为学术研讨会作报告

▲ 1995 年在审阅论文

▲ 2020 年，庆祝南京信息工程大学 60 周年校庆留影

◀ 1952年，华东军区司令部
气象训练大队一中队三排
八班全体同志与领导留念
（一排右一为张培昌）

▶ 1953年，华东军区司令
部气象训练大队三中队
教员合影（二排左一为
张培昌）

◀ 1953年，华东军区司令部气
象干校水文气象三中队一小
队同学留念（二排中间为
张培昌）

▲ 1954年，与华东军区司令部气象干校农业气象班同学留念（一排左一为张培昌）

▲ 1955年，北京气象学校第一届毕业生留影（一排右一为张培昌）

▲ 1961年，北京大学同班同学合影（一排左二为张培昌）

► 1962年，与北京大学地球物理
系总支书记苏诗文（右二）、
胡德明（右三）、刘锦丽（右
四）合影

◄ 1964年，在成都做教改调研时，与罗漠
院长（中）、四川省气象局秘书（左）
合影

▲ 1976年，雷达气象培训班结业合影于福建建阳（二排右四为张培昌）

▲ 1978年元旦，南京气象学院大气探测专业首届毕业生合影留念（前排左四为张培昌）

▲ 1981 年，中央党校高、中级干部轮训留念（三排右一为张培昌）

▲ 2007 年，丹阳气象训练班师生于镇江（一排右三为张培昌）

　　张培昌教授先后为本科生讲授"普通物理""热力学""流体力学""气象观测""气象学""大气探测基础""雷达气象"等课程；为研究生讲授"大气微波遥感基础"学位课程，指导 26 名硕士研究生。经常参加本校及其他单位的硕士、博士生论文答辩，以及各种专业课题与设备方案等的评审。在学生、同学与同事中有众多知己好友。

▲　1991 年，与胡雯合影

▲　1995 年，与罗云峰合影

▲　1996 年，与马翠平合影

▲　1996 年，与翁富忠合影

▲　1997 年，与伍志芳在乌鲁木齐合影

▲ 2009 年，张培昌、吴桂云、韩薇、刘晓阳于北京大学合影

▲ 2011 年，与魏鸣合影

▲ 2011 年，与黄兴友合影

▲ 2011 年，与胡方超合影

▲ 2011 年，吴桂云、张培昌、林炳干合影

▲ 2011 年，刘传才、张培昌、吴桂云合影

▲ 2011 年，胡明宝、官莉、张培昌、吴桂云合影

▲ 2011 年，邓勇、张培昌、吴桂云合影

▲ 2011 年，陈洪滨、张培昌、吴桂云合影

▲ 2011 年，潘敖大、张培昌、吴桂云合影

▲ 2011 年，何金海、张培昌、吴桂云合影

▲ 2011 年，吴桂云、张培昌、王振会合影

▲ 2011 年，郁凡、张培昌、吴桂云合影

▲ 2011 年，吴桂云、张培昌、高学浩合影

▲ 2013 年，在上海崇明岛与袁招洪合影

▲ 2014 年，万蓉、张培昌、濮江平合影

▲ 2019 年，王振会、张培昌、王雪婧合影

▲ 1986 年，龚维模、王宗琇、龚琨、龚珺（赠照）

▲ 1988 年，吴国雄于英国伦敦（赠照）

▲ 1991 年，与温克刚合影

▲ 1994 年，朱君鉴、顾松山、张培昌在济南合影

▲ 1996 年，与吕达仁合影

▲ 1996 年，与葛润生合影

▲ 1996 年，周顺泰、周游、张培昌、李英英合影

▲ 1996 年，与嵇驿民及其夫人、女儿合影

▲ 1998 年，与李泽椿于开封合影

▲ 1998 年，贾剑莉、曾德彬、曾晓夫妇及孙女曾
骅（赠照）

▲ 2009 年，邱祖莲、张培昌、刘还珠合影

▲ 2002 年，于小青岛，杨秀珍、吴桂云、曹阴、
孙女张弛、张培昌、张爱华、蒋伯仁合影

▲ 2011 年，与刘兴土合影

▲ 2011 年，与翟武全合影

▲ 2016 年，蒋伯仁、张培昌、吴桂云、李明娴、
张爱华合影

▲ 2017 年，与孙照渤合影

▲ 2018 年，与老同志合影。后排：丁荣安、葛文忠、顾松山、张培昌，前排：楼美芳、杨金媛、
周慧珠、吴桂云

▲ 2019 年，苑志军、吴桂云、张培昌、黄雁合影

▲ 2018 年，张培昌、吴桂云、王萍、老夏合影

▲ 1997年北大同学聚会。前排：林锡怀、宗林稙、张一良、董素珍、郭香兰、吴桂云；
后排：丁阿荣、唐炳章、沈春康、王大奇、沈其忠、张培昌

▲ 2010年与老同志合影于无锡。前排：陈兆明、吴桂云、施玉英；后排：张培昌、
吴仁林、张德昌、张茂生

三　图谋发展

张培昌教授在担任南京气象学院主要领导期间，开展了以下几方面的工作：

（1）接受上级领导和学院老领导的指导和帮助。

（2）请国内外专家、学者到学校做学术报告和指导工作。

（3）加强党的领导，开好党代会；民主办学，开好工代会；办好校庆活动等。

（4）坚持教学改革，采取"请进来，走出去"，分批选派教师和学生出国进修或攻读学位。

（5）争取将 WMO 的亚洲培训中心建立在南京气象学院。

（6）组织气象教育考察团出国考察。

▲ 1982 年，日本气象厅前厅长（中）来学院访问

▲ 1983 年，中共江苏省委委员刘忠德来学院指导工作

▲ 1983 年，江苏省委副书记孙家正（左二），省教委主任陈万年（左一）来院指导工作

▲ 1983 年，与来学院访问的美国华盛顿大学气象系主任华莱士教授（中）交流

▲ 1984 年，与罗漠院长合影

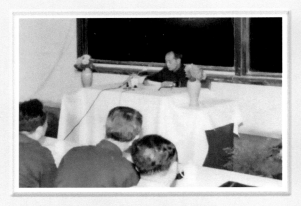

▲ 1984 年，全国气象教育工作会议在南京气象学院召开，张培昌院长在大会发言

▲ 1985 年，参观美国怀俄明大学气象探测飞机时与校长 Veal（中）合影

▲ 1985 年，由美国迈阿密大学 Bransecome 博士（右一）带领参观海洋观测船

▲ 1985 年，参观纽约州立大学 Whiteface Mountain 上观测站

▲ 1985 年，世界女子击剑冠军栾菊杰来学院作报告

▲ 1986 年，参观美国 EEC 公司多普勒天气雷达生产车间

▲ 1987年，谢义炳院士来学院指导工作，与谢炳义院士（中）和汤达章教授（左）合影

▲ 1987年著名气象专家来学院访问、指导。左起：朱乾根、高由禧、王鹏飞、冯秀藻、陶诗言、谢义炳、周秀骥、吕达仁、张培昌

▲ 1988年，与赵柏林院士合影

▲ 1990年，中国气象局副局长章基嘉来院指导工作

▲ 1991年，国家气象局副局长温克刚（前排左二）来院指导工作

▲ 1995年，南京气象学院建院35周年时与黄鹏书记（中）、储长树教授（左）合影

▲ 1997年，与罗明书记（中）、王宝瑞教授（右）合影

▲ 1985年，庆祝建院25周年纪念大会上，院长兼党委书记张培昌作报告

▲ 1985年，庆祝建院25周年大会上给王鹏飞教授授奖章

▲ 1987年，张培昌在首届教职工代表大会上发言

◄ 1988年，张培昌书记在南京气象学院第四次党员大会上作工作报告

▲ 1990年，庆祝建院30周年，党委书记张培昌
主持大会

▲ 1990年，庆祝建院30周年大会主席团留影
（一排右一为张培昌）

◀ 1990年，与邹竞蒙局长
（二排右二）、章基嘉
副局长（二排右三）观
看庆祝建院30周年文艺
晚会

▶ 1991年，邹竞蒙局长（左二）
陪同WMO秘书长奥巴西（左
四）来学院参观，张培昌向
奥巴西建议在学院建立亚洲
培训中心

四 贡献余热——发挥专长，丰富人生

（1）参与气象、水利等部门国家重大项目、规划的评审，和对各种大气探测设备及业务应用平台建设方案的论证、验收及成果鉴定。

（2）长期担任中美合资北京敏视达雷达有限公司董事，为该公司创建与发展献计献策。

（3）为气象业务部门及气象雷达生产单位讲课和做专题学术报告。

▲ 1999 年，在山东东营胜利油田讲授双线偏振雷达应用

▲ 2000 年，于北京参加敏视达雷达有限公司第七次董事会留念（右三为张培昌）

▲ 2000 年，于建阳办雷达气象学习班。左起：戴铁丕、张培昌、杨引明

▲ 2002 年，黄山雷达论证，光明顶与吴桂云留影

▲ 2005 年，南京雷达实验室揭牌留念（一排左六为张培昌）

▲ 2006年，合肥三十八研究所生产机场X波段多普勒雷达评审会留念（一排左七为张培昌）

▲ 2008年，雷达气象学委员会会议合影

▲ 2011年，南京大桥机械集团公司风廓线雷达出厂鉴定会留念（一排左二为张培昌）

▲ 2012年，万蓉、张子良博士论文答辩合影（左五为张培昌）

▲ 2007年，郑国光（左）、王鹏飞（中）、张培昌合影

▲ 2007年，张培昌、王鹏飞（中）、卞光辉（右）参观气象博物馆合影

▲ 2011 年，李廉水、张培昌、吴桂云合影

▲ 2011 年，李刚、张培昌、吴桂云合影

▲ 2011 年，银燕、张培昌、吴桂云合影

▲ 2011 年，与大气物理系 77 级校友合影

▲ 2011 年，朱彬、张培昌、吴桂云合影

▲ 2011 年，赵学余、张培昌、吴桂云合影

▲ 2011 年，王才芳、张培昌、吴桂云合影

▲ 2011 年，吴桂云、张培昌、王永增合影

▲ 2011 年，吴桂云、张培昌、张建云合影

▲ 2011 年，与邹晓蕾合影

▲ 2011 年，高太长、张培昌、吴桂云合影

▲ 2011 年，与合肥四创电子公司专家合影

▲ 2011 年，唐炳章、张培昌、吴桂云、纪逢先合影

▲ 2011 年，与唐卫红姐弟等合影

▲ 2011年8月6日，张培昌寿辰暨现代大气探测高层论坛合影留念

▲ 2011年，周伟灿、吴桂云、张培昌、刘宣飞于
无锡合影

▲ 1997年，张培昌、吴桂云、田奶奶、田明远、
吴庆蓉在成都

▲ 2003年，张培昌、周引基、李泽椿、汪永钦
在郑州参加会议时合影

▲ 2004年，72级同学聚会，张瑞桂、张培昌、
杨培基合影

▲ 2016年春节前，与李北群合影

▲ 2019 年在南京，给人工影响天气新疆学员讲课

▲ 2019 年在南京，人工影响天气新疆班师生合影（一排左四为张培昌）

◄ 2020 年，南京信息工程大学 60 周年校庆
活动与李北群（左一）、管兆勇（左二）
合影

五　幸福家庭——相互关心，和谐幸福

　　张培昌教授有弟妹共五人，分居在无锡、南京、上海，并先后有了第二代、第三代。大家相互关心，相互帮助，经常安排一起团聚。谁家遇到困难，都会给予关爱和支援，谁家有寿庆或喜事，都会一起热烈祝贺，平时也经常联系与问候，因此，深深感到家庭之间十分和谐与幸福。

▲　1943 年，张培昌（右一）与祖母、父母、二弟德昌、三弟云昌合影

▲　1965 年，张培昌与吴桂云结婚照

▲　1966 年家人合影。前排左起：吴桂云、何笑芳抱张静、张雪英；后排左起：张吾昌、张德昌、张培昌、张云昌

▲　1965 年，张培昌与吴桂云

▲ 2005 年，张培昌一家三代大家庭全家福

▲ 2005 年与家人在无锡。前排：左起张弛、张培昌、吴桂云；后排：唐卫红、张立、张新

▲ 2010 年，张培昌一家三代全家福

▲ 2010 年，张培昌与吴桂云在无锡合影

▲ 2010 年，唐卫红、张立、吴桂云、张培昌、张新、张弛在无锡

▲ 2011年南京全家福照。前排：吴桂云、张培昌；
后排：张新、张立、唐卫红、张弛

▲ 2019年，张伟、蔡映霞、张嘉颖、张皓瑜

▲ 2017年，前排左起邵产法、张雪英，后排左
起邵松、陆米则、邵义

▲ 2016年，张雪英与张佳荣合影于无锡

▲ 2014年，张静、何笑芳、张德昌、周明于无锡

获奖证书及荣誉证件

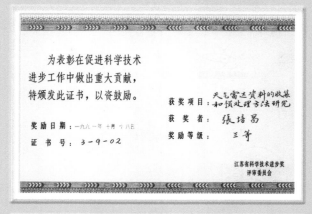

任命张培昌为
南京气象学院院
长

总　理

中华人民共和国国务院

任　命　书

第 03085 号

江苏省高等学校优秀研究生教师

荣　誉　证　书

№ 52

张培昌 同志在研究生教育工作中，教书育人，成绩
显著，被评为优秀研究生教师。

特发此证，以资鼓励。

江苏省教育委员会

一九八九年十一月十五日

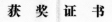

获　奖　证　书　№

张培昌同志于一九九五年被评
为江苏省普通高等学校优秀学科带
头人。特发此证，以资鼓励。

江苏省教育委员会

一九九五年十二月 日

张培昌雷达气象文选

张培昌 等 著

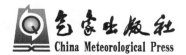

气象出版社
China Meteorological Press

内 容 简 介

本书收录了我国著名雷达气象学专家张培昌教授 100 多篇已发表论文中的 40 余篇,主要内容包括:天气雷达组网拼图与定量估测降水、雷达气象方程与衰减订正、雷达数据反演产品及应用、大气折射指数与雷达数据质量控制、降水粒子微波特性研究等。本书还收集了刊物登载的张培昌教授传文以及同事、学生的一些回忆文章,并附有其部分工作及生活照片。该书可供从事大气探测、雷达气象与气象雷达的研究人员和业务应用人员参考,也可供高等学校相关专业的学生学习。

图书在版编目(CIP)数据

张培昌雷达气象文选 / 张培昌等著. — 北京 :气象出版社,2020.6

ISBN 978-7-5029-7168-7

Ⅰ.①张…　Ⅱ.①张…　Ⅲ.①气象雷达-文集　Ⅳ.①TN959.4-53

中国版本图书馆 CIP 数据核字(2020)第 089971 号

张培昌雷达气象文选

Zhangpeichang Leida Qixiang Wenxuan

出版发行:气象出版社	
地　　址:北京市海淀区中关村南大街 46 号	**邮政编码:**100081
电　　话:010-68407112(总编室)　010-68408042(发行部)	
网　　址:http://www.qxcbs.com	**E-mail:**qxcbs@cma.gov.cn
责任编辑:黄红丽　王　迪	**终　　审:**吴晓鹏
责任校对:张硕杰	**责任技编:**赵相宁
封面设计:博雅思	
印　　刷:北京建宏印刷有限公司	
开　　本:787 mm×1092 mm　1/16	**印　　张:**28
字　　数:710 千字	**彩　　插:**16
版　　次:2020 年 6 月第 1 版	**印　　次:**2020 年 6 月第 1 次印刷
定　　价:180.00 元	

序　一

　　张培昌同志是我国著名的大气遥感和雷达气象学家，也是为新中国气象院校的创建与发展、为新中国气象人才的培养做出杰出贡献的气象教育家。

　　张培昌同志和我是大学同学，也是同事和朋友。培昌同志在北京大学6年的学习生活中，给我的印象就是一位学习刻苦、成绩优秀、生活俭朴、关心集体的好同学。

　　张培昌同志从学生时代到走上工作岗位，始终保持了追求真理、锲而不舍、勇于创新、乐于奉献、严格自律、淡泊名利的品格。培昌同志在大是大非问题上，坚持原则，敢于直言；在科研教学上，严谨细致，博学深耕。他不仅在学科建设和教书育人方面有开拓性的贡献，而且在担任南京气象学院党委书记和院长期间，为学院的建设和发展也做出了历史性的贡献。他不仅在大气遥感和雷达气象学方面多有建树，而且为我国新一代天气雷达的建设和发展，也倾注了大量心血。

　　张培昌同志在开创我国气象雷达技术应用、推动我国气象雷达学科不断进步和气象雷达探测业务不断发展中做出了杰出贡献。他负责研发的"雷达定量估算降水强度和区域降水量监测技术"课题，全面系统地研究了利用天气雷达估测降水强度分布与区域降水量的原理、方法和技术，建成了国内第一个数字化天气雷达定量估测区域降水的系统。为了扩大气象台站使用天气雷达探测降水区域的范围，有效地追踪和预警灾害性天气降水系统的移动、演变等情况，设计了多部天气雷达回波拼图和数据压缩的方法，在国内率先实现南京、上海、盐城三市天气雷达回波的自动拼图，为进一步扩大拼图范围、提高拼图质量及业务化应用奠定了基础。培昌同志不仅在雷达气象基础理论方面有深入研究，而且更可贵的是在雷达技术应用方面的研究，为我国气象业务部门提高气象灾害预警能力发挥了积极作用。

　　张培昌同志还十分关心并积极参与我国新一代天气雷达的建设与发展。培昌同志从1995年至9月至2017年12月，一直担任中国气象局所属敏视达公司董事会的董事。从2017年1月至今，仍担任该公司的技术顾问。在我主持中国气象局工作期间，正是敏视达公司初建困难的时候，培昌同志为公司走出困境呕心沥血，提出了许多具有前瞻性的意见和建议。在敏视达公司的发展和为我国新一代天气雷达建设做出的贡献中，培昌同志功不可没。

　　我热烈祝贺《张培昌雷达气象文选》的出版，它必将成为广大气象科研和业务人员学习和工作的重要参考书。

温克刚[*]

2019 年 10 月 15 日

---

　　[*]　温克刚，中国气象局前局长，全国政协人口资源环境委员会副主任。

序　二

——厚德为范　培桃李满天　奉献不息　昌大气遥感

张培昌教授是我国著名的大气遥感和雷达气象学家,曾任南京气象学院院长和党委书记、中国气象学会理事及中国灾害防御协会理事。

张培昌教授是我的老师和好朋友。他在老师和学生中享有极高的威望。我非常荣幸能够为张老师的文集撰写序言。

张培昌老师 1951 年初参加革命,以后又参军学习政治与气象观测,确立了革命的人生观与为人民服务的具体专业方向。1952 年底在华东军区司令部丹阳气象训练大队毕业后,留队任教,1954 年底又调至北京气象学校。1956 年考取北京大学物理系气象专业,1962 年毕业后到南京气象学院工作。

我钦佩张培昌老师 67 载倾注于气象教育与科研事业。作为南京气象学院(南京信息工程大学的前身)的党委书记和院长,他始终保持谦虚谨慎、廉洁清正、坚持原则、求真务实的工作作风,团结带领领导班子,在教育改革、学科建设、干部和师资队伍培养以及学风校风建设等方面,筚路蓝缕;为将学校办成国内外知名的高水平大学,倾心尽力,深得全校师生员工的尊敬和爱戴。1992 年底他从学院主要领导岗位上退下来时,中国气象局党组对他在任职期内的评价是:“在恢复高考后,为学院的恢复和发展做出了重要贡献。”

张培昌老师勇于创新,围绕国家气象事业发展的需要开展学科建设。他 1974 年负责创建我国第一个大气探测专业,先后开设了当时处于学科前沿的“雷达气象学”“大气探测基础”以及“大气微波遥感基础”等课程。他在教学上,博学深耕,厚植基础;科研上,理论功底坚实,学术视野敏锐,着力解决实践中的难题;培养学生,严谨细致,海人不倦。

张老师的主要贡献是:几十年来在我国天气雷达现代化的进程中,为新一代多普勒天气雷达、双偏振多普勒天气雷达、毫米波雷达、相控阵天气雷达的建设及探测资料的分析应用付出了大量心血,善于发现问题并提出解决方案,不论是雷达厂家的工程技术人员,还是气象业务部门的专家,遇到疑难问题都愿意向张老师请教,得到耐心答复后,都感到收获颇丰,提升了理论与应用水平。2018 年,中国气象学会雷达气象学委员会授予张老师“中国新一代天气雷达建设工作杰出贡献奖”荣誉称号。

张老师编著出版的有研究生教材《大气微波遥感基础》、国家本科重点教材《雷达气象学》(获气象系统优秀教材二等奖),合编出版《雷达气候学》,合译出版《大气科学概观》。他主持的“雷达气象学”课程建设 1993 年被江苏省教育委员会评为优秀教育成果二等奖。

在科研方面,张老师主持和主要参加国家“七五”“八五”重大科技攻关项目及国家自然科学基金课题五个,并分别获得国家重大科技成果二等奖、中国气象局气象科技成果二等奖等。

莫道桑榆晚,为霞尚满天。2018 年,已 86 岁高龄的张老师又编著出版了《双线偏振多普勒雷达探测原理与应用》,其中他推导的新公式,是中国学者创新的理论建树,受到国内外雷达气象学家的好评。2019 年又编著出版了《龙卷形成原理与天气雷达探测》,为天气雷达监测预警龙卷等强灾害天气提供了理论和实例分析的依据。张培昌老师的研究成果不仅为大气遥感与大气探测学科的发展奠定了理论基础,发展了技术方法,更是悉心指导了许多研究生和同事,在雷达气象学和大气遥感应用领域做出了重大贡献。

张培昌老师是我们优秀科学家的典范:追求真理,锲而不舍;勇于创新,乐于奉献;严格自律,淡泊名利。张老师的八十感言谦逊温厚:"80 年对个人一生而言,已算是很漫长的了,但从历史长河来看又是短暂的。总结我 80 年的生活,可以归纳为这么几句话:党和人民的悉心栽培,领导及同志们的关怀帮助,家庭及亲友们的深情支持,使自己能为气象教育和科研事业做一点工作。"

本文集从张培昌老师发表的 107 篇学术论文中选编了 49 篇,内容包括:天气雷达组网拼图与定量估测降水、雷达气象方程与衰减订正、雷达数据反演产品与应用、大气折射指数与雷达数据质量控制、降水粒子微波特性研究及其他六个方面,主要涵盖了张培昌老师在我国天气雷达和大气遥感领域发展中做出的理论与应用研究成果。

本文集凝聚了张培昌老师几十年来学术成果的精华,是对莘莘学子的学术引领和激励。他不仅是我国大气遥感学科的主要奠基者之一,更是我们的人生楷模和品德榜样。衷心感谢张培昌老师对我国大气遥感事业的卓越贡献,感谢他为我们不断前进所奉献的学术硕果和精神力量。

吴国雄*

2019 年 10 月 15 日

---

　*　吴国雄,中国科学院院士,中国科学院大气物理研究所 LASG 研究员。

前　言

在王振会教授与黄红丽副编审积极倡议与支持下,编写了这本学术论文选集。对以我为主和我作为参与者发表的共 107 篇论文进行整理,挑选出具有代表性的 49 篇录入此文选集中。其内容包括天气雷达组网拼图与定量估测降水、雷达气象方程与衰减订正、雷达数据反演产品与应用、大气折射指数与雷达数据质量控制、降水粒子微波特性研究与其他六个方面。论文选集的出版首先要感谢我的主要合作者戴铁丕、顾松山、汤达章、王宝瑞、王振会等教授,也要感谢我指导过的研究生圆满完成学位论文所作出的贡献。更要感谢党和人民对我的长期培养,特别是在北京大学地球物理系六年的学习中给我打下的扎实的数理与专业基础。在南京气象学院(现南京信息工程大学)为本科生与研究生讲授"雷达气象学""大气探测基础""大气微波遥感基础""气象学""气象观测"等专业课和"普通物理""流体力学""热力学"等基础课也为开展科研创造了有利的条件。特别是在我主持和主要参加的多个国家"七五""八五"重大科技攻关项目与国家自然科学基金等项目期间,使我明确了研究方向,并增加了科研动力。例如,在 20 世纪 70 年代,随着我国天气雷达网的逐步建设和升级,要求气象工作者能充分发挥其实际使用效益。根据这一客观需求,开展了以下研究:(1)建立双因子算法精确测定降水诸物理量。这是由于通常使用雷达反射率因子反演出雨强的单因子统计关系对于某一次实例而言,往往会产生很大误差。经研究提出采用雷达反射率因子、雨量计测定雨强和雨滴谱等三个参数间建立严格的函数关系,即可用双因子法去测定降水诸物理量,这使精度有很大提高,物理意义也更清晰。(2)天气雷达回波的自动组网拼图。这是因为大尺度天气系统及其活动范围达数千千米,而单部雷达探测半径一般在 300～400 千米。为了扩大气象台站使用雷达资料的范围,非常需要将多部雷达资料能够实时自动拼接成符合天气分析需求的综合图。经开展科学试验研究后,在国内首次实现南京、上海、盐城三地天气雷达回波准实时自动拼图,为此后逐步增加天气雷达拼图打下了基础。(3)建立国内第一个数字化天气雷达定量估测区域降水量业务系统。我国在 20 世纪 80 年代没有一个完整的、具有一定精度且可供业务使用的降水探测系统。为此,在"八五"国家重大科技攻关项目中,承担了"雷达定量估算降水强度和区域降水监测技术的研究"这一子专题,开展深入而系统的研究,解决了资料预处理、数据质量控制和实时传输等关键技术,初步建成了数字化天气雷达定量估测区域降水量的业务系统。(4)为了提高雷达回波数据反演有关物理参数的质量,开展了对非球形降水粒子微波电磁特性的研究。雷达发射电磁波,遇到气象目标经散射或衍射返回雷达的也是电磁量,将雷达参数与气象目标特性参数联系起来的是雷达气象方程。其中气象目标参数是了解天气特征的重要内容。因此,从理论上弄清这些参数的电磁特征及其规律是一项基础性研究。1961 年 Probert-Jones 推导出了"小球形"降水粒子的雷达气象方程。考虑到许多球形及非球形降水粒子不满足"小球形"条件,我在 1993 年组建科研团队,负责承担国家自然科学基金课题"非均质轴对称形状气象粒子电磁波散射理论研究(含实验)",建立了尺度与入射波同量级的均质和非均质旋转椭球、锥球、短圆柱状这些逼近降水粒子形状的模型,并从电磁场理论出发,求解出上述粒子的散射、吸收特性以及降水粒子雷达截面、衰减系数和雷达反射率因子等，这些都是雷达气象以及微波大气工程技术中的重要物理参数。随后，考虑到天气雷达探测的是一群大小不等的球形或非球形降水粒子，1997 年我又主持了国家自然科学基金项目"旋转椭球水滴群的微波辐射特征及降水遥感研究"，采用电磁散射的 Gans 理论，推导出小椭球雨滴群在旋转轴三种不同取向时的雷达反射率因子、衰减截面和衰减系数的函数表达式。(5)根据国际国内天气雷达向双线偏振体制升级的趋势，需要建立与其相适应的、可实用的雷达气象方程。我和团队在国家自然科学基金课题"双线偏振雷达探测小旋转椭球粒子群的雷达气象方程"支持下，导出了双线偏振雷达探测小椭球粒子群的雷达气象方程，为偏振雷达建立探测模式与信号处理提供依据；同时还推导出适用于双/多基地双线偏振气象雷达探测小椭球粒子群的雷达气象方程组，为反演双/多基地雷达有关物理参数给出了理论算式。(6)对回波衰减订正这一难题进行有效改进。雷达回波在降水区内会受到衰减，造成回波面积减小和远距离处雷达探测值小于真实值，故在采用 Z-I 关系把雷达反射率因子 Z 转换成雨强 I 之前，必须对 Z 值进行衰减订正。针对早先用于衰减订正的解析法和迭代法存在的问题，根据雷达观测资料在空间离散取样的特征，2001 年与王振会教授共同设计了衰减订正的逐库解法，定量给出影响数值计算稳定性的临界值，有效防止过量订正和提高订正计算效率。正是通过上述一系列研究取得的成果，才书写出以雷达气象为主体的诸多学术论文，并先后编写出版了《电磁原理与大气遥感基础》《雷达气象学》《大气微波遥感基础》《雷达气候学》《双线偏振多普勒天气雷达探测原理与应用》《龙卷形成原理与天气雷达探测》这六本专著。

这里还要特别感谢校外同行专家葛润生、葛文忠、丁荣安教授在开展研究、完成论文及出版专著等方面给予的协作和大力支持。

本书文前附有一定数量照片，主要反映作者的成长历程、人才培养、在学校建设中得到老专家与老领导的指导、退休后发挥余热以及家庭的关爱，这些都是顺利开展科学研究、完成论文书写不可或缺的条件。后面附有同事、同学的一些回忆和有关文献、刊物对作者的评述，这些只能作为对作者的鼓励与鞭策。

最后，要衷心感谢中国气象局前局长温克刚、中国科学院大气物理研究所吴国雄院士为文选作序。

张培昌

2019 年 11 月

目　录

第 1 部分　天气雷达组网拼图与定量估测降水

天气雷达组网拼图的四维同化方法[*]

张培昌，李晓正，顾松山

（南京气象学院，南京　210044）

摘　要：本文主要介绍天气雷达组网拼图时，在各雷达站探测范围内的坐标网格结点，以及在这些结点上的回波强度值获得四维同化的方法，并对不同方法确定结点上回波强度值时的误差进行了模拟计算。

雷达探测半径一般在 $300 \sim 400$ km。要利用雷达回波对中尺度天气系统进行探测、跟踪和预报，必须对覆盖面积较大的几部雷达进行组网和拼图。我国许多地区是冷、暖空气交汇频繁的地带，夏半年经常产生强对流天气及梅雨暴雨等。因此，在这些地区把几部天气雷达回波进行组网拼图，对于预报灾害性天气是十分有意义的。本文首先讨论如何将以不同仰角作PPI扫瞄时获得的回波资料，转换成为CAPPI资料，然后分析如何将各雷达站获得的CAPPI资料先将其坐标转换成统一的地理经纬坐标和底图直角坐标，再将其回波资料通过双线性插值等方法，转换成底图直角坐标网格结点上的回波强度。并将各部雷达的回波强度进行统一订正。最后，还使用文中所建立的回波模式，对以插值法和靠近法决定底图坐标结点上的回波强度值所造成的误差作出了计算。

1　CAPPI 资料的获得

雷达以一定仰角作PPI扫瞄时获得的资料，实际上并不是处在一个平面极坐标内，而是以球坐标格点的形式分布在三维空间内。在对几部雷达的回波资料进行拼图时，应该使用处在同一等高面上的资料，因此，首先要把由不同仰角时获得的 PPI 资料转换成等高面上的CAPPI 资料。

在考虑地球曲率及标准大气折射，并假设雷达架设在地面上，坐标原点取在雷达处，则球坐标 (r, θ, ϕ) 与直角坐标 (x, y, z) 的变换关系为

$$\begin{cases} x = r \cdot \sin\theta\cos\phi \\ y = r \cdot \cos\theta\cos\phi \\ z_h = r \cdot \sin\phi = z - \dfrac{r^2}{iD} \end{cases} \tag{1}$$

由图 1 中可见，z_h 是几何高度，z 是海拔高度。D 为地球直径，$i = 4/3$。iD 为等效地球直径。

---

[*]　本文原载于《南京气象学院学报》，1989，12(3)：22-28.

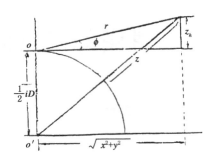

图 1　球极坐标与直角坐标关系

　　雷达采集到的球坐标数据是分布在一系列圆锥面上。这些锥面把空间分割成一个个"锥面夹层"。处在某一"锥面夹层"内的某一等高面上的直角坐标网格点上的回波数据,可以通过组成这一"锥面夹层"的"上锥面"和"下锥面"上属于该网格点投影点周围的回波数据进行插值处理而获得。按投影方式不同,有斜向插值法[1]和本文中的垂直插值法两种。由于雷达拼图时只需要用某一个低高度上的 CAPPI 图拼制,而在低高度上回波强度沿垂直方向近于呈线性分布,垂直插值又可使编制处理程序和安排内存空间带来方便,故本文采用垂直方向线性插值法。

　　垂直插值法天线仰角抬升的间隔,是以最大探测距离处(如 200 km 处)与所取等高面相交的相邻两波束的探测轴线之间的垂直差距 ΔH 保持不变为原则选取的,如图 2 所示。

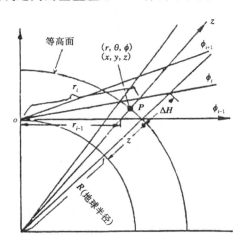

图 2　垂直插值法示意图

　　由于标准折射时的测高公式为

$$z = r\sin\phi + (r^2/2R_e) \tag{2}$$

式中,$R_e = \dfrac{1}{2}iD$ 为等效地球半径。当选定等高面高度 $z = 1$ km 时,可以由(2)式获得下面决定仰角抬升值的递推公式

$$r_i = \sqrt{R_e^2\sin^2\phi_i + 2R_e} - R_e\sin\phi_i \tag{3}$$

$$\phi_{i+1} = \arcsin[(z + \Delta H)/r_i - r_i/2R_e] \tag{4}$$

取 $\Delta H = 400$ m,按(3)、(4)式进行计算,可以得到仰角抬升时的 ϕ、r 值,如表1所示。雷达天线控制的仰角误差一般 $\leq 0.5°$。因此,用靠近法分别选取仰角为 $0°$、$0.5°$、$1.0°$、$1.5°$、$2.0°$、$3.0°$、$4.5°$、$\cdots\cdots$。选取这些数值时考虑了便于实际手控天线。但需指出,按上述一系列仰角值作为 ϕ_i 值后,就不能保证 ΔH 为固定值,而将有一定的变化范围。

设以海拔高度为准的等高面上某一直角坐标网格结点的坐标为 (x, y, z),它对应的球坐标为 (r, θ, ϕ),它在上、下圆锥面上垂直投影点的直角坐标和球坐标分别为 (x_i, y_i, z_i)、$(x_{i-1}, y_{i-1}, z_{i-1})$ 和 (r_i, θ, ϕ_i)、$(r_{i-1}, \theta, \phi_{i-1})$,垂直投影点的水平距离为 $\rho = (x^2 + y^2)^{1/2}$,ρ 是定值。则有 $r_{i-1} = \rho/\cos\phi_{i-1}$,$r_i = \rho/\cos\phi_i$,而 θ、ϕ_{i-1}、ϕ_i 是已知的。

表1 ϕ、r 计算值

ϕ_i (°)	0.18	0.39	0.66	1.01	1.48	2.13	3.01	4.24	5.96	8.38
r_i (km)	130	106	84	65	48	35	25	18	13	9
仰角序号	1	2	3	4	5	6	7	8	9	10

于是可以先通过双线性插值法(见第三部分)确定点 $(r_{i-1}, \theta, \phi_{i-1})$ 及点 (r_i, θ, ϕ_i) 的雷达反射率因子 Z 值,再在 z 方向进行一次线性插值,就可获得该等高面上网格点 (x, y, z) 的 Z 值。具体插值公式为

$$Z(x, y, z) = Z(r_{i-1}, \theta, \phi_{i-1}) + [Z(r_i, \theta, \phi_i) - Z(r_{i-1}, \theta, \phi_{i-1})] \frac{z - z_{i-1}}{z_i - z_{i-1}} \tag{5}$$

2 坐标转换公式

由天气雷达获得的 CAPPI 资料,将它们投影到同一个 $x-y$ 平面上,就成为具有平面直角坐标的资料。也可以将 CAPPI 资料以球面极坐标表示。在雷达组网拼图时,首先要把这些资料投影到天气底图上。中纬地区的天气底图都使用兰勃特投影图。这种图是以经纬度 (θ_s, λ_s) 作为坐标的,称为地理经纬坐标。与地理经纬坐标网格结点相对应的 $x-y$ 平面上的点的坐标为[2]

$$\left. \begin{array}{l} x = \dfrac{LR\cos\theta_s\sin(\lambda_s - \lambda_0)}{a + R[\sin\theta_0\sin\theta_s + \cos\theta_0\cos\theta_s\cos(\lambda_s - \lambda_0)]} \\[4mm] y = \dfrac{LR[\cos\theta_0\sin\theta_s - \sin\theta_0\cos\theta_s\cos(\lambda_s - \lambda_0)]}{a + R[\sin\theta_0\sin\theta_s + \cos\theta_0\cos\theta_s\cos(\lambda_s - \lambda_0)]} \end{array} \right\} \tag{6}$$

式中,R 是地球半径,a 是投影顶连接地心的距离,L 是将 a 再引长到 $x-y$ 平面交点的距离,λ_s 为经度,θ_s 为纬度。λ_0、θ_0 是雷达站经纬度。

若 CAPPI 上的点以 xoy 平面上的极坐标 (α, β) 表示,则有

$$\alpha = \arctan\frac{x}{y} = \arctan\left[\left(\frac{\cos\theta_s\sin(\lambda_s - \lambda_0)}{\cos\theta_0\sin\theta_s - \sin\theta_0\cos\theta_s\cos(\lambda_s - \lambda_0)}\right)\right] \tag{7}$$

$$\rho = \sqrt{x^2 + y^2} = (R + 1 \text{ km})\sin\beta$$

其中

$$\beta = \arccos[\cos\theta_s\cos\theta_0 + \sin\theta_s\sin\theta_0\cos(\lambda_s - \lambda_0)]$$

若 CAPPI 上的点 P 以射线真实的球面极坐标 (r', α, ϕ') 表示,它们与地理经纬坐标网格结点

相对应的坐标,在考虑大气垂直方向的折射时为

$$r' = 2R'\sin(\hat{r}/2R')$$
$$\phi' = \phi - \hat{r}/2R'$$
$$\alpha = \arctan\{[\sin\theta_s\sin(\lambda_s - \lambda_0)]/[\cos\theta_s\sin\theta_0 - \sin\theta_s\cos\theta_0\cos(\lambda_s - \lambda_0)]\} \tag{8}$$

式中射线真实弧长 $\hat{r}$ 为

$$\hat{r} = \left\{\arcsin\left[\frac{R \cdot \sin\beta}{R'} - \sin(\phi + \beta) + \phi + \beta\right]\right\}R'$$
$$\beta = \arctan\left(\frac{R/r' + \sin\phi'}{\cos\phi'}\right)$$

ϕ 为雷达天线仰角,R' 为射线曲率半径,它由大气折射率的垂直变化率决定。标准大气时 R' 为常数。各量的几何意义见图3。由图3可知,如果用等效射线长度 r' 及等效天线仰角 ϕ' 去代替真实射线和仰角,就可以把射线看作是直线传播。

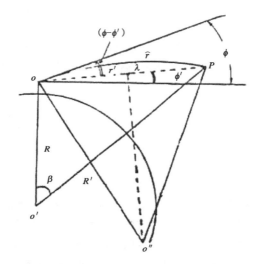

图 3　考虑大气折射时的射线

若球面极坐标转换成地理经纬坐标,当注意到 $\alpha = \arctan\frac{x}{y}$,其变换公式为[3]

$$\theta_s = \arccos[(\cos\theta_0 + \cos\alpha\sin\theta_0\tan\beta)\cos\beta]$$
$$\lambda_s = \arcsin\left(\frac{\sin\alpha\sin\beta}{\sin\theta_s}\right) + \lambda_0 \tag{9}$$

由于计算机的监视器都是采用直角坐标扫瞄方式显示图像,所以还需要在兰勃特投影图上建立一个直角坐标系,称它为底图直角坐标,并且进一步把各结点的地理经纬坐标 (θ_s, λ_s) 转换成底图直角坐标 (x_B, y_B)。在我们所建立的底图直角坐标中,是以 $\theta_s = 36.5°N,\lambda_s = 114.5°E$ 作为坐标原点,以 114.5°E 的经线作为 y 轴。则由地理经纬坐标转换成底图直角坐标的变换公式为

$$x_B = 11423.66\tan^{0.7156}(\theta_s/2)\sin[0.7156(\lambda_s - 114.5)]$$
$$y_B = 11423.66\tan^{0.7156}(\theta_s/2)\cos[0.7156(\lambda_s - 114.5)] \tag{10}$$

其逆变换公式为

$$\left.\begin{array}{l} \theta_s = 2\arctan\left[\dfrac{x_B^2 + (y_B + 6996.64)}{11432.66}\right]^{1/1.4312} \\[3mm] \lambda_s = \dfrac{1}{0.7156}\arctan\left(\dfrac{x_B}{y_B + 6996.64}\right) + 114.5 \end{array}\right\} \tag{11}$$

有了以上几组公式,就可以把数字雷达资料的坐标,通过变换统一到同一张底图的直角坐标系中去。

3 确定网格结点上的回波强度值

前面指出,雷达是以球极坐标采集数字化回波资料的。为了获得等高面上直角坐标网格结点 (x, y, z) 的雷达反射率因子 $Z(x, y, z)$,由(6)式可知,必先求得点 (x, y, z) 在下圆锥面上垂直投影点 $(r_{i-1}, \theta, \phi_{i-1})$ 处的 $Z(r_{i-1}, \theta, \phi_{i-1})$ 和上圆锥面上垂直投影点 (r_i, θ, ϕ_i) 处的 $Z(r_i, \theta, \phi_i)$。由图 4 中可知,$Z(r_i, \theta, \phi_i)$ 可用双线性插值公式

$$\left.\begin{array}{l} Z_1 = Z_e - \dfrac{Z_e - Z_D}{r_{n+1} - r_n}(r_{n+1} - r_i) \\[3mm] Z_2 = Z_B - \dfrac{Z_B - Z_A}{r_{n+1} - r_n}(r_{n+1} - r_i) \\[3mm] Z(r_i, \theta, \phi_i) = Z_2 - \dfrac{Z_2 - Z_1}{\theta_{n+1} - \theta_n}(\theta_{n+1} - \theta) \end{array}\right\} \tag{12}$$

求得。其中 A、B、C、D 是点 $P(r_i, \theta, \phi_i)$ 周围最靠近它的四个极坐标网格结点。对于 $Z(r_{i-1}, \theta, \phi_{i-1})$ 也可以同样求得。有了 $Z(r_i, \theta, \phi_i)$ 和 $Z(r_{i-1}, \theta, \phi_{i-1})$ 值后,就可用(6)式获得处在 CAPPI 上的直角坐标网格结点 (x, y, z) 处的 $Z(x, y, z)$ 值。

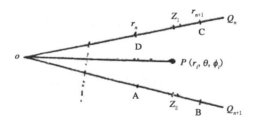

图 4 双线性插值示意图

在雷达组网拼图时,最终还要得到底图直角坐标网格结点上的回波值。其方法是先将底图直角坐标中网格结点的坐标 (x_B, y_B),转换成在 CAPPI 中的平面直角坐标 (x, y),它也就是单站的屏幕直角坐标,然后作线性插值处理而获得底图直角坐标网格结点上的回波值。

为了提高坐标转换的速率,在求某一网格结点上的 Z 值时,也可以不作双线性插值,而采用在该结点周围落在该点所代表的网格内的最靠近它的那个回波强度值作为该结点上的回波强度值,这种处理方法称为靠近法。若选取的是该结点所代表的区域内各个回波强度值中的最大值作为该结点的回波强度值,就称为最大值法。

应该指出,由于将原平面坐标上的网格投影到底图直角坐标上时,会产生变形,因此,用靠近法确定底图直角坐标网格结点上的回波强度值会出现盲点。即在该结点所代表的网格内,不存在具有回波强度值的投影点。我们对几种情况下的盲点分布进行了计算,结果如表 2

所示。

　　在将几部组网雷达的回波进行拼图时，由于各部雷达的标定有差异，加上其他因素的影响，使几部雷达探测到的同一个网格点上回波的强度值可能不相同，这是一种系统误差。我们采用以较强的值为准来统一回波强度，即对探测到偏弱的回波资料统一加上一个订正因子，达到回波强度同化的目的。

表 2　盲点分布表（底图直角坐标网格为 4 km×4 km）

盲点情况	盲点数	占结点数	盲点数	占结点数	盲点数	占结点数	盲点数	占结点数
径向距离	<50 km		<100 km		<150 km		<200 km	
回波数据在 $2×2$ km^2 的直角坐标网格上	1	0.21%	2	0.10%	2	0.05%	6	0.08%
回波数据在 $4×4$ km^2 的直角坐标网格上	16	3.27%	20	1.00%	32	0.74%	55	0.70%
回波数据在 $\Delta r=2$ km，$\Delta\theta=1°$的极坐标网格上	0	0.00%	1	0.05%	2	0.05%	4	0.05%

　　设两部雷达探测到同一块回波的反射率因子值分别为 Z_{Ai}、Z_{Bi}，且 $Z_{Ai} > Z_{Bi}$，则订正因子 Δ 可用下式确定。

$$\Delta = \sum_{i}^{N} (Z_{Ai} - Z_{Bi})/N \tag{13}$$

N 为回波块所占的网格总数，i 是网格的序号，故 Δ 是一个平均订正值。经订正后，B 站正确的值应为 $Z'_{Bi} = Z_{Bi} + \Delta$。

　　订正值 Δ 的确定，应在雷达正式联网观测前与雷达标定一起进行。它可以通过在几部雷达扫瞄的重叠区内选择适当大小（如 80 km×80 km）的回波来求得，并注意避免途中衰减及由于探测轴线过高造成的回波强度误差。

4　用不同方法确定底图坐标网格结点上回波强度时的误差

　　我们取模拟函数 $Z = \left| 40000 \times \dfrac{x^2 - y^2}{(x^2 + y^2)^2} \right|$，$(Z \leqslant 255)$ 作为回波模型（图 5）。对此模型分别用双线性插值和靠近法计算回波强度值。计算结果如表 3 所示。表中 N 为具有回波值的底图网格结点总数，Z_r 是利用回波模型在底图网格结点上选取的 25 个等间距的回波强度值，即真值。Z_a 是用这 25 个结点周围的极坐标网格结点上回波强度值进行双线性插值法和靠近法获得的相应回波强度值。表中平均是对结点数的平均。计算结果表明，使用插值法时误差明显偏小。

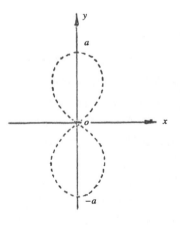

图 5　回波模型

表 3　用模拟回波计算的插值法和靠近法的误差值

	平均绝对误差 ($\sum \mid Z_a - Z_r \mid /N$)	平均相对误差 ($\dfrac{\sum \mid Z_a - Z_r \mid /Z_r}{N}$)	最大绝对误差
插值法	0.200(dB)	0.001	0.728(dB)
靠近法	1.977(dB)	0.04	5.669(dB)

参考文献

[1]　韩涌.用 IBM-PC/XT 微机处理三维天气雷达回波数字资料的方法[J].南京气象学院学报,1987(3)：331-339.

[2]　曾庆存.数值天气预报的数学物理方法[M].北京:科学出版社,1979(1):11.

[3]　方俊.地图投影学第一册[M].北京:科学出版社,1960:11.

用变分方法校准数字化天气雷达测定区域
降水量基本原理和精度[*]

张培昌[1]，戴铁丕[1]，付德胜[1]，伍志芳[2]

(1.南京气象学院,南京 210044；2.新疆气象科学研究所,乌鲁木齐 830002)

摘　要：本文用变分方法校准雷达估算的降水强度和区域降水量,结果表明:经变分校准后,不但能使雷达探测到的结果与雨量计观测到的结果比较接近,而且还能保留没有雨量计站的地方雷达探测到的降水强度变化,其平均相对误差约为 20%。

关键词:变分法校准;数字化雷达;区域降水量

1　引言

　　长期以来,气象和水文部门都是依靠雨量计网测定区域降水量。当降水分布比较均匀时,这种方法能保证一定精度。但是,暴雨等强对流天气降水的局地性很强,这时利用常规密度的雨量计站网不仅无法准确测定区域降水量,而且往往漏掉暴雨强中心,不能准确反映雨区中降水强度分布、演变情况。测雨雷达则可以及时提供时空连续变化的实时降水资料,给出较大范围内的瞬时降水强度分布,累积降水量分布和区域降水量等资料。这对于作暴雨落区和移动预报、洪水预报等均有重要意义。

　　试验中发现,单纯利用雷达估算区域降水量存在着精度不高的缺陷[1]。为了提高雷达定量测定区域降水量精度,常采用两种方法:一是分析各种可能的误差并进行订正;二是采用雷达—雨量计系统联合探测方案[2],以雨量计来校准雷达。

　　本文介绍一种用变分法校准雷达测定区域降水量的新方法[3],它属于雷达—雨量计联合探测系统测定区域降水量中的一种方案,该方案在采用雷达探测的同时,还必须有稀疏的自动雨量计站网探测区域降水量的资料,这种校准方法的实质是利用平面拟合技术,把雷达探测到的结果造型成雨量计观测到的结果,且保留了雨量计站之间雷达探测到的降水变化。

　　为了校验变分方法校准的精度,本文还使用平均校准法[4]的测值,把雷达测值及以上两者的测值同时与作为真值的较高密度的雨量计网测值进行比较,结果表明:变分校准法不但测量精度较高,而且还能较好地反映降水的时空分布。

2　资料

　　采用武汉中心气象台 WSR-81S 型数字化天气雷达的 Col. max 彩色分层图像产品,它分

---

　　* 本文原载于《大气科学》,1992,16(2):248-256.

为平面图像和附属垂直剖面图像两部分。本文使用由体积扫描中柱体内最强降水回波组成的平面图像资料。雷达反射率因子 Z 值,通过固定的 $Z = 200I^{1.6}$ 关系式直接转换成雨强 I 值。

分析区域选在雷达站南面距测站 60~180 km,方位为 178~240° 的矩形区域内(图1),即分析区域面积为 $10^4 \mathrm{km}^2$,其中有 16 个自动雨量计站。分析时将区域分成很多格距为 4 km 的正方形网格,每个格点以坐标 (i,j) 表示,格数为 30×30。

本文分析了武汉地区 1987 年和 1988 年 5 次降水天气过程,它包括有大范围暴雨、雷阵雨和一般对流性降水。本文着重分析了 1987 年 8 月 28 日,5 月 25 日两次不同类型的降水天气过程。

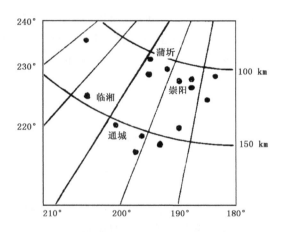

图1　分析区域和 16 个自动雨量计站分布

3　原理

3.1　变分法在气象中应用

设 $\widetilde{f}_i$ 表示空间某点 (x,y,z) 处某气象要素场的实测值,f_i 表示相应点上同一气象要素的分析值,下标 i 表示不同气象要素的序号。在每一网格点上,所有要素的实测值与分析值之差的加权平均和为

$$F(x,y,z,f_1\cdots,f_n) = \sum_{i=1}^{n} \alpha_i (f_i - \widetilde{f}_i)^2 \tag{1}$$

式中 α_i 是各个要素的权重因子,为了得到在空间区域 V 内最佳的分析值,应使(1)式的积分

$$J = \iiint_V \sum_{i=1}^{n} \alpha_i (f_i - \widetilde{f}_i)^2 \mathrm{d}V = \iiint_V F(x,y,z,f_1\cdots,f_n)\mathrm{d}V \tag{2}$$

为最小,即在分析区域内,各要素的分析值和实测值之间的偏差在最小二乘意义上是最小。J 称为泛函。上述要求就是要使泛函的变分必须为零,即 $\delta J = 0$。在实际问题中,分析值之间要满足一定的物理关系,称为约束条件,它可表示为

$$G_j(f_1,\cdots,f_n) = 0 \qquad (j = 1,\cdots,m) \tag{3}$$

下标 j 表示不同约束条件序号。

为了把约束条件统一考虑到(2)式中去，引进拉格朗日乘子 λ ，建立新的泛函 I^* ，并要求

$$I^*(f_i,\lambda_j) = \iiint_V (F + \sum_{j=1}^m \lambda_j G_j)\mathrm{d}V \tag{4}$$

为最小，这里 λ_j 和 f_i 一样也是函数。引入新的积分宗量

$$F^* = F + \sum_{j=1}^m \lambda_j G_j \tag{5}$$

则(4)式可以表示为

$$I^*(f_i,\lambda_j) = \iiint_V F^*(x,y,z,f_1\cdots,f_n,\lambda_1\cdots,\lambda_m)\mathrm{d}V \tag{6}$$

式(6)和式(2)形式上基本相同。它是一个三重积分的泛函条件极值问题，条件极值问题的经典间接求解法是：在满足一定边界条件下，在函数集中选出一组 $f_1,\cdots,f_n$ 能使泛函 I^* 取得极值，这等价于 $f_1,f_2,\cdots,f_n$ 及乘子 $\lambda_1,\cdots,\lambda_m$ 必须满足由泛函 I^* 取极值时所得的欧拉方程

$$F_{fi'}^* - \frac{\partial}{\partial x}[F_{(fi)'x}^*] - \frac{\partial}{\partial y}[F_{(fi)'y}^*] - \frac{\partial}{\partial z}[F_{(fi)'z}^*] = 0 \tag{7}$$

和约束方程(3)。式中 $\frac{\partial}{\partial x}[\quad]$, $\frac{\partial}{\partial y}[\quad]$, $\frac{\partial}{\partial z}[\quad]$ 分别表示对 x ，y ，z 求偏导数。由式(3)和式(7)联立方程组可以求出 $\lambda_1,\cdots,\lambda_m$ 和 $f_1,\cdots,f_n$ ，后者即为通过变分校准后获得的最佳分析场。

由式(3)和式(7)联立方程组求出的分析场，按理应严格满足式(3)所表示的约束条件。实际上并不尽然，在许多场合宁肯将约束条件取为近似关系，即

$$G_j(f_1,\cdots,f_n) \approx 0 \qquad (j=1,\cdots,m) \tag{8}$$

作为约束方程所得结果更令人满意。式(8)也称为弱约束条件。在弱约束时，拉格朗日乘子 λ_j 不是待定的，而是像权重因子 α_i 一样是事先给定的，称为约束权重，本文就采用了这种弱约束关系。

3.2 用变分法校准雷达测定区域降水量方法

据上述变分法原理，对每一时刻给出雷达探测到的雨量 $PS_r(i,j)$ 和该时刻雨量计测量到的雨量 $PS_g(i,j)$ 。这样，在网格点 (i,j) 上的雨量计—雷达校准因子为

$$\widetilde{CR}(i,j) = PS_g(i,j) - PS_r(i,j) \tag{9}$$

由于在许多格点上没有雨量计测值 PS_g 。因此，需要设法求出一个订正因子分析场 $CR(i,j)$ ，这个 $CR(i,j)$ 应该是最优的，即它与每一格点 (i,j) 上的校准因子实测值 $\widetilde{CR}(i,j)$ 之差的平方和为最小，即

$$f(x,y,CR) = \sum_i \sum_j \alpha(CR - \widetilde{CR}) = 0 \tag{10}$$

考虑到这里只取一个气象要素，故上式中的 α 即为前面提到的 α_i 。为了抑制对分析不利的高频噪声，又不使分析场过分平滑而漏掉强降水中心，故将(10)式改写成包含弱约束条件的如下变分方程

$$\delta J = \delta \sum_i \sum_j \left\{ \alpha(CR - \widetilde{CR})^2 + \lambda[(\frac{\partial}{\partial x}CR)^2 + (\frac{\partial}{\partial y}CR)^2] \right\} = 0 \tag{11}$$

对式(11)右边第二项物理意义的分析可参阅文献[5]。同样，式中 λ 就是前述的 λ_j 。显然式

(11)中泛函条件极值的积分宗量是：

$$F = \alpha(CR - \tilde{CR})^2 + \lambda[(\frac{\partial}{\partial x}CR)^2 + (\frac{\partial}{\partial y}CR)^2]$$

由于

$$F'_{CR} = 2\alpha(CR - \tilde{CR}),$$

$$F'_{(CR)'_x} = 2\lambda\frac{\partial^2}{\partial x^2}CR,$$

$$F'_{(CR)'_y} = 2\lambda\frac{\partial^2}{\partial y^2}CR,$$

因此，式(11)对应的欧拉方程为

$$\alpha(CR - \tilde{CR}) - \lambda(\frac{\partial^2}{\partial x^2}CR + \frac{\partial^2}{\partial y^2}CR) = 0 \tag{12}$$

式(12)与式(7)形式完全一样，按照文献[3]和(12)式中 α ，λ 分别取为

$$\alpha = 1.0 \times \delta_g(i,j) \times \delta_r(i,j)/(0.1)^2,$$

$$\lambda = 1.0/[0.5/4 \text{ km}]^2 \tag{13}$$

其中

$$\delta_g(i,j) = \begin{cases} 1 & \text{有雨量计测值的网格} \\ 0 & \text{无雨量计测值的网格} \end{cases}$$

$$\delta_r(i,j) = \begin{cases} 1 & \text{有雷达测值的网格} \\ 0 & \text{无雷达测值的网格} \end{cases}$$

显然，只有同时有雨量计测值和雷达测值的网格 (i,j) 上 α 才不为零，为了使欧拉方程的形式更为简单，可令 $\tilde{\mu}^2 = (\alpha/\lambda)d^2$，其中 d 为网格距，本文中取为 4 km。为了选取最佳的 $\tilde{\mu}^2$ 值，做了一个确定 $\tilde{\mu}^2$ 与降水量测量值相对误差 D 之间关系的试验。结果表明：当系数 $\tilde{\mu}^2 = 11$ 时，使得变分订正后的降水量相对误差最小。本文采用了超松弛迭代的数值解法求解欧拉方程式(12)，即可得到降水量分析场 CR。于是，校准后的雷达降水量场为

$$PS(i,j) = PS_r(i,j) + CR(i,j) \tag{14}$$

为了检验校准前后雷达测得的降水量精度，必须利用客观分析法把各雨量计点测得的降水量内插到全场各个网格点上去。设 $F_g(x,y)$ 是 g 个雨量计测值降水量，则格点 (i,j) 上降水量内插值为

$$PS_g(i,j) = \sum_{g=1}^{N} W_g F_g(x,y) / \sum_{g=1}^{N} W_g \tag{15}$$

其中 $g = 1,2,\cdots,N$，N 是以格点为中心的某个扫描半径 R_n 内的雨量计个数，R_n 是保证 N 等于某一常数时的最小半径，W_g 是权重系数，可表达成

$$W_g = e^{[-r_g^2/4k]} \tag{16}$$

其中 r_g 代表在 R_n 以内第 g 个雨量计测值点与网格点 (i,j) 间的距离，k 为滤波系数，它可通过由中尺度分析中导出的响应函数 $R_0(\lambda,k)$ 求得[6]。k 取为 0.6。

综上所述，用变分法校准雷达测定区域降水量的做法是：首先由雷达和雨量计的降水资料得到各格点上 $PS_g(i,j)$ 和 $PS_r(i,j)$ 值，并由式(9)求出 $\tilde{CR}(i,j)$ 值，然后解欧拉方程式(12)求得订正因子分析场 $CR(i,j)$。再用式(14)求得校准后的雷达降水量场。最后进行时空叠加，就可获得区域降水总量。

4　结果分析

4.1　用变分法校准雷达测定区域降水量的精度

为了具体了解用变分法校准后雷达测定区域降水量的精度,我们将计算结果列于表 1。表 1 中降水量数值是由回波强度彩色分层等级取中限值转化为雨强时获得的(见表 2),由表 1 可见:

表 1　用变分法校准雷达测定区域降水量精度

降水日期(年.月.日)	1987.5.12	1987.5.25	1987.7.22	1987.8.28	1988.5.7	平均
降水时间	18:00—19:30	21:00—23:00	05:30—06:50	21:00—22:50	0:00—01:00	|相对误差|
天气形势	冷锋南下	静止锋	快速移动冷锋	快速移动冷锋	冷锋尾部	
降水性质	大范围雷阵雨	大范围暴雨	对流降水	对流降水	大范围混合型降水	
雷达探测值　雷达值($10^8 m^3$)	0.7040	1.1757	0.7052	1.3284	1.3760	
区域平均雨量(mm)	4.8	8.1	4.8	9.2	9.5	
绝对误差	0.3809	0.4387	−0.2972	−0.8776	0.7850	
|相对误差|	35.0	27.0	72.7	194.6	36.3	73.1
平均较准法　校准后值($10^8 m^3$)	1.4769	2.4052	0.5755	0.7231	1.4510	
区域平均雨量(mm)	10.2	16.7	3.9	5.0	10.07	
绝对误差	−0.392	−0.7911	−0.1668	−0.2765	0.71	
|相对误差|	36.0	49.0	40.8	61.3	32.8	43.98
变分校准后　校准后值($10^8 m^3$)	0.9843	1.8942	0.5258	0.5503	1.8800	
区域平均雨量(mm)	6.8	13.1	3.6	3.8	13.05	
绝对误差	0.1006	−0.2789	−0.1171	−0.0995	0.2810	
|相对误差|	9.2	17.2	28.6	22.1	13.0	18.02
雨量计网测量值　等效雨量($10^8 m^3$)	1.0849	1.6144	0.4087	0.4508	2.161	
计网密度 1 个/900 km²						
(平均)mm	7.5	11.2	2.8	3.1	15.0	

表 2　雷达彩色分层等级及其对应的雨强值

回波分层等级	1	2	3	4	5	6	7
衰减等级(dBZ)	20.50	29.38	34.19	40.56	45.38	50.19	57.00
雨强值(mm/h)	0.7	2.5	4.8	12.3	25.4	48.6	123.9

(1)若以等效雨量计站密度(1 个雨量计/900km²)所测的区域降水量作为真值,5 次降水天气过程中,3 次范围大,降水量大的天气过程均存在雨量计测值大于雷达测值,但两者差异不大,相对误差不超过 40%。而另外 2 次降水量小的一般对流降水天气过程,则雷达测值大

于自动雨量计测值,两者相对误差达 1~2 倍。经分析可知,这类误差主要是由于雷达测量空间和雨量计测量空间不一致造成的。当降水系统移动快时,误差则大;反之,误差则小。

(2)从雨型上看,对大范围由静止锋引起的混合性降水,探测精度高,即使雷达测值未作任何校准,相对误差也不大。

(3)就 5 次降水过程平均而言,未经校准的雷达测值,其相对误差绝对值为 73%;经平均校准法校准后,这个误差减少到 43.4%;而经变分法校准后,该误差仅为 18%。

4.2　三种测量方法在测定区域降水量分布形势上的比较

为了进一步分析变分法校准后区域上各点降水量分布的形势,本文以 1987 年 8 月 28 日 21:00—22:40 和 1987 年 5 月 25 日 21:00—23:20 2 次降水天气过程为例,研究了三种测量方法在测定区域降水量分布形势上的精度。先考察 1987 年 8 月 28 日 1 次由快速移动冷锋所引起的对流性降水天气过程。图 2a,2b,2c 分别为未经过校准雷达测量值,经过变分校准后的雷达测量值和雨量计网测量值得到的区域降水量分布形势图。由图 2a 可见,这次快速移动冷锋上降水量分布极不均匀,大致有呈东北—西南走向的 5 条降水雨带分布,强降水中心在 20~30 mm 等雨量线,它们均出现在锋后。而在图 2c 中这些雨带分布几乎没有,仅存在一条大致与锋面平行的东西走向雨带,强降水中心比雷达测得的(图 2a)少得多。引起这些差异的基本原因为雨量计站网密度不够,测不到这些分布极不均匀的中小尺度天气系统的降水。在测站西到西南方向绘不出 5mm 降水量等值线,这是由于该方向上没有设置雨量计站(图 1)。图中上述区域降水量分布是用式(15)内插得到的。

比较图 2a 和图 2c 还可以发现,雷达测得的降水量强中心比雨量计测得的降水量强中心偏南。这是由于雷达测量到的是在空间某高度上的降水,雨量计测到的则是地面上的降水,两种测量取样空间不一致,在降水系统移动快时,造成了降水强中心位置的测量误差。但当测量的是大范围层状云降水,降水系统移动又较慢时,强中心位置测量误差就会减少。图 2b 为经变分法校准后的降水量分布形式。比较图 2a,2b 和 2c,经变分校准后的图 2b 和未经校准过的雷达测得的降水量分布形势大致相似,几条强降水中心雨带仍存在,但降水量分布在数值上已接近雨量计网测得的降水量值。另外,从图 2b 还可看到,在图 2c 的西北方向原来雨量计没有测到降水量的网格点上,现在已有降水量值,这从另一侧面反映了变分法校准的优越性。总之经变分法校准后,不但能把雷达探测到的结果接近雨量计测量到的结果,而且保留了没有雨量计的地方雷达探测到的降水变化。

下面再扼要分析 1987 年 5 月 25 日一次由静止锋引起的大范围暴雨降水过程。图 3a,3b 和 3c 分别为未经过校准的雷达测量值,经变分法校准后的雷达测量值和雨量计网测量值得到的区域降水量分布形势图。比较图 3a 和 3c 可以发现,尽管该次降水天气过程降水量分布比较均匀,雷达和雨量计探测到的降水量分布形势差异不大,反映在表 1 中雷达探测的误差不大,相对误差仅为 27%,但从总体上看,雷达探测到的降水分布中、小尺度结构仍比雨量计测得的多,经变分校准后(图 3b),降水量分布形势与图 3a 比较相似,而降水量分布在数值上仍旧接近雨量计网探测到的结果(图 3c)。

变分法校准优越性还可从与平均校准法比较的表 1 中看出。本文利用平均校准法对上述两次降水天气过程降水量分布形势也作了分析。结果发现降水量峰值被平滑了,使降水量小的测站高估;反之,降水量大的测站低估。

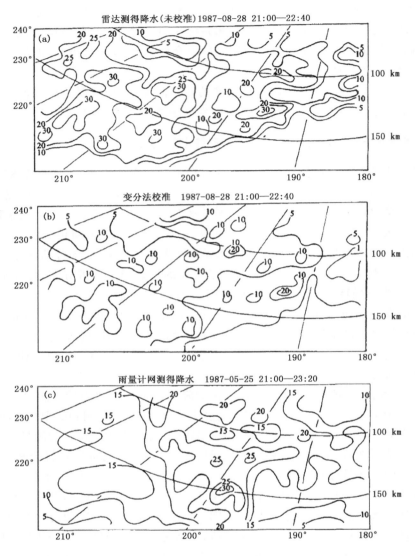

图 2　1987 年 8 月 28 日 21：00—22：40 降水量分布形势

（武汉地区南部图 1 所示分析图）

　　为了进一步阐明变分方案的有效性，还分析了本探测区内蒲圻、崇阳、通城三站在21：00—22：40 时段内各种探测方法获得的降水量，将地面自记雨量计观测到的雨量值作为实测值，用雷达测到的未经校准、经平均校准、经变分法校准后得到的降水量与之比较计算出它们各自的相对误差，各项结果列在表 3 中。由表 3 可见，从单站来说，雷达未经校准探测的误差最大，其最大相对误差达 150％。平均校准后，精度有所改善，变分法校准后精度最高，平均相对误差绝对值为 28％。

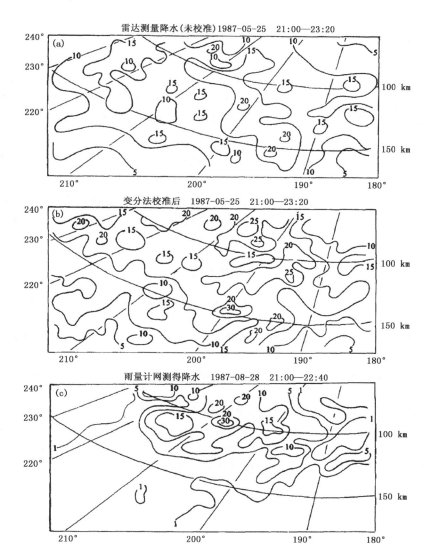

图 3　1987 年 5 月 25 日 21:00—23:00 降水量分布形势

（武汉地区南部图 1 所示的分析区）

表 3　雷达测量单站降水量相对于地面雨量计测量降水量的相对误差（％）

自记雨量站	蒲圻	崇阳	通城	平均相对误差绝对值
雷达（未校准）	65	36	150	83
平均校准后	58	23	50	43
变分法校准后	51	9	25	28

5　小结和讨论

1. 用变分方法校准雷达测定区域降水量,由于考虑了校准因子是各网格点的函数,因此经校准后的降水量分布形势场比较符合客观实际。对 5 次降水天气过程分析表明,对降水量分布很不均匀的对流性降水,变分法校准雷达测定区域降水量效果更为明显,使雷达测量降水的相对误差从未校准前的 100%～200%减少到 20%～30%。

2. 经试验表明,只要在试验区中有 5～6 个自动雨量计资料,就可使用变分法校准雷达测定区域降水量。

3. 由于客观条件的限制,用平均每 900 km² 中设置一个雨量计所测得的降水量作为"真值"来衡量各种探测方法的精度,本身会带来一定误差[1],在实际工作中,应把这个误差考虑进去。

参考文献

[1]　Wilson J W. Radar measurement of rainfall summary[J]. Bull Amer Meteor Soc,1979,60(9): 1048-1058.

[2]　戴铁丕,傅德胜.天气雷达—雨量计网联合探测区域降水量精度[J].南京气象学院学报,1990,13(4): 592-597.

[3]　Ninomiya K, Akiyama T. Objective analysis of heavy rainfalls based on radar and gauge measurement [J]. J Meteor Soc Japan, 1978,50:206-210.

[4]　戴铁丕,张培昌,魏鸣.713 测雨雷达测定区域降水量初探[J].南京气象学院学报,1987,10(1):87-93.

[5]　Sasaki Y. Some basic formulas in numerical variational analysis[J]. Mon Wea Rev, 1970,98:875-883.

[6]　Bames. Mesoscale objective map analysis using weighted time series observations[R]. NOAA, Tech, Memo ERL NSSL —62, Norman, OKLA, 1973, 60pp.

最优化法求 *Z-I* 关系及其在
测定降水量中的精度[*]

张培昌[1]，戴铁丕[1]，王登炎[2]，林炳干[3]

(1. 南京气象学院,南京 210044；2. 武汉中心气象台,武汉 4430070；3. 福建省气象台,福州 350001)

摘 要：本文介绍了用最优化原理求取 *Z-I* 关系的新方法,并将求得的最优化 *Z-I* 关系式应用于雷达探测单点和区域降水量。结果表明：探测降水量精度可以明显提高。经过检验,表明该关系式具有一定代表性。

1 引言

自 20 世纪 60 年代以来,随着计算机技术迅速发展,国内、外不少国家已研制成功数字化天气雷达测定区域降水量系统。其中得到广泛发展并已能投入业务试用的是天气雷达——雨量计系统联合探测区域降水量方案[1,2]。试验证实,利用现代电子技术、通讯设备,借助电子计算机,雷达确实能够及时提供一个区域内的降水信息。利用这些资料,对暴雨落区和移动预报、区域流量计算、洪水预报和水库流量调度均具有重要意义。

研究表明,雷达估计的降水量与实测降水量之间存在一定误差,大部分误差可以用各种校准方法订正[2,3]。但 *Z-I* 关系变化所引起的降水量测定误差未能通过上述方法克服。本文介绍一种建立 *Z-I* 关系的新方法,则可消除这类误差,改善探测降水精度。该方法不同于传统的用雨滴谱法[4]建立的 *Z-I* 关系式,是用雷达测得的雷达反射率因子 *Z* 和雨量计观测到的降水量 *G* ,通过计算机直接进行快速计算和比较,最终建立最优化的 *Z-I* 关系式[5]。

2 资料来源

雷达资料：分两部分,一部分由南京气象学院 711 雷达距显上提供,取的是 1980 年和 1981 年六次混合性降水回波资料,探测目标在六合上空,并用文献[6]介绍的方法对回波强度进行订正,再作 10 分钟滑动平均,求得分贝数平均值 $\overline{N}$,尔后再求得平均雷达反射率因子 $\overline{Z}$ 值,共选取样本数 112 个。另一部分由江苏省气象台 713 数字化雷达 2 km 高度上的 CAPPI 提供,取的是 1989 年 2 次 4 个时段混合性降水回波资料,探测区域在扬州附近,面积为4000～8800 km²。分析时,以雷达站为中心,把研究区域划分成许多呈正方形的网格,格距为 4 km。为了防止雷达测值与雨量计测值取样点不一致造成的误差,雨量站点处的雷达测值由周围四

[*] 本文原载于《气象科学》,1992,12(3):333－338.

个网格点的平均值来确定,选取样本 44 个。

雨量资料:取自上述相应时间,研究区内设置在各个县气象站上的自记雨量计上自记记录。但对六合气象站的雨量资料为了和相应的雷达资料对应,也经过 10 分钟滑动平均。上述两种资料最后均换算成每小时雨量 G 值。

雨滴谱资料:由于本文将对最优化方法和雨滴谱方法所得到的 Z-I 关系式进行比较,故在六合气象站用染色滤纸法,取雨滴谱资料 350 份,选其中 120 份资料求回归得到

$$Z = 337.27 I^{1.364} \tag{1}$$

3 最优法处理原理和方法

最优化处理实质是先假定一个 Z-I 关系式

$$Z = AI^B \tag{2}$$

尔后反复修改 Z-I 关系,以使雷达估算的每小时雨量值 H_i 值和雨量计所观测的每小时雨量 G_i 之间的一致性达到最好,而一致性好坏的程度,可用事先选择的判别函数 CTF 来表示[5]。当对手边的样本数已做到不可能再对 Z-I 关系中的参数 A、B 值进行修改时,程序就告结束。这时判别函数达到了最佳值。在这次试验中,为了比较,引入了三种判别函数分别为

$$CTF_1 = \text{MIN}\{\sum_{i=1}^{N}[(H_i - G_i)^2 + |H_i - G_i|]\} \tag{3}$$

$$CTF_2 = \text{MIN}\{\sum_{i=1}^{N}[(H_i - G_i)^2 + (H_i - G_i)]\} \tag{4}$$

$$CTF_3 = \text{MIN}\{\sum_{i=1}^{N}[(H_i - G_i)^2 - (H_i - G_i)]\} \tag{5}$$

式中 N 表示所取样本数。i 为所取样本数序号,可从不同观测时间上取样,也可从不同网格点上取样。$H_i - G_i$ 为用两种方法测得的雨量差值,$(H_i - G_i)^2$ 为偏差平方和。试验表明(3)、(4)、(5)三式均能使 H_i、G_i 两雨量值接近相等,即判别函数 CTF 达到最小值。

为了阐明式(4)的含意,可简要推求这个公式。据误差理论,G_i 与 H_i 值之差 C_i,可能是由于系统误差 $\overline{C}$ 及偶然误差 C'_i 所造成,即 $G_i - H_i = C_i = \overline{C} - C'_i$。$\overline{C}$ 也可看作是误差的平均值,C'_i 则为围绕误差平均值的涨落值,据方差理论,对于连续型变量有

$$C'(\tau) = \int_0^T [-C(\tau) + \overline{C}(\tau)^2]d\tau = \int_0^T [H(\tau) - G(\tau) + \overline{C}(\tau)^2]d\tau$$

$$= \int_0^T \{[H(\tau) - G(\tau)]^2 + 2\overline{C}(\tau)[H(\tau) - G(\tau)] + \overline{C}(\tau)^2\}d\tau$$

其中 $C(\tau) = G(\tau) - H(\tau)$ 为雨量计测值与雷达测值之间偏差。用上述函数或作为判别函数去寻找最佳的 Z-I 关系,就是要使得由最佳的 Z-I 关系所获得的 H_i 值,能使上面的判别函数获得最小值,即可令

$$CTF = \text{MIN}\int_0^T \{[H(\tau) - G(\tau)]^2 + 2\overline{C}(\tau)[H(\tau) - G(\tau)] + \overline{C}^2(\tau)\}d\tau$$

若进一步设

$$CTF_2 = CTF - \int_0^T \overline{C}(\tau)^2 d\tau = \text{MIN}\int_0^T \{[H(\tau) - G(\tau)]^2 + 2C(\tau)[H(\tau) - G(\tau)]\}d\tau \tag{6}$$

则由于 $CTF_2 < CTF$，故选取 CTF_2 作为判别函数更好。又据实际情况，可将上式写成离散型变量，即可将 T 转换成 N 次试验数据，于是式（6）又可写成

$$CTF_2 = \text{MIN} \sum_{i=1}^{N} \left[(H_i - G_i)^2 + 2\overline{C}(H_i - G_i) \right] \tag{7}$$

式（6）、（7）为一般的判别函数。$\overline{C}$ 值一般应通过实验和分析确定。为了简便，这里式（4）、（5）中 $\overline{C}$ 值分别取 $\pm \frac{1}{2}$。

在实施最优化法方案时，先要确定一个初始的 $Z\text{-}I$ 关系式。据南京地区 $Z\text{-}I$ 关系式特点，现确定 A、B 初值分别为 6 和 1.0。然后用此初始关系式，计算出每小时雷达估算的降雨量 H_i 值与用雨量计测得的每小时雨量值 G_i 进行比较。若它们之间差异过大，就调整 $Z\text{-}I$ 关系的系数 A 和指数 B。在试验中，A、B 值分别取步长为 10 和 0.1 进行变化。每调整一次 A 或 B，就又可以由调整后新的 $Z\text{-}I$ 关系式，将 Z_i 值代入，得到一组新的每小时雷达估算的降雨量值，再与用雨量计测得的每小时降雨量值进行比较，如此循环往复，直至用两种方法得到的雨量值接近一致，CTF 达最小值，程序就告结束。

实施最优化原理也可用图 1 解释该图的横坐标为 H_i，纵坐标为 G_i。若 Z 值一定，当 A 值从小到大变化，由式（2）可知，雨强 I 值（或与它对应的 H_i 值）从大到小变化，由于这时 G_i 值不变，所以反映在图 1 中，散布的点子向左作水平移动。反之，当 A 值从大到小变化，这时由于 H_i 值从小到大变化，加上 G_i 值一定，散布点子则作水平向右移动。可见散布点子只能作水平移动，当散布点子移动到 45°线附近时，判别函数 CTF 达最小值，此时的 $Z\text{-}I$ 关系式即认为是最佳的。另外，若散布点子均匀分布在 45°线两旁，则说明所选择的判别函数是正确的，本次试验即为这种情况；相反，当散布点子明显偏于 45°线一边，那么所选的判别函数不合适，必须重新寻找合适的判别函数。

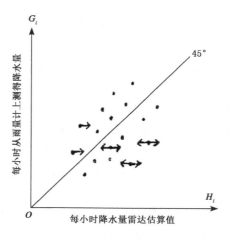

图 1　最优化实施示意图

4　最优化法在单点降水测量中的精度

取六合 6 次混合性降水过程中的雷达回波和降水资料，用式（2）、（3）、（4）和前面介绍的最

优化方案,经计算机运算,最后得两个与式(3)、(4)对应的最优化 Z-I 关系式分别为

$$Z = 220I^{2.0} \tag{8}$$
$$Z = 320I^{1.9} \tag{9}$$

为了对由式(8)、(9)和用雨滴谱法得到的式(1)测量降水的效果作一比较,现列出表 1 讨论。由表 1 可见,最优化法有下述一些特点。

1. 从 Z-I 关系式来看,用最优化法得到的(8)、(9)两式与用雨滴谱得到的式(1)比较可见,(8)、(9)式指数 B 明显增大,而系数 A 值则减少。

表 1 几种 Z-I 关系式某些统计特征量比较

统计量	最优化 CTF $Z = 220I^{2.0}$	最优化 CTF$_2$ $Z = 320I^{1.9}$	雨滴谱 $Z = 337.2I^{1.364}$
相关系数(H_i 与 G_i)	0.766	0.772	0.701
雷达估算总降水量(H ,mm)	50.56	46.54	123.94
雨量计测得总降水量	51.02	51.02	51.02
相对误差	0.9	8.8	143
$\sum (H_i - G_i)^2$	2104.11	2183.41	63767.76

2. $\sum (H_i - G_i)^2$ 项,即偏差平方和,这项反映 Z-I 关系非线性影响,与(1)式比较,两种最优化法均减少约 97%。

3. 用最优化法由两种方法得到的总雨量值非常接近,与相对误差对 CTF$_1$ 和 CTF$_2$ 各为 0.9% 和 8.8%。而用雨滴谱法(1)式与用雨量计测得的总降水量 G 值相比,相对误差竟达 143%,显然,最优化法较优越。

4. 每小时一次的 H_i 和 G_i 值之间的相对系数,也由雨滴谱法的 0.701 分别提高到 0.766 和 0.772。

分析中发现,最优化法也存在一个问题,即尽管由 6 次全部资料用 CTF$_1$ 得到的最优化 Z-I 关系式去估算总雨量,与用雨量计观测得到的总雨量比较,其相对误差仅为 1%,然而,用此关系式去估算各次单独降水过程的雨量,误差仍旧很大(表略)。分析发现,在这类误差中,很大一部分是由于平均雨强值大小不同所引起。本文前面采用的滑动平均使得平均雨强大的天气过程,其降水量明显被低估;反之,平均雨强小的天气过程,则过程降雨量被高估。由此可见,应用最优化法建立 Z-I 关系,最终求得过程降雨量时,为了提高该法测量精度,最好先分雨型,然后,再按平均雨强来建立最优化 Z-I 关系式较好。

为了证实上面分析的正确性,又选取了资料比较完整和较典型的两次降雨过程。其中,1981 年 6 月 27 日代表平均雨强小的降雨过程,而 1981 年 7 月 1 日代表平均雨强大的降雨过程,利用式(2)、(3)、(4)分别对它们进行最优化处理,得到 Z-I 关系式

$$Z = 340I^{3.3} \tag{10}$$
$$Z = 60I^{2.3} \tag{11}$$

后,分别对上述两次以及另外两次降水过程(1980 年 6 月 17 日、7 月 9 日)进行降水量检验。结果表明,用式(10)、(11)后对于上述 4 次降水过程精度可提高一倍左右(表略)。

5　最优化法在测定区域降水中的精度

为了进一步阐明最优化方法优越性,本研究中又采用了江苏省气象台 713 数字化雷达的 2 km 高度上 CAPPI 的回波资料和相应的降水资料进行最优化处理,计算结果见表 2。由表可见:4 个个例由原来的 $M-P$ 分布建立的 $Z\text{-}I$ 关系改用最优化的 $Z\text{-}I$ 关系后,雷达测值相对误差分别由原来的 34.9%、29.8%、32.8%、-42.7% 下降到 1.1%、22.1%、22.4%、34.6%,降低幅度几乎都大于 8%,这就充分说明了求得的最优 $Z\text{-}I$ 关系,确能提高降水测定精度。

分析中还发现最优化法在区域降水量测定中的精度与选取的区域大小有关,例如选定一个大区域建立的最优 $Z\text{-}I$ 关系,那么对这个大区域来说是最优的,但对各个小区域讲,未必最优。这个结论和上述最优化法在单点降水测量中提到的精度与所选资料多少有关极为相似。

表 2　最优化法在区域降水测量中精度实例(1989 年)

时间		6 月 15 日 07:00—08:00	6 月 15 日 09:00—10:00	7 月 5 日 08:00—09:00	7 月 5 日 16:00—17:00
区域面积(km²)		4576	8816	6720	3952
雨量计网测值(10^7m³)		5.6108	8.4205	7.1519	5.2895
雨量计网密度(1 个/km²)		654	551	610	494
订正前最优化处理后	雷达测值($M-P$,10^7m³)	3.6503	5.9137	4.8045	7.5470
	绝对误差(10^7m³)	1.9605	2.5068	2.3475	-2.2575
	相对误差(%)	34.9	29.8	32.8	-42.67
	最优 $Z\text{-}I$ 关系	$Z=102I^{1.6}$	$Z=535I^{1.2}$	$Z=1.59I^{1.6}$	$Z=59I^{3.64}$
	雷达测值(10^7m³)	5.5519	6.5586	5.5509	7.121
	绝对误差(10^7m³)	0.0589	1.8618	1.6011	-1.8315
	相对误差(%)	1.1	22.1	22.4	-34.62

6　小结和讨论

(1)本文介绍的用最优化法求取 $Z\text{-}I$ 关系,对单点和区域降水量测定均适用,对后者,只要能保证各个小区域上能同时获得 H_i 和 G_i 值即可,即这时式(3)、(4)、(5)中下标 i 已表示为某个小区域的序数。

(2)采用该法可以提高雷达探测降水精度,使用又较方便。对于既有数字化雷达,又能按时提供降水资料的台站,可以直接用雷达探测得到的 Z 值和雨量计观测得到的每小时雨量 G_i 值,用计算机直接求取最优 $Z\text{-}I$ 关系,然后用该式求得雷达覆盖地区区域降水量值。对于尚无数字化雷达的台站,也可类似使用本文的方法,即从历史资料 Z 值和相应雨量计资料 G_i 值,分雨型和雨强求取最优化 $Z\text{-}I$ 关系式,也可提高探测精度。

(3)本文在测定单点、区域降水量中采用最优化 $Z\text{-}I$ 关系式,均得到较为满意的结果,但使用该关系式时,要注意适用范围。

(4)本文所用资料样本不够多,故采用了滑动平均法来增加样本数,单点降水测定试验中有几次降水量不大,因此本文所得的结果的适用性还要进一步在实践中检验证实。

参考文献

[1]　Collier C G, ct al. A comparison of arcal rainfall as measured by a raingauge—Calibrated radar system and raingauge networks of various densities[J]. 16 th Mete Conf, 1975:467-471.

[2]　戴铁丕,傅德胜.天气雷达—雨量计网联合探测区域降水量精度[J].南京气象学院学报,1990,13(4): 592-597.

[3]　伍志芳,戴铁丕,张培昌.用变分方法校准天气雷达测定区域降水量的数值计算和精度分析[J].气象科学,1989,9(3):223-235.

[4]　戴铁丕,张培昌,等.确定 Z-I 关系的几种方法及其在定量测雨中的精度[J].南京气象学院学报,1983 (2):215-222.

[5]　Smith P L, et al. Desivation of an $R-Z$ relationship by computer optimization, and its use in measuring daily areal rainfall[J]. 16th radar Mete Conf, 1975:461-466.

[6]　张培昌.711雷达测定回波数据订正方法[J].南京气象学院学报,1982(1):83-90.

数字化天气雷达资料的一种无失真压缩方法*

张培昌，袁招洪，顾松山

（南京气象学院，南京　210044）

摘　要：提出一种数字化天气雷达回波图像的无失真压缩方法。它利用"改进的局部平均法"对雷达回波进行滤波；然后对图像进行一阶差分变换，并用链码对图像中非零元素进行描述；最后按编码的概率分布对其进行优化，使用这种方法，压缩后资料的数据量仅为原始图像的 5% 左右。

关键词：数字化天气雷达；一阶差分变换；无失真压缩

数字化天气雷达资料的数据量很大，一幅 $480 \times 400 \times 8$ 比特的回波图像的数据量为 1500 k比特，这给资料的长期存贮和实时传输带来了困难。因此，必须对数字化天气雷达资料进行压缩。

1987 年日本的神田丰[1]用差分方法和行程编码的方法对数字化雷达回波资料进行压缩，并获得 $2:1\sim10:1$ 的压缩比。国内王国华[2]和顾松山[3]等分别运用等值线法和无失真编码的方法对数字化天气雷达资料进行压缩，分别获得 93% 和 88% 的压缩效率。另外还有在华北地区天气雷达人工数字化拼图中使用的类似"0，1"数据压缩的方法。到目前为止，虽然在数字化雷达回波资料压缩方面取得了一些进展，但所获得的压缩比还不尽如人意，所使用的方法还有一定的局限性。

本文提出一种新的数字化天气雷达资料压缩方法。该方法的基本思路是：首先用"改进的局部平均法"对回波图像资料进行滤波处理，以消除孤立点状的噪声，然后对滤波图像进行差分变换以消除像素点之间的相关性，并用链码对变换后图像中的非零元素进行描述；最后按编码的概率分布用 Huffman 码对其进行优化，以进一步提高压缩比。

1　回波图像资料的预处理

通常，噪声以点状形式出现在雷达回波图中，所以预处理是以消除雷达回波图中的"孤立点"为前提的，这样难免会剔除回波图中不为噪声的孤立点。但预报员主要关心降水回波的位置、类型及一些特征参量，对回波的精细结构不十分苛求，因此上述处理对问题的本质没有重要的影响。

消除噪声的方法很多[4]，为了尽量避免滤波后回波边缘的模糊效应和尽量减少回波中气象信息的丢失，同时加快运算速度，我们采用"改进的局部平均法"。

对于一给定半径的点集 S（这里包括八邻点共九点），利用阈值确定是否由点集的平均值

---

*　本文原载于《南京气象学院学报》，1993，16(2)：139-147.

代替该点集中心点的值。这样可以减少由于滑动平均而引起的边缘模糊效应。表达式为

$$g(m,n) = \begin{cases} \dfrac{1}{N}\sum\limits_{(i,j)}\sum\limits_{\in S} f(i,j) & \left| f(m,n) - \dfrac{1}{N}\sum\limits_{(i,j)}\sum\limits_{\in S} f(i,j) \right| > T \\ f(m,n) & \text{其他} \end{cases} \tag{1}$$

其中 T 是阈值,可根据实际需要选定。

对(1)式进行分析可以得出

$$g'(m,n) = \frac{1}{N}\sum_{(i,j)}\sum_{\in S} \eta(i,j) \tag{2}$$

$$E[g'(m,n)] = 0 \tag{3}$$

$$D\{g'(m,n)\} = \frac{1}{N}\sigma^2 \tag{4}$$

其中 $g'(m,n)$ 是滤波后图像某点的噪声,$\eta(i,j)$ 是原始图像中某点的噪声,σ^2 是原始图像噪声的方差。由上面的式子可以看出:经滤波后残余噪声 $g'(m,n)$ 的均值 $E[g'(m,n)]$ 仍为零,而它的幅度和方差 $D\{g'(m,n)\}$ 却比原噪声减少了 N 倍,因此这种方法在理论上可以达到去噪声的目的。下面给出一个滤波的例子。由图 1 可以看出,经这样处理后基本上达到了去除孤立点的目的,雷达回波的结构也变得清晰。

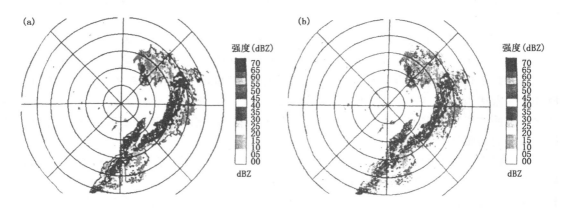

图 1　滤波前(a)与滤波后(b)的回波图

2　编码原理

在数字化雷达资料的数据压缩过程中,主要有二个因素影响压缩效果。一是雷达回波的数据结构,即像素点间的相关性。二是雷达回波像素值的概率分布。一般来说结构简单而且像素值的概率分布相对集中的图像都可以得到较好的压缩效果。基于影响压缩效果的两个因素,我们首先对图像进行差分变换,改变其数据结构以消除一行中像素点间的相关性,且使像素点值的概率分布集中,然后对其进行非零像素点的编码。

2.1　回波图像差分变换的理论分析

把图像资料视为行扫描的时间序列 $\{x_n\}$,且为广义平稳的随机过程。不失一般性,设这

个二阶矩过程的均值 $E\{x_n\}=0$ 。

　　如果以某时刻前 m 个时刻的资料来估计该时刻的值，并认为该值是前 m 个值的线性组合，即 $\hat{x}_n$ 是 $x_{n-1},\cdots,x_{n-m}$ 的线性组合，则有

$$\hat{x}_n=\hat{x}(n)=\sum_{k=1}^{m}a_k x(n-k) \tag{5}$$

$$e_n=e(n)=x(n)-\hat{x}(n)=x(n)-\sum_{k=1}^{m}a_k x(n-k) \tag{6}$$

其中 e_n 是估计误差，a_k 是估计参数，m 是估计阶数。选取 a_k 的条件是使

$$\sigma_{e_n}^2=E\{e_n^2\}=E\left\{\left[x(n)-\sum_{k=1}^{m}a_k x(n-k)\right]^2\right\} \tag{7}$$

最小。即通过解 $\dfrac{\partial\sigma_{e_n}^2}{\partial a_i}=0\ (i=1,2,\cdots,m)$ 这个方程组可求得最佳 a_k 。于是有

$$\frac{\partial\sigma_{e_n}^2}{\partial a_i}=-2E\left\{x(n-i)\left[x(n)-\sum_{k=1}^{m}a_k x(n-k)\right]\right\}=0 \tag{8}$$

上式两边同乘 a_i 并对 i 求和。由于 $\hat{x}_n$ 是线性运算，$E\{\cdot\}$ 也是线性运算，故

$$E\{\hat{x}(n)[x(n)-\hat{x}(n)]\}=0 \tag{9}$$

由前假设 $E\{x(n)\}=0$ ，有

$$\sigma_{e_n}^2=E\{e^2(n)\}=E\{x(n)[x(n)-\hat{x}(n)]\} \tag{10}$$

考虑到 $x(n)$ 的自相关函数为

$$R(k)=E\{x(n)x(n-k)\} \tag{11}$$

故有

$$\sigma_{e_n}^2=R(0)-\sum_{k=1}^{m}a_k R(k) \tag{12}$$

由式（12）可知：e_n 的方差小于 $R(0)$ 。又因 $E\{x(n)\}=0$ ，故 e_n 的方差小于 $x(n)$ 的方差。如把 $\{e_n\}$ 也视为一幅图像，显然经线性差分变换后图像的能量更加集中。这有利于数据压缩。$x(n)$ 的相关性越大，即 $R(k)$ 越大，差分图像的方差 $\sigma_{e_n}^2$ 就愈小，所能达到的压缩比也就愈大。相反，如 $x(n)$ 前后不相关，即 $R(k)=0$ ，图像就不可能被压缩。

　　下面考虑差分阶数 m 的选取问题。把（11）式代入（8）式并考虑 $R(-k)=R(k)$ ，则得

$$R(i)-\sum_{k=1}^{m}a_k R(|R-i|)=0 \qquad i=1,2,\cdots,m \tag{13}$$

对相关系数进行归一化处理，即令

$$\Gamma(k)=R(k)/R(0)=\rho^{|k|} \qquad 0<\rho<1$$

并将式（13）写成矩阵形式，则有

$$\begin{bmatrix}1&\rho&\rho^2&\cdots&\rho^{m-1}\\ \rho&1&\rho&\cdots&\rho^{m-2}\\ \vdots&\vdots&&&\vdots\\ \rho^{m-1}&\rho^{m-1}&\cdots&\cdots&1\end{bmatrix}\begin{bmatrix}a_1\\a_2\\\vdots\\a_m\end{bmatrix}=\begin{bmatrix}\rho\\\rho^2\\\vdots\\\rho^m\end{bmatrix} \tag{14}$$

由于雷达回波中的像素点与其周围像素点的相关性最大，因此可以把 $x(n)$ 近似为一阶马尔可夫序列。

　　若 $m=1$ ，则由（14）式得 $a_1=\rho$ ，这时

$$\hat{x}(n) = \rho \cdot [x(n-1)]$$

所以

$$e(n) = x(n) - \rho x(n-1)$$

$$\sigma_{e_n}^2 = E\{e^2(n)\} = R(0)(1-\rho^2) \tag{15}$$

$$E\{e(n)e(n+j)\} = E\{[x(n)-\rho x(n-1)][x(n+j)]-\rho x(n+j-1)\} = 0 \tag{16}$$

由上两式可知,一阶差分以后的图像 $\{e_n\}$ 的方差 $\sigma_{e_n}^2$ 仅是原始图像的 $1\sim\rho^2$ 倍,而且像素点间的相关系数为零,因此对雷达回波而言一阶差分变换已接近最佳变换。这种变换简单、方便,具有很大的实用性。

下面给出一幅中国气象科学研究院多普勒雷达回波图像一阶差分变换前后的概率分布情况(图 2)。可以看出差分后图像的能量更加集中了。

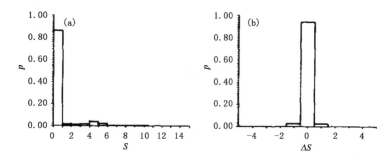

图 2　原始图像灰度的概率分布(a)和变换后图像灰度的概率分布(b)

2.2　编码效果与信源的概率分布

设雷达回波的灰度集为 $S:\{s_1,s_2,\cdots,s_n\}$,其对应的概率为 $P(s):\{P(s_1),P(s_2),\cdots,P(s_n)\}$。按照信息论中的定义[5],灰度集中某一符号 s_i 所含的信息量为

$$I(s_i) = \log_2 \frac{1}{P(s_i)} \qquad \text{(bits)} \tag{17}$$

如果 $P(s_i)(i=1,2,\cdots,n)$ 已知,则可以得到 S 中每一灰度的平均信息量——熵,它定义为

$$H(S) = \sum_{i=1}^{n} P(s_i)I(s_i) = -\sum_{i=1}^{n} P(s_i)\log_2 P(s_i) \qquad \text{bits/sgm} \tag{18}$$

由熵的定义可以看出,$H(S)$ 与 $P(s_i)$ 有关。

如果对灰度集进行编码,变换成的码组为

$$W:\{w_1,w_2,\cdots,w_n\}$$

对应的概率 $P(w):\{P(w_1),P(w_2),\cdots,P(w_n)\}$

对应的码长 $L(w):\{l_1,l_2,\cdots,l_n\}$

平均码长 $\bar{L} = \sum_{i=1}^{n} P(s_i)l_i$

由香农(shanon)第一定理知:$H(S)\leqslant\bar{L}$,即平均码长有一个下限值是灰度集的熵。同时可以定义"编码效率"。

$$\eta = H(S)/\bar{L} = -\sum_{i=1}^{n} P(s_i)\log_2 P(s_i) / \sum_{i=1}^{n} P(s_i)l_i \tag{19}$$

由式(19)可见，$P(s_i)$ 已知时，总可以找到一组分组码使 η 最大。如果对出现概率较大的 s_i 赋予较短的码长 l_i，总可以提高编码效率。

3　编码方法

这里所提出的编码方法实际上是对原始雷达回波图作三次变换，即

$$S(i,j) \xrightarrow{f_1} G(i,j) \xrightarrow{f_2} H(i,j) \xrightarrow{f_3} \overline{S}(i,j)$$

其中 f_1 是一阶差分变换；f_2 是消除"底色"而对分界线编码的变换；f_3 是根据链码和像素值编码的概率分布用 Huffman 码进行优化的变换。具体讨论如下。

一阶差分变换　它是一种线性变换。如果把图像视为一个矩阵且是坐标 (i,j) 的二元函数，则雷达回波图像矩阵为 $S = \{s_{ij}\}, i = 0, 1, \cdots, M-1; j = 0, 1, \cdots, N-1$。若回波有 K 个层次，则 $0 \leqslant s_{ij} \leqslant K-1$。设 $\boldsymbol{X} = \boldsymbol{S}^T$，$\boldsymbol{Y} = \overline{\boldsymbol{Y}}^T$，则可以把一阶差分变换描述为

$$\boldsymbol{Y} = \boldsymbol{AX} \qquad \boldsymbol{A} = \begin{bmatrix} 1 & -1 & 0 & \cdots & 0 \\ 0 & 1 & -1 & \cdots & 0 \\ \vdots & \vdots & & & \vdots \\ \vdots & \vdots & & & -1 \\ 0 & 0 & 0 & \cdots & 1 \end{bmatrix}$$

因为 $|A| = 1$，即 $|A|$ 不为零，故上式的变换是可逆变换。这就说明变换后的图像可以恢复为原图像。

由于雷达回波的连续性，经一阶差分变换后，相邻两像素灰度若相等时，其值即为零；不相等时，其值也在零附近，所以差分后图像灰度的概率分布大部分集中在零的附近。若把值为零的像素点视为"底色"不参与编码，则可对数据进行大量压缩，同时由于概率分布相对集中，为用不等长码编码提供了条件。

差分图像的描述　数字化天气雷达回波图像经一阶线性差分变换后，其数据结构发生了变化，已不再是原来带状或块状结构，而是线状结构，由于不考虑值为零的像素点，所以对差分图像的描述实际上是描述图像中的分界线。因链码描述线段较为方便，所以我们采用了八链码追踪法。

(1)追踪分界线起始点用 IP 算法[6]。

(2)追踪分界线走向用 T 算法[6]。由于 T 算法是自上而下逐行扫描，因此只需用左下、下、右下三个方向的链码即可表示分界线的走向。

编码的优化　这里所述的编码优化是指对已编码的码组如何优化，实际上是再编码的过程。由 2.2 部分的分析可知，根据编码对象的概率采用不等长码可以提高编码效率。由于前述的编码过程中用的都是等长码，因此对之进行进一步优化可以提高压缩比。

优化编码的对象有两个：一是链码，二是差分图像的像素值的编码。由于 Huffman 码是编码效率很高的码，并且可以证明它既是紧致码又是即时码[5]，因此采用 Huffman 码对编码进行优化。具体步骤如下。

(1)根据编码出现的概率由大到小排序：$s_1, s_2, \cdots, s_k$。

(2)按下列的规则对链码和像素值编码分别优化编码。

$$
\begin{array}{ll}
s_1 & 0 \\
s_2 & 10 \\
s_3 & 110 \\
s_4 & 1110
\end{array}
\qquad\qquad
\begin{array}{ll}
s_1 & 0 \\
s_2 & 10 \\
\vdots & \vdots \\
s_K & \underbrace{1\cdots10}_{K-1}
\end{array}
$$

　　　　　　a)链码　　　　　　　　　b)像素点值的编码

a)中的 s_1、s_2、s_3、s_4 分别表示链码的三个方向码和结束标志,b) 中的 s_1、s_2、$\cdots$、s_K 是差分图像像素点值的绝对值。由于差分后图像的像素点值的概率分布相对集中在 0 的附近,从统计的角度而言 ±1 的个数 $>\pm2$ 的个数 $>\cdots>\pm K$ 的个数,因此 s_1,s_2,$\cdots$,s_K 分别对应于 $1,2,\cdots,$ K。这样编码和译码都较为方便。

4　译码和图像的再现

　　译码和图像的再现是整个编码过程的逆过程,即 $\overline{S}(i,j)\xrightarrow{f_3^{-1}}G(i,j)\xrightarrow{f_2^{-1}}H(i,j)\xrightarrow{f_1^{-1}}S(i,j)$。首先由压缩码恢复出链码和差分后像素点的值;其次由链码恢复出差分图像;最后由差分图像反一阶差分即可得到原始的编码图像。

5　压缩效果

　　表 1 是像素值编码情况的比较。可以看出:数字化天气雷达图像经一阶差分变换后“零元”明显增多,而且像素值的概率分布相对集中。由于这些零元不参与编码,使得熵 $H(s)$ 增加 60% 左右,从而提高了编码效率。编码经优化以后平均码长 $\overline{L}$ 明显缩短,进一步提高了编码效率。表 2 是链码优化前后的比较,同样由于缩短了平均码长 $\overline{L}$ 而提高了编码效率。

　　如果按下式定义回波图像的压缩比为

$$C = 压缩前的总字节数/压缩后的总字节数$$

　　表 3 给出 6 幅取自气科院多普勒雷达的回波图像压缩及优化的情况。这 6 幅回波都属于对流性降水回波。由于压缩比很大程度上取决于雷达回波图像的数据结构,均匀回波区越大,压缩比也就越高,因此层状云降水回波可望获得更高的压缩比[7]。

　　下面给出一个实例。原始图像见图 1a,预处理后的图像见图 1b。对图 1b 进行压缩编码,压缩比为 13.46,优化后压缩比提高至 15.68。译码再现图像见图 3。图 1b 与图 3 比较可以看出运用本文

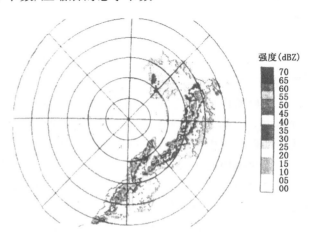

强度(dBZ)

70
65
60
55
50
45
40
35
30
25
20
15
10
05
00

图 3　对图 16 进行压缩译码后的图像

提出的方法对雷达回波图像进行压缩是无失真的。

表 1　像素值编码情况的比较

原始图像			差分后			优化后		
灰度级	概率(%)	编码	灰度级	概率(%)	编码	灰度级	概率(%)	编码
0	86.60	0000 0000	0	94.40		0	94.40	
1	1.43	0000 0001	+1	2.64	0 0000	+1	2.64	00
2	1.13	0000 0010	+2	0.25	0 0010	+2	0.25	010
3	1.73	0000 0011						
4	3.90	0000 0100	−1	2.32	1 1111	−1	2.32	10
5	1.69	0000 0101	−2	0.34	1 1110	−2	0.34	110
6	0.86	0000 0110	−3	0.05	1 1101	−3	0.05	1 110
7	0.76	0000 0111						
8	0.66	0000 1000						
9	0.63	0000 1001						
10	0.47	0000 1010						
11	0.14	0000 1011						
12								
13								
14								
15								
$\bar{L}$		8	$\bar{L}$		5	$\bar{L}$		2.12
$H(s)$		0.99	$H(s)$		1.56	$H(s)$		1.56
η		12.4%	η		31.2%	η		73.6%

表 2　链码优化前后比较

优化前			优化后		
链码	概率(%)	编码	链码	概率(%)	编码
左下	30.47	11	下	44.84	0
下	44.84	10	左下	30.47	10
右下	24.69	01	右下	24.69	110
$\bar{L}$		2	$\bar{L}$		1.8
$H(s)$		1.54	$H(s)$		1.54
η		77%	η		85.6%

表 3　压缩及优化的情况

原始资料		压缩后			
		优化前		优化后	
资料名	字节数	字节数	压缩比	字节数	压缩比
5311640.A	230400	11487	20.06	9912	23.25
9161156.A	230400	9784	23.55	8432	27.33
9161607.A	230400	17112	13.46	14693	15.68
5311730.A	230400	12169	18.93	10501	21.94
5311540.A	230400	8371	27.52	7229	31.87
9161052.A	230400	7087	32.51	6091	37.83

6　结语

(1)本文提出的这种无失真压缩方法在普通的 IBM-PC/XT-Ⅲ上运行整个过程仅需 1 分钟左右,基本上可以满足业务使用。

(2)在像素点和链码的编码上由于已进行了优化,故已不再有潜力。

(3)由于分界线的起始位置以一个字节表示,如果对之也进行差分并以 Huffman 码优化,则可进一步提高压缩比;另外在减少分界线条数方面仍有潜力可挖。

参考文献

[1]　神田丰. 雷达回波资料的一种压缩方法[J].气象科技,1985(2):82-86.
[2]　王国华,等. 天气雷达回波数据压缩方法[J].气象科学研究院院刊,1988(2):151-157.
[3]　顾松山,等. 天气雷达数字图像的无失真编码[J].南京气象学院学报,1989(3):181-187.
[4]　RC 冈萨雷斯,P 温茨. 数字图像处理[M].李叔梁,等译. 北京:科学出版社,1982.
[5]　黄端旭. 信息传输原理[M].南京:南京工学院出版社,1987:80-110.
[6]　邝仲文. 匹配边界码的图像压缩方法[J].计算机学报,1986(6):433-440.
[7]　陈传波. "背景"消除的图像压缩方法[J].计算机学报,1989(3):211-218.

天气雷达测定区域降水量方法的改进与比较[*]

林炳干[1],张培昌[2],顾松山[2]

(1.福建省气象局,福州　350001;2.南京气象学院大气物理学系,南京　210044)

摘　要:讨论变分校准法用于雷达—雨量计系统联合探测降水。由雷达反射率因子 Z 和地面降水强度 I 实时地获得最优 Z-I 关系,在求解欧拉方程时采用多重网格法,不仅可提高计算结果的精度,还可大大提高计算速度。

关键词:最优化方法;变分校准法;多重网格法;Z-I 关系

由于测雨雷达可以及时提供时空连续变化的实时降水资料,给出较大范围内的瞬时降水强度分布、累积降水量分布和区域降水量等,因此对于暴雨落区和移动预报、流域的洪水预报以及研究水资源循环与平衡等均有重要意义。但由于天气雷达精度受到各种因子的影响,故在业务中常采用将天气雷达与雨量计相结合的方案,主要有平均校准法、空间校准法和变分校准法等[1,2]。

本文先用雷达回波资料和相应的地面雨量计资料,按照最优化方法选择适当的判别函数,由计算机确定最优的 Z-I 关系。然后,根据地面各雨量计站资料,用客观分析方法求出各网格点上的降水场。最后,用变分校准法把经空间校准的雷达降水场和由客观分析方法求出的降水场拟合成最终的雷达—雨量计降水场,并将之与通过一般平均校准法、空间校准法所得的区域降水情况进行了比较。试验表明,变分校准法效果最佳,而在对雷达资料作处理时,使用经最优化方法确定的 Z-I 关系要比使用一般的 Z-I 关系效果更好。

1　最优化方法获得 Z-I 关系[3]

最优化处理的实质是先假定一个 Z-I 关系

$$Z = AI^B \tag{1}$$

在任意给出系数 A 和指数 B 的初值后,反复修改此 Z-I 关系的系数 A、指数 B,使雷达估算的每小时雨量 $I_{r,i}$ 值和雨量计测定的每小时雨量值 $I_{g,i}$ 之间的一致性达到最好。一致性好坏程度可用事先选择的判别函数

$$CTF = \min\{ \sum [(I_{r,i} - I_{g,i})^2 + (I_{r,i} - I_{g,i})] \} \tag{2}$$

来衡量。当对所获样本数已不可能通过修改 A、B 而使 CTF 更小时,对当时而言,此 A、B 所确定的 Z-I 关系,就是最优的了。我们用南京地区 1989 年 6 月 15 日 07—08 时(北京时,下文同),09—10 时,13—14 时,16—17 时各时段共 44 个降水样本经最优化处理后所得的 Z-I 关

＊　本文原载于《南京气象学院学报》,1997,20(3):334-340.

系为

$$Z = 384 I^{1.29} \tag{3}$$

由式(3)就可求出与当时雷达探测到的 Z 值相对应的降水强度值 I。

2 变分校准法

设各个雨量计站的校准因子 F_n 为各雨量计站的观测值 $I_{g,n}$ 与相应点上经式(3)计算所得的雷达测定值 $I_{r,n}$ 之比,即 $F_n = I_{g,n}/I_{r,n}$。利用 Barness[4] 客观分析法,通过下式

$$F(i,j) = \frac{\sum_{n=1}^{N} W_n F_n(x,y)}{\sum_{n=1}^{N} W_n} \tag{4}$$

就可将各雨量计点位置 (x,y) 上的 F_n 内插到全场各网格点上。其中 $F_n(x,y)$($n=1,2,\cdots,N$)是第 n 个雨量计的值;N 是以格点为中心的某个扫描半径 R_n^* 内的雨量计个数,而 R_n^* 是保证 N 等于某一常数时的最小半径;$F(i,j)$ 是网格点 (i,j) 处的值,W_n 是权重函数,可表示成

$$W_n = e^{\left(\frac{-r_n^2}{4k}\right)} \tag{5}$$

式中,r_n 代表在 R_n^* 以内第 n 个雨量计与网格点 (i,j) 间的距离;k 为权重系数或滤波系数,与观测站点的密度、几何分布情况等密切相关,选择适当的 k 值可满足不同的滤波要求。

在许多学者的研究工作中,为了便于计算,常选择 k 为常数,但这必须要求站点分布大致均匀,否则会出现短波失真。实际上,雨量站点的分布是无规则的,因此,这里把 k 假设成是观测站点密度的函数,即每一个网格点,都有对应的 $k(i,j)$ 值。具体算法如下。由于在给定区域内每个网格点 (i,j) 附近的观测站点密度已经确定,雨量站点的平均间距 $L(i,j)$ 可用下式表示

$$L(i,j) = \frac{\overline{S_n(i.j)}}{N} \tag{6}$$

$S_n(i,j)$ 是指以网格点 (i,j) 为圆心,包括 N 个观测点在内的最小圆周面积。取最小可分辨波长

$$\lambda = 2L(i,j) \tag{7}$$

再由中尺度分析导出响应函数[4]

$$R_0(\lambda,k) = e^{\left(\frac{-4\pi^2 k}{\lambda^2}\right)} \tag{8}$$

由式(6)、(7)和(8),再根据具体要求确定响应函数值,即可定出相应的滤波系数 $k(i,j)$,并由此根据式(4)、(5)得到 $F(i,j)$,然后由

$$PS_r(i,j) = I_r(i,j)F(i,j) \tag{9}$$

得到经空间校准后的雷达降水场 $PS_r(i,j)$。其中 $I_r(i,j)$ 就是经最优化处理得到的雷达降水场。

另外,根据各雨量计站实测降水值 $I_g(x,y)$,可以用相同的方法确定各网格点上的降水强度场 $PS_g(i,j)$。

获得 $PS_r(i,j)$ 和 $PS_g(i,j)$ 后,就可用变分法得到最佳的降水分析场 $PS(i,j)$。进行变

分分析时,要求分析场满足(1)在每一个网格上使分析值 $PS(i,j)$ 分别与 $PS_g(i,j)$ 、$PS_r(i,j)$ 之间的偏差为最小;(2)分析场 $PS(i,j)$ 的变化比较平缓,即应通过 $\frac{\partial}{\partial x}(PS(i,j))^2$ 、$\frac{\partial}{\partial y}(PS(i,j))^2$ 项滤去高频噪声。因此,可以令泛函 I 为

$$I = \sum_i \sum_j \{[\alpha_g PS(i,j) - PS_g(i,j)]^2 + \alpha_r [PS(i,j) - PS_r(i,j)]^2 + \beta[(\frac{\partial}{\partial x}PS(i,j))^2 + (\frac{\partial}{\partial y}PS(i,j))^2]\}$$

根据变分原理 $\delta I = 0$,就可得到

$$\delta I = \sum_i \sum_j [2\alpha_g(PS - PS_g)\delta PS + 2\alpha_r(PS - PS_r)\delta PS + \beta(2 \nabla_x PS \nabla_x \delta PS + 2 \nabla_y PS \nabla_y \delta PS)] = 0$$

利用关系式 $\sum \psi \nabla \delta \varphi = - \sum \delta \varphi \nabla \psi$,上式可改写为

$$\delta I = \sum_i \sum_j [2\alpha_g(PS - PS_g) + 2\alpha_r(PS - PS_r) - 2\beta(\nabla_x^2 PS + \nabla_y^2 PS)]\delta PS = 0$$

由于 δPS 是任取的,可要求上式中 δPS 的系数项为零,于是得到与上式对应的欧拉方程

$$\alpha_g(PS - PS_g) + \alpha_r(PS - PS_r) - \beta(\nabla_x^2 PS + \nabla_y^2 PS) = 0 \tag{10}$$

式中 α_g 、α_r 称为观测权重,其相对大小由雷达系统和雨量计系统各自的精度所决定,与我们对各自资料的重视程度有关。β 称为约束权重系数,它反映我们对经变分校准后的降水场平滑程度的要求。由于对我们有意义的只是这些权重系数的相对大小,(10)式可简写为

$$\nabla^2 PS - \frac{1}{\beta}(\alpha_g + \alpha_r)PS = -\frac{1}{\beta}(\alpha_g PS_g + \alpha_r PS_r) \tag{11}$$

参照文献[1],根据我们的网格为 4 km× 4 km,以及在 300 km× 300 km,范围内只有 47 个雨量计站的情况,取

$$\alpha_g = 0.8\delta_g(i,j)$$
$$\alpha_r = 0.2\delta_r(i,j)$$
$$\beta = 1$$

其中

$$\delta_g(i,j) = \begin{cases} 1 & \text{有雨量计测值的网格} \\ 0 & \text{无雨量计测值的网格} \end{cases}$$

$$\delta_r(i,j) = \begin{cases} 1 & \text{有雷达测值的网格} \\ 0 & \text{无雷达测值的网格} \end{cases}$$

解方程(11)的传统方法是超松弛迭代法。为了加快运算速度,实现实时处理,我们采用多重网格法(MGM)[5]。这种方法的主要思想是:利用粗网校正来压缩在细网上迭代时收敛慢的低频分量作为解的误差量中的低频分量,利用细网上的松弛迭代来压缩本来就收敛快的高频分量,从而达到加速收敛的目的。其基本计算步骤为

(1)在细网格 Ω_{k+1} 上作 υ_1 次迭代,使误差光滑化;

(2)计算较粗网格 Ω_k 上的剩余量;

(3)以 Ω_k 作为细网,重复(1),(2)步,直到求得最粗网格 Ω_H 上的剩余量;

(4)以 Ω_H 为粗网,计算较细网格 Ω_{H+1} 上的订正值 V_{H+1};

(5)在 Ω_{H+1} 上作 v_2 次光滑，使误差光滑化；

(6)重复(3)、(4)步，直到最细的网格为止。

设 $\overline{u_h^j}$ 是方程解的初始近似，上标 j 表示第 j 次迭代，下标 h 表示网格步长；用 $\overline{v_h^j}$ 表示订正值的估计，则完成一个迭代步后的解 u_h^{j+1} 近似为 $\overline{u_h^j}$ 和 $\overline{v_h^j}$ 之和。当计算误差规定为小于 10^{-4} 后，就可反复使用 MGM 求出式(11)中的解 $PS(i,j)$（即 u_h^{j+1}）。

3 降水量参考值及区域总降水量的计算

设雨量计实测值为 $I_g(x,y)$，网格点 (i,j) 上的内插值 $I_0(i,j)$ 可通过类似式(4)和(5)求得。实际上 $I_0(i,j)$ 是一种初值，可以用客观分析中类似逐步订正的方法对初值作进一步订正，使 $I_0(i,j)$ 与 n 步的 $I_n(i,j)$ 之差达到任意小。这样就可得到精度较高的网格点上的内插值 $I(i,j)$

$$I(i,j) = I_0(i,j) + \frac{\sum_{n=1}^{N} W_n' D_n}{\sum_{n=1}^{N} W_n'} \tag{12}$$

式中，$D_n = I_n(x,y) - I_0(x,y)$ 是同一雨量计点上的实测值 $I_n(x,y)$ 与由周围最近四个网格点上的 $I_0(i,j)$ 经双线性内插所得的 $I_0(x,y)$）值之差；W_n' 为修正的权重系数，由下式决定

$$W_n' = e^{\left(\frac{-r_n^2}{4q^2}\right)} \qquad 0 < q < 1 \tag{13}$$

q 值一般取为 0.2、0.3、0.4、0.5 等。

设分析区域的范围为 $i \in [m_1, m_2]$，$j \in [n_1, n_2]$，网格距为 d，则分析区域的面积元可表示成

$$\Delta S_{i,j} = d^2 \qquad i = \overline{m_1, m_2}; j = \overline{n_1, n_2}$$

该分析区域共可分成 $(m_2 - m_1)(n_2 - n_1)$ 个小面积元。于是总面积为

$$S = \sum_{i=m_1}^{m_2} \sum_{j=n_1}^{n_2} \Delta S_{i,j} = (m_2 - m_1)(n_2 - n_1)d^2$$

设观测降水的时间间隔为 ΔT_k 分钟，共有 L 个间隔，则总时间为

$$T = \sum_{k=1}^{L} \Delta T_k$$

各小块面积元 $\Delta S_{i,j}$ 在 T 时段内获得的雨量 $M_{i,j}$ 可表示为

$$M_{i,j} = \sum_{k=1}^{L} I_{i,j,k} \Delta T_k \Delta S_{i,j}$$

式中，$I_{i,j,k}$ 是网格点 (i,j) 上对应时间第 k 个间隔的瞬时雨强。这样，整个分析区域的总降水量可表示成

$$M = \sum_{i=m_1}^{m_2} \sum_{j=n_1}^{n_2} M_{i,j} = \sum_{i=m_1}^{m_2} \sum_{j=n_1}^{n_2} \sum_{k=1}^{L} I_{i,j,k} \Delta T_k \Delta S_{i,j}$$

$$= d^2 \sum_{i=m_1}^{m_2} \sum_{j=n_1}^{n_2} \sum_{k=1}^{L} I_{i,j,k} \Delta T_k$$

4 结果分析

使用江苏省气象台 713 数字化天气雷达的 CAPPI 资料。高度为 2 km ,研究区域为半径为 150 km 的雷达扫描范围,分析区域可选择这个研究区域内的任一矩形域。雨量计资料来自研究区域内的各气象台(站)(雨量站分布图略)。为了方便分析,选用原点设在雷达站的直角坐标系,向东为 x 轴正方向,向北为 y 轴正方向。分析时把研究区域分成许多格距为 4 km 的正方形网格。每个网格的面积为 4 km×4 km,并以下标 i、j 表示不同网格。

我们分析南京地区 1989 年 6 月 15 日 07:00—08:00,09:00—10:00 和 1989 年 7 月 5 日 08:00—09:00,16:00—17:00 两次混合性降水,分析区域取 240 km×240 km,在此区域内共有 34 个雨量计。我们以单独由雨量计测得的降水场为标准,将之与 $Z = 200I^{1.6}$ 关系导出的雷达降水场、最优 $Z\text{-}I$ 关系导出的雷达降水场、平均校准后的雷达降水场、空间校准后的雷达降水场以及变分法校准后的雷达—雨量计降水场这五种情况进行了比较,发现变分法校准后的降水场最符合标准降水场。图 1 是用 1989 年 6 月 15 日 09:00—10:00 资料按上述 6 种情况(包括标准情况)所作出的 6 张图中的 3 张。图 1a 是作为标准的图,图 1b 是单独使用雷达及 $Z = 200I^{1.6}$ 关系式作出的图(由于雷达东面受紫金山遮挡,故图中探测不到较强的中心 D,除变分校准以外的其他方法也是如此,仅强度和分布情况与图 1b 略有差异)。而图 1c 是用变

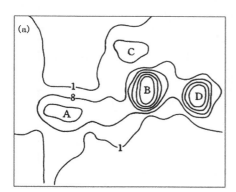
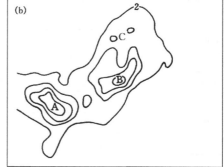
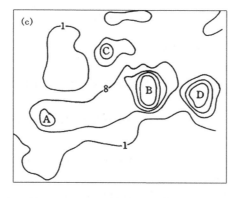

图 1　1989 年 6 月 15 日 09:00—10:00 的降水场(单位:mm·h⁻¹)
(a)由较密集雨量计网测得;(b)由一般 $Z\text{-}I$ 关系获得;(c)由变分校准法获得

分法得到的雷达—雨量计降水场,它不但把雷达探测到的结果反演成雨量计测量的结果,而且保留了雨量计之间雷达探测到的结果,而这显然使测量误差大大减小。

　　表 1 是使用不同方法对分析区域内有回波的一个窗口在给定时段内进行校准的结果。表 1 中以窗口内所有雨量计测量值计算出的一小时累积区域降水量作为"标准值"。由表 1 可见,(1)未经雨量计校准,仅由 Z 经过一般 Z-I 关系或最优 Z-I 关系所获得的区域降水量误差均较大,平均相对误差分别为 35.0% 与 20.0%。使用最优 Z-I 关系后误差降低不明显的原因是该最优 Z-I 关系是从整个分析区内获得的,在选定的窗口内它不一定是最优。试验表明,若在选定窗口内重新确定最优 Z-I 关系,误差就会明显降低。(2)采用窗口中所有雨量计中的一部分(业务运行中是自动雨量计站)对雷达资料进行校准的平均校准法和空间校准法都使区域降水量的误差有较大降低,平均相对误差分别为 13.7% 与 8.9%。(3)联合使用雷达—雨量计的变分校准法,可以使窗口内所测降水量的平均相对误差进一步降为 3.9%。因此,若能在实际业务中采用这种校准法估测区域降水量,可以保证较高的测量精度。

表 1　不同方法测定的区域降水总量

时间	6 月 15 日		7 月 15 日		平均相对误差
	07:00—08:00	09:00—10:00	08:00—09:00	16:00—17:00	
雨量计网测值(m³)	5.611×10^7	8.421×10^7	7.152×10^7	5.290×10^6	
普通 Z-I 关系测值(m³)	3.650×10^7	5.914×10^7	4.905×10^7	7.548×10^6	
相对误差(%)	34.9	29.8	32.8	−42.7	35.0
最优 Z-I 关系测值(m³)	5.552×10^7	6.559×10^7	5.551×10^7	7.122×10^6	
相对误差(%)	1.1	22.1	22.4	34.6	20.0
平均校准法测值(m³)	6.224×10^7	6.762×10^7	5.772×10^7	5.029×10^6	
相对误差(%)	10.9	19.7	19.3	4.9	13.7
空间校准法测值(m³)	5.774×10^7	7.411×10^7	6.062×10^7	5.002×10^6	
相对误差(%)	−2.9	12.0	15.2	5.4	8.9
变分校准法测值(m³)	5.445×10^7	9.196×10^7	7.358×10^7	5.334×10^6	
相对误差(%)	3.0	9.2	2.6	−0.8	3.9

参考文献

[1]　Ninomiya K,Akigama T. Objective of heavy rainfalls based on radar and guage measurement[J]. J Meteor Soc Japan,1978,50:206-210.

[2]　张培昌,戴铁丕,傅德胜,等.用变分方法校准数字化天气雷达测定区域降水量基本原理和精度[J].大气科学,1992,16(2):248-256.

[3]　张培昌,戴铁丕,王登炎,等.最优化法求 Z-I 关系及其在测定降水量中的精度.气象科学,1992,12(3):333-338.

[4]　Barnes. Mesoscale objective map analysis using weighted time series observation[J]. NOAA, Tech, Memo. ERL—62,Norman,OKLA,973,60.

[5]　哈克布思.多重网格方法[M].北京:科学出版社,1988:22-100.

欧拉方程中三个参数选取与雷达测定区域降水量的精度[*]

李建通[1]，张培昌[2]

(1.福建省厦门市气象局，厦门 361012；2.南京气象学院，南京 210044)

摘 要：通过数值模拟资料和实测资料探讨欧拉方程三个参数选取原则和物理意义，研究表明参数的选取和雷达测定区域降水量存在一定的关系。这一结果为使用变分法测定区域降水量精度的提高，提供了有益参考。

关键词：变分方程；欧拉方程；天气雷达；区域降水量

1 引言

在雷达定量测量区域降水量的领域里，目前常用的有两类方法：一类是基于大量气候统计资料的基础上，取得反映某个地区的气候 Z-I 关系作为每次实时观测订正的标准。例如 ATI 法、HART 法、气候概率配对法等[1-3]。这类方法具有使用较少地面雨量站资料的优点，也能保证一定的精度，但该法只能估计一定的气候区域内一段时间间隔内的累积降水量，对于瞬时的雨强分布和强中心定位等则不一定准确，特别对于那种由于地物或其他原因造成的无雷达回波的情况就无法订正；另外的一类方法则是强调用一定密度的雨量站网作为雷达实时订正的标准，这类方法综合利用了雨量计单点准确性和雷达观测降水的时空连续性的优点，能够有效反映降水总量和分布情况，如平均校准法、空间校准法、变分校准法等[4-6]。前人的工作表明：变分法的效果最好，它既能把雷达探测到的结果校准成雨量计的观测结果，又能保持雨量计之间雷达探测到的降水变化，对于降水引起的衰减也在校准中获得订正，其次是空间校准法，最后才是平均校准法。

2 变分法测量区域降水量

2.1 变分法的基本原理

变分法在定量测量区域降水量的领域中的应用，就是在地面雨量计场和雷达观测场基础上求一个最佳分析场。欲得到上述分析场，须满足以下条件：

(1)在每一个格点上，使分析值 PS_{ij} 和雨量计的实际观测值 PSG_{ij} 之间的偏差最小；

* 本文原载于《气象》，1997，23(9)：3-7.

（2）在每一个格点上，使分析值 PS_{ij} 和雷达的实际观测值 PSR_{ij} 间的偏差最小；

（3）要使得最终的分析场相对平滑，亦即要满足以下三个条件：

$$\alpha_g (PS_{ij} - PSG_{ij}) \rightarrow Min$$

$$\alpha_r (PS_{ij} - PSR_{ij}) \rightarrow Min$$

$$\beta\{[\frac{\partial}{\partial x}(PS_{ij})]^2 - [\frac{\partial}{\partial y}(PS_{ij})]^2\} \rightarrow Min$$

由以上得：

$$I = \sum_{i=1}^{N}\sum_{j=1}^{N}\alpha_g(PS_{ij} - PSG_{ij})^2 + \sum_{i=1}^{N}\sum_{j=1}^{N}\alpha_r(PS_{ij} - PSR_{ij})^2$$

$$+ \sum_{i=1}^{N}\sum_{j=1}^{N}\beta\{[\frac{\partial}{\partial x}(PS_{ij})]^2 + [\frac{\partial}{\partial y}(PS_{ij})]^2\} \rightarrow Min \tag{1}$$

根据变分原理

$$\delta I = 0 \tag{2}$$

相应的欧拉方程为：

$$\nabla^2 PS - (\alpha_r - \alpha_g)PS/\beta = -(\alpha_g PSG + \alpha_r PSR)/\beta \tag{3}$$

其中 α_g、α_r 是观测权重，事先给定，其大小的选择与我们对资料重视程度有关，β 对（$\alpha_r + \alpha_g$）的相对大小取决于对分析场的平滑约束程度。

2.2 变分约束的滤波分析

为了讨论的方便，我们将变分前雷达观测场和雨量计观测场的谐波解表示为：

$$PSG = \widetilde{A}e^{ik(x-a)} \tag{4}$$

$$PSR = \widetilde{B}e^{jk(x-a)} \tag{5}$$

变分后的谐波解为：

$$PS = Ae^{ik(x-a)} \tag{6}$$

则欧拉方程的一维形式为：

$$\frac{\partial^2 PS}{\partial X^2} - \frac{1}{\beta}(\alpha_g + \alpha_r)PS = -\frac{1}{\beta}(\alpha_g PSG + \alpha_r PSR) \tag{7}$$

记为：

$$A' = \widetilde{A}\alpha'_g + \widetilde{B}\alpha'_r \tag{8}$$

A' 表示变分前雨量计观测值振幅和雷达观测值振幅的加权，α'_r、α'_g 称为标准化的观测权重。其中：

$$\alpha'_r = \frac{\alpha_r}{\alpha_r + \alpha_g} \tag{9}$$

$$\alpha'_g = \frac{\alpha_g}{\alpha_r + \alpha_g} \tag{10}$$

响应函数 R 表示变分后和变分前的振幅比。

$$R = \frac{A'}{A} = \frac{\alpha_r + \alpha_g}{\beta k^2 + \alpha_r + \alpha_g} \tag{11}$$

我们取 $\alpha_r = 20$、$\alpha_g = 80$ 作响应函数 R 随波数 k 的变化曲线（波数大波长小）见图 1。

当 β 的值小于 100（即（$\alpha_r + \alpha_g$）：$\beta < 1:1$），此时 β 的滤波作用主要是对波数大于 5 个格

距的短波起强烈的滤波作用,当 β 的值为 10 时,即 $(\alpha_r + \alpha_g):\beta > 1:1$,则对波数大于 10 个格距的波起强烈的振幅衰减作用,从而使最后的分析场过于平滑,导致降水测量精度的降低。

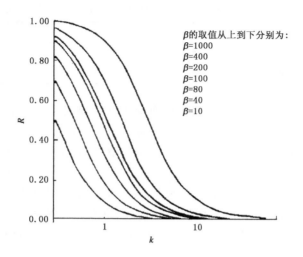

图 1 响应函数 R 随波数 k 的变化曲线

3 模拟试验

3.1 模拟站网的设计

试验中我们设计了三种不同密度的雨量站网:

(1)取湖南省雨量站分布,在分析区域内有 10 个雨量站,等效雨量站密度(GGD)为:

1(个雨量计)/2560(km²);

(2)第二种取每间隔 8 个格点均匀地分布一个雨量站,分析区域内有 25 个雨量站,等效雨量站密度(GGD)为:1(个雨量计)/1024(km²);

(3)第三种取每间隔 4 个格点(格距为 5 km)均匀分布一个雨量站,分析区域内 81 个雨量站,等效雨量站密度(GGD)为:1(个雨量计)/400(km²);

3.2 模拟雷达回波的形成

由大量的雷达观测事实表明,回波的主要特征是内强外弱,并呈一定梯度变化,我们用式:

$$data_{ij} = | M_z e^{(M_i^2 + M_j^2 - M_i M_j)} M_b + M_a \sin(6.28 M_i / M_j) \cdot \cos(6.28 M_j / M_i) | \qquad (12)$$

来模拟雷达回波的初始强度场,关于用该函数来形成回波初始场,汤达章[7]等也从统计方面作了说明。因此,我们所模拟的回波具有一般雷达回波的基本特征,是合理的。

3.3 模拟回波的真值场

我们知道:在某一时刻,雷达回波仅代表该时刻降水的空间连续分布的情况,而地面雨量计观测的降水值则是在某一点上某一个时间间隔的情况,本身在时空上不一致,因此我们有必要将空间作一定的平滑以期能和地面取得一致,即使这样,由于雷达本身的原因和降水回波的移动,使得雷达回波较强的地方而地面相应雨量计测得的雨量偏小,反之,在回波弱的地方偏大,这和我们用湖南省实际资料的分布也是相一致的(表1)。

表 1　雨量计转化的 dBZ 值和相应的雷达回波 dBZ 值的比较

序号	1	2	3	4	5	6	7	8	9	10	11	12	13	14	15	16	17
雷达	30	31	41	44	51	40	42	42	49	51	25	31	51	20	19	19	61
雨量计	20	20	32	36	43	39	35	38	43	45	26	32	34	45	45	43	45

基于以上分析,我们将初估场做如下处理,使之基本上满足上述的情况。

$$MGR_{ij} = data_{ij} - ma + C_{ij} + D_{ij} \tag{13}$$

其中 MGR_{ij} 是真值场在 i,j 格点处的值,$data_{ij}$ 是初始场在 i,j 格点处的值,$C_{ij} = 6.0 \times M_r$;$D_{ij} = 30.0/data_{ij}$;$M_r = (ci-48)^2 + (cj-40)^2/6400$;$C_{ij}$ 主要考虑在雷达远处有效照射体积加大的订正,这种订正随距离的增大而加大,在这里的变化幅度为 $0.0 \sim 0.6$;D_{ij} 考虑在实际测量中,当雨强较小时的误差较大而加的订正,该项的变化幅度为 $0.5 \sim 5$,ma 是两个场之间的系统误差,加入这三项订正目的是为了造成初值场和真值场之间的差异,研究各种校正方法订正的效果。本身值的大小并不十分重要。

3.4　模拟试验的结果及分析

不同观测权重系数测量精度的比较见表2、3、4,从表中可以看出:

(1)当 $(\alpha_r + \alpha_g) : \beta = 10:1$ 时,变分结果的精度比较高;当 $(\alpha_r + \alpha_g) : \beta = 1:1$ 时,变分的结果由于采用了不合适的参数过分滤波,使场失掉强中心,场过于平滑。

(2)测站密度加大,也意味着从地面客观分析的结果也愈为可靠,当 $U = 100$ 时,应该分别取 $\alpha_r = 600$,$\alpha_g = 400$;$\alpha_r = 400$,$\alpha_g = 600$,此时结果较为理想。

(3)当 $(\alpha_r + \alpha_g) : \beta$ 的比恒定时,实际的计算结果表明,变分的结果是一致的,讨论其绝对值的大小是没有意义的,所以在实际的应用中只要考虑这种比例的大小。

表 2　测站稀疏时不同观测权重系数测量精度的比较

权重系数		变分后所得的值	$(1/\beta) = 0.01$ 相对误差(%)		变分后所得的值	$(1/\beta) = 0.001$ 相对误差(%)	
α_g	α_r		真值标准*	最优标准**		真值标准	最优标准
80	20	2061	32.0	42.5			
60	40	2168	29.5	39.5			
40	60	2350	23.5	34.5			
20	80	2617	14.8	27.0			
20	100	2736	11.0	23.7			
500	500	2533	17.6	29.4	2249	5.2	37.2
400	600	2665	13.3	25.7	2350	23.5	34.5
200	800	4604	2.4	16.3	2617	14.8	27.0
200	1000	3081	0.2	14.1	2736	11.0	23.7
200	1200	3143	2.2	12.4			

* 真值标准代表我们用模拟的真值场作为真值计算的相对误差;

** 最优标准代表用模拟的初始场和模拟的测站真值经最优订正后得到的值作为真值计算的相对误差。

表3　测站多时不同观测权重系数测量精度的比较

权重系数		变分后所得的值	$(1/\beta)=0.01$		变分后所得的值	$(1/\beta)=0.001$	
			相对误差（%）			相对误差（%）	
α_g	α_r		真值标准	最优标准		真值标准	最优标准
80	20	2258	26.5	37.4			
60	40	2395	22.1	33.6			
40	60	2566	16.5	28.8			
20	80	2774	9.7	23.1			
20	100	2884	6.1	20.0			
800	200	2677	12.9	25.8	2258	26.5	37.4
600	400	2799	8.9	22.4	2395	22.1	33.6
400	600	2976	3.1	17.5	2566	16.5	28.8
200	1000				2884	26.1	20.0

表4　测站密集时不同观测权重系数测量精度的比较

权重系数		变分后所得的值	$(1/\beta)=0.01$		变分后所得的值	$(1/\beta)=0.001$	
			相对误差（%）			相对误差（%）	
α_g	α_r		真值标准	最优标准		真值标准	最优标准
80	20	2546	17.2	24.3			
60	40	2614	15.0	22.3			
40	60	2688	12.6	20.1			
20	80	2768	10.0	17.8			
20	100	2849	7.3	15.4			
800	200	2921	5.0	13.2	2546	17.2	24.3
600	400	2994	2.6	11.1	2614	15.0	22.3
200	800	3181	3.5	5.4	2768	10.0	17.8
200	1000				2849	7.3	15.4

（4）变分后的值，当用变分后的值作为"真值"与用真值计算的相对误差有10%左右的差异，但在衡量其他测量方法的精确度是一致的。因此在没有足够的地面雨量计站网作为真值标准时，我们可以考虑用最优插值订正后的值作为"相对真值"，来衡量其他测量方法的精度。

4　实测资料计算结果及分析

我们选用湖南省气象台雷达观测到的连续降水的一个时次资料和地面雨量计资料作个例计算。

雷达回波通过 $Z=200I^{1.6}$ 转化的降水量为3678（单位），经最优插值订正后的降水量为5458（单位），地面雨量站作 Brandes 客观分析后的降水量为4442（单位），再经最优插值订正后的降水量为4611（单位），表5中的真值是以稀少的雨量计估计的值，只能作为相对的真值标准。由前面的模拟分析的结果可知,在测站稀少时,最优插值订正后的值可以作为各种校正方法的相对真值标准来衡量其他校正方法的优劣。

由表 5 可知,当 $(\alpha_r + \alpha_g) : \beta > 1 : 1$ 时变分的结果较为理想。所得结论是和我们模拟试验的结果相一致的。即为当 $(\alpha_r + \alpha_g) : \beta$ 比例恒定时,估算的降水量是一致的,在测站稀疏时适当提高 T_r 的值可以在一定程度上提高测量区域降水量的精度。

表 5　湖南省不同权重系数的比较

权重系数		变分后所得的值	$(1/\beta) = 0.01$		变分后所得的值	$(1/\beta) = 0.001$	
			相对误差(%)			相对误差(%)	
α_g	α_r		真值标准	最优标准		真值标准	最优标准
80	20	3844	16.6	29.6			
60	40	3720	19.3	31.8			
40	60	3842	16.7	29.6			
20	80	4137	10.3	24.2			
20	100	4259	7.6	21.9			
800	200	3960	14.1	27.4	3844	16.6	29.6
600	400	3908	15.2	28.4	3720	19.3	31.8
200	800	4604	0.2	15.6	4137	10.3	24.2
200	1000	4721	2.3	13.5	4259	7.6	21.9
200	1200	4806	4.2	11.9			

5　几点结论

(1) α_g 和 α_r 的相对大小反映了分别单独用雨量计和雷达测量区域降水量的平均精度情况。当地面雨量计站网比较稠密时,我们要适当提高 α_g 的值来提高测量区域降水量的精度。

(2) $(\alpha_r + \alpha_g) : \beta$ 的相对大小,反映了变分后场对回波场和地面雨量计场的平滑作用。当 $(\alpha_r + \alpha_g) : \beta$ 的值愈大时,对短波的滤波作用愈小,在实际应用中可以适当考虑这种比值。从计算的结果来看,当二者介于 10 : 1 和 1 : 1 之间是比较合适的。

(3) 当 $(\alpha_r + \alpha_g) : \beta$ 的比值恒定时,变分的结果是一致的,在实际应用中,只需考虑其相对大小,而无需考虑其单个值的大小。

参考文献

[1]　Atlas D. Climatolgically tuned recfectivily rain relation and link to area-time integrals[J]. App Meteorol, 29:1120-1990.

[2]　Atlas D. The estimation of convective rainfall by area intergrals 1: The theoretical and emprirical basics [J]. Geophysical Reasearch, 1990, 90(3): 2135-2160.

[3]　Atlas D D, Short D A. The estimation of convective rainfall by area integrals 2: Height recfectivily threahos(HART) method[J]. Geophysical Res, 1990, 95(3): 2166-1990.

[4]　张培昌, 戴铁丕, 杜秉玉, 等. 雷达气象学[M]. 北京: 气象出版社, 1988.

［5］　张培昌,戴铁丕,傅德胜,等.用变分法校准数字化天气雷达测定区域降水量基本原理和精度［J］.大气科学,1992,16(2):248-256.

［6］　林炳干.用最优化方法求 Z-I 关系和数字化天气雷达测量区域降水量方法［D］.南京:南京气象学院.

［7］　汤达章,李力.一种新的跟踪雷达回波的特征量——矩不变量［J］.南京气象学院学报,1989,12(3):1-8.

利用垂直积分含水量估测降水[*]

潘江,张培昌

(南京气象学院电子信息与应用物理系,南京 210044)

摘　要:讨论了垂直积分含水量(Q_{VIL})在估测降水中的实际应用,并首次针对其他常规方法做了较为详实的对比实验——将 Q_{VIL} 与 PPI、CAPPI 资料在估测降水中的应用进行了对比分析。最后,将 Q_{VIL} 的估测降水结果与雨量站实测资料进行了比较。

关键词:垂直积分含水量;雨强;估测降水

20 世纪 70 年代初期,Green 等[1]提出了一种新的预报因子——垂直积分含水量(Vertically Integrated Liquid Water,Q_{VIL}),之后 Robert 等[2]和 Yates[3]继续在 Q_{VIL} 预报强对流天气、回波跟踪以及估测降水上作了进一步的研究。20 世纪 80 年代,美国雷达气象学者进一步发展和完善了使用 Q_{VIL} 作为预报因子的研究,特别是在强对流天气预报方面取得了较大的成绩[4,5],建立了 SWP 算法,并且对各种天气情况以及不同季节、不同区域都作了相应的研究。李承明等[6]研究了雨滴微波特征量与含水量之间的关系。这里仅就使用 Q_{VIL} 估测降水作一些研究。用雷达体扫资料,提取 Q_{VIL},再使用 Q_{VIL} 估测降水,并且将 Q_{VIL} 与使用 PPI 和 CAPPI 估测降水的精度作对比分析,并讨论了提高估测降水精度的方法和业务应用的可行性措施。

1　垂直积分含水量

1.1　理论模式

假设云内雨滴谱符合 M-P 分布,即 $N(a) = N_0 e^{-ba}$,$N(a)$ 是雨滴数密度随雨滴直径 a 的分布,N_0 是雨滴总的数密度,b 是尺度参数,a 是雨滴直径,可以得到反射率因子

$$Z = \int_0^\infty N_0 e^{-ba} a^6 da = N_0 \frac{\Gamma(7)}{b^7} \tag{1}$$

含水量

$$M = \frac{1}{6}\pi d \int_0^\infty N_0 e^{-ba} a^3 da = \frac{1}{6}\pi d N_0 \frac{\Gamma(4)}{b^4} \tag{2}$$

由(1)、(2)两式可得

$$M = 3.44 \times 10^{-3} Z^{4/7} \tag{3}$$

最后得到

———————————

　*　本文原载于《南京气象学院学报》,2000,23(1):87-92.

$$Q_{VIL} = \int_{h_{base}}^{h_{top}} M dh' = 3.44 \times 10^{-6} \int_{h_{base}}^{h_{top}} Z^{4/7} dh' \tag{4}$$

离散化后

$$Q_{VIL} = 3.44 \times 10^{-6} \sum_{i=1}^{\infty} ((Z + Z_{i+1})/2)^{4/7} \Delta h' \tag{5}$$

这里，h' 是高度，单位为 m；Q_{VIL} 的单位是 kg · km^{-2}；Z 是第 i 层高度上的雷达反射率因子。

应用体扫雷达资料，通过对回波体在以 1 km×1 km 网格范围的含水量垂直积分，可以得到在雷达探测范围内液态水的三维分布情况，这种产品对于气象、水文和水利业务应用都有较大的价值。

1.2 资料说明和处理

本实验所用的雷达(714SD)资料是由厦门市气象台提供，1995 年 6 月 8 至 9 日的一次暴雨过程，扫描方式是体扫 14 个扫描层，收集时间间隔为 0.5 h，资料是以 360 根扫描线(0～359)分别用 1000 个距离库存放，每个距离库内存放一个速度和一个强度值。雨量站资料从自记纸上读出，共 10 个站。

由于实验要求使用 CAPPI 资料，因此预处理首先完成了资料转化工作。将 14 个仰角的体扫极坐标资料转化为具有 1 km×1 km 网格和 6 个高度(取 0.5、2.0、3.5、5.0、7.0、9.0 km)的 CAPPI 资料。这样设计主要是考虑到该过程的实际云顶高度较高，并考虑到计算时间和资料转化误差。

处理后的 CAPPI 资料转化为直角坐标系资料，利用(5)式进行理论模式的 Q_{VIL} 计算，并且对应每个 1 km×1 km 网格，垂直从地面积分到 10 km(选择这样的积分区间是由于实际降水回波顶一般都低于 10 km)，这样就得到 480 km×480 km 的 Q_{VIL} 分布资料，由于 Q_{VIL} 值一般在 0～50 kg · km^{-2}，故 Q_{VIL} 值乘以 10 后以整形存储和计算(即考虑小数点后的一位)，这样做是考虑到计算速度和计算精度的综合需求。为了进一步优化资料，设计了一个包括收缩和 3×3 网格邻域滤波两个步骤的处理方案，其目的是消除孤立回波点和实现噪声滤波。

2 Q_{VIL} 在估测降水中的应用

一般业务上使用的测量降水方法，是据统计的 $Z-I$ 关系由雷达 Z 值得到降水强度 I，其误差有时达到 200%～300%，甚至得到有回波的区域无降水，或无回波的区域有降水的结果。在不考虑风场带来的影响和雷达本身的误差情况下，一个主要的原因是 PPI 资料在某些情况下不能较好地反映出实际降水回波，回波的立体结构复杂，最大含水量出现的区域不确定以及地物的影响，探测仰角很难选择恰当，但该方法有方便、快捷的优点；使用 CAPPI 资料估测降水又存在选择恰当高度的问题[7]。而使用 Q_{VIL} 估测降水使用体扫资料，能够全面地解决上述问题，是一种提高测量精度的有效方法，并且有很强的业务应用和推广价值。对于 3 种资料类型，由相应的地面雨量站资料，根据最小二乘回归法得到以下的关系，

$$I = B_1 Z^{Q_1} \tag{6}$$

和

$$I = B_2 Q_{VIL}^{Q_2} \tag{7}$$

式中，I 的单位是 mm·h^{-1}，Z 的单位是 $mm^6·m^{-3}$，B_1、B_2、Q_1、Q_2 是回归系数。由于地面雨量站仅 10 个（收集到资料的），因此采用连续时次（6 月 8 日 20:20、21:05、21:54、22:16、22:50、23:16）的 6 份资料中共有 60 组数据，分别对不同仰角的 PPI 资料、不同高度 CAPPI 资料以及 Q_{VIL} 资料作相关分析，及作平均校准前后的误差分析，前两种情况如表 1 和表 2 所示，对 Q_{VIL} 资料处理的结果为：回归系数 $B_2 = 3.032$，$Q_2 = 0.570$，相关系数 $r = 0.80$，校准前相对误差为 53%，校准后为 43%。

表 1　使用不同仰角 PPI 资料的降水点相关及测量误差情况

	扫描仰角（°）				
	0.00	0.80	1.39	4.70	8.00
B_1	0.619	0.358	0.297	0.795	0.931
Q_1	0.392	0.339	0.341	0.235	0.190
相关系数 r	0.64	0.76	0.79	0.51	0.41
相对误差绝对值（%）	68	58	68	83	94
校准后误差绝对值（%）	58	48	58	70	91

表 2　使用不同高度 CAPPI 资料的降水点相关及测量误差情况

	CAPPI 高度（km）				
	0.5	2.0	3.5	5.0	7.0
B_1	0.441	0.353	0.444	0.707	0.891
Q_1	0.380	0.368	0.305	0.254	0.177
相关系数 r	0.76	0.81	0.75	0.61	0.48
相对误差绝对值（%）	64	57	66	72	110
校准后误差绝对值（%）	57	48	58	64	98

注：以上所作的精度分析，由回归关系得出的雨强和地面雨量计测量值得出。

通过对以上的结果进行分析发现，应用 Q_{VIL} 因子所作的降水分析相关性好，测量降水精度高；由 PPI 资料所作出的结果，易受到地物的影响，在相关性和精度上稍差，但由于它有处理速度快这一优点，因此实际工作中选择低仰角（一般 1°左右最为合适）可基本满足要求；由 CAPPI 资料所作出的结果，相关性较好，测量精度也高一些，但是如果采用的高度层不适合也不能取得好的结果。

3　用 Q_{VIL} 估测降水强度分布的实验

利用前面得出的 $Q_{VIL}-I$ 关系，将 1995-06-09T06:51 的雷达体扫资料通过 Q_{VIL} 求得的 I_R 和雨量计资料求得的 I_G 进行对比实验。该过程的降雨是混合云降水，由西南暖湿气流提供大量的水汽输送，维持长达 12 h 的降水过程，致使厦门站总降水量达到 142 mm，据周围水库提供的资料得出的平均总雨量为 70 mm，该过程的降水量大，对于研究降水是一次很好的个例。图 1 至图 4 分别是该时次的 CAPPI 资料回波强度（dBZ）等值线、PPI 资料回波强度（dBZ）等值线（0°、2.3°仰角）和 Q_{VIL} 等值线。图 5、图 6 分别为由 Q_{VIL} 得到的雨强分布和雨量计测值经权重插值后的雨强分布。

由图1到图4发现,在0°仰角 PPI 资料中有些回波没有表现出来,黑箭头所指虚线圈区域没有回波,而在 CAPPI、Q_{VIL} 及 2.3°仰角 PPI 强度图中,发现此处有一强度约为 40 dBZ(垂直积分含水量约为 7.0 kg·km^{-2})的回波中心,而据地面降雨情况分析该处有约为 5 mm·h^{-1} 的降雨;0°雷达仰角回波图中实线圈内没有回波,而在 CAPPI、Q_{VIL} 及 2.3°仰角 PPI 强度图中,此处有回波或一定的含水量,并且实际上该处也是有降水的。这是由于 0°仰角 PPI 资料估测降水,易受地物阻挡出现漏测,致使实验结果不够客观。另外,从表1和表2的对比分析发现,用 PPI 和 CAPPI 资料估测降水的效果很大程度上取决于雷达的探测仰角或等高面高度的选择,而在实际业务应用中它们恰恰又是较难确定的。而应用 Q_{VIL} 作为估测降水因子,能够反映降水回波的三维状况,还能适当弥补地物阻挡的缺陷,从而得到比较客观的实验结果。由 Q_{VIL} 测得的降水分布情况(图5)和地面雨量计测量结果(图6)作比较,从总体上看测量基本与实况吻合(长箭头所指为 10mm·h^{-1} 等值线内的降水情况),但由于实际降水状况是由 10 个雨量计资料插值而成,雨量计密度分布太稀(1 个/1 000 km^2),只能反映出一个大致状况;图6中 H 处 15.0 的等值线为一降水强中心,它与图5中 F 处值为 15.0 的雨强中心相对应;图6中 E 处在 8.0 的等值线内,相对周围的雨强较小,而在图5中 D 处表现为一干舌,并且在 C 处有一降水强中心,可以看出降水回波在 D 处分支向两个方向延伸,是由于福建晋江地形阻挡所致。

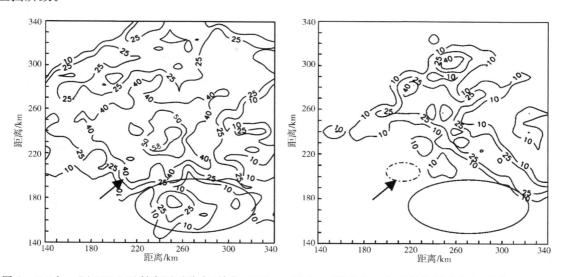

图1 3.5 km CAPPI 上反射率因子分布(单位:dBZ)   图2 0°仰角 PPI 上反射率因子分布(单位:dBZ)

从以上实例及其他几个时次(本文略)的分析看出,Q_{VIL} 作为测降水因子能更为真实地反映实况,估计准确率较高;而且相对于 PPI 资料作降水测量来说,其可靠性更高。由于地面雨量计密度一般比较稀,因此由雨量计测值经权重插值所得到的雨强分布,还没有完全反映实际状况,特别是在一些细节上,如强降水中心和雨强梯度较大区域,而由 Q_{VIL} 能对无雨量计区作出较为可靠的降水状况分析,并且还能准确的探测出强对流单体或雨强中心。

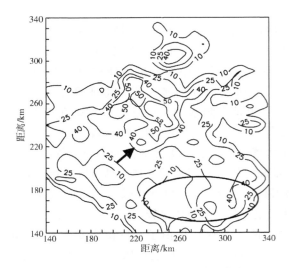

图 3　2.3°仰角 PPI 上反射率因子分布(单位:dBZ)

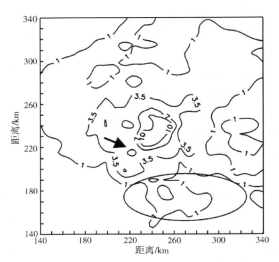

图 4　Q_{VIL} 分布(单位:kg・km^{-2})

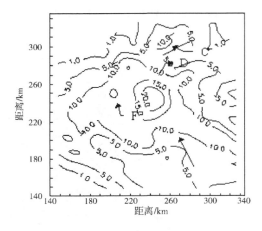

图 5　Q_{VIL}-I 关系测得 I 分布

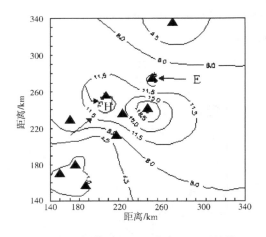

图 6　权重插值后地面 I 分布(▲:雨量站)

4　结论

使用 Q_{VIL} 测量降水,能够反映降水回波的三维状况和适当弥补地物阻挡的缺欠,能够提高探测精度,使得测量结果更为客观;系统在 586/166PC 机上运行时间为 3~5 min,当今计算机运行速度飞快发展,该方法具有推广应用价值。

致谢:厦门市气象局提供了资料,在此表示深深的谢意。

参考文献

[1]　Green E D, Clark R A. An indicator of explosive development in severe storms [R]. 7th conference on severe local storms, Missouri,1971.

［2］ Robert A C，Yates J C. Applications of digital radar data in both meteorology and hydrology［R］. Pre-prints 15th conference on radar meteorology. America Meteorology Society，1972.

［3］ Yates J C. Partial vertical integration of liquid water（ PVIL），an improved radar—analytical tool［ R］. Preprints 16th conference on radar meteorology. America Meteorology Society，1975.

［4］ Herf A W，Larru J R. Evaluation of RADAP Ⅱ severe-storm-detection algorithms［J］. Bulletin Ameri-can Meteorological Society，1986，2(2)：145-150.

［5］ Wayen E M，Robert E S. Verification results from 1982—1984 operational radar reflectivity experiment［R］. Preprints 22nd conference on radar meteorology. America Meteorology Society，1984.

［6］ 李承明,戴铁丕. 雨滴微波辐射特征量之间关系的探讨[J].南京气象学院学报,1995,18(1):126-131.

［7］ 戴铁丕,詹煜,刘婉丽. 用 CAPPI 和 PPI 资料测定区域降水量精度比较[J].气象,1995,21(7):9-14.

第 2 部分　雷达气象方程与衰减订正

Attenuation of Microwaves by Poly-Disperse Small Spheroid Particles*

ZHANG Peichang，WANG Zhenhui

(Nanjing Institute of Meteorology, Nanjing 210044, PRC)

ABSTRCT：Expressions for calculating the attenuation cross sections of poly-disperse, small spheroids, whose rotatory axes are in specific status, have been derived from a universal formula for calculating the attenuation cross section of a particle of arbitrary shape. Attenuation cross sections of liquid, ice, and spongy spheroidal droplets in different size and eccentricity at different wave lengths have been computed and analyzed.

Key words：small spheroid particles, attenuation cross sections, polarized microwaves

1 Introduction

In microwave remote sensing of precipitation, nonspheric shape of rain drops and attenuation of microwaves propagating in rain area must be considered to obtain better quantitative observations even with dual linear polarization Doppler radars, which are now in experimental operation. Scarchilli et al[1] suggested to use statistical method for attenuation correction in rainfall estimation with a C-band, double linear polarization radar. Using the extended boundary condition method, Cai et al[2] studied the relationship between intensity of rainfall with oblate spheroids, attenuation and radar observations, but the results are only for the case that the rotatory axes of spheroids are all in vertical direction. In this paper, Gans' theory for scattering of small spheroids and van de Hulst's universal formula for calculating the attenuation cross section of a particle of any shape are combined to drive expressions for calculating the attenuation cross section of poly-disperse, small spheroids, whose rotatory axes are in specific status. The results obtained look simple and are easy for application.

2 Theoretical Formulae

Suppose propagating in the y-direction as shown in Fig. 1 is a plain monochromatic wave

---

* 本文原载于 Proceedings of SPIE Vol. 3503 Microwave Remote Sensing of the Atmosphere and Environment,1998, 3503:259-264.

whose electric field is

$$\vec{E} = \vec{e}e^{i\omega t}$$
$$\vec{e} = |\vec{e}|(\cos\alpha\,\vec{x} + 0\,\vec{y} + \sin\alpha\,\vec{z}) \tag{1}$$

where ω is the frequency, and α is the angle between the direction of $\vec{e}$ and the direction of $\vec{x}$. In the path of the propagating wave there is a small spheroid scattering the incident wave. The scattered electric field at a large distance in y-direction from the particle, $\vec{a}(\vec{y})$, can be expressed according to Gans' theory[3]. The universal formula[4] due to van de Hulst for calculating the attenuation cross section of the particle is $Q_t = 2\lambda \mathrm{lm}\left(\dfrac{\vec{e}\cdot\vec{a}(\vec{y})}{e^2}\right)$, which tells that with linearly polarized incident wave at wavelength λ, the attenuation cross-section is proportional to a certain amplitude component of the scattered wave; the amplitude is that in y-direction which corresponds to forward scattering and the component is in the direction of $\vec{e}$.

Suppose that there are a mass of small spheroids in the same size and shape but each of them may have their own orientation different from the others. Let c be the semi-length of the rotatory axis, and a and b the semi-length of the symmetry axes. Their shape parameters are determined by

$$n(a) = n(b) = (1-n(c))/2 \tag{2}$$

$$n(c) = \begin{cases} \dfrac{1+\kappa^2}{\kappa^3}(\kappa - \arctan\kappa), \kappa = (a^2/c^2 - 1)^{1/2} & if\ c < a = b \quad \text{for oblate} \\[3mm] \dfrac{1-\kappa^2}{2\kappa^3}\left(\ln\dfrac{1+\kappa}{1-\kappa} - 2\kappa\right), \kappa = (1 - a^2/c^2)^{1/2} & if\ c > a = b \quad \text{for prolate} \end{cases} \tag{3}$$

It can be seen that, as the axis ratio, a/c, increases from that less than 1 for prolate to greater than 1 for oblate through $a/c = 1$ for sphere, $n(c)$ increases and $n(a)$ decreases and they cross each other at 1/3 when $a/c = 1$. For orientation description, imagine that a coordinate system, $O_i - \xi\eta\zeta$, is fixed on the i-th spheroid (see Fig. 1), and that the ζ axis is its rotatory axis and the ξ and η are its symmetry axes. Its polarization indices in ξ, η and ζ directions, g_ξ, g_η and g_ζ, are determined by the size, eccentricity and dielectric constant of the spheroid as in the following,

$$g_\xi = g_\eta = \frac{abc}{3}\frac{\varepsilon - 1}{1 + (\varepsilon - 1)n(a)}; g_\zeta = \frac{abc}{3}\frac{\varepsilon - 1}{1 + (\varepsilon - 1)n(c)} \tag{4}$$

For a perfect spherical particle, $c = a = b = r$ which is the radius of the sphere, then $\kappa = 0$, $n(a) = n(b) = n(c) = 1/3$ and $g_\xi = g_\eta = g_\zeta = r^3(\varepsilon - 1)/(\varepsilon + 2)$.

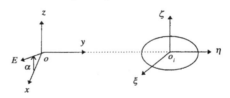

Fig. 1　Schematic of the relation between the antenna and particle coordinate systems

Based on these known relation and expressions, a set of formulae for calculating attenuation cross-sections of a single particle averaged over all the spheroids in the same size and shape when their rotatory axes are oriented in specific status can be derived[5] and are summarized as the following.

2.1 ζ is Parallel with one Axis of O-xyz

The rotatory axes of a group of poly-disperse spheroids in the same size and shape are consistently parallel with one of the three axes of the antenna coordinate system and the attenuation cross-section of a single particle would be

case 1: if $\zeta // x$, $Q_{t,h} = \dfrac{8\pi^2}{\lambda}\mathrm{Im}(-g_\zeta)$ and $Q_{t,v} = \dfrac{8\pi^2}{\lambda}\mathrm{Im}(-g_\xi)$;

case 2: if $\zeta // y$, $Q_{t,h} = Q_{t,v} = \dfrac{8\pi^2}{\lambda}\mathrm{Im}(-g_\xi)$;   (5)

case 3: if $\zeta // z$, $Q_{t,h} = \dfrac{8\pi^2}{\lambda}\mathrm{Im}(-g_\xi)$ and $Q_{t,v} = \dfrac{8\pi^2}{\lambda}\mathrm{Im}(-g_\zeta)$;

where the subscripts h and v are for horizontally($\alpha = 0°$)and vertically($\alpha = 90°$)polarized incident waves, respectively.

2.2 ζ is Uniformly Plane-Distributed relative to O-xyz

The rotatory axes of the group are all perpendicular to one of the three axes of the antenna coordinate system and are uniformly oriented at random in any directions. Then the attenuation cross-section of a single particle in the group on average would be obtained by average over all directions in the plane and this results in

case 4: if $\zeta \perp x$, $Q_{t,h} = \dfrac{8\pi^2}{\lambda}\mathrm{Im}(-g_\xi)$ and $Q_{t,v} = \dfrac{8\pi^2}{\lambda}\mathrm{Im}(\dfrac{-g_\xi - g_\xi}{2})$;

case 5: if $\zeta \perp y$, $Q_{t,h} = Q_{t,v} = \dfrac{8\pi^2}{\lambda}\mathrm{Im}(\dfrac{-g_\xi - g_\xi}{2})$;   (6)

case 6: if $\zeta \perp z$, $Q_{t,h} = \dfrac{8\pi^2}{\lambda}\mathrm{Im}(\dfrac{-g_\xi - g_\xi}{2})$ and $Q_{t,v} = \dfrac{8\pi^2}{\lambda}\mathrm{Im}(-g_\xi)$;

2.3 ζ is Uniformly Oriented in 3D Space

The rotatory axes of the group are uniformly oriented at random in any directions in 3-dimensional space. The attenuation cross-section of a single particle in the group on average can be obtained by average over all directions at any azimuth and elevation angles and this results in

case7: $Q_{t,h} = Q_{t,v} = \dfrac{8\pi^2}{\lambda}\mathrm{Im}(\dfrac{-2g_\xi - g_\xi}{3})$ (7)

From Eqs. 5, 6 and 7, one can see that Q_t 's in the 7 cases depend on $\mathrm{Im}(-g_\xi)$, $\mathrm{Im}(-g_\zeta)$, and their means defined by $\mathrm{Im}(-g_\xi - g_\zeta)/2$ and $\mathrm{Im}(-2g_\xi - g_\zeta)/3$. Thus the expressions of attenuation cross section given in Eqs. 5, 6, and 7 can be concentrated in the following expressions:

$$Q_t(m) = \frac{2\pi}{\lambda} V G(m), \quad m = 1,2,3,4 \tag{8}$$

where $V = (4\pi/3)abc$ is the particle's volume, and

$$G(1) = \mathrm{lm}(-g_\xi); \qquad G(2) = \mathrm{lm}(-g_\zeta);$$
$$G(3) = \mathrm{lm}(-g_\xi - g_\zeta)/2; \qquad G(4) = \mathrm{lm}(-2g_\xi - g_\zeta)/3; \tag{9}$$
$$g_\xi = \frac{\varepsilon - 1}{1 + (\varepsilon - 1)n(a)}; \quad g_\zeta = \frac{\varepsilon - 1}{1 + (\varepsilon - 1)n(c)}$$

The corresponding relation between $Q_t(m)$ and $Q_{t,h}$ and $Q_{t,v}$ are given in Table 1.

Table 1   Correspondence of $Q_t(m)$ defined by Eq. 8 with $Q_{t,h}$ and $Q_{t,v}$ in Eqs. 5,6 and 7

Case	1	2	3	4	5	6	7
$Q_{t,h}$	$Q_t(2)$	$Q_t(1)$	$Q_t(1)$	$Q_t(1)$	$Q_t(3)$	$Q_t(3)$	$Q_t(4)$
$Q_{t,v}$	$Q_t(1)$	$Q_t(1)$	$Q_t(2)$	$Q_t(3)$	$Q_t(3)$	$Q_t(1)$	$Q_t(4)$

Verification of Eq. 8 can be completed by introducing $n(a) = n(b) = n(c) = 1/3$ for perfect spheres into Eq. 9 to show that $G(1) = G(2) = G(3) = G(4) = 3(\varepsilon-1)/(\varepsilon+2)$, leading to the well known Rayleigh expression for attenuation cross-section of small spherical particles.

3   Discussion of Results

3.1   Dependence of Q_t on Shape

Since Q_t is proportional to $G(m)$ which depends only on shape for a certain dielectric constant, Figure 2 shows $G(m)$ as a function of the axis ratio, a/c, for both oblate and prolate, provided the dielectric constant is certain for either liquid water or ice or their mixtures. As the particle changes from prolate to oblate, $G(1)$ increases and $G(2)$ decreases because of the correspondent change in geometric length of the particle ares relative to the electric vector of the incident wave. Their average, $G(3)$ and $G(4)$, are greater than the value at the cross where $a/c = 1$. This, as shown in the figure, implies that attenuation cross-sections of spheroids may be greater than that of their equivolumetric spheres. The meaning in the difference among the four panels in Fig. 2 will be considered next.

3.2   Phase-dependent Q_t

The difference between Figs. 2a and 2b shows that Q_t for liquid water spheroids may be greater than that for ice by an order due to dielectric constant. Both the real and imagery parts of ε for liquid are greater than for ice. Computation has shown that Q_t for a mixture of liquid and ice (see Figs. 2c and 2d for example) depends on the dielectric constant of the mixture, which is between the ε for liquid and the ε for ice. But different theories for computing the dielectric constant of a mixture[6] would lead to different results in detail. Debye's theory

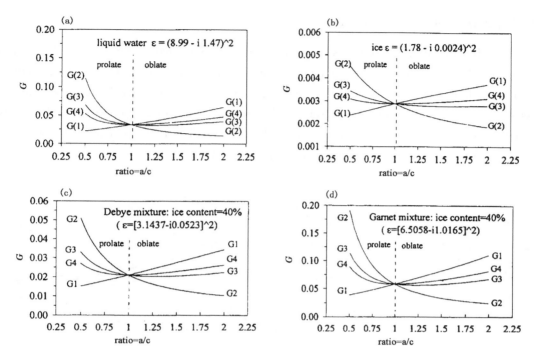

Fig. 2 $G(m)$ as a function of the axis ratio, a/c , of a spheroid. a is the symetry axis and c is the rotatory axis. Panel (a) is for liquid water particles, panel (b) for ice particles, panel (c) for particles composed of homogeneously mixed water and ice, and panel(d) for spongy particles made up of ice inclusions within water matrix.

on homogeneous mixture has been used often in radar meteorology literature[7] and $\varepsilon = (3.1437 - i0.0523)^2$ if the ice content in the mixture is 40% and resulted Q_t for the mixture is also between the Q_t for liquid and the Q_t for ice (see Fig. 2c) if all other conditions are just the same. However, particles in precipitating cloud may not be this kind of homogeneous mixture. Rather it may be like sponge made up of either ice inclusions within water matrix[8] or water inclusions within ice matrix[9]. Garnet's theory is one of a few[6] for computing ε of spongy mixture. Result based on this theory for spongy spheroids made up of 60% water inclusions within ice matrix is similar to that in Fig. 2c from Debye's theory. But considerably different result as shown in Fig. 2d is obtained for spongy spheroids made up of 40% ice inclusions within water matrix. Even though the magnitude of the difference depends on the percentage of ice content in mixture, it exists obviously that Q_t for the mixture may be greater than the Q_t for liquid water.

3.3   Dependence of Q_t on Particle Size

As Q_t is proportional to V , one can define $q_t(m) = Q_t(m)/V = (2\pi/\lambda)G(m)$ as volumetric attenuation cross-section, which depends only on wavelength provided the shape determined by the ratio, a/c , is certain.

3.4 Dependence of Q_t on Wavelength

According to Eq. 8, Q_t appears to be inversely proportional to wavelength λ. This is roughly true for ice spheroids since ϵ for ice is nearly independent of λ. However the dependence of ϵ for liquid water on λ is not negligible. Figure 3 shows the volumetric attenuation cross-section as a function of λ. The relation between q_t and λ can be approximated by a power function with complex correlation as high as $R=0.999$. The fitting equations show that Q_t is nearly inversely proportional to the second power of λ.

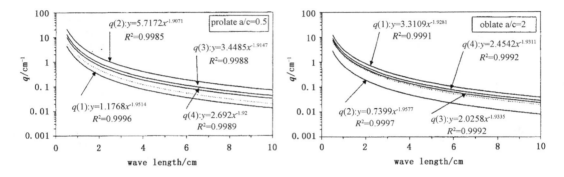

Fig. 3 Volumetric cross-sections of liquid water spheroids as a function of wavelength. The relation can be well approximated by inverse proportion of square. Also given in the figure are the fitted power functions where y stands for volumetric attenuation cross-section and x is wavelength. R is complex correlation coefficient. As a reference, the dot line is for spherical particles and the fitted function is $y=1.762x^{-1.9442}$ with $R^2=0.9995$.

3.5 Comprehensive Influence of Shape and Volume on Q_t

It has been known that a larger raindrop falling at its terminal fall speed is often shaped as oblate with a greater value of a/c. From Scarchilli et al[1], $c/a=1.03-0.62d_e$, where d_e is the equivolumetric spherical diameter of the raindrop in cm. Therefore, horizontally polarized wave transmitted by a horizontally pointing antenna would be considerably attenuated by large liquid water raindrops partly because they have a large volume and partly because their a/c are large as well. Figure 4 shows the attenuation cross-sections as a function of equivolumetric spherical diameter for a liquid water oblate whose rotatory axis is in vertical while waves propagate in horizontal. The information in this figure is consistent with that in Cai et al[2].

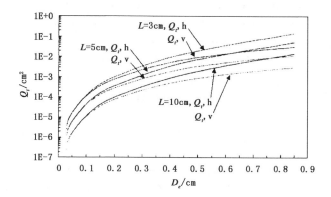

Fig. 4   Attenuation cross-sections, Q_b , at different wave lengths, L , versus equivolumetric spherical diameter, D_e , for a liquid water oblate whose rotatory axis is parallel with the z axis. Assume temperature is 273 K.

4 Conclusion

Based on the expressions for calculating the attenuation cross section of poly-disperse, small spheroids derived from a universal formula for calculating the attenuation cross section of a particle in arbitrary shape, attenuation cross sections of liquid, ice, and spongy spheroidal droplets in different size and eccentricity at different wave lengths have been discussed when rotatory axes of these spheroids are in specific status.

Attenuation cross section decreases as wavelength increases because of their inversely quasi-square relationship. This is why attenuation is not necessary to be considered in precipitation observations if an S-band radar is used. The attenuation of horizontally incident, horizontally polarized waves by oblates whose rotatory axes are consistently in vertical direction, is greater than that of vertically polarized waves because the horizontal scale of oblates is on average large than the vertical scale. In precipitation, the larger the raindrops, the greater the ratio of major and minor axes, and all these benefit the augmentation of attenuation of the horizontally polarized waves. This kind of variation is more obvious for liquid water oblates than for ice oblates because of difference in dielectric properties. If the rotatory axes of spheroids are randomly oriented in 3D space, the attenuation is not only independent of polarization but greater than the attenuation by their equivolumetric spheres as well.

REFERENCES

[1] Scarchilli G, Gorgucci E, Chandrasekar V, et al, Rainfall estimation using polarimetric techniques at C-band frequencies[J]. J Appl Meter, 1993, 32(6):1150-1160, 1993.

[2] Cai Qiming, Xu Baoxiang, Liu Liping. A study of the relation between raininess, extinction rain cloud and parameters measured by a dual linear polarization radar[J]. Plateau Meteorology, 1990, 9(4), 347-355.

［3］ Gans R. Uber die form Ultromikro Skopischer Goldteilchen[J]. Ann d Physic,1912,37:881-900.

［4］ Born M, Wolt E. Principles of Optics, Electromagnetic Theory of Propagation, Interference and Difraction of Light[M]. 6th ed. Oxford: Pergamon Press, 1980:657-659.

［5］ Zhang Peichang, Yin Xiuliang, Wang Zhenhui. Characteristics of microwave attenuation for groups of small spheroid particles[J]. Scientia Atmosphrica Sinica(in Chinese),2001,2:226-233.

［6］ Bohren C F, Battan L J. Radar backscattering of microwaves by spongy ice spheres[J]. J Atmos Sci, 1982,39(11),2623-2628.

［7］ Zhang Peichang, Wang Zhenhui. Foundmentals of Atmospheric Microwave Remote Sensing[M]. China Meteorological Press,1995:17-18.

［8］ Knight C A. On the mechanism of spongy hailstone growth[J]. J Atmos Sci,1968,25:440-444.

［9］ Mason B J, The Physics of Clouds[M]. 2nd ed. Oxford: Oxford University Press,1971,671.

A Study on the Algorithm for Attenuation Correction to Radar Observations of Radar Reflectivity Factor[*]

WANG Zhenhui, ZHANG Peichang

(Nanjing Institute of Meteorology, Nanjing 210044, PRC)

1 Introduction

Attenuation correction has to be made to radar measurement of radar reflectivity factor, Z, if radar is used for quantitative observation of precipitation. Hitschfeld and Bordan[1] showed an analytic solution for attenuation correction provided attenuation coefficient. Meneghini[2] discussed the relationship between the analytic solution and the iteration algorithm and pointed out that the results from both of them are the same as the truth when the iteration tends to be unlimited under the ideal condition of "non-error". If error exists in either observations or k-Z relation, analytic solution is unstable and lower order iteration should be used to obtain an estimate of the truth, especially when attenuation is critical. However, lower order iteration may lead Z to be under-estimated. It is difficult in practice to determine an appropriate order for iteration prodedure.

In this study, an algorithm called bin-by-bin and its approximation will be suggested and criteria will be provided for stability control. Even though the 'instability' inherent in attenuation correction can not be completely avoided, the algorithm is efficient in improving computing efficiency and over-coming computational over-flow.

2 Radar Meteorological Equation and Attenuation Correction

Suppose that a radar beam is completely filled with raindrops, returned power from distance R to radar is determined by radar equation

$$P_r(R) = \frac{C}{R^2} Z_r(R) \tau(R) \tag{1}$$

where C is radar constant, $Z_r(R)$ is the radar reflectivity factor at R, $\tau(R)$ is the two-way transmittance between radar and R.

---

* 本文原载于 29th International Conference on Radar Meteorology, 1999, 910-913.

$$\tau(R) = e^{-2\int_0^R k(R)\,dR} \tag{2}$$

$k(R)$ is in Np/m. In radar technique, $P_r(R)$ is converted into reflectivity factor by

$$Z_M(R) = \frac{R^2}{C} P_r(R) \tag{3}$$

Obviously,

$$Z_M(R) = Z_r(R)\tau(R) \tag{4}$$

It is the task of attenuation correction to obtain an estimate of Z_r from observed Z_M.

Common k-Z_r relation is given by

$$k = aZ_r^b \tag{5}$$

where a and b are empirical constants and given in Table 1 for $\lambda = 3.2\text{cm}$, 5.6cm and 10cm waves propagating in rain consisting of spherical raindrops.

From Eqs. (2), (4) and (5), one has

$$Z_M(R) = Z_r(R)e^{-2\int_0^R aZ_r^b(R)\,dR} \tag{6}$$

from which the analytic solution[1] can be obtained.

3　Discrete Feature of Radar Observations and Attenuation Correction

3.1　Integral Sampling

In radar technique, radar measurement is a mean over a certain span of range[3], i. e. , a bin and is determined by

$$Z_M(i) = \frac{1}{\Delta R}\int_{(i-1)\Delta R}^{i\Delta R} Z_M(R)\,dR \tag{7}$$

where i is the index of the bin centered at $R = (i-1/2)\Delta R$ and ΔR is resolution. According to the median theorem of integration, $\overline{\tau_i}$ exists satisfying

$$\tau(i-1/2)\Delta R \geqslant \overline{\tau_i} \geqslant \tau(i\Delta R) \tag{8}$$

Taking this into account, from Eqs. (4) and (7), one has

$$Z_M(i) = Z_r(i)\,\overline{\tau_i} \tag{9}$$

where

$$Z_r(i) = \frac{1}{\Delta R}\int_{(i-1)\Delta R}^{i\Delta R} Z_r(R)\,dR \tag{10}$$

is the mean of the truth in the i -th bin. If $\tau((i-1/2)\Delta R)$ and $\tau(i\Delta R)$ are known, $\overline{\tau_i}$ can be simply either their arithmetic mean or geometric mean. It can be shown that the geometric mean is more rational than the arithmetic mean because cumularity of optic thickness leads to multiplicity of transmittance. Thus,

$$\overline{\tau_i} = [\tau((i-1/2)\Delta R) \cdot \tau(i\Delta R)]^{1/2}$$

is taken in this study. Using summation to replace integration for discrete data, one has

$$\tau_i = \tau(i\Delta R) = \begin{cases} 1, & i = 0 \\ e^{-2\sum\limits_{j=1}^{i} aZ_r^b(j)\Delta R}, & i \geqslant 1 \end{cases} \tag{11}$$

That is, for $i \geqslant 1$,

$$\tau_i = \tau_{i-1} e^{-2az_r^b(j)\Delta R} \tag{12}$$

$$\bar{\tau}_i = \sqrt{\tau_i \tau_{i-1}} = \tau_{i-1} e^{-az_r^b(j)\Delta R} \tag{13}$$

Substitute this into Eq. (9), one has

$$Z_r(i) = [Z_M(i)/\tau_{i-1}] e^{az_r^b(i)\Delta R} \tag{14}$$

Solving this equation for $Z_r(i)$ would result in an estimate of the truth.

Table 1 **The values of the coefficients a and b in $k = a \cdot 10^{-9} Z_r^b$ for spherical raindrops and the criteria X_{0c} and X_{min} defined by Eqs. 17 and 18. (k is in unit of Np $\cdot$ m^{-1}, and X_{0c}, X_{min} and Z_r are in mm$^6 \cdot$ m^{-3})**

λ (cm)	3.2	5.6	10
a	3.0199	0.9381	0.2940
b	0.8771	0.8749	0.8645
$\Delta R = 1000$ m:			
X_{0c}	729885	2881330	13371872
X_{min}	209115	839774	4211515
$\Delta R = 100$ m:			
X_{0c}	1.00×10^7	4.00×10^7	1.92×10^8
X_{min}	2.89×10^6	1.17×10^7	6.04×10^7

3.2 Bin-by-bin Algorithm and Correction Ability Analysis

Equation (14) suggests that attenuation correction must be completed in the order of i $= 1, 2, 3, \cdots$ i. e. , bin by bin. Since τ_{i-1} in Eq. (14) has been known, solving Eq. (14) for $Z_r(i)$ based on measurements $Z_M(i)$ is equivalent to solving x from an equation like the following

$$x = \varphi(x) \equiv x_0 e^{\varepsilon x^b} \tag{15}$$

where x_0, ε and b are all greater than 0, $\varphi(x)$ is a non-decreasing function of x. As long as $|\varphi'(x)| < 1$ in a certain range, iteration model

$$x_{n+1} = \varphi(x_n) \tag{16}$$

can be used to obtain an estimate of x in the range. Features of both $\varphi(x)$ and $\varphi'(x)$ for $a = 0.9381 \cdot 10^{-9}$, $b = 0.8749$ and $\Delta R = 1000$ m are shown in Fig. 1. For a specified x_0, associated curve would cross over the straight line whose slope is 1. The abscissa of the cross is just the root of Eq. (15). Existence of the cross shows the existence of the solution, while the angle between these two lines shows the stability of the solution. Especially if the angle is little, the solution is unstable. As x_0 increases to its critical value, x_{0c}, i. e. , when $x_0 = x_{0c}$, the cross is unique at $x = x_c$. It can be shown that

$$\begin{cases} x_{0c} = (1/\varepsilon b e)^{1/b} \\ x_c = (1/\varepsilon b)^{1/b} \end{cases} \tag{17}$$

and the crossing angle is cut down to 0 and the solution is the most unstable. If $x_0 > x_{0c}$, cross does not exists, which implies that, if attenuation is grave, attenuation correction is impossible.

If $x_0 < x_{0c}$, there exits two points of intersection. The one on the right makes $\varphi'(x) > 1$, implying that iteration does not converge. The one on the left is near to $x = x_0$ and makes $\varphi'(x) < 1$. This assures the capture of solution by using the iteration model as long as the initial value x_1 in Eq. (16) is not too large.

Values of x_{0c} associated with given a and b for $\Delta R = 100$ and 1000 m have been listed in Table 1. One can see that x_{0c} increases as wavelength increases and ΔR decreases, which is favorable to attenuation correction.

As stability of solution is concerned, $\varphi'(x)$ should be as small as possible. Large value of $\varphi'(x)$ means the large instability. As shown in Fig. 1b, $x_{\min}$ exists so that $\varphi'(x_{\min}) = \min$. Let $\varphi''(x_{\min}) = 0$ and one has

$$x_{\min} = \left[(1-b)/(\varepsilon b)\right]^{1/b} \tag{18}$$

$x_{\min}$ can be taken as a reference to the stability of solution and its values are also given in Table 1. If solution $Z > x_{\min}$, stability is suspected.

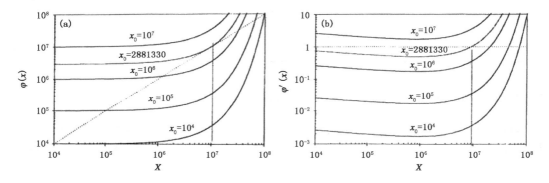

Fig. 1   Features of $\varphi(x)$ and $\varphi'(x)$ as $a = 0.9381 \cdot 10^{-9}$, $b = 0.8749$ and $\Delta R = 1000$ m. Panel (a) is for $\varphi(x)$, and panel (b) for $\varphi'(x)$. According to Eqs. 17 and 18, one has $x_{0c} = 2881330$ and $x_{\min} = 839774$.

3.3   Approximations to the Bin-by-bin Algorithm

The bin-by-bin technique can be approximated by either one of the following two estimates:

$$Z_r(i) = \left[Z_M(i)/\tau_{i-1}\right] \mathrm{e}^{a Z_M^b(i) \Delta R} \tag{19}$$

$$Z_r(i) = \left[Z_M(i)/\tau_{i-1}\right] \mathrm{e}^{a[Z_M(i)/\tau_{i-1}]^b \Delta R} \quad i = 1, 2, \cdots \tag{20}$$

They do not need to solve an equation like (16). Therefore computational stability and efficiency are improved even though they are possibly underestimates when attenuation is weak.

In summary, symbol $R3$ will be used in the following sections to indicate the bin-by-bin algorithm and its result. $R1$ and $R2$ indicate its two approximations as given by Eqs. 19 and 20. Meneghini's iteration[2] at the k-th order as well as its result is indicated by ik . The result from n-th iteration when iteration is stopped is indicated by sn . HB indicates the result from analytic solution[1].

4 An Numerical Experiment on Attenuation Correction

4.1 Correctable Thickness For Uniformly Distributed Z_r Under The Condition Of "Non-error"

Figure 2 shows results from different correction algorithms provided radar reflectivity factor is actually uniformly distributed along radial direction. The 2 panels in the figure correspond to $Z_r(R) \equiv 31622.77$ mm^6 • m^{-3} (45 dB) and 316227.7 mm^6 • m^{-3} (55 dB), respectively. $\Delta R = 1$ km and $k = 0.9381 \cdot 10^{-9} Z^{0.8749}$ at $\lambda = 5.6$ cm are taken in the computation.

Radar measurement, Z_M, decreases as range increases due to attenuation even though the truth, Z_r, is independent of range, Attenuation correction results in a better estimate than Z_M within a certain range. If a tolerable residual such as 10% is considered, the correctable thickness is about 45 km in Fig. 2b for $R3$ but less than 40 km for $R1$, $R2$ and lower-order iterations (such as $i1 - i5$). $R1$ is equivalent to $i4$, $R2$ to $i7$.

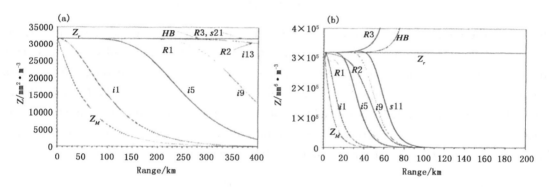

Fig. 2   Correctable thickness resulting from different correction algorithms. (a) $Z = 45$ dB. Correction made by either $R3$ or $s21$ is nearly perfect within 400 km range. (b) $Z = 55$ dB. Residual after correction with $R3$ is less than 10% within 40 km.

4.2 Influence Of ΔR on Attenuation Correction

From Eqs. 17 and 18, one can see that correctable thickness increases as ΔR decreases. As shown in Fig. 3 for $Z_r(R) = 55$ dB, correctable thickness for $R3$ would increase from 40 through 50 to 80 km as ΔR decreases from 1000 through 500 m to 100 m, respectively.

4.3 If Errors are Included In Observations

Figure 4a is an example of attenuation correction when the standard deviation of errors with zero mean is 30% of observations. It can be seen that the observational error is amplified during correction. The following statistics are used to evaluate the effect of observational errors on correctability of radar measurements:

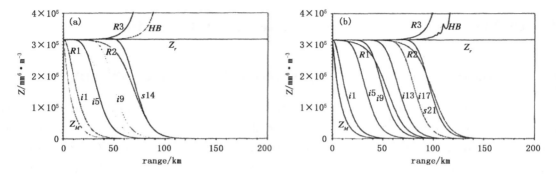

Fig. 3　The effect of bin-resolution, ΔR, on attenuation correction. Let $Z_r(R) = 55$ dB, then correctable thickness is about 50 km as $\Delta R = 500$ m (a) and 80 km as $\Delta R = 100$ m (b).

$$bar = \frac{1}{N} \sum_{i=1}^{N} (Z_e(i) - Z_r(i)) / \frac{1}{N} \sum_{i=1}^{N} Z_r(i)$$

$$rms = \left[\frac{1}{N} \sum_{i=1}^{N} (Z_e(i) - Z_r(i))^2 \right]^{1/2} / \frac{1}{N} \sum_{i=1}^{N} Z_r(i)$$

where N is the number of bins in a given radial direction, $Z_e(i)$ is an estimate to $Z_r(i)$ and $Z_e(i) - Z_r(i)$ is the residual. Figure 4b shows the residual statistics for observational errors from 0% to 30%. The numbers from 1 on along the abscissa stands for observation, iteration of the 1st order, the 2nd, the 3rd...... The last four are for HB, $R1$, $R2$ and $R3$, respectively. It can be seen that, provided the computation is stable and over-estimate does not occur, then $bar < 0$ and rms increases at a rate nearly the same as the error in observations. Therefore, random error in observations degrades the correctability of radar data.

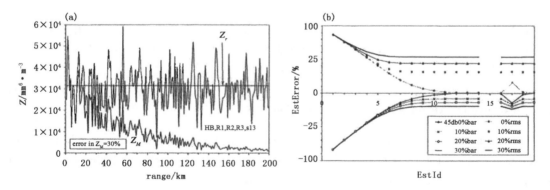

Fig. 4　Attenuation correction if radar observations have an STD error of 30%(a), and residual statistics for different correction algorithms and observation errors(b).

4.4　If Errors are Included in k-Z Relation

Attenuation coefficient, k, may change around the statistical k-Z relationship. Figure 5a shows the computed results of correction for $Z_r(R) \equiv 45$ dB and an error of 30% in k is taken into account. Figure 5b shows the statistics of residuals when the error in k is 0%, 10%, 20% and 30%. One can see that results from $R2$ are better than $R3$ and the residuals are only about 5% for all algorithms except iterations whose order is lower than 7. If the error in k keeps increasing, correctable thickness decreases rapidly and results from $R2$ and lower order iterations become better than HB, $R3$ and higher order iterations.

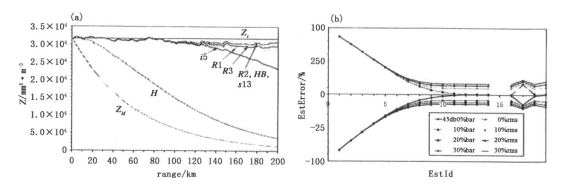

Fig. 5   Attenuation correction under the condition of an STD error of 30% in attenuation coefficients(a),
and error statistics for different correction algorithms and attenuation coefficient errors(b).

5   Conclusion

The bin-by-bin algorithm and its approximations have been derived for attenuation correction to discrete radar observations. Numerical experiment with uniformly distributed radar reflectivity on the effectiveness of the algorithms and criteria, and the influence of the errors in radar observation and attenuation coefficient and the bin resolution on the effectiveness is made. Comparisons of the results with both those from Hitschfeld-Bordan algorithm and those from Meneghini's iteration have shown that the bin-by-bin algorithm is as good as HB when attenuation is weak and errors in radar observation and attenuation coefficient are negligible. Otherwise the approximated bin-by-bin algorithm can be used to obtain a computing efficiency higher than the iterative scheme. The criteria determined by the coefficients in k-Z relationship and bin resolution can be used to avoid efficiently the computation overflow caused by unstable over-correction.

REFERENCES

[1]   Hitschfeld W, Bordan J. Errors inherent in the radar measurement of rainfall at attenuating wavelengths
       [J]. J Meteorol, 1954(11):58-67.
[2]   Meneghini R. Rain rate estimates for an attenuating radar[J]. Radio Sci, 1978(13):459-470.
[3]   Zhang Peichang, Wang Zhenhui. Foundamentals of Atmospheric Remote Sensing[M]. Beijing: China
       Meteorological Press, 1995:109-110.

小旋转椭球粒子群的微波衰减系数与
雷达反射率因子之间的关系*

王振会，张培昌

（南京气象学院，南京　210044）

摘　要：通过模拟及取样导出了小旋转椭球粒子群旋转轴呈 3 种不同取向，而入射电磁波分别为水平发射水平偏振波及水平发射垂直偏振波时的衰减系数与雷达反射率因子之间的关系，获得 3 种波长的具体表达式，并对结果作了物理分析。所得结果可直接用于雷达定量测量降水时的衰减订正。

关键词：小旋转椭球；偏振波；衰减系数；雷达反射率因子

1　引言

在使用天气雷达和气象卫星遥感反演降水时，需考虑暴雨等降水区内尺度稍大的降水粒子的非球形形状，通常用旋转椭球去近似[1]。对于 C 或 X 波段的入射电磁波，还必须考虑降水区对入射波衰减所引起的影响。因此，研究小旋转椭球粒子群在各种取向及不同入射偏振波下的衰减系数，及其与雷达反射率因子之间的关系，就有助于提高微波遥感降水反演精度，在雷达定量测量降水时作一定程度的订正。

2　基本公式

设 $Q_t(D_e)$ 是等效直径为 D_e 的单个旋转椭球的衰减截面，k_t 是衰减系数，则它们之间的关系有[2]

$$k_t = \int_0^\infty N(D_e)Q_t(D_e)\mathrm{d}D_e \tag{1}$$

其中 $N(D_e)$ 为雨滴谱密度，等效直径 D_e 即为同体积球形粒子的直径。对于同一群粒子其大小尺度服从某种分布即 $N(D_e)$ 为已知时，则衰减系数 k_t 与雷达反射率因子 Z 均可事先计算出。于是，根据 $k_t - Z$ 的经验分布可令

$$k_t = \alpha Z^\beta \tag{2}$$

式中系数 α,β 取决于入射波波长、小旋转椭球旋转轴相对于入射波偏振方向的取向和雨滴谱。对于给定的入射波波长、偏振方向和小旋转椭球旋转轴的取向，可以通过改变雨滴谱参数后获得一组样本，经统计回归后获得适合于给定情况的系数 α,β。当 α,β 被确定后，即可由雷达探

───────────────
* 本文原载于《气象学报》，2000，58(1)：123-128.

测到的 Z 值用上式计算 k_t 值。

假设雨滴谱服从 Gamma 分布函数形式

$$N(D_e) = C_1 D_e^\mu e^{-(3.67+\mu)D_e/D_0} \tag{3}$$

其中 C_1, μ 和 D_0 为雨滴谱参数,取值范围分别为:

$0.00015 < C_1 < 0.15$; $-1 < \mu < 4$; $0.05 < D_0 < 0.25$

可以看出,当 $C_1 = 0.08$,$\mu = 0$,$D_0 = 3.67/\Lambda$ 时,Gamma 分布就成 Marshall-Palmer 分布。

设小椭球旋转轴的半长为 c ,两对称轴的半长分别为 a 和 b 且有 $a = b$,则椭球等效直径 $D_e = 2(abc)^{1/3}$ 。据文献[1],降水云中雨滴轴长比 c/a 与等效直径 D_e 的关系为

$$\frac{c}{a} = \begin{cases} 1.0, & 0 < D_e \leqslant 0.028 \text{ cm} \\ [1-(9/32)D_e\delta V_T^2/\kappa]^{1/2} & 0.028 < D_e \leqslant 0.1 \text{ cm} \\ 1.03 - 0.62D_e & 0.1 < D_e \leqslant 1.0 \text{ cm} \end{cases} \tag{4}$$

式中,δ 为饱和空气密度,近地面处 $\delta = 1.1937 \times 10^{-3} \text{g} \cdot \text{cm}^3$。$\kappa$ 为水的表面张力系数,$\kappa = 72.75 \times 10^{-7} \text{ J} \cdot \text{cm}^{-2}$。$V_T$ 为雨滴下落速度,由下式决定:

$$V_T(D_e) = 965 - 1030 e^{-6D_e} \tag{5}$$

式中,D_e 和 V_T 的单位分别为 cm 和 cm $\cdot$ s^{-1}。

式(4)适用于 D_e 小于 1 cm 的雨滴。在实际中,雨滴也不会过大,自然破碎的临界值 D_e 大约为 0.6 cm。由式(3)确定的雨滴谱,$D_e > 0.5$ cm 的粒子个数已经很少,$D_e > 1$ cm 的粒子数几乎为 0。考虑到以下研究中是以满足 $D/\lambda \ll 1$ 为条件的,天气雷达波长 λ 一般取 3~10 cm,故在式(1)以及以下有关公式对雨滴谱的积分中,雨滴等效直径 D_e 最大值 $D_{e,\max}$ 将取 1.0 和 0.5 cm 进行计算。

对于建立在小旋转椭球上以其形心 o 为原点、以旋转轴 ζ 和对称轴 ξ, η 为直角坐标轴的 $o\xi\eta\zeta$ 系中,该椭球在各轴方向上的极化系数为

$$\begin{cases} g^\xi = g^\eta = \dfrac{abc}{3} \dfrac{\varepsilon-1}{1+(\varepsilon+1)n(a)} \\ g^\zeta = \dfrac{abc}{3} \dfrac{\varepsilon-1}{1+(\varepsilon+1)n(c)} \end{cases} \tag{6}$$

式中,ε 是椭球粒子的复介电常数,$n(a)$ 和 $n(c)$ 是形状因子,由下式决定:

$$n(c) = \begin{cases} \dfrac{1+e^2}{e^3}(e-\arctan(e)) & \text{当 } c < a = b,\text{粒子为扁椭球,其中 } e = \sqrt{(\dfrac{a}{c})^2-1} \\ \dfrac{1-e^2}{2e^3}(\ln\dfrac{1+e}{1-e}-2e) & \text{当 } c > a = b,\text{粒子为长椭球,其中 } e = \sqrt{1-(\dfrac{a}{c})^2} \end{cases} \tag{7}$$

$$n(a) = (1-n(c))/2 \tag{8}$$

对于半径为 r 的球形粒子,令上述有关式中 $a = b = c = r$,可得

$$g^\xi = g^\eta = g^\zeta = r^3 \frac{\varepsilon-1}{\varepsilon+1} \tag{9}$$

即,球形粒子的极化系数与方向无关。

3　小旋转椭球粒子群旋转轴呈3种不同取向时 k_t 和 Z 表达式

3.1　扁旋转椭球粒子群旋转轴在空间一致铅直取向

若雷达水平发射水平偏振波,可推导出粒子衰减截面和雷达反射率因子分别为[3,4]

$$Q_{t,h} = \frac{8\pi^2}{\lambda} \mathrm{lm}(-g^\xi) \tag{10}$$

$$Z_h = 64 \left| \frac{\varepsilon+2}{\varepsilon-1} \right|^2 \int_0^\infty |g^\xi|^2 N(D_e)\mathrm{d}D_e \tag{11}$$

将式(10)代入式(1)得

$$k_{t,h} = \frac{8\pi^2}{\lambda} \int_0^\infty \mathrm{lm}(-g^\xi) N(D_e)\mathrm{d}D_e \tag{12}$$

式中,lm(.) 表示取虚部,下标 h 表示水平发射水平偏振波。

若雷达水平发射垂直偏振波,同理可得

$$Z_V = 64 \left| \frac{\varepsilon+2}{\varepsilon-1} \right|^2 \int_0^\infty |g\zeta|^2 N(D_e)\mathrm{d}D_e \tag{13}$$

$$k_{t,V} = \frac{8\pi^2}{\lambda} \int_0^\infty \mathrm{lm}(-g\zeta) N(D_e)\mathrm{d}D_e \tag{14}$$

3.2　扁旋转椭球粒子群旋转轴在空间作均匀随机取向

设降水云中旋转椭球的旋转轴在空间作均匀随机取向,因此具有相同体积和形状的小旋转椭球粒子所构成的粒子群也在空间作均匀随机取向。由于旋转椭球粒子群在空间取向的均匀随机性,很容易理解,衰减系数和雷达反射率因子不受雷达波偏振方式的影响。可以证明[3,4]

$$Z = 64 \left| \frac{\varepsilon+2}{\varepsilon-1} \right|^2 \int_0^\infty \left\{ \frac{3}{15} |g\zeta|^2 + \frac{4}{15}\mathrm{Re}(g\zeta\, g\overset{*}{\zeta}) + \frac{8}{15} |g\zeta|^2 \right\} N(D_e)\mathrm{d}D_e \tag{15}$$

$$k_t = \frac{8\pi^2}{\lambda} \int_0^\infty \ln(\frac{-g\zeta - 2g\zeta}{3}) N(D_e)\mathrm{d}D_e \tag{16}$$

式中,上标 * 表示共轭,Re(.) 表示取实部。

3.3　长旋转椭球粒子群旋转轴在水平面内作均匀随机取向

若雷达水平发射水平偏振波,可推导得出[3,4]

$$Z_h = 64 \left| \frac{\varepsilon+2}{\varepsilon-1} \right|^2 \int_0^\infty \left\{ \frac{3}{8} |g\zeta|^2 + \frac{2}{8}\mathrm{Re}(g\zeta\, g\overset{*}{\zeta}) + 3 |g\zeta|^2 \right\} N(D_e)\mathrm{d}D_e \tag{17}$$

$$k_{t,h} = \frac{8\pi^2}{\lambda} \int_0^\infty \ln(\frac{-g\zeta - 2g\zeta}{2}) N(D_e)\mathrm{d}D_e \tag{18}$$

对于雷达水平发射垂直偏振波,则有

$$Z_V = 64 \left| \frac{\varepsilon+2}{\varepsilon-1} \right|^2 \int_0^\infty |g\zeta|^2 N(D_e)\mathrm{d}D_e \tag{19}$$

$$k_{t,V} = \frac{8\pi^2}{\lambda} \int_0^\infty \ln(-g\zeta) N(D_e)\mathrm{d}D_e \tag{20}$$

4 计算结果与分析

在计算中假设雨滴呈液态,温度为 273 K,雨滴谱参数 C_1,μ 和 D_0 在各自取值范围内按正态分布随机取值,为提高统计量的代表性,取样达 1330 次。图 1 给出波长 $\lambda=5.6$ cm 雨滴等效直径最大值 $D_{e,\max}$ 为 1.0 cm 球形粒子群和小旋转椭球粒子群旋转轴呈 3 种不同取向时的 k_t-Z 关系。图中 k_t-Z 关系式的系数 α,β 和相关系数 R^2 是幂函数回归分析的结果。表 1 列出回归系数 α,β 和相关系数 R^2。在常用波长 3.2 和 10 cm 处 k_t-Z 关系的系数 α,β 和 R^2 也一并列出,以便比较和参考。注意图表中衰减系数 k_t 以 Np·m^{-1} 为单位,1 Np·m^{-1}=4343 dB·km^{-1}。

表 1 在用 $k_t=\alpha\times10^{-9}Z^{\beta}$ 表示的 k_t-Z 关系中,系数 α,β 及相关系数 R^2 在各种情况下的值
($D_{e,\max}=1.0$ cm,k_t 和 Z 的单位分别为 Np·m^{-1} 和 mm^6·m^{-3}。)

粒子形状	情况 *	$\lambda=3.2$ cm			$\lambda=5.6$ cm			$\lambda=10$ cm		
		α	β	R^2	α	β	R^2	α	β	R^2
球		3.0199	0.8771	0.9782	0.9381	0.8749	0.9739	0.2940	0.8645	0.9731
扁椭球	1	2.9703	0.8739	0.9784	0.9195	0.8709	0.9738	0.2893	0.8601	0.9730
	2	3.1440	0.8820	0.9778	0.9734	0.8807	0.9738	0.3033	0.8710	0.9731
	3	3.0149	0.8762	0.9782	0.9335	0.8736	0.9738	0.2936	0.8631	0.9730
长椭球	4	2.9902	0.8745	0.9783	0.9262	0.8716	0.9737	0.2912	0.8608	0.9729
	5	3.0653	0.8794	0.9780	0.9551	0.8776	0.9738	0.2985	0.8677	0.9731

* 情况 1:粒子群旋转轴在空间一致铅直取向,雷达水平发射水平偏振波;情况 2:同情况 1,但雷达水平发射垂直偏振波;情况 3:粒子群旋转轴在空间内均匀随机取向;情况 4:粒子群旋转轴在水平面内均匀随机取向,雷达水平发射水平偏振波;情况 5:同情况 4 但雷达水平发射垂直偏振波。

由图 1 可见,在 5.6 cm 波长处,k_t-Z 关系与降水云中雨滴形状有关;在雨滴为小旋转椭球型时,k_t-Z 关系还与粒子群旋转轴相对于入射波偏振方向的取向有关。球形粒子群时或扁旋转椭球粒子群旋转轴在空间作均匀随机取向时,k_t-Z 关系与入射波偏振方向无关(图 1a,c),这是因为粒子群在宏观上表现为各向同性。扁旋转椭球粒子群旋转轴一致铅直取向或长旋转椭球粒子群旋转轴在水平面内作均匀随机取向时,由于各粒子在垂直方向上的几何尺寸小于在水平方向上的几何尺寸,从而粒子群在宏观上表现出垂直方向上的极化系数小于在水平方向上的极化系数,故 k_t 和 Z 都与入射波偏振方向有关,且 $k_{t,h}>k_{t,v}$ [4] 和 $Z_h>Z_v$(关于"小旋转椭球粒子群的微波后向散射特征及 Z-I 关系"将另文详细讨论),因此,k_t-Z 关系也与入射波偏振方向有关,如图 1b,d 所示。但是,在入射波水平偏振时 k_t-Z 关系中的系数 α,β 均小于垂直偏振时的值,计算表明,这是因为在雨强相同情况下,$k_{t,h}\approx1.2\times k_{t,v}$ 而 $Z_h\approx1.4\times Z_v$,亦即 $k_{t,v}/Z_v\approx1.2\times k_{t,h}/Z_h$,两种偏振的 k_t-Z 关系中的系数的取值必须满足这一点。

由表 1 可见,在 3.2 和 10 cm 波长处,k_t-Z 关系具有相同的上述特征。只是由于 Z 值对波长的依赖很小,而 k_t 随波长变化很大(近似地与 $\lambda^{1.9}$ 呈反比[4]),所以相同条件下的 k_t-Z 关系在 3 个波长处有很大差别,主要表现在系数 α 近似地与 $\lambda^{1.9}$ 呈反比。

相比之下,系数 α,β 在给定波长时具有很好的稳定性,受粒子形状和旋转轴取向的影响很

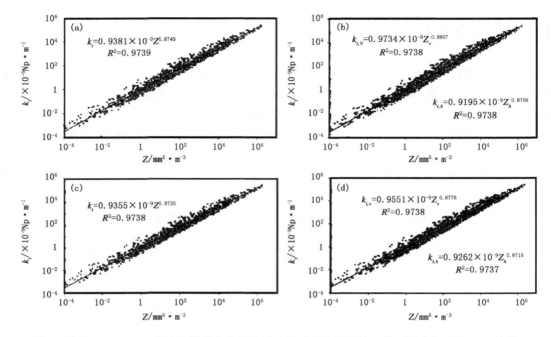

图 1　波长 $\lambda = 5.6$ cm 球形粒子群和小旋转椭球粒子群旋转轴呈 3 种不同取向时的 k_t-Z 关系
（a. 球形粒子群；b. 扁旋转椭球状粒子群旋转轴一致铅直取向；c. 扁旋转椭球状粒子群旋转轴在空间
作均匀随机取向；d. 长旋转椭球粒子群在水平面内作均匀随机取向）

小，这主要是由于在服从 Gamma 分布（式(3)）的小旋转椭球粒子群中，尺度小的粒子占多数，它们的轴长比 c/a 很接近于 1。因此，在非精确计算中可用球形粒子群的 k_t-Z 关系代替小旋转椭球粒子群的 k_t-Z 关系。

由图 1 和表 1 可见，k_t-Z 幂函数相关系数 R^2 虽然与波长有关，但它随雨滴形状和入射波偏振方向的变化可以忽略，都在 0.97 以上，表明 k_t-Z 关系统计显著。

表 2 给出在与表 1 相同条件下仅雨滴等效直径最大值 $D_{e,\max}$ 为 0.5 cm 时的计算结果。可见两表具有相同的上述特征。就 α，β 的数值而言，并未因 $D_{e,\max}$ 减小而按比例减小。α 减小约 1%，β 增大约 1%。虽然对于 3 cm 天气雷达探测降水中 D_e 较大的雨滴，条件 $D/\lambda \ll 1$ 难以满

表 2　在用 $k_t = \alpha \times 10^{-9} Z^\beta$ 表示的 k_t-Z 关系中，系数 α，β 及相关系数 R^2 在各种情况下的值
（$D_{e,\max} = 0.5$ cm，k_t 和 Z 的单位分别为 Np·m^{-1} 和 mm^6·m^{-3}）

粒子形状	情况	$\lambda = 3.2$ cm			$\lambda = 5.6$ cm			$\lambda = 10$ cm		
		α	β	R^2	α	β	R^2	α	β	R^2
球		2.9705	0.8914	0.9782	0.9226	0.8846	0.9754	0.2846	0.8820	0.9742
扁椭球	1	2.9105	0.8892	0.9784	0.9028	0.8819	0.9754	0.2784	0.8791	0.9742
	2	3.0801	0.8950	0.9779	0.9588	0.8890	0.9752	0.2960	0.8867	0.9741
	3	2.9623	0.8909	0.9783	0.9197	0.8839	0.9753	0.2837	0.8813	0.9742
长椭球	4	2.9321	0.8898	0.9783	0.9097	0.8826	0.9754	0.2805	0.8798	0.9742
	5	3.0232	0.8932	0.9781	0.9400	0.8867	0.9752	0.2901	0.8843	0.9741

足,但是由于在服从 Gamma 分布(式(3))的雨滴谱中,尺度大的粒子出现几率小,而 $D_e > 0.5$ cm 的粒子出现几率则极小,取 $D_{e,max} = 0.5$ 或 1 cm 对结果影响不大。微小的影响,仅是由于降水很强的个别样本。一般在降水很强时雨滴谱较宽,计算中因 $D_{e,max}$ 较小而使用截断 Gamma 分布,从而影响 α, β 的数值。

5 结论

研究了小旋转椭球粒子群旋转轴呈 3 种不同取向,而入射电磁波分别为水平发射水平偏振波及水平发射垂直偏振波时的衰减系数 k_t 与雷达反射率因子 Z 之间的关系。用幂函数 $k_t = \alpha Z^\beta$ 表示的 k_t-Z 关系的相关系数 R^2 在 0.97 以上。k_t-Z 关系在 3.2,5.6 和 10 cm 这 3 个波长处有很大差别,主要表现在系数 α 近似地与 $\lambda^{1.9}$ 呈反比。虽然在给定波长、计算精度允许或小旋转椭球粒子群取向特征难以估计时,粒子形状对系数 α, β 的影响可以忽略,但在雨滴为小旋转椭球型时,k_t-Z 关系确与粒子群旋转轴相对于入射波偏振方向的取向有关。所得结果可用于雷达定量测量降水时的衰减订正参考。

参考文献

[1] 马振骅,等. 气象雷达回波信息原理[M]. 北京:科学出版社,1986:181.

[2] 张培昌,戴铁丕,杜秉玉,等. 雷达气象学[M]. 北京:气象出版社,1988:34-42.

[3] 张培昌,刘传才. 旋转椭球粒子群的雷达气象方程及测雨订正[J]. 南京气象学院学报,1998,21(3):307-312.

[4] Zhang Peichang, Wang Zhenhui. Attenuation of microwaves by poly— disperse small spheroid particles [R]. Proceedings of SPIE:Microwave remote sensing of the atmosphere and environment. Beijing, 1998:259-264.

天气雷达回波衰减订正算法的研究[*]
(Ⅰ):理论分析

张培昌,王振会

(南京气象学院电子信息系,南京　210044)

摘　要:根据雷达气象方程和 k-Z 关系,导出了雷达反射率因子积分取样观测资料衰减订正的逐库算法、逐库近似算法及稳定性判据。虽然仍不能解决衰减订正问题中固有的"不稳定"特征,但对提高订正计算效率防止过量订正溢出是有效的。

关键词:雷达反射率因子;衰减订正算法;理论分析

1　引言

在使用天气雷达探测降水区时,雷达回波在降水区内受到衰减[1]。衰减作用造成回波面积减小,在远距离处降水的雷达观测值小于实际雨强值。因此在用 Z-I 关系把雷达反射率因子 Z 换算为雨强 I 之前,必须进行 Z 的衰减订正。据衰减系数 k 与 Z 的关系,Hitschfeld 等[2]给出在已知 $k = aZ^b$ 条件下 Z 的衰减订正解析解表达式。Meneghini[3]讨论了这一解析订正法与迭代法之间的关系,指出,迭代法的极限结果与解析订正结果相同,在雷达观测资料及 k-Z 关系"无误差"情况下,两种方法对衰减都有较好的订正能力,但随着衰减增强或实际回波测量和 k-Z 关系中的随机误差增大,解析订正稳定性变差,极易形成过量订正,导致订正能力下降。尤其在衰减较强时,这些误差的作用被放大而加速订正结果的不稳定[4]。因此,解析法在实际中的应用受到限制。适当的低阶迭代可以避免过量订正,但合适的迭代阶数与回波强度、回波分布特征、库分辨率 、各种误差等多因素有关,在实际中难以确定,阶数太低造成订正不充分;迭代法需要高阶迭代时计算效率降低。

本文考虑到雷达实际观测资料的空间离散取样特征,设计了衰减订正的逐库解法和由此产生的逐库近似算法,定量给出影响数值计算稳定性的临界值,虽然仍不能解决衰减订正问题中固有的"不稳定"特征,但对于提高订正计算效率、防止过量订正溢出是有效的。

2　雷达气象方程及衰减订正

假设雷达天线发射的波束的充塞系数为1,考虑雨对雷达回波的衰减,则雷达气象方程可表示为[1]

---

　* 本文原载于《高原气象》,2001,20(1):1-5.

$$P_r(R) = \frac{C}{R^2} Z_r(R) \tau(R) \tag{1}$$

式中，R 是距离，P_r 是该距离处的回波功率，C 是雷达常数，$Z_r(R)$ 是在距离 R 处的雷达反射率因子真值，$\tau(R)$ 是在雷达与距离 R 之间雨区的双程透过率

$$\tau(R) = e^{-2\int_0^R \kappa(R)\,dR} \tag{2}$$

$\kappa(R)$ 是以 $\mathrm{Np \cdot m^{-1}}$ 为单位的雨区衰减系数，$1\ \mathrm{Np \cdot m^{-1}} = 4343\ \mathrm{dB \cdot km^{-1}}$。在衰减可以不考虑时，即令 $\tau(R) = 1$。在雷达回波强度测量中，由测量到的回波功率 P_r 按下式转换得到

$$Z_M(R) = \frac{R^2}{C} P_r(R) \tag{3}$$

为雷达反射率因子的测量值（即雷达回波强度）。由式(1)和(3)显然可得

$$Z_M(R) = Z_r(R) \tau(R) \tag{4}$$

雷达回波衰减订正，就是由雷达回波强度的测量值 Z_M 计算得到实际值 Z_r 的一个估计。

衰减系数 k 与雷达反射率因子 Z_r 之间的经验关系[1]可表示成

$$k = aZ_r^b \tag{5}$$

常用的 λ 为 $3.2\ \mathrm{cm}$，$5.6\ \mathrm{cm}$ 和 $10\ \mathrm{cm}$ 处球形粒子群降水区系数 a 和 b 的值如表 1[5]。

由式(2)、(4)和(5)可得

$$Z_M(R) = Z_r(R) e^{-2\int_0^R aZ_r^b(R)\,dR} \tag{6}$$

假定 b 与 R 无关，则由此式可导得衰减订正的解析解[3]

$$Z_r(R) = Z_M(R) / [1 - 2ab\int_0^R Z_M^b(R)\,dR]^{1/b} \tag{7}$$

在区间 $[0, R]$ 内降水强度不太大，且在区间 $[0, R]$ 内 Z_M 连续已知时，可以由此式得到精确的订正。称此订正方法为 HB 法。

3　雷达测量资料的积分平均取样离散特征及衰减订正

在雷达实际测量中，雷达测量资料是用视频积分器沿径向等距积分采样而得到的离散值[6]，即每个值与确定的径向距离段（称为库）对应。记库分辨率为 ΔR，雷达到第 i 个库的中心距离为 $(i - 1/2)\Delta R$，对应的雷达测量资料为 $Z_M(i)$，它是第 i 个库内的积分平均值：

$$Z_M(i) = \frac{1}{\Delta R} \int_{(i-1)\Delta R}^{i\Delta R} Z_M(R)\,dR \tag{8}$$

将式(4)代入式(8)，注意到透过率 $\tau(R)$ 由(2)式定义，由积分中值定理得知，存在 $\bar{\tau}_i$ 且满足

$$\tau((i-1)\Delta R) \geqslant \bar{\tau}_i \geqslant \tau(i\Delta R)$$

可得到(4)式的离散形式

$$Z_M(i) = Z_r(i)\,\bar{\tau}_i \tag{9}$$

其中

$$Z_r(i) = \frac{1}{\Delta R} \int_{(i-1)\Delta R}^{i\Delta R} Z_r(R)\,dR \tag{10}$$

为雷达反射率因子真实值在第 i 个库内的积分平均。若已知 $\tau((i-1)\Delta R)$ 和 $\tau(i\Delta R)$，$\bar{\tau}_i$ 可取它们的算术平均 $[\tau((i-1)\Delta R) + \tau(i\Delta R)]/2$ 或几何平均 $[\tau((i-1)\Delta R) \times \tau(i\Delta R)]^{1/2}$。由此

可以证明,由于光学厚度的累加性导致透过率的连乘性,几何平均值比算术平均值更适合于 $\overline{\tau_i}$,尤其是在透过率较小时。所以,以下取

$$\overline{\tau_i} = \left[\tau((i-1)\Delta R) \times \tau(i\Delta R)\right]^{1/2}$$

对于离散数据,积分只能用求和来近似。由式(2)、(5)得

$$\tau_i = \tau(i\Delta R)\begin{cases} 1, & i = 0 \\ e^{-2\sum\limits_{j=1}^{i} aZ_r^b(j)\Delta R}, & i \geqslant 1 \end{cases} \tag{11}$$

因此,对于 $i \geqslant 1$,

$$\tau_i = \tau_{i-1} e^{-2aZ_r^b(i)\Delta R} \tag{12}$$

$$\overline{\tau_i} = \sqrt{\tau_i \tau_{i-1}} = \tau_{i-1} e^{-aZ_r^b(i)\Delta R} \tag{13}$$

代入式(9)可得

$$Z_r(i) = \left[Z_M(i)/\tau_{i-1}\right] e^{aZ_r^b(i)\Delta R} \tag{14}$$

积分取样情况下的雷达回波衰减订正,就是根据式(14)由雷达回波强度的测量值 Z_M 计算得到实际值 Z_r 的估计。

4　衰减订正逐库算法与可订正性分析

由雷达回波强度的测量值 Z_M 求解实际值 Z_r,计算时,必须按 $i = 1, 2, 3, \cdots\cdots$ 的顺序,沿径向依次外推对各库进行衰减订正,即逐库外推。在完成对第 i 个库的衰减订正后,由前 i 个库的订正结果计算 τ_i,为进行第 $i+1$ 个库的衰减订正做准备。

对每个库的衰减订正,式(14)可以看作如下形式的方程:

$$x = \varphi(x) \equiv x_0 e^{\varepsilon x^b} \tag{15}$$

由于式中 x_0、ε 和 b 都大于 0,$\varphi(x)$ 是 x 的非减函数,只要在一定区间内 $|\varphi'(x)| < 1$,就可用迭代公式[7]

$$x_{n+1} = \varphi(x_n) \tag{16}$$

在该区间内求出 x 的近似值。图 1 给出函数 $\varphi(x)$ 和 $\varphi'(x)$ 在 $a = 0.9381 \times 10^{-9}$,$b = 0.8749$ 和 $\Delta R = 1000$ m 时的特征。在图 1a 中,对于确定的 x_0,相应的曲线与斜率为 1 的直线的交点的横坐标,就是方程(15)的根。交点的存在性确定了解的存在性,而交角代表解的稳定性。由图 1 可见,存在 x_0 的临界值 x_{0c}。当 $x_0 = x_{0c}$,交点唯一且其横坐标为 x_c,可以推算出

$$\begin{cases} x_{0c} = (1/\varepsilon be)^{1/b} \\ x_c = (1/\varepsilon b)^{1/b} \end{cases} \tag{17}$$

此处交角最小为 0,是最不稳定的解。当 $x_0 > x_{0c}$,交点不存在。这表明,该库到雷达之间回波衰减严重,透过率太小,造成 x_0 太大,衰减已不可订正。

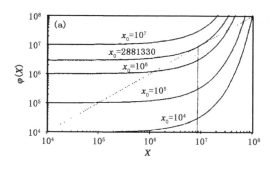 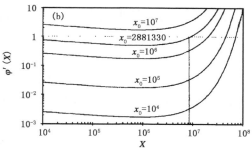

图 1　函数 $\varphi(x)$ 和 $\varphi'(x)$ 在 $a = 0.9381 \times 10^{-9}$，$b = 0.8749$ 和 $\Delta R = 1000$ m 时的特征
(a) $\varphi(x)$，(b) $\varphi'(x) = \mathrm{d}\varphi(x)/\mathrm{d}x$，由式(17)和(18)得：$x_{0c} = 2881330$，$x_{\min} = 839774$

表 1　球形雨滴情况下 $k = a \times 10^{-9} Z_r^b$ 关系中系数 a、b 的值及临界值 x_{0c} 和 $x_{\min}$
（k 的单位为 $\mathrm{Np} \cdot \mathrm{m}^{-1}$，$x_{0c}$、$x_{\min}$ 和 Z_r 的单位为 $\mathrm{mm}^6 \cdot \mathrm{m}^{-3}$）

λ(cm)	a	b	$\Delta R = 1000$ m		$\Delta R = 100$ m	
			x_{0c}	$x_{\min}$	x_{0c}	$x_{\min}$
3.2	3.0199	0.8771	729885	209115	1.00×10^7	2.89×10^6
5.6	0.9381	0.8749	2881330	839774	4.00×10^7	1.17×10^7
10	0.2940	0.8645	13371872	4211515	1.92×10^8	6.04×10^7

因此，x_{0c} 可称为最大临界值。当 $x_0 < x_{0c}$，交点有两个，靠右的一个是 $\varphi'(x) > 1$ 的区间内，迭代计算发散；而靠左的一个是在 $x = x_0$ 附近，$\varphi'(x) < 1$ 的区间内。因此，用式(16)迭代计算，只要收敛，就可以得到靠左的一个交点作为问题的解（这是迭代公式在本问题中比牛顿法优越之处）。为避免迭代发散，迭代公式(16)的初值 x_1 宁可取小而不取大。计算表明，在本问题中迭代公式(16)的收敛速度很快，对初值 x_1 的依赖很小。

取 $\Delta R = 100$ 和 1000 m，根据式(17)可计算得到与表 1 中 a、b 对应的 x_{0c} 值。由表中可见，雷达波长越长（衰减越弱），而库越短，则 x_{0c} 越大，越有利于衰减订正。反之，波长较短，或库很长，则 x_{0c} 就较小，不利于衰减订正。

对于解的稳定性而言，$\varphi'(x)$ 越小越稳定。由图 1b 可以看到，存在 $x_{\min}$ 使 $\varphi'(x_{\min}) = \min$。由 $\varphi''(x_{\min}) = 0$ 可得

$$x_{\min} = \left[(1-b)/(\varepsilon b) \right]^{1/b} \tag{18}$$

当交点在 $x_{\min}$ 右侧，即 $x > x_{\min}$ 时，$\varphi'(x)$ 向 $\varphi'(x) = 1$ 急剧增加，解的稳定性很快降低。当交点在 $x_{\min}$ 左侧时，$\varphi'(x)$ 略有增加但基本不变。因此 $x_{\min}$ 可作为稳定解的参考值。它是在给定 a、b 和 ΔR 条件下衰减订正后 Z 值的最大值参考值。在 $Z > x_{\min}$ 时，可以怀疑衰减订正计算的稳定性。如同 x_{0c}、$x_{\min}$ 也随 ΔR 减小而减小有关。表 1 同时给出 $x_{\min}$ 的值。

衰减订正出现不稳定，在本质上是因为随 R 增大，式(4)中 $\tau(R)$ 和 Z_M 都趋向于 0，故在解 Z_r 时趋向于不稳定。这是衰减订正问题中固有的"不稳定"特征。在 $k = aZ_r^b$ 关系中，a、b 越大，$\tau(R)$ 和 Z_M 趋于 0 的速度就越快。因此，x_{0c} 和 $x_{\min}$ 可以作为不稳定性出现的判据。

5　衰减订正逐库算法与迭代算法的差别

由式(6)可得，

$$Z_r(R) = Z_M(R)e^{2\int_0^R aZ_r^b(R)\,dR} \tag{19}$$

根据文献[3]，衰减订正的迭代算法是以 $Z_r(R)$ 的第 k 阶迭代订正结果 $^kZ_r(R)$ 取代上式右边的 $Z_r(R)$，经计算得到高一阶的订正结果[3]

$$^{k+1}Z_r(R) = Z_M(R)e^{2\int_0^R a\cdot {^kZ_r^b(R)}\,dR} \tag{20}$$

其中零的迭代值 $^0Z_r(R) = Z_M(R)$。可见，每迭代一次，径向上所有库中的值均被更新一次，获得更大的值。

该算法的优点是，低阶迭代有较好的稳定性，可以完成全程（径向上全部库）的订正计算。但在衰减较强或误差存在时，高阶迭代稳定性降低。

为了在达到一定阶数之后停止迭代而避免不稳定出现，文献[3]将相邻两阶迭代值之差别大于相应临界值作为不稳定判据。由于实际中迭代阶数可达十几甚至几十，文献[3]中的临界值表达式难以逐阶推导。为简单易行，我们计算

$$w_k = \sum_R [{^kZ_r(R)} - {^{k-1}Z_r(R)}]/\sum_R [{^kZ_r(R)} + {^{k-1}Z_r(R)}] \tag{21}$$

若 w_k 随 k 增大而减小，则为正常；否则，则停止迭代。其依据是，衰减订正量应逐阶减小。数值试验表明[8]，这样能对迭代算法起到自我约束作用。但在需要高阶迭代时，完成全部订正所需计算量仍然较大。

逐库订正法是由近及远、逐库完成订正计算，当根据 x_{0c} 和 $x_{\min}$ 怀疑计算趋向不稳定时，则订正计算终止。在实际中，由于计算机舍入误差，不稳定会出现在离雷达更近的位置。

逐库订正可以由(14)式得到的下面两种算法来近似，得到订正结果分别为：

$$Z_r(i) = [Z_M(i)/\tau_{i-1}]e^{aZ_M^b(i)\Delta R} \tag{22}$$

$$Z_r(i) = [Z_M(i)/\tau_{i-1}]e^{a[Z_M(i)/\tau_{i-1}]^b\Delta R}, \quad i = 1,2,\cdots \tag{23}$$

因为 $Z_M(i)$ 和 $Z_M(i)/\tau_{i-1}$ 都可作为 $Z_r(i)$ 的一个估计，故分别以 $Z_M(i)$ 和 $Z_M(i)/\tau_{i-1}$ 代替方程(14)右边的 $Z_r(i)$，就可得到上两式。这两种近似算法都可以避免求解形如(16)式的方程，提高订正计算的稳定性，又有较高的计算效率。但缺点是在衰减较小、计算稳定时衰减订正不充分，与低阶迭代的订正结果相当。本文的姊妹篇[8]将通过数值模拟和个例分析来说明本文所举方法的特点。

迭代法和逐步订正法有一个共同的优点，就是在 k-Z 关系（公式5）中不仅系数 a，而且系数 b 都可以是 R 的函数，甚至可以用任意函数形式表示 k-Z 关系。相比之下，HB 法就只能用形如(5)式的 k-Z 关系，且系数 b 与 R 无关。

6　结论

根据雷达气象方程和 k-Z 关系，导出了雷达反射率因子积分取样观测资料衰减订正的逐库算法及其近似和稳定性判据。虽然仍不能解决衰减订正问题中固有的"不稳定"特征，但对提高订正计算效率、防止过量订正溢出，是有效的。提高库分辨率，有助于提高衰减订正计算

的稳定性。

参考文献

［1］　张培昌，戴铁丕，杜秉玉，等.雷达气象学[M]. 北京：气象出版社，1988：179-180.

［2］　Hitschfeld W，Bordan J. Errors inherent in the radar measurement of rainfall at attenuating wavelengths
　　　［J］. J Meteor，1954(11)：58-67.

［3］　Meneghini R. Rain rate estimates for an attenuating radar[J]. Radio Sci，1978，(13)：459-470.

［4］　Toshiaki Kozu. Estimation of raindrop size distribution from spaceborne radar measurement [D]. 1991.

［5］　王振会，张培昌.小旋转椭球粒子群的微波衰减系数与雷达反射率因子之间的关系[J].气象学报，
　　　2000，58(1)：123-128.

［6］　张培昌，王振会. 大气微波遥感基础[M]. 北京：气象出版社，1995：109-110.

［7］　《数学手册》编写组. 数学手册[M]. 北京：高等教育出版社，1979：104-105.

［8］　王振会，张培昌. 天气雷达回波衰减订正算法的研究（Ⅱ）：数值模拟与个例实验[J]. 高原气象，2001，
　　　20(2)：115-120.

天气雷达回波衰减订正算法的研究
(Ⅱ)：数值模拟与个例实验[*]

王振会,张培昌

(南京气象学院电子信息系,南京　210044)

摘　要：通过数值模拟研究雷达反射率因子呈均匀分布情况下的"可订正厚度",计算了"无误差"情况下的订正效果以及"观测误差""k 的误差"、库分辨率等因素对订正效果的影响,还用实际观测个例进行衰减订正实验,并与解析算法和迭代算法的订正结果进行比较。结果表明,逐库算法,尤其是逐库近似算法,比迭代法计算效率高,比解析法有更大的稳定范围。

关键词：雷达反射率因子；衰减订正算法；数值模拟与个例实验

1　引言

　　虽然业务中的天气雷达尽量采用长波长(例如 10 cm)来减小衰减对降水强度测量和回波区域大小的影响,但在我国仍有相当数量的 3 cm 和 5 cm 雷达在工作,而且较短波长的雷达保持体积小、机动性好、对云和小雨的探测能力强等优点,仍然具有一定的适用范围[1]。为了充分利用天气雷达资源,提高定量测量精度,研究较短波长天气雷达回波的衰减订正,是有实际意义的。在文献[2]中已对天气雷达回波衰减订正算法进行了理论分析,提出逐库算法、逐库近似算法及稳定性判据。

　　本文将用数值模拟比较逐库解、迭代解和解析解等几种算法的订正能力,并提出雷达反射率因子径向均匀分布条件下的"可订正厚度"概念。还用 3 GHz 和 8.75 GHz 两部雷达的实际观测个例资料进行降水强度的衰减订正实验。

2　衰减订正计算方法

　　各种衰减订正方法的理论推导已在文献[2]中论述。为叙述方便,下面用 $R3$ 代表逐库订正法,如文献[2]中(14)式表示,它的两个近似算法分别记为 $R1$（文献[2]中(22)式）和 $R2$（文献[2]中(23)式）。迭代订正法(文献[2]中(20)式的第 k 阶迭代记为 ik),例如第 1、第 2 阶迭代分别记为 $i1$、$i2……$,根据 w_k（文献[2]中(21)式的变化而终止时的迭代记为 Sn , n 为终止时的迭代阶数）。根据文献[2]中(7)式可得离散取样情况下解析订正法的数值计算式：

$$Z_r(i) = Z_M(i)/[1 - abZ_M^b(i)\Delta R - 2ab\sum_{j=1}^{i-1}Z_M^b(j)\Delta R]^{1/b} \tag{1}$$

---
　　[*]　本文原载于《高原气象》,2001,20(2):115-120.

用 HB 表示解析订正法及其数值计算结果。

3 衰减订正的数值试验与效果分析

数值试验中，假设真值 Z_r 的径向分布为一已知函数，用文献[2]中(6)式模拟雷达测值 Z_M 的径向分布，而用文献[2]中(8)式和(10)式分别模拟 Z_r 和 Z_M 的积分取样。

3.1　"无误差"情况下 Z_r 均匀分布时的可订正厚度

设雷达反射率因子真值在径向上的分布为常数 ζ，即 $Z_r(R) = \zeta$。图 1a、b、c 和 d 分别给出 $Z_r(R) = 31622.77\ \text{mm}^6 \cdot \text{m}^{-3}$ (45 dBZ)、$10^5\ \text{mm}^6 \cdot \text{m}^{-3}$ (50 dBZ)、$2 \times 10^5\ \text{mm}^6 \cdot \text{m}^{-3}$ (53 dBZ)和 $316227.7\ \text{mm}^6 \cdot \text{m}^{-3}$ (55 dBZ)时积分取样观测资料及各种订正方法的订正结果。计算中取 $\Delta R = 1$ km，取 k-Z 关系为 $k = 0.9381 \times 10^{-9} Z^{0.8749}$（见文献[2]中的表 1，$\lambda = 5.6$ cm）。由文献[2]中(2)、(4)和(5)式，均匀分布的雷达反射率因子的观测结果，以 $e^{-2Ra\zeta^b}$ 随距离增加而减小，即 $Z_M = e^{-2Ra\zeta^b}$（见图中曲线 Z_M）。如图 1a 中 $R = 200$ km 处，$Z_M(R) = 1231$ $\text{mm}^6 \cdot \text{m}^{-3}$(30.9 dBZ)，双程衰减达 14.1 dB。ζ 越大，Z_M 减小越快，与真值 Z_r 的差别就越大。衰减订正在近距离范围内，效果明显。尽管各种订正方法的效果均随距离增加而变差，但不同方法的订正结果随距离的变化是不一样的。因此，可以根据误差小于某一值来定义"可订正厚度"。以 $Z_r(R) = 50$ dBZ 为例，由图 1b 取误差 $< 10\%$，则 $R3$、HB 和 i17-S27 的可订正厚度都在 170 km 以上，而 $R1$、$R2$ 和较低阶迭代的可订正厚度都比较小。$R1$ 相当于 5 阶迭代，$R2$

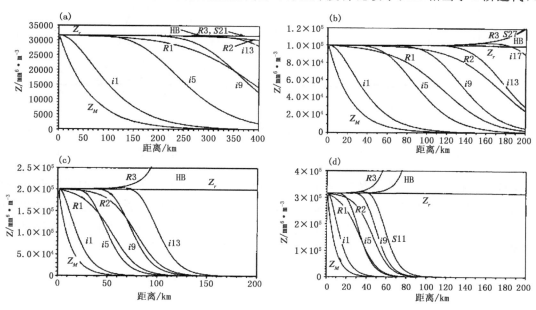

图 1　积分取样雷达反射率因子径向均匀分布情况下不同订正算法的可订正厚度

取 $\Delta R = 1$ km，$k = 0.9381 \times 10^{-9} Z^{0.8749}$（$\lambda = 5.6$ cm），(a) $Z_r(R) = 45$ dBZ，$R3$ 和 $S21$ 可以在 400 km 厚度内误差几乎为 0。(b) $Z_r(R) = 50$ dBZ，则 $R3$ 在 180 km 范围内订正误差小于 10%，(c)在 $Z_r(R) = 50$ dBZ 时范围约为 80 km，(d)在 $Z_r(R) = 55$ dBZ 时范围约为 40 km

相当于 10 阶迭代，$R3$ 与 $S27$ 结果重合。显然，可订正厚度与 ζ 的大小有关。随着 ζ 增大，可订正厚度明显减小。如当 $Z_r(R) = 55$ dBZ，$R3$ 仅订正到 40 km，然后剧烈不稳定造成过量订正。HB 约从 50 km 开始不稳定，过量订正急剧增大。

3.2　库分辨率 ΔR 对衰减订正的影响

由文献[2]中式（17）、（18），库分辨率 ΔR 越小，可订正厚度越大。图 2 以 $Z_r(R) = 55$ dBZ 为例，给出 $\Delta R = 500$ m 和 100 m 时的衰减订正结果，与图 1d 比较可见，使用 $R3$，可订正厚度由 40 km 分别增加到 50 km 和 80 km。

3.3　Z_r 均匀分布而观测资料含误差时各种衰减订正方法的误差统计

测量资料带有误差，降低资料的可订正性。通常可把测量误差分为系统误差和随机误差两部分。其中系统误差是指测量资料带有系统性偏差，误差均值不为零。测量资料的系统误差，应该通过设备定标或偏差订正来消除。如果观测资料存在正的系统误差（即观测值偏大），由文献[2]中式（7）或式（9）可见，$Z_r(R)$ 的估计将进一步偏大，故随 R 的增加，$Z_r(R)$ 的估计将越来越快地趋向于订正过量；反之，如果观测值偏小（即存在负的系统误差），则 $Z_r(R)$ 的估计将进一步偏小，且随着 R 的增加，$Z_r(R)$ 的估计将越来越快地趋向于订正不足。可见，测量资料的系统误差，对衰减订正来说是"正反馈"，必须在衰减订正之前予以消除。

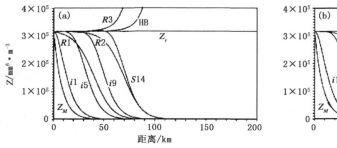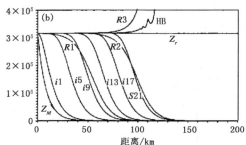

图 2　库分别率 ΔR 对衰减订正的影响 $\lambda = 5.6$ cm，$Z_r(R) = 55$ dBZ 时
(a)取 $\Delta R = 500$ m 可订正厚度为 50 km，(b)取 $\Delta R = 100$ m 则可订正厚度可达 80 km

设观测资料的测量误差服从期望为 0 的随机正态分布，误差标准差与观测值的期望呈正比。图 3a 给出在 45 dBZ 均匀分布情况下，$\Delta R = 100$ m，积分取样观测误差标准差为 30% 时观测资料的订正结果。订正计算对资料中的随机变化起放大作用，订正结果在实际分布附近随机起伏。衰减订正误差统计量相对平均值 bar 和标准差 rms 定义为

$$bar = \frac{1}{N} \sum_{i=1}^{N} (Z_e(i) - Z_r(i)) \Big/ \frac{1}{N} \sum_{i=1}^{N} Z_r(i)$$

$$rms = \Big[\frac{1}{N} \sum_{i=1}^{N} (Z_e(i) - Z_r(i))^2 \Big]^{1/2} \Big/ \frac{1}{N} \sum_{i=1}^{N} Z_r(i)$$

式中，N 为径向上库的总数，$Z_e(i)$ 为第 i 个库的真实值的一种估计值，包含观测值、HB、R1、R2、R3 和各阶迭代估计。图 3b 给出观测误差标准差为 0%、10%、20% 和 30% 时的衰减订正误差统计。图中纵坐标为 bar 和 rms，横坐标"Est. Id"的正整数 1、2、3、…分别表示测量资料、

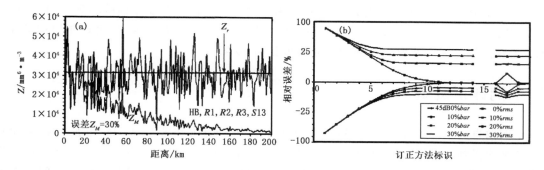

图 3　当反射率因子 45 dBZ 均匀分布在 200 km 范围内时,雷达积分取样观测误差标准为 30％时的衰减订正结果(a)从雷达回波积分取样观测误差标准差分别为 0％、10％、20％和 30％时的衰减订正误差统计(b)

第一、二、三 、……阶迭代,最后四个整数分别代表 HB,R1,R2 和 R3。在计算稳定而又没有产生过量订正的情况下,量 $bar<0$,且订正误差随观测误差增大而以几乎相同的百分点同步增大。随着取样观测误差增大,各种订正方法的结果趋于相同。

3.4　Z_r 均匀分布而衰减系数随距离随机变化时各种衰减订正方法的误差统计

由文献[2]中式(5)得知,一定的 Z_r 与确定的 k 相对应。但在实际中,由于 k 与云降水的滴谱和相态有关,k 和 Z_r 并非一一对应。假设由文献[2]中(5)式给出的 k 有正的系统性误差(即 k 值偏大),则 Z_r 的估计就会偏高,随着 R 的增加,$Z_r(R)$ 的估计将越来越快地趋向于订正过量。这与上节讨论过的观测资料有正的系统性误差对衰减订正的影响效果相同。同样可以推论,若 k 值有负的系统误差,对衰减订正来说也是"正反馈"。这表明,在衰减订正实际工作中,正确地选择 k-Z 关系,是非常重要的。

假设由文献[2]中式(5)给出的 k 具有服从正态分布、期望为 0 的随机误差。图 4a 给出 45 dBZ 均匀分布情况下,k 误差标准差为 30％时对积分取样观测资料的订正结果。图 4b 给出衰减系数 k 的误差标准差为 0％、10％、20％和 30％时各种订正方法的统计结果。由图可见,即使 k 误差标准差为 30％,用 8 阶以上的迭代订正或其它订正方法,订正误差也仅有 5％。

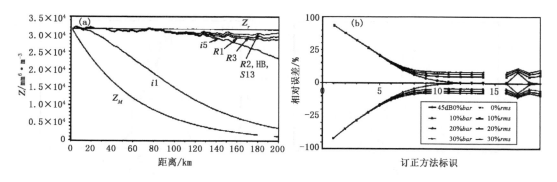

图 4　除为衰减系数 k 外,其余同图 3

但在衰减系数有更大的随机变化,或衰减太强时,可订正厚度迅速减小,取样资料难以订正。这时,逐库近似法 R2 可以获得比 R3 好的订正效果,HB 法将难以使用。计算表明,

$Z_r(R) = 45$ dBZ 时,若 k 误差标准差为 60％和 70％,则可订正厚度分别减小到 80 km 和 50 km 左右。若 $Z_r(R) = 50$ dBZ,观测误差标准差为 30％时,$R2$ 效果最好,可订正厚度约 170 km。若观测误差标准差为 50％则可订正厚度仅为 50 km。

4　个例订正试验

个例取自文献[3]。两部雷达的工作频率分别为 3 GHz 和 8.75 GHz,回波功率由 1800 个脉冲平均得到,天线波束宽度为 2°,径向距离分辨率 100 m。用 Z-I 关系把雷达回波强度转换成雨强,转换关系为 $Z_{8.75\ GHz} = 307 I^{1.54}$ 和 $Z_{3\ GHz} = 260 I^{1.5}$。用未经衰减订正的雷达回波强度得到的雨强随距离的变化,如图 5a 中曲线 I_m 和 I_r 表示,I_m 和 I_r 分别代表 8.75 GHz 和 3 GHz 的雨强测量结果。该例计算表明,8.75 GHz 测量雨强必须进行衰减订正,而 3 GHz 的雨强测量结果 I_r 受衰减影响很小,衰减影响可忽略不计,故可把图 5a 中 I_r 作为雨强真实分布,用于 8.75 GHz 回波衰减订正效果的比较。为便于比较,仿照文献[3],8.75 GHz 回波衰减订正所用的 k-Z 关系取 $k_{8.75\ GHz} = 5.5 \times 10^{-5} Z^{0.84}$ dB·km^{-1} = $12.6665 \times 10^{-9} Z^{0.84}$ Np·m^{-1}。订正结果如图 5 所示。由图 5a 可见,逐库订正法 $R2$、$R3$、解析法 HB 和迭代法 $S8$ 给出一致的订正结果,且与 3 GHz 的雨强测量结果 I_r 有很好的一致性。

但迭代法在第 8 阶终止,尽管从第 3 阶开始迭代结果与 $S8$ 已无大的差别(见图 5b),然而有趣的是,近似法 $R1$ 也得到了与 $R2$、$R3$、HB 几乎相同的结果(见图 5a)。这表明,在本例的情况下,由于雨区径向厚度较小,即使是 $R1$,也能相当于 $i3$,得到满意的效果。

图 5b 中的 $i1$ 和 $i2$ 与文献[3]给出的迭代结果非常一致。但文献[3]未给出更高阶的迭代结果,而所给出的解析法结果 HB 在 1.8～3 km 距离段与图 5a 中的 HB 相比有更明显的过量订正。由于文献[3]已证明迭代法随阶数增高而趋近于解析法,所以可以认为图 5 中的 HB 比文献[3]中的 HB 更合理。

图 5 中,经衰减订正后的回波强度最大值约为 55 dBZ。取 $k_{8.75\ GHz} = 12.6665 \times 10^{-9} Z^{0.84}$ Np·m^{-1},根据类似图 2 的计算,得到库分辨率 100 m、Z 值为 55 dBZ 均匀分布情况下的可订正厚度为 6 km,大于图 5 所示回波厚度,故可推测衰减订正计算是稳定的。

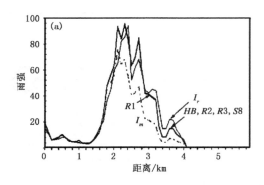 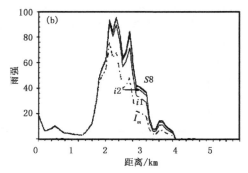

图 5　8.75 GHz 雷达的雨强测量(I_m)及其衰减订正结果(HB,$R1$,$R2$,$R3$,$i1$,$i2$,……,$S8$)与 3 GHz 雷达雨强测量的比较

5　结论

　　雷达反射率因子均匀分布情况下的模拟试验,给出了"无误差"情况下的衰减订正效果以及"观测误差""k 的误差"、库分辨率等因素对订正效果的影响,并与解析算法和迭代算法的订正结果进行比较。结果表明,雷达反射率因子越大,则衰减越明显,越不利于观测资料的订正,可订正厚度就越小;提高库分辨率,有助于提高衰减订正计算的稳定性,扩大可订正厚度;观测资料中的随机误差,会降低资料的衰减可订正性;订正计算对资料中的随机起伏有放大作用;k 的误差,对订正效果的影响是"非线性"的,即 k 误差较小时,订正效果随 k 误差变化较小;当 k 误差较大时,订正效果随 k 误差增大而迅速变化。在衰减较小且各种误差也很小时,衰减订正可用解析法或逐库算法。随着衰减增大或在各种误差较大时,逐库近似算法或低阶迭代法有较大的可订正厚度。逐库近似算法比迭代法计算效率高。由 k-Z 关系系数和库分辨率确定的稳定性判据,可以在不稳定逐渐形成过程中有效地抑制因过量订正而导致的计算溢出。再结合 Z 均匀分布情况下的"可订正厚度",就可以判断衰减订正后资料的有效性。

　　8.75 GHz 雷达回波衰减订正个例计算结果,证实了逐库订正算法及其近似方法的有效性。未来的工作将通过更多的实例(最好将此算法插入某个数字处理系统,进行对比分析),给出更有说服力的结论。

参考文献

[1]　张培昌,戴铁丕,杜秉玉,等.雷达气象学[M].北京:气象出版社,1988.
[2]　张培昌,王振会.天气雷达回波衰减订正算法的研究(Ⅰ):理论分析[J].高原气象,2001,20(1):1-5.
[3]　Meneghini R. Rain rate estimates for an attenuating radar[J]. Radio Sci, 1978, 13:459-470.

雨区衰减影响双线偏振雷达测雨的仿真实验*

殷秀良[1]，张培昌[2]

（1.海军大连舰艇学院军事海洋系，大连　116018；2.南京信息工程大学电子工程系，南京　210044）

摘　要：以滴谱理论为基础，给出了双线偏振雷达各测雨式的雨区衰减订正公式和方法，并利用模拟的滴谱分布资料，分析了各波段双线偏振雷达各测雨式受雨区衰减的影响情况以及做衰减订正后的改进情况，从而提出了双线偏振雷达各测雨式在估测降雨中的使用建议。

关键词：双线偏振雷达；雨滴谱分布；降雨估测误差

1　引言

在雷达测雨中影响其测量精度的因素很多，雨区衰减是产生测雨误差的重要原因之一。双线偏振雷达因其能获得更多关于降水媒质的信息而优于普通雷达，但它仍不能摆脱雨区衰减的影响。为此，Kultegin 等[1]用水平偏振的反射率因子 Z_H 和差反射率因子 Z_{DR} 得到了估计水平衰减因子 A_H 和垂直衰减因子 A_V 的经验公式，并提出了用于 C 波段双线偏振雷达的测雨订正方法。Bringi 等[2]研究发现衰减因子 A_H 和差衰减因子 A_D 随差相移率常数 K_{DP}（Specific Differential Phase）的增加而增大，且其变化近于线性。从而提出用差相移率常数 K_{DP} 订正 A_H、A_D 的值。正如衰减因子 A_H 和差衰减因子 A_D 能影响反射率因子 Z_H 和差反射率因子 Z_{DR} 的测量一样，反射相位差 δ 也影响差传播相移 Φ_{DP}（Differential Propagation Phase Shift）的测量从而影响降水 $R（K_{DP}）$ 的测雨精度。Gianfranco 等[3]认为可用差反射率因子 Z_{DR} 估计反射相位差 δ，并做了 C 波段雷达的订正试验。国内对于双线偏振雷达的布设很少。第一部双线偏振雷达是原中国科学院兰州高原大气物理研究所用 713 测雨雷达改装的，该雷达只能测量 Z_H 和 Z_{DR}，因此主要是对 Z_H 和 Z_{DR} 在降水估测、识别云中粒子相态等方面进行了研究[4,5]，蔡启铭等[6]用扩展边界法计算了椭球型雨滴的散射和衰减特性，特别是雨滴的 Z_{DR} 特性，为我国的双线偏振雷达改造打下了基础。近几年，随着北京市气象局的 C 波段双线偏振多普勒天气雷达、中国气象局的车载 C 波段双线偏振多普勒天气雷达的投入试运行应用，国内学者在多参数偏振雷达测雨、测冰雹[7]以及云中粒子相态识别等方面做了很多有益的探讨，丁青兰等[8]对双线偏振多普勒雷达的测量精度分析作了较多研究。随着国民经济各部门对测雨精度要求的提高及双线偏振雷达在国内的使用，这方面的研究是非常必要的。本文用模拟雨滴谱分布进行了一些关于双线偏振雷达测雨的雨区衰减订正试验，以便探讨雨区衰减对双线偏振雷达测雨的影响程度和订正后对双线偏振雷达测雨精度的改进程度。

---

*　本文为中国气象学会年会"气象雷达及其应用"分会场报告，2006：838-843.

2 与测雨相关量的计算式

Ulbrich[9]证明了 Gamma 型谱分布能较好地反映自然界中大部分降水类型的谱变化。文中模拟降水谱分布时使用了 Gamma 型谱分布模式,各参数随机取值的范围为:30 个·$m^{-3} \leqslant N_0 \leqslant 30000$ 个·m^{-3},$-1 \leqslant \mu \leqslant 4$,$0.5$ mm$\leqslant D_0 \leqslant 2.5$ mm,2.0 mm $\leqslant D_m \leqslant 8.0$ mm。

从粒子的散射理论可知,雷达反射率因子 Z_H (Horizontal Reflectivity Factor)、差反射率因子 Z_{DR} (Differential reflectivity)和反射相位差 δ,是雷达有效照射体积内散射粒子对电磁波作后向散射的特征量,它们反映了雷达观测范围内散射粒子的强度或尺度特性。而雷达衰减因子 A_H、差衰减因子 A_D 和差相移率常数 K_{DP} 是散射粒子前向散射的特征量,它们能反映雷达发射波在前进方向上受降雨粒子影响的情况。这些量均可用谱分布和有关参数计算出来。

雷达发射水平和垂直偏振波时的反射率因子 $Z_{H,v}$(单位:$mm^6 \cdot m^{-3}$)及差反射率因子 Z_{DR}(单位:dB)可写为

$$Z_{H,v} = \frac{\lambda^4}{\pi^5 \cdot |K|^2} \int \sigma_{H,v}(D_e) \cdot N(D_e) dD_e \tag{1}$$

$$Z_{DR} = 10 \cdot \lg(Z_H / Z_v) \tag{2}$$

式中,λ 是雷达波长,$|K|^2 = 0.93$,是与水的折射指数有关的常数(所用气温为零度),σ_{HV} 代表水平或垂直偏振的雷达后向散射截面。

降水强度 R(mm·h^{-1})的计算式可表示为

$$R = 0.6\pi \cdot 10^{-3} \cdot \int_0^{d\max} D_e^3 N(D_e) \cdot V(D_e) \cdot dD_e \tag{3}$$

式中,R 表示雨强,$V(D_e)$ 是等效直径为 D_e (Equivolumetric Spherical Diameter)的雨滴下落末速度。对于脉冲相干的双线偏振雷达,由于雨滴在水平方向和垂直方向尺度的不同,水平和垂直方向发射的电磁波在返回到雷达天线时其滞后的相位也不同,其差相移率常数 K_{DP}(单位:°·km^{-1})可用下式表示

$$K_{DP} = \frac{180\lambda}{\pi} \cdot R_e \int [f_H(D_e) - f_v(D_e)] \cdot N(D_e) dD_e \tag{4}$$

式中,$f_{H,v}$ (Forward-scatter amplitudes at H and V polarization)是雷达发射水平或垂直偏振波散射粒子前向散射振幅,R_e 表示取其实部。研究证明雨滴对雷达波的反射相位差 δ 可表示为[11]

$$\delta = \int_0^{d\max} \tan^{-1}\left[\frac{S_{43} - S_{34}}{S_{33} + S_{44}}\right] \cdot N(D_e) \cdot dD_e \tag{5}$$

式中的 $S_{i,j}$ 是小椭球粒子后向散射 STOKES 矩阵中的元素。本文计算中利用的是扁椭球其旋转轴为一致铅直取向时的 STOKES 矩阵。值得注意的是,雨滴对雷达波的反射相位差 δ,对差相移率常数 K_{DP} 的影响作用将使 K_{DP} 的值增大而不是减小。

雷达发射水平和垂直偏振波时的衰减因子和差衰减因子 $A_{H,v}$(单位:dB·km^{-1})、A_D(单位:dB·km^{-1})分别表示为

$$A_{H,v} = 0.4343 \int Q_{H,v}(D_e) N(D_e) dD_e \tag{6}$$

$$A_D = A_H - A_V \tag{7}$$

其中 $Q_{H,V}$ 是雷达发射水平和垂直偏振波时散射粒子的衰减截面。其值可根据雨滴粒子旋转轴不同取向分别进行计算[12],本文只考虑了扁旋转椭球粒子旋转轴在空间作一致铅直取向的情况,并利用模拟滴谱[13]资料进行了衰减订正实验。

3　各衰减量的计算式

从目前国内外研究者所做的工作来看,估计衰减因子 A_H 和差衰减因子 A_D 的方法有两种[14]:一是用反射率因子 Z_H 和差反射率因子 Z_{DR} 估计;二是用差相移率常数 K_{DP} 估计。

下面利用模拟滴谱资料,拟合出了其回归系数,估计反射相位差 δ 的 X 波段回归方程为

$$\delta = 0.96 - 0.71Z_{DR} + 0.66Z_{DR}^2 - 0.62Z_{DR}^3 \tag{8}$$

估计衰减因子 A_H 和差衰减因子 A_D 的各个波段回归系数见表1。

表 1　衰减因子 A_H 和差衰减因子 A_D 估计式在各波段的系数及相关系数

计算式	X 波段(3.0 GHz)		C 波段(5.5 GHz)		S 波段(10.0 GHz)	
	回波系数	相关系数	回波系数	相关系数	回波系数	相关系数
$A_H = \alpha K_{DP}$	0.093	0.96	0.053	0.92	0.027	0.97
$A_D = \beta K_{DP}$	0.021	0.94	0.012	0.87	0.004	0.95

4　衰减订正方法

4.1　用 A_H、A_D 做衰减订正

为了估计雷达观测量受雨区衰减影响前后的测雨情况,我们利用模拟的谱分布首先计算了雷达反射率因子 $Z_{H,V}$、差反射率因子 Z_{DR}、水平发射波的衰减因子 A_H、差衰减因子 A_D 和降水强度 R,并将它们作为真实值。然后用它们模拟雷达观测量。对雷达反射率因子 $Z_{H,V}$ 和差反射率因子 Z_{DR} 的观测量 $Z_{H,V}^M$、Z_{DR}^M 的模拟可表示如下

$$Z_{H,V}^M = Z_{H,V} - 2\Delta r \sum_{i=k}^{n} A_{H,Vi} + N_{H,Vi}$$

$$Z_{DR}^M = Z_{DR} - 2\Delta r \sum_{i=k}^{n} A_{Di} + N_{ZDRi} \tag{9}$$

式中的上标 M 表示雷达观测量,$Z_{H,V}$、Z_{DR} 的单位用 dB 表示,Δr 为各距离库的库长,n 为距离库的个数,$N_{H,V}$ 和 N_{ZDRi} 代表雷达观测时的随机噪声。

利用上述模拟所得雷达反射率因子 $Z_{H,V}$、差反射率因子 Z_{DR} 的观测量 $Z_{H,V}^M$、Z_{DR}^M 和 2 节中经验公式所得衰减因子 A_H、衰减因子差 A_D 的估计值 $\hat{A}_H$、$\hat{A}_D$ 便可计算出雷达反射率因子 $Z_{H,V}$ 和差反射率因子 Z_{DR} 的估计值 $\hat{Z}_{H,Vn}$、$\hat{Z}_{DRn}$,其计算方法可表示为

$$\hat{Z}_{Hn} = Z_{Hn}^M + 2\Delta r \sum_{i=k}^{n} \hat{A}_{Hi}$$

$$\hat{Z}_{Vn} = Z_{Vn}^M + 2\Delta r \sum_{i=k}^{n} \hat{A}_{Vi} \tag{10}$$

$$\hat{Z}_{DRn} = Z_{DRn}^M + 2\Delta r \sum_{i=k}^{n} \hat{A}_{Di} \tag{}$$

式中,上标 ^ 表示雷达观测量的估计值,Δr 为各距离库的库长,在本文的计算当中我们将库长取为 200 m,n 为距离库的个数。

4.2 用 δ 做衰减订正

与方法 1 类似,首先用模拟的滴谱分布计算差相移率常数 K_{DP} 和反射相位差 δ 作为真实值,再用它们模拟经雨区衰减的雷达观测量。对经雨区衰减后差相移率常数 K_{DP} 的模拟,可经过下述方法实现:

(1)计算差传播相移 Φ_{DP} 的真值

$$\Phi_{DP} = 2\int_0^{R_C} K_{DP}(r)\mathrm{d}r \tag{11}$$

(2)模拟雷达测量所得差传播相移 Φ_{DP}^M

$$\Phi_{DP}^M = \Phi_{DP} + \delta + N \tag{12}$$

(3)计算受雨区衰减的差相移率常数 K_{DP}^M

$$K_{DP}^M = \frac{\Phi_{DP}^M(r_{i+1}) - \Phi_{DP}^M(r_i)}{2(r_{i+1} - r_i)} \tag{13}$$

式中,R_c 是雷达到观测点的距离,N 表示随机噪声,r_i 是雷达到第 i 个距离库的距离,(12)式中的 δ 可由滴谱理论算出。利用(12)式和(8)式即可得到特征相位差 K_{DP}^M 的估计值,其计算式可表示为

$$\hat{\Phi}_{DP} = \Phi_{DP}^M - \hat{\delta}$$
$$\hat{K}_{DP} = \frac{\hat{\Phi}_{DP}(r_{i+1}) - \hat{\Phi}_{DP}(r_i)}{2(r_{i+1} - r_i)} \tag{14}$$

在上述两种方法中,用模拟雷达观测量计算出来的降水强度值代表订正以前雷达所测的降水量,用估计值计算得到的降水强度值就是对雷达观测量订正以后的降水量,后面我们用该方法做了具体的订正试验。

5 衰减订正与结果分析

在很多实际降雨条件下,均匀降水路径的情形是存在的。分析这一情形对于我们了解实际降水是一个很重要的途径。近似均匀的降水路径容易得到,就是考虑较短的路径。在这种情况下,雨区观测点的真值 $Z_{H,V}$、Z_{DR}、K_{DP} 和 δ 将不随路径距离的远近不同而改变。

用 A_H、A_D 订正法对测雨式 $R(Z_H、Z_{DR})$ 在 X、C、S 波段,距离为 1~5 km 的均匀降雨路径和用 δ 订正法对测雨式 $R(K_{DP})$ 在 X 波段,距离为 1 km 的均匀降雨路径进行了衰减订正试验。在这里,订正前降水(R^U)指的是各波段用模拟测量值 $Z_{H,V}^M$、Z_{DR}^M 和 K_{DP}^M 估测的降水;订正后降水(R^C)指的是各波段用分析值 $\hat{Z}_{H,Vn}$、$\hat{Z}_{DRn}$ 和 $\hat{K}_{DP}$ 估测的降水。图 1 是 X 波段用 R($Z_H、Z_{DR}$)公式取路径 1 km 得到的订正前与订正后的降水分布点阵图;图 2 是 C 波段用 R(

Z_H、Z_{DR}）公式取路径 3 km 得到的订正前与订正后的降水分布点阵图；图 3 是 S 波段用 R（Z_H、Z_{DR}）公式取路径 5 km 得到的订正前与订正后的降水分布点阵图；图 4、5、6、7 是订正前与后的测雨标准差随降水强度变化的曲线图。

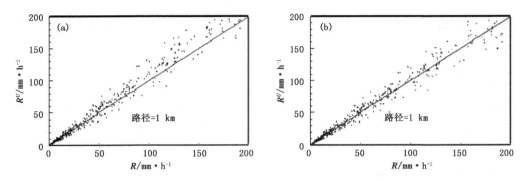

图 1　3 cm 雷达订正前的降水 R^U 对真值 R 的分布（a）和 3 cm 雷达订正后的
降水 R^C 对真值 R 的分布（b）

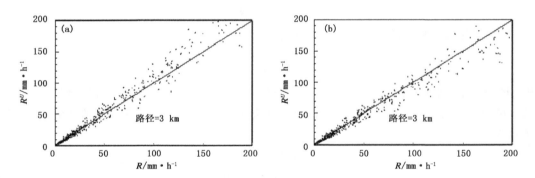

图 2　5 cm 雷达订正前的降水 R^U 对真值 R 的分布（a）和 5 cm 雷达订正后的
降水 R^C 对真值 R 的分布（b）

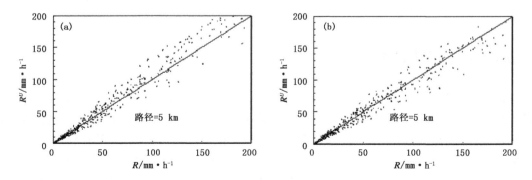

图 3　10 cm 雷达订正前的降水 R^U 对真值 R 的分布（a）和 10 cm 雷达订正后的
降水 R^C 对真值 R 的分布（b）

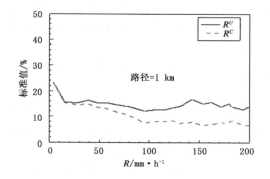

图4 3 cm雷达订正前后测雨标准差
随真值 R 的变化

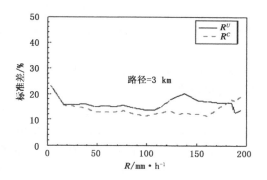

图5 5 cm雷达订正前后测雨标准差
随真值 R 的变化

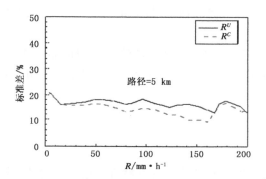

图6 10 cm雷达订正前后测雨标准差
随真值 R 的变化

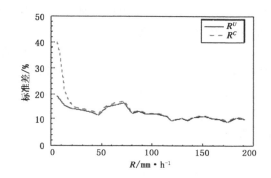

图7 δ方法对 3 cm雷达订正前后测雨标准差
随真值 R 变化

对于测雨式 R（Z_H、Z_{DR}），从模拟雷达观测量测雨的总的情况看，发现 R_{DR}^U（未订正的值）在雨强范围为 0～50 mm・h^{-1} 时略有低估降水，而在雨强大于 50 mm・h^{-1} 时有明显高估。可见双线偏振雷达测雨不同于普通雷达雨区衰减总是低估降水，这主要取决于雨区衰减造成 Z_H、Z_{DR} 的变化哪个起主要作用，由于在双线偏振雷达测雨式中 Z_H 与降水测量值成正比，Z_{DR} 与降水测量值成反比，当 Z_H 的衰减量大于 Z_{DR} 时，就要使降水低估；而 Z_H 的衰减量小于 Z_{DR} 时，就要使降水高估。很显然，雨强较小时 Z_H 的衰减作用大于 Z_{DR}，而雨强较大时由于 Z_H、Z_V 的衰减较大会缩小二者之间的差值从而使 $Z_{DR}=10\lg(Z_H/Z_V)$ 的量值迅速减小，因此 Z_{DR} 的衰减在测雨式中的作用会超过 Z_H 的减小，可见在模拟雷达观测量测雨中出现小雨低估而大雨高估的趋势是必然的。

从图示的雨区衰减订正情况中，得出了如下的几点分析：

（1）从各波段雷达测雨的总情况看，未做订正时，各波段雷达测雨的总效果是 S 波段优于 C 波段，C 波段又优于 X 波段，而且这一现象随着降雨路径的增大变得更加明显。订正前的测雨标准差为 18％左右时，X 波段的降雨路径为 1 km；C 波段的降雨路径为 3 km；而 S 波段的降雨路径达到为 5 km。这与雷达测雨的基本原理和实际情况都完全符和，因为衰减因子与雷达波长呈反比关系，事实上，S 波段雷达波所受衰减比 C 波段雷达波要小 1 倍，比 X 波段雷达波要小 3 倍以上。

（2）对于 X 波段雷达，在 1～2 km 降雨路径内订正效果最好，测雨精度明显提高，随着路径的不断增大，订正效果较好的范围移向降雨强度小的地方，而降雨强度大的地方测雨效果逐渐变坏。

（3）对于 C 波段雷达，在 2～3 km 降雨路径内订正效果好，随着路径的增大，比如在 4～5 km，测雨效果逐渐变坏。

（4）对于 S 波段雷达，在 1～2 km 降雨路径内订正前后差别不大，随着路径的增加以及降雨强度的增大，订正效果较好（图 6）。就具体应用来讲，由于雨强大于 150 mm·h^{-1} 且雨区范围达到 4～5 km 的情况不多，故一般认为 S 波段雷达测雨可不做衰减订正。

图 7 表示出了用 δ 订正法对于测雨式 $R(K_{DP})$ 做订正前后标准差随降水强度变化的情况。由图可见，订正后的测雨标准差反而比未做订正时偏高，这种现象在雨强较小时明显些，随着雨强的增大，二者趋于相同。这是由于后向散射相位移差 δ 与雷达波长和雨区路径距离的长短无关，即雷达所观测的特征相位差 K_{DP}^M 不受 δ 的干扰，因此由特征相位差 K_{DP} 的估测降雨时可不必进行雨区衰减订正。

由此可见，公式 $R(Z_H、Z_{DR})$ 在 X 和 C 波段的雷达测雨中，雨区衰减对测雨的影响不可忽视，在适当雨强范围及适当路径上做衰减订正是必要的。而在利用公式 $R(K_{DP})$ 测雨时，对降雨较为均匀的情况可不做衰减订正。

6 结束语

通过分析各衰减量与雷达观测量的关系，本文给出了几种关于各衰减量的估计经验式，建立了各波段雷达观测量的订正方法，并对双线偏振雷达的降雨估计式 $R(Z_H、Z_{DR})$ 和 $R(K_{DP})$ 在不同波段不同路径上进行了衰减订正试验。

试验结果表明，对于 X 波段和 C 波段雷达，用测雨式 $R(Z_H、Z_{DR})$ 测雨时，随着降雨路径的增加衰减对其测雨精度的影响会变得非常严重，衰减订正可使其测雨效果得到明显改善，但衰减订正的路径范围是有限度的，X 波段可订正到 2 km，C 波段可订正到 4 km。S 波段雷达在 3 km 的降雨路径内即使是雨强很大也基本上不必做衰减订正，但对于雨强较大且雨区路径较长时衰减订正仍能使测雨精度有所改善。对测雨式 $R(K_{DP})$，由于雨区衰减作用中 δ 对 K_{DP} 的影响较小，因此用该公式测雨效果较好，可不进行衰减订正。

参考文献

[1] Kultegin Aydin, Yang Zhao, Thomas A Seliga. Rain-induced attenuation effects on C-band dual-polarization meteorological radars[J]. IEEE Trans Geosci Remote Sensing, 1989, 27(1): 57-65.

[2] Bringi V N, Chandrasekar V, Balakrishnan N, et al. An examination of propagation effects in rainfall on radar measurements at microwave frequencies[J]. J Atmos Oceanic Technol, 1990, 7(6): 829-840.

[3] Gianfranco Scarchilli, Eugenio Gorgucci, V Chandrasekar, et al. Rainfall estimation using polarimetric techniques at C-band frequencies[J]. J Appl Meter, 1993, 32(6): 1150-1160.

[4] 刘黎平, 钱永甫, 王致君. 双线偏振雷达测量降雨效果的对比分析[J]. 大气科学, 1996, 20(5): 613-619.

[5] 刘黎平, 钱永甫, 王致君. 用双线偏振雷达研究云内粒子相态及尺度的空间分布[J]. 气象学报, 1996, 54(5): 590-599.

[6] 蔡启铭, 徐宝祥, 刘黎平. 降雨强度、雨区衰减与双线偏振雷达观测量关系的研究[J]. 高原气象, 1990, 9

(4):347-355.

[7] 漆梁波,肖辉,黄美元,等.双线偏振雷达识别冰雹的数值研究[J].大气科学,2002,26(2):230-240.

[8] 丁青兰,刘黎平,葛润生,等.双线偏振多普勒雷达测量精度的理论分析[J].应用气象学报,2003,14(1):30-38.

[9] Ulbrich C W. Natural variation in the analytical form of raindrop size distributions[J]. J Climate Appl Metor, 1983,22(10): 1764-1775.

[10] Sachidananda M, Zrnic D S. Differential propagation phase shift and rainfall rate estimation[J]. Radio Sci, 1986,21(7): 235-247.

[11] 蔡启铭,王致君,徐宝祥,等.小椭球雨滴后向散射 STOKES 矩阵的计算[J].高原气象,1985,4(4):328-338.

[12] 张培昌,殷秀良,王振会.小旋转椭球粒子群的微波衰减特性[J].气象学报,2001,59(2):226-233.

[13] 殷秀良,张培昌.双线偏振雷达测雨公式的对比分析[J].南京气象学院学报,2000,23(3):428-433.

[14] Peter H Hildebrand. Iterative correction for 5 cm radar in rain[J]. J Appl Meteor,1978,17(4):508-513.

双/多基地天气雷达探测小椭球粒子群的雷达气象方程[*]

张培昌[1,2]，王振会[1,2]，胡方超[2]

(1. 南京信息工程大学,气象灾害省部共建教育部重点实验室,南京　210044；
2. 南京信息工程大学大气物理学院,南京　210044)

摘　要：首先导出小椭球散射的方向函数及侧向散射截面的表达式。然后,考虑发射水平偏振波与垂直偏振波这两种情况下,当小椭球粒子群旋转轴作一致铅直取向和在空间作均匀随机取向时,分别建立适用于双/多基地雷达接收子站的雷达气象方程。主要结果为:(1)当入射波以不同的仰角及方位角到射到旋转轴任意取向的椭球上时,会在椭球的3个轴上产生不同的极化电偶极矩分量,使小椭球散射方向函数不仅与散射方向有关,还与天线和粒子两个直角坐标之间的配置情况有关。(2)无论入射波偏振方式是水平还是垂直,小椭球粒子的总侧向散射截面恒是散射波在该方向上造成的侧向散射截面之和。(3)双基地雷达气象方程与单基地雷达气象方程比较,其差别在于侧向散射截面与后向散射截面的不同,另外,有效照射体积不同,子站与单基地站天线方向性函数不同,使双基地雷达气象方程中多出与双基地角有关的一个因子。(4)主站天线辐射在半功率点内不论均匀与否,双基地雷达气象方程中的侧向散射截面均代表总的侧向散射截面且依赖入射波偏振方式。(5)给出了小椭球群旋转轴一致铅直取向情况下的双基地雷达气象方程,这些方程与入射波偏振方式、主站发射天线辐射在半功率点内均匀与否有关。入射波为垂直偏振时一致铅直取向的椭球群的侧向散射截面可能由包含铅直分量在内的3个正交分量组成。这具体依赖于主站天线仰角。但入射波为水平偏振时到达子站天线处的回波功率与主站天线仰角无关。(6)给出了小椭球群旋转轴在空间无规则取向时的双基地雷达气象方程,这些方程与主站天线仰角、入射波偏振方式等无关,但与主站发射天线辐射在半功率点内均匀与否有关。

关键词：双/多基地天气雷达；旋转椭球粒子群；雷达气象方程

1　引言

单部多普勒天气雷达能够探测数百千米范围内降水云的回波强度、平均径向速度与速度谱宽,并可形成多种气象产品供监测、预警灾害性天气使用,但在反演风场时必须作一定假设,这就使反演结果的适用性受到限制。采用双/多基地天气雷达探测时,既比采用多部多普勒天气雷达经济得多,又能实现同时探测同一目标进行风场反演而不需作假设。因此,一些学者先后开展了这方面的探测研究。Wurman 等[1,2]、Satoh 等[3] 构建了第 1 部双/多基地天气雷达系统网络,外场试验表明,它具有探测复杂天气和大气流场的潜力。Aydin 等[4] 研究了雨滴和冰雹对 S 波段的双/多基地双偏振散射特征。Protat 等[5] 建立的双基地雷达系统已于

---

　　* 本文原载于《气象学报》,2012,70(4):867-874.

1995 年底正式运行,根据三维的双基地多普勒天气雷达资料,采用变分法反演风场供机场使用,并开展对中小尺度天气系统的研究。日本也做了类似的工作。近几年来,中国安徽四创电子股份有限公司及中国信息产业部南京第 14 研究所分别研制出了 C 波段和 S 波段的双/多基地天气雷达系统,准备进行外场试验。

　　双/多基地天气雷达系统是由一个主站(包括具有发射与接收的完整雷达系统)和一个或多个设置在一定距离外的子站(仅有接收系统)组成。主站发射的雷达波束遇到降水目标时,其后向散射波被主站接收,侧向散射波同时被子站接收。当要从子站估算回波功率理论值或由子站实测回波功率反演回波强度即雷达反射率因子时,必须有适用于双/多基地天气雷达接收子站的雷达气象方程。莫月琴等[6]推导出球形降水粒子群的双基地雷达气象方程,并分析了其探测能力。对于像暴雨中的大雨滴以及冰粒、雹粒等降水粒子,一般均为非球形状,其散射特性与球形粒子有差异,通常可以用椭球形粒子去逼近得到散射特性解析解,也可以针对具体形状采用离散偶极子法(即 DDA)[7,8]计算得到散射特性数值解。小旋转椭球逼近得到的解析解可以作实时处理,便于业务应用,而离散偶极子法计算量大,如何将其应用于建立雷达气象方程及实现业务化使用尚需进一步研究[9]。目前,中国在沿海及主要防汛区正式布网的多普勒天气雷达,以 S 波段为主。若再配备多个接收子站构建成多基地雷达系统,则对上述非球形降水粒子一般可以作为小椭球粒子处理,但在建立双基地接收子站的雷达气象方程时,还要考虑有效照射体内整个粒子群的情况。

　　基于上述分析,推导出了小旋转椭球散射的方向函数和侧向散射截面的表达式。然后,分别考虑发射水平偏振波与垂直偏振波这两种情况,当小椭球粒子群旋转轴作一致铅直取向和在空间作均匀随机取向时,分别导出适用于双/多基地天气雷达接收子站的一组雷达气象方程。有了这组方程,不仅可以反演出非球形粒子群的回波强度,还能对双基地双线偏振多普勒天气雷达系统反演出发射水平偏振波与垂直偏振波时侧向散射和后向散射的反射率比(BBRh、BBRy)。

2　小旋转椭球散射方向函数 $\beta(\theta,\varphi)$ 表达式

2.1　坐标系的建立

　　在主站天线上建立的直角坐标系为 $OX'Y'Z'$,其中,X' 轴始终在水平方向,Y' 方向是雷达天线发射波束的能流密度方向,Z' 方向与天顶之夹角即为天线仰角(图 1 中 δ),也是 Y' 方向与水平面之夹角。发射波电场 E^i 在 $OX'Z'$ 平面内偏振,它与 X' 轴的夹角为 α。当 $\alpha=0$ 时为发射水平偏振波,$\alpha=\frac{\pi}{2}$ 时为发射垂直偏振波。椭球上建立的直角坐标系为 $o\xi\eta\zeta$。主站天线上与粒子上这两个直角坐标系之间的取向关系用方向余弦 α_1、α_2、α_3、β_1、β_2、β_3、ν_1、ν_2、ν_3 来描述,其中(α_1,β_1,ν_1)、(α_2,β_2,ν_2)和(α_3,β_3,ν_3)分别是 X'、Y' 和 Z' 三轴在 $o\xi\eta\zeta$ 坐标系中的方向余弦。对于图 1 中的旋转椭球,$o\xi$、$o\eta$ 轴与椭球的相等轴一致,$o\zeta$ 轴与旋转轴一致。

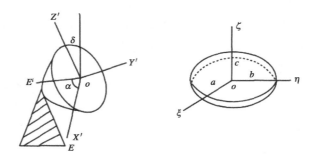

图 1　主站天线直角坐标系与椭球形粒子直角坐标系

2.2　入射波对椭球极化产生的散射场[10]

设入射波为简谐波,振幅 E_o^i 取为单位振幅,即 $E_o^i=1$,ω 是角频率,入射波 E^i 在 OX' 及 OZ' 上的 2 个分量为

$$E_{x'}^i = E^i\cos\alpha = \mathrm{e}^{i\omega t}\cos\alpha \tag{1}$$

$$E_{z'}^i = E^i\sin\alpha = \mathrm{e}^{i\omega t}\sin\alpha \tag{2}$$

椭球受入射场极化后,在 3 个轴上分别形成 3 个电偶极矩 P_ξ、P_η、P_ζ,产生的散射场分别为[11]

$$E_\xi^S = \frac{k^2 P_\xi \sin\theta_\xi}{R}\mathrm{e}^{-ikR} \tag{3}$$

$$E_\eta^S = \frac{k^2 P_\eta \sin\theta_\eta}{R}\mathrm{e}^{-ikR} \tag{4}$$

$$E_\zeta^S = \frac{k^2 P_\zeta \sin\theta_\zeta}{R}\mathrm{e}^{-ikR} \tag{5}$$

式中,k 为波数,$k=\dfrac{2\pi}{\lambda}$,λ 是入射波波长,R 是所考虑的散射方向上某一点离椭球的矢径距离,$|\vec{R}|=R$,ξ、η、ζ 三个轴与 $\vec{R}$ 之间的夹角分别为 θ_ξ、θ_η、θ_ζ,与建立在椭球上的球坐标 (R,θ,φ) 之间关系(图 2)

$$\sin^2\theta_\xi = \cos^2\varphi\cos^2\theta + \sin^2\varphi \tag{6}$$

$$\sin^2\theta_\eta = \sin^2\varphi\cos^2\theta + \cos^2\varphi \tag{7}$$

$$\sin^2\theta_\zeta = \sin^2\theta \tag{8}$$

图 2 中 $\vec{R}'$ 是 $\vec{R}$ 在 $o\xi\eta$ 平面上的投影。φ 是 ξ 轴与 $\vec{R}'$ 的夹角,θ 是 ξ 轴与 $\vec{R}$ 的夹角。

3 个电偶极矩 P_ξ、P_η、P_ζ 产生的散射场 E_ξ^S、E_η^S、E_ζ^S 分别形成散射能流密度为[10]

$$S_\xi = \frac{c}{8\pi}E_\xi^S E_\xi^{S*} = \frac{ck^4}{8\pi R^2}\,|\,g_\xi\,|^2\cdot(\alpha_1\cos\alpha+\alpha_3\sin\alpha)^2(\cos^2\varphi\cos^2\theta+\sin^2\varphi) \tag{9}$$

$$S_\eta = \frac{c}{8\pi}E_\eta^S E_\eta^{S*} = \frac{ck^4}{8\pi R^2}\,|\,g_\eta\,|^2\cdot(\beta_1\cos\alpha+\beta_3\sin\alpha)^2(\sin^2\varphi\cos^2\theta+\cos^2\varphi) \tag{10}$$

$$S_\zeta = \frac{c}{8\pi}E_\zeta^S E_\zeta^{S*} = \frac{ck^4}{8\pi R^2}\,|\,g_\zeta\,|^2\cdot(\upsilon_1\cos\alpha+\upsilon_3\sin\alpha)^2\sin^2\theta \tag{11}$$

但是应指出,因为已取 $E_0^i=1$,故 $S^i=\dfrac{c}{8\pi}(E_0^i)^2=\dfrac{c}{8\pi}$ 即式(9)—(11)中 $\dfrac{c}{8\pi}=S^i$ 是入射波

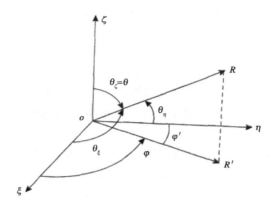

图 2　散射方向角(θ_ξ, θ_η, θ_ζ)和(θ, φ)的关系

能流密度。g_ξ、g_η、g_ζ是椭球在3个轴方向上的极化系数。α_1、α_3、β_1、β_3、υ_1、υ_3是前面描述过的 $OX'Y'Z'$ 坐标系与 $o\xi\eta\zeta$ 坐标系间的方向余弦。

当发射水平偏振波时，$\alpha = 0$，这时 $E^i \parallel X'$ 轴。但 X' 轴与 $o\xi\eta\zeta$ 坐标系的关系取决于粒子在空间中的取向，故 α_1、β_1、υ_1 可以在 $0\sim1$ 取值。这样式(9)—(11)变为

$$S_\xi = \frac{ck^4}{8\pi R^2} \mid g_\xi \mid^2 \alpha_1^2 (\cos^2\varphi\cos^2\theta + \sin^2\varphi) \tag{12}$$

$$S_\eta = \frac{ck^4}{8\pi R^2} \mid g_\eta \mid^2 \beta_1^2 (\sin^2\varphi\cos^2\theta + \cos^2\varphi) \tag{13}$$

$$S_\zeta = \frac{ck^4}{8\pi R^2} \mid g_\zeta \mid^2 \upsilon_1^2 \sin^2\theta \tag{14}$$

当发射垂直偏振波时 $\alpha = \frac{\pi}{2}$，$E^i \parallel Z'$ 轴，α_3、β_3、υ_3 可以在 $0\sim1$ 取值，式(9)—(11)就简化成

$$S_\xi = \frac{ck^4}{8\pi R^2} \mid g_\xi \mid^2 \alpha_3^2 (\cos^2\varphi\cos^2\theta + \sin^2\varphi) \tag{15}$$

$$S_\eta = \frac{ck^4}{8\pi R^2} \mid g_\eta \mid^2 \beta_3^2 (\sin^2\varphi\cos^2\theta + \cos^2\varphi) \tag{16}$$

$$S_\zeta = \frac{ck^4}{8\pi R^2} \mid g_\zeta \mid^2 \upsilon_3^2 \sin^2\theta \tag{17}$$

需要指出的是，某一方向(θ, φ)上的散射能流密度应是 $S_\xi(\theta, \varphi, R)$、$S_\eta(\theta, \varphi, R)$、$S_\zeta(\theta, \varphi, R)$ 在该方向上产生的散射能流密度的总和。

2.3　小椭球散射的方向函数 $\beta(\theta, \varphi)$ 及侧向散射截面

据粒子散射的方向函数 $\beta(\theta, \varphi)$ 定义式[12]有

$$\beta(\theta, \varphi) = \frac{S^s}{S^i} R^2 \tag{18}$$

当发射水平偏振波时，将式(12)—(14)分别代入式(18)，并注意 $S^i = \frac{c}{8\pi}$，得到各电偶极矩分量 P_ξ、P_η、P_ζ 产生的散射方向函数为

$$\beta(\theta,\varphi)\mid_{\xi} = k^4\mid g_{\xi}\mid^2\alpha_1^2(\cos^2\varphi\cos^2\theta\sin^2\varphi) = k^4\mid g_{\xi}\mid^2\alpha_1^2\sin^2\theta_{\xi} \tag{19}$$

$$\beta(\theta,\varphi)\mid_{\eta} = k^4\mid g_{\eta}\mid^2\beta_1^2(\sin^2\varphi\cos^2\theta\cos^2\varphi) = k^4\mid g_{\eta}\mid^2\beta_1^2\sin^2\theta_{\eta} \tag{20}$$

$$\beta(\theta,\varphi)\mid_{\zeta} = k^4\mid g_{\zeta}\mid^2\upsilon_1^2(\sin^2\theta_{\zeta}) = k^4\mid g_{\zeta}\mid^2\upsilon_1^2\sin^2\theta \tag{21}$$

式(19)—(21)表明,$\beta(\theta,\varphi)$除了与θ、φ有关外,还与两个直角坐标系的配置情况即α_1、β_1、υ_1等有关。这是可以理解的,当入射波以不同的仰角及方位角射到旋转轴任意取向的椭球上时,会在ξ、η、ζ方向的a、b、c三个轴上产生不同的极化电偶极矩分量P_{ξ}、P_{η}、P_{ζ},从而影响$\beta(\theta,\varphi)\mid_{\xi,\eta,\zeta}$的不同分布。

当发射垂直偏振波时,将式(15)—(17)代入式(18)后得

$$\beta(\theta,\varphi)\mid_{\xi} = k^4\mid g_{\xi}\mid^2\alpha_3^2(\cos^2\varphi\cos^2\theta\sin^2\varphi) = k^4\mid g_{\xi}\mid^2\alpha_3^2\sin^2\theta_{\xi} \tag{22}$$

$$\beta(\theta,\varphi)\mid_{\eta} = k^4\mid g_{\eta}\mid^2\beta_3^2(\sin^2\varphi\cos^2\theta\cos^2\varphi) = k^4\mid g_{\eta}\mid^2\beta_3^2\sin^2\theta_{\eta} \tag{23}$$

$$\beta(\theta,\varphi)\mid_{\zeta} = k^4\mid g_{\zeta}\mid^2\upsilon_3^2(\sin^2\theta_{\zeta}) = k^4\mid g_{\zeta}\mid^2\upsilon_3^2\sin^2\theta \tag{24}$$

类似于后向散射截面的定义,侧向散射截面σ_B同样可定义为

$$\sigma_B \cdot S^i = 4\pi R^2 \cdot S^s(\theta,\varphi) \tag{25}$$

当发射水平偏振波时,则有

$$\sigma_{B,h} \cdot S^i = 4\pi R^2 \cdot S_h^s(\theta,\varphi) \tag{26}$$

式中,$S_h^s(\theta,\varphi)$是$S_{\xi,h}$、$S_{\eta,h}$、$S_{\zeta,h}$在(θ,φ)方向上散射能流密度的总和,若分别考虑$S_{\xi,h}$、$S_{\eta,h}$、$S_{\zeta,h}$在(θ,φ)方向上造成的侧向散射截面,则有

$$\sigma_{B,h}^{\xi} \cdot S^i = 4\pi R^2 \cdot S_{\xi,h}(\theta,\varphi) \tag{27}$$

注意到$S_{\xi,h}(\theta,\varphi) \cdot R^2/S^i = \beta(\theta,\varphi)\mid_{\xi}$,代入式(27)可得

$$\sigma_{B,h}^{\xi} = 4\pi\beta(\theta,\varphi)\mid_{\xi} = 4\pi k^4\mid g_{\xi}\mid^2\alpha_1^2\sin^2\theta_{\zeta} \tag{28}$$

将$k = \dfrac{2\pi}{\lambda}$代入后就有

$$\sigma_{B,h}^{\xi} = \frac{64\pi^5}{\lambda^4}\mid g_{\xi}\mid^2\alpha_1^2\sin^2\theta_{\xi} \tag{29}$$

同样有

$$\sigma_{B,h}^{\eta} = \frac{64\pi^5}{\lambda^4}\mid g_{\eta}\mid^2\beta_1^2\sin^2\theta_{\eta} \tag{30}$$

$$\sigma_{B,h}^{\zeta} = \frac{64\pi^5}{\lambda^4}\mid g_{\zeta}\mid^2\upsilon_1^2\sin^2\theta_{\zeta} \tag{31}$$

椭球在(θ,φ)方向上的总散射截面$\sigma_{B,h}$应为三者之和,即有

$$\sigma_{B,h} = \sigma_{B,h}^{\xi} + \sigma_{B,h}^{\eta} + \sigma_{B,h}^{\zeta} \tag{32}$$

当发射垂直偏振波时,作上面同样处理可得

$$\sigma_{B,h}^{\xi} = \frac{64\pi^5}{\lambda^4}\mid g_{\xi}\mid^2\alpha_3^2\sin^2\theta_{\xi} \tag{33}$$

$$\sigma_{B,h}^{\eta} = \frac{64\pi^5}{\lambda^4}\mid g_{\eta}\mid^2\beta_3^2\sin^2\theta_{\eta} \tag{34}$$

$$\sigma_{B,h}^{\zeta} = \frac{64\pi^5}{\lambda^4}\mid g_{\zeta}\mid^2\upsilon_3^2\sin^2\theta_{\zeta} \tag{35}$$

及

$$\sigma_{B,v} = \sigma_{B,v}^{\xi} + \sigma_{B,v}^{\eta} + \sigma_{B,v}^{\zeta} \tag{36}$$

3 小旋转椭球群在接收子站的雷达气象方程

3.1 主站天线辐射在半功率点内均匀时的雷达气象方程

单基地时降水粒子群的雷达气象方程[12]为

$$P_{rm} = \frac{P_t G_t^2 \lambda^2}{(4\pi)^3 R^4} \sum_{i=1}^{N} \sigma_i \tag{37}$$

式中，P_{rm} 为单基地雷达的接收功率，N 表示单基地时有效照射体积 V_m 内所有的粒子。

双基地时有[9]

$$P_{rb} = \frac{P_t G_t G_r \lambda^2}{(4\pi)^3 R_t^2 R_r^2} V_b \sum_{\text{单位体积}} \sigma_{Bi} \tag{38}$$

式中，P_{rb} 是双基地子雷达接收功率，R_t 是主站至目标(有效照射体 V_b)的距离，R_r 是目标到子站的距离，σ_{Bi} 是小椭球的侧向散射截面，V_b 是双基地雷达系统的有效照射体积。对于双基地雷达系统子站采用的"宽波束"接收天线而言，V_b 与 V_m 的关系为[9]

$$V_b = \frac{V_m}{\cos^2(\beta/2)} \tag{39}$$

其中，β 是双基地角，即在被探测目标处发射波束与接收波束的夹角。式(39)代入式(38)得

$$P_{rb} = \frac{P_t G_t G_r \lambda^2}{(4\pi)^3 R_t^2 R_r^2} \frac{V_m}{\cos^2(\beta/2)} \sum_{\text{单位体积}} \sigma_{Bi} \tag{40}$$

3.2 主站天线辐射强度不均匀时的雷达气象方程

主站天线辐射强度不均匀时，用函数 $f_t(\theta_t, \varphi_t)$ 表示其方向性，在该函数具有高斯特性的一般情况下，单基地降水目标的雷达气象方程[12]为

$$P_{rm} = \frac{P_t G_t \lambda^2 h \theta_1 \varphi_1}{1024 \ln 2 \cdot \pi^2 R_r^2} \sum_{\text{单位体积}} \sigma_i \tag{41}$$

双基地时降水目标的雷达气象方程通过下面推导获得：

设 $f_t(\theta_t, \varphi_t)$ 及 $f_r(\theta_r, \varphi_r)$ 分别是主站和子站天线辐射的方向函数。假设在有效照射体 V_b 内粒子尺度谱处处相同，并认为对同一个 V_b 内所有粒子而言，由于 R_t 和 R_r 远大于 $h/2$（$h/2$ 为单基地时的有效照射深度），故可以认为 β 以及 θ_ξ、θ_η、θ_ζ 角都是不变的，则有下面微分形式的雷达气象方程

$$\mathrm{d}P_{rb} = \frac{P_t G_t G_r \lambda^2}{(4\pi)^3 R_t^2 R_r^2} \frac{1}{\cos^2(\beta/2)} \cdot |f_t(\theta_t, \varphi_t)|^2 |f_r(\theta_r, \varphi_r)|^2 \sum_{\text{单位体积}} \sigma_{Bi} \mathrm{d}V_m \tag{42}$$

注意到

$$\mathrm{d}V_m = \mathrm{d}R_t ds = R_t^2 \mathrm{d}R_t \frac{\mathrm{d}s}{R_t^2} = R_t^2 \mathrm{d}R_t \cdot \mathrm{d}\Omega_t \tag{43}$$

式中，ds 是 $\mathrm{d}V_m$ 的横截面积，$\mathrm{d}\Omega_t$ 是 ds 对 R_t 处主站天线所张的立体角，则有

$$\mathrm{d}P_{rb} = \frac{P_t G_t G_r \lambda^2 \mathrm{d}R_t}{(4\pi)^3 R_r^2} \frac{1}{\cos^2(\beta/2)} \cdot |f_t(\theta_t, \varphi_t)|^2 |f_r(\theta_r, \varphi_r)|^2 \mathrm{d}\Omega_t \sum_{\text{单位体积}} \sigma_{Bi} \tag{44}$$

对式(44)在有效照射体积内求积分，得

$$P_{rb} = \frac{P_t G_t G_r \lambda^2}{(4\pi)^3} \frac{1}{\cos^2(\beta/2)} \sum_{\text{单位体积}} \sigma_{Bi} \cdot \int_{R_t}^{R_t+\frac{h}{2}} \frac{\mathrm{d}R_t}{R_r^2} \int_{\Omega_t} |f_t(\theta_t,\varphi_t)|^2 |f_r(\theta_r,\varphi_r)|^2 \mathrm{d}\Omega_t \quad (45)$$

由于 $R_r \gg h/2$，式（45）中对 R_t 的积分部分为

$$\int_{R_t}^{R_t+\frac{h}{2}} \frac{\mathrm{d}R_t}{R_r^2} = \frac{1}{R_r^2} \int_{R_t}^{R_t+\frac{h}{2}} \mathrm{d}R_t = \frac{h}{2R_r^2} \quad (46)$$

因此，式（45）经对 $\mathrm{d}R_t$ 积分后可写成

$$P_{rb} = \frac{P_t G_t G_r \lambda^2}{(4\pi)^3} \frac{1}{\cos^2(\beta/2)} \frac{h}{2R_r^2} \sum_{\text{单位体积}} \sigma_{Bi} \cdot \int_{\Omega_t} |f_t(\theta_t,\varphi_t)|^2 |f_r(\theta_r,\varphi_r)|^2 \mathrm{d}\Omega_t \quad (47)$$

这就是考虑降水粒子群及天线辐射不均匀时的双基地接收子站的雷达气象方程。

若认为接收天线辐射在半功率点间均匀时，这时半功率点以内 $f_r(\theta_r,\varphi_r)=1$，代入式（47）中，并注意到主站天线具有高斯特性，按照文献［12］有 $\int_{\Omega_t} |f_r(\theta_r,\varphi_r)|^2 \mathrm{d}\Omega_t = \frac{\pi\theta_1\varphi_1}{8\ln 2}$，同理可得

$$\int_{\Omega_t} |f_t(\theta_t,\varphi_t)|^2 \mathrm{d}\Omega_t = \frac{\pi\theta_1\varphi_1}{4\ln 2} \quad (48)$$

则有

$$P_{rb} = \frac{P_t G_t G_r \lambda^2 h\theta_1\varphi_1}{1024\ln 2 \cdot \pi^2 R_r^2} \frac{2}{\cos^2(\beta/2)} \sum_{\text{单位体积}} \sigma_{Bi} \quad (49)$$

由以上所得各式可见：

（1）双基地时的式（49）与单基地时的式（41）的主要差异在于后向散射截面 σ_i 与侧向散射截面 σ_{Bi} 不相同。另外，由于两者的有效照射体积 V_b 与 V_m 不同，子站与单基地站天线方向性函数不同，使式（49）中多出了一个因子 $\frac{2}{\cos^2(\beta/2)}$。

（2）双基地中方程（38）或（49）中的 σ_{Bi} 均代表总的侧向散射截面，即当发射水平偏振波时 σ_{Bi} 为 $\sigma_{B,h,i}$ 由式（30）确定，发射垂直偏振波时 σ_{Bi} 为 $\sigma_{B,v,i}$ 由式（32）确定。

3.3　考虑发射与接收不同偏振波时的双基地雷达气象方程

3.3.1　发射水平偏振波

设主站雷达以任意仰角 δ 向云降水区发射水平偏振波，如图 1 所示。这时，$\alpha=0$，$\cos\alpha=1$，$\sin\alpha=0$。

一般双基地雷达系统子站的接收天线为裂缝天线，是直立式水平安置的固定天线，由入射波在椭球上产生的 3 个电偶极矩分量 P_ξ、P_η、P_ζ 在接收天线处的散射能流密度，分别为由水平偏振时式（12）—（14）决定的 S_ξ、S_η、S_ζ；其相应的侧向散射截面，分别为由水平偏振时式（29）决定的 $\sigma_{B,h}^\xi$、$\sigma_{B,h}^\eta$、$\sigma_{B,h}^\zeta$。

3.3.1.1　小椭球群旋转轴一致铅直取向时

此时总有 $X' \perp \zeta$，故 $\alpha_1^2 + \beta_1^2 = 1$，$\upsilon_1 = 0$，代入式（30），得到

$$\sigma_{B,h}^\xi = \frac{64\pi^5}{\lambda^4} |g_\xi|^2 \alpha_1^2 \sin^2\theta_\xi \quad (50)$$

$$\sigma^{\eta}_{B,h} = \frac{64\pi^5}{\lambda^4} \mid g_\eta \mid^2 \beta_1^2 \sin^2\theta_\eta \tag{51}$$

$$\sigma^{\zeta}_{B,h} = 0 \tag{52}$$

于是，主站天线辐射在半功率点间均匀及不均匀时的雷达气象方程（38）及（49）中的 σ_{Bi} 用式（50）—（52）代替，得到

$$P^{h,1}_{r,b,\xi} = \frac{P_t G_t G_r \lambda^2}{(4\pi)^3 R_t^2 R_r^2} \frac{V_m}{\cos^2(\beta/2)} \sum_{单位体积} \sigma^{\xi}_{B,h,i} \tag{53}$$

$$P^{h,1}_{r,b,\xi} = \frac{P_t G_t G_r \lambda^2 h\theta_1\varphi_1}{1024\ln2 \cdot \pi^2 R_r^2} \frac{2}{\cos^2(\beta/2)} \sum_{单位体积} \sigma^{\xi}_{B,h,i} \tag{54}$$

$$P^{h,1}_{r,b,\eta} = \frac{P_t G_t G_r \lambda^2}{(4\pi)^3 R_t^2 R_r^2} \frac{V_m}{\cos^2(\beta/2)} \sum_{单位体积} \sigma^{\eta}_{B,h,i} \tag{55}$$

$$P^{h,1}_{r,b,\eta} = \frac{P_t G_t G_r \lambda^2 h\theta_1\varphi_1}{1024\ln2 \cdot \pi^2 R_r^2} \frac{2}{\cos^2(\beta/2)} \sum_{单位体积} \sigma^{\eta}_{B,h,i} \tag{56}$$

$$P^{h,1}_{r,b,\zeta} = 0 \tag{57}$$

$$P^{h,1}_{r,b,\zeta} = 0 \tag{58}$$

注意，实际到达子站天线处的回波功率应是上述方程中 3 个分量之总和，即有

$$P^{h,1}_{r,b} = P^{h,1}_{r,b,\xi} + P^{h,1}_{r,b,\eta} + P^{h,1}_{r,b,\zeta} \tag{59}$$

式（52）和（57）、（58）右边为 0，表示入射波为水平偏振时一致铅直取向的椭球群的侧向散射截面不可能有铅直分量。

由于此情况下，α_1、β_1、υ_1 的取值与主站雷达仰角 δ 无关，所以，到达子站天线处的回波功率也与主站雷达仰角 δ 无关。

3.3.1.2　小椭球旋转轴在空间无规则取向时

这时小椭球旋转轴在空间各个方向上取向的概率相等，方向余弦取各种取向的平均后有：$\overline{\alpha_1^2} = \overline{\beta_1^2} = \overline{\upsilon_1^2} = \frac{1}{3}$，于是式（29）—（31）变为

$$\sigma^{\xi}_{B,h} = \frac{64}{3} \frac{\pi^5}{\lambda^4} \mid g_\xi \mid^2 \sin^2\theta_\xi \tag{60}$$

$$\sigma^{\eta}_{B,h} = \frac{64}{3} \frac{\pi^5}{\lambda^4} \mid g_\eta \mid^2 \sin^2\theta_\eta \tag{61}$$

$$\sigma^{\zeta}_{B,h} = \frac{64}{3} \frac{\pi^5}{\lambda^4} \mid g_\zeta \mid^2 \sin^2\theta_\zeta \tag{62}$$

因此，主站天线辐射在两半功率点间均匀及不均匀时的雷达气象方程（38）及（49）中的 σ_{Bi}，可以分别用式（60）—（62）中的 $\sigma^{\xi}_{B,h}$、$\sigma^{\eta}_{B,h}$、$\sigma^{\zeta}_{B,h}$ 代替，从而得到以下 3 组雷达气象方程：

$$P^{h,2}_{r,b,\xi} = \frac{P_t G_t G_r \lambda^2}{(4\pi)^3 R_t^2 R_r^2} \frac{V_m}{\cos^2(\beta/2)} \sum \sigma^{\xi}_{B,h,i} \tag{63}$$

$$P^{h,2}_{r,b,\xi} = \frac{P_t G_t G_r \lambda^2 h\theta_1\varphi_1}{1024\ln2 \cdot \pi^2 R_r^2} \frac{2}{\cos^2(\beta/2)} \sum \sigma^{\xi}_{B,h,i} \tag{64}$$

$$P^{h,2}_{r,b,\eta} = \frac{P_t G_t G_r \lambda^2}{(4\pi)^3 R_t^2 R_r^2} \frac{V_m}{\cos^2(\beta/2)} \sum \sigma^{\eta}_{B,h,i} \tag{65}$$

$$P^{h,2}_{r,b,\eta} = \frac{P_t G_t G_r \lambda^2 h\theta_1\varphi_1}{1024\ln2 \cdot \pi^2 R_r^2} \frac{2}{\cos^2(\beta/2)} \sum \sigma^{\eta}_{B,h,i} \tag{66}$$

$$P^{h,2}_{r,b,\zeta} = \frac{P_t G_t G_r \lambda^2}{(4\pi)^3 R_t^2 R_r^2} \frac{V_m}{\cos^2(\beta/2)} \sum \sigma^\zeta_{B,h,i} \tag{67}$$

$$P^{h,2}_{r,b,\zeta} = \frac{P_t G_t G_r \lambda^2 h\theta_1\varphi_1}{1024\ln2 \cdot \pi^2 R_r^2} \frac{2}{\cos^2(\beta/2)} \sum \sigma^\zeta_{B,h,i} \tag{68}$$

在式(63)—(68)中，$\sigma^\xi_{B,h}$、$\sigma^\eta_{B,h}$、$\sigma^\zeta_{B,h}$ 必须用式(60)—(62)进行估算。由于椭球旋转轴在空间无规则取向，入射波可以在椭球 3 个轴向 ξ,η,ζ 上产生电偶极矩 P_ξ、P_η、P_ζ，到达子站天线处的总回波率 $P^{h,2}_{r,b}$ 应是上面相应 3 式之和。

3.3.2　主站发射垂直偏振波

这时 $\alpha = \dfrac{\pi}{2}$，$\cos\alpha = 0$，$\sin\alpha = 1$，P_ξ、P_η、P_ζ 产生的在接收天线处的散射能流密度 S_ξ、S_η、S_ζ 及侧向散射截面 $\sigma^\xi_{B,v}$、$\sigma^\eta_{B,v}$、$\sigma^\zeta_{B,v}$，分别由垂直偏振时的式(15)—(17)及(33)—(35)决定。

3.3.2.1　小椭球旋转轴在空间一致铅直取向时

此情况下，α_3、β_3、υ_3 随主站天线仰角 δ 变化而改变。因此，先由主站天线仰角确定 Z' 轴在 $o\xi\eta\zeta$ 坐标系中的方向余弦 α_3、β_3、υ_3，代入式(33)—(35)计算 $\sigma^\xi_{B,v}$、$\sigma^\eta_{B,v}$、$\sigma^\zeta_{B,v}$，然后代替雷达气象方程(40)及(49)中的 σ_{Bi}，得到相应的雷达气象方程为

$$P^{v,1}_{r,b,\xi} = \frac{P_t G_t G_r \lambda^2}{(4\pi)^3 R_t^2 R_r^2} \frac{V_m}{\cos^2(\beta/2)} \sum_{\text{单位体积}} \sigma^\xi_{B,v,i} \tag{69}$$

$$P^{v,1}_{r,b,\xi} = \frac{P_t G_t G_r \lambda^2 h\theta_1\varphi_1}{1024\ln2 \cdot \pi^2 R_r^2} \frac{2}{\cos^2(\beta/2)} \sum \sigma^\xi_{B,v,i} \tag{70}$$

$$P^{v,1}_{r,b,\eta} = \frac{P_t G_t G_r \lambda^2}{(4\pi)^3 R_t^2 R_r^2} \frac{V_m}{\cos^2(\beta/2)} \sum_{\text{单位体积}} \sigma^\eta_{B,v,i} \tag{71}$$

$$P^{v,1}_{r,b,\eta} = \frac{P_t G_t G_r \lambda^2 h\theta_1\varphi_1}{1024\ln2 \cdot \pi^2 R_r^2} \frac{2}{\cos^2(\beta/2)} \sum \sigma^\eta_{B,v,i} \tag{72}$$

$$P^{v,1}_{r,b,\zeta} = \frac{P_t G_t G_r \lambda^2}{(4\pi)^3 R_t^2 R_r^2} \frac{V_m}{\cos^2(\beta/2)} \sum_{\text{单位体积}} \sigma^\zeta_{B,v,i} \tag{73}$$

$$P^{v,1}_{r,b,\zeta} = \frac{P_t G_t G_r \lambda^2 h\theta_1\varphi_1}{1024\ln2 \cdot \pi^2 R_r^2} \frac{2}{\cos^2(\beta/2)} \sum \sigma^\zeta_{B,v,i} \tag{74}$$

同样，实际到达子站天线处的回波功率应是上述方程中 3 个分量之总和，即有

$$P^{v,1}_{r,b} = P^{v,1}_{r,b,\xi} + P^{v,1}_{r,b,\eta} + P^{v,1}_{r,b,\zeta} \tag{75}$$

注意式(75)中 3 个分量可能都不为 0，表示入射波为垂直偏振时一致铅直取向的椭球群的侧向散射截面可能由包含铅直分量在内的 3 个正交分量组成。这具体依赖于主站天线仰角。但入射波为水平偏振时到达子站天线处的回波功率与主站天线仰角无关。

在主站天线仰角 $\delta = 0$（即主站天线作水平探测）时，$Z' /\!/ \zeta$，$\alpha_3 = \beta_3 = 0$，$\upsilon_3 = 1$，这样式(33)—(35)成为

$$\sigma^\xi_{B,v} = \sigma^\eta_{B,v} = 0 \tag{76}$$

$$\sigma^\zeta_{B,v} = \frac{64\pi^5}{\lambda^4} \mid g_\zeta \mid^2 \sin^2\theta_\zeta \tag{77}$$

式(69)—(74)中前 4 式右边都为 0，表示在主站天线仰角 $\delta = 0$、入射波为垂直偏振时一致铅直取向的椭球群的侧向散射截面只有铅直分量（注意在上述描述中"垂直"和"铅直"两词涵义是

不同的)。

3.3.2.2 小椭球旋转轴在空间作无规则取向时

因为 $\overline{\alpha_3^2} = \overline{\beta_3^2} = \overline{\upsilon_3^2} = \dfrac{1}{3}$ ，于是式(33)—(35)变成

$$\sigma_{B,v}^{\xi} = \frac{64}{3}\frac{\pi^5}{\lambda^4}\mid g_{\xi}\mid^2 \sin^2\theta_{\xi} \tag{78}$$

$$\sigma_{B,v}^{\eta} = \frac{64}{3}\frac{\pi^5}{\lambda^4}\mid g_{\eta}\mid^2 \sin^2\theta_{\eta} \tag{79}$$

$$\sigma_{B,v}^{\zeta} = \frac{64}{3}\frac{\pi^5}{\lambda^4}\mid g_{\zeta}\mid^2 \sin^2\theta_{\zeta} \tag{80}$$

则式(40)及(49)中的 σ_{Bi} 可以分别用式(68)中的 $\sigma_{B,v}^{\xi}$、$\sigma_{B,v}^{\eta}$、$\sigma_{B,v}^{\zeta}$ 代替，同样可得3组雷达气象方程

$$P_{r,b,\xi}^{v,2} = \frac{P_tG_tG_r\lambda^2}{(4\pi)^3R_t^2R_r^2}\frac{V_m}{\cos^2(\beta/2)}\sum\sigma_{B,v,i}^{\xi} \tag{81}$$

$$P_{r,b,\xi}^{v,2} = \frac{P_tG_tG_r\lambda^2h\theta_1\varphi_1}{1024\ln2 \cdot \pi^2R_r^2}\frac{2}{\cos^2(\beta/2)}\sum\sigma_{B,v,i}^{\xi} \tag{82}$$

$$P_{r,b,\eta}^{v,2} = \frac{P_tG_tG_r\lambda^2}{(4\pi)^3R_t^2R_r^2}\frac{V_m}{\cos^2(\beta/2)}\sum\sigma_{B,v,i}^{\eta} \tag{83}$$

$$P_{r,b,\eta}^{v,2} = \frac{P_tG_tG_r\lambda^2h\theta_1\varphi_1}{1024\ln2 \cdot \pi^2R_r^2}\frac{2}{\cos^2(\beta/2)}\sum\sigma_{B,v,i}^{\eta} \tag{84}$$

$$P_{r,b,\zeta}^{v,2} = \frac{P_tG_tG_r\lambda^2}{(4\pi)^3R_t^2R_r^2}\frac{V_m}{\cos^2(\beta/2)}\sum\sigma_{B,v,i}^{\zeta} \tag{85}$$

$$P_{r,b,\zeta}^{v,2} = \frac{P_tG_tG_r\lambda^2h\theta_1\varphi_1}{1024\ln2 \cdot \pi^2R_r^2}\frac{2}{\cos^2(\beta/2)}\sum\sigma_{B,v,i}^{\zeta} \tag{86}$$

在式(81)—(86)中，$\sigma_{B,v,i}^{\xi}$、$\sigma_{B,v,i}^{\eta}$、$\sigma_{B,v,i}^{\zeta}$ 必须用式(78)—(81)进行估算。实际到达子站天线处的回波功率应是3组方程中相应各式之总和，即有

$$P_{r,b}^{v,2} = \frac{P_tG_tG_r\lambda^2}{(4\pi)^3R_t^2R_r^2}\frac{V_m}{\cos^2(\beta/2)} \cdot \sum(\sigma_{B,v,i}^{\xi}+\sigma_{B,v,i}^{\eta}+\sigma_{B,v,i}^{\zeta}) \tag{87}$$

$$P_{r,b}^{v,2} = \frac{P_tG_tG_r\lambda^2h\theta_1\varphi_1}{1024\ln2 \cdot \pi^2R_r^2}\frac{2}{\cos^2(\beta/2)} \cdot \sum(\sigma_{B,v,i}^{\xi}+\sigma_{B,v,i}^{\eta}+\sigma_{B,v,i}^{\zeta}) \tag{88}$$

实际上，比较式(60)—(62)和(78)—(80)可见相应式右边完全相同，所以，式(63)—(68)在数值上和式(81)—(86)完全相同。其原因是在小椭球旋转轴在空间作无规则取向时，粒子群的整体散射特征与入射波的偏振方向无关。

4　结论

详细推导了小椭球散射的方向函数及侧向散射截面的表达式。然后，考虑主站天线辐射强度均匀和不均匀时发射水平偏振波与垂直偏振波两种情况下，当小椭球粒子群旋转轴作一致铅直取向和在空间作均匀随机取向时，分别建立适用于双/多基地雷达接收子站的一组雷达气象方程。主要结论如下：

（1）小椭球散射方向函数 $\beta(\theta,\varphi)$ 不仅与 θ,φ 有关，还与两个直角坐标 $OX'Y'Z'$ 及 $o\xi\eta\zeta$ 的

配置情况有关,这是由于当入射波以不同的仰角及方位角射到旋转轴任意取向的椭球上时,会在 ξ、η、ζ 方向的 a、b、c 三个轴上产生不同的极化电偶极矩分量 P_ξ、P_η、P_ζ,从而影响 $\beta(\theta,\varphi)$ $|_{\xi,\eta,\zeta}$ 的不同分布。

(2)入射波无论是水平偏振波还是垂直偏振波,小椭球粒子的总侧向散射截面 σ_B 恒是 $S_{\xi,h(v)}$、$S_{\eta,h(v)}$、$S_{\zeta,h(v)}$ 在 (θ,φ) 方向上造成的侧向散射截面之和(见式(32)和(36))。

(3)双基地雷达气象方程与单基地雷达气象方程相比较,其差别在于侧向散射截面 σ_{Bi} 与后向散射截面 σ_i 不相同,另外,有效照射体积 V_b 与 V_m 不同,子站与单基地站天线方向性函数不同,使双基地雷达气象方程多出了一个因子 $\dfrac{2}{\cos^2(\beta/2)}$(见式(49))。

(4)双基地雷达气象方程,在主站天线辐射在半功率点内均匀时为式(40),不均匀时为式(49),其中,σ_{Bi} 均代表总的侧向散射截面且与入射波偏振方式有关(分别为 $\sigma_{B,h}$ 见式(32),$\sigma_{B,v}$ 见式(36))。

(5)给出了小椭球群旋转轴一致铅直取向情况下的双基地雷达气象方程,这些方程与入射波偏振方式、主站发射天线辐射在半功率点内均匀与否有关(见式(53)—(58)、(69)—(74))。入射波为垂直偏振时一致铅直取向的椭球群的侧向散射截面可能由包含铅直分量在内的 3 个正交分量组成。这具体依赖于主站天线仰角。但入射波为水平偏振时到达子站天线处的回波功率与主站天线仰角无关。

(6)给出了小椭球群旋转轴在空间无规则取向时的双基地雷达气象方程,这些方程与主站天线仰角、入射波偏振方式等无关,但与主站发射天线辐射在半功率点内均匀与否有关(见式(63)—(68))。

应该指出,方程中涉及的 α_1、α_3、β_1、β_3、υ_1、υ_3 以及 θ_ξ、θ_η、θ_ζ 这些量都能转换成双基坐标中的已知量,另外,关于双/多基地天气雷达探测小椭球粒子群的侧向散射能力,这些均将在另一篇论文中讨论。

参考文献

[1] Wurman J. Heckman S, Boccippio D. A bistatic multiple-Doppler radar network[J]. J Appl Meteor, 1993,32(12):1802-1814.

[2] Wurman J, Randall M, Burghart C. Bistatic radar networks[R]. 30th International Conference on Radar Meteorology, Munich, Germany, 2001,130-133.

[3] Satoh S, Wurman J. Accuracy of wind fields observed by a bistatic Doppler radar network[J]. J Atmos Ocean Technol, 2003,20(8):1077-1091.

[4] Aydin K, Park S H, Walsh T M. Bistatic dual-polarization scattering from rain and hail at S-and C-band frequencies[J]. J Atmos Ocean Technol, 1998,15(5):1110-1121.

[5] Protat A, Zawadzki I. A variational method for real-time retrieval of three-dimensional wind field from multiple-doppler bistatic radar network data[J]. J Atmos Ocean Technol, 1999,16(4):432-449.

[6] 莫月琴,刘黎平,徐宝祥,等. 双基地多普勒天气雷达探测能力分析[J]. 气象学报,2005,63(6):994-1005.

[7] Draine B T, Flatau P J. Discrete-dipole approximation for scattering calculations[J]. J Opt Soc Amer A, 1994,11(4):1491-1499.

[8] Collinge M J, Draine B T. Discrete-dipole approximation with polarizabilities that account for both finite wavelength and target geometry[J]. J Opt Soc Amer A, 2004,21(10):2023-2028.

[9] 郭丽君,王振会,董慧杰,等.旋转扁椭球水滴散射特性的快速算式研究[J].高原气象,2012,31(4).

[10] 张培昌,王振会.大气微波遥感基础[M].北京:气象出版社,1995:412.

[11] 张培昌,殷秀良.小旋转椭球粒子群的微波散射特性[J].气象学报,2000,58(2):250-256.

[12] 张培昌,杜秉玉,戴铁丕.雷达气象学[M].北京:气象出版社,2001,88.

双线偏振雷达探测小椭球粒子群
的雷达气象方程*

张培昌[1]，胡方超[1,2]，王振会[1,2]

(1.气象灾害省部共建教育部重点实验室,南京　210044；2.南京信息工程大学大气物理学院,南京　210044)

摘　要：推导出了双线偏振雷达探测小椭球粒子群时,粒子旋转轴一致铅直取向和在空间均匀随机取向的两种情况下,雷达分别发射水平偏振波和垂直偏振波时的雷达气象方程,并重新定义相应的雷达反射率因子。

关键词：双线偏振雷达；旋转椭球粒子群雷达气象方程；雷达反射率因子

1　引言

常规天气雷达一般发射水平偏振波,当探测小球形降水粒子群时,常采用 Probert-Jones[1]推导出的雷达气象方程。但对于较大雨滴,理论与实验均证实为非球形粒子,可以近似看作旋转椭球形粒子,Bringi 等[2]给出确定差分反射率因子 $Z_{DR} = 10\lg\dfrac{\eta_{hh}}{\eta_{vv}}$,其中 η_{hh} 和 η_{vv} 是天气雷达发射水平偏振与垂直偏振波时,由降水粒子群回波功率反演的共极化反射率,它们与雷达波长等有关,把上式写成 $\eta_{dr} = 10\lg\dfrac{\eta_{hh}}{\eta_{vv}}$ 更合理。我们希望 Z_{DR} 这个量仅仅反映降水粒子自身的形状、相态及轴取向特点等,这样才能用 Z_{DR} 这个量作为识别降水粒子性质的依据,因此,Z_{DR} 应该定义为 $Z_{DR} = 10\lg\dfrac{Z_{hh}}{Z_{vv}}$。另外,在实际探测时并不知道降水粒子是圆球形还是椭球形,或者两者共存,因此,在信号处理器中希望使用统一的雷达常数 C,以适应对不同粒子形状的探测。要解决以上这些问题,只有在确定 Z_{hh}、Z_{vv} 的具体函数表示式后才能实现,这就涉及到重新推导出能从中确定 Z_{hh} 与 Z_{vv} 函数定义式的双线偏振雷达气象方程,这就是本文所进行研究的原因。为此作者曾推导出常规天气雷达探测小旋转椭球雨滴群时的雷达气象方程[3],以改进常规天气雷达精确测定降水强度问题。目前,国际和国内正式布网的新一代多普勒天气雷达以及用于云物理研究和人工影响天气的雷达,都将采用或升级为双线偏振体制,国内已生产 20 多部这种雷达。因此,如何建立适用于双线偏振发射的、能获得 Z_{hh} 与 Z_{vv} 函数定义式的雷达气象方程,具有现实的理论意义和应用[4]价值。

对于雨滴,其半径一般小于 0.5 cm。今后升级使用的双线偏振雷达以 5 cm 和 10 cm 波长为主,考虑到采用高斯(Gans)[5]的小椭球粒子散射理论进行推导[6-8]时,其适用范围要比满

　* 本文原载于《热带气象学报》,2013,29(3):505-510.

足小圆球形粒子散射的瑞利条件宽。本文推导的小旋转椭球粒子群的雷达气象方程,既具有简洁的解析形式和较广的适用性,又避免了采用普遍的椭球粒子散射理论处理时遇到的数学上的复杂性。在考虑双线偏振发射时,其中垂直偏振波的方向会随天线仰角而变化,这与水平偏振波方向恒定不变不相同。另外,雨滴下落过程中一般近似地呈扁旋转椭球状,冰粒或小冰雹的形状可以用扁或长的旋转椭球粒子去逼近。在风较小时粒子群中诸粒子旋转轴可以看作是一致铅直取向,在风及湍流较大时可以认为旋转轴在空间作均匀随机取向。因此,我们针对这两种情况进行理论推导,所得结果对于扁旋转椭球状的小冰雹群同样适用,只是复折射指数不同而已。

2 理论推导

2.1 Probert-Jones 的雷达气象方程

在球形粒子满足瑞利散射条件下,Probert-Jones 给出的雷达气象方程为:

$$P_r = \frac{C}{R^2} Z \tag{1}$$

式中,P_r 是回波功率,Z 是小球形粒子的雷达反射率因子,C 是雷达常数。Z 和 C 由下式确定:

$$Z = \int_0^\infty N(D) D^6 \, \mathrm{d}D \tag{2}$$

$$C = \left\{ \frac{\pi^3}{1024 \ln 2} \right\} \left\{ \frac{P_t h G^2 \theta \varphi}{\lambda^2} \right\} \left\{ \left| \frac{m^2 - 1}{m^2 + 2} \right|^2 \right\} = C^* \frac{\pi^5}{\lambda^4} \left| \frac{m^2 - 1}{m^2 + 2} \right| \tag{3}$$

$$C^* = \frac{P_t h G^2 \lambda^2 \theta \varphi}{1024 \ln 2 \pi^2} \tag{4}$$

式(2)中,D 是粒子直径,$N(D)$ 是粒子数随直径 D 的分布。式(3)中 P_t 是雷达发射功率,G 是天线增益,λ 是雷达波长,h 是脉冲长度,θ、φ 分别是天线波束的水平波宽和垂直波宽,m 是粒子的复折射指数。

根据 Gans 理论,这种粒子的后向散射与雷达发射波束的仰角、偏振状况以及小椭球旋转轴的取向等有关。考虑到天气雷达设计中雷达常数 C 是设定的,雷达气象方程仍然保持式(1)的形式不变,则对于旋转椭球粒子群造成的雷达反射率因子必须按不同情况重新定义。

2.2 旋转小椭球散射的 Gans 理论[5, 9]

雷达天线发射波电场 E^i 不一定与椭球粒子中某一个轴平行,而从椭球散射回天线处的散射波当天线极化通道不变时,只能接收其中的平行偏振分量,故需要分别在天线和椭球上建立各自的直角坐标系 $oxyz$ 及 $o'\xi\eta\zeta$(图 1)。其中 ox 轴恒在水平方向上,雷达发射波电场 E^i 恒在 xoz 平面内,E^i 与 x 轴的夹角为 α,z 轴与铅直线之间夹角为 δ。

天气雷达发射高频载波脉冲,它是高频单色线偏振波受脉冲调制的结果。当 E^i 振幅取为单位振幅时,它在 3 个坐标轴上的分量为:

$$E_x = \cos\alpha \cdot \mathrm{e}^{j\omega t}, \quad E_z = \sin\alpha \cdot \mathrm{e}^{j\omega t}, \quad E_y = 0 \tag{5}$$

式中,ω 是角频率,t 是时间。

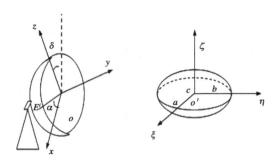

图 1   建立在雷达天线与扁椭球粒子两个直角坐标系

在雷达入射波作用下,扁旋转椭球粒子在 ξ、η、ζ 三个轴方向上因受到极化形成感生振荡电偶极矩为:

$$P_\xi = g_\xi E_\xi = g'(\alpha_1 \cos\alpha + \alpha_3 \sin\alpha) e^{j\omega t}$$
$$P_\eta = g_\eta E_\eta = g'(\beta_1 \cos\alpha + \beta_3 \sin\alpha) e^{j\omega t}$$
$$P_\zeta = g_\zeta E_\zeta = g(\gamma_1 \cos\alpha + \gamma_3 \sin\alpha) e^{j\omega t} \tag{6}$$

其中 P_ξ、P_η、P_ζ 及 E_ξ、E_η、E_ζ 分别是在不同坐标方向的电偶极矩分量和感生电场分量,$g_\zeta = g$ 和 $g_\eta = g_\xi = g'$ 分别是旋转椭球粒子在旋转轴方向及相等轴方向上的极化系数,α_1、α_3、β_1、β_3、υ_1、υ_3 分别是两个直角坐标系各轴之间的方向余弦。

根据文献[10],旋转椭球的旋转轴在 $oxyz$ 系中三个方向余弦 $\gamma_1 = \sin\theta\cos\varphi$、$\gamma_2 = \sin\theta\sin\varphi$、$\gamma_3 = \cos\theta$ 用球坐标系(θ,φ)表示(图 2)。

由旋转椭球散射回天线坐标系中的各偶极矩分量经推导得:

$$P_x = [(g-g')\gamma_1(\gamma_1\cos\alpha + \gamma_3\sin\alpha) + g'\cos\alpha] e^{j\omega t}$$
$$P_y = [(g-g')\gamma_2(\gamma_1\cos\alpha + \gamma_3\sin\alpha)] e^{j\omega t} \tag{7}$$
$$P_z = [(g-g')\gamma_3(\gamma_1\cos\alpha + \gamma_3\sin\alpha) e^{j\omega t} + g'\sin\alpha] e^{j\omega t}$$

注意到散射强度 I_x、I_y、I_z 与相应的偶极矩模的平方($|\ |^2$)成正比,故有:

$$I_x = |(g-g')\gamma_1(\gamma_1\cos\alpha + \gamma_3\sin\alpha) + g'\cos\alpha|^2$$
$$I_y = |(g-g')\gamma_2(\gamma_1\cos\alpha + \gamma_3\sin\alpha)|^2 \tag{8}$$
$$I_z = |(g-g')\gamma_3(\gamma_1\cos\alpha + \gamma_3\sin\alpha) + g'\sin\alpha|^2$$

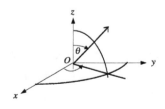

图 2   球坐标系

2.3   椭球旋转轴在空间作一致铅直取向

按旋转椭球粒子群的旋转轴在空间的取向,分以下两种情况讨论。

2.3.1 雷达发射水平偏振波

这时因 $\alpha = 0$，$\gamma_1 = 0$，$\gamma_3 = \cos\delta$ 代入式(8)后得到 $I_x = I_{//} = |g'|^2$，$I_y = I_z = I_\perp = 0$。即在后向散射强度中，只有平行分量 $I_x = I_{//}$，而无正交分量 $I_\perp$。且后向散射平行分量与天线仰角 δ 的变化无关。其后向散射能流密度 S_x 为：

$$S_x = \frac{c}{8\pi} \frac{k^4 P_x^2}{R^2} = \frac{c}{8\pi} \frac{k^4 I_x}{R^2} \tag{9}$$

其中波数 $k = \dfrac{2\pi}{\lambda}$，$\lambda$ 为雷达波长，R 是椭球离雷达的距离，c 是光速，故有：

$$S_x = \frac{2\pi^3 c}{\lambda^4 R^2} |g'|^2 \tag{10}$$

再据雷达截面 σ_{h1} 的定义。

$$\sigma_{h1} \cdot S_0 = 4\pi R^2 \cdot S_x \tag{11}$$

式中，S_0 是发射波的能流密度，由于发射电场 E_0 的振幅已取成单位振幅，故 $S_0 = \dfrac{c}{8\pi}$，将式(10)代入式(11)后得：

$$\sigma_{h1} = \frac{64\pi^5}{\lambda^4} |g'|^2 \tag{12}$$

雷达气象方程用雷达截面表示时为[5]，

$$P_{h1} = \frac{C^*}{R^2} \int_0^\infty \sigma_{h1} N(D_e) \mathrm{d}D_e \tag{13}$$

式中，D_e 是与椭球同体积的球体直径，称作椭球的等效直径，$N(D_e)$ 是雨滴数随 D_e 的分布，把式(12)代入式(13)并作简单处理后，就可得到扁旋转椭球雨滴群旋转轴一致铅直取向时的雷达气象方程：

$$P_r = \frac{C}{R^2} 64 \left| \frac{m^2 + 2}{m^2 - 1} \right|^2 \int_0^\infty |g'|^2 N(D_e) \mathrm{d}D_e \tag{14}$$

根据式(14)可定义新的雷达反射率因子 Z_{h1} 为：

$$Z_{h1} = 64 \left| \frac{m^2 + 2}{m^2 - 1} \right|^2 \int_0^\infty |g'|^2 N(D_e) \mathrm{d}D_e \tag{15}$$

2.3.2 雷达发射垂直偏振波

这时 E^i 在 z 方向偏振，$\alpha = \pi/2$，椭球旋转轴铅直一致取向时，$\gamma_1 = 0$，$\gamma_2 = \sin\delta$，$\gamma_3 = \cos\delta$，代入式(8)后得到：

$$
\begin{aligned}
I_x &= I_\perp = P_x^2 = 0 \\
I_y &= |g - g'|^2 \sin^2\delta \cos^2\delta \\
I_z &= I_{//} = P_z^2 = |(g - g')\cos^2\delta + g'|^2
\end{aligned}
\tag{16}
$$

式(16)表示后向散射正交偏振分量 $I_\perp$，即 I_x 不存在，后向散射平行偏振分量 $I_{//}$，即 I_y 和天线仰角 δ 之间有一定关系，而且与粒子的椭率[3]有关。同样这里只考虑能产生进入雷达同一偏振接收通道散射能流密度的 I_z。

由 I_z 产生的后向散射能流密度 S_y 为：

$$S_y = \frac{c}{8\pi} \frac{k^4 P_y^2}{R^2} = \frac{c}{8\pi} \frac{k^4}{R^2} \left[|(g - g')\cos^2\delta + g'|^2 \right] \tag{17}$$

类似前面 2.3.1 的推导可得：

$$\sigma_{v1} = \frac{64\pi^5}{\lambda^4}[\,|\,(g-g')\cos^2\delta + g'\,|^2\,] \tag{18}$$

$$P_{v1} = \frac{C}{R^2}\{64\left|\frac{m^2+2}{m^2-1}\right|^2\}\int_0^\infty |\,(g-g')\cos^2\delta + g'\,|^2 N(D_e)\mathrm{d}D_e \tag{19}$$

$$Z_{v1} = 64\left|\frac{m^2+2}{m^2-1}\right|^2\int_0^\infty [\,|\,(g-g')\cos^2\delta + g'\,|^2\,]N(D_e)\mathrm{d}D_e \tag{20}$$

以上结果的正确性,同样可以用粒子蜕化成球形时,$Z_{v1} = Z_{球}$ 而得到证实。

2.4 椭球旋转轴在空间作无规取向

2.4.1 雷达发射水平偏振波

假设椭球旋转轴在空间作各种取向的机会相等,这时散射回天线的散射强度将与发射波的仰角及偏振方向等无关。由 $\alpha = 0$,将这些值代入式(8)后得到:

$$\begin{aligned}
I_x &= |\,(g-g')\gamma_1^2 + g'\,|^2 \\
I_y &= |\,(g-g')\gamma_1\gamma_2\,|^2 \\
I_z &= |\,(g-g')\gamma_1\gamma_3\,|^2
\end{aligned} \tag{21}$$

式中,I_x 产生平行偏振分量的后向散射电场,其散射能流密度能进入雷达同一偏振通道的接收机;而 I_y、I_z 则不能,故这里只考虑 I_y 对雷达回波功率的贡献。对函数 $f(\gamma_1,\gamma_2,\gamma_3)$ 用球坐标系 (θ,φ) 下的空间均匀取向,

$$\overline{f}(\gamma_1,\gamma_2,\gamma_3) = \frac{1}{4\pi}\int_0^{2\pi}\int_0^\pi f(\theta,\varphi)\sin\theta\mathrm{d}\theta\mathrm{d}\varphi \tag{22}$$

由式(22)求平均后得到:

$$\overline{\gamma_1^2} = \overline{\gamma_2^2} = \overline{\gamma_3^2} = \frac{1}{3},\ \overline{\gamma_1^4} = \frac{1}{5},\ \overline{\gamma_1^2\gamma_2^2} = \frac{1}{15}$$

故可得平均散射强度 $\overline{I}_x$、$\overline{I}_y$、$\overline{I}_z$ 有:

$$\overline{I}_x = \frac{1}{5}[\,|\,g\,|^2 + \frac{4}{3}\mathrm{Re}(g^*g') + \frac{8}{3}\,|\,g'\,|^2\,]$$

$$\overline{I}_y = \frac{1}{15}\,|\,g-g'\,|^2 \tag{23}$$

$$\overline{I}_z = \frac{1}{15}\,|\,g-g'\,|^2$$

式中,g^* 为 g 的共轭,(g^*g') 为 g^* 与 g' 的乘积,$\mathrm{Re}(\ )$ 表示求实部。类似前面 2.3.1 中的推导可得:

$$\sigma_{h2} = \frac{64\pi^5}{5\lambda^4}[\,|\,g\,|^2 + \frac{4}{3}\mathrm{Re}(g^*g') + \frac{8}{3}\,|\,g'\,|^2\,] \tag{24}$$

$$P_{h2} = \frac{C}{R^2}\frac{64}{5}\left|\frac{m^2+2}{m^2-1}\right|^2\int_0^\infty [\,|\,g\,|^2 + \frac{4}{3}\mathrm{Re}(g^*g') + \frac{8}{3}\,|\,g'\,|^2\,]N(D_e)\mathrm{d}D_e \tag{25}$$

$$Z_{h2} = \frac{64}{5}\left|\frac{m^2+2}{m^2-1}\right|^2\int_0^\infty [\,|\,g\,|^2 + \frac{4}{3}\mathrm{Re}(g^*g') + \frac{8}{3}\,|\,g'\,|^2\,]N(D_e)\mathrm{d}D_e \tag{26}$$

式(25)、(26)就是发射水平偏振波时椭球粒子群旋转轴在空间作无规取向情况下的平行分量雷达气象方程和雷达反射率因子的表示式。

以上推导所得各个公式的正确性,可以通过当旋转椭球粒子蜕化为小圆球粒子时,能获得与瑞利近似完全相同的各个关系式而得到证实。例如:Z_{h1}、Z_{h2} 蜕变成小球的 Z_h 等。

对于旋转轴符合上述两种取向的扁或长旋转椭球粒子时,只要将以上各式中的 g 分别作为短或长旋转轴方向的极化系数处理即可。

2.4.2 雷达发射垂直偏振波

假设椭球旋转轴在空间作各种取向的机会相等,这时散射回天线的散射强度与发射波的仰角及偏振方向等无关,这时 $\alpha = \pi/2$,方向余弦取各种取向的平均后有:

$$\overline{\gamma_3^2} = \frac{1}{3}, \overline{\gamma_3^4} = \frac{1}{5}, \overline{\gamma_1^2 \gamma_2^2} = \overline{\gamma_2^2 \gamma_3^2} = \frac{1}{15}$$

将这些值代入式(8)后求平均可得:

$$\overline{I}_x = \frac{1}{15} \mid g - g' \mid^2$$

$$\overline{I}_z = \frac{1}{5} \big[\mid g \mid^2 + \frac{4}{3} \mathrm{Re}(g^* g') + \frac{8}{3} \mid g' \mid^2 \big] \tag{27}$$

$$\overline{I}_y = \frac{1}{15} \mid g - g' \mid^2$$

类似前面 2.3.1 的推导可得:

$$\sigma_{v2} = \frac{64\pi^5}{5\lambda^4} \big[\mid g \mid^2 + \frac{4}{3} \mathrm{Re}(g^* g') + \frac{8}{3} \mid g' \mid^2 \big] \tag{28}$$

$$P_{v2} = \frac{C}{R^2} \frac{64}{5} \left| \frac{m^2 + 2}{m^2 - 1} \right|^2 \int_0^\infty \big[\mid g \mid^2 + \frac{4}{3} \mathrm{Re}(g^* g') + \frac{8}{3} \mid g' \mid^2 \big] N(D_e) \mathrm{d}D_e \tag{29}$$

$$Z_{v2} = \frac{64}{5} \left| \frac{m^2 + 2}{m^2 - 1} \right|^2 \int_0^\infty \big[\mid g \mid^2 + \frac{4}{3} \mathrm{Re}(g^* g') + \frac{8}{3} \mid g' \mid^2 \big] N(D_e) \mathrm{d}D_e \tag{30}$$

式(29)、(30)就是发射垂直偏振波时扁椭球粒子群旋转轴在空间作无规取向情况下的雷达气象方程和雷达反射率因子表示式。式(25)、(26)与式(29)、(30)完全相同,这就证实了当椭球粒子群旋转轴在空间作等几率无规取向时,回波强度与发射波仰角及偏振方向等无关。

对于旋转轴符合上述两种取向的扁或长旋转椭球粒子时,只要将以上各式中的 g 分别作为短或长旋转轴方向的极化系数处理即可。

3 模拟与讨论

大量研究表明,Gamma 型滴谱分布能够描述自然界中各类降水的大部分谱型,其表达式为:

$$N(D_e) = N_0 D_e^\mu \mathrm{e}^{[-(3.67 + \mu)D_e/D_0]} \tag{31}$$

式(31)是球形粒子的谱分布,其中 N_0 是滴谱的浓度,即单位体积内粒子的个数,D_0 是滴谱的中值直径(即单位体积内 $D_e < D_0$ 的粒子含水量,等于体积内 $D_e > D_0$ 粒子含水量时的直径即为 D_0),其中 D_e 为椭球粒子的等效直径,即把同体积球形粒子的直径称为椭球粒子的等效直径,μ 是谱的形状参数。

应用文献[11]中给出的等效直径 D_e 与轴比 c/a 的关系式,进而求得式(6)中极化系数 g 和 g';计算中取波长 10 cm,温度 10 ℃时的复折射指数 m。

反射率因子用 dBZ 来表示,数值为 $10\lg Z$,天线仰角 $\delta=0$ 时的 Z_{DR},其他仰角情况另文详述。

图 3 给出了 $\mu=1$,$D_0=2.0$ mm,雷达反射率因子 Z 随 N_0 在 $300\sim30000$ 内的变化曲线,并随 N_0 增大而增大;这是因为粒子的浓度增大,散射增强,从而反射率因子增大;且旋转轴在空间一致铅直时 Z_{h1} 大于 Z_{v1},而旋转轴在空间作无规均匀随机取向时的 Z_2 则介于两者之间,这是因为扁椭球的水平轴向长度大于垂直取向的长度,而且空间均匀取向时的平均长度介于两者之间。图 4 则在去除 N_0 的影响后,取 $\mu=1$ 计算,则 $dB(Z/N_0)$ 和 Z_{DR} 随 D_0 的增大而增大;这是由于平均粒子直径变大,散射变强;而且大粒子的椭率从 0 增大,从而使 Z_{DR} 从 0 dB 增大;图 5 给出了随 μ 的增大,不仅粒子数减小,而且大粒子数也减小,从而使图 6 中的 $dB(Z/N_0)$ 随粒子数的减小而减小;和 Z_{DR} 随之大粒子数减小而减小;且前者的变化明显大于后者的变化。

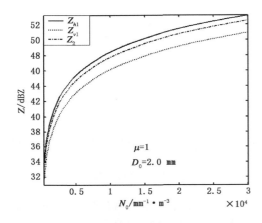

图 3　反射率因子 Z 随 N_0 的变化

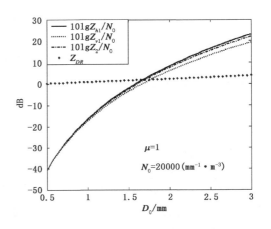

图 4　$dB(Z/N_0)$ 和 Z_{DR} 随 D_0 的变化

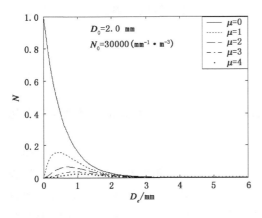

图 5　Gamma 分布不同 μ 时对 D_e 的变化

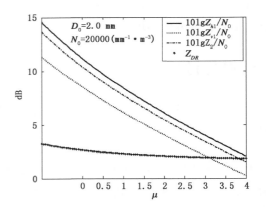

图 6　$dB(Z/N_0)$ 和 Z_{DR} 随 μ 的变化

4 结论

从小旋转椭球散射的 Gans 理论出发,当椭球粒子群旋转轴一致铅直取向以及在空间均匀随机取向的两种情况下,分别推导出了发射水平偏振波与垂直偏振波时的雷达气象方程,并重新定义相应的雷达反射率因子表示式。它们的正确性可以通过椭球蜕化为圆球时,这些因子变成与圆球时相同而得到证实。所得结果中式(15)、(26)、(30)与天线仰角 δ 无关,而式(20)与 δ 有关,这均可以从电偶矩极化理论得到清晰的物理解释。数值模拟表明,在规定雷达作水平探测及给定粒子谱型和谱参数条件下,发射双线偏振波探测作一致铅直取向和在空间作无规取向的椭球粒子群,其雷达反射率因子的变化完全符合后向散射的物理性质。

参考文献

[1] Probert-Jones J R. The Radar equation in meteorology[J]. Quart J Roy Meteor Soc, 1962, 88(378): 485-495.

[2] Bringi V N, Chandrasekar V. Polarimetric doppler weather radar: principles and applications[M]. Cambridge: Cambridge University Press, 2001.

[3] 张培昌, 刘传才. 南京气象学院学报. 1998, 21(3): 307-312.

[4] 吴莹, 王振会, 陈钟荣, 等. 椭球雨滴群旋转轴呈正态分布情况下的雷达气象方程及测雨订正[J]. 高原气象, 2007, 26(1): 128-134.

[5] 朗道 Л Д, 栗弗席兹 E M. 连续媒质电动力学(上册)[M]. 周奇, 译. 北京: 人民教育出版社, 1963.

[6] 胡方超, 王振会. 小旋转椭球粒子群轴向呈正态分布时的衰减特性[J]. 气象科学, 2005, 25(3): 221-230.

[7] 胡方超, 王振会. 小旋转椭球粒子群轴向呈正态分布时的散射特性[J]. 高原气象, 2005, 24(6): 948-955.

[8] Wang Z H, Qian B, Hu F C, et al. Backscattering properties of poly-dispersed small spheroid particles with their rotary axis orientations in normal distribution[J]. J Quant Spectrosc Radiat Transfer, 2010, 111(3): 447-453.

[9] 张培昌, 杜秉玉, 戴铁丕. 雷达气象学[M]. 北京: 气象出版社, 2001.

[10] 张培昌, 王振会. 大气微波遥感基础[M]. 北京: 气象出版社, 1995.

[11] Pruppacher H R, Beard K V. A wind tunnel investigation of the internal circulation and shape of water drops falling at terminal velocity in air[J]. Quart J Roy Meteor Soc, 1970, 96(408): 247-256.

偏振雷达探测小椭球粒子群 *LDR* 的雷达气象方程*

胡方超[1,2],辛岩[2],张培昌[2],王振会[1,2]

(1. 南京信息工程大学 中国气象局气溶胶与云降水重点开放实验室,南京　210044;
2. 南京信息工程大学大气物理学院,南京　210044)

摘　要:双线偏振雷达探测小椭球粒子群时,雷达单发双收或交替发射。在粒子旋转轴呈某一取向时,要获得定义为 LDR_{vh} 或 LDR_{hv} 这个物理量,必须先建立 Z_{vh} 及 Z_{hv} 的雷达气象方程,并需重新定义相应的雷达反射率因子。本文推导出了能反演 Z_{vh} 及 Z_{hv} 的雷达气象方程,并模拟了具有 Gamma 谱分布的扁椭球粒子群在空间均匀取向时的 LDR 的变化情况。

关键词:双线偏振雷达;LDR;雷达气象方程

当常规天气雷达探测降水粒子群,在满足瑞利散射条件时,经常采用 Probert-Jones[1] 推导出的小球形粒子群雷达气象方程[2]。但对于较大的雨滴,Bringi 等[3] 给出确定线性退偏振比 LDR(Linear Depolarization Ratio)的公式是 $LDR_{vh} = 10\lg[\eta_{vh}/\eta_{hh}]$,其中 η_{vh} 和 η_{hh} 分别是天气雷达发射水平偏振时由降水粒子群回波功率反演的交叉极化和共极化反射率,它们与雷达波长等有关。而我们希望 LDR 这个量仅仅反映降水粒子自身的形状、相态及轴取向特点等,这样才能用 LDR 这个量作为识别降水粒子性质的依据,这时可使用另一个 LDR_{vh} 或 LDR_{hv} 公式[4]:

$$LDR_{vh} = 10\lg[Z_{vh}/Z_{hh}] \text{ 或 } LDR_{hv} = 10\lg[Z_{hv}/Z_{vv}]$$

另外,实际探测时在信号处理器中希望使用统一的雷达常数 C,以适应对不同粒子形状的探测。LDR 只有在确定 Z_{vh}、Z_{hh}、Z_{hv}、Z_{vv} 的具体函数表示式后才能实现,这就涉及到要重新推导出能从中确定 Z_{vh} 与 Z_{hh} 函数定义式的雷达气象方程,这就是本文所要研究的原因。为此,张培昌等[5] 推导出能反演 Z_{hh}、Z_{vv} 的雷达气象方程,故本文重点是推导出 Z_{vh}、Z_{hv} 的雷达气象方程,把其理论表达式用于模拟、反演以及获取接收双线偏振气象雷达的物理量 LDR。

目前,新一代多普勒天气雷达及云雷达,都将采用或升级为双线偏振体制,在单发双收模式下,可获得 LDR。因此,如何建立适用于接收双线偏振的、能获得符合 LDR 定义式的雷达气象方程,具有现实的理论意义和重要的应用价值[6-10]。本文采用高斯(Gans)的小椭球粒子散射理论[11-15]进行推导,主要针对在风较小时的一致铅直取向,及在风及湍流较大时的空间均匀随机取向这两种情况。

* 本文原载于《大气科学学报》,2017,40(5):715-720.

1 理论推导

　　雷达天线发射波电场 E^i 不一定与椭球粒子中某一个轴平行,而从椭球散射回天线处的散射波当天线极化通道不变时,只能接收其中的平行偏振分量,故需要分别在天线和椭球上建立各自的直角坐标系 $oxyz$ 及 $o'\xi\eta\zeta$,如图 1 中所示。其中 ox 轴恒在水平方向上,雷达发射波电场 E^i 恒在 xoz 平面内, E^i 与 x 轴的夹角 α 为极化角, δ 为天线仰角。

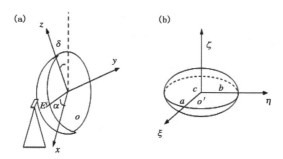

图 1　建立在雷达天线(a)与椭球粒子(b)上的两个直角坐标系

1.1 雷达发射水平偏振波

　　(1)旋转轴取向在空间一致铅直

　　据文献[16]可得

$$I_x = I_{||} = | g' |^2 \tag{1}$$

$$I_z = I_{\perp} = 0 \tag{2}$$

式中, $I_x = I_{||}$ 为在后向散射强度中的平行分量, $I_y = I_z = I_{\perp}$ 为正交分量, g' 是旋转椭球粒子在相等轴方向上的极化系数。(1)式与(2)式表明,在后向散射强度中,只有平行分量 $I_x = I_{||}$,而无正交分量 $I_{\perp}$ 。且后向散射平行分量与天线仰角 δ 的变化无关。因此,这时只能获得 Z_{hh} 值,而 Z_{vh} 值为零。即此时,不存在线性退偏振因子 LDR 。

　　(2)旋转轴在空间均匀无规取向[2]

　　当入射偏振波投射在椭球质点上,根据 Gans 理论,得到椭球坐标系的偶极矩,再变换到天线坐标系,从而得到粒子散射回天线处的散射强度的两个分量 I_x、I_z[12]具体详细推导见文献[5]可得

$$I_x = \frac{1}{5}(| g |^2 + \frac{4}{3}\mathrm{R}_e(g^* g') + \frac{8}{3} | g' |^2); \tag{3}$$

$$I_z = \frac{1}{15} | g - g' |^2 \tag{4}$$

　　式(3)中 g^* 为 g 的共轭, g 为椭球粒子旋转轴的极化系数,$(g^* g')$ 为 g^* 和 g' 的乘积, $\mathrm{Re}()$ 对其取实部。这时回波有水平偏振分量 I_x 及垂直偏振分量 I_z,要获得 Z_{vh} 的表达式,首先要由 I_z 推导出相应的雷达气象方程。注意到(4)式中 I_z 是在发射水平偏振波及粒子旋转轴在空中作无规取向时获得的,故其就是发射水平偏振波后,接收机所同时收到的垂直偏振分量。后向散射能流密度 S_y 有

$$S_y = \frac{ck^4 P_z^2}{9\pi R^2} = \frac{ck^4 I_z}{9\pi R^2} \tag{5}$$

式中，P_z 为粒子在 z 方向感生的电偶极矩；c 是光速，$k = \frac{2\pi}{\lambda}$，λ 为雷达波长，R 是椭球离雷达的距离。将(4)式及 k 的关系式代入上式后得：

$$S_y = \frac{2\pi^3 c}{\lambda^4 R^2} \frac{1}{15} \mid g - g' \mid^2 \tag{6}$$

由后向散射截面的定义[2]有

$$\sigma_{vh} \cdot S_0 = 4\pi R^2 S_y \tag{7}$$

其中发射波的能流密度 $S_0 = \frac{c}{8\pi}$，将(6)式代入(7)式后可得：

$$\sigma_{vh} = \frac{64\pi^5}{15\lambda^4} \mid g - g' \mid^2 \tag{8}$$

雷达气象方程用雷达截面表示时为

$$P_{vh} = \frac{C^*}{R^2} \int_0^\infty \sigma_{vh} N(D_e) \mathrm{d}D_e \tag{9}$$

式中：$C^* = \frac{P_t h G^2 \lambda^2 \theta\varphi}{1024(\ln 2)\pi^2}$ 为表观雷达常数，以区别于常用统一的雷达常数 C，其中 P_t 为雷达发射功率，h 为脉冲长度，G 为天线增益，λ 为雷达波长，θ，φ 分别是天线波束水平与垂直宽度，D_e 是与椭球同体积的球体直径，称为椭球的等效直径，$N(D_e)$ 是单位体积内雨滴数随 D_e 的分布函数。将(8)式代入(9)式，雷达发射水平偏振波到空间旋转轴呈无规取向时的小椭球粒子上，接收其回波中垂直分量的雷达气象方程为：

$$P_{vh} = \frac{64}{15} \frac{C}{R^2} \mid \frac{m^2 + 2}{m^2 - 1} \mid^2 \int_0^\infty \mid g - g' \mid^2 N(D_e) \mathrm{d}D_e \tag{10}$$

据(10)式可得此时的雷达反射率因子为：

$$Z_{vh} = \frac{64}{15} \mid \frac{m^2 + 2}{m^2 - 1} \mid^2 \int_0^\infty \mid g - g' \mid^2 N(D_e) \mathrm{d}D_e \tag{11}$$

1.2　雷达发射垂直偏振波

(1)旋转轴在空间铅直一致取向

据文献[5]有

$$I_x = I_\perp = P_x^2 = 0 \tag{12}$$

$$I_z = I_{\parallel} = P_z^2 = \mid (g - g')\cos'\delta + g' \mid^2 \tag{13}$$

故这时回波中只有与垂直偏振波平行的分量 I_z，而不存在正交偏振分量 I_x。

上式表明，在后向散射强度中，只有平行分量 $I_z = I_{\parallel}$，而无正交分量 $I_\perp$。因此，这时只能获得 Z_{vv} 值，而 Z_{hv} 值为零。也即此时，不存在退偏振因子 LDR。

(2)旋转轴在空间作均匀无规取向

据文献[5]有

$$I_x = \frac{1}{15} \mid g - g' \mid^2 \tag{14}$$

$$I_z = \frac{1}{5} \mid g \mid^2 + \frac{4}{15}\mathrm{Re}\,(g^* g') + \frac{8}{15} \mid g' \mid^2 \tag{15}$$

这时回波中同时具有水平偏振分量 I_x 与垂直偏振分量 I_z，注意到(14)式中 I_x 是在发射垂直偏振波及粒子旋转轴在空中作无规取向时获得的，故它就是发射垂直偏振波时接收到的水平偏振分量。因此与 1.1 中(2)相同的推导后，就能获得 Z_{hv} 的表达式：

$$S_y = \frac{2\pi^3 C}{\lambda^4 R^2} \frac{1}{15} \mid g - g' \mid^2 \tag{16}$$

$$\sigma_{hv} = \frac{64\pi^5}{15\lambda^4} \mid g - g' \mid^2 \tag{17}$$

$$P_{hv} = \frac{64}{15} \frac{C}{R^2} \mid \frac{m^2+2}{m^2-1} \mid^2 \int_0^\infty \mid g - g' \mid^2 N(D_e)\mathrm{d}D_e \tag{18}$$

$$Z_{hv} = \frac{64}{15} \mid \frac{m^2+2}{m^2-1} \mid^2 \int_0^\infty \mid g - g' \mid^2 N(D_e)\mathrm{d}D_e \tag{19}$$

显然，$\sigma_{hv} = \sigma_{vh}$，$P_{hv} = P_{vh}$，$Z_{hv} = Z_{vh}$，其原因是可以理解的。因为小椭球粒子旋转轴在空间作无规取向时，其后向散射的总体平均效果相当于球形粒子群的后向散射。其中单个雷达截面，σ_{hv} 与 σ_{vh} 的值也是在方向余弦取各种取向的平均后求出的，故必然有上述结果，而且与雷达天线仰角无关。

2 LDR 的函数表示式

(1)对小椭球粒子群旋转轴在空间一致取向时，水平或垂直极化波入射时，天线接收到的散射只有共极化波，均没有交叉极化出现。故 LRD 不存在或者 $LRD = -\infty$。

(2)对小椭球粒子群旋转轴在空间作无规取向时，当雷达发射水平偏振波，根据文献[5]，有

$$Z_{hh} = \frac{64}{5} \mid \frac{m^2+2}{m^2-1} \mid^2 \int_0^\infty (\mid g \mid^2 + \frac{4}{3}\mathrm{Re}\,(g^* g') + \frac{8}{3} \mid g' \mid^2)N(D_e)\mathrm{d}D_e \tag{20}$$

而 Z_{vh} 已由(11)式给出。因此，据定义 LDR_{vh} 应为

$$LDR_{vh} = 10\lg\frac{Z_{vh}}{Z_{hh}} = 10\lg\left[\frac{1}{3}\frac{\int_0^\infty \mid g-g' \mid^2 N(D_e)\mathrm{d}D_e}{\int_0^\infty (\mid g \mid^2 + \frac{4}{3}\mathrm{Re}\,(g^* g') + \frac{8}{3}\mid g' \mid^2)N(D_e)\mathrm{d}D_e}\right] \tag{21}$$

与上类似，当发射垂直偏振波时，根据文献[5]，有 Z_{vv}，而 Z_{hv} 已由(19)式给出。因此，据定义 LDR_{hv} 应为

$$LDR_{hv} = 10\lg\frac{Z_{hv}}{Z_{vv}} = 10\lg\frac{Z_{vh}}{Z_{hh}} = LDR_{vh} \tag{22}$$

3 LDR 模拟与分析

选择 Gamma 雨滴谱分布来模拟小椭球粒子群旋转轴取向在空间均匀分布时，公式(21)及(22)所表示的 LRD。Gamma 谱分布公式如：

$$N(D_e) = N_0 D_e^\mu \mathrm{e}^{-(3.67+\mu)D_e/D_0}$$

式中：N_0 是滴谱的浓度，D_0 是滴谱的中值直径，μ 是谱形参数[17]。

取特殊情况下，对单个粒子在不同轴比时 LDR 如图 2 所示，表明本文 LDR 公式所推导

方法的正确[3]。

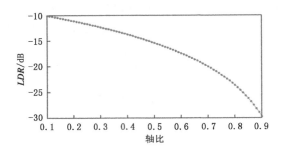

图 2 单个粒子 LDR 随椭球雨滴轴比的变化

图 2 中表明单个粒子线性退偏振比 LDR 随轴比的增大而减小,轴比越小椭球形变越严重,轴比的增大使非球形减小,使公式(21)中极化系数的差逐渐减少,从而 LDR 减少。当轴比为 1 即球形时,此时没有极化系数的差异,也没有交叉极化的出现即 LDR 不存在或为 $-\infty$。

对于一般小椭球雨滴粒子群旋转轴取向空间均匀分布时,模拟 LDR 随着 Gamma 谱分布参数的变化情况。图 3 表明线性退偏振比 LDR 随雨滴谱谱型参数 μ 的变化情况,即在相同的中值直径与相同的雨滴数浓度的条件下 LDR 随谱型参数的增大而减小,当中值直径增大时 LDR 随谱型参数 μ 变化趋于变缓。这是由于同一 D_0、N_0 时,μ 增大而粒子群中的大粒子数目减少,总体上雨滴的形变所引起的非球形对 LDR 的贡献减少所致。图 4 是线性退偏振比 LDR 随中值直径 D_0 的变化情况,由图可知随着雨滴或冰粒半径的增大线性退偏振比趋向稳定。但由于冰相粒子的复折射指数($ m=1.78+0.0024i $)要小于水相粒子的复折射指数($ m=9.02+0.9i $),其他条件不变时,图 4 中上面两条线表示雨滴的 LDR 要大于下面两条线计算得到的冰粒 LDR。

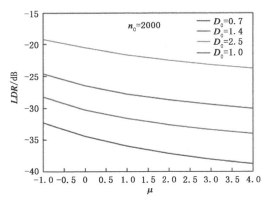

图 3 LDR 随雨滴谱谱型参数 μ 的变化

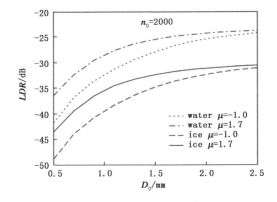

图 4 LDR 随雨滴谱中值直径 D_0 的变化

利用文献[18]中 Parsivel 粒子谱仪实测的分雨强雨滴谱计算得到的 LDR,如表 1 所示,参数 γ 为本文中的 $(3.67+\mu)/D_0$,可以看出随着雨强的增大,LDR 增大。这也是由于大量大粒子数目的增多[19],非球形增大的原因。

表1　2009—2010 江淮梅雨锋暴雨分雨强实测雨滴谱时的 LDR[18]

观测地点及时间	雨强分类/(mm·h⁻¹)	$N_0/(\mathrm{m^{-3} \cdot mm^{-1}})$	μ	$\gamma/\mathrm{mm^{-1}}$	LDR/dB
南京浦口 2009—07—07	$0 < R \leqslant 2$	5.41×10^{18}	9.41	12.06	−36.0978
	$2 < R \leqslant 5$	2.75×10^{12}	7.25	8.12	−31.7776
	$5 < R \leqslant 10$	2.02×10^{8}	5.70	6.30	−30.0981
	$10 < R \leqslant 20$	8.97×10^{6}	5.45	5.54	−28.8675
	$20 < R \leqslant 40$	9.47×10^{4}	2.77	3.26	−25.9991
	$40 < R$	2.08×10^{4}	1.83	2.58	−25.1136
南京浦口 2010—07—12	$0 < R \leqslant 2$	2.57×10^{19}	11.54	17.16	−37.7177
	$2 < R \leqslant 5$	6.04×10^{10}	7.10	8.68	−32.6979
	$5 < R \leqslant 10$	9.40×10^{7}	6.31	6.91	−30.6480
	$10 < R \leqslant 20$	2.23×10^{6}	5.52	5.62	−28.9668
	$20 < R \leqslant 40$	1.43×10^{5}	4.54	4.39	−27.1839
	$40 < R$	2.85×10^{4}	3.24	3.38	−25.9020

4　结论

（1）粒子群旋转轴一致铅垂取向时线性退偏振比 LDR 为 −∞（或不存在）；而旋转轴取向在空间均匀取向时，垂直极化或水平极化时的线性退偏振比 $LDR_{vh} = LDR_{hv}$ 是相同的。

（2）粒子群的滴谱对线性退偏振比 LDR 有较大的影响，总体上 LDR 随雨滴的中值直径增大而增大，随着谱型参数 μ 的增加而减小。

参考文献

[1] Probert-Jones J R. The Radar equation in meteorology[J]. Quart J Roy Meteor Soc, 1962, 88(378): 485-495.

[2] 张培昌, 刘传才. 旋转椭球雨滴群的雷达气象方程及测雨订正[J]. 南京气象学院学报, 1998, 21(3): 307-312.

[3] Bringi V N, Chandrasekar V. Polarimetric Doppler weather radar: Principles and applications [M]. Cambridge: Cambridge University Press, 2001.

[4] Wakimoto R M, Bringi V N. Dual-polariztion observations of microbursts associated with intense convection: The 20 July storm during the MIST project[J]. Mon Wea Rev, 1988, 116(8): 1521-1539.

[5] 张培昌, 胡方超, 王振会. 双线偏振雷达探测小椭球粒子群的雷达气象方程[J]. 热带气象学报, 2013, 29(3): 505-510.

[6] 刘黎平, 王致君, 钱永甫. C 波段双线偏振雷达退偏振因子的应用潜力[J]. 高原气象, 1997, 16(4): 417-424.

[7] 王致君. 偏振气象雷达发展现状及其应用潜力[J]. 高原气象, 2002, 21(5): 495-500.

[8] 崔丹, 肖辉, 王振会, 等. X 波段多参数气象雷达对强风暴云雷电个例的探测研究[J]. 大气科学学报, 2009, 32(6): 839-850.

[9] 樊雅文,黄兴友,李锋.毫米波雷达测云个例研究[J].大气科学学报,2013,36(5)：554-559.

[10] 魏鸣,张明旭,张培昌,等.机载雷达风切变识别算法研究及在机场预报中的应用[J].大气科学学报,2014,37(2)：129-137.

[11] 朗道 ЛЦ,栗弗席兹 E M.连续媒质电动力学[M].周奇,译.北京：人民教育出版社,1963.

[12] 张培昌,王振会.大气微波遥感基础[M].北京：气象出版社,1995.

[13] 张培昌,杜秉玉,戴铁丕.雷达气象学[M].北京：气象出版社,2001.

[14] 胡方超,王振会,陈钟荣.小旋转椭球粒子群轴向呈正态分布时的散射特性[J].高原气象,2005,24(6)：948-955.

[15] Wang Z H, Qan B, Hu F C, et al. Backscattering properties of poly-dispersed small spheroid particles with their rotary axis orientations in normal distribution[J]. J Quant Spetrosc Radiat Transfer,2010,111(3)：447-453.

[16] 胡方超,张培昌,王振会.天线仰角对双线偏振雷达探测 Z_{DR} 值的影响[J].高原气象,2013,32(6)：1658-1664.

[17] 杨通晓,王振会,王蕙莹,等.双基地偏振雷达探测时小旋转椭球雨滴的侧向散射特性[J].南京信息工程大学学报(自然科学版),2014,6(3):249-256.

[18] 陈磊.2009—2010年江淮梅雨锋暴雨雨滴谱特征的观测分析[D].南京：南京信息工程大学,2011.

[19] 殷秀良,张培昌.双线偏振雷达测雨公式的对比分析[J].南京气象学院学报,2000,23(3)：428-434.

第 3 部分　雷达数据反演产品与应用

用雷达反射因子 Z 和雨强 I 估算雨滴谱的方法[*]

汤达章,张培昌

(南京气象学院,南京　210044)

摘　要:本文用实测雨滴谱资料分析了层状云和对流云降水中雨滴谱的分布函数,结果表明,它们基本满足指数分布形式,且谱函数参量 Λ 和 N_0 都与我们定义的平均雨强直径 D_R 有关,它们之间的关系和本文推导的理论公式基本一致。

按上述结果,本文提出了用雷达反射因子 Z 和雨强 I 估计谱参量 Λ 和 N_0,从而确定降水过程中雨滴谱的具体指数分布形式。据实测雨滴谱资料计算表明,用此法计算的 $\Lambda_{计}$ 和 $N_{0计}$ 分别与实测值 $\Lambda_{测}$、$N_{0测}$ 相一致。

1　引言

测定雨滴谱分布是雷达定量测量降水和降水物理过程等方面研究的基础,如雷达反射因子 Z 和雨强 I 之间关系中的参量 Λ 和 b 值变化就和雨滴谱分布密切相关[1-3]。目前除应用雨滴谱仪和多普勒雷达测量雨滴谱外[4],其他大多采用染色滤纸法;后者在观测取样和读数等方面比较繁杂,且不能在较大范围内同时测量多点的雨滴谱分布。本文在分析实测雨滴谱符合指数分布的基础上,提出了用雷达反射因子 Z 和雨强 I 确定雨滴谱的方法。它比用一般谱函数分析较简便,而且从理论上为用雷达和雨量计配合观测估计雨滴谱分布提供了依据。

2　雨滴的谱函数分析

为了说明这种测量雨滴谱方法的理论基础,我们用直接测量法测得的雨滴谱资料分析雨滴的谱函数。

2.1　雨滴谱观测和资料处理

雨滴谱的直接取样仍用染色滤纸法,其中制作检定曲线、观测方法、取样面积大小等都和文献[3]所用方法相同。为了计算某一直径 D_i 时雨滴的数密度 $N(D_i)$,我们把雨滴按直径大小分成若干个区间,区间范围为 0.02 cm,以某一区间上下限的平均值作为该区间的雨滴直径 D_i,如表 1 所示,其最大区间为 $0.56\sim0.58$ cm,最小区间为 $0.00\sim0.02$ cm;对降雨来说,这些区间范围已足够了。

---

*　本文原载于《南京气象学院学报》,1984(2):211-218.

表 1   雨滴在不同区间内的直径范围与平均值

区间数	区间范围 (cm)	平均直径 (cm)
1	0.00～0.02	0.01
2	0.02～0.04	0.03
3	0.04～0.06	0.05
4	0.06～0.08	0.07
5	0.08～0.10	0.09
6	0.10～0.12	0.11
⋮	⋮	⋮
29	0.56～0.58	0.57

按数密度的定义,$N(D_i)$ 的计算公式为

$$N(D_i) = \frac{10^4 \times n(D_i)}{v(D_i)S \cdot t\Delta D} \tag{1}$$

式中,$N(D_i)$ 为数密度,即在单位体积,雨滴直径区间间隔为单位间隔时,平均直径为 D_i 的雨滴数,单位为 $1 \cdot (m^3 \cdot cm)^{-1}$。$n(D_i)$ 为取样时间内落在取样纸上雨滴直径为 D_i(不是斑迹直径)的雨滴数。ΔD 为雨滴直径区间间隔,即 $\Delta D = 0.02$ cm。S 为取样面积,单位为 cm^2。t 为取样时间,单位为 s。$v(D_i)$ 为直径 D_i 时的雨滴在静止大气中的下落末速度,单位为 $m \cdot s^{-1}$,其数值取自文献[5]中的实测资料。

据雨强 I,反射因子 Z 的定义,可用下面两式从实测雨滴谱资料中直接算得 I 和 Z。

$$I = 6 \times 10^3 \pi \sum D_i^3 n(D_i)/S \cdot t \tag{2}$$

$$Z = 10^6 \sum N(D_i)D_i^6 \Delta D \tag{3}$$

式中,I 单位为 $mm \cdot h^{-1}$,Z 单位为 $mm^6 \cdot m^{-3}$,其他物理量的意义和上述相同。

按上法分别对层状云和对流云降水(各一次)进行了观测取样。在层状云降水的全过程中每间隔一分钟取一张雨滴谱,共 85 张;其中测得的最小雨强为 0.49 $mm \cdot h^{-1}$,最大为 9.07 $mm \cdot h^{-1}$,最小雨滴直径为 0.01 cm,最大为 0.37 cm。对流云降水中测得的雨强为 0.63 $mm \cdot h^{-1}$,最大为 57.6 $mm \cdot h^{-1}$;最小雨滴直径为 0.01 cm,最大直径为 0.55 cm。

2.2   理论

大量研究表明[2,6-8],在一般情况下,雨、雪和雹谱都可用以下指数分布形式表示

$$N(D) = N_0 e^{-\Lambda D} \tag{4}$$

式中,$N(D)$ 意义和(1)式的 $N(D_i)$ 相同,N_0 的单位为 $1 \cdot (m^3 \cdot cm)^{-1}$,$\Lambda$ 单位为 $1 \cdot cm^{-1}$。显然,(4)中不同的 N_0 和 Λ 表示不同的谱分布。

文献[6]、[9]中,曾分别用平均体积直径 D_0 和平均质量直径 D_m 描述参量 Λ,Λ、D_0 和 D_m 之间的关系分别为

$$\Lambda = 3.67/D_0 \tag{5}$$

$$\Lambda = 4.0/D_m \tag{6}$$

但大量资料说明,参量 Λ 与雨强有关,而且在雷达定量测量中,所关注的是 Λ 与雨强 I 的关系;而 D_0 和 D_m 与 I 无直接联系,为此,本文定义一个新的物理量 D_R 来描述 Λ 。D_R 定义为

$$D_R = \sum I_i D_i / I \tag{7}$$

D_R 称为平均雨强直径,单位为 cm。I_i 是平均雨滴直径为 D_i 区间中的雨滴所产生的雨强,I 为某张雨滴谱计算的总雨强。实际上(7)式定义的 D_R 是雨强 I 对雨滴直径 D 的加权平均值。显然 D_R 的大小和 I 直接有关;另外某区间中的雨强 I_i 是由该区间中的雨滴数所决定的,故 D_R 的大小也反映了雨滴的谱分布情况。

按雨强定义,它的理论表示式为

$$I = \frac{\pi\rho}{6} \int_0^\infty D^3 v(D) N(D) \mathrm{d}D \tag{8}$$

故(7)式可写成

$$D_R = \frac{\int_0^\infty D^4 v(D) N(D) \mathrm{d}D}{\int_0^\infty D^3 v(D) N(D) \mathrm{d}D} \tag{9}$$

我们采用文献[10]中的公式表示雨滴在静止大气中的下落末速度 $v(D)$ 与其直径的关系为

$$v(D) = 1.556 D^{0.607} \tag{10}$$

式中,$v(D)$ 单位为 cm・s^{-1}。必须指出,此式仅在 0.05 cm$\leqslant D \leqslant$ 0.56 cm 的范围内适用;在 $D < 0.05$ cm 时,此式计算的速度与实测资料偏差较大(约为 20%),但因直径很小,这种偏差对计算 I 和 Z 等物理量没有什么影响。另外在通常降水情况下,雨滴直径都小于 0.56 cm,因此,上述范围基本上符合实际降水情况。

把(4)和(10)式代入(9)式,得

$$D_R = \frac{\int_0^\infty D^{4.607} \mathrm{e}^{-\Lambda D} \mathrm{d}D}{\int_0^\infty D^{3.607} \mathrm{e}^{-\Lambda D} \mathrm{d}D} = \frac{\Gamma(5.607)/\Lambda^{5.607}}{\Gamma(4.607)/\Lambda^{4.607}} = \frac{4.607}{\Lambda} \tag{11}$$

式中符号 Γ 即为 Γ 函数(以下意义同)。所以

$$\Lambda = 4.607/D_R \tag{12}$$

这就是参量 Λ 和 D_R 的理论关系式,注意,此式中的常数 4.607 大于(5)、(6)式的常数值。

把(4)、(10)式代入(8)式,即得 I 与参量 N_0、Λ 之间的关系式为

$$I = 396.6 N_0 / \Lambda^{4.607} \tag{13}$$

故

$$N_0 = I\Lambda^{4.607} / 396.6 \tag{14}$$

以式(12)代入上式,则得

$$N_0 = 2.874 I / D_R^{4.607} \tag{15}$$

此式说明 N_0 可用 D_R 和 I 这两个物理量表示。最后把(12)、(15)式代入(4)式,可得谱函数的另一种形式的表示式为

$$N(D) = 2.874 \frac{I}{D_R^{4.607}} \mathrm{e}^{-4.607 D/D_R} \tag{16}$$

2.3 分析方法

首先要检验实测的雨滴谱资料是否符合(4)式的指数分布,若符合,则谱参量 Λ 和 N_0 又是否和(12)、(15)两式相符,差别有多大? 为此,我们暂先假设实测雨滴谱满足指数分布,即 $N(D) = N_0 e^{-\Lambda D}$,且参量 Λ 可表示为

$$\Lambda = C/D_R \tag{17}$$

式中, C 为待求常数。从下面分析可知,若滴谱满足指数分布,则 C 值可从实测雨滴谱资料中求得,根据(7)式同样可从实测资料中算得 D_R 。

把(17)代入(14)式,得到

$$N_0 = C^{4.607} I/396.6 D_R^{4.607} \tag{18}$$

所以(4)式可写成

$$N(D) = C^{4.607} I e^{-CD/D_R}/396.6 D_R^{4.607} \tag{19}$$

把上式两边取对数,得到

$$\lg(N(D)D_R^{6.607}/I) = \lg(C^{4.607}/396.6) - 0.4343CD/D_R \tag{20}$$

从(20)式可看出,若按实测雨滴谱资料计算的 $\lg(N(D_i)D_R^{4.607}/I)$ 和相应的 D_i/D_R 之间确实存在线性关系,就说明实测资料满足(20)式,从而证明实测雨滴谱满足(4)式指数分布的假定是正确的,而且由于其斜率为 $0.4343C$,故待求常数 C 值实测资料统计出来的回归直线的斜率 b 值求得($C = b/0.4343$),回归直线的截距 a 值的反对数就是(18)、(19)式中的待求系数 $C^{4.607}/396.6$ 值。这样,求得了 C 值后, N_0 和 Λ 就能按(17)、(18)式计算得到,从而也就得到了具体的指数分布形式。

2.4 分析结果

按照以上分析方法,我们从层状云降水的 85 张雨滴谱资料中,按不同雨强随机抽出 12 张雨滴谱(共 138 对数据);对流性降水的 11 张资料则全部采用(共 157 对数据);用这些资料分别计算 $\lg(N(D_i)D_R^{4.607}/I)$ 和相应的 D_i/D_R ,用线性回归法按不同降雨类型分别统计了它们之间的关系,结果如表 2 所示。

表 2 C 和 $C^{4.607}/396.6$ 的实测值和理论值比较表

	相关系数	斜率(b)	C	截距(a)	$C^{4.607}/396.6$
层状云降水	93.7%	1.939	4.465	0.3351	2.163
对流云降水	88.4%	2.041	4.699	0.5502	3.550
理论值	……	……	4.607	……	2.876

表中理论值系公式(12)、(15)中的常数值,由表可见:

(1)这两种降雨类型的相关系数比较高,都远远超过显著性水平 $\alpha = 0.01$ 时的临界值,说明 $\lg(N(D_i)D_R^{4.607}/I)$ 和 D_i/D_R 之间的线性关系是显著的,故平均说来,这两类型的雨滴谱都符合(4)式的指数分布规律。

(2)这两类型的常数 C 值都和理论值 4.607 很一致,它们之间的差别甚小;唯 $C^{4.607}/396.6$ 值和理论值有些差别,这是因为对 C 值乘 4.607 次方以后,使误差扩大了的缘故;但总的说来,实测值和理论值还是比较一致的。因此,上述的理论值有一定的参考价值。

3 用 Z 和 I 确定雨滴谱分布

由以上结果可知,雨滴的谱分布基本满足指数分布,故只要能测到谱参量 Λ 和 N_0 ,就能确定雨滴谱分布函数的具体形式。根据(13)式,雨强 I 值显然不可能确定 N_0 和 Λ 。因此除雨强 I 外,还需要另一个也仅与 Λ 、 N_0 有关的信息量才能具体确定 Λ 和 N_0 ;符合这条件的信息量较多,如雷达反射因子 Z 、衰减系数 k_t ,消光系数 σ 和含水量 W 等,只要从中挑选一个和 I 结合起来,就能估计 Λ 和 N_0 ,从而得到雨滴谱指数分布的具体形式。考虑到能够遥感测量和目前国内的设备情况,我们选取雷达反射因子 Z 作为另一个信息量。

据 Z 的定义(3)式,当雨滴谱呈指数分布,且雨滴对电磁波的散射呈瑞利(Rayleigh)散射时,则 Z 可表示为

$$Z = 10^6 \int_0^\infty N(D)D^6 \, \mathrm{d}D = 10^6 \times 720 N_0 / \Lambda^7 \tag{21}$$

式中, Z 、 Λ 和 N_0 的单位均和上述相同。

比较(13)、(21)两式,容易推得 $N_0 \sim (Z 、 I)$ 和 $\Lambda \sim (Z 、 I)$ 关系式。

$$\Lambda = 412.6(I/Z)^{0.4179} \tag{22}$$

$$N_0 = 2.829 \times 10^9 I^{2.925} / Z^{1.925} \tag{23}$$

把上两式代入(4)式,则得到用 Z 和 I 描述雨滴谱指数分布形式为

$$N(D) = 2.829 \times 10^9 I^{2.925} / Z^{1.925} \mathrm{e}^{421.6(I/Z)^{0.4179} D} \tag{24}$$

很明显,只要测得 Z 和 I ,按上三式计算就能直接得到参量 Λ 和 N_0 以及雨滴谱的具体指数分布。

为了证明这种测量方法的有效性,我们应用上述两次降水过程共 96 张雨滴谱资料,首先把按照(2)、(3)两式计算每张雨滴谱的 Z 和 I 值作为两个实测的信息量;然后把 Z 值和 I 值代入(22)、(23)两式,这样算得的 N_0 和 Λ 就作为理论值 $N_{0计}$ 和 $\Lambda_{计}$ 。另外再利用上节雨滴谱函数分析的结果,按(18)、(17)两式计算的 N_0 和 Λ 作为实测值 $N_{0测}$ 和 $\Lambda_{测}$ (两式中的常数 C 和 $C^{4.607}/396.6$ 值应分别按照表 2 中层状云和对流云降水的数据计算)。比较两者的计算结果表明, $\Lambda_{计}$ 和 $\Lambda_{测}$ 基本一致,且实测值 $\Lambda_{测}$ 一律偏小于理论值 $\Lambda_{计}$,无一例外,其偏小的平均相对百分比为

$$\overline{(\Lambda_{计} - \Lambda_{测}) / \Lambda_{计}} = 0.13$$

故可 $\Lambda_{计}$ 按上式进行系统性订正,即 $\Lambda_{计} \times 0.87$ 。经此订正后,两者结果十分接近。图 1 为 $0.87\Lambda_{计}$ 和 $\Lambda_{测}$ 的比较情况,由图可见,绝大多数的点和 $0.87\Lambda_{计} = \Lambda_{测}$ 的 45° 对角线非常接近,只有一个点(图中打 × 者)与 45° 线偏离较大,这是由于这张资料和指数分布偏离很大的缘故;若不考虑这种个别情况,则整个 95 张雨滴谱资料计算的 $\Lambda_{计}$ 和 $\Lambda_{测}$ 的平均相对误差的绝对值 $|\overline{(\Lambda_{计} - \Lambda_{测}) / \Lambda_{计}}|$ 仅为 1.5% ,其中最大相对误差的绝对值为 5.1% 。

关于 N_0 参量,由于 N_0 和 $\Lambda^{4.607}$ 成正比,故在 $\Lambda_{计}$ 未经过系统性订正以前, N_0 的实测值 $N_{0测}$ 也一律偏小于理论值 $N_{0计}$,且偏小的程度较大;但对 $\Lambda_{计}$ 经系统性订正后,则 $N_{0计}$ 和 $N_{0测}$ 也基本一致。据计算(除去雨滴谱与指数分布偏离较大的个别情况), $N_{0计}$ 和 $N_{0测}$ 的平均相对误差的绝对值 $|\overline{(N_{0计} - N_{0测}) / N_{0计}}|$ 为 7.4% ,其中最大相对误差的绝对值为 24% 。

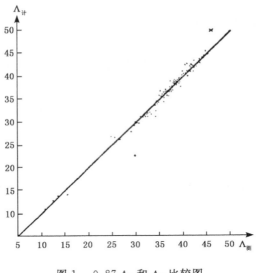

图1　0.87$\Lambda_{计}$ 和 $\Lambda_{测}$ 比较图

由以上比较结果可看出,用雷达反射因子 Z 和雨强 I 这两个物理量估算雨滴谱参量 N_0 和 Λ 的方法是可行的。另外和一般用谱函数分析求算参量 Λ 和 N_0 的方法相比,此法还有下面两个特点:

(1)此法在计算等方面比较简便。用谱函数分析法估计 Λ 和 N_0 时,由于物理量 D_R(或 D_0,D_m)不能直接测的,所以必须据实测雨滴谱资料按(7)式计算 D_R 值,然后按上节的分析方法统计出待求常数 C 值,再应用(17),(18)两式求出 Λ 和 N_0;而此法只需根据测得 Z 和 I 值,用(22)、(23)式即可直接计算得到 Λ 和 N_0。如用图表法直接查得 Λ 和 N_0,则更简便。图2为查算谱参量图,它是按(22)、(23)两式计算,以 Λ 和 N_0 为参数绘制而成;其纵坐标 I 为对数坐标,横坐标 Z 以 dBZ 表示。估计谱参量时,只需据实测的 Z 和 I,把 Z 换算成 dBZ 数后即可在图2上查得。

(2)此法不需要实测的雨滴谱资料。很明显,若无实测雨滴谱资料,就不能用谱函数分析法估计谱参量 Λ 和 N_0。目前用人工收集雨滴谱的各种方法在取样读数等方面都比较繁杂,以染色滤纸法为例,取样后读数必须人工操作,现无其他代替方法。可本方法无需雨滴谱资料,只要通过其他途径测得 Z 和 I,即可据(22)、(23)式或图2直接得到谱参量 N_0 和 Λ。因此这就为

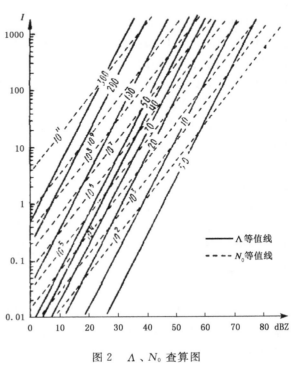

图2　Λ、N_0 查算图

用雷达和雨量计配合观测估计雨滴谱参量提供了理论依据,关于这方面的情况,我们将在另一文中分析讨论。

4　结论

通过以上分析讨论,我们得到以下几点结论。

(1)在谱函数分析中,本文定义的 D_R 的物理意义比较清晰,且 $D_R － \Lambda$ 和 $D_R － N_0$ 的理论关系与实测资料的统计关系式基本一致。

(2)和其他作者的结果相同,我们实测的雨滴谱也基本满足指数分布形式。

(3)在以上两点结论的基础上,本文提出用雷达反射因子和雨强 I 估计谱参量 N_0 和 Λ 的方法,利用实测雨滴谱资料表明,本方法计算的 N_0 和 Λ 值经系统性订正后,和实测值相当吻合。本方法比较简便,且不需要实测雨滴谱资料就能估算谱参量。已在理论上证明用雷达和雨量计配合观测确定雨滴谱的方法是可行的。

参考文献

[1]　中央气象局研究所. 关于几种选取 Z-I 关系式方法的误差[C]// 雷达气象文集. 北京:农业出版社,1977.

[2]　Louis J Battan. Radar Observation of the Atmosphere[M]. Chicago:The University of Chicago Press, 1973:84-97.

[3]　汤达章,郭洪源,项经魁. Z-I 关系初步讨论[J].南京气象学院学报,1978,1.

[4]　Sekhon R S, Srivastava R C. Doppler radar observations of drop-size distribution in a thunderstorm[J]. J Atmos Sci,1971(28):983-994.

[5]　梅森 B J. 云物理学[M].中国科学院大气物理研究所译. 北京:科学出版社,1978,609-612.

[6]　Spahn J F, Smith P L Jr. Some characteristics of hailstone size distributions inside hailstones[R]. 17th Radar Meteor Conf,1976:187-191.

[7]　Federer B, A Waldvogel. Hail and raindrop size distribution from a swiss multicell storm[J]. J Appl Met, 1975 (14):91-97.

[8]　Sekhon R S, R C Srivastava. Snow size spectra and radar reflectivity[J]. J Atmos Sci,1970(27): 299-307.

[9]　Atlas D. Advances in radar meteorology[J]. Advances in Geophysics, 1964(10):318-478.

[10] 汤达章,张培昌,楼文珠,等. 雨滴在静止大气中的平均多普勒速度[J].南京气象学院学报,1980,1.

用 Z 和 I 确定雨滴在静止大气中的
多普勒速度标准差[*]

张培昌，戴铁丕，曾春生

（南京气象学院，南京　210044）

摘　要:本文提出了一种使用常规测雨雷达测定的雷达反射因子 Z 及雨量计测定的雨强 I，在一定的假设条件下确定静止大气中降水粒子的多普勒速度标准差 σ_V 的方案。用此方案对各类降水的雨滴谱进行了计算，并与在瑞利散射条件下按 σ_V 定义式计算的结果相比较，其平均相对误差在 15%~30%。

不同类型的降水，在静止大气中垂直下落时具有不同的多普勒速度标准差[1]。这是由于不同降水的回波信号其频谱特性各不相同所决定的。在一定条件下，若知道了多普勒速度标准差及平均多普勒速度，能够推断出该降水回波信号的功率谱密度。在确定各种降水回波的独立脉冲时间时，需要先确定多普勒速度标准差[1]。在使用多普勒雷达测定的径向速度标准差去确定主要由于大气湍流所造成的多普勒速度标准差时，也要首先估计出静止大气中的多普勒速度标准差[2]。因此，确定静止大气中多普勒速度标准差有着多方面的意义。

确定由湍流及雨滴落速等因子造成的 σ_V 的方法，通常是使用垂直指向的多普勒雷达，由其探测所得到的降水回波信号进行处理而获得。例如，可以通过对多普勒谱的分析而获得，也可以使用脉冲对处理器（PPP）直接得到[3]。但是，多普勒雷达设备复杂，价格昂贵，不易普遍使用。而且没有把单纯由雨滴在静止大气中落速造成的 σ_V 分离出来，除了文献[4]中提出的方法，能做到这种分离外，尚未见其他方法。本文提出了一种使用常规测雨雷达测定雷达反射因子 Z 以及雨量计测定的雨强 I，在一定假设条件下，确定仅由雨滴在静止大气中的落速所造成的 σ_V 的方案。且使用各种类型降水的雨滴谱资料，在雷莱散射条件下，按 σ_V 定义式所计算的值作为精确值，以 σ_{VA} 表示之；再按由本文推出的 $\sigma_V(Z,I)$ 函数关系式求得的值作为理论值，以 σ_{VT} 表示。两者结果相比较表明，平均相对误差在 15%~30%。

1　静止大气多普勒速度标准差函数关系式的推导

降水粒子的多普勒速度方差 σ_V^2 定义为

$$\sigma_V^2 = \frac{\int_{-\infty}^{+\infty}(V-\overline{V})^2\Psi(V)\,\mathrm{d}V}{\int_{-\infty}^{+\infty}\Psi(V)\,\mathrm{d}V} \tag{1}$$

---

　*　本文原载于《南京气象学院学报》，1989,12(2):129-136.

式中，$\Psi(V)$ 是多普勒速度的谱函数；$\overline{V}$ 是降水粒子的平均多普勒速度，它在静止大气中定义为

$$\overline{V} = \frac{\int_0^{+\infty} V\Psi(V)\,\mathrm{d}V}{\int_0^{+\infty} \Psi(V)\,\mathrm{d}V} \qquad (2)$$

由于 $\Psi(V) = N(V)\sigma(V)$，$\sigma(V)$ 是下落速度为 V 的降水粒子的后向散射截面，$N(V)$ 是单位速度间隔内粒子的数密度。另外，据雷达反射率 η 的定义有

$$\eta = \int_0^\infty N(V)\sigma(V)\,\mathrm{d}V$$

于是(2)式可改写成

$$\overline{V} = \frac{\int_0^\infty V\,\mathrm{d}\eta}{\int_0^\infty \mathrm{d}\eta} \qquad (3)$$

在瑞利散射条件下，η 还可表示为

$$\eta = \frac{\pi^5}{\lambda^4} \left| \frac{m^2-1}{m^2+2} \right|^2 Z$$

其中 λ 是雷达波长，m 是降水粒子的复折射指数。因此，(3)式可以改写成

$$\overline{V} = \frac{\int_0^\infty V\,\mathrm{d}Z}{\int_0^\infty \mathrm{d}Z} \qquad (4)$$

把以上这些关系式代入(1)式，并注意到现在考虑的只是粒子在静止大气中的多普勒速度方差，可得

$$\sigma_V^2 = \frac{\int_0^\infty \left[V - \left(\int_0^\infty V\mathrm{d}Z / \int_0^\infty Z\right)\right]^2 \mathrm{d}Z}{\int_0^\infty \mathrm{d}Z} \qquad (5)$$

将上式改写成求和形式，并注意到 $Z_i = N(D_i)D_i^6 \Delta D_i$，则

$$\sigma_V^2 = \frac{\sum\left[V_i(D_i) - \dfrac{\sum V_i(D_i)N(D_i)D_i^6 \Delta D_i}{\sum N(D_i)D_i^6 \Delta D_i}\right]^2 N(D_i)D_i^6 \Delta D_i}{\sum N(D_i)D_i^6 \Delta D_i} \qquad (6)$$

所以，只要获得雨滴谱资料，在满足瑞利散射条件下，就可以用(6)式计算各种类型降水的多普勒速度方差或标准差。以此值作为精确值，并用 σ_{VA}^2 或 σ_{VA} 表示。

假设降水粒子不仅满足瑞利散射条件，而且其滴谱还满足指数分布

$$N(D) = N_0 \mathrm{e}^{-AD} \qquad (7)$$

式中，D 是粒子的直径；N_0、Λ 是两个参数。另外，认为层状云和对流云、混合云降水粒子的下落末速度分别满足下面两个关系式[5,6]

$$V(D) = 1.556 D^{0.6071} \qquad (8)$$

$$V(D) = 10^2 \left[C_1 - C_2 \mathrm{e}^{-6D}\right] \qquad (9)$$

式中，$C_1 = 9.65$，$C_2 = 10.3$，D 以 cm 为单位，而 V 的单位为 cm·s^{-1}。则静止大气中的平均

多普勒速度可以表示为

$$\overline{V} = \frac{1.556 \Gamma(7.6071)}{\Gamma(7) \Lambda^{0.6071}} \tag{10}$$

$$\overline{V} = 10^2 \left[C_1 - C_2 \frac{\Lambda^7}{(\Lambda + 6)^7} \right] \tag{11}$$

把(7)、(8)、(9)、(10)及(11)式代入(1)式,并注意到

$$\Psi(V) \mathrm{d}V = N(V)\sigma(V)\mathrm{d}V \propto N(D)D^6 \mathrm{d}D$$

即在满足指数分布、瑞利散射及末速度公式(8)、(9)的条件下,经运算后可得

$$\sigma_V^2 = \frac{2.42 \times 10^6 \Gamma(8.2142) + 2.48 \times 10^7 \Gamma(7) - 1.55 \times 10^7 \Gamma(7.6071)}{\Gamma(7) \Lambda^{1.2142}} \tag{12}$$

$$\sigma_V^2 = 10^4 \left[C_2^2 \frac{\Lambda^7}{(\Lambda + 12)^7} - C_2^2 \frac{\Lambda^{14}}{(\Lambda + 16)^{14}} \right]$$

$$\approx 10^4 \left[42 C_2^2 \frac{\Lambda^6}{(\Lambda + 12)^7} \right] \tag{13}$$

在满足瑞利散射和指数分布时,还可以推导出如下关系式[7]

$$Z = 10^6 \times 720 \frac{N_0}{\Lambda^7} \tag{14}$$

另外,在满足指数分布及(8)或(9)式所给出的例子末速度公式时,根据雨强 I 的定义,可推导出[7]

$$I = 396.60 N_0 / \Lambda^{4.6071} \tag{15}$$

$$I = \frac{3.60 \pi \rho N_0}{6} \Gamma(4) \left[\frac{C_1}{\Lambda^4} - \frac{C_2}{(\Lambda + 6)^4} \right]$$

$$\approx \frac{3.60 \times 4 \pi \rho N_0 \Gamma(4) C_2}{\Lambda^5} \tag{16}$$

其中 I 以 $\mathrm{mm} \cdot (\mathrm{h} \cdot \mathrm{cm}^2)^{-1}$ 为单位,ρ 为水的密度,将(14)式与(15)式相除后,可得

$$\Lambda^{2.3929} = \frac{720 \times 10^6}{396.6} \frac{I}{Z} \tag{17}$$

$$\Lambda = 507.60 \left(\frac{I}{Z} \right)^{\frac{1}{2}} \tag{18}$$

再将(17)或(18)式代入(12)或(13)式,并计算出 Γ 函数的数值后,就能获得下面的 $\sigma_V^2(Z, I)$ 的具体函数关系式

$$\sigma_V^2 = 850.48 \left(\frac{Z}{I} \right)^{0.5074} \tag{19}$$

$$\sigma_V^2 = 4455.78 \times 10^4 \frac{(507.60)^6 (I/Z)^3}{[507.60(I/Z)^{\frac{1}{2}} + 12]^7}$$

$$= 8.778 \times 10^4 \frac{(I/Z)^3}{[(I/Z)^{\frac{1}{2}} + 0.0236]^7} \tag{20}$$

由(19)或(20)式可见,只要测定雷达反射因子 Z 及雨强 I,就可以确定该种类型降水所造成的静止大气中的多普勒速度方差 σ_V^2 或标准差 σ_V,本文中将此值作为理论值,以 σ_{VT} 表示之。

应该指出,推导(19)或(20)式时所作的三点假设一般是能满足的。首先,只要使用较长波长的雷达,瑞利散射条件就可满足;其次,各类雨滴谱所作的统计平均基本上符合指数分布,这不仅为国外大量资料所证明,也为国内资料所证实[7]。

2　理论值与精确值的比较

取层状云、混合云以及对流云这三种不同类型降水的雨滴谱资料,一方面直接根据雨滴谱资料用(6)式求出 σ_{VA} 值,另一方面先由雨滴谱资料算出 Z 与 I 值,然后用(20)式求出 σ_{VT} 值。表1~4给出了各类雨型时计算的结果。

表 1　雨滴在静止大气中的多普勒速度标准差的理论值与精确值(层状云降水)

	$\overline{V}_{0T}$	$\overline{V}_{0A}$	Z / I	σ_{VT}	σ_{VA}	a_σ	r_σ (%)
1	5.8690	5.9030	3.974×10^2	1.3298	0.8837	0.4452	50.39
2	5.8460	5.9540	3.887×10^2	1.3238	0.8784	0.4454	50.70
3	5.6390	5.6700	3.373×10^2	1.2770	0.8158	0.4612	56.53
4	5.8120	5.9730	3.799×10^2	1.3161	0.9827	0.3334	33.93
5	6.1860	6.6390	4.855×10^2	1.4006	1.2223	0.1783	14.59
6	6.1050	6.3870	4.607×10^2	1.3821	1.0832	0.2989	27.26
7	5.6360	5.7490	3.368×10^2	1.2765	0.9578	0.3187	33.28
8	5.6170	5.6650	3.317×10^2	1.2715	0.8555	0.4161	48.63
9	5.6710	5.6990	3.447×10^2	1.2840	0.7742	0.5098	65.85
10	5.6790	5.8500	3.468×10^2	1.2860	1.0814	0.2047	18.93
平均				1.3147	0.9535	0.3612	37.90

注:地点——安徽庐江;时间——1970 年 6 月 5 日。

表 2　同表 1(混合型降水)

	$\overline{V}_{0T}$	$\overline{V}_{0A}$	Z / I	σ_{VT}	σ_{VA}	a_σ	r_σ (%)
1	5.2572	5.2170	2.557×10^2	0.7371	0.6918	0.0453	6.55
2	5.0086	4.8580	2.112×10^2	0.7728	0.6085	0.1643	27.00
3	4.4870	4.2152	1.370×10^2	0.8599	0.5666	0.2933	51.76
4	5.4787	5.4420	3.009×10^2	0.7080	0.6292	0.0788	12.52
5	5.0434	5.0904	2.172×10^2	0.7674	0.9782	0.2108	21.55
6	5.9771	6.1165	4.244×10^2	0.6502	0.9317	0.2816	30.21
7	6.1871	6.3980	4.859×10^2	0.6287	0.9259	0.2972	32.10
8	6.2347	6.4747	5.009×10^2	0.6240	1.0306	0.4067	39.45
9	7.4763	7.6417	1.026×10^3	0.9234	1.0299	0.1065	10.34
平均				0.7413	0.8214	0.2094	25.49

注:地点——湖南长沙;时间——1978 年 5 月 26 日。

表 3　同表 1(对流型降水)

	$\overline{V}_{0T}$	$\overline{V}_{0A}$	Z/I	σ_{VT}	σ_{VA}	a_{σ}	$r_{\sigma}(\%)$
1	5.8271	5.9462	3.620×10^2	0.6763	0.9121	0.2358	25.85
2	5.0982	5.0635	2.243×10^2	0.7614	0.8057	0.0443	5.50
3	9.4965	8.6047	2.618×10^3	0.4135	0.5670	0.1535	27.07
4	7.7326	7.6163	1.174×10^3	0.5049	0.6992	0.1943	27.79
5	7.8102	7.7655	1.243×10^3	0.4978	0.8085	0.3107	38.43
6	7.9940	7.9021	1.326×10^3	0.4899	0.8603	0.3704	43.05
7	8.2374	6.2356	4.962×10^2	0.6318	0.8893	0.2575	28.96
8	5.9990	6.2364	4.243×10^2	0.6502	0.9023	0.2521	27.94
9	5.9578	6.1520	4.162×10^2	0.6533	0.9900	0.3367	34.01
平均				0.5866	0.8260	0.2395	29.60

注:地点——湖南长沙;时间——1977 年 7 月 27 日。

表 4　同表 1(对流型降水)

	$\overline{V}_{0T}$	$\overline{V}_{0A}$	Z/I	σ_{VT}	σ_{VA}	a_{σ}	$r_{\sigma}(\%)$
1	6.5541	6.5556	6.098×10^2	0.5942	0.6389	0.0447	7.00
2	8.1536	7.8811	1.444×10^3	0.4796	0.6403	0.1607	25.10
3	7.5007	7.4577	1.039×10^3	0.5205	0.8146	0.2941	36.10
4	7.8394	7.7174	1.269×10^3	0.4953	0.7423	0.2470	33.27
5	6.1445	6.4041	4.733×10^2	0.6328	0.6981	0.0653	9.35
6	6.0390	6.0575	4.419×10^2	0.6437	0.6914	0.0477	6.90
平均				0.5610	0.7043	0.1433	20.30

注:地点——湖南常德;时间——1978 年 6 月 19 日。

　　表 1—4 中 $\overline{V}_{0T}$ 是用 $\overline{V}_{0T}$ 与 Z/I 之间的理论关系式[8]求得的;$\overline{V}_{0A}$ 是由平均多普勒速度定义式(4)求得的;$a_{\sigma} = |\sigma_{VA} - \sigma_{VT}|$ 是标准差的绝对误差;$r_{\sigma} = \dfrac{|\sigma_{VA} - \sigma_{VT}|}{\sigma_{VA}}$ 是标准差的相对误差。由表中可见:

　　(1)各种类型降水的平均多普勒速度的理论值 $\overline{V}_{0T}$ 与精确值 $\overline{V}_{0A}$ 都比较接近,其平均相对误差不超过 5%。因此,可以用 $\overline{V}_{0T}$ 去代替 $\overline{V}_{0A}$ 值。但是,多普勒速度标准差的理论值与精确值之间存在一定差异。

　　(2)对于层状云降水,多普勒速度标准差的平均相对误差为 37.90%。但所有的 σ_{VT} 值都大于 σ_{VA} 值,用 39 份雨滴谱资料计算也证实了这点,这时的平均绝对误差 $\overline{a_{\sigma}} = 0.1385$。用 $\overline{a_{\sigma}}$ 值作为系统误差订正值,则订正后的 σ_{VT} 值其平均相对误差减少为 16.24%。

　　(3)对于混合型降水,多普勒速度标准差的平均相对误差为 25.49%。其个别值的绝对误差在不取绝对值时可正可负,因此,无法作系统订正。另外,用 30 份雨滴谱资料作统计表明,平均相对误差仍达 27.96%,对 Z/I 与 a_{σ} 之间作回归分析发现,它们之间不存在线性相关的关系,这类误差属于偶然误差。

(4)对于对流云降水,多普勒速度标准差的平均相对误差,长沙的资料为 29.60%,常德的资料为 20.30%,其误差性质与混合型降水相同。对 51 份雨滴谱资料作统计后所得的平均相对误差为 26.82%。

3 结论

(1)用本文推导所得的 $\sigma_{VT}(Z, I)$ 关系式(19)或(20)去估算静止大气中雨滴下落的多普勒速度标准差,其平均相对误差在 15%~30%。因此,本文所提出的由测定 Z 和 I 值去确定 σ_V 的方案是有实际意义的。

(2)由于个别资料的 a_o 及 r_o 值存在随意性,因此,实际观测时必须采用一组 Z/I 值,由它计算出一组 σ_{VT} 值,然后求平均。这样还能使得指数分布的假设条件近于满足。对于层状云降水,还可进行系统订正以减小误差。

(3)在把本方案应用于由雷达测定的 Z 以及雨量计测定的 I 去确定 σ_{VT} 时,除了需要对仪器设备进行严格校正,并尽量采用波长较长的雷达以满足瑞利散射的假设条件外,还要解决 Z、I 值时空一致性等问题,这将通过另外的实验去解决。

致谢:汤达章同志对本文提出过建议,孙云涛同志参加部分计算工作。

参考文献

[1] Battan L J. Radar observation of the atmosphere[M]. Chicago:Univesity of Chicago Press, 1973:114-159.

[2] Rogers R R, Tripp B R. Some radar measurement of turbulence in snow[J]. J Appl Met, 1964, 3(5):603-610.

[3] Rummler W D. Introduction of a new eslimator for velocity spectral parameters[J]. Bell telephone Labratory memorandum for file(April 3, 1968), tech, memo, MM-68-4127-8.

[4] Tang Dashang, Passarelli R E. A new method for inferring raindrop size distribution and vertical air motions from vertical incidence doppler measurements[R]. 21th conf on Radar meteorology, Edmonion, Canada, Amer Met Soc, 1983:198-205.

[5] 梅森 B J. 云物理学[M].中国科学院大气物理研究所,译.北京:科学出版社,1978:609-618.

[6] 张培昌,戴铁丕,杜秉玉,等.雷达气象学[M].北京:气象出版社,1988:115-130.

[7] 汤达章,张培昌.用雷达反射因子 Z 和雨强 I 估算雨滴谱的方法[J].南京气象学院学报,1984(2):211-218.

[8] 汤达章,张培昌,等.雨滴在静止大气中的平均多普勒速度[J].南京气象学院学报,1980(1):60-68.

利用数字雷达柱体最强回波图像作强对流天气路径临近预报*

邓勇，张培昌

（南京气象学院，南京　210044）

摘　要：本文采用天气雷达数字化回波资料，建立一个可作 3 小时强对流天气路径预报的数字模式。模式可在 IBM-PC 及兼容机上实现；具有运行速度快、灵活性好、通用性强等特点。对 3 个典型天气过程进行预报检验，效果较好。

早在 20 世纪 60、70 年代，国外就开始用数字化雷达资料作强对流天气（简称强天气）路径的临近预报[1-3]，并把类似的方法用于卫星资料上[4-5]，都取得了较成功的结果。近年来，国内也开展了这方面的工作，但还没有一套较完整的投入业务使用的数字模式。

国内台站目前主要使用 IBM-PC 及兼容微型计算机。为满足实时预报的要求，本文介绍的模式采用速度较快的宏汇编语言，在处理和计算方法上借鉴云图跟踪法的"群"划分和局部相关法的匹配思想，吸取 700 hPa 风场预报意义较明显的优点，引入具有三维特征的 Column Maximum 数字图像资料，对单幅、两幅和三幅图像进行处理，并以三种方式，按不同预报要求进行实时的临近预报。

1　模式的建立

图 1 描述了武汉 WSR-81S 雷达资料处理和信息传输系统（WMSⅢ）。系统中 PDP—11/44 计算机在雷达收集图像数据时，极难插入其他工作。因此，把模式建立在主控终端微机上。这一终端即可实时接收信息，又可将预报结果传递给用户。

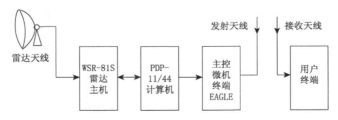

图 1　武汉 WSR-81S 雷达资料处理和信息传输系统

WMSⅢ可提供 PPI、CAPPI、Column Maximum 等数字图像产品。发现选用 Column

* 本文原载于《南京气象学院学报》，1989，12(4)：405-414.

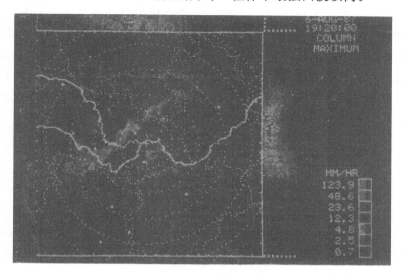

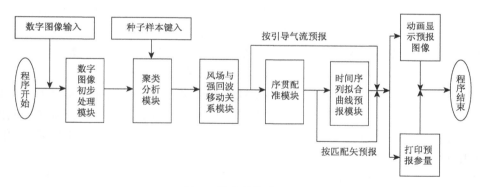

Maximum 产品(图 2)有两个优点:第一,其主图部分反映雷达扫描的整个三维空间各柱体中最强回波值;第二,在主图的上边和右边分别为每一柱体中最强回波顶高。

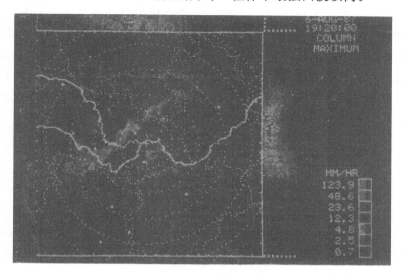

图 2　Column Maximum 数字雷达回波图像

根据文献[6]和[7],模式设计中考虑了回波系统的类别、背景场作用、回波块自身运动和回波群的演变。模式程序设计具有模块结构(图 3)。下面对组成模式的 6 个主要模块分别作简要说明。

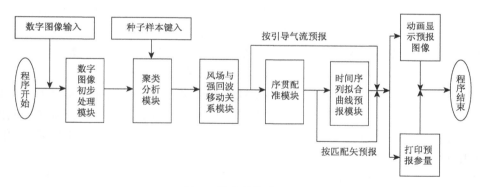

图 3　模式结构流程图

1.1　数字图像初步处理模块

传送到主控终端微机上的雷达图像数字转变成数字图像,并在屏幕直角坐标系下定位,筛选出研究对象是这一模块的任务。当终端微机接收到图像数据后,有关程序进行数据重建,并处理成中分辨下"无地物"的彩色回波图像。在重建过程中,设置一个判别系统,如果强天气未出现,程序自动结束。否则,计算机自动发出变频的报警音响,准备作预报处理和计算。

模式采用无误差编码法作图像识别处理。根据数字图像处理原理,1 幅数字图像可看作屏幕坐标系下 (x,y) 的二元函数;每一对 (x,y) 对应的函数是图像在该处的彩色值。因为只有有限数量的离散彩色值,可以将函数想象为许多有限平台(梯队级),对所有平台高度、位置和形状的了解,等效于对图像的了解。因此,可用以下 3 个要素确定图像中强回波的特征:强回波彩色值对应的平台高度;外围线形状确定的回波形状;外围线坐标确定的回波特征位置。围绕这 3 个要素,选用数字图像处理学[8]中的 IP 算法和 T 算法进行图像识别。

根据这部雷达控制范围内的天气特点和预报员经验,选定图像中彩色值为 3($\geqslant 4.8$ mm/h)的强回波为研究对象,其平台高度可看作降水量为 4.8 mm/h。再由 IP 算法中的 CPL 和 IP 规则确定整个屏幕上的每一研究平台的一个外围起始点;由 T 算法中的 LML 和 IA 规则,找出每一研究平台的外围点,确定其外围形状;又由外围点确定回波的特征位置。平台高度确定后,为减小计算量,取特征位置 (X,Y) 的计算式为

$$X = (\sum_{i=1}^{N} x_i)/N \tag{1}$$

$$Y = (\sum_{i=1}^{N} y_i)/N \tag{2}$$

其中,x_i,y_i 为外围线上象点坐标值;N 为外围线上总象点数。

图像经上述处理后,强回波仍然混杂在一些较弱的回波中。为突出研究对象——强天气回波,在处理中,模式选取研究平台高度 4.8 mm·h^{-1} 作为强度阈值和一个像素点(4 km×4 km)为面积阈值,将较弱和较小的回波过滤掉。

1.2 聚类分析模块

经上一模块处理传送来的是一些孤立的、块状较小、数量较多的中小尺度强回波块。若直接对这些回波作预报处理,可能会出现两个问题:天气系统运动是有规律的,而其中某一回波块强度变化较快,不易寻找运动规律;回波块较多,若一一进行处理,计算量大,难以满足临近预报的要求。因此,有必要对这些回波块(样本)进行聚类。

气象上常用的聚类法为模糊聚类法、系统聚类法和逐步聚类法。从计算速度、内存要求和天气系统特征考虑,采用逐步聚类法。在模式中分三步实现:

(1)聚类因子的选择及处理 选 Column Maximum 图像上二维屏幕坐标及回波顶高作为聚类因子。回波顶高的引入,比 PPI 等二维图像添加了一个有意义的因子。从向量或内积空间可以证明这三个因子是相互正交的。如设 $\vec{e_1}$、$\vec{e_2}$、$\vec{e_3}$ 分别为三个因子的单位矢,则有 $\vec{e_i} \cdot \vec{e_j} = \delta_{ij}$,其中 δ_{ij} 为 δ 函数。

从因子权重考虑,对因子作标准化处理。设 P_{ij} 为第 i 块回波的第 j 个因子的值,P'_{ij} 为对应的标准化值,则

$$P'_{ij} = (P_{ij} - P_{j\min})/(P_{j\max} - P_{j\min}) \tag{3}$$

式中,$P_{j\min}$ 是该因子的最小值,$P_{j\max}$ 为最大值。由(3)式可分别得到二维平面坐标和回波顶高的标准化值 X'_i、Y'_i、h'_i。

(2)距离选择和计算 经因子的处理,模式有充分理由[9]选择计算方便的明氏距离中的欧氏距离作为聚类的"逼近表示"。即

$$d_{ij} = [(X_i - X_j)^2 + (Y_i - Y_j)^2 + (h_i - h_j)^2]^{\frac{1}{2}} \tag{4}$$

为使计算机处理方便和减小高度因子误差对聚类的影响,计算公式改写为

$$d_{ij}^2 = (X_i - X_j)^2 + (Y_i - Y_j)^2 + k(h_i - h_j)^2 \tag{5}$$

式中,(4)、(5)式中下标 i、j 为回波块数;d_{ij} 为第 i 块与第 j 块回波的欧氏距离;k 是减小 h 因

子误差的权重函数(由试验确定)。

(3)聚类方法　由计算机显示屏上提示的每一强回波块的编号,根据回波出现的天气背景和对几幅回波图像的观察。选定 L 个回波种子样本。根据(5)式计算每一种子样本与各回波块的距离。此时 $i=1,2,\cdots\cdots,L$ 为种子样本数; $j=1,2,\cdots\cdots,M$ 为总回波块数, $L\leqslant M$ 。建立种子样本距离阵 A

$$A = \begin{bmatrix} d_{11}^2 & d_{12}^2 & \cdots & d_{1M}^2 \\ d_{21}^2 & d_{22}^2 & \cdots & d_{2M}^2 \\ \vdots & \vdots & \vdots & \vdots \\ d_{L1}^2 & d_{L2}^2 & \cdots & d_{LM}^2 \end{bmatrix} \tag{6}$$

按最小距离原则,对阵 A 作判别,归并成 L 类。根据 L 类中每类所对应的回波编号集合,计算各自的类特征位置。然后重复(6)式的计算和判别,直到分类基本合理(即最后两次计算的各类各自的特征位置基本重合)聚类结束。

1.3　风场与强回波移动关系模块

这一模块主要作用是在雷达开机不长时间内,以单幅图合理地按引导气流外推预报,以及对两幅以上图像中回波群匹配作判据。

对风场与中小尺度系统运动关系已有较深入的讨论,并总结了风场与强天气移动关系的经验[10]。借鉴这些经验,统计武汉中心气象台有雷达回波记录的汛期 22 个强天气个例,分别按 500 hPa 和 700 hPa 风场建立强天气回波移动关系式。

用回归法,先对风向与移向建立方程。500 hPa 风向 $\overrightarrow{w_5}$ 与强回波移向 $\overrightarrow{W}$ 的回归方程为

$$\overrightarrow{W} = 1.04\overrightarrow{w_5} - 1.02 \tag{7}$$

700 hPa 风向 $\overrightarrow{w_7}$ 与强回波移向 $\overrightarrow{W}$ 的回归方程为

$$\overrightarrow{W} = 263.94 - 0.15\overrightarrow{w_7} \tag{8}$$

作 F 检验,(7)、(8)式皆可接受。但(7)式的回归系数较(8)式稳定,且置信度也较高;(7)式区间估计比(8)式可靠。因此,模式选用了 500 hPa 风向与强回波移向关系式。

移向公式选定后,以 500 hPa 风速建立强回波移速关系式。由于过去的资料回波移速记录为几个离散档次,因此得到 500 hPa 风速 u_5 与强回波移速 U 的分段关系式

$$U = \begin{cases} 18 & u < 10 \text{ m} \cdot \text{s}^{-1} \\ 24 & 10 \text{ m} \cdot \text{s}^{-1} \leqslant u < 18 \text{ m} \cdot \text{s}^{-1} \\ 30 & 18 \text{ m} \cdot \text{s}^{-1} \leqslant u \end{cases} \tag{9}$$

因此,可按(7)、(9)两式计算,将预报结果送到显示屏和打印机。

还应指出,强回波群的运动,包括群中单体受环境风场及横向力作用的运动和群自身的离散传播运动(图4)。若用风场关系式作预报,强回波群体速度越大,离散传播速度越小,预报误差越小;反之越大。为提高预报准确性,模式采用多幅图回波群匹配法。确定群的合成运动。

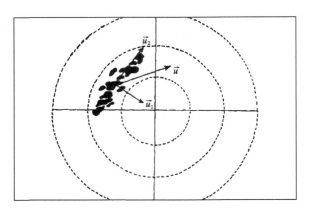

图 4　两种尺度运动示意图

1.4　序贯配准模块

群匹配方法较多,根据终端微机的计算能力和预报时间要求,模式选用了序贯配准[11]与主矢量法相结合的方法,通过图像匹配求出匹配矢量,其步骤为:(1)分别求两幅相邻图上各强回波群特征位置矩阵 P_1 、P_2

$$P_1 = \begin{cases} (X_{11}, Y_{11}) \\ (X_{12}, Y_{12}) \\ \vdots \\ (X_{1t}, Y_{1t}) \end{cases} \qquad P_2 = \begin{cases} (X_{21}, Y_{21}) \\ (X_{22}, Y_{22}) \\ \vdots \\ (X_{2s}, Y_{2s}) \end{cases}$$

式中,下标 t 为第一幅图上的回波群数,s 为第二幅图上的回波群数,(X_{ij} ,Y_{ij})为回波群特征位置在屏幕直角坐标系下的坐标值。(2)计算 P_1 、P_2 阵之间各元素的交叉欧氏距离阵 R 和两群之间的方向阵 D 。

$$R = \begin{bmatrix} r_{11} & r_{12} & \cdots & r_{1t} \\ r_{21} & r_{22} & \cdots & r_{2t} \\ \vdots & \vdots & \vdots & \vdots \\ r_{s1} & r_{s2} & \cdots & r_{st} \end{bmatrix}$$

$$D = \begin{bmatrix} d_{11} & d_{12} & \cdots & d_{1t} \\ d_{21} & d_{22} & \cdots & d_{2t} \\ \vdots & \vdots & \vdots & \vdots \\ d_{s1} & d_{s2} & \cdots & d_{st} \end{bmatrix}$$

其中

$$r_{ij} = 4\left[(X_{2i} - X_{1j})^2 + (Y_{2i} - Y_{2j})^2 \right]^{\frac{1}{2}}$$

$$d_{ij} = \arctan \frac{Y_{2i} - Y_{1j}}{X_{2i} - X_{1j}}$$

r_{ij} 单位为 km。为使方向阵 D 中的方向与气象上的风向度量坐标一致,建立新的方位阵 D_1

$$D_1 = \begin{bmatrix} d'_{11} & d'_{12} & \cdots & d'_{1t} \\ d'_{21} & d'_{22} & \cdots & d'_{2t} \\ \vdots & \vdots & \vdots & \vdots \\ d'_{s1} & d'_{s2} & \cdots & d'_{st} \end{bmatrix}$$

其中

$$d'_{ij} = \begin{cases} d_{ij} \times \dfrac{180°}{\pi} + 90° & (X_{2i} - X_{1i}) > 0 \\ d_{ij} \times \dfrac{180°}{\pi} + 270° & (X_{2i} - X_{1i}) \leqslant 0 \end{cases}$$

(3)查历史资料,找出强回波群移速最大值 U_{max}（km·h^{-1}）,并适当给一增量 ΔU。以 $U' = U_{max} + \Delta U$ 作为配准第一门限。取(9)式计算得到的对应时刻的回波移速范围（U_1,U_2）为第二门限。再取由(7)式计算得到的对应时刻的移向 $\vec{W}$ 与方向阵 D_1 中的某一列(行)上元素 d_{ij} 的离差最小值为第三门限。再取某一列(行)上简单查寻非零元素为第四门限。经这种多门限序贯配准,找出相邻两幅图上的回波群匹配对,并由距离阵 R 和方位阵 D_1 求出各对的匹配矢。可由匹配矢作线性外推预报,结果向显示屏和打印机输出。

1.5 时间序列拟合曲线预报模块

Wilk 和 Grag 研究表明[12]:对于稍有弯曲的回波路径,最后一次 15 分钟的方向斜率得出的长期外推方向误差较小;而由最初一次和最后一次观测得到的长时间平均速度对短时间预报,可以有最小的速度误差。根据这一经验和时效的要求,模式选用 3 幅图进行最大限度的序列曲线拟合,组合预报矢。

将屏幕直角坐标轴分别与每相邻两幅图的时间间隔 t 组成笛卡尔系。坐标零点选在第 2 幅图上,预报起点在第 3 幅图上。对第 k 群回波有拟合方程

$$X_k(t) = \sum_{i=0}^{2} a_{ki} t_j^i \tag{10}$$

$$Y_k(t) = \sum_{i=0}^{2} b_{ki} t_j^i \tag{11}$$

式中,a_{ki}、b_{ki} 为拟合系数;X_k、Y_k 为 $t_j = -1, 0, 1$ 时第 k 个回波群的坐标值;下标 $j = 1, 2, 3$ 分别与 t_j 取值对应。

用高斯消元法分别解方程组(10)和方程组(11),求得拟合系数为

$$\begin{cases} a_{k0} = X_k(t_2) \\ a_{k1} = \dfrac{1}{2}[X_k(t_3) - X_k(t_1)] \\ a_{k2} = \dfrac{1}{2}[X_k(t_3) + X_k(t_1)] - X_k(t_2) \end{cases}$$

$$\begin{cases} b_{k0} = Y_k(t_2) \\ b_{k1} = \dfrac{1}{2}[Y_k(t_3) - Y_k(t_1)] \\ b_{k2} = \dfrac{1}{2}[Y_k(t_3) + Y_k(t_1)] - Y_k(t_2) \end{cases}$$

将拟合系数代回(10)式,得到定系数的曲线拟合方程组。

用(10)式作落点预报,还须作两方面的工作:查找有 3 个样本的回波群和预报矢的组合(查找 3 个样本的回波群由匹配模块中两两匹配的传递矩阵建立对应关系来实现);求 3 个样本回波群的预报矢,先由(10)式计算 $t_4 = 2$ 时屏幕直角系下的预报坐标值 $X_k(t_4)$、$Y_k(t_4)$,求得第 3 幅图上回波群移向 $\overrightarrow{A_{k3}}$

$$\overrightarrow{A_{k3}} = \arctan \frac{Y_k(t_4) - Y_k(t_3)}{X_k(t_4) - X_k(t_3)} \cdot \frac{180}{\pi}$$

作坐标变换,使屏幕直角系下的移向变换成气象上风向坐标下的移向 $\overrightarrow{F_k}$($\overrightarrow{F_k} = f[\overrightarrow{A_{k3}}(X, Y)]$)。选取 $\overrightarrow{F_k}$ 作为第 k 群回波未来移向。再由(10)式求出的 $t_j = -1, 0, 1$ 时第 k 群回波的 3 个样本点值,由下式求其平均速度 $\overrightarrow{U_k}$。

$$\overline{U_k} = \frac{1}{2}(U_{k1} + U_{k2})$$

$$U_{k1} = \frac{60}{t}[(a_{k2} - a_{k1})^2 + (b_{k2} - b_{k1})^2]^{\frac{1}{2}}$$

$$U_{k2} = \frac{60}{t}[(a_{k2} + a_{k1})^2 + (b_{k2} + b_{k1})^2]^{\frac{1}{2}}$$

式中,U_{k1}、U_{k2} 分别为前两幅图和后两幅图第 k 群回波的移速。模式选用 $\overrightarrow{U_k}$ 作为第 k 群回波未来移速。

根据预报要求,给出预报时段后,对 3 个样本的回波群由 $\overrightarrow{F_k}$ 和 $\overrightarrow{U_k}$ 组合预报矢预报落点。两个样本的回波群,可按匹配矢作预报。但模式中是直接用风场公式预报(见误差分析)。对单个样本的回波群,按风场公式作落点预报。

1.6 打印和显示预报结果模块

由前面模块传送来的预报结果分别以表格形式和图像形式向打印机和显示屏输出。打印机输出 8 个预报参量:落时、回波群编号、回波群在屏幕直角系下的坐标值、移向、移速、距测站的距离、方位和每个回波群的面积。显示屏动画显示彩色预报图像。常有自动日历、时钟的预报图像可以以任意速度动画,并可重复显示,还可选择图上某一或某几群感兴趣或影响较大的强回波群进行单独地动画。

2 效果检验和误差分析

2.1 效果检验

对武汉 WSR-81S 雷达正常工作后的 1987 年 7、8 月资料进行预报检验。选取 3 个有典型意义的过程:7 月 22 日西风槽与台风倒槽共同作用,产生最大降水量为 68 mm/6h;7 月 29 日低涡影响,最大降水为 83 mm/6h;8 月 19 日前倾槽逼近,产生最大降水 91 mm/6h。分别用风场模式、两幅图匹配矢、3 幅图组合预报矢作不同时间间隔的相邻两幅图的滑动预报,并作一检验程序把预报图和实况图比较,得到两个有意义的结果:第一,3 幅图组合预报矢预报效果最佳,风场对单一系统预报比较可靠。第二,用多幅图处理,两相邻图的时间间隔较长、效果较好;考虑中小尺度群的生命史及预报时效,时间间隔取 60 分钟比较合适。

2.2 误差分析

图 5 是上述 3 个过程用 3 种方式预报特征位置落点与实况回波特征位置落点每小时平均误差分布图。由图可见,随着预报时间增加,每小时平均误差增大。图中 A 曲线由 $e = 2.4t^2 - 0.82t - 0.57$ 拟合而成,e 为预报特征位置和实况特征位置落点每小时平均误差(单位:像素点)。t 为预报时间(单位为小时)。由 A 曲线可见,预报 1 小时的,平均每小时误差约为两个像素点(8 km);预报 3 小时的,平均每小时误差约 32 km。雷达控制范围内中小尺度强回波群平均移速为 30～40 km·h^{-1}。预报 3 小时,误差约为 100%。因此,本模式暂且只用于 0～3 小时强回波群落点预报。

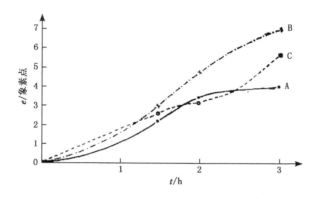

图 5 3 种方式预报议差曲线网

A:60 分钟间隔 3 幅图预报误差;B:60 分钟间隔两幅图预报误差;C:单幅图风场公式预报误差

分析误差原因,可能是①强回波群部分移入或移出雷达有效半径及地球曲率影响;②回波群中强回波块生消;③地形对运动方向和速度的影响;④中小尺度系统生命史各阶段移速的差异。要减小误差,模式需在这几方面作进一步改进。选用更客观合理的处理和计算方法也是改进的一个方面。

3   结束语

本模式运行速度快:从雷达图像数字的输入到预报结果输出,用风场公式预报约只需 3 分钟;用匹配矢预报约需 5 分钟;用组合预报矢预报约 9 分钟。灵活性好:模块结构使 3 种预报方法可灵活选用;动画显示速度可人工控制,除聚类时种子样本参数必须人机对话外,其他计算处理参数由程序自动在模块间传递,模式自动客观运行。通用性强:模式选用通用的语言版本,可用于 IBM-PC 及兼容机,程序除了能处理三维图像外,还能处理 PPI、CAPPI 等二维图像。对模式稍加优化,可用于实际业务工作。

本模式设计过程中,曾得到武汉暴雨研究所张敬业高级工程师、武汉中心气象台胡才望工程师的指导和支持。武汉中心气象台短时预报科及武汉暴雨所计算机室予以协作,在此一并表示感谢!

参考文献

[1] Austin G L, Bellon A. Very shortrange forecasting of precipitation by the objective extrapolation of radar and satellite data. Nowcasting[M]. Edited by Browning K A, Academic Press,1981:177-190.

[2] Muench H S. Use of digital radar data in severe weather forecasting[J]. Bull Amer Meteor Soc. 1976 (57):298-303.

[3] Bellon A, Austin G L. The rell time test and evolution SHARP:A short-term precipitation forecasting procedure[R]. Preprints 18th Conf On radar Meteor, Amer Meteor Soc, 1978:478-482.

[4] Less J A, Novak C S, Clork B B. An automated technique for obtaining cloud motion from geosynchronous satellite data using cross correlation[J]. J Appl Meteor,1971(10):118-132.

[5] Endlish R M, Wolf D E, Hall D J, et al. Use of a pattern recognition technique for determining cloud motions from sequences of satellite photographs[J]. J Appl Meteor,1971(10):105-117.

[6] Austin G L, Bellon A. The use of digital weather radar records for short-term precipitation forecasting [J]. Quart J Roy Meteor Soc, 1978(100):658-664.

[7] 朱乾根,等. 天气学原理和方法[M]. 北京:气象出版社,1981:281-327.

[8] 冈萨雷斯 R C,温茨 P. 数字图像处理[M]. 李淑梁,等,译,北京:科学出版社,1983:263-293.

[9] 郑维行,王声望. 实变函数与泛函分析概要[M]. 北京:高等教育出版社,1980,第一册,15-17,第二册, 1-3.

[10] 章淹,等. 中尺度天气分析[M]. 北京:农业出版社,1965:28-51.

[11] 普拉特 W R. 数字图像处理学[M]. 高荣坤,王贻良,译,北京:科学出版社,1984:374-402.

[12] Wilk K E, Grag K C. Processing and techniques used with the NSSL weather radar system[C]. Preprint, 14th Conf on radar Meteor, Amer Meteor Soc,1970:367-374.

从非多普勒天气雷达信号中获取湍流信息的有关模拟试验*

张培昌，陈钟荣

（南京气象学院，南京　210044）

摘　要：本文对云中降水造成的雷达回波涨落信号进行模拟，为使模拟信号接近实际，加入了一定量的均匀白噪声。模拟试验旨在检验由常规测雨雷达回波涨落信号考虑与湍流信息密切相关的两个问题：(1)雷达回波视频信号的涨落谱方差 δ_F^2 与降水粒子的多普勒频率谱方差 δ_f^2 之间是否近似地满足关系式 $\delta_F^2 = 2\delta_f^2$。(2)能否对同一个雷达发射脉冲用相邻两雷达脉冲体积 V_1、V_2 中的涨落回波之和代替大体积 V_3（它等于 V_1 加 V_2）中的涨落回波，估计 V_3 的涨落谱方差。模拟结果表明：以上两点基本可行。本文并对误差进行了一定的分析。

人们很早就认识到，雷达发射的电磁波遇到气象目标后产生的散射信号中包含大气湍流的信息。在国外，从 20 世纪 50 年代开始，人们通过分析研究雷达回波涨落信号发现，在一定假设条件下，雷达回波视频信号的涨落谱与其多普勒谱之间具有确定的关系[1]。对雷达回波涨落信号进行频谱分析获得的涨落谱是散射体内各散射粒子之间相对运动的度量，若只考虑由于湍流引起的相对运动，则它也是该散射体内湍流运动的度量。到 20 世纪 60、70 年代，Mel'nichuk，Y V 和 Atlas D 等在非相干天气雷达中利用每一个雷达发射脉冲的初始相位作为参考来获取散射体中的湍能耗散率[2]和速度结构函数[3]。随着天气多普勒雷达的出现和发展，有人比较了非相干雷达与天气多普勒雷达对大气湍流进行测量的结果，发现它们是相近的。从我国目前的状况来看，非相干天气雷达在今后一段时期内仍然是大气探测的主要工具之一。在现有投入业务使用的天气雷达中，对涨落回波信号的处理基本上是对其进行积分平均，以消除涨落的影响，但涨落回波信号反映的云中湍流运动及风切变的信息却随着积分平均而丢失了。众所周知，这些信息对于灾害性天气的监视和预报、飞机的安全飞行以及云雾物理的研究等方面非常有用。因此，对常规天气雷达回波涨落信号的研究目前在我国仍然是有意义的。由于常规天气雷达的发射脉冲重复频率较低，对雷达回波涨落信号的研究较难真实地反映气象目标物示踪的大气湍流运动。因此，我们利用模拟试验的方法来检验由常规测雨雷达回波涨落信号获取湍能耗散率时所用方法的可行性。

1　基本方法

在散射体为气象目标物情况下，由于雷达脉冲体积内的粒子具有各种径向速度，从而造成

---

*　本文原载于《南京气象学院学报》，1990，13(1)：1-10。

雷达回波信号频谱的增宽。对频谱增宽起作用的因素主要有 4 项：垂直方向的风切变；因波束宽度而存在的横向风效应；大气湍流运动；粒子下降速度不均匀分布。不考虑由雷达天线旋转运动产生的频谱增宽并假设上述 4 项因素对多普勒谱宽的贡献相互独立，则多普勒谱方差可表示成

$$\delta_V^2 = \delta_S^2 + \delta_B^2 + \delta_T^2 + \delta_F^{2[1]} \tag{1}$$

式中，δ_S^2、δ_B^2、δ_T^2 及 δ_F^2 分别为垂直方向的风切变和因波束宽度而存在的横向风效应、大气湍流及粒子下降速度不均匀分布而产生的多普勒速度谱增宽。

由(1)式可见，若要了解真正由大气湍流运动造成的多普勒谱增宽 δ_T^2，则需消去(1)式右边的其他 3 项。我们利用两个不同大小的散射体，假设该两散射体中的 δ_F^2、δ_B^2 和 δ_S^2 分别对应相等，且它们的湍能耗散率也相同，但各自的湍流运动对多普勒谱宽的贡献则因其体积大小不同而异。即散射体中的大气湍流运动引起的多普勒谱增宽 δ_T^2 依赖于湍流运动的强度（即依赖于湍能耗散率 ε）和散射体的大小。为了更好地满足以上的假设条件，两个不同大小的散射体选成有一部分是重叠的。即大的散射体长度 h_3 包含小的散射体长度 h_1（图 1）。图中 $h_3 = 2h_2 = 2h_1 = C\tau$（$\tau$ 为雷达发射脉冲的宽度，C 为光速）。即体积 V_1 和 V_2 为雷达的脉冲体积；体积 V_3 可看成是一个虚拟的雷达脉冲体积，它所对应的雷达发射脉冲宽度为 2τ，而且它应与脉冲宽度为 τ 的雷达发射脉冲具有相同的初始相位。此外，两体积 V_1 和 V_3 的雷达回波涨落信号应同时被采样，但实际上做不到这一点。我们采用由组成虚拟脉冲体积 V_3 的两个相邻的脉冲体积 V_1 和 V_2（雷达发射脉冲宽度为 τ）对同一雷达发射脉冲的回波之和来近似作为 V_3（雷达发射脉冲宽度为 2τ）的雷达回波信号。对由体积 V_1 和 V_3 所得的涨落回波信号进行频谱分析，得到其多普勒速度谱方差分别为

$$\delta_{V1}^2 = \delta_{T1}^2 + \delta_S^2 + \delta_F^2 + \delta_B^2 \tag{2}$$

$$\delta_{V3}^2 = \delta_{T3}^2 + \delta_S^2 + \delta_F^2 + \delta_B^2 \tag{3}$$

(2)、(3)两式相减可得

$$\delta_{V3}^2 - \delta_{V1}^2 = \delta_{T3}^2 - \delta_{T1}^2 \tag{4}$$

(4)式左边是可实测的量，但它的前提条件是涨落谱方差 δ_F^2 与多普勒谱方差 δ_f^2 近似有下式成立

$$\delta_F^2 = 2\delta_f^{2[1]} \tag{5}$$

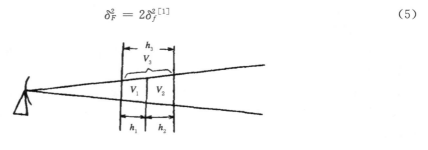

图 1　两个不同大小重叠散射体选取示意图

在柯尔莫果洛夫局地均匀各向同性湍流理论条件下，某体积中的湍流运动产生的多普勒谱增宽 δ_T^2 可表示成该体积的大小和该体积中湍能耗散率 ε 的函数。若将雷达的脉冲体积视为柱体，则 δ_T^2 可表示成[2]

$$\delta_T^2 = 0.4\varepsilon^{2/3} h^{2/3} \frac{11 - B^{5/3}}{3 - B} \tag{6}$$

式中，$B = d/h$（$d = R\theta_0$，$h = C\tau/2$，R 为雷达脉冲体积距离雷达天线的距离，θ_0 是雷达天线的波束宽度）。

将（6）式代入（4）式可得到体积 V_3 中的湍能耗散率 ε 的估计

$$\varepsilon = 3.92 \left[\frac{\delta_{V3}{}^2 - \delta_{V1}{}^2}{h_3{}^{2/3} \frac{11 - B_3{}^{5/3}}{3 - B_3} - h_1{}^{2/3} \frac{11 - B_1{}^{5/3}}{3 - B_1}} \right]^{3/2} \tag{7}$$

式中，右边的量皆是已知的或者是可测的。这样就可实现从常规天气雷达回波涨落信号中获取有关大气湍流运动的信息。在上述方法中，我们用到：(1)雷达的涨落谱方差是多普勒谱方差的两倍；(2)两相邻脉冲体积对同一雷达发射脉冲的回波之和近似代替由这两脉冲体积组成的虚拟脉冲体积的涨落回波，从而估计涨落谱方差。为了检验这样做是否可行，下面建立一个雷达涨落回波模型，进行模拟试验。

2 模型

假设一个具有合乎要求的理想化天气雷达，基本参数取为：(1)雷达的发射脉冲重复频率为 1024 Hz。发射脉冲的初始相位设为在 $(0, 2\pi)$ 范围内均匀分布的随机数。雷达波长 $\lambda = 5$ cm。(2)雷达的发射脉冲宽度为 2 μs。(3)雷达具有理想的线性检波特性，其传输系数为 k。

此外，还假设雷达脉冲体积中的粒子具有以下特性：(1)雷达脉冲体积中粒子相对于雷达天线的初始相位为 $(0, 2\pi)$ 上均匀分布。(2)粒子对大气运动处于完全响应状态，即为大气运动的理想示踪物，且其尺度分布为匀谱。(3)粒子的径向速度密度谱具有给定的几种统计分布形式，且其分布在取样时间（1 s）内保持不变。

雷达接收到的回波信号，通过混频，线性检波，虑去载频部分，得到视频信号。用复数形式表示可写成

$$S(t) = \left| k \sum_{i=1}^{N} e_i e^{\phi_i(t)} \right| \tag{8}$$

式中"$|\ |$"为取复数的模；k 为线性检波器的传输系数；e_i、$\phi_i(t)$ 分别为脉冲体积中第 i 个粒子的回波信号振幅及其相对雷达天线的相位。

由于只需研究雷达回波涨落信号的相对大小，故可设 $\omega(e)$ 为雷达脉冲体积中回波信号振幅为 e 的分布密度；$\omega_e[\phi(t)]$ 为信号振幅为 e 的粒子相对雷达天线的相位的条件分布密度，则雷达回波视频信号可写成

$$S(t) = \left| k \int_0^\infty \mathrm{d}e \int_{-\infty}^\infty e\omega(e)\omega_e[\phi(t)] e^{j\varphi(t)} \,\mathrm{d}\phi(t) \right| \tag{9}$$

式中，$\phi(t) = \phi_0(t) + \phi(0) + 4\pi vt/\lambda$，$\phi_0(t)$ 为雷达发射脉冲的初始相位，它与脉冲体积中粒子的特性无关；$\phi(0)$ 为雷达脉冲体积中粒子相对雷达天线的初始相位；v 为粒子的径向速度。

在湍流情况下，可以假设粒子的初始相位分布 $\omega''_e[\phi(0)]$ 与粒子的径向速度密度谱分布相互独立，则 $\omega_e[\varphi(t)]$ 可写成

$$\omega_e[\phi(t)] = \omega'[\phi_0(t)]\omega''_e[\phi(0)]\omega''_e(v) \tag{10}$$

式中 $\omega'[\varphi_0(t)]$ 为雷达发射脉冲的初始相位的概率分布。

将(10)式代入(9)式得

$$S(t) = | k \int_0^\infty \mathrm{d}e \int_0^{2\pi} \mathrm{d}\phi(0) \int_{-\infty}^\infty e\omega(e)\omega'[\phi_0(t)] \omega''_e | [\phi(0)] \omega'''_e(v) e^{j[\phi_0(t)+\phi(0)+4\pi vt/\lambda]} \mathrm{d}v | \quad (11)$$

由雷达脉冲体积中粒子以及雷达发射脉冲的有关假设条件有

$$\int_0^\infty e\omega(e)\mathrm{d}e = e_c \quad (12)$$

$$\omega'[\phi_0(t)] = \omega_e''[\phi(0)] = \frac{1}{2\pi} \quad (13)$$

在雷达脉冲体积中粒子的尺度分布为匀谱,且其介电特性皆相同时,可设雷达回波信号的振幅 e 为常数 e_c,它就是 e 的概率分布的平均值。

由(12)、(13)式可将(11)式化成

$$S(t) = | \frac{ke_c}{4\pi^2} \int_0^{2\pi} \mathrm{d}\phi(0) \int_{-\infty}^\infty \omega'''_{e\alpha}(v) e^{j[\phi_0(t)+\phi(0)+4\pi vt/\lambda]} \mathrm{d}v | \quad (14)$$

在只考虑雷达回波涨落信号的相对大小时,可令(14)式中 $ke_c/4\pi^2 = 1$,则(14)式变成

$$S(t) = | \int_0^{2\pi} \mathrm{d}\phi(0) \int_{-\infty}^\infty \omega(v) e^{j[\phi_0(t)+\phi(0)+4\pi vt/\lambda]} \mathrm{d}v | \quad (15)$$

式中将雷达回波信号振幅单一的粒子的径向速度条件分布 $\omega'''_{e\alpha}(v)$ 写成粒子的径向速度密度谱 $\omega(v)$。

考虑到雷达脉冲体积中粒子的径向速度有限,我们假设粒子的径向速度处于区间 $[-A, A]$ 之中,将此区间分成 N_1 等份,并将雷达脉冲体积中粒子对雷达天线的初始相位分布区间 $(0, 2\pi)$ 分成 N_2 等份。

将(15)式化成下列求和形式

$$S(t) = | \sum_{i=1}^{N_2} \frac{2\pi}{N_2} \sum_{K=1}^{N_1} \omega[-A+K\frac{2A}{N_1}-\frac{A}{N_1}] \cdot e^{j[\phi_0(t)+(2\pi i/N_2-\pi/N_2)+4\pi t(-A+K2A/N_1-A/N_1)/\lambda]} \frac{2A}{N_1} | \quad (16)$$

式中,v_K、$\phi_i(0)$ 分别取成 $-A+K2A/N_i-A/N_1$、$2\pi i/N_2-\pi/N_2$ 是考虑到取速度间隔及初始相位间隔的中值。由(16)式可见,若给出雷达脉冲体积中粒子的径向速度密度谱,就可模拟出其对应的雷达回波涨落信号。为了使模拟的回波信号接近实际,在模拟的回波涨落信号中加入了一定信噪比的均匀白噪声,此白噪声样本是根据白噪声函数 $g(t)$ 的下列性质生成的:

(1)白噪声函数 $g(t)$ 的样本是统计独立的;

(2)白噪声函数 $g(t)$ 的样本分布的平均值为零,因此可认为 $g(t)$ 的平均值 μ_g 为零;

(3)由于 $\mu_g = 0$,$g(t)$ 的均方差值必等于方差 δ_g^2,故 $g(t)$ 的平均功率 $P = \delta_g^2$。

具体做法是:用独立随机数生成程序产生在 $(0, 1)$ 区间上均匀分布的随机数 γ_n,为使 $\mu_g = 0$,把产生的任一随机数 γ_n 减去 $1/2$,则差数 $(\gamma_n-1/2)$ 均匀分布在 $(-1/2, 1/2)$ 区间中;为使白噪声平均功率 $P_N = P_S/R_{SN}$(P_N:白噪声平均功率,P_S:信号平均功率,R_{SN}:信噪比),可把 $(\gamma_n-1/2)$ 乘以一常数 K_{SN},得到一个概率分布函数自 $-K_{SN}/2$ 延伸到 $K_{SN}/2$ 的均匀变量 $g_n = K_{SN}(\gamma_n-1/2)$,它的平均功率为 $P_N = \delta_{gn}^2$。

由均匀分布的方差公式可知

$$P_N = \delta_{gn}^2 = [K_{SN}/2-(-K_{SN}/2)]^2/12 = K_{SN}^2/12 \quad (17)$$

由(17)式可得

$$K_{SN} = \sqrt{12P_N} \tag{18}$$

则均匀白噪声样本为

$$g_n = (\gamma_n - \frac{1}{2})K_{SN} = \sqrt{12P_N}(\gamma_n - \frac{1}{2}) = \sqrt{12P_S/R_{SN}}(\gamma_n - \frac{1}{2}) \tag{19}$$

利用(19)式,我们就可得到不同信噪比时的均匀白噪声样本序列。

3 模拟试验

雷达回波视频信号的涨落谱方差 δ_F^2 与降水粒子的多普勒谱方差 δ_f^2 之间是否近似满足(5)式 $\delta_F^2 = 2\delta_f^2$

我们假设了几种特殊的脉冲体积中粒子的径向速度密度谱型:

(1)高斯型

$$\omega(v) = \frac{1}{\sqrt{2\pi\delta_v^2}} e^{[-v^2/(2\delta_v^2)]} \quad v \in [-A, A] \tag{20}$$

式中, δ_v^2 是该粒子径向速度密度谱的方差,即脉冲体积中粒子的多普勒速度谱的方差。

(2)扩展指数型

$$\omega(v) = \lambda e^{(-\lambda|v|)} \quad v \in [-A, A] \tag{21}$$

该速度密度谱的方差为 $2/\lambda^2$ 。

(3)扩展瑞利型

$$\omega(v) = \frac{|v|}{\delta^2} e^{[-v^2/(2\delta^2)]} \quad v \in [-A, A] \tag{22}$$

它的谱方差为 $2(2 - \pi/2)\delta^2$ 。

(4)三角型

$$\omega(v) = (A - |v|)/A^2 \quad v \in [-A, A] \tag{23}$$

此分布的方差为 $A^2/6$ 。

以上4种分布的图形表示见图2。由上述4种分布假设模拟出相应的雷达回波涨落信号,并对此信号加入信噪比为24 dB的均匀白噪声。对此复合信号进行采样,得到一个脉冲体积的雷达回波涨落信号的采样值时间序列(采样时间为1 s)。对此离散序列进行频谱分析,计

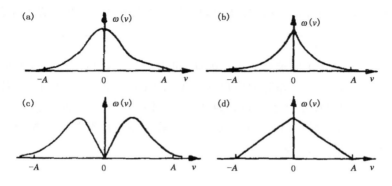

图2　几种粒子径向速度密度谱

(a)高斯型;(b)扩展指数型;(c)扩展瑞利型;(d)三角型

算其涨落谱方差 δ_F^2，并利用（5）式及 $\delta_F^2 = 4\delta_v^2/\lambda^2$，将 δ_F^2 转换计算出多普勒速度谱方差估计值 $\delta_v^{2'}$，其结果见表 1。

表 1　粒子多普勒谱方差 δ_v^2 与由相应的模拟雷达信号估计的多普勒谱方差 $\delta_v^{2'}$ 间的相对误差

分布类型	$\delta_v^2(\mathrm{m}^2 \cdot \mathrm{s}^{-2})$	1	2	3	4	5	6
高斯	$\delta_v^{2'}(\mathrm{m}^2 \cdot \mathrm{s}^{-2})$	1.68	2.83	4.11	4.22	4.14	5.35
	相对误差（%）$\|\delta_v^{2'}-\delta_v^2\|/\delta_v^2$	68.0	41.5	37.0	5.5	17.2	10.8
扩展指数	$\delta_v^{2'}(\mathrm{m}^2 \cdot \mathrm{s}^{-2})$	2.23	2.10	3.36	3.99	3.93	3.67
	相对误差（%）$\|\delta_v^{2'}-\delta_v^2\|/\delta_v^2$	123.0	4.9	12.0	0.25	21.4	38.8
扩展瑞利	$\delta_v^{2'}(\mathrm{m}^2 \cdot \mathrm{s}^{-2})$	2.16	2.38	3.51	3.48	3.82	4.17
	相对误差（%）$\|\delta_v^{2'}-\delta_v^2\|/\delta_v^2$	116.0	19.0	17.0	13.0	23.6	30.5
三角	$\delta_v^{2'}(\mathrm{m}^2 \cdot \mathrm{s}^{-2})$	2.17	2.24	3.90	4.01	4.29	5.00
	相对误差（%）$\|\delta_v^{2'}-\delta_v^2\|/\delta_v^2$	117.0	12.0	30.0	0.25	14.2	16.7

由表 1 看出，脉冲体积中粒子径向速度谱方差的预置值 δ_v^2（真值）与对雷达回波涨落信号用频谱分析方法得到的多普勒速度谱方差 $\delta_v^{2'}$（估计值）接近，说明雷达回波视频信号的涨落谱方差 δ_F^2 与粒子的多普勒频率谱方差 δ_f^2 之间近似满足（5）式。

用相邻两脉冲体积 V_1、V_2 的雷达回波信号之和代替虚拟脉冲体积 V_3（等于 V_1 加 V_2）的雷达回波信号来估计 V_3 的涨落谱方差。

假设两个脉冲体积的粒子径向速度密度谱相同，粒子总数一样，其回波不同仅由在时间上相差 τ（脉冲宽度）而产生。这两个相邻脉冲体积合起来作为一个虚拟脉冲体积时，其粒子的径向速度密度谱不变，仅是粒子数加倍。雷达的虚拟脉冲体积（雷达发射脉冲宽度为 2τ）的涨落回波视频信号可表示成

$$S_v(t) = \left| \int_0^{2\pi} \mathrm{d}\varphi(0) \int_{-\infty}^{\infty} 2\omega(v) e^{j[\phi_0(t)+\phi(0)+4\pi vt/\lambda]} \mathrm{d}v \right| \tag{24}$$

雷达的相邻两脉冲体积的回波信号在中频相加再线性检波，其视频信号可表示成

$$S_S(t) = \left| \int_0^{2\pi} \mathrm{d}\varphi(0) \int_{-\infty}^{\infty} \omega(v) \left[e^{j[\phi_0(t)+\phi(0)+4\pi vt/\lambda]} + e^{j[\phi_0(t)+\phi(0)+4\pi v(t+1)/\lambda]} \right] \mathrm{d}v \right| \tag{25}$$

同样可将（24）、（25）式化成求和形式。因此，可由（24）式模拟出虚拟脉冲体积 V_3 的回波涨落信号；由（25）式模拟出两相邻脉冲体积 V_1、V_2 的雷达回波信号之和。在模拟时，我们将脉冲体积中粒子的径向速度密度谱分布取为高斯型。同样对模拟出的雷达回波视频信号加入信噪比为 24 dB 的均匀白噪声，然后对此复合信号采样并作离散频谱分析，计算出涨落谱方差，转换成多普勒速度谱方差（表 2）。

表 2　虚拟脉冲体积的多普勒速度谱方差估计值 $\delta_w{}^2$ 与由两相邻脉冲体积的雷达回波之和
估计出的多普勒速度谱方差 $\delta_{vs}{}^2$ 之间的相对误差

$\delta_v{}^2(\mathrm{m^2 \cdot s^{-2}})$	1	2	3	4	5	6
$\delta_{vv}{}^2(\mathrm{m^2 \cdot s^{-2}})$	1.86	1.55	3.67	3.78	4.46	5.20
$\delta_{vs}{}^2(\mathrm{m^2 \cdot s^{-2}})$	1.33	1.65	3.94	4.16	4.65	5.02
相对误差（%）$\|\delta_{vs}{}^2-\delta_{vv}{}^2\|/\delta_{vv}{}^2$	28.5	6.5	7.4	10.1	4.3	3.5

由表 2 可看出：通过用两个相邻的雷达脉冲体积 V_1、V_2 的回波之和代替大的虚拟雷达脉冲体积 V_3（等于 V_1 加 V_2）的回波来估计 V_3 中粒子的多普勒速度谱方差基本可行。

从上述试验结果可看出：雷达脉冲体积中粒子的多普勒速度谱方差的预先设定值 δ_v^2（真值）与用频谱分析方法从雷达回波涨落信号中获取的多普勒速度谱方差估计值之间存在一定的差别。原因之一可能与估计涨落谱方差时对离散涨落谱所取的截断范围有关，这可从下面的分析中看出。

计算涨落谱 $S(F)$ 的方差的公式为

$$\delta_F^2 = \left[\int_{-\infty}^{\infty}(F-\overline{F})^2 S(F)\mathrm{d}F\right]/\left[\int_{-\infty}^{\infty}S(F)\mathrm{d}F\right]^{[1]} \tag{26}$$

式中，F 为涨落频率；$\overline{F}$ 为其平均值。实际中，涨落谱为离散的涨落谱序列 $\{S(F_i)i=\overline{0,N-1}\}$。其中 $S(F_i)$、F_i 是 $S(F)$ 及 F 的离散值；N 是离散涨落谱样本的个数，它是由需要作频谱分析的涨落信号的样本数决定的。对于离散涨落谱序列，其涨落谱方差的计算公式可写成

$$\delta_F^2 = \left[\sum_{i=-n/2}^{n/2}(F_i-\overline{F})^2 S(F_i)\Delta F_i\right]/\left[\sum_{i=-n/2}^{n/2}S(F_i)\Delta F_i\right] \tag{27}$$

式中，n 是对离散涨落谱序列 $\{S(F_i)i=\overline{0,N-1}\}$ 进行截断的范围大小（$n \leqslant N$），即从离散涨落谱序列中取出一部分来估计涨落谱方差。这样做是为了在采样频率可能不符合采样定理时，减少由此而引起的涨落谱混淆给谱方差估计带来的误差。

在不同大小的粒子径向速度密度谱方差预置值 δ_v^2 时，模拟出的离散涨落谱 $\{S(F_i)i=\overline{0,N-1}\}$ 的谱宽大小各不相同，而我们在用（27）式估计涨落谱方差时，对离散涨落谱进行截断的范围大小（n）一直没有改变，从而使得所截取的离散涨落谱序列 $\{S(F_i)i=\overline{-n/2,n/2}\}$ 难以恰好包含真正的涨落谱的整个频域，由此而引起 δ_F^2 估计的误差。这可分为两种情况来说明：

1）当实际多普勒速度谱方差 δ_v^2 较小时，模拟出的离散涨落谱的谱宽也较小，即涨落频率所在频带的宽度较窄，但由于 n 值相对取得较大，使得 $\{S(F_i)i=\overline{-n/2,n/2}\}$ 序列包含了其他非真实存在的频带部分（图 3a），使得涨落谱方差 δ_F^2 估计值比实际的涨落谱方差大。

2）当实际多普勒速度谱方差 δ_v^2 较大时，模拟出的离散涨落谱的谱宽也较大，即涨落频率所在的频带的宽度较大。但由于 n 值相对取得较小，使得截取的离散涨落序列 $\{S(F_i)i=\overline{-n/2,n/2}\}$ 丢失了一部分实际存在的离散涨落谱序列（图 3b），使得用（27）式估计出的涨落谱方差比实际的涨落谱方差小。

综上所述，在实际多普勒速度谱方差较大或者较小时，利用（27）式对模拟出的离散涨落谱

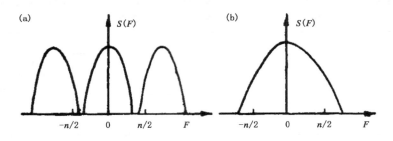

图 3　不同谱宽的涨落谱示意图

序列进行谱方差估计,估计值与实际值的相对误差较大,这皆是由于 n 值取得不合适引起的,而在实际值 δ_v^2 适中时,相对误差较小。

4　结语

在我们所建立的雷达回波涨落信号产生模型中所给的假设条件是比较简单的,模型中还存在一些需改进的地方。考虑雷达脉冲体积中粒子的尺度分布为指数型这一较接近于实际的情形是今后的一个努力方向;对于在估计离散涨落谱方差时由于截断范围大小(n 值)而产生的误差,我们将采取针对不同的粒子径向速度密度谱方差而选用不同的 n 值,以提高离散涨落谱方差估计的可信度。

参考文献

[1]　马振静,等.气象雷达回波信息原理[M].北京:科学出版社,1986:53-142.

[2]　Mel'nichuk Y V, Smirnova G A, Chernikov A A. Radar measurements of the rate of turbulent energy dissipation in clouds and precipitation[R]. 13th Radar Meteor Conf Proceeding, Amer Meteor Soc, 1969: 486-489.

[3]　Pobert J S, Lester C P, Atlas D. Radar measurement of the atmospheric turbulence structure function [R]. 15th Radar Meteor Conf Proceeding, Amer Meteor Soc, 1972:280-285.

多普勒天气雷达预报强对流回波移动模式 *

胡雯，张培昌，顾松山，王春茹

（南京气象学院，南京　210044）

摘　要：采用多普勒天气雷达资料，在 IBM-PC 系列微机上建立强对流天气回波 0～2 小时临近预报模式。该模式先对 PPI 图像数据进行预处理，选出一群有预报意义的强回波块，提取它们的一组特征值，然后用模糊聚类法进行分类，并用路径外推法作临近预报，获得比较客观的预报结果。

关键词：临近预报；模糊聚类

中尺度对流系统常造成破坏性的剧烈天气，给人民生命财产和国民经济建设带来严重威胁和灾难。因此，对于灾害性天气临近预报方法的研究，已成为目前世界气象界关注的重要问题之一。早在 20 世纪 60、70 年代，国外就开始用数字化雷达资料对强对流天气路径做临近预报[1-3]，并逐步形成各自的预报方法。我国随着天气雷达数字化处理系统的建立，也不断提出了各种跟踪、识别和预报回波位置的方法[4-5]。为了能在微机上作出实时预报，邓勇等引入了逐步聚类法对强对流回波移动路径做客观外推预报[6]，其不足之处是强度等级及聚类因子太少，用普通聚类进行划分又过于机械、简单。

本文在文献[6]的基础上采用模糊聚类中的 ISODATA 法，综合考虑多种因子对样本分类的影响，并给出聚类后各类中心特征信息。在聚类过程中引入多普勒天气雷达所特有的降水粒子径向速度 V 作为一个聚类因子，以使处在不同位置和不同环境流场中的回波块的分类更为合理。在客观外推过程中，引进回波强度的增强、减弱指标，修正外推结果以提高预报准确性。

1　模式组成

整个模式由图像预处理、特征提取、聚类分析、路径外推 4 个主要模块组成。

1.1　图像预处理模块

它的作用有：

（1）消除测站中心附近的非气象回波。取某一选定的半径 r，设测站坐标为 (x_0,y_0)，查询点坐标为 (x,y)，把满足 $(x-x_0)^2+(y-y_0)^2 \leqslant r^2$ 各像素点值置 0，就可以消除测站附近的地物回波。

（2）滤波（主要是对噪声的滤波）。对于强度图，采用邻域平均法。设一幅像素点为 $N \times N$

* 本文原载于《南京气象学院学报》，1993，16(3)：302-307.

的图像,其强度值为 $f(x,y)$,经平滑后的图像强度为 $g(x,y)$;在每点 (x,y) 上的灰度级由包含点 (x,y) 在内的预定邻域中 S 中 M 个像素点灰度级的平均值决定。即

$$g(x,y)=\begin{cases} \dfrac{1}{M}\sum_{(m,n)\in S}f(m,n), & \left|f(x,y)-\dfrac{1}{M}\sum_{(m,n)\in S}f(m,n)\right|\geqslant T \\ f(x,y) & ,其他 \end{cases}$$

式中,$x,y=0,1,2,\cdots,N-1$,S 是点 (x,y) 邻域中各点坐标 (m,n) 的集合(不包括点 (x,y)),M 是集合 S 内坐标点的总数,T 为一规定的非负阈值。本文取 $M=8$,则 $S=\{(x-1,y-1),\ (x,y-1),\ (x+1,y-1),\ (x-1,y),\ (x+1,y),\ (x-1,y+1),(x,y+1),(x+1,y+1)\}$,$T=1$。对于速度图采用中值滤波,在一维形式下中值滤波器为一个含有奇数个像素的滑动窗口,窗口正中那个像素的像素值用窗口内像素值按大小排列后的中间值代替,这样就可滤去存在于窗口中的单一噪声类峰值。本文采用 3×3 的窗口来实现速度图的滤波。

1.2 特征提取模块

用规定的强度阈值和面积阈值剔除较弱和较小的回波,这样屏幕上只剩下一些孤立的强回波块,通过对其逐个跟踪识别,提取出各回波块的一组特征值:特征强度 I_k、特征面积 A_k、特征径向速度 V_k、特征中心坐标 (x_k,y_k),具体处理步骤为:

(1)通过对屏幕逐行扫描,用规定强度阈值对各像素点进行标识,以读出各强回波块。

(2)剔除小于阈值面积的回波块后,再统计剩下的各强回波块(称为特征回波)所包含的像素点数目作为特征面积 A。为了简便和具有强度的代表性,以每回波块中强度最大值和最小值的算术平均值作为该回波块的特征强度 I。

(3)沿特征回波边界上各点按式 $x_k=\sum_{p=1}^{N}x_p/N$,$y_k=\sum_{p=1}^{N}y_p/N$,$V_k=\sum_{p=1}^{N}V_p/N$ 分别求出每块回波的特征坐标 (x_k,y_k) 及特征速度 V_k。N 为回波块边界上的像素点数目。

1.3 聚类分析模块

经图像初步处理和阈值筛选后一般仍会有较多的强回波块,若一一进行处理,计算量大,预报时效跟不上。另外,有些回波块变化快,一一处理也会产生前后失配造成预报失败。本文将每一回波块的一组特征值作为"样本值",将"相似"回波块用聚类法归类,就可大大节省机时。

对回波块进行分类,带有一定的模糊性,某块回波从某些特征考虑应属于某一类,而从另一些特征考虑又应属于另一类。因此,用模糊聚类分析方法进行分类更为自然。分类的目的要以类的特征值聚类中心的信息,代表类内各回波块的特征,以能用较少的计算量对回波移动路径作客观外推。因此,选用模糊划分方法中的模糊 ISODATA 算法[7]。

设 $X=\{x_1,x_2,\cdots,x_n\}$ 为一有限集,X 的模糊 c- 划分是 X 上 c 个模糊子集

$$\{A_i\,|\,i=1,2,\cdots,c\,|\ \},2\leqslant c\leqslant n$$

它要求满足

$$\sum_{i=1}^{c}\mu_{A_i}(x_i)=1,\forall x$$

其中 μ_{A_i} 表示 x_k 属于 A_i 类的程度。这样的划分可以用一个 $c \times n$ 模糊矩阵 $U = (u_{ik})$ 表示，这里的 $u_{ik} = \mu_{A_i}(x_k)$。

设 V_{cn} 是 $c \times n$ 矩阵的集合，则 X 的模糊 c-划分空间是 V_{cn} 中的集合

$$M_{fc} \stackrel{\Delta}{=\!=} \Big\{ U \in V_{cn} \,\Big|\, u_{ik} \in [0,1], \forall\, i, \forall\, k; \sum_{i=1}^{c} u_{ik} = 1, \forall\, k; 0 < \sum_{k=1}^{n} u_{ik} < n, \forall\, i \,\Big| \Big\}$$

显然，模糊 c 划分是普通 c-划分的推广。为方便，一般把上述 c 划分空间定义中要求 $0 < \sum_{k=1}^{n} u_{ik} < n, \forall\, i$ 放宽为 $0 \leqslant \sum_{k=1}^{n} u_{ik} \leqslant n, \forall\, i$。这样的划分空间称为退化的模糊 c 划分空间。

设有 c 个聚类中心 $V_1, V_2, \cdots, V_c$，它是一个集合：$V = \{V_1, V_2, \cdots, V_c\}$。取样本 x_k 与聚类中心 $V_i (i = 1, 2, \cdots, c)$ 的欧氏距离为

$$d_{ik} = \| x_k - V_i \| = \Big[\sum_{j=1}^{m} (x_{kj} - V_{ij})^2 \Big]^{\frac{1}{2}}$$

下标 j 表示指标（即特征值的序号），x_{kj} 表示第 k 个样本的第 j 个指标值，V_{ij} 也作类似理解。所有各类的样本到它们各自对应的聚类中心距离平方和可写为

$$J(U,V) = \sum_{k=1}^{n} \sum_{i=1}^{c} u_{ik}(d_{ik})^2 = \sum_{k=1}^{n} \sum_{i=1}^{c} u_{ik} \Big[\sum_{j=1}^{m} (x_{kj} - V_{ij})^2 \Big]$$

式中乘 u_{ik} 表示是带权的距离平方和。为了加强 x_k 属于各类的从属程度的对比度，一般还把上式写成如下形式

$$J(U,V) = \sum_{k=1}^{n} \sum_{i=1}^{c} (u_{ik})^r \| x_k - V_i \|^2$$

其中 $r \geqslant 1$（是待定参数）。一个对 $X = \{x_1, x_2, \cdots, x_n\}$ 理想的分类，就是要寻找这样的一个分类矩阵 U，它能使上述泛函数为极小。

模糊 ISODATA 算法的步骤为：

(1)取定 c：$2 \leqslant c \leqslant n$，取初始划分矩阵 $U^{(0)} \in M_{fc}$，逐步迭代；

(2)用(1)式计算聚类中心 $V = \{V_i^{(l)}\}$

$$V_i^l = \frac{\displaystyle\sum_{k=1}^{n} (u_{ik}^{(l)})^r x_k}{\displaystyle\sum_{k=1}^{n} (u_{ik}^{(l)})^r} \tag{1}$$

其中 $V_i = \{V_{i1}, V_{i2}, \cdots, V_{im}\}$，$i = 1, 2, \cdots, c$；$x_k = (x_{k1}, x_{k2}, \cdots, x_{km})$，$k = 1, 2, \cdots, n$；$l = 0, 1, 2, \cdots$。

(3)用(2)式修正 $U^{(l)}$

$$u_{ik}^{(l+1)} = \frac{1}{\displaystyle\sum_{k=1}^{c} \Big(\frac{\| x_k - V_i \|}{\| x_k - V_h \|} \Big)^{\frac{1}{r-1}}}, \forall\, i, \forall\, k \tag{2}$$

下标 i 与 h 都是聚类中心的标号，取 $r = 2$。

(4)用一个矩阵范数 $\| \cdot \|$ 比较 $U^{(l)}$ 与 $U^{(l+1)}$，对于取定的 $\varepsilon > 0$（取 $\varepsilon = 0.001$）若 $\| U^{(l+1)} - U^{(l)} \| \leqslant \varepsilon$ 或 $\max\{ |u_{ik}^{(l+1)} - u_{ik}^{(l)}| \} \leqslant \varepsilon$ 则停止迭代；否则以 $u_{ik}^{(l+1)}$ 代入(1)式继续迭代。

由以上算法获得的 U 与 V，为最佳模糊 c 划分的划分矩阵和聚类中心。

本模块选择回波块特征中心坐标 x_k，y_k 及特征径向速度 V_k 这三个因子作为聚类因子。由于各特征值是根据不同的单位测量得到，因此在聚类之前还应先作标准化处理，使之在聚类过程中权重一致。设 x'_{kj} 为标准化后第 k 块回波的第 j 个特征值，则因子的标准化公式为

$$x'_{kj} = (x_{kj} - x_{j\min})/(x_{j\max} - x_{j\min})$$

其中 $k = 1, 2, \cdots, n$ 为回波块序号；$j = 1, 2, \cdots, m$ 为特征类别（本文取 $m = 3$），$x_{j\min}$ 及 $x_{j\max}$ 分别为 n 块回波中第 j 个特征的最小值和最大值。

分类数 c，根据屏幕回波图像由经验判断取定。在 n、c 给定条件下，按回波块序号依次将各回波块均匀地分到 c 类中去，并假定其隶属度为 1，这样就形成初始划分矩阵 $U_{c \times n}^{(0)}$。这样做主要是考虑预报的时效性。聚类完成后再对标准化的因子进行复原。

1.4　路径外推模块

（1）引导气流法　我们选取测站附近最靠近预报时间的 500 hPa 高空风资料作为引导气流，则回波移向、移速的外推公式为

$$\begin{cases} D_1(i) = D_w - 180° \\ V_1(i) = \beta \times V_w \end{cases} \tag{3}$$

其中 D_w、V_w 为高空风向、风速；$D_1(i)$、$V_1(i)$ 为回波移向、移速；β 为移速修正系数（一般取 0.7）。因回波移向是指去向（与风向相反），故（3）式中将 D_w 减去 180°。

（2）线性外推法　设 $(x_{t1}(i), y_{t1}(i))$，$(x_{t2}(i), y_{t2}(i))$ 分别代表 t_1 和 t_2 时刻第 i 类回波的特征位置，则回波的位移公式为

$$\begin{cases} D_2(i) = \arctan\left[\dfrac{y_{t_2}(i) - y_{t_1}(i)}{x_{t_2}(i) - x_{t_1}(i)} \right] \\[3mm] V_2(i) = \dfrac{\left\{ [x_{t_2}(i) - x_{t_1}(i)]^2 + [y_{t_2}(i) - y_{t_1}(i)]^2 \right\}^{\frac{1}{2}}}{t_2 - t_1} \end{cases} \tag{4}$$

用两幅回波图作线性外推，首先要解决两幅图中的回波"类"的匹配（本文采有主矢量法[6]）。具体步骤为：①求出 t_1、t_2 时刻各强回波"类"的特征位置矩阵 P_1、P_2，即

$$P_1 = \begin{bmatrix} (x_{11}, y_{11}) \\ (x_{12}, y_{12}) \\ \vdots \\ (x_{1q}, y_{1q}) \end{bmatrix}, P_2 = \begin{bmatrix} (x_{21}, y_{21}) \\ (x_{22}, y_{22}) \\ \vdots \\ (x_{2s}, y_{2s}) \end{bmatrix}$$

其中下标 1、2 分别代表 t_1 和 t_2 时刻，q 与 s 分别代表 t_1 和 t_2 时刻的回波类别数，矩阵元素表示某时刻、某类回波的特征位置。

②由（3）式算出各类回波经 $\Delta t = t_2 - t_1$ 时段的位移量

$$\Delta x(i) = V_1(i) \cdot \Delta t \cdot \cos(D_w - 270°)$$
$$\Delta y(i) = V_1(i) \cdot \Delta t \cdot \sin(D_w - 270°)$$

D_w 减去 270°（因除风向与回波移向差 180° 外，屏幕直角坐标上角度从正北算起，极坐标上角度从正东算起，两者又差 90°）。于是可由

$$\begin{cases} x_{0i} = x_{t_1}(i) + \Delta x(i) \\ y_{0i} = y_{t_1}(i) + \Delta y(i) \end{cases}$$

计算出主矢量矩阵 P_0。

$$P_0 = \begin{bmatrix} (x_{01}, y_{01}) \\ (x_{02}, y_{02}) \\ \vdots \\ (x_{0q}, y_{0q}) \end{bmatrix}$$

③计算 P_0、P_2 两矩阵各处元素之间的交叉欧氏距离阵

$$R = \begin{bmatrix} r_{11} & r_{12} & \cdots & r_{1q} \\ r_{21} & r_{22} & \cdots & r_{2q} \\ \vdots & \vdots & \vdots & \vdots \\ r_{s1} & r_{s2} & \cdots & r_{sq} \end{bmatrix}$$

其中 $r_{ij} = [(x_{2i} - x_{0j})^2 + (y_{2i} - y_{0j})^2]^{\frac{1}{2}}$。对 R 矩阵的每列元素逐个扫描,取其中最小的元素保持不变,其余元素置零。再对 R 阵中每行元素逐个扫描,若某行中有两个以上的非零元素,则仅保留较小者,其余元素置零。经过上述处理后便得到 t_1、t_2 两个时刻回波"类"的匹配矩阵 R''

$$R''_{s \times q} = \begin{cases} r_{ij} > 0 & t_1 \text{ 时刻第 } j \text{ 类回波与 } t_2 \text{ 时刻第 } i \text{ 类回波相匹配时} \\ 0 & \text{其他} \end{cases}$$

当 R'' 阵中出现某行或某列元素全为零时,表示有失配的回波"类"(对应回波消失或新生的情况)。对新生的回波"类"可直接用引导气流法外推。匹配后,就可用(4)式结果作线性外推预报。

2 个例试验

选用中国气象科学研究院 1989 年 5 月 31 日 15:40 用 10 cm 天气多普勒雷达探测到一次冷锋降水过程的回波图像资料进行试验,并取 x_k、y_k、V_k 3 个特征量作为聚类因子。图 1 是 15:40 的回波分层图像示意图,用引导气流法对其作 1 小时的外推预报(表 1)。图 2 是 16:40 的实测回波示意图。对比表 1 和图 2 可以看出,两者吻合较好。因为在 15:40—16:40,整个回波系统的强度及结构等没有显著变化,故引导气流法可行。为减少数据传输量。屏幕上仅显示各特征回波的落点位置。

表 1   引导气流法外推预报结果

类号	x 坐标 (像素点数)	y 坐标 (像素点数)	移向 (°)	移速 (km·h⁻¹)	距离 (km)	方位 (°)
1	340	110	104	40	205	38
2	200	155	104	40	117	335
3	154	254	104	40	109	261

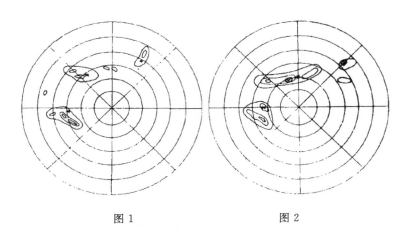

图 1　　　　　　　　　　　　　　图 2

再将 15：40 和 16：40 两幅回波图像（图 1 和图 2），通过类的匹配等步骤求出各类回波的移向、移速，并以此作下 1 小时的线性外推，获得 17：30 的预报结果（表 2），与 17：30 的实况（图 3）比较可以发现，回波系统总的移动趋势与实况相符，但有些回波块的外推结果与实况有一定偏差，这可能由于回波系统内部各类中心位置在不同时刻存在相对偏移造成（即某一时段内出现类中心的非线性变化使有些回波块线性外推产生偏差），这是可以理解的，也需进一步研究解决的问题。但这并不影响多数回波块位置的外推。

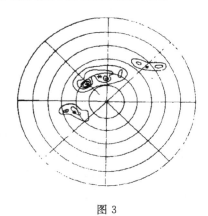

图 3

表 2　用 15：40、16：40 两幅图作 50 分钟线性外推预报

类号	x 坐标	y 坐标	移向	移速	距离	方位
	（像素点数）	（像素点数）	（°）	（km · h^{-1}）	（km）	（°）
1	401	140	113	68	237	58
2	295	165	98	87	116	36
3	169	235	77	32	89	274

3 结论

（1）对多普勒天气雷达图像资料取 x_k、y_k、V_k 3 个特征量作为聚类因子，并用 ISODATA 算法进行分类是合适的，它对比较稳定移动的强对流回波系统作线性外推预报，可以获得较好的效果。

（2）本模式方法简单，使用灵活，兼容性较好。可以在 IBM-PC 微机系列上自动运行，每处理一个时次的强度图和速度图约需 2～3 min，作一次路径外推约需 5～8 min。

模式中回波块的 3 个特征量是看作等权重的聚类因子，没有考虑回波强度和面积大小的差异，也没有考虑回波块强度变化对移动路径的影响，这些都需要进一步研究和改进。

参考文献

略，见原文章。

多普勒天气雷达 PPI 上 0℃ 层亮带
模式识别系统[*]

张培昌,王登炎,顾松山,戴铁丕

(南京气象学院,南京　210044)

摘　要:系统对 PPI 数字回波资料经图像预处理、特征提取后,采用三级识别方式对是否存在 0℃ 层亮带进行自动判别。试验表明,准确率很高。

关键词:0℃ 层亮带,模式识别

准确识别 0℃ 层亮带十分有意义的。例如,在雷达定量测量降水中,只有在 0℃ 层高度以下才能使用由雨滴谱经统计回归得到的雷达反射因子 Z 与降水强度 I 之间的关系;再如,在一次雷暴过程中,当开始出现 0℃ 层亮带回波时,指示雷暴已处于消散阶段。随着数字化天气雷达的发展,可以建立起对各种回波的模式识别系统。本系统采用当前较广泛应用的结构方法和类似模板识别的方法,通过对 0℃ 层亮带回波在 PPI 上的结构及形态特点分析,同时参考回波参数进行识别。

数字化雷达回波资料中 PPI 上 0℃ 层亮带的特征为:(1)呈强度为极大值的连续亮环或断裂亮环,排列大致在一个圆周上;(2)环的两侧存在梯度极大区,梯度值大小随仰角高度及垂直分布情况而定,梯度极大值的点也大致分布在一个圆上。

本系统由图像预处理、特征提取、0℃ 层亮带识别等几个模块组成。除形态特征的提取在 VAX-II/750 上用 FORTRAN 语言进行外,其他部分采用 IBM-PC/XT 宏汇编语言在微机上完成。资料采用南京气象学院的 10 cm 多普勒天气雷达 PPI 强度图像资料。

1　图像预处理

这个模块主要滤掉那些与识别 0℃ 层亮带无关的图像信息。

1.1　滤去 OVERLAY

数字图像资料中如底色、距离标志、色标、有关日期、时间、仰角等的字符显示,这些都是人为加上的,统称为 OVERLAY;它在提取回波特征时是一种干扰,必须首先去掉。

(1)去距离标志。图像资料每个像素占 8 个 Bit,距离标志放在高四位,只要屏蔽掉高四位,即可去掉。

(2)去色标。色标在屏幕上的位置是固定的,只要查出色标的具体位置并使其置零,即可

* 本文原载于《南京气象学院学报》,1993,16(4):399-405.

去掉。

（3）去底色、字符、距档标志。考虑到这些信息全部在距离档标志以外,因此本文可根据距离档外的坐标,将这些信息全部去掉。

经过上述处理后,屏幕上就只剩下回波信息。

1.2 平滑回拨

PPI 回波图像中常含有大量噪声和地物杂波,并且回波边界(包括每一灰阶的边界)很不规则,这些都可能给回波特征的提取和识别造成困难,因此,必须作滤波处理。本文用收缩——膨胀算法[1]处理,但由于处理的是彩色图像,不是二值图像,故设计了一种对各灰阶层一次进行处理的算法。

从上到下,从左到右对图像进行搜索,当象元 (i,j) 的值 $R(i,j)$ 不为 0 时,收缩算法为

$$R(i,j)=\begin{cases}0 & 8\text{ 邻点中任一点为 0 时}\\ \text{MIN}[P(0),\cdots,P(7)] & \text{其他}\end{cases} \tag{1}$$

膨胀算法为

$$R(i,j)=\begin{cases}\text{MIN}[P(0),\cdots,P(7)] & 8\text{ 邻点中任一点为 0 时}\\ 0 & \text{其他}\end{cases} \tag{2}$$

其中 $P(0),\cdots,P(7)$ 是点 (i,j) 8 邻点上的回波强度值。

1.3 中心附近回波的消除

在提取特征的过程中,要对同一距离不同方位的回波强度进行累加,得到一维曲线 $SR(r)$;而测站中心附近的回波,可能造成 $SR(r)$ 的强梯度值与 0℃层带的特征相混淆,因此,它须去掉中心附近的回波。

（1）坐标转换。将屏幕直角坐标 (i,j) 转换成以测站为中心的极坐标 (r,θ),可按公式（3）求出。

$$i=r\cos\theta,j=r\sin\theta \tag{3}$$

（2）求 $SR(r)$。当 θ 取 0.1°为单位间隔时,有

$$SR(r)=\sum_{\theta=0}^{3600}R(r,\theta) \tag{4}$$

同时判别某一 θ_0 处的 $R(r,\theta_0)$,若对所有 r, $R(r,\theta_0)$ 均为 0,则计数器 K1 不计数。

（3）平滑。考虑到一维曲线 $SR(r)$ 上的扰动较多,影响识别,故对 $SR(r)$ 作十个像素点滑动平均。

（4）特征曲线。考虑到并不是所有方位上均有回波存在,因此取 $SR(r)$ 的均值作为一维特征曲线即

$$SRK(r)=\frac{1}{K1}SR(r) \tag{5}$$

（5）选半径 $r_{\min}$ 根据样本分析,0℃层亮带位于 $SRK(r)$ 的极大值处;另外在 $r=0$ 附近也常有一个 $SRK(r)$ 极大值,必须去掉。为此,很容易设计出一个选取 $r_{\min}$ 的方法,使 $r_{\min}$ 正好位于 0℃层亮带附近峰值与 $r=0$ 附近回波峰值之间的极小值处。

（6）消除中心附近回波。当找到 $r_{\min}$ 以后进行如下处理:

$$R(r,\theta) = \begin{cases} 0 & r \leqslant r_{\min} \\ R(r,\theta) & \text{其他} \end{cases} \tag{6}$$

经上述处理后,中心附近一些回波被去除掉了。

2　特征提取

本系统主要从以下三个方面对 PPI 上 0℃ 层亮带的回波特征进行提取。

2.1　一维曲线特征提取

一维强度曲线 $SRK(r)$ 前面已述及。在识别和处理过程中还要用到 $SRK(r)$ 的差分 $GK(r)$,它可由下式求得

$$GR(r) = SRK(r+k) - SRK(r) \tag{7}$$

其中 K 值由经验确定,根据样本分析,K 取 10 较合适。

2.2　等值线特征提取[2]

(1)跟踪回波等值线,并确定其链码及链码个数

本文采用计算机图像识别的方法[3],并根据雷达回波的实际情况对算法进行若干改进。具体步骤如下:

①确定欲跟踪的等值线(对应某一彩色层的)的值 $VALUE$。

②对图像 $R(i,j)$ 从上到下,从左到右,逐个象元进行扫描。当发现象元 (i,j) 的值 $R(i,j)$ 从 $<VALUE$ 变为 $\geqslant VALUE$ 时,记下该象元 PO 的坐标 (i,j),并记为 x_i,y_i。

③取出 PO 的 8 邻点(见图 1),从象元 PO 的邻点 $P(3)$ 开始研究,反时针方向进行跟踪,当第一次出现 $\geqslant VALUE$ 的象元 $P(K)$ 时,将该点做上标记,着色后送上屏幕。若 8 邻点中 $R(i,j)$ 均 $< VALUE$,说明该点为孤立点或强中心,则结束跟踪,跳到步骤(6)。

$P(2)$	$P(1)$	$P(8)$
$P(3)$	$P0$	$P(7)$
$P(4)$	$P(5)$	$P(6)$

图 1　象元 PO 的 8 邻点

④令 $P(K)$ 为 PO,取出 PO 的 8 邻点,从 PO 的邻点 $P[(k+5)\text{MOD8}]$ 开始研究,反时针方向进行跟踪,对最先满足 $R(i,j) \geqslant VALUE$ 的象元 $P(K)$ 做上标记,并求出其与 PO 点的链码,同时记下链码的个数,以及奇数链码和偶数链码的个数;若 8 邻点的 $R(i,j)$ 均 $< VALUE$,结束跟踪。跳到步骤(6)。

⑤将 PO 的坐标 (i,j) 与等值线的坐标 (x_i,y_i) 进行比较。若相等,则停止跟踪,转入下

一步进行搜索。若不等,则从④开始重复执行。

⑥由 (x_i+1, y_i) 开始,从上到下,从左到右进行搜索。从步骤②开始,重复执行②～⑤,当象元 PO 的值 $R(i,j)=OFH$(OFH 是选定的某一高值)时,不进行跟踪,转入下一象元继续搜索,直至整个屏幕。将跟踪的链码、链码个数、奇和偶的链码个数、起始点位置存入内存。

⑦确定另一颜色值 $VALUE$,从①开始重复执行。

在实际图像处理中,还可以按实际情况对以上步骤稍作某些修改。

(2)$VALUE$ 值的自动选取

选取 $VALUE$ 的原则是:$VALUE$ 位于亮环外侧的强梯度处,选取步骤如下:

①沿 r 从 r_{min} 起由小到大搜索 $SRK(r)$,当第一次出现极大值时,记下此时的半径 r',从 r' 开始沿 r 由小到大搜索 $GR(r)$,当 $GR(r)$ 出现最小值时,停止搜索,记下此时的半径 r''。

②对 $R(r'', \theta)$ 沿 θ 方向进行累加,得到 $SR(r'')$ 为

$$SR(r'') = \sum_{\theta=0}^{3600} R(r'', \theta) \tag{8}$$

同时记下 $R(r'', \theta)$ 不为 0 的个数 Kl。

③ $VALUE = SR(r'')/Kl$,$VALUE+1$ 则为另一条等值线的颜色值,这两条等值线必定是 0℃层亮带外侧梯度最大处的两条等值线,就只对这两条等值线进行处理,提取其特征。

(3)回波块的自动选取

整个屏幕上有时存在多块回波,因此某一彩色层 $VALUE$ 的等值线可以不止一条。本文选取回波块的原则是:存在 0℃层亮带的回波,值为 $VALUE$ 和 $VALUE+1$ 的等值线的长度最长。故在自动选取回波时,首先对颜色值为 $VALUE$ 的链码个数排序,选定链码个数最多的等值线所在的回波块进行处理。

(4)等值线特征

设两条回波等值线分别为 N 和 C(见图 2),S_N 和 S_C 分别为两条等值线的周长,S 表示起点 b_0 到动点 b 的弧长。

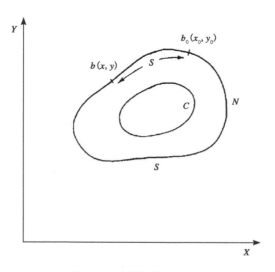

图 2　回波等值线示意图

设回波等值线的参数方程为

$$U(s) = X(s) + iY(s) \tag{9}$$

它是一个周期函数,周期为 S ,即

$$U(s + S) = U(s) \quad 0 \leqslant s < S \tag{10}$$

再设 $t = 2\pi s/S$,则方程(9)可写为

$$U(t) = X(t) + iY(t) \quad 0 \leqslant t < 2\pi \tag{11}$$

其中 $U(t)$ 是一个以 2π 为周期的周期函数。对其进行傅里叶级数展开

$$U(t) = \sum_{n=-\infty}^{\infty} P_n e^{-int}$$

$$= P_0 + \sum_{n=1}^{\infty} (P_n e^{int} + P_{-n} e^{-int}) \quad 0 \leqslant t < 2\pi \tag{12}$$

式中傅里叶系数

$$P_n = \frac{1}{2\pi} \int_0^{2\pi} U(t) e^{-int} dt \quad n = 0, \pm 1, \pm 2, \cdots \tag{13}$$

本文研究数字图像,其等值线是用方向链码表示的,在汇编语言求链码时,链码定义与这里略不相符,故先将链码换成 Freeman 方向链码。设方向链码为 $C_1, C_2, \cdots, C_M$; M 是链码的个数。

将 $[0, 2\pi]$ 区域划分为

$$t_m = 2\pi s_m/S, m = 0, 1, 2, \cdots, M$$

其中 $0 = t_0 < t_1 < t_2 < \cdots < t_{M-1} < t_M = 2\pi$ 。

将等值线用链码表示后,就可以求出傅里叶系数 P_0、P_n、P_{-n} 的表达式[2]。

有了等值线的傅里叶系数,就可以用来描述等值线的形态特征。但是随着回波大小的改变、位置的变化以及方向旋转等, P_0、P_n 和 P_{-n} 将随之变化,不具有识别意义;为此,本文采用下面一组参数,它们在回波平移、旋转、放大、缩小等条件下均是不变的,能较好地反映出回波形态特征。这组参数是

①圆形度

$$F_1 = \frac{|P_1|}{\sum_{n=1}^{\infty} (P_n + P_{-n})} \tag{14}$$

②细长度

$$F_2 = \frac{|P_1| - |P_{-1}|}{|P_1| + |P_{-1}|} \tag{15}$$

③散射度

$$F_3 = S^2/4\pi A = \frac{S^2}{4\pi^2 \left[\sum_{n=1}^{\infty} n(|P_n|^2 - |P_{-n}|^2) \right]} \tag{16}$$

④凹度

$$F_4 = \sum_{n=1}^{\infty} n^3 (|P_n|^2 - |P_{-n}|^2)/(|P_1|^2 - |P_{-1}|^2) \tag{17}$$

⑤形心偏差度

$$F_5 = \frac{|P_{0N}| - |P_{0c}|}{|P_{1n}| + |P_{-1n}|} \tag{18}$$

计算中根据 5 次谐波傅里叶级数展开已能较好地逼近回波轮廓。因此,本文采用 5 次谐波近似。

2.3 回波强中心特征提取

回波强中心有两个特征:一是相对强中心特征,二是绝对强中心特征。提取回波强中心的

目的都是为了将回波强中心细化成线状,易于识别。

(1)相对强中心特征

提取回波相对强中心特征的算法简称为 RIC 算法,具体步骤如下:

①令 $\theta = 0$,沿 r 方向从小到大搜索 $R(r,0)$,求出极大值 $\mathrm{MAX}[R(r,0)]$,若 $\mathrm{MAX}[R(r,0)] = 0$,则跳转④,否则进行②。

②令某一标号 $KZ = 0$,再沿 r 方向从小到大搜索 $R(r,0)$,若发现 $R(r_{KZ},0) = \mathrm{MAX}[R(r,0)]$ 的点,记下其位置 r_{KZ},同时计数 $KZ \leftarrow KZ + 1$。

③对 $R(r,0)$ 上所有满足 $R(r_{KZ},0) = \mathrm{MAX}[R(r,0)]$ 条件的 r_{KZ} 进行累加,并求其均值,即得到 $\theta = 0$ 方向上回波相对强中心的位置

$$r_\theta = \frac{1}{KZ} \sum_{i=1}^{KZ} r_i \tag{19}$$

④变化 θ,从①开始重复进行,直至整个屏幕。

经过 RIC 算法处理后,得出了回波相对强中心位置。但这种相对强中心位置还会受到一些对流回波强中心的影响,故还需要利用膨胀相交算法(EA 算法)来消除这种影响。步骤如下:

①对相对强中心图像 $R(i,j)$ 作 Z 次膨胀运算。

②消除弱回波,仅保留四个层次强度的强回波作为目标图像。

经过上述膨胀相交算法处理,图像宽度变为大于一个像素点,再进行细化处理。

以上处理对很多情况都是适用的,但若遇到横贯测站中心的直带状回波就显示其不足,不能很好的描绘带状特征,其相对强中心图像易与 0℃层亮带混淆。为此,本文还设计了提取强度值必须大于某一等级的绝对强中心特征算法。

(2)绝对强中心

提取步骤如下:

①与膨胀相交算法中(2)同,但根据经验必须再加一次收缩算法较合适。

②对强回波中心进行一次细化运算。

回波的相对强中心和绝对强中心特征从不同角度反映了回波强中心的情况,对 0℃层亮带回波,以上两类强中心图像都大致在一条弧上,比较容易识别。

3　0℃层亮带识别

首先,本文用下面三个特征来表征 PPI 上的 0℃层亮带。

3.1　一维曲线特征

样本分析发现,典型的 0℃层亮带回波的 $SRK(r)$ 特征表现为单峰型(图 3),偶尔也有双峰型的。峰值两侧的斜率较大,但距 0℃层亮带较远处斜率明显减少;对于非 0℃层亮带回波则呈不规则峰或多峰。在 0℃层亮带的 $SRK(r)$ 极大值两侧,$GR(r)$ 大致分为一正一负两个峰值,内侧正峰值因易与非 0℃层亮的 $GR(r)$ 值相混淆,故可识别性差,外侧负峰较具

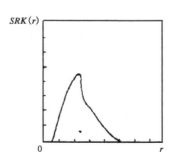

图 3　一维曲线特征

有代表性,可作为识别判据。

3.2　等值线特征

根据 0 ℃层亮带在 PPI 上的特征可总结出其等值线特征为:在 0 ℃层亮带外侧梯度极大区附近,至少有两条等值线形态极其相似,且同心,等值线周长及其包围的面积很接近,故前述的参数 F_1、F_2、F_3、F_4 虽可以较好地反映回波的形态,但并不能很好的反应 0 ℃层亮带特征,必须取两条等值线特征值之比及 F_5 才能较好地反映 0 ℃层亮带特征。

我们取:$FF_1 = F_{1N}/F_{1c}$,$FF_2 = F_{2N}/F_{2c}$,$FF_3 = F_{3N}/F_{3c}$,$FF_4 = F_{4N}/F_{4c}$ 及 F_5 来表示两条等值线的相似程度、同心程度、周长及面积的接近程度。由理论分析知,FF_1、FF_2、FF_3、FF_4 越接近 1,F_5 越接近零,则两条等值线相似程度越高,中心越靠近。

3.3　强中心特征

典型的 0 ℃层亮带的相对强中心应为标准圆。实际图像中极少碰到这样的情况,但大致为一个圆。因此,我们以标准圆作为模板,对两者进行匹配,以两者之间差的绝对值平均 σ 作为匹配标准。

设相对强中心图像为 $R = r(\theta)$,标准圆图像为 $R = C$,其中

$$C = \frac{1}{K1} \sum_{\theta=1}^{K1} r(\theta)$$

以 σ_r 作为判据,则有

$$\sigma_r = \frac{1}{K1} \sum_{\theta=1}^{K1} | r(\theta) - \frac{1}{K1} \sum_{\theta=1}^{K1} r(\theta) |$$

绝对强中心特征匹配的方法与相对强中心相同,判据以 σ_r 表示之。

下面我们采用多级判别法进行识别。先用几个简单参数作为第一判别;第二级用等值线特征参数作判别;第三级用强中心特征识别,准确率最高。

第一级识别过程如下:

(1)从 $r_{\min}$ 开始,沿 r 方向从小到大搜索 $SRK(r)$,当 $SRK(r')$ 为极大值且 >70 时,进行下一步,否则无亮带。

(2)从 r' 开始,沿 r 方向从小到大搜索 $GR(r)$,当 $GR(r'')$ 为极小值且 <-30 时,进行下一步,否则无亮带。

(3)从 r' 开始,沿 r 方向从小到大搜索 $GR(r)$,当 $GR(r''')$ 为极大值且 ≥40 时,进行下一步,否则无亮带。

若第一级判别有,则进入第二级。

根据对样本特征参数的统计,第二级按如下树状结构进行识别(图 4)。

若第二级判别有,则进入第三级。

第三级以 σ_r 和 σ_a 作为判据。当 $\sigma_r < 9$ 且 $\sigma_a < 15$ 时,有 0 ℃层亮带存在,整个 PPI 上识别过程结束,显示信息;否则为无。

本系统对 5 幅 PPI 强度图像资料进行试验,做 5 幅资料中实际上有一幅无 0 ℃层亮带,识别结果全部正确。

由于 PPI 采用高分辨显示,运行一次时间较长,约要十几分钟;若换用运算速度较快的微

图 4 树状结构判别

机或改用中分辨处理,运行一次的时间可以满足业务需要。

4 结论

(1)系统根据 0 ℃ 层亮带回波 PPI 上的特点,对数字资料经过预处理、特征提取以及建立模式后对 0 ℃ 层亮量带进行识别是可行的。

(2)本系统采用一维特征曲线统计参量、等值线特征量阈值、以及与模板(标准圆)匹配等方法组成串联式三级识别;从现有样本进行的试验看,准确率的识别是十分满意的。

(3)若改用快速高档微机或采用中分辨显示方法,可满足业务需要。

参考文献

略,见原文章。

单多普勒天气雷达反演中尺度气旋环流场的方法*

马翠平[1]，张培昌[1]，匡晓燕[2]，牛淑贞[2]

(1.南京气象学院电子信息和应用物理系,南京 210044;2.河南省气象台,郑州 450000)

摘 要:给出具有 Rankine 模式中尺度气旋的模拟的多普勒径向速度图,利用中尺度气旋近似轴对称性及径向速度几何关系和付氏转换,建立 GBVTD 方法,定量分析模拟的中尺度气旋内部流场结构,并利用郑州 714CD 多普勒天气雷达资料进行验证。

关键词:多普勒天气雷达;中尺度气旋;GBVTD 方法

随着多普勒天气雷达的不断应用,它所提供的风场信息越来越受到人们的重视,相应地发展出多种风场反演的方法。例如,在假设矢量风场为均匀流场的前提下,Lhermittehe 和 Atalas 提出了 VAD 技术,后来 Caton[1]、Browning et al[2] 在 VAD 技术的基础上作了改进,在假设探测水平内风场线性变化后,可得到平均水平辐合、水平的弹性形变和变形量。20 世纪 70 年代,人们又在局地均匀风的假设条件下,相继提出了速度面积显示(VARD)和速度体积处理技术(VVP)[3]。Tuttle 等[4] 提出了一种"示踪"的反演方法。利用多普勒雷达较高的空间分辨率和时间分辨率,又发展了采用时间分辨率较高的资料序列迭代反演方法[5-7]。周仲岛等[8] 提出 GBVTD 方法(Ground-Based Velocity Track Display Method)反演具有轴对称结构的台风环流场结构。本文将文献[8,9]中的方法用于对中尺度气旋流场的反演,并考虑到实际个例的情况,对反演公式作了改进。

1 中尺度气旋多普勒径向速度图

假设一个中尺度气旋环流是由 3 种不同的风场组合而成。Rankine 模式的纯粹切向风场的旋转气流为

$$\boldsymbol{V}_T(R) = V_{T\max}(\frac{R}{R_{V\max}})^{\lambda_T}\boldsymbol{t} \tag{1}$$

Rankine 模式的纯粹径向风场的辐合气流为

$$\boldsymbol{V}_R(R) = V_{R\max}(\frac{R}{R_{V\max}})^{\lambda_R}\boldsymbol{r} \tag{2}$$

均匀一致的水平气流为

$$\boldsymbol{V}_M(R) = -V_M\sin(\theta-\theta_M)\boldsymbol{t} + V_M\cos(\theta-\theta_M)\boldsymbol{r} \tag{3}$$

其中,R 为任一点至环流中心的距离,θ、θ_M 为任一点的方位及平均环境风的方向,$\boldsymbol{V}_T$、$\boldsymbol{V}_R$、

---

* 本文原载于《南京气象学院学报》,2000,23(4):579-585.

$\boldsymbol{V}_M$ 分别为切向、径向及平均环境风矢量，λ_T、λ_R 分别为切向、径向环流系数，$\boldsymbol{V}_{Tmax}$、$\boldsymbol{V}_{Rmax}$、R_{Vmax} 分别为最大切向风速、最大径向风速和最大风速半径，$\boldsymbol{r}$、$\boldsymbol{t}$ 为径向、切向单位矢。

图 1 为模拟的中尺度气旋流场。坐标中心为中尺度气旋中心，圆圈为最大风速半径（30 km），最大切向速度 50 m·s⁻¹，最大径向速度为 10 m·s⁻¹，平均环境风为 10 m·s⁻¹ 东风。图 2 为模拟的中尺度气旋多普勒径向速度图。中尺度气旋位于雷达以东 60 km 处，各参数同图 1。中尺度气旋多普勒径向速度图存在一对正负极值中心，当存在环境风时，零速度线偏离中尺度气旋中心，环境风越大，偏离现象越严重。

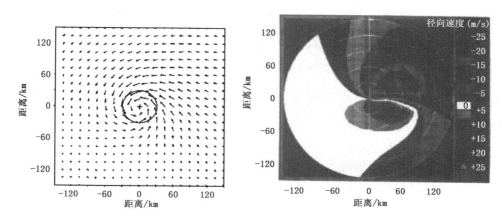

图 1　模拟的中尺度气旋流场　　　　图 2　模拟的中尺度气旋多普勒径向速度

2　GBVTD 方法原理

GBVTD 方法的原理[8]是利用中尺度气旋环流本身风场具有轴对称的特性，使用几何方法将雷达观测的水平多普勒径向速度风场进行傅氏级数展开，进而求得中尺度气旋切向风速与径向风速的轴对称平均值，以及较高次项振幅与相位值，待各次项的切向风场及径向风场求出后，中尺度气旋三维空间风场结构即可顺利求出。

如图 3，以雷达为原点 $(0,0)$，OX 为极轴，环流中心坐标为 (R_d,θ_T)。其中 R_d 为环流中心至雷达的距离，任一环流圈上 E 点在以雷达为中心的极坐标系中坐标为 (D,θ)，E 点水平多普勒径向速度为 $V_r(D,\theta)/\cos\theta$，在以中尺度气旋中心 T 为中心、TX' 为极轴的极坐标系中，E 点坐标为 (R,U)。观测仰角很小时，垂直速度和雨滴终端速度分量可忽略不计，此情况下径向速度可用下面方法求解。

雷达观测的多普勒风场包括水平速度场、垂直速度及雨滴终端速度场的贡献。采用图 3 的坐标系，由于 GBVTD 方法建立于等高面上，因此须先求出等高面上的水平多普勒径向速度

$$\hat{V}_r = V_r - (w - V_t)\sin\theta$$

其中 V_r 为雷达于仰角 θ 时的多普勒速度；w 为垂直速度（向上为正）；V_t 为雨滴终端速度（向下为正）；$\hat{V}_r$ 为扣除垂直速度、雨滴终端速度对 V_r 贡献后的多普勒径向速度；θ 为雷达电磁波束的仰角。

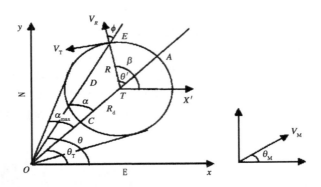

图 3　中尺度气旋的切向速度、径向速度、平均环境气流与
多普勒水平径向速度分量的几何关系

当仰角小于 17°时，$\sin\theta$ 很小，故忽略 $(w - V_t)\sin\theta$ 项只带来很小的误差。CAPPI 上的径向分量为

$$\hat{V}_r / \cos\theta = V_M \cos(\theta - \theta_M) - V_T \sin\phi + V_R \cos\phi \tag{4}$$

其中 θ 为通过 E 点的电磁波束与 X 轴（正东）的夹角；V_T 为中尺度气旋的切向速度（反时针为正）；V_R 为中尺度气旋的径向速度（向外为正）；V_M 为环境风场平均值；θ_M 为环境风场方向。

$$\sin\alpha = \sin\alpha_{\max} \sin\phi \tag{5}$$

α 为任一波束与通过气旋中心的波束之间的夹角，$\alpha_{\max}$ 为与环流相切波束与通过气旋中心的波束之间的夹角（图 3）。当环流中心距雷达较远时，$\cos\alpha$ 近似表示为

$$\cos\alpha \approx \left(\frac{1 - \cos\alpha_{\max}}{2}\right)\cos 2\phi + \left(\frac{1 + \cos\alpha_{\max}}{2}\right) \tag{6}$$

将（5）、（6）式代入（4）式

$$\hat{V}_r / \cos\theta = V_M \left[\cos(\theta_T - \theta_M)\left(\frac{1 - \cos\alpha_{\max}}{2}\cos 2\phi + \frac{1 + \cos\alpha_{\max}}{2}\right) - \right.$$
$$\left. \sin(\theta_T - \theta_M)\sin\alpha_{\max}\sin\phi \right] - V_T \sin\phi + V_R \cos\phi \tag{7}$$

因为 $\alpha_{\max}$ 在半径固定时为一常数，所以 $\hat{V}_r / \cos\theta$ 为 ϕ 的函数。以 ϕ 为自变量展开成付氏级数为

$$\hat{V}_r(\phi) / \cos h = \sum_{n=0}^{L} (A_n \cos n\phi + B_n \sin n\phi) \tag{8}$$

$$\left. \begin{aligned} V_T(\phi, R) &= \sum_{n=0}^{M} (V_T C_n \cos n\phi + V_T S_n \sin n\phi) \\ V_R(\phi, R) &= \sum_{n=0}^{N} (V_R C_n \cos n\phi + V_R S_n \sin n\phi) \end{aligned} \right\} \tag{9}$$

将（8）、（9）式分别取三级、二级截断的付氏级数代入（7）式，通过计算和重要性取舍，切向风的高次项显然要比径向风的高次项重要，故在 GBVTD 方法中忽略径向风的高次项。即假设 $V_R C_n$，$V_R S_n = 0$，$n \geqslant 1$，

$$\left.\begin{array}{r}V_M\cos(\theta_T-\theta_M)=A_0+A_2\\ V_TC_0=-B_1-B_3-V_M\sin(\theta_T-\theta_M)\sin\alpha_{\max}\\ V_RC_0=A_1+A_3\\ V_TS_1=A_2-A_0+(A_0+A_2)\cos\alpha_{\max}\\ V_TC_1=-2B_2\\ V_TS_2=2A_3\\ V_TC_2=-2B_3\end{array}\right\}\qquad(10)$$

通过两个时次的中尺度气旋回波求出 V_M ,将上式求得的系数代回(9)式,便可求得中尺度环流的切向风及径向风的大小。

3 利用 GBVTD 方法处理模拟风场

3.1 方法应用

仍采用图 3 的坐标系及图 2 的参数模式。图 2 中,中尺度气旋环流中心位于雷达正东 60 km 处,平均环境风为 10 m·s^{-1}东风。利用 GBVTD 方法反演雷达以东 120 km×120 km 的窗口。图 4 为 GBVTD 方法流程图。

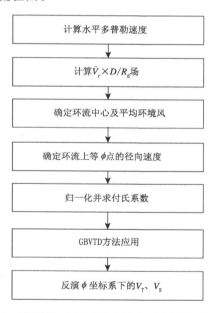

图 4 GBVTD 方法反演中尺度环流风场流程图

图 5 为 GBVTD 方法反演的径向环流场;图 6 为 GBVTD 方法反演的切向环流场。图中,坐标中心为中尺度气旋环流中心,反演半径为 60 km,其他参数同图 1。

3.2 误差分析

图 5、图 6 为中心定位精确时,GBVTD 方法反演理想模拟中尺度气旋切向环流和径向环流图。理想中尺度气旋切向速度、径向速度只是半径的函数。GBVTD 方法反演结果,切向速

度与环流半径和 ϕ 坐标有关。误差分析表明,随着环流半径的增加,均方差增大,最大均方差为 1.5,出现在 60 km 处,最大风速半径上,反演的切向速度值为 49 m·s^{-1},误差为 2%。由于重要性取舍,忽略了付氏系数高次项,径向速度的误差远大于切向速度的误差,最大风速半径上,反演的径向速度值为 -11.5 m·s^{-1},误差为 15%。

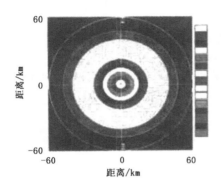

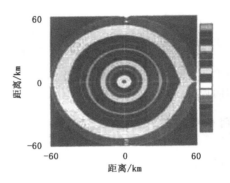

图 5　GBVTD方法反演模拟中尺度气旋
多普勒径向环流图

图 6　GBVTD方法反演模拟中尺度气
旋多普勒切向环流图

4　实例应用

1998 年 9 月 4 日,一次典型的中尺度气旋袭击了河南省焦作市的修武和武涉两县。利用郑州 714CD 多普勒天气雷达观测资料,对强度场资料分析发现,19:31(图略)在郑州西北方向出现一强回波区,回波边缘整齐、光滑,结构紧密、结实,回波前沿强度梯度大,强中心强度在 60 dBZ 以上,强中心位于 340°、55 km 附近;20:36(图略),回波强中心移至 290°、25 km 附近,回波范围减小,强度减弱,系统已进入消亡阶段,中尺度气旋开始减弱消失。

从 19:34RHI 剖面图上(图略),可以看到典型的冰雹回波结构,云砧开始形成,强核上方出现"假回波",即冰雹形成的"旁瓣"并且延伸到 24 km 以上,最大回波顶高达 15 km,系统为发展旺盛阶段;到 20:19(图略),云砧结构明显,强核接地,地面转为辐散场,回波顶变平,最大回波顶高下降至 11 km,对流减弱。

这次过程具有来势猛、移速快、范围小、生命史短等特点。影响区域均出现了冰雹和雷雨大风,最大冰雹大如核桃,瞬时大风达 11 级,造成了巨大的经济损失。

由于资料所限,利用 20:05 0°仰角退模糊多普勒径向速度图进行 GBVTD 方法验证。图 7 为预处理后的速度场资料,确定中尺度气旋中心及最大风速半径,同时利用 19:30 至 20:36 之间的 4 次强度场回波资料外推,估计当时的平均环境风为 15 m·s^{-1},风向偏北。

由于 7 km 以外,速度场资料存在较多的无资料点,付氏变换时会造成较大的误差,因此,本文反演范

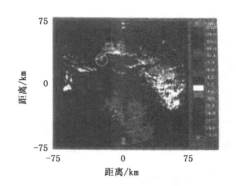

图 7　20:05 0°仰角退模糊
多普勒径向速度定中心图

围限定在 1~7 km,中尺度气旋中心为反演范围中心。从系统演变过程分析,图 7 中尺度气旋已进入消亡阶段,径向速度环流远大于切向环流。我们对周仲岛[8]提出的 GBVTD 方法中各式的重要性取舍应改变,忽略切向环流高次项,假设 $V_{R}S_{n}=0$,$V_{R}C_{n}=0$,$n \geqslant 1$,公式改为

$$\left.\begin{array}{r} V_{T}C_{0} = B_{3} - B_{3} - 2V_{M}\sin(\theta_{T}-\theta_{M})\sin\alpha_{\max} \\ V_{R}C_{0} = A_{1} - A_{3} \\ V_{R}C_{1} = A_{0} + A_{2} - (A_{0}-A_{2})/\cos\alpha_{\max} \\ V_{R}C_{2} = 2A_{3} \\ V_{R}S_{1} = 2B_{2} \\ V_{R}S_{2} = 2B_{3} \\ V_{M}\cos(\theta_{T}-\theta_{M}) = (A_{0}-A_{2})/\cos\alpha_{\max} \end{array}\right\} \qquad (11)$$

图 8 为 GBVTD 反演中尺度气旋径向环流。图 9 为反演的中尺度气旋切向环流,最大切向速度为 $5.4 \, \mathrm{m \cdot s^{-1}}$,最大径向速度为 $19.9 \, \mathrm{m \cdot s^{-1}}$。

图 8、图 9 与假设的中尺度气旋切向环流和径向环流圈上速度值相等有一定的差异。图 8 中最小均方差为 2.1,出现在半径为 2.3 km 环流圈上;最大均方差为 5.3,出现在半径为 6.4 km 环流圈上,各环流圈上平均均方差为 3.5。

造成反演误差的主要原因是 GBVTD 方法中对方程组的简化、中心定位不够准确以及实际环流场不一定是圆形等造成的,包括 3 部分:(1)GBVTD 方法本身带来的误差。在计算过程中,未知项多于方程式的个数,必须忽略高次项,因此会造成径向环流和切向环流反演的误差;(2)环境风估计误差和中尺度气旋中心定位误差带来的 GBVTD 反演误差,这部分误差造成的后果是明显的;(3)若实际环流场不是圆形场,而是椭圆形流场,使用 GBVTD 方法进行环流风场反演时,将使用不在同一环流圈上的径向速度进行反演,将造成反演误差。

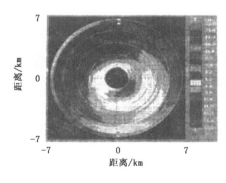

图 8　GBVTD 反演径向环流图

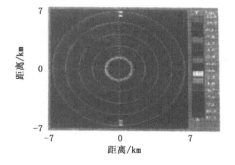

图 9　GBVTD 反演切向环流图

5　结论

通过模拟场及实际资料验证,证明 GBVTD 方法反演非线性、轴对称的中尺度气旋环流场具有可行性。但当中尺度气旋处于不同阶段时,必须使用 GBVTD 方法的不同方程组进行处理。GBVTD 方法反演误差与以下几方面有关:1)随着环流半径的增加,反演误差增大,当反演半径为 60 km 时,误差最大。这是由于此时 $\alpha_{\max}$ 最大,达 90°,已不满足 GBVTD 方法的假设

条件,所以造成较大的误差。因此,在应用 GBVTD 反演风场时反演半径应小于中尺度气旋中心至雷达的距离。2)中心定位的精度对 GBVTD 方法反演结果有很大的影响,中心定位误差越大,反演误差越大。3)平均环境风的估计误差导致 GBVTD 方法反演误差。

参考文献

[1] Caton P G. The measurement of wind and convergence by Doppler radar [R]. Preprints Tenth Weather Radar Conf, 1963:290-296.

[2] Browning K A, Wexler R. The determination of kinematic properties of a wind filed using Doppler radar [J]. J Appl Meteor, 1968, 7(1): 105-113.

[3] East Erbrook C C. Eastimating horizontal wind fields by two dimensional curve fitting of single Doppler radar measurements [R]. Preprints 16th Radar Meteorology Conf, 1975. 214-219.

[4] Tuttle J D, Foote Y G Y B. Determination of the boundary layer air flow from a single Doppler radar [J]. J Atmos & Oceanic Tech, 1990, 7(2): 218-232.

[5] Charney J, Halem Y M, Jastrow R. Use of incomplete historical data to infer the present state of the atmosphere[J]. J Atmos Sci, 1969, 26(5): 1160-1163.

[6] William Son D, Kasahara A. Adaptation of meteorological variables forced by updating [J]. J Atmos Sci, 1971, 28(8): 1313-1324.

[7] Qiu C J, Xu Q. A simple adjoint method of wind analysis for single-Doppler data [J]. Atmos Oceanic Tech, 1992, 9(5): 588-598.

[8] 周仲岛,张保亮,李文兆. 多普勒雷达在台风环流中尺度结构分析的应用[J]. 大气科学(中国台湾), 1994,22(2): 163-187.

[9] 马翠平,张培昌.用单多普勒天气雷达确定中尺度气旋中心及最大风速半径的方法[J].南京气象学院学报,1999,22(3):403-407.

用天气雷达回波资料作临近预报
的 BP 网络方法 *

陈家慧,张培昌

(南京气象学院电子信息与应用物理系,南京　210044)

摘　要:讨论了利用 BP 模型进行临近预报的方法,并与傅立叶描绘子法作了比较,从而说明人工神经网络方法用于临近预报是可行的。

关键词:神经网络;BP 模型;临近预报

人工神经网络(Artificial Neural Network,简记为 ANN),简称神经网络,是由大量称为神经元的简单信息单元广泛连接组成的复杂网络,靠神经元对外部输入信息的动态响应来处理信息。目前,国内外开展的人工神经网络在气象学科中的应用研究,主要集中于预报方面。根据雷达回波的特点,利用雷达资料作临近预报的人工神经网络方法是这方面的一个新尝试。

人工神经网络有多种模型,应用最广泛的模型之一就是 BP(Back Propagation,前馈多层网络)模型。本文详细讨论了利用 BP 模型进行临近预报的人工神经网络方法。

1　神经网络学习样本的获取

采用 1995 年 6 月 9 日厦门雷达站 9 个时刻混合型降水回波体扫资料,方位角间隔是 1°,时间间隔基本上为 0.5 h,分别是北京时间 00:35、01:05、01:33、02:05、02:35、03:06 、03:36、04:05 和 04:37。根据需要读取适当层次上的雷达反射率因子 Z 或速度资料,用双线性内插法将资料从极坐标转换到直角坐标。再经过滤波、分割,提取 6 个回波块的特征分量,即圆形度 F_1、细长度 F_2、散射度 F_3 及凹度 F_4 等 4 个傅立叶描绘子[1]及几何中心的坐标 x、y。然后,进行回波匹配。若某两时刻的回波块恰成匹配对,则把 t_1 时刻回波块的 4 个傅立叶描绘子的值及几何中心坐标和 t_2 时刻回波块的几何中心坐标作为样本输入到数据文件,用于神经网络学习。

2　神经网络的学习[2-4]

2.1　模型的选择

考虑到所用样本包含了期望输出值,故选择能够进行有导师学习的 BP 模型。BP 模型的

---

* 本文原载于《南京气象学院学报》,2000,23(2):283-287.

训练速度较慢,但它分类精度高,自适应性高,实现目标容易,推广能力较好。

BP 模型是神经网络的重要模型之一。BP 模型所使用的 BP 算法(误差反传训练算法)是一种很有效的训练算法,其核心就是把一组样本的 I/O 问题变为一个非线性优化问题,使用优化中最普通的梯度下降法,用迭代运算求解权值相应于学习记忆问题,加入隐结点使优化问题的可调参数增加,从而得到更精确的解。

BP 模型由分为不同层次的结点组成(图 1),每一层的结点输出送到下一层结点,输出值由于连接权值不同而被放大、衰减或抑制。除了输入层外,每一结点的输入为前一层所有结点输出值的加权和。每一个结点的激励输出值由结点输入、激励函数及偏置量决定。

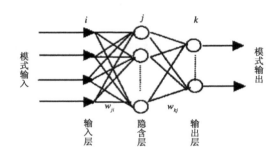

图 1　前馈多层网络

设激励函数(S 型压缩函数)为

$$o_j = \frac{1}{1 + e^{[-(\sum_j w_{ji}o_i + \theta_j)]}} \tag{1}$$

如果我们将偏置值 θ_j 看作与某个输出值恒定为 1 的结点相连的"连接"权值,θ_j 就可以与其他连接权值一样来计算。对输出层与隐含层结点推广的 δ 规则分别由以下两式表示,

$$\delta_{pk} = (t_{pk} - o_{pk})o_{pk}(1 - o_{pk}) \tag{2}$$

$$\delta_{pj} = o_{pj}(1 - o_{pj})\sum_k (\delta_{pk}w_{kj}) \tag{3}$$

可见,中间层结点的 δ 可由它上面一层的 δ 算出。因此,为了使误差函数最小,总是从输出层开始修正权值,即由(2)式算出所有的 δ_k,然后修正前层权值,使 δ 误差逐渐向下"传播",即由(3)式算出下面各层次结点的 δ。从这一层意思讲,有反传的含义。

2.2　模型的设计

接收输入的类型为连续性的,选取转移函数为 S 型压缩函数。受转移函数的限制,输入向量的值为区间[-1,+1]内的连续数值。输入信号的组合方式就是输入的加权和。

Lippman 认为,不需要更复杂的网络,即使在模式空间中,各样本分布在互相犬牙交错的复杂区域内,一般只需 4 层网络就能构成所需要的任意复杂的判别函数(输入层作第一层)。而对于分类和判决边界问题(包括二进制输入输出的逻辑和判决界),一个隐含层就足够了[2]。因此,我们先后选择了 3 层和 4 层的 BP 模型,进行学习与训练。

输入层的结点数为 6,分别为 t_1 时刻回波块的几何中心坐标及 4 个傅立叶描绘子。经过反复试验,若选择 3 层的 BP 模型,我们选择隐含层结点数为 10;若选择 4 层的 BP 模型,则选择第一隐含层结点数为 6,第二隐含层结点数为 3。输出结点数为 2,输出数据是连续性的,分

别代表 t_2 时刻回波块几何中心的坐标(由 t_1 时刻外推所得)。网络的连接采用前馈连接,从灵活性出发,层间实行全连接。

在 BP 模型的学习与训练中,首先要选定训练样本和检验样本。所谓训练样本就是用以训练网络,从而使网络逐渐达到稳定的实际输入样本。而检验样本则是当网络训练结束后的新的输入,用以检验网络训练的效果。网络经训练达到稳定后,对训练样本具有一定的识别能力,称之为网络的记忆功能;而对检验样本作出相应的输出反映,称之为网络的联想功能,也就是临近预报中的预报结果。

若选择 2 层的 BP 模型,我们可以设 X_i ($i=1,2,\cdots,6$)为训练样本的输入,Y_{Sk} 为其期望输出,实际输出为 Y_k ($k=1,2$)。令 w_{ji} 表示从输入层结点 i 到隐含层结点 j 的连接加权,w_{kj} 表示从隐含层结点 j 到输出层结点 k 的连接加权。再令 θ_j、R_k 分别为隐含层单元、输出层单元的阈值。BP 算法的实现步骤详见文献[2]。

2.3　模型的检验

用户可以根据需要随机选取一个样本作为全部训练样本的开始,再选取一个样本作为训练样本的结束,同时通过交互方式确定训练速率系数 g 的大小。在检验过程中,我们选定训练样本数为 80。先后选择第 0 至第 50 个样本,第 10 至第 60 个样本,第 20 至第 70 个样本,第 30 至第 80 个样本作为训练样本,其余的为检验样本,经过 120000 次迭代,用 BP 算法训练网络。另外,又采用了 BP 算法的几种改进和变形算法[2],以加快训练速度,避免陷入局部最小。

第一种方法是改进误差函数,使输出层的误差函数 δ_j^k 变为

$$\delta_j^k = [F'(s) + 0.1](T_j^k - y_j^k) \tag{4}$$

从而一方面恢复了 $F'(s)$ 的某些影响,另一方面使 W_j^k 在 $|s|$ 变大时能够保持不等于 0。

第二种方法是双极性 S 型压缩函数法,它采用双极性 S 型压缩函数作为激励函数,即

$$F(s) = -\frac{1}{2} + \frac{1}{1+\mathrm{e}^{-s}} \tag{5}$$

以减少收敛时间。那么,我们可将输入向量的范围变为[$-1/2$,$+1/2$],从而使输出结点的范围在[$-1/2$,$+1/2$]。

第三种方法是附加冲量项,也就是为每个加权调节量 $\Delta w(n+1)$ 加上一项正比于前次加权变化量 $\Delta w(n)$ 的项。加权调节公式为

$$\Delta w_{pq}(n+1) = \eta \delta_q y_q + b\Delta w_{pq}(n) \tag{6}$$

其中,b 为冲量系数,起缓冲平滑的作用。

在模型的检验过程中,我们分别对采用 BP 算法及其改进算法的 3 层 BP 模型进行了检验(表 1),可以看出 BP 模型具有良好的记忆能力,能够对训练样本进行较准确的识别。并能够对从未见过的样本进行联想回忆,联想精确度基本令人满意。

对采用 BP 算法的 3 层 BP 模型和 4 层 BP 模型进行检验的结果见表 2。

通过对用 BP 算法及其改进和变形方法训练出的各 BP 模型的测试,可以看到,BP 模型具有良好的记忆能力,能够对训练样本进行较准确的回忆,并能够对从未见过的检验样本进行联想回忆,联想精确度基本令人满意。网络得到了完全训练,可应用于实际业务工作。

表 1　3 层 BP 模型的检验结果

训练算法		训练样本				检验平均值
		0～50	10～60	20～70	30～80	
BP 算法	g	0.995	0.995	0.995	0.200	
	记忆(%)	78.000	75.000	80.000	81.000	78.500
	联想(%)	73.684	73.684	71.053	63.158	70.395
改进误差函数	g	0.900	0.825	0.925	0.950	
	记忆(%)	81.000	77.000	81.000	85.000	81.000
	联想(%)	75.000	73.684	72.368	60.526	70.395
双极性 S 型压缩函数	g	0.995	0.850	0.900	0.200	
	记忆(%)	78.000	78.000	81.000	82.000	79.750
	联想(%)	69.737	77.632	75.000	64.474	71.711
附加冲量项	g	0.900	0.800	0.900	0.850	
	b	0.800	0.850	0.850	0.850	
	记忆(%)	79.000	75.000	81.000	87.000	80.500
	联想(%)	65.790	68.421	68.421	71.053	68.421

4 层 BP 模型比 3 层 BP 模型收敛速度要快(表 2),且前者的记忆和联想能力相对要高些。

表 2　3 层与 4 层 BP 模型的检验结果比较

训练样本	3 层 BP 模型(120000 次迭代)			4 层 BP 模型(60000 次迭代)		
	g	记忆(%)	联想%	g	记忆(%)	联想(%)
0～50	0.995	78.000	73.684	0.995	78.000	76.316
10～60	0.995	75.000	73.684	0.925	74.000	80.263
20～70	0.995	80.000	71.053	0.925	80.000	75.000
30～80	0.200	81.000	63.158	0.995	85.000	55.263
平均		78.500	70.395		79.250	71.711

3　BP 模型法与傅立叶描绘子法的比较

为了检验人工神经网络方法的临近预报效果,我们采用傅立叶描绘子法[1]跟踪雷达回波的运动,并将其临近预报的结果与人工神经网络方法的结果进行了比较。

傅立叶描绘子是对各回波边界进行傅氏变换后提取的表征各回波块形状特征的因子,即圆形度、细长度、散射度和凹度。傅立叶描绘子法根据这些形状特征因子进行两时刻间回波的"配对",求出其移向移速并进行线性外推预报。下面简单介绍利用傅立叶描绘子法进行临近预报时,两时刻间回波的"配对"及外推预报两方面的内容。

(1)两时刻间回波的"配对"由于在一定的时间内回波不可能移动太远,回波面积不可能变化太多,所以先要进行回波检验。首先计算两块回波几何中心之间的距离 Δd 和两者的面积差 ΔA 与 t_2 时刻回波面积 A_2 之比 r $(r=|\Delta A/A_2|)$,然后比较 Δd 与 d_0、r 与 r_0 的大小。如

果 $\Delta d > d_0$ 或者 $r > r_0$，则认为这两块回波不可能是同一块回波。

在进行回波"配对"时，允许特征量有一定的变化范围，即满足

$$\frac{|F_{2i} - F_{1i}|}{F_{2i}} < h_0, i = 1, 2, 3, 4 \tag{7}$$

则认为这两块回波有同为一块的可能性。其中，F_{2i} 与 F_{1i} 分别是 t_2、t_1 时刻回波的第 i 个特征量。如果 t_1 时刻仅有一块回波满足(7)式，则认为 t_2 时刻的这块回波与 t_1 时刻中的该块回波"配准"。对配准的回波根据其几何中心的位移求出其移向移速。

（2）外推临近预报　由于有的回波形变太大，以及生消等原因使得一些回波不能被配准，因此不能直接获取其速度，只能以其周围已"配准"回波的速度进行插值而获得。对于速度插值，我们选择了最简单的两点平均法，来获得中间点的速度以代表该块回波的速度。这样一来，我们就获得了每块回波的速度。

然后，我们根据下式进行线性外推，

$$\begin{cases} x = ut + x_0 \\ y = vt + y_0 \end{cases} \tag{8}$$

其中 (x_0, y_0) 是 t_1 时刻某块回波几何中心的位置，t 是外推时间，u、v 是回波的 x、y 轴向速度，(x, y) 是回波的预报位置。

用 2 层、3 层 BP 模型及傅立叶描绘子法进行临近预报，预报准确率分别为 70.395%、71.711% 和 57.692%。说明利用人工神经网络的自组织、自学习能力及其记忆联想功能，根据雷达回波的各特征向量，建立一个复杂的非线性的映射关系，利用雷达资料作临近预报的神经网络方法是可行的。

4　问题及讨论

文中所用 BP 模型的输入向量的选取有待进一步研究，应选取最具代表性的、正交的参数。尽管文中所用的 6 个特征分量的确代表了某一回波的若干特征，但是否能够代表回波的全部特征，及彼此间是否满足正交要求，关系到人工神经网络的训练结果以及其应用识别能力。其次，试验的个例还不够多，不能够包含有足够的信息，以至于网络的识别精度还不够高。

人工神经网络作为一个利用雷达资料进行临近预报的新方法，本文选择了目前最为广泛应用的 BP 模型，进行了初步尝试。尽管人工神经网络技术应用于临近预报方面（利用雷达资料进行临近预报）还不够成熟，但它是一个较为科学的研究方向，其应用前景十分广阔。

参考文献

[1]　边肇祺. 模式识别[M]. 北京：清华大学出版社，1988.

[2]　周继成，周青山，韩飘扬. 人工神经网络——第六代计算机的实现[M]. 北京：科学普及出版社，1993.

[3]　焦李成. 神经网络系统理论[M]. 西安：西安电子工业科学出版社，1990.

[4]　胡守仁，于少波，戴葵. 神经网络导论[M]. 长沙：国防科技大学出版社，1993.

简化 VVP 反演算法在台风风场反演中的应用[*]

周生辉[1]，魏鸣[1,2]，张培昌[1]，徐洪雄[2]，赵畅[1]

(1.南京信息工程大学气象灾害预报预警与评估协同创新中心，南京　210044；
2.灾害天气国家重点实验室，中国气象科学研究院，北京　100081)

摘　要：多普勒雷达资料的体积速度处理 VVP(Volume Velocity Processing) 风场反演方法可反演风场的 3 维结构，但由于算法的系数矩阵病态问题易导致反演风场产生误差。本文针对 VVP 算法中反演参数的性质，进行了简化算法的模拟检验和误差分析。选取量级最大的 3 个主要参量进行反演，引入随机的观测误差，通过改变模拟风速确定了反演算法的适用范围。对比结果发现，简化算法的反演结果对观测误差并不敏感，而且从低仰角到高仰角的均方根误差基本不变，当风速较大时，反演的精度会更准确。对 200608 号"桑美"台风的风场反演表明，该算法较真实地反演出了台风中心及眼区外围的风场，并与 Rankine 台风模型相符。研究表明，简化 VVP 算法可清晰地揭示台风内部水平风场的 3 维结构，可以应用于台风等灾害性天气的风场反演与分析。

关键词：单多普勒天气雷达；VVP 算法；风场反演；误差分析；"桑美"台风

1　引言

　　利用单多普勒雷达反演风场的方法中，早期主要是基于简单风场模型假设提出，因此在处理简单风场时能得到较好的反演效果[1]。对于较复杂的 3 维或 4 维变分反演方法，由于观测误差和约束方程的模型误差等因素的影响，其泛函在选取合适的权重系数时仍存在困难[2-4]。并且，若风场模型存在偏差，如在雷达扫描过程中风场结构不变的假设不成立时，反演的精度会大幅降低。变分反演算法的计算过程较为复杂，耗时相对较多也限制了其使用[5,6]。而在实际的业务应用中，多普勒雷达业务网间距较大，能够实现多部雷达联合观测的区域有限，因而简单风场假设下的单多普勒雷达反演方法，在实时观测和分析天气过程变化时仍具优势。

　　在简单风场模型中，基于线性风场假设的 VVP(Volume Velocity Processing) 算法能较好地描述真实风场，算法结果包含较多的风场信息。但 VVP 算法中包含的待反演参量个数较多，在实际反演过程中系数矩阵的病态问题会造成求解计算困难，使反演结果的误差较大，甚至不能直接求解。针对这种求解时遇到的困难，一般的做法是减少反演参数的个数来减少计算困难[7-9]。选取了其中 6 个参量，并应用奇异矩阵分解的方法进行反演，同时对忽略其他变量时进行了敏感试验，并指出被忽略的变量在反演时会成为潜在的误差来源。魏鸣等[10]对系数矩阵的特点进行了分析，通过对系数矩阵的处理降低了条件数，并用共轭梯度法减少求解

　　* 本文原载于《遥感学报》，2014，18(5)：1128-1137.

难度。Li 等[11]等提出了分步计算的方法,先求出均匀风场下的反演结果,然后通过风场参量之间的假设关系进一步得出其他量。利用 VVP 算法进行风场反演时,影响反演效果的主要因素是风场模型与算法中的系数矩阵。当风场模型中有较多的参数时,虽然减小了模型误差的影响[12],但会造成系数矩阵的条件数变大,使得计算误差与观测误差被放大,从而影响反演效果。同样,若选取较少的反演参数时,因条件数过大引起的计算误差虽可以避免,但由于风场模型过于简单而存在模型误差,会限制其在复杂风场反演中的应用。

根据上述研究进展和反演风场中的问题,考虑到实际风场连续性的特点,本文对 VVP 算法适用的风速条件和分析体积的大小进行了误差分析,模拟检验了简化 VVP 方法反演效果,并对 200608 号"桑美"台风进行了风场反演。

2 VVP 算法简介

VVP 算法利用多普勒天气雷达多个仰角的 PPI 扫描资料进行风场反演,将径向、切向和垂直方向构成的一个 3 维空间作为分析体积。在选定的分析体积中假设:风速按照线性分布变化;在雷达扫描期间,风场不随时间变化。

由于多普勒天气雷达观测到的是降水粒子的运动状态,在忽略粒子下落末速度的情况下,认为降水粒子的运动与风场一致。在直角坐标系中以雷达为原点,(x_0,y_0,z_0) 为分析体积中心的坐标,设该处的风速大小 $V=(u_0,v_0,w_0)$,则分析体积内各点的风速大小可表示为[13]

$$\begin{cases} u = u_0 + u_x(x-x_0) + u_y(y-y_0) + u_z(z-z_0) \\ v = v_0 + v_x(x-x_0) + v_y(y-y_0) + v_z(z-z_0) \\ w = w_0 + w_x(x-x_0) + w_y(y-y_0) + w_z(z-z_0) \end{cases} \quad (1)$$

式中,(x,y,z) 为分析体积内各点坐标,(u,v,w) 为风速的 3 个分量。

由风场在雷达径向上的投影关系,雷达观测到的径向风速为

$$V_r = u\cos\varphi\sin\theta + v\cos\varphi\cos\theta + w\sin\varphi \quad (2)$$

式中,θ 为雷达探测的方位角,正北方向为起点;φ 为仰角。

将 $(u_0,v_0,w_0,u_x,u_y,u_z,v_x,v_y,v_z,w_x,w_y,w_z)$ 作为风场的待反演参数,对应式(2)中的系数分别是:

$$P = [p1,p2,\cdots,p12] = [H_x,H_y,H_z,\cdots,dxH_x,dyH_x,dzH_x,$$
$$\cdots,dxH_y,dyH_y,dzH_y,\cdots,dxH_z,dyH_z,dzH_z] \quad (3)$$

式中,$\begin{bmatrix} H_x \\ H_y \\ H_z \end{bmatrix} = \begin{bmatrix} \cos\varphi\sin\theta \\ \cos\varphi\cos\theta \\ \sin\theta \end{bmatrix}$,$\begin{bmatrix} dx \\ dy \\ dz \end{bmatrix} = \begin{bmatrix} x-x_0 \\ y-y_0 \\ z-z_0 \end{bmatrix}$。

因此,通过(2)式可构建求解方程:

$$PX = V_r \quad (4)$$

即:

$$X = (P^TP)^{-1}P^TV_r \quad (5)$$

令 $A = P^TP$,$B = P^TV_r$。其中,A 为 VVP 算法中的系数矩阵[13]通过求解(5)式即可得到各风场参量。

3 反演参量与分析体积对反演精度的影响

3.1 舍弃参量影响的定性分析

在 VVP 反演求解过程中,为了简化求解步骤、降低求解难度,往往只选取其中几个变量进行求解,来避免病态矩阵问题。Waldteufel 等[13] 通过对比各反演参量之间的量级大小,选取了在实际风场中量级较大的参量来构成系数矩阵。并通过敏感试验计算了舍去某些反演参量后结果的误差,指出分析体积的大小、位置和待反演量之间的线性相关性等多种因素都会对反演结果产生影响。由(4)式可知,为了便于观察舍弃参量对反演效果的影响,令[9]:

$$\boldsymbol{X} = [\boldsymbol{X}_L, \boldsymbol{X}_{LM}], \boldsymbol{P} = [\boldsymbol{P}_L, \boldsymbol{P}_{LM}] \tag{6}$$

式中,L 为选取的反演参量个数,LM 为 M 个未被选取的参量。

由此,式(4)可进一步写为:

$$\boldsymbol{P}_L \boldsymbol{X}_L + \boldsymbol{P}_{LM} \boldsymbol{X}_{LM} = V_r \tag{7}$$

当舍弃部分反演参量后,反演结果的误差大小为:

$$\delta \boldsymbol{X}_L = \underbrace{(\boldsymbol{P}_L^T \boldsymbol{P}_L)^{-1} \boldsymbol{P}_L^T}_{\gamma_1} \underbrace{\boldsymbol{P}_{LM}}_{\gamma_2} \underbrace{\boldsymbol{X}_{LM}}_{\gamma_3} \tag{8}$$

观察上式可以发现,由于求解计算中的系数矩阵为位置坐标的函数,因此当选取的反演参量不完全时,模型误差的大小取决于舍弃参量的大小 $\boldsymbol{X}_{LM}$ 和其对应的系数矩阵 $\boldsymbol{P}_{LM}$,所以选择舍弃量级较小或位置系数较小的参量,对反演效果的影响会相对较小。

由式(1)还可知,若选取的分析体积越小,除主参量外的其他参量对风速大小的贡献就越小;同样,若风速越大,(u_0, v_0, w_0) 3 个主要参量对风速大小贡献的比重就会越大。本文根据风场连续性的特点,仍遵守风场局部均匀的假设,并只选取 3 个主参量作为待反演参量,来确定简化算法反演的适用风速范围。

3.2 分析体积对反演精度的影响

利用计算机进行求解计算时,不可避免会产生计算误差。并且,雷达方位角、距离库等位置参数和径向风速也存在观测误差。在一个分析体积内,上述误差对系数矩阵 A 和 B 中矩阵元造成的误差可表示为:

$$\varepsilon\left(\prod_{j=1, j \neq i}^n x_i\right) \approx \sum_{i=1}^n \left[\left(\prod_{j=1, j \neq i}^n x_j^*\right) \varepsilon(x_i)\right] \tag{9}$$

各矩阵元的相对误差为:

$$\varepsilon_r^*\left(\prod_{i=1}^n x_i\right) \approx \sum_{i=1}^n \varepsilon_r^*(x_i) \tag{10}$$

式中,* 代表有误差的近似值。

因此,由(10)式进一步可知,对于 A 与 B 中的任意矩阵元 A_{mn} 与 B_m,可得:

$$\varepsilon_r^*(A_{mn}) \approx \sum_{i=1}^N \left[\varepsilon_r^*(H_{mi}) + \varepsilon_r^*(H_{ni})\right] \tag{11}$$

$$\varepsilon_r^*(B_m) \approx \sum_{i=1}^N \left[\varepsilon_r^*(H_{mi}) + \varepsilon_r^*(V_{ri})\right] \tag{12}$$

式中，N 为分析体积内的格点数。

不难看出，若计算误差和观测误差满足正态分布或均匀分布时，矩阵元的误差会趋于 0，即：

$$\varepsilon_r^*(A_{mn}) \propto 0, \varepsilon_r^*(B_m) \propto 0 \tag{13}$$

$$\delta\boldsymbol{A} \propto 0; \delta\boldsymbol{B} \propto 0 \tag{14}$$

由于在反演计算中各变量的误差会在计算过程中传播和放大，由式（13）和式（14）可知，选择一个分析体积内的多个格点数据作为研究对象时，可以抑制观测误差与计算误差的影响。VVP 算法利用的就是一个分析体积内多径向多距库的大样本格点信息，因此在分析体积内包含了空间上多个格点上的风场信息。同时，反演计算中方程参数的误差还可以被抑制，减小了因误差传播造成的影响，有助于提高反演的准确性。

4 模拟风场的检验

模拟构建的均匀风场为：风场共 10 层仰角，每层仰角间隔 1°；方位角个数为 360 个，间隔 1°；每条径向有 460 个距离库，库长 250 m。

4.1 反演效果的对比检验

对于传统的风场反演方法，一般不考虑垂直速度的影响。但由式（2）不难看出，在降水粒子的垂直速度较大的情况下[13,14]，特别是在高仰角处的垂直速度对径向风速的贡献会比较大。因此，在风场反演中考虑垂直速度的影响，可以充分利用高仰角的观测信息。

为定量比较不同反演参量和不同分析体积对反演效果的影响，以模拟的均匀风场为检验对象，并选择 $(u_0, v_0, w_0, u_x, v_y, w_z)$ 6 个量作为待反演参量。均匀风场的 (u_0, v_0, w_0) 分别为 $(10 \text{ m} \cdot \text{s}^{-1}, 10 \text{ m} \cdot \text{s}^{-1}, 3 \text{ m} \cdot \text{s}^{-1})$。由式（15）可得相对均方根误差[15]：

$$\text{RRE} = \sqrt{\frac{\sum\limits_{i=1}^{N}(p_i - p_T)^2}{\sum\limits_{i=1}^{N}(p_T)^2}} \times 100\% \tag{15}$$

式中，p_i 代表风速或风向；下标 T 代表真值；N 为格点数。

由第三节中的分析可知，当选择较多的待反演参量时系数矩阵的条件数会变大，使得计算误差等反演误差变大，影响反演的精度。如图 1 所示，由整个体扫内的相对均方根误差的变化可以看出，选择上述 6 个参量时，风场模型中虽不存在模型误差，但反演误差在分析体积较小时却较大；随着分析体积的增加，可以看到反演的误差逐渐变小，说明分析体积增大后，可以明显改善反演误差，也验证了 3.2 节中关于计算误差能被抑制的分析结果；对比表 1 结果可知，即使在带有误差的情况下，选择舍弃量级较小的参量，只选择 3 个主要参量时，相同模拟风速情况下的反演误差，在各个仰角上都约为 20%，明显好于选择 6 个参量时的反演结果。因此，在均匀风场模型中舍弃量级较小的参量后，简化算法的反演结果会好于选择较复杂模型时的结果。

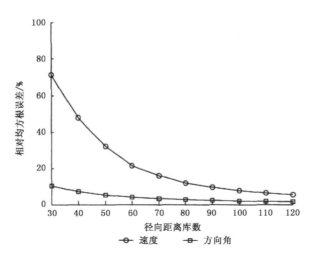

图 1　分析体积变化时风速和水平风向的相对均方根误差

（方位角跨度固定为 20°；距离库数由 30 增加到 120 个）

表 1　风速不同时反演结果中水平风速与风向在不同仰角上的均方根误差

（垂直速度 $w = 3.0 \text{ m} \cdot \text{s}^{-1}$，径向风速误差 $\sigma_{V_r} = 1.0 \text{ m} \cdot \text{s}^{-1}$）

仰角	水平风速					
	$\overline{u} = 5 \text{ m} \cdot \text{s}^{-1}$ $\overline{v} = 5 \text{ m} \cdot \text{s}^{-1}$	$\overline{u} = 10 \text{ m} \cdot \text{s}^{-1}$ $\overline{v} = 10 \text{ m} \cdot \text{s}^{-1}$	$\overline{u} = 15 \text{ m} \cdot \text{s}^{-1}$ $\overline{v} = 15 \text{ m} \cdot \text{s}^{-1}$	$\overline{u} = 20 \text{ m} \cdot \text{s}^{-1}$ $\overline{v} = 20 \text{ m} \cdot \text{s}^{-1}$	$\overline{u} = 30 \text{ m} \cdot \text{s}^{-1}$ $\overline{v} = 30 \text{ m} \cdot \text{s}^{-1}$	$\overline{u} = 40 \text{ m} \cdot \text{s}^{-1}$ $\overline{v} = 40 \text{ m} \cdot \text{s}^{-1}$
1°	$2.4 \text{ m} \cdot \text{s}^{-1}$;20.7°	$2.9 \text{ m} \cdot \text{s}^{-1}$;10.9°	$3.2 \text{ m} \cdot \text{s}^{-1}$;7.6°	$3.5 \text{ m} \cdot \text{s}^{-1}$;6.0°	$3.7 \text{ m} \cdot \text{s}^{-1}$;4.2°	$3.1 \text{ m} \cdot \text{s}^{-1}$;3.1°
3°	$2.4 \text{ m} \cdot \text{s}^{-1}$;21.0°	$2.9 \text{ m} \cdot \text{s}^{-1}$;10.8°	$3.2 \text{ m} \cdot \text{s}^{-1}$;7.5°	$3.5 \text{ m} \cdot \text{s}^{-1}$;6.0°	$3.7 \text{ m} \cdot \text{s}^{-1}$;4.2°	$3.1 \text{ m} \cdot \text{s}^{-1}$;3.1°
5°	$2.5 \text{ m} \cdot \text{s}^{-1}$;21.1°	$2.9 \text{ m} \cdot \text{s}^{-1}$;10.9°	$3.2 \text{ m} \cdot \text{s}^{-1}$;7.6°	$3.5 \text{ m} \cdot \text{s}^{-1}$;5.9°	$3.7 \text{ m} \cdot \text{s}^{-1}$;4.1°	$3.2 \text{ m} \cdot \text{s}^{-1}$;3.1°
7°	$2.5 \text{ m} \cdot \text{s}^{-1}$;21.0°	$2.9 \text{ m} \cdot \text{s}^{-1}$;10.8°	$3.2 \text{ m} \cdot \text{s}^{-1}$;7.5°	$3.5 \text{ m} \cdot \text{s}^{-1}$;5.9°	$3.8 \text{ m} \cdot \text{s}^{-1}$;4.1°	$3.3 \text{ m} \cdot \text{s}^{-1}$;3.1°
9°	$2.5 \text{ m} \cdot \text{s}^{-1}$;21.2°	$3.0 \text{ m} \cdot \text{s}^{-1}$;11.0°	$3.3 \text{ m} \cdot \text{s}^{-1}$;7.5°	$3.6 \text{ m} \cdot \text{s}^{-1}$;5.8°	$3.8 \text{ m} \cdot \text{s}^{-1}$;4.1°	$3.3 \text{ m} \cdot \text{s}^{-1}$;3.0°

4.2　算法的适用风速

WSR-98D 多普勒雷达径向速度的精度最高为 $0.5 \text{ m} \cdot \text{s}^{-1}$，为检验算法的反演效果，在模拟风场投影到径向后，加入 $1.0 \text{ m} \cdot \text{s}^{-1}$ 的径向速度的随机观测误差。选取的分析体积大小为 $10° \times 20$ 个距离库，两层仰角。针对设定的分析体积，通过改变风速大小检验反演效果，并确定在带有观测误差的情况下的适用风速范围。

如 4.1 节所述，由于 w 的量级较小，VVP 算法中舍弃参量在低风速时对 w 的影响仍相对较大，因此这里简化 VVP 算法，先关注反演结果中水平风速的精度。由式（16）可以得到每层风速和风向的均方根误差（RMS）[15]，

$$\text{RMS\_}P = \sqrt{\frac{\sum_{i=1}^{N} (p_i - p_\text{T})^2}{N}}$$

（16）

式中，p_i 代表风速或风向；下标 T 代表真值；N 为格点数。

由表 1 可看出,模拟得到的水平风速与风向,在不同仰角处的均方根误差基本相等,由此表明在低仰角与高仰角处的反演精度相同。当模拟风速变大时,径向风速误差引起的反演误差影响会减小。通过量级的大小可以判断,当存在 1.0 m·s^{-1} 的径向风速误差,风场的风速大小约为 20 m·s^{-1} 时,反演得到的风速误差可以控制在 5 m·s^{-1} 以内,风向误差在 10° 以内。因此,作者认为设定的简化 VVP 算法可以适用于风速大小超过 20 m·s^{-1} 的风场中。风速在 20 m·s^{-1} 以上的风场,一般为高低空急流、雷暴、台风或者锋面过境的天气过程。与其他天气过程相比较,尽管台风的风场影响范围广,各尺度相互作用的机制复杂[16],但台风中心附近的风速大,风场的环流型稳定,小尺度风场相对均匀,风场条件适合用该算法进行分析。为检验算法对实际风场的反演效果,选择对 0608"桑美"台风的风场进行了反演。

5 "桑美"台风的风场反演

5.1 雷达数据预处理

200608 号"桑美"台风是 50 年来直接登陆中国大陆最强的台风[17]。在 2006 年 8 月 9 日其强度迅速增加,并加强为强台风,中心最大风力可达 17 级(60 m·s^{-1}),中心最低气压为 915 hPa。图 2 为福建长乐雷达站 2006 年 8 月 10 日 09:17(世界时,下同)即将登陆时的回波观测。

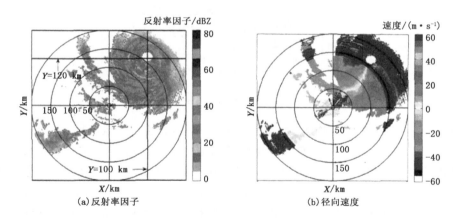

图 2　福建长乐雷达站 2006 年 8 月 10 日 09:17 反射率因子与径向速度图(仰角:2.4°)

将雷达观测格点投影到直角坐标系中,选取正北方向为方位角 0°,方位角顺时针增加。由图 2a 可清晰看到在台风眼区与外围云墙区的雷达回波,台风中心大致位于距离雷达站东北($X=100$ km,$Y=120$ km)处。对径向速度退模糊后,如图 2b 所示,观测到的最大径向风速达到了 60 m·s^{-1} 以上,且最大速度中心关于零速线对称,径向速度变化连续,说明退模糊之后的径向速度场得到了准确还原。

在资料预处理中,为保持观测信息的完整和准确,经径向速度退模糊后选择的方法是剔除偏差较大的观测格点,而非对径向速度进行格点插补。剔除格点时选择的偏差阈值为:

$$S_t = \eta \times (\mathrm{Max} \mid V_{ri} \mid - \sum_{i=1}^{N} V_{ri}/N) \tag{17}$$

式中，η 为权重系数，选择的经验值为 0.618；N 为分析体积内的格点数。

5.2　台风风场的反演效果

　　将风场的反演结果进行线性插值，由图 3 中的反演结果可以看出，反演结果与台风的环流型相符。由反演得到的风速量级可以看到，台风眼区附近的风速随着台风半径的增加逐渐增大，这与 Rankine 台风模型一致[18]。其中，反演结果中的最大风速区出现在（$X = 0 \sim 25$ km，$Y = 120 \sim 140$ km）（图 2），即台风路径的右前方，这个区域内反演的风速大小均在 75 m·s^{-1} 以上，与台风登陆时的最大风速量级相符，风速大值区的位置也与 WRF 数值模拟的结果一致[19,20]。另外，从反演的水平风场还可以发现，在图 3 中 L 处有一条明显的切变区。对比图 2（a）中的雷达回波图，L 处对应为西南—东北走向的一条强回波带，切变区的位置与台风外围雨带的走向一致[21-23]。结合图 2b 的径向风速图与 NCEP 再分析资料的风场（图略）还可以看出，反演得到的风场特征与实况是相符的，较好地还原了台风的风场结构。

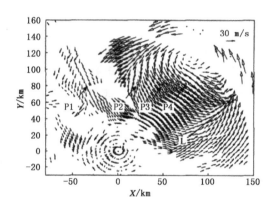

图 3　反演的水平风场（仰角：2.4°）

　　图 3 中 $P3$ 点的位置与反演的台风中心距离约 50 km，处于台风云墙区，为风力最强的区域。如图 4 反演的风速廓线所示，低层风速随着高度的增加逐渐变大，在 5 km 高度处达到最大，并且随着高度继续增加，风速大小保持不变；在 8 km 高度以上，风速开始逐渐减小。从风向随高度的变化可以看出，随着高度的增加，风向先表现向内辐合的趋势，在 7 km 高度处风向出现拐点，而后随高度增加逐渐向外辐散。这种水平风速与风向的变化趋势与下投式 GPS 探测仪器得到的廓线特征一致[24-26]。

　　从 $P3$ 处的风速变化可以发现，在台风眼区附近，底层的风速相对较小，但随着高度的增加，风速迅速增大。在 5 km 高度附近，风速达到最大约 60 m·s^{-1}。再随着高度的增加，风速又出现减小的趋势。为定量分析台风眼区附近风场的变化，选取在 5 km 高度分别沿 $X = 100$ km 与 $Y = 100$ km 的水平风速来观察台风风速的分布变化。

　　如图 5 所示，在 5 km 高度上沿 $X = 100$ km 与 $Y = 100$ km 的水平风速变化表明，台风最大风力半径约为 50 km，在这个半径内的风速变化剧烈，眼区附近的最大风速约为 60 ~ 65 m·s^{-1}。在台风眼区的外围，风速比眼区附近小得多，并且通过反演结果可以看到，外围 5 km 高度上的风场相对均匀，风速约 20 m·s^{-1}。沿 $Y = 100$ km 的方向（图 3），风向为东北风，逐渐靠近台风眼区后，风向逐渐变为西风，跨过眼区的位置后，风向又变为南风。从风向的

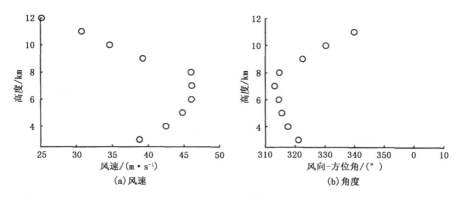

图4 P3 处水平风速与风向随高度的变化

变化同时可以看到,在有明显风向折拐的区域,对应在图 2b 径向风场图中切变较大的位置。因此,观察风向的变化表明,该算法也可以为判断风切变的位置提供参考。

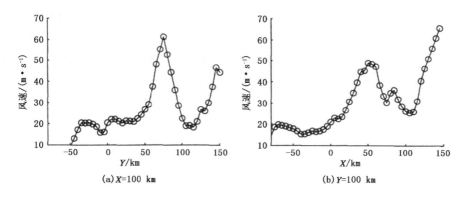

图5 5 km 高度上沿 X=100 km 与 Y=100 km 的水平风速

5.3 台风眼区外围风场的廓线特征

TRMM 卫星的观测结果显示,台风即将登陆时,暴雨高度的平均值随着逐渐靠近台风中心迅速增加上升,在距离中心 25~30 km 处平均值达到最大,超过 10 km。暴雨高度在 50 km 以外的眼壁外侧开始震荡减少,而亮带高度基本稳定在 4.5~5 km[22],并在登陆后降水云厚度显著变小[23]。为观测台风眼区外围风场从低层到高层的廓线特征,选取了靠近雷达站一侧的 P1—P4 的位置(图3),并且 P1—P4 是从外逐渐靠近台风眼区。

由图6所示,在距离台风中心最远的 P1 点的低层到高层的水平风速差别不大,反演得到的整层风速均在 20 m·s⁻¹ 左右。当到达 P2 位置时,可以看到整层风速相比 P1 开始加强,并在 7~8 km 高度处水平风速达到最大,约为 40 m·s⁻¹。随着距离台风中心越近,最大风速出现的高度逐渐降低,在 P3 与 P4 点的最大风速约在 5 km 处出现。其中,P3 点的 4 km 高度处风速达到了 40 m·s⁻¹,而 P4 点在中低空风速增加迅速,整层的垂直风切变比较剧烈。

反演的风向廓线表明(图7),在 P1 位置随着高度的增加,风向是辐散加强的趋势。在 P2 位置处的 7 km 以下,风向先随高度的增加逆转,风向的角度最小约 320°,而在约 8 km 高度风

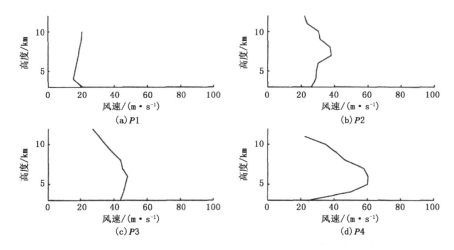

图 6　P1 — P4 位置处水平风速的廓线

向逐渐顺转,说明风向转为了辐散趋势。随着距离台风中心的靠近,在 P3 位置的 6 km 高度处风向最小约 315°,8 km 以下高度处风向差别不大,约 315°~320°,说明这个高度层的风向为近圆形。而在 P4 位置处,从 4 km 到 8 km 的高度上,风向基本没有变化,说明在这个高度层的风向比较一致,但随高度增加后,高层的风向也逐渐变为辐散。

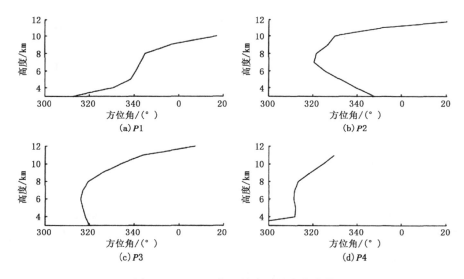

图 7　P1 — P4 位置处水平风向的廓线

　　通过反演的水平风速和风向的垂直廓线还可以看出,距离台风眼区越近,整层的风速变化越剧烈。而逐渐远离台风中心后,最大风速出现的高度逐渐增加,结合风向的变化可知,"桑美"台风的风场也符合"漏斗"形状。P1 — P4 点在 8 km 以下各层的风速差别较大,但在 8 km 以上的水平风速大小都约为 20 m · s⁻¹。同时,风向在 8~10 km 高度上风向开始顺转,风场逐渐转为辐散趋势。对比 TRMM 卫星的观测结果[22、23],风速与风向的拐点位置与最大的暴雨亮带的位置高度相符。由反演结果中垂直高度上风向与风速变化的拐点位置可以判断,台风的高度约为 10 km。

6 结论

本文对简化 VVP 算法的反演效果进行了分析和验证,并对 200608 号"桑美"台风的风场进行了反演,主要结论有:

(1)在假设风场局部均匀的前提下,简化 VVP 算法只选取量级最大的 3 个主要参量进行反演。简化的风场模型降低了风场反演计算过程中的求解难度,并在风场模型中考虑了垂直速度的因素,使得高仰角的观测信息能够被充分利用。

(2)简化 VVP 算法的反演结果对不同高度上的观测误差并不敏感,而且从低仰角到高仰角的反演误差基本不变。当存在 $1.0 \text{ m} \cdot \text{s}^{-1}$ 的径向风速误差,风场的风速大小约为 $20 \text{ m} \cdot \text{s}^{-1}$ 时,反演得到的风速误差可以控制在 $5 \text{ m} \cdot \text{s}^{-1}$ 以内,风向误差在 $10°$ 以内。因此,该算法可以适用于风速大小超过 $20 \text{ m} \cdot \text{s}^{-1}$ 的风场反演,并且当风速越大时,反演的精度会越好。

(3)在对 200608 号"桑美"台风的风场反演中,该算法比较真实地反演出了台风中心及外围的风场分布,风场结构与 Rankine 台风模型一致。反演结果显示,风速大值区出现在台风的右前侧,在眼区附近的最大风速约为 $60 \sim 65 \text{ m} \cdot \text{s}^{-1}$;水平风速与风向廓线的变化表明,靠近眼区位置的水平风速从低层到高层变化剧烈,但风向比较固定;随着逐渐远离台风中心,最大风速出现的高度逐渐增加,风向逐渐在整层的范围内均变为辐散趋势增加。200608 号"桑美"台风眼区及外围的风速在 8 km 以下的差别比较大,但在之上的风速大小又变得比较一致。根据反演结果中垂直高度上风向与风速变化的拐点位置判断,台风眼区的高度为 10 km 左右。研究表明,简化 VVP 算法可清晰地揭示台风内部水平风场的 3 维结构,可以应用于台风等灾害性天气风场的反演与分析。

参考文献

[1] Shapiro A, Ellis S, Shaw J. Single-Doppler velocity retrievals with phoenix Il data: clear air and microburst wind retrievals in the planetary boundary layer[J]. Journal of the Atmospheric Sciences, 1995,52(9): 1265-1287.

[2] Wei M, Dang R Q, Ge W, et al. Retrieval single-Doppler radar wind with variational assimilation method-part I: objective selection of functional weighting factors[J]. Advances in Atmospheric Sciences, 1998,15(4):553-568.

[3] Shapiro A, Potvin C K, Gao J. Use of a vertical vorticity equation in variational Dual-Doppler wind analysis[J]. Journal of Atmospheric and Oceanic Technology, 2009,26(10): 2089-2106.

[4] Huang S X, Cao X Q, Du H D. Theoretical analyses and numerical experiments for two-dimensional wind retrievals from single-doppler data[J]. Journal of Hydrodynamics, 2010,22(2):185-195.

[5] Caya A, Laroche S, Zawadzki I, et al. Using single- Doppler data to obtain a mesoscale environmental field[J]. Journal of Atmospheric and Oceanic Technology,2002,19(1): 21-36.

[6] Gao J, Xue M, Lee S, et al. A three-dimensional variational single-Doppler velocity retrieval method with simple conservation equation constraint[J]. Meteorology and Atmospheric Physics, 2006,94(1/4): 11-26.

[7] Xin L G, Reuter W. VVP technique applied to an Alberta storm[J]. Journal of Atmospheric and Oceanic Technology, 1998,15(2):587-592.

[8] Holleman I. Quality control and verification of weather radar wind profiles[J]. Journal of Atmospheric and Oceanic Technology, 2005,22(10):1541-1550.

[9] Boccippio D J. A diagnostic analysis of the VVP single-Doppler retrieval technique[J]. Journal of Atmospheric and Oceanic Technology,1995,12(2): 230-24.

[10] 魏鸣. 单多普勒天气雷达资料的变分同化三维风场反演和 VVP 三维风场反演[D]. 南京:南京大学, 1998:97-105.

[11] Li N, Wei M, Tang X W. An improved velocity volume processing method[J]. Advances in Atmospheric Sciences, 2007,24(5):893-906.

[12] 王鹏飞,黄荣辉,李建平. 数值积分过程中截断误差和舍入误差的分离方法及其效果检验[J]. 大气科学,2011,35(3):403-410.

[13] Heymsfield G M, Tian L, Heymsfield A J. Characteristics of deep tropical and subtropical convection from nadir-viewing high-altitude airbome Doppler radar[J]. Joumal of the Atmospheric Sciences, 2010, 67(2): 285-308.

[13] Waldteufel P,Corbin H. 1979. On the analysis of single-Doppler radar data[J]. Journal of Applied Meteorology, 1979,18(4): 532-542.

[14] Giangrande S E, Collis S,et al. A summary of convective-core vertical velocity properties using ARM UHF wind profilers in Oklahoma[J]. Journal of Applied Meteorology and Climatology, 2013,52(10): 2278-2295.

[15] Gao J D, Droegemeier K K, Gong J, et al. A method for retrieving mean horizontal wind profiles from single-Doppler radar observations contaminated by aliasing[J]. Monthly Weather Review,2004,132(6): 1399-1409.

[16] 徐洪雄,徐祥德,陈斌,等. 双台风生消过程涡旋能量、水汽输送相互影响的三维物理图像[J]. 气象学报, 2013,71(5):825-838.

[17] 赵大军,朱伟军,于玉斌,等. 2006 年超强台风"桑美"强度突变的动能特征分析[J]. 热带气象学报, 2009,25(2):141-146.

[18] Shapiro L J. The asymmetric boundary layer now under a translating hurricane[J]. Journal of the Atmospheric Sciences, 1983,40(8): 1984-1998.

[19] 陈镭,徐海明,余晖,等.台风"桑美"(0608)登陆前后降水结构的时空演变特征[J].大气科学,2010,34 (1):105-119.

[20] 谭晓伟,端义宏,梁旭东. 超强台风 Saomai(2006)登陆前后低层风廓线数值模拟分析[J]. 气象学报, 2013,71(6):1020-1034.

[21] 陈永林,王智,曹晓岗,等. 0509 号台风(Matsa)登陆螺旋云带的增幅及其台前飑线的特征研究[J]. 气象学报,2009,67(5): 828-839.

[22] 元慧慧,钟中,李杰,等. 基于 TRMM 的热带气旋降水三维结构特征分析[J]. 海洋预报, 2010,27(6): 12-19.

[23] 王新利,唐传师,刘显通,等. 利用 TRMM 卫星资料分析"桑美"台风云系特征[J]. 气象与减灾研究, 2007,30(3):7-11.

[24] Giammanco I M, Schroeder J L, Powell M D. GPS dropwindsonde and WSR-88D observations of typical cyclone vertical wind profiles and their characteristics[J]. Weather Forecasting, 2013,28(1): 77-99.

[25] Franklin J L, Black M L, Valde K. GPS dropwindsonde wind profiles in harricanes and their operational implications[J]. Weather and forecasting, 2003,18(1): 32-44.

[26] Powell M D, Vickery P J,Reinhold T A. Reduced drag coefficient for high wind speeds in tropical cyclones[J]. Nature, 2003,422(6929):279-283.

第 4 部分　大气折射指数与雷达数据质量控制

711 雷达测定回波数据订正的方法[*]

张培昌

（南京气象学院，南京　210044）

摘　要：本文根据有关实验和理论，提出了如何将 711 雷达上所测得的回波功率分贝值，订正到能够使用雷达气象方程进行计算的回波功率分贝值的一些方法。

1　引言

目前国内大批 711 测雨雷达绝大多数只作气象回波图像的定性观测和分析，为了积累有意义的资料，还需要进行一定的定量观测和处理。进行定量测定时，首先需要解决的问题是在 711 雷达上如何正确读取经衰减器衰减后的回波功率分贝数，并订正到可供计算时应用。今提出关于读数和订正的一些方法。

在雷达的定量测量中，一般使用下面的雷达气象方程

$$\overline{P_r} = \frac{C^*}{R^2} Z \tag{1}$$

式中，$\overline{P_r}$ 是平均回波接收功率，C^* 是由雷达机参数及被测目标性质所决定的雷达常数，R 是雷达离目标的距离，Z 是目标的反射率因子。雷达进行定量测量关键是要确定 Z 值。

目标回波功率 $\overline{P_r}$，与目标经高频衰减后开始淹没在噪声中的衰减值 N（分贝），以及雷达的最小可测功率 $P_{r\min}$ 之间存在如下关系

$$\overline{P_r} = P_{r\min} 10^{-\frac{N}{10}} \tag{2}$$

把（2）式代入（1）式整理后可得

$$Z = CR^2 10^{-\frac{N}{10}} \tag{3}$$

其中

$$C = P_{r\min}/C^* \tag{4}$$

也称为雷达常数。

因此，若已知雷达常数 C 或 C^*，并由雷达上读得 R 处目标开始淹没在噪声中的回波功率高频衰减值 N，就可用（3）式确定该目标的雷达反射率因子 Z。但是，711 雷达的衰减器不是设置在高频部分，而是设置在中频部分。另外，由于与 Z 值对应的是平均回波功率，因此，（3）式中计算 Z 值时所用的 N 值也应该是个平均值。因此，必须考虑如何把通过雷达衰减器及显示器所读得的回波功率中频衰减值 n（分贝），订正到符合（3）式要求的高频衰减值 N（分贝）。

---

* 本文原载于《南京气象学院学报》，1982（1）：83-90.

再注意到(3)式中没有考虑当雷达站与被测目标之间的途中存在降水时对回波功率衰减的影响,若途中存在降水时,还需要对 N 值进行途中降水所造成的衰减订正。

2　由中频衰减值 n 转换成高频衰减值 N 的方法

(1)简单标线法

式(2)是根据分贝定义得到的,其中雷达最小可测功率(或噪声电压)在一定时间内可以认为是常数。雷达的噪声电压主要产生在接收机混频级和前置中放级,要使 P_{rmin} 保持不变,并作为测定降水回波信号强度的标尺,降水回波信号的衰减应放在高频部分,这样在进行衰减时才能不使噪声电压也受到衰减。711雷达的衰减器设置在中频部分,对降水回波进行衰减时噪声电压也会同时受到衰减,这样就失去参考标准,(2)式不能使用。若仍想使用(2)式确定回波信号强度,最简单的方法是以未进行衰减时 A/R 显示器上茅草信号的高度作为标准,标出一条与茅草顶同高的读数线(这时中频增益和视频增益均不能再改变),降水回波信号衰减到此标线高度时读出的 n 值,可以作为高频衰减值 N。此法的缺点是没有考虑主中放检波级的非线性使不同中频衰减时接收机实际灵敏度将发生的变化。但通过下面介绍的两种方法可以说明使用此法不会带来很大误差。

(2)实测法

比较精确的方法是使用标准信号发生器进行实测,作出 n(分贝)— N(分贝)曲线或对照表。具体做法是:用标准信号发生器产生一个频率、脉冲宽度都和雷达相同,功率为 1 mW 的脉冲信号,把这个信号输入到雷达接收机内,利用标准信号发生器上的衰减器(相当于高频衰减)逐步衰减到使信号达到刚开始被茅草(或白噪声)淹没时的水平,据(2)式就可算出雷达接收机的最小可测功率 P_{rmin}。在这时的茅草高度上做一标线(如茅草高度为 1 cm,此标线就作在 1 cm 高度处),再用雷达上的中频衰减器进行衰减 n_1(如5)分贝,同时减小标准信号发生器上的衰减量,使信号仍保持在标线高度上,若这时标准信号发生器上衰减量加上连接雷达的同轴电缆及定向耦合器上的衰减量为 P_{1r}(分贝毫瓦),则据(2)式可得

$$N_1 = P_{rmin}(分贝毫瓦) - P_{1r}(分贝毫瓦) \tag{5}$$

于是据 n_1 及(5)式,就可得到与中频衰减值 n_1 相当的高频衰减值 N_1。逐步增大中频衰减值为 n_2,n_3,…,重复上述过程,可得到一组相当于高频衰减值的 N_2,N_3,…。用这些数据点成曲线或做成表格,就可供把 n 值转换成 N 值使用。我们在气象学院711雷达上用此法得到的 n — N 曲线如图1所示。

(3)计算法

文献[1]中提到的这种方法的基本考虑是:在 A/R 显示器上观测到的幅度是信号加茅草的迭加值。设一个功率为 $\overline{P_s}$ 的信号,经高频衰减 N 分贝后的功率为 $\overline{P_r}$,则有

$$\overline{P_r} = \overline{P_s} \cdot 10^{-\frac{N}{10}} + P_n \tag{6}$$

式中,$\overline{P_n}$ 是噪声功率。若设这个信号经中频衰减后仍为功率 $\overline{P_r}$,则中频衰减值 n 分贝可满足

$$\overline{P_r} = \overline{P_s} 10^{-\frac{n}{10}} + P_n 10^{-\frac{n}{10}} \tag{7}$$

根据(6)式与(7)式相等,并令 $M = \overline{P_s}/P_n$ 为接收机检波级输入端的信噪比,用对数表示时则可写为 m(分贝)$= 10 \lg M$,经运算后可得

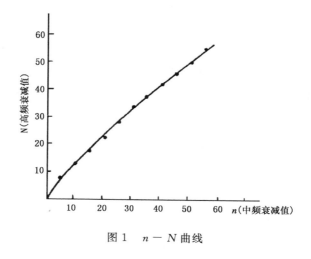

图1 $n-N$ 曲线

$$\delta = N - n = -10\lg[1 + 10^{-m/10} - 10^{-(m-n)/10}] \tag{8}$$

式中，δ 表示高频衰减值 N 与中频衰减值 n 之差。由(8)式可知，只要知道信噪比 m 及 n 值，就可求出订正值 δ，再据

$$N = \delta + n$$

便能得到相应的高频衰减值 N。计算表明，当 $m-n>10$ 分贝时，$\delta \leqslant 0.5$ 分贝；m 越大，n 越小，则 δ 值也越小，即 N 与 n 越接近。具体数值见文献[1]中表3。用此法确定 δ 值时要不断测定信噪比，实际使用上不方便。但此法说明在没有标准信号发生器等测试设备的雷达站，测定信噪比较大的降水回波，用第一种简单标线法不会带来很大误差。

3   回波信号脉动的订正

由于云滴或降水质点之间存在着复杂的随机相对运动，因而使能同时散射电磁波到天线的许多质点在天线处产生的合成电场的振幅值随时间呈现不规则的变化*，在雷达显示器上或视频输出端表现为信号幅度或亮度迅速地脉动。我们所需测定的是回波功率的时间平均值。如何读取这个脉动值，并把它转换成时间平均值，对于不同的终端输出，可以采用不同的考虑。

（1）在 A/R 显示器上，克尔(Kerr)对 3.2 cm 波长雷达应用高速照相的方法拍摄到阵雨回波脉动情况**，并把照片上的回波幅度 A 值转换成回波功率 P_r，由于 P_r 正比于 A^2，故也可用 A^2 表示回波功率。然后统计出 A^2 分布。图2中折线是实验得到的情况，斜线为理论分布的情况，实验结果和理论结果相一致。以后有些人曾用不同方法再次验证了这个结果。

711 雷达波长为 3.2 cm，可使用图2中回波功率脉动的频率分布线。711 雷达 A 型显示器有 25 ms 余辉时间，它相当于雷达发射 10 个连续脉冲的时间间隔。因此，在某固定距离上，某一瞬间 t 观测到的回波信号幅度应该是 t 到 $t-25$ ms 时间间隔内出现的 10 个脉动信号中

---

* 雷达气象学讲义，南京气象学院大气探测教研组编.
** 气象回波信号的涨落与视频积分器，雷达气象译文集，中央气象局研究所编.

最大的那个信号(幅度大的信号通过余辉淹没幅度小的信号)。由图2可见,脉动回波功率 A^2 恰好等于平均回波功率 $\overline{A^2}$ (即 $A^2 / \overline{A^2} = 1$) 的回波信号出现的频率约为 10%,即平均而言,10个脉动回波信号中约将出现一个 $A^2 = \overline{A^2}$ 的信号。考虑到余辉作用,平均而言,可认为 $A^2 < \overline{A^2}$ 的信号在 A 显上将基本观测不到。只有当 $A^2 > \overline{A^2}$ 的信号出现时,才能在幅度上淹没 $A^2 = \overline{A^2}$ 的信号而呈现脉动现象。因此,只要在 A 显某一固定距离上读取脉动回波信号的平均最低位置,就可把它近似地当作平均回波功率值的位置。

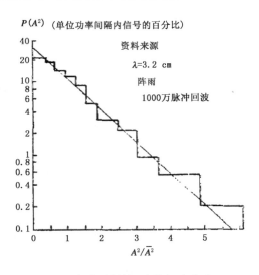

图 2　实验测得的 A^2 的概率分布

(2)用 PPI 显示器或带有一定平均作用的设备读取脉动回波信号的数值时,它表示的是视频端输出的一定个数脉动信号的平均值。马歇尔(Marshall)等得出 K 个回波功率独立样本经过平均后,其平均值的概率分布为

$$P(J_k)\mathrm{d}J_k = \frac{k^k}{(\overline{A^2})^k (k-1)!} J_k^{k-1} \cdot \mathrm{e}^{-\frac{kJ_k}{A^2}} \mathrm{d}J_k \qquad (9)$$

式中,$J_k = \frac{1}{k}\sum_{j=1}^{k} A_i^2$ 是 k 个独立样本的平均值。图3是 k =1、2、10、50 的分布曲线,由图3可见,随着平均次数增加,分布曲线变窄,当 $k \geqslant 10$ 时,就近于正态分布,其标准差由(9)式可得到

$$\sigma_k = A^2 / k^{\frac{1}{2}} \qquad (10)$$

即 k 越大,σ_k 就越小。J_k 的 95% 的信度区间为

$$\overline{A^2}(1 - \frac{1.96}{k^{\frac{1}{2}}}) \leqslant J_k \leqslant \overline{A^2} \cdot (1 + \frac{1.96}{k^{\frac{1}{2}}}) \qquad (11)$$

表1中给出了由(11)式算得的不同平均次数时 J_k 的 95% 的信度区间。

表 1　J_k 的 95% 的信度区间和 k 的关系

k	9 *	16	25	36	49
信度区间 (95%)	±0.65 $\overline{A^2}$	±0.49 $\overline{A^2}$	±0.39 $\overline{A^2}$	±0.33 $\overline{A^2}$	±0.28 $\overline{A^2}$

* $k \leqslant 9$, J_k 已偏离正态分布较大。

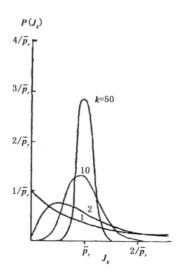

图 3　$P(J_k)$ 的分布曲线

由表 1 可见,若 $k = 25$,以 J_k 的 95% 的信度区间作为平均值 J_k 的脉动区间,则所需测定的真正的平均功率 $\overline{P_r}$ 要比最大的 $J_{k\max}$ 小 0.39 $\overline{A^2}$,比最小的 $J_{k\min}$ 大 0.39 A^2 。因此,若读取的是 $J_{k\max}$ 值,就应减掉 1.4 分贝才能得到真正的平均回波功率分贝值;若读取的是 $J_{k\max}$ 值,就应加上 2.1 分贝。

但是,图 3 和表 1 中只给出有限几个 k 值的 J_k 分布及其 95% 的信度间区,实际应用时可以参阅马歇尔等人给出的图 4。图中这些曲线给出了要得到预先确定的 A^2 值的某一范围内的样本平均值时所需要的 A^2 的独立个数。例如,对于 90% 的曲线,当取 50 个独立信号强度(A^2)的平均值时,则将有 90% 的机率会处在低于 1.175 $\overline{A^2}$ 的区间区内。

由于回波信号是一个接一个的连续脉冲,相邻两个脉冲之间并非相互独立。达到相互独立的两个脉冲之间的时间间隔称为独立时间,在这段时间间隔内发射的脉冲就是独立脉冲。这种独立脉冲的时间可以用回波强度的自相关函数描述。希钦费尔(Hitchfeld)和丹尼斯(Dennis)研究了降水回波的自相关函数 $\rho(\tau)$ 。得到

$$\rho(\tau) = \frac{\overline{A^2(t + \tau)A^2(t)}}{\overline{A^2(t + \tau)}\ \overline{A^2(t)}} = e^{-4\pi^2 \sigma_f^2 \tau^2} \tag{12}$$

其中 τ 是相关时间,σ_f^2 是多普勒谱方差。当自相关函数 $\rho(\tau) = 0.01$ 时,就可认为脉冲之间已完全独立,可用 $\tau_{0.01}$ 表示独立时间,文献[2]中指出,取多普勒速度的均方差 $\sigma_v = 1\ \mathrm{m \cdot s^{-1}}$,并据

$$\sigma_f^2 = \frac{4}{\lambda^2}\sigma_v^2 \tag{13}$$

将(13)式代入(12)式可得

$$\tau_{0.01} = 1.71\lambda \times 10^{-3}\ \mathrm{s} \tag{14}$$

当波长 $\lambda = 3.2$ cm 时,得 $\tau_{0.01} = 5.4$ ms 。罗杰斯(Rogers)取 $\sigma_v = 0.6\ \mathrm{m \cdot s^{-1}}$,则(14)式变为

$$\tau_{0.01} = 2.8\lambda \times 10^{-3}\ \mathrm{s} \tag{15}$$

当 $\lambda = 3.2$ cm 时,得 $\tau_{0.01} = 9.0$ ms 。斯通(Stone)和费莱谢尔(Fleisher)用 3.2 cm 雷达实测

得到独立时间在 $10\sim100$ ms。

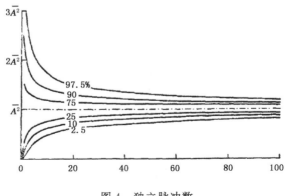

图 4　独立脉冲数

　　以上给出了雷达观测来自同一个有效照射体积中的后向散射脉冲的独立时间。711雷达脉冲周期为 2.5 ms,因此可根据平均脉冲个数或测量设备的平均时间去估计它相当于多少个独立脉冲的平均,即 k 为多大。再据(11)式或表1,就可确定脉动的订正值。

4　途中降水的衰减订正

　　在雷达站和被测量地点之间,可以部分或全部存在着降水区,这些降水区会对雷达发射的波束以及从被测地点散射返回雷达的波束引起衰减,使雷达上测得的被测地点的 $\overline{P_r}$ 值的分贝数变小,需要进行订正。不同降水的衰减系数 k_t 值不相同。大量研究表明, k_t 与雨强 I 之间呈如下关系

$$k_t = AI^b \tag{16}$$

k_t 值和 I 值都可以通过取雨滴谱资料进行计算而获得。对于 3.2 cm 波长的雷达,根据文献[3]中五次降水过程所得 100 张实测雨滴谱资料,用幂函数的线性回归法统计出的每次降水过程的 $k_t - I$ 关系如表2所示。

表 2　$k_t - I$ 关系(单位:dB·km^{-1})

波长 (cm)	连续降水 (安徽庐江)	对流降水 (安徽庐江)	对流降水 (湖南常德)	对流降水 (南京大校场)	混合降水 (湖南长沙)
3.2	$0.009289\,I^{1.002}$	$0.005475\,I^{1.242}$	$0.01086\,I^{1.142}$	$0.01050\,I^{1.100}$	$0.005971\,I^{1.300}$

　　计算衰减系数 k_t 时,所取雨滴温度为 0℃,对于不同温度下的衰减系数还需要进行订正,订正系数见表3。

表 3　降雨衰减的温度订正系数

波长 cm	降水强度 mm·h^{-1}	0℃	10℃	18℃	30℃	40℃
3.2	0.25	1.21	1.10	1.0	0.79	0.55
	2.5	0.82	1.01	1.0	0.82	0.64
	12.5	0.64	0.88	1.0	0.92	0.70
	50.0	0.62	0.87	1.0	0.99	0.81
	150.0	0.66	0.88	1.0	1.03	0.89

因此,可以利用表 2 和表 3 求出降水区所造成的总衰减值为

$$K = \int_0^r k_t \mathrm{d}r \tag{17}$$

积分限是这样确定的:由雷达站向被测地点之间做一连线,此连线刚开始进入降水区处作为衰减路程的起点,即 $r=0$;积分上限 r 是以被测地点为极限的上述连线上的降水区宽度。实际计算总衰减 K 时,可根据 k_t 及 I 用逐段求和法去估计,不必进行积分。

最后应该指出,以上三种订正都是对 711 这类雷达而言的。如果雷达的衰减器设置在高频部分,就不需要做中频衰减转换成高频衰减的订正。如果雷达上配备有合适的视频积分器等设备,由图 4 及表 1 可知,只要所取的独立脉冲个数足够多,就可保证在一定精度范围内使得通过视频积分后的回波功率值等于所需的平均回报功率值 $\overline{P_r}$,不再需要进行回波信号脉动的订正。如果对途中降水区的衰减能设计一种电子线路给予补偿,那么这个订正也可以免去。

参考文献

[1]　顾松山. 对气象雷达中频衰减及 STC 电路的探讨[J]. 南京气象学院学报,1980(2):186-194

[2]　L J Battan. Radar Observation of the Atmosphere[M]. the University of Chicago Press,1973.

[3]　戴铁丕,汤达章,张培昌. 用雷达反射因子 Z 和衰减系数 K 确定雨强 I 的方法,南京气象学院学报,1980
　　(2):176-185.

我国部分地区大气折射指数垂直分布统计模式[*]

张培昌，戴铁丕，郑学敏

（南京气象学院，南京 210044）

摘 要：本文利用我国 5 个测站常规探空资料，应用大气折射理论和统计学方法建立了大气折射指数垂直分布三种统计模式，结果表明：目前使用的 4/3 等效地球半径模式精度最差，只能在 1 km 高度以下使用，才能保证精度；改进等效地球半径模式精度最高；指数模式在 3 km 高度以下使用，精度也可保证。

1 引言

如果无线电射线在没有大气的自由空间里传播，它的路径将是一条直线。但是，射线通过地球大气层传播时，沿着它的轨道会遇到大气折射指数变化，使射线传播路径发生弯曲。对于在对流层以低仰角测定气象目标回波高度的气象雷达，这种折射影响十分重要。因为大气折射指数随高度的各种变化型式，都将影响电磁波在大气中传播的距离和方向，造成雷达测角，测距和测高误差。因此，在雷达探测中，需要知道所在地区的折射指数及其随高度的变化规律和形式。

另外折射场的垂直结构与温、压、湿度垂直结构有关，从而与天气变化有内在联系，文献[1]中报导，可以分析折射天气图，特别是折射指数垂直剖面图，来进行天气预报。

折射场的垂直分布与无线电通讯质量关系更是十分密切，当射线异常向下弯曲时，会大大提高通讯质量；反之，当射线异常向上弯曲时，则使通讯质量下降。综上所述，研究折射指数垂直结构变化，具有多方面的意义。

自 20 世纪 60 年代以来，本课题在国外已开展广泛的研究，其中 Bean 等[1]研究最为充分。相对而言，我国关于这个课题的研究尚不够完善，文献[2]中曾提出，取历史上气象资料，用统计学方法得到折射指数垂直分布的指数模式可以提高探测精度，但对于指数模式与目前使用的等效地球半径模式的定量比较以及如何付诸实际应用还缺乏研究。因此，从整体上说，我国对折射场垂直结构的研究是不充分的。

本文主要研究我国 5 个地区大气折射指数垂直分布的三种统计模式。通过三种统计模式与实测的平均折射指数廓线比较，了解哪一种统计模式精度最高，并提出改善雷达探测精度的一些有效方法。

---

* 本文原载于《气象科学》，1991,11(4)：402-413.

2　资料

本文研究中选取了哈尔滨、乌鲁木齐、南京、成都、广州 5 个站从 1980 到 1984 年中无线电探空仪得到的每月平均温、压、湿资料,利用折射指数与温、压、湿的关系式

$$N = (n-1)10^6 = 77.6\frac{P}{T} + 3.73 \times 10^5 \frac{e}{T^2} \tag{1}$$

计算得到 $\overline{N}$ 单位值。式中 P、T、e 分别代表气压、温度和水汽压值,n 为折射指数,而 N 为折射指数 N 单位(下简称为 N 单位)。

此外,本文为考察上述 5 个站长期平均的 N 单位垂直分布结构精度,还采用了各站自 1960 到 1969 年累年月平均的探空温、压、湿资料计算得到 N 单位的历史平均值作为比较的标准。大量计算表明,用十年资料得到的 $\overline{T}$、$\overline{P}$、$\overline{e}$ 资料计算出的 $\overline{N}$ 单位值,与 N 单位的真实平均值两者间的误差不超过 $1.5\ N$ 单位[1]。对本文分析的雷达气候内容来说,不会造成分析误差。

再有,因为利用月报表上探空资料无法得到测站海拔高度为 $1,2,3,4\ m,\cdots\cdots$ 等高度上的 N 单位值,为此,本文利用三次样条函数插值法[3]得到缺测高度上的 N 单位值,经与实测资料进行比较,证明上述方法得到的资料精度完全可以达到要求。

3　折射指数 N 单位垂直分布的三种统计模式

3.1　等效地球半径模式[1,4]

假定大气为球面分层,且每一薄层的折射指数 n 为常数,则对分别位于地面和高度 h 的两点,在再假设 $\dfrac{dn}{dh}$ 为常数时,可方便得到

$$\frac{1}{R'_m} = \frac{1}{KR_m} = \frac{1}{R_m} + \frac{1}{n}\frac{dn}{dh}\cos\theta \tag{2}$$

经过简单整理,又有

$$K = \frac{1}{1 + \dfrac{R_m}{n}\dfrac{dn}{dh}\cos\theta} \tag{3}$$

上两式 R_m 为真实地球半径,R'_m 为等效地球半径,K 是等效地球半径系数,取 $\dfrac{dn}{dh} = -4 \times 10^{-8}$ $\cdot m^{-1} \approx -\dfrac{1}{4R_m}$,另外,当雷达做低仰角发射时,$\cos\theta$ 近似为 1。那么由(3)式可方便得到 $K = 4/3$,这就得到了大家熟知的,4/3 地球半径模式,在这种模式假定下,N 单位随高度恒以每千米 40 N 单位向上线性减少。

上述 4/3 地球半径模式,可以代表中纬度对流层大气折射平均情况,对于在近地面 1 km 高度以内,模式与实况符合较好。但在 1 km 高度以上,模式偏离实况很大。图 1 中分别绘出了 4/3 地球半径模式(两条曲线分别代表 1 月和 7 月的模式)和实测 $N(h)$ 廓线。后者用了 1960—1969 年由探空仪得到的温、压、湿资料取平均值,利用(1)式计算得到的 $\overline{N}$ 值。选择的

5 个站可大体代表我国不同气候区 $N(h)$ 廓线。实际上,不同地区的等效地球半径系数 K 是变化的,从不同气候区来看,K 的平均变化范围为:寒带 $K \approx \frac{6}{5} - \frac{4}{3}$;温带 $K \approx \frac{4}{3}$;热带 $K \approx \frac{4}{3} - \frac{3}{2}$[4]。并且,对于同一个地区,当 $\frac{\mathrm{d}n}{\mathrm{d}h}$ 随高度变化时,$R_m' = KR_m$ 是一个变量,即假定 K 值与 4/3 实况不符。因此必须设法建立与实际 N 剖面较符合的模式。

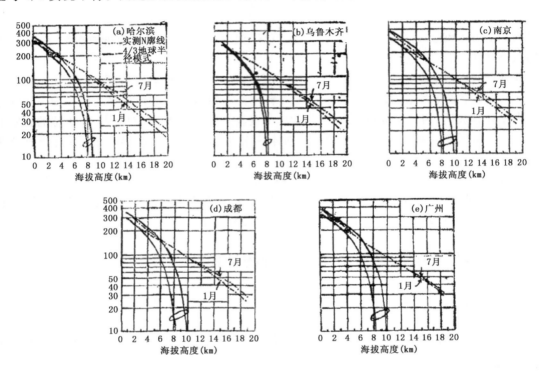

图 1　4/3 地球半径模式和实测 $N(h)$ 廓线

3.2　改进等效地球半径模式

从图 1 中还可以看到,由无线电探空仪实测和计算得到的平均 $N(h)$ 廓线在半对数坐标中近似为一条直线,即 N 单位值随高度按指数规律减少,而不是按 4/3 等效地球半径模式那样随高度线性减少。为了更具体了解实测 $N(h)$ 廓线按何种指数规律形式减少,我们选择了 5 个代表性站,取 5 年探空资料利用(1)式逐月计算了各高度上 N 单位值。表 1 分别列出了 5 个站各高度上 N 单位平均值及其变化范围。由表可见;在对流层低层,5 个测站 N 单位值变化范围随纬度降低,由北向南逐渐增大,但约在 9 km 以上高度 N 单位值变化趋于缓和。所选 5 个代表性站各层 N 单位值变化的范围均是由低层向高层减少,在海拔 7～12 km 的某一高度达最小,但由于该层的 N 单位值变化范围又开始逐渐变大。在表 1 中所列的高度区间内 N 单位值变化范围最小的层,哈尔滨在 7～8 km,乌鲁木齐和南京在 9 km,成都和广州分别在 10 km 和 11 km 左右。即随着纬度的降低,由北向南,N 单位值变化范围最小的高度呈逐渐增高的趋势,反映出我国不同气候区 N 变化规律存在着差异。

表 1 我国部分地区各高度上 N 单位平均值及其变化范围

(a)哈尔滨

海拔高度(km)	$\overline{N}$	N_{max}	N_{min}	Range
4.0	192.6	195.0	188.8	6.2
5.0	169.7	171.3	166.6	4.7
6.0	150.0	151.7	148.2	3.5
7.0	132.8	134.0	131.7	2.3
8.0	117.2	118.4	115.0	3.4
9.0	102.9	105.6	100.1	5.5
10.0	88.7	94.2	82.0	12.2
11.0	77.9	83.5	72.0	11.5
12.0	67.3	73.4	61.4	12.0
13.0	57.9	64.3	52.6	11.7

(b)乌鲁木齐

海拔高度(km)	$\overline{N}$	N_{max}	N_{min}	Range
4.0	191.9	198.6	188.8	9.8
5.0	170.3	173.5	168.3	5.2
6.0	151.0	154.3	149.0	5.3
7.0	134.1	135.5	132.3	3.2
8.0	119.2	120.5	118.2	2.3
9.0	105.9	106.7	105.0	1.7
10.0	93.4	94.4	91.4	3.0
11.0	81.1	83.4	77.9	5.5
12.0	69.6	72.2	66.2	6.0
13.0	59.7	62.6	56.3	6.3

(c)南京

海拔高度(km)	$\overline{N}$	N_{max}	N_{min}	Range
4.0	194.8	203.0	187.3	15.7
5.0	171.4	176.9	166.5	10.4
6.0	151.7	156.4	148.5	7.9
7.0	134.3	137.1	132.7	4.4
8.0	118.9	120.0	117.8	2.2
9.0	105.1	105.8	103.7	2.1
10.0	92.7	93.8	91.1	2.7
11.0	81.6	83.4	79.7	3.7
12.0	71.6	74.0	68.5	5.5
13.0	62.9	66.7	59.0	7.7

(d)成都

海拔高度（km）	$\overline{N}$	N_{max}	N_{min}	Range
4.0	200.4	213.9	191.7	22.2
5.0	175.0	184.6	167.2	17.4
6.0	153.4	160.2	147.1	13.1
7.0	135.3	139.3	131.1	8.2
8.0	119.5	121.5	116.6	4.9
9.0	105.5	106.4	103.1	3.3
10.0	93.0	93.9	91.1	2.8
11.0	81.8	83.3	79.4	3.9
12.0	71.9	73.9	69.0	4.9
13.0	63.2	66.6	59.5	7.1

(e)广州

海拔高度（km）	$\overline{N}$	N_{max}	N_{min}	Range
4.0	198.1	217.7	183.0	34.7
5.0	172.2	185.4	161.6	23.8
6.0	151.2	157.9	144.9	13.0
7.0	133.5	137.7	129.5	8.2
8.0	118.4	120.8	115.6	5.2
9.0	105.0	106.4	103.1	3.3
10.0	93.3	94.1	91.9	2.2
11.0	83.0	83.8	81.8	2.0
12.0	73.7	74.5	72.7	1.8
13.0	65.3	66.0	64.1	1.9

(f)5 站综合

海拔高度（km）	$\overline{N}$	N_{max}	N_{min}	Range
4.0	195.7	217.7	183.0	34.7
5.0	171.8	185.4	161.6	23.8
6.0	151.4	160.2	144.9	15.3
7.0	134.0	139.3	129.5	9.8
8.0	118.6	121.5	115.0	6.5
9.0	104.9	106.7	100.1	6.6
10.0	92.1	94.4	82.0	12.4
11.0	81.0	83.8	72.0	11.8
12.0	70.7	74.5	61.4	13.1
13.0	60.6	66.7	52.6	14.1

若对上述 5 个测站 5 年资料进行综合统计,又可得到综合后各高度上 N 单位值变化范围和 $\overline{N}$ 单位值如表 1 所示,由表可见:我国 5 个测站利用 5 年资料得到的 N 单位值变化范围最小的高度约为 9 km,在这个高度上 N 单位平均值为 104.9,与文献[1][5]报导的 9 km 处 N 单位平均值为 105(美国)和 104.4(苏联)的结果非常一致。综上所述,改进等效地球半径模式应把模式分为三层,不同层内对 $N(h)$ 廓线作不同的处理,这样才能与实际大气平均 N 廓线相符。

(1)第一层模式

因为 4/3 等效地球半径模式在 1 km 高度以下与实测 $N(h)$ 剖面相当一致,所以在距地面 1 km 高度以下可参考等效地球半径模式,即认为在该大气层内,N 单位由地面高度 h_s 处向上线性减小,数学模式为

$$N(h) = N_s + (h - h_s)\Delta N \qquad h_s \leqslant h \leqslant h_{s+1} \qquad (4)$$

式中,h 为海拔高度,N_s 为地面上的 N 单位值,ΔN 是离地 1 km 处的 N 单位值和 N_s 值之差,即有

$$-\Delta N = N_s - N$$

进一步统计表明,对于无线电波,ΔN 和 N_s 之间有很好的相关,其关系式为

$$\Delta N = -Ae^{BN_s} \qquad (5)$$

A、B 值可以通过一般回归方法得到。表 2 中利用了 5 年间 08 和 20 时的月平均 N_s 和 ΔN 资料,分别列出了所选 5 个站及其 5 个站综合得到的 A、B 值。为了能了解 N_s 和 ΔN 相关程度和回归精度,表 2 中也列出了相关系数 r 和剩余标准差 s 值。另外从图 2 也可以清楚看到,由 5 个站综合得到的 $\overline{N}_s$、$-\Delta\overline{N}$ 回归曲线相关显著。由于(5)式中系数 A、B 值已经统计确定,若地面上 N_s 值已知,由(4)式就可以确定在 1 km 高度以下 $N(h)$ 的廓线。

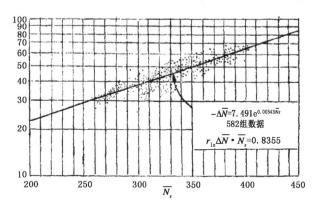

图 2　综合不同地区的月平均(08 时和 20 时)的 $\Delta\overline{N}$ 与 $\overline{N}_s$ 指数相关图

表 2　5 站和 5 站综合得到的 A、B、r、s 值

站名	A	B	相关系数 r	回归标准差 s
哈尔滨	2.127	9.32×10^{-3}	0.7078	0.1516
乌鲁木齐	1.052	12.48×10^{-3}	0.9058	0.0387
南京	5.079	6.74×10^{-3}	0.9313	0.0656
成都	10.144	4.72×10^{-3}	0.8021	0.0842
广州	4.342	6.70×10^{-3}	0.7695	0.1381
各站综合	7.491	5.43×10^{-3}	0.8355	0.1203

（2）第二层模式

上文已经提到,我国 5 个测站利用 5 年资料得到的 N 单位值变化范围最小高度约为 9 km,在这个高度上 N 单位值为 104.9。另外,在该大气层内,N 单位值是按指数规律减小的。因此在 9 km 高度以下,又可假定 $N(h)$ 廓线模式为

$$N(h) = N_1 e^{[-C_1(h-h_s-1)]} \qquad h_{s+1} \leqslant h \leqslant H_m \tag{6}$$

式中,N_1 为 1km 高度处 N 单位值。由第一层模式可以得到,而

$$C_1 = \frac{1}{H_m - h_s - 1} \ln \frac{N_1}{N(H_m)} \tag{7}$$

式中,H_m 为 N 单位值变化范围最小所在的高度,各地区的 H_m 值是不同的(见表 1),对于我国 5 个站综合统计得到的则为 9 km(表 1)。在(7)式中把 H_m 用 9 km 代入,$N(H_m)$ 用 104.9 代入,则(7)式又可写成

$$C_1 = \frac{1}{g - h_s} \ln \frac{N_1}{104.9}$$

综上所述,确定了第一层模式后,利用(6)、(7)式,第二层模式 $N(h)$ 模式也可方便地得到。

（3）第三层模式

在 H_m 千米以上,N 单位值仍按指数规律向上减少,但减小速率与第二层模式时不同,其模式可表示为

$$N(h) = N(H_m) e^{[-C_2(h-H_m)]} \qquad h \geqslant H_m \tag{8}$$

式中系数 C_2 由对应 H_m 千米以上高度上 h 值及其相应 N 单位值数据用普通回归方法得到。

至此,改进等效地球半径三层模式全部建立,这种(4)、(6)、(8)式将大气层分为三部分的模式,在低层具有等效地球半径模式简单、方便的优点,在中高层又与大气层的平均 N 结构很一致。习惯上把这种由改进等效地球半径模式建立的大气简称为参考大气,它与比较等效地球半径模式及后文建立的指数模式在多大程度上符合真实大气 N 结构提供了较客观的标准。可以看到这种参考大气的一个显著的特征是,只要利用历史资料,再由单一参数—地面上 N 单位值 N_s,就能确定参考大气。

为了具体了解改进等效地球半径模式所建立的参考大气(4)、(6)、(8)式中各项系数值,利用历史资料,可经计算得到。表 3 中列出了我国有代表性的 5 个测站建立参考大气过程中所用到的各系数值。为了便于比较,表中也同时列出了 5 个测站综合统计和美国资料得到的结果。

表 3　5 站和 5 站综合得到的组成参考大气所用的各系数值

站名	$\overline{N_s}$	h_s (km)	$R_m + h_s$	$-\Delta \overline{N}$	k	R_m'	H_{min} (km)	$N(H_{min})$	C_1	C_2
哈尔滨	315.12	0.143	6370.143	40.16	1.370	8727.096	7.000	132.75	0.1243	0.1462
乌鲁木齐	279.90	0.918	6370.918	34.16	1.282	8167.517	9.000	105.88	0.1186	0.1512
南京	340.80	0.009	6370.009	50.40	1.513	9637.825	9.000	105.09	0.1272	0.1457
成都	324.96	0.506	6370.506	46.99	1.462	9313.680	10.000	92.95	0.1290	0.1468
广州	358.06	0.007	6370.007	47.81	1.475	9395.750	12.000	73.70	0.1308	0.1550
各站综合	321.71	0.317	6370.317	42.97	1.377	8771.490	9.000	104.85	0.1222	0.1400
美国	313.00	0.214	6370.214	41.94	1.365	8695.342	9.000	105.00	0.1218	0.1424

3.3 指数模式

这个模式的特点是,从地面开始,N 单位值始终按指数规律向上减小,其数学模式为

$$N(h) = N_s e^{[-C_0(h-h_s)]} \tag{9}$$

C_0 值可通过地面上的 N_s 值和地面以上 1 km 处的 N 单位值来确定,即

$$C_0 = \ln \frac{N_s}{N_1} = \ln \frac{N_s}{N_s + \Delta N} \tag{10}$$

(10)式中 ΔN 仍可用(5)式确定,具体数值在表 2 中已给出。因此利用历史资料,只要已知地面上的 N_s 值,该模式就可唯一确定。在下文讨论中可以知道,这种指数模式能很好地代表离地面 3 km 之内的平均 $N(h)$ 廓线。此外,这种单值指数模式便于在理论研究中应用。

为了确定一个能适合我国大部分地区平均折射条件下的 N 分布指数模式,表 4 中列出了我国各地有可能出现的 N_s 值范围及其相应 ΔN 和 C_0 值,其中 A、B 值是利用表 2 中 5 个测站合统计得到的。

表 4 适合我国大部分地区平均条件的 N 指数模式

$-\Delta N$	22.1928	29.1169	34.2652	38.1959	40.3273	41.4372	42.9752
N_s	200.0	250.0	280.0	300.0	310.0	315.0	321.7
C_0	0.1176	0.1238	0.1306	0.1362	0.1394	0.1410	0.1434
$-\Delta N$	43.7494	47.6686	52.3522	58.9759	65.7414	75.2999	86.2482
N_s	325.0	340.8	358.1	380.0	400.0	425.0	450.0
C_0	0.1446	0.1507	0.1581	0.1687	0.1796	0.1951	0.2129

4 几种模式比较

4.1 几种模式 $N(h)$ 廓线与实测 $N(h)$ 廓线比较

图 3 给出了广州、哈尔滨两站三种不同模式和实测 $N(h)$ 曲线。前文已提到,4/3 地球半径模式实际上是 N 单位值按每千米向上减少 40 N 单位的一种线性模式。若采用(5)式并利用 5 个站综合统计求得的 A、B,即可求得 N_s 值为 305,该值与图 3 中哈尔滨地面上 N_s 值为 303.9 相当接近。由图也可看出,在 1 km 高度以下,4/3 地球半径模式与哈尔滨实测 $N(h)$ 廓线也比较一致,但与广州实测 $N(h)$ 廓线相差很大。这是因为在图 3 中广州实测 N_s 值为 394.4,向上到达 1 km 高度减少了 56 N 单位,远远超过了 4/3 地球半径模式要求每千米递减 40 个 N 单位的速率。在 3 km 高度以下,不论指数模式还是参考大气均和 $N(h)$ 曲线分布很一致,但在 5 km 高度以上,只有参考大气曲线与实测 $N(h)$ 廓线曲线较接近。

考虑到测雨雷达 PPI 显示一般只作低仰角和近距离探测,因此指数模式大致可以满足精度要求,但 4/3 地球半径模式在 1 km 高度以上探测就会带来较大的误差。为了提高探测精度,比较理想的应该采用参考大气模式,特别在进行较高仰角的远距离探测时,更是如此。

4.2 几种不同模式在雷达不同发射仰角时,射线轨迹的比较[1,4]

考虑到参考大气比4/3等效地球半径模式和指数模式能更真实地反映实际大气的平均 N 结构,为此我们用参考大气给出的射线轨迹为比较标准,来考察另外两种模式射线轨迹的精度。图4分别绘出了各站和5站综合的三种 $N(h)$ 分布模式在不同发射仰角下计算得到的射线轨迹比较,由图可见:

(1)当雷达做水平探测时,指数模式接近真实大气程度优于4/3等效地球半径模式,特别在 5 km 高度以下,指数模式的射线轨迹几乎与参考大气重合,而4/3等效地球半径模式在 1 km 以上就会造成误差,而且高度愈高,误差愈大,在 5 km 以上,大致会造成 500 m 左右的测高误差。

(2)当雷达做低仰角探测时,在 1~2 km 以上,4/3等效地球半径模式给出的射线轨迹,它偏离作为标准的参考大气的射线轨迹,要比指数模式明显。各个测站产生的误差不太相同,但总的趋势也是随着高度增大,大致会造成几百米左右的测高误差。

(3)随着发射仰角增大,三种模式的射线轨迹趋于重合,这表明对流层折射只是在雷达做低仰角探测时对雷达射线传播轨迹有较大影响。当天线发射仰角大于3°(即 52.4 mrad)后,通常可以不考虑对流层折射的影响。

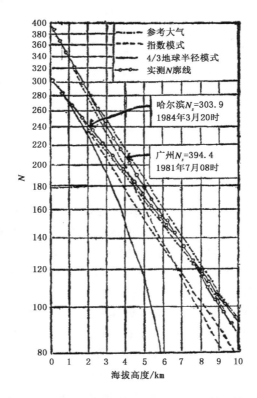

图 3　三种模式的 N 垂直分布与实测 N 剖面的比较

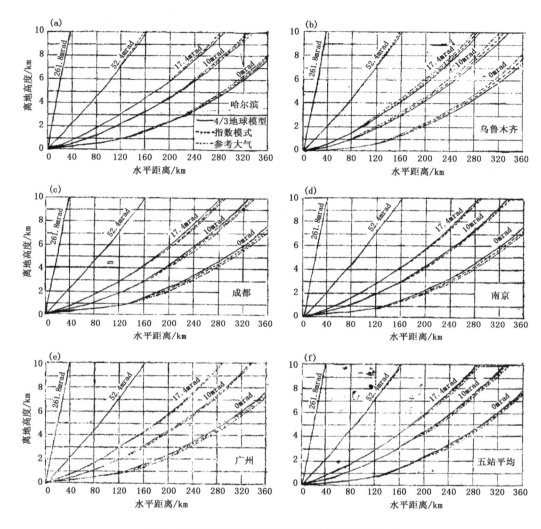

图 4　三种 N 模式在不同发射仰角时射线的轨迹

5　小结和讨论

（1）4/3 等效地球半径模式，在 1 km 高度以下使用，不会造成多大的探测误差，但当探测高度增加，该模式精度下降，必须以指数模式或更优的参考大气模式代替，才能保证探测精度；

（2）本文应用长期气候资料得到的指数和参考大气模式，虽是平均结果，但大量探测表明，它们能改善探测精度，指数模式虽然稍差于参考大气模式，但因为它只是一层模式，应用起来比较方便，也便于数学处理；

（3）国内、外探测资料均表明，在 9 km 左右高度，N 单位变化范围最小，这可能是由于在这个高度上，水汽含量已很少，（1）式右边第二项作用可以忽略，而右边第一项气压在该高度上已很低，温度在这个高度上由于将进入平流层，变化又较小，所以 N 单位变化范围在这个高度区间达到最小值；

（4）本文只是从我国有代表性的 5 个测站用 5 年探测资料得到的一些结果，把它与国外资料所得结果比较来看，有一定代表性，但我国地区广大，气候复杂，要详细了解我国各气候区 N 垂直结构模式。还需做更多的工作。

参考文献

［1］ Bean B R，Dutton E J. Radio Meteorology［M］. New York：Dover Publications Inc，1968.

［2］ 王永生，等.大气物理学［M］.北京：气象出版社，1987：388-397.

［3］ 《简明数学手册》编写组.简明数学手册［M］.上海：上海教育出版社，1978：7-59.

［4］ 张培昌，戴铁丕，杜秉玉，等，雷达气象学［M］.北京：气象出版社，1988：68-87.

［5］ Crenanenro B Y. 雷达在气象中的应用［M］.北京：科学出版社，1979：1-23.

［6］ Battan L J. Radar observation of the atmosphere［M］. Chicago：University of Chicago press，1973：14-159.

射线弯曲度 τ 的几种计算方法和精度比较[*]

戴铁丕[1]，张培昌[1]，郑学敏[2]

(1.南京气象学院，南京　210044；2.大连市环境科学研究所，大连　116023)

摘　要：本文重点介绍射线弯曲度 τ 的几种计算方法及其精度。此外对三种不同 $N(h)$ 模式和十年平均的 $N(h)$ 垂直结构分别用精度最高的数值积分法计算 τ 值，然后绘制 $\tau - h$ 曲线。结果表明，参考大气最符合真实大气情况，指数模式次之，4/3 地球半径模式则较差。

1　引言

　　射线弯曲度，又称射线偏折射角 τ[1,2] 是指由于地球上存在大气，电磁波在传播过程中发生折射后按弯曲路径传播时所产生的总折射角。在大气折射的各种计算中最关键的是算出这个角度。由于地球上存在大气，若考虑大气是球面分层的，即折射指数仅随高度变化，从折射定律可知，虽然大气折射对方位角测量无影响，但对仰角和斜距测量都有影响。因此，只有确定 τ 角，才能准确地定出目标物在空间位置。在锋面、海陆锋两侧由于大气水平分布也不均匀，确定 τ 角以提高探测精度[1]也很重要。此外，天体视在仰角变化、电波传播、微波通讯质量的改善、空间技术探测精度的提高都与射线弯曲度 τ 角有关。综上所述对射线弯曲度 τ 角的研究具有多方面意义。

　　文献[1]对射线弯曲度作了广泛的研究，但它仅适用于国外其他地区，在我国，文献[2]对它作了简单介绍。至于对它的性质、计算方法和应用，迄今为止尚未见到有关这方面的研究报导。

　　本文重点研究射线弯曲度的理论公式、性质、几种计算方法及其精度比较。此外，对不同 $N(h)$ 模式计算得到的射线弯曲度 τ 与探测高度 h 的关系也作了分析和比较。

2　资料

　　本文选取了哈尔滨、乌鲁木齐、南京、成都、广州 5 个测站 1980 到 1984 年无线电探空仪得到的每月月平均温、压、湿资料，利用折射指数与温、压、湿关系式

$$N = (n-1)10^6 = 77.6 \frac{P}{T} + 3.73 \times 10^5 \frac{e}{T^2} \tag{1}$$

计算得到 N 单位平均值。式中 P 、T 、e 分别代表气压、温度和水汽压值，n 为折射指数，而 N

---

　　[*]　本文原载于《气象科学》，1992，12(2)：221-229.

为折射指数 N 单位(下简称为 N 单位)。

此外,本文为考察上述 5 个测站长期平均的 N 单位垂直分布结构精度,还采用了各站自 1960 年到 1969 年逐年月平均的探空温、压、湿资料计算得到 N 单位历史平均值,作为比较的标准。

另外,由于利用月报表上探空资料无法得到测站海拔高度为 1、2、3、……20 km 高度上的 N 单位值,故本文利用三次样条函数插值法得到缺测高度上的 N 单位值。经与实测资料比较,证明上述方法得到的资料精度可以达到要求。

3 表征射线弯曲度 τ 的理论公式和几种计算方法

3.1 理论公式

若考虑大气呈球面分层,即折射指数仅随高度变化,由图 1 和图 2 利用 snell's 定律和正弦定理,略去微分乘积项整理后可得

$$d\tau = -\cot\theta \frac{dn}{n} \tag{2}$$

对于折射指数分别为 n_1 和 n_2 的两个球形薄层,积分上式,可得到计算射线弯曲度 τ 的理论公式有

$$\tau_{1,2} = -\int_{n_1}^{n_2} \cot\theta \frac{dn}{n} \approx -\int_{n_1}^{n_2} c\tan\theta dn \tag{3}$$

3.2 几种计算 τ 值方法

(1)4/3 地球半径模式[3]

考虑等效地球半径模式,在标准大气情况下,设 R_m 为地球半径,因为 $\frac{dn}{dh} = -\frac{1}{4R_m}$,把该关系式代入(3)式,同时考虑到 n 近似等于 1,(3)式则为

$$\tau_{1,2} = \int_{h_1}^{h_2} \frac{c\tan\theta}{4R_m} dh$$

对于 $h_1 = h_0 = 0$ 和 $h_2 = h$ 及 $0 \leqslant \theta_0 \leqslant 10°$,上式又可写成

$$\tau_{0,h} = \int_0^h \frac{dh}{4R_m} \tag{4}$$

利用文献[1]中提到的关系式

$$\theta = \left[\frac{3}{2} \frac{h}{R_m}\right]^{\frac{1}{2}}$$

积分(4)式,最后可得

$$\tau_{0,h} = \frac{1}{\sqrt{6}} \sqrt{h/R_m} \tag{5}$$

(5)式就是 4/3 地球半径模式和初始发射仰角较小情况下,求射线弯曲度 τ 的公式。可以发现,在这种模式下,一定高度 h 上的 τ 值是固定的。因此可以事先作好图表(图 3)以备查用。

该法较粗糙,但计算方法简单,当接近标准大气折射或精度要求不高情况下,可应用该式。

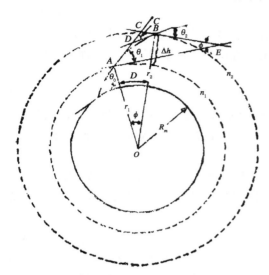

图 1 在球面分层大气中 τ 的几何图示

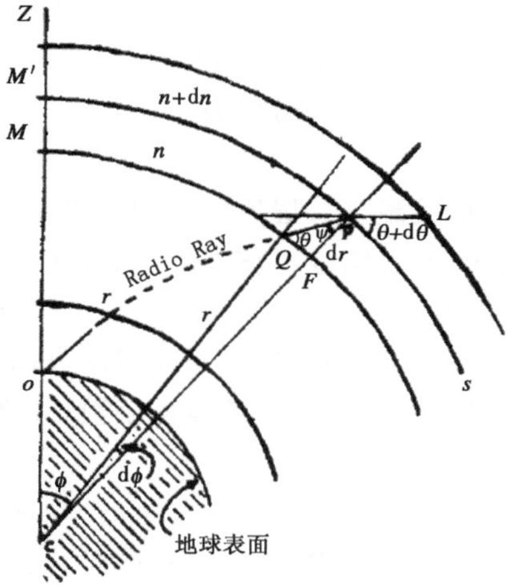

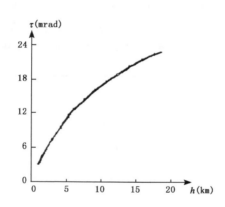

图 2 球坐标中推求 snell's 定律的图示

图 3 $\tau - h$ 关系图(4/3 地球半径模式)

(2)Bean 方法

若起始发射仰角较大,一种简单的方法是可以用地面上 N_s 单位值估算射线弯曲度 τ 值。若把方程(3)中 n 变换成 N 单位,再进行分部积分,并注意到 n 接近于 1,可得

$$\tau_{1,2} = [-c\tan\theta \cdot N \cdot 10^{-6}]_{N_1}^{N_2} - \int_{\theta_1}^{\theta_2} \frac{N}{\sin^2\theta} d\theta \cdot 10^{-6} \tag{6}$$

因为 θ 值在 $0° \sim 90°$,$\dfrac{N}{\sin^2\theta}$ 随 θ 值增加而减少,若第一点取在地面上,即 $\theta_1 = \theta_0$,$N_1 = N_s$。当取 $\theta_0 = 10°$,$N_2 = 0$,$\theta_2 = \dfrac{\pi}{2}$ 时,(6)式中第二项的值只占全部方程值的 3.5%。即使 θ_0 取 $5°$,N_2 和 θ_2 仍取上面的值,第二项也仅占 10%,故可忽略此项。则地面和任一点 r(图 1)之间 τ 值为[1]

$$\tau_{0,r} = N_s \cot\theta_0 \cdot 10^{-6} - N_r \cot\theta_r \cdot 10^{-6} \tag{7}$$

在(7)式中,注意到 $\theta_0 > 5°$ 时,因为在正常大气折射情况下, $\theta_r < \theta_0$,再由于随着高度增加, $N_r \ll N_s$,而且变化范围逐渐变小,所以右边第二项相对于第一项不仅较小,而且接近常数。即当 θ_0 取大于 $5°$ 且一定值时,可以把 $\tau_{0,r}$ 看作是 N_s 的线性函数。而当 $N_r = 0$ 时,即当射线经过全部大气层时,上式又可简化为

$$\tau = N_s \cot\theta_0 \times 10^{-6} \tag{8}$$

因此,只要有地面温、压、湿值资料和射线初始发射仰角 θ_0 值,就可以求出 τ 值。该法简便,但由于作了两次近似,精度不够理想,而且还要求 $\theta_0 > 5°$,射线经过整层大气时才能应用。

（3）统计回归法

据上文分析,在通常条件下,对于所有高度,当 θ_0 和高度 h 一定值时,由于(7)式右边第二项接近常量,所以 $\tau_{0,r}$ 是 N_s 的线性函数,故文献[1][4]提出可用线性回归法建立 τ 和 N_s 的统计关系式。

$$\tau = bN_s + a \tag{9}$$

实际工作中是利用 N_s 值在一定 θ_0 值时,由(7)式或下文提到的数值积分法求得 τ 值,据大量 N_s 和 τ 值,利用简单回归方法就可确定统计关系(9)式中的系数 a 、b 值。此法优点在于可用历史气象资料预先制好表(表1)。具体应用时,可从表中由高度值 $h-h_s$ 和 θ_0 查得 a 、b 值,然后用(9)式由 N_s 值计算得到 τ 值。在下文计算中可以发现,这种统计回归法能达到一定精度,但当初始发射仰角 θ_0 较小时,有一定误差,当 θ_0 和 $h-h_s$ 值增大,精度逐步提高。

表1 统计回归法中系数 a、b 等值查算表（南京 1981 年探空资料）

(a) $h-h_s = 139$ m

θ_0	r	b	a	s
0.0	0.28	0.0239	-5.159	6.74
10.0	0.22	0.0058	-0.609	1.06
52.4	0.21	0.0009	-0.098	0.17
200.0	0.17	0.00001	0.031	0.04

(b) $h-h_s = 1493$ m

θ_0	r	b	a	s
0.0	0.29	0.058	-10.427	7.57
10.0	0.23	0.008	-0.743	1.12
52.4	0.26	0.001	-0.117	0.19
200.0	0.26	0.0003	-0.029	0.05

(c) $h-h_s = 3069$ m

θ_0	r	b	a	s
0.0	0.45	0.098	-17.76	0.76
10.0	0.76	0.035	-5.37	1.15
52.4	0.87	0.008	-1.28	0.21
200.0	0.87	0.002	-0.33	0.05

(d) $h - h_s = 5712$ m

θ_0	r	b	a	s
0.0	0.48	0.107	−13.94	7.54
10.0	0.85	0.043	−6.34	0.11
52.4	0.94	0.012	−1.57	0.05
200.0	0.98	0.005	−0.79	0.05

(e) $h - h_s = 7392$ m

θ_0	r	b	a	s
0.0	0.50	0.112	−19.17	7.57
10.0	0.87	0.047	−6.64	1.05
52.4	0.91	0.031	−1.62	0.14
200.0	0.97	0.004	−0.41	0.04

注 h_s：地面海拔高度；r：相关系数；s：剩余标准差；θ_0：初始发射仰角

（4）数值积分法

Schulkin[1] 从探空资料获得的 N 剖面图中，提出了精度很高的计算 τ 值的数值积分法。因为由探空资料获得的 N 剖面图，是由不同高度和相应的一系列 N 单位值组成。若假定在 N 剖面图中某两点之间的 $N(h)$ 值随高度呈线性变化，两点的射线仰角用 θ_1 和 θ_2 表示，并认为 $\theta = \dfrac{\theta_1 + \theta_2}{2}$，那么对（3）式积分有

$$\tau_{1,2} \cong - \int_{n_1}^{n_2} \text{cotan}\theta \, dn \approx \frac{2(n_1 - n_2)}{\tan\theta_1 + \tan\theta_2} \tag{10}$$

若 n 值用 N 单位表示，又考虑到当 θ_1 和 θ_2 角小于 10° 时，用 θ 值代替 $\tan\theta$ 值只会引起小于 1% 的误差，由此（10）式可改写为

$$\tau_{1,2} \cong \frac{2(N_1 - N_2)}{\theta_1 + \theta_2} \tag{11}$$

（11）式中若 θ_1、θ_2 用 μrad（微弧度）为单位代入，其中 θ 值也可以利用由 snell's 定律和经过简单运算获得的下式

$$\theta_{k+1} \cong \left[\theta_k^2 + \frac{2(r_{k+1} - r_k)}{r_k} 10^6 - 2(N_k - N_{k+1})\right]^{\frac{1}{2}} \tag{12}$$

决定。式中 θ_k、θ_{k+1} 分别为射线与第 k 层、第 $k+1$ 层之间的夹角；对应第 k 层、第 $k+1$ 层单位值为 N_k、N_{k+1}；r_k、r_{k+1} 分别为第 k 层、第 $k+1$ 层距地球中心的距离。对于整个 N 剖面中的射线弯曲度 τ，则可以对 $\tau_{1,2}$ 求和得到，即

$$\tau_n \cong \sum_{k=0}^{n} \frac{2(N_k - N_{k+1})}{\theta_k + \theta_{k+1}} \tag{13}$$

（13）式即为求 τ 值精度最高的公式，可以作为标准去检验其他方法求 τ 的精度。

（5）初始 N 梯度不规则的修正方法

应指出确定射线轨迹时，初始 N 梯度很重要。若发射仰角接近 0°，$\dfrac{dn}{dh} = -\dfrac{1}{R_n}$ 时，则射线

在大气中传播像微波在波导中传播一样,射线弯曲度是不能确定的,另外当 $\dfrac{dn}{dh}=-\dfrac{1}{R_m}$ 时,由计算方法本身带来的误差也相当大。因此需要通过修正初始 N 梯度不规则来更精确地求算 τ 值。该法是假定观测到的初始 N 梯度不规则只存在于距地面 100 m 厚的气层内,而在 100 m 以上的 N 分布相当于实测 N_s 值向上呈指数模式 $N(h)$ 曲线。在这种假定下得到修正后的 τ 计算式为

$$\tau_h = \tau_h(N_s,\theta_0) + [\tau_{100}(N_s^*,\theta_0) - \tau_{100}(N_s,\theta_0)] \tag{14}$$

式中,$\tau_h(N_s,\theta_0)$ 为实测 N_s 值对应的指数模式所决定的从地面到 h 高度间射线弯曲度;$\tau_{100}(N_s,\theta_0)$ 是由实测的 N_s 值对应的指数模式所决定的从地面到 100 m 高度间射线弯曲度;$\tau_{100}(N_s^*,\theta_0)$ 则是由实测初始 N 梯度决定的指数模式计算出的从地面到 100 m 高度间的射线弯曲度。这里 N_s^* 值是将实测初始 N 梯度代入由我国哈尔滨、乌鲁木齐、成都、南京、广州 5 个测站资料综合统计得到的统计关系式

$$-\Delta N = 7.491e^{0.00540N_s} \tag{15}$$

求得的。其中 $-\Delta N$ 为地面上 N_s 值减去 1 km 上 N 值得到的。例如当 ΔN 为 -80 N 单位时,代入(15)式可得 N_s(也即 N_s^*)值为 436 N 单位。这种修正实测初始 N 梯度不规则的方法,当发射仰角小于 10mrad 时,精度很高。

(6)指数模式内插法

利用标准指数模式的折射变量表 2 对 N_s、θ_0 和高度 h 进行线性内插,可以得到需要的 τ 值。表中 τ 值实际上也是由一定指数模式,利用(12)、(13)式得到的。只是事先制好了一套表格(表 2 仅为其中一个),使用时较方便。由于使用了模式,另有内插误差,精度不理想。

表 2　在 $N(h)=340e^{-0.1504h}$ 指数模式大气中 τ 值与 h 和 θ_0、θ 值的关系

高度 (km)	$\theta_0=0$		$\theta_0=10$		$\theta_0=52.4$		$\theta_0=87$	
	θ	τ	θ	τ	θ	τ	θ	τ
0.01	1.43	0.715	10.10	0.051	52.4	0.009	87.0	0.006
0.1	4.61	2.226	11.01	0.483	52.6	0.097	87.1	0.058
1.0	14.79	6.659	17.86	3.439	54.4	0.889	88.3	0.542
3.0	26.36	10.402	28.19	6.77	58.66	2.23	90.9	1.391
6.0	38.46	12.86	39.74	9.12	64.99	3.51	95.12	2.24
9.0	48.16	14.03	49.19	10.26	71.17	4.25	99.44	2.75

4　几种求射线弯曲度 τ 结果比较

为了比较几种求 τ 的精度,本文使用了南京站 1983 年 1 月 08 时实测月平均的 N 剖面(见表 3),分别采用数值积分法、指数模式内插法、初始 N 梯度修正法、统计回归法计算出不同发射仰角时从地面到 9.224 km 高度 τ 值,几种方法最后计算结果列于表 4。由表可见,当初始发射仰角 θ_0 大于 10 mrad 时,四种方法求得的 τ 值甚为接近。但当 θ_0 小于 10 mrad 时,若以最准确的数值积分法为标准,则统计回归法精度较差。

表 3　南京地区 1983 年 1 月 08 时实测月平均的 N 剖面

离地高度 (km)	0.000	0.238	1.533	3.061	5.616	7.248	9.224
N 单位	318.1	308.8	256.4	211.8	156.6	129.5	101.7

表 4　四种方法计算射线弯曲度 τ(mrad) 的精度

方法	$\theta_o = 0$	$\theta_o = 10$	$\theta_o = 52.4$	$\theta_o = 87$
数据积分	11.33	8.53	3.61	2.35
指数模式	12.20	9.16	3.87	2.53
初始 N 梯度修正	12.24	9.09	3.88	2.52
回归法	17.87	9.26	3.75	2.42
	±7.5	±0.97	±0.08	±0.05

5　不同 $N(h)$ 模式求得的 τ 值与高度关系的比较

文献[1][2][3]提出了 $N(h)$ 随高度分布变化的 4/3 地球半径、参考大气、指数三种统计模式。应用本文中提到的数值积分法可计算出对应不同 N 模式从地面到某一高度 h 间 $\tau_{0,h}$ 值,具体说,可将各高度上 $N(h)$ 实测数据和由三种 $N(h)$ 模式得到的各高度上 $N(h)$ 数据代入(13)式求得 τ 值,其中射线仰角由(12)式决定。图 4 给出了 5 个测站 4/3 地球半径模式、参考大气和指数模式的射线弯曲度 τ 和高度 h 关系比较。为了分析精度,图中同时给出了利用 10 年探空资料得到的平均大气 $N(h)$ 情况下 τ 和 h 的关系,由图 4 可见:

(1)在对流层 2 km 以下,哈尔滨和乌鲁木齐两站和 5 个测站综合平均的 4/3 地球半径模式给出的 τ-h 曲线与参考大气、指数模式和平均大气给出的 τ-h 曲线相当一致,但在 2 km 以上发生很大偏差。这是因为当初始发射仰角不太大时,τ 值基本上由 N 曲线上 N 梯度决定[1]。现哈尔滨、乌鲁木齐两站和 5 站综合平均初始 N 梯度分别为 41、35、42.9 N 单位,与 4/3 地球半径模式 N 梯度为 40 N 单位大体上一致;相比之下,其他南京、成都、广州三个站地面 N 值较大,相应初始 N 梯度也较大,分别为 50、47、48 N 单位,与 4/3 地球半径模式 N 梯度为 40 N 单位偏差较大。所以对这几个站 2 km 以下,几种模式 τ-h 有显著差异;

(2)在对流层 2 km 以上,5 个测站综合的 4/3 地球半径模式 τ-h 曲线与参考大气、指数模式和平均大气 τ-h 曲线均有较大差异;

(3)纵观图 4 还可以看出 4/3 地球半径模式计算得到的 τ 值不符合平均真实大气折射;参考大气、指数模式大气 τ-h 曲线无论在对流层低层还是高层均与代表真实大气平均的 τ-h 曲线符合很好,其中以参考大气最为理想。

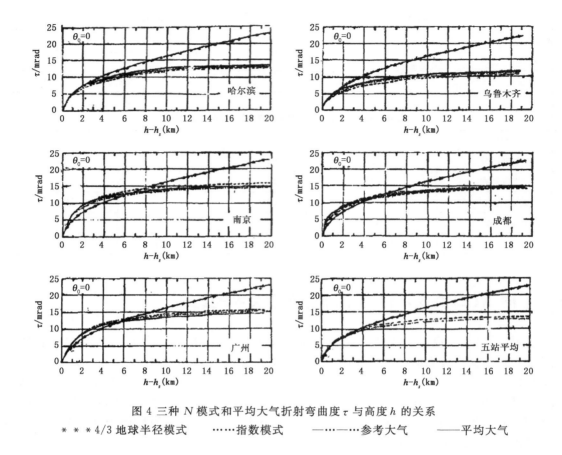

图 4 三种 N 模式和平均大气折射弯曲度 τ 与高度 h 的关系

＊＊＊4/3 地球半径模式　　……指数模式　　—·—·—参考大气　　——平均大气

6　应用

　　射线弯曲度 τ 的应用很广泛,限于篇幅,本文仅介绍 τ 和探测距离 d 及高度为 h 的关系式,由图 1,当 $\theta_1 = \theta_0 = 0°$ 时,可方便得到 h 的目标物,探测距离 d 和 $\tau_{0,h}$ 的关系式为

$$d_{0,h} = R_m(\tau_{0,h} = \theta_h) \tag{16}$$

因此当 $\tau_{0,h}$ 值已知,由于 θ_h 可由(12)式求得,故探测距离就可知道。在 4/3 地球半径模式假定下,把(5)式代入(16)式,经简单运算下可以得到

$$d_{0,h} = \sqrt{2h\frac{4}{3}R_m} \tag{17}$$

(17)式即为在雷达气象上常遇到的利用等效地球半径模式,在标准大气情况下,探测距离 $d_{0,h}$ 和地球半径 R_m 及目标物高度 h 的关系式,有一定使用价值。

　　必须指出(16)式是在各种大气折射下均适用的一般关系式,只要能准确求得 $\tau_{0,h}$ 值,雷达探测距离 $d_{0,h}$ 精度也可保证。而(17)式仅在 4/3 地球半径模式下适用,在 2 km 以上精度很差。

7 小结

(1)本文介绍了计算射线弯曲度 τ 的几种方法,以数值积分法最为准确,可以作为标准去检验其他方法计算 τ 的精度,但该法必须有实测探空资料利用(12)、(13)式才能求得 τ 值;

(2)统计回归法计算 τ 的方法比较方便。但事先要用历史资料,求得在不同 θ_0 和 h 情况下 N_s 和 τ 的回归方程,从而可确定系数 a、b 值。该法在初始发射仰角 θ_0 角小于 $1°$ 时,误差较大,但随 θ_0 角增大,精度很快提高;

(3)由三种不同 $N(h)$ 模式求得的 τh 关系曲线表明,参考大气精度最高,指数模式大气精度也可满足要求,但 4/3 地球半径模式较差,在 2 km 以上这种模式不能应用。

参考文献

[1] Bean B R,Dutton E J. Radio meteorology[M]. New York:Dover Publications Inc,1968:49-80.

[2] 王永生,等.大气物理学[M].北京:气象出版社,1987:388-397.

[3] 张培昌,戴铁丕,杜秉玉,等.雷达气象学[M].北京:气象出版社,1988:68-87.

[4] Bean B R, Cahoon B A. The use of surface weather observations to predict the total atmospheric bending of radio waves at small elevation angles[J]. Proc IRE, 1957,45:1545-1546.

用折叠线跟踪算法退除多普勒速度折叠[*]

刘晓阳,张培昌,顾松山

(南京气象学院,南京　210044)

摘　　要:在二维极坐标多普勒雷达资料上建立径向速度折叠线,通过对折叠线的特征分析,判定折叠区域,进而确定每个库的径向速度值。用该算法已在多幅台风和暴雨等强天气过程的资料上库间折叠和整体折叠实现了完全正确的退除叠处理,其优点是只对折叠区附近区域作处理,时效高、速度快,与面向径向处理的算法相比可靠性更高。

关键词:气象雷达;气象资料;大气探测

和普通的常规天气雷达相比,脉冲多普勒雷达为探测大气内部流场提供了条件,但由于受最大探测距离的制约,雷达所能测到的速度范围很有限,使测得的径向速度场产生折叠。要想正确地使用多普勒雷达速度资料,就必须先退除这种折叠。目前已有许多方法处理多普勒雷达资料的折叠问题,这些方法可归结为两类。一类是通过调整雷达硬件阻止速度折叠的产生,包括双 PRF、多频率雷达等[1]。尽管这些方法在不同程度上减轻了速度折叠,但并不总能适合雷达系统的业务化使用,有些方法还会使雷达的角分辨率降低。第二类是用软件方法退除折叠,主要包括两方面的内容:一是由于实际速度场中存在径向速度大于雷达测速范围的区域,这种区域在雷达测得的速度场上为折叠区;第二是实际速度场中存在很强的径向风切变,且该切变量与雷达的最大不模糊速度相当甚至更大,由于切变和折叠的相互混淆,使得实际切变线的位置难以确定,因此要用软件方法正确地识别出是折叠还是强切变线。

Merritt[2]提出以二维数据,即一个完整的 PPI 为处理单位。用区域生长法将数据分区,使各个区中的所有速度值之间不存在折叠,再以区为单位,选择合适的折叠指数 N,使区与区之间沿边界的切变量最小,这样就可退除区与区之间的折叠。最后用一个风场模型确定回波块的整体折叠。该方法后来分别由 Boren 等[3]和 Bergen 等[4]进行了改进。然而,这些方法都未考虑相对折叠的存在,直到 1989 年 Albers[5]进一步完善上述算法,提出用最小熵算法退除相对折叠,确定强切变线位置。

Eilts 等[6]和 Desrochers[7]几乎在同一时期也开发了各自的系统,他们的方法很相似,都是以几根径向为处理单位,边处理边监视可能的强切变,一旦发现有强切变存在,他们分别在二根或多根径向上进行处理,使每个库的速度值与周围各库的速度差最小。由于他们的方法偏重径向,在切变线定位上存在误差,但优点是处理速度快,能做到实时。

鉴于二维算法考虑比较全面,而区域生长法运算量较大,本文提出二维折叠线跟踪算法。因为,折叠、强切变等信息均包含在折叠线中,只要对折叠线进行分析就能识别库间折叠和相

* 本文原载于《南京气象学院学报》,1992,15(4):493-499.

对折叠,对没有折叠的区域几乎不作任何处理,这样可以大大提高算法的效率。

1 退折叠中的一些基本概念

1.1 脉冲多普勒雷达产生折叠的原因

从雷达信号的频谱分析可知,目标物返回信号的谱线位于 $f_0 + fd$, $f_0 \pm PRF + fd$, $f_0 \pm 2PRF + fd$,…, $f_0 \pm nPRF + fd$(其中, f_0 为发射波频率, PRF 为雷达脉冲重复频率, fd 为运动目标物产生的多普勒频移, n 为正整数)。雷达可识别的多普勒频移设定在 $-(1/2)PRF \leqslant fd \leqslant (1/2)PRF$ 范围内,当目标物沿径向运动产生的多普勒频移 $|fd| > (1/2)PRF$ 时,雷达测得的径向速度 V_{rm}(以下称视在速度)与目标物实际的径向速度 V_{rt} 相差 $2NV_m$ (V_m 为 Nyquist 速度)。即

$$V_{rt} = V_{rm} + 2NV_m \tag{1}$$

N 的取值范围可为 $0, \pm 1, \pm 2, \pm 3$,……。(1)式可作为视在速度与实际速度的通用关系式, N 称为折叠指数(或称 Nyquist 数)。显然,同一个视在速度 V_{rm} ,由于 N 的不同,可能对应几个不同的实际速度,退折叠的目的就是要正确地定出每个视在速度对应的 N 值。

1.2 库间折叠

由于流场在空间中的分布总是连续的,因此,一般情况下,雷达测得的径向速度场也应该是连续的。以均匀流场的 VAD 为例,如图 1 所示,当流场速度 $V_{rt} \leqslant V_m$ 时,图上没有折叠,而当 $V_{rt} > V_m$ 时则出现了折叠,点 a、b(或 c、d)之间存在的折叠就称为库间折叠。

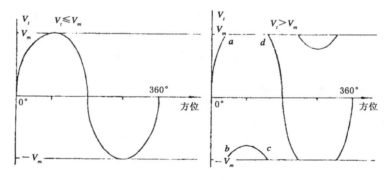

图 1 VAD 显示图。左边为无折叠,右边存在折叠

1.3 整体折叠

在雷达探测范围内,对某一块回波而言,其中的每个库都可能存在折叠,这时,无法用和其他库比较的方法判断它是否有折叠存在,这种发生在整体回波上的折叠称为整体折叠。

相对折叠的概念及其退除比较复杂,将另文详述。

2 折叠线跟踪算法

2.1 预处理

在雷达回波中,由于种种原因,会存在一些噪声,它很容易使软件产生对速度场的错误识别。因此,首先必须对速度场资料进行消除噪声的处理。中值滤波是一种简单有效的非线性滤波方法,利用十字型二维中值滤波可以方便地消除噪声而不影响折叠区的大小和边界,但它对回波的极端值有一定的削弱,其削弱程度随窗口宽度的增大而增大,选择适当的窗口值,可以达到既消除噪声而对极端值的影响又很小的目的。

在雷达回波中,总存在许多的小空隙,它们无法用滤波的方法去除,在大回波的边缘附近,还常会出现许多细碎的小回波块,如果将这些小回波块视为孤立回波块,就必须考虑它们是否存在整体折叠,那将要占用很多处理时间。为节省时间简化处理,这里采用二维膨胀算法,它不仅能有效地"填平"所有小空隙,而且将大回波块与附近的小回波块连成一体,使很多小回波块的整体折叠问题退化为回波块内库间折叠问题,大大改善了预处理效果,提高了后续处理的精度。

膨胀回波,首先必须知道哪些点需要膨胀,哪些点不需要膨胀。为此,对视在速度不为零的点,取判别函数

$$ID(r,\theta) = \begin{cases} 1 & (r,\theta) \text{ 点的 8 邻点中任一点的值为零} \\ 0 & \text{其他} \end{cases} \tag{2}$$

所有 $ID(r,\theta)$ 等于 1 的点都是需要膨胀的点,将这些点的速度值等值地向无回波区(即 8 邻点内值为零的点的方向)拓展(膨胀),膨胀的量则必须满足在膨胀区域内,实际径向风速的变化量要小于 Nyquist 速度值。因为膨胀量选的太大,会将不存在整体折叠的孤立回波块误视为存在整体折叠;膨胀量选得太小,又起不到"合并"碎回波块的作用。

2.2 折叠线跟踪及库间折叠的退除

为能有效地退除折叠,首先必须提取出与折叠有关的速度特征。为此,取特征函数

$$IP(r,\theta) = \begin{cases} 1 & L(r,\theta) - N_s(L) > V_s \\ 0 & \text{其他} \end{cases} \tag{3}$$

式中,$L(r,\theta)$ 为径向速度场上 (r,θ) 点的值,V_s 为小于等于 V_m 的速度阈值,由 $IP(r,\theta) = 1$ 点构成的线条称为折叠线,与折叠线相连的折叠区域可能是库间折叠,也可能是相对折叠。退折叠的关键就是要正确地区分出折叠区域是属库间折叠还是相对折叠。对库间折叠区,只要用适当的折叠指数 N 订正该区中的每个库,而对相对折叠区,则须确定出强切变的位置。逐行扫描 $IP(r,\theta)$ 平面,跟踪折叠线,依据跟踪结果将折叠分成三类:第一类是折叠线仅出现在回波内部;第二类是折叠线一直延续到回波边沿,这二类都属库间折叠;第三类为存在强切变的情形,即相对折叠。

对第一类折叠,由于折叠线仅在回波内部,它必然包围了某个折叠区域,只要在一维上(如沿径向)逐行处理折叠线所围区域内的每个点 $L(r,\theta)$,即按下式退折叠

$$d(r,\theta) = \begin{cases} L(r,\theta) + 2V_m & L(r,\theta) - L(r-1,\theta) < -V_s \\ L(r,\theta) - 2V_m & L(r,\theta) - L(r-1,\theta) > V_s \end{cases} \quad (4)$$

式中，$d(r,\theta)$ 为退折叠后的值。这样就可退除折叠线所围区域内的库间折叠。

对于第二类折叠，折叠线一直沿续到回波边沿，未能围成一个区域，这时，跟踪回波边沿，使回波边沿和折叠线包围某个折叠区域，然后按第一类折叠的方法退折叠即可。

2.3 整体折叠的退除

对各回波块可能存在的整体折叠，最好是用实测风进行订正，但在实际工作中很难做到。因此，整体折叠的退除，只能靠软件，当天线仰角较低时，利用最小二乘 VAD 算法确定是否存在整体折叠。VAD 技术是一种谐波分析技术，它将径向速度场按方位角分解出风场的零次谐波、一次谐波等，从而求得风场的水平速度等特征量，回波块的整体折叠是在实际径向速度场上叠加（或减去）了一个幅度为 $2V_m$ 的零次谐波，它对一次谐波项并没有任何影响，因此，即使是存在整体折叠的回波块，当实际零次谐波（与水平散合、垂直气流、粒子下落速度有关）较小时用 VAD 仍能正确地算出其水平速度。将 VAD 算得的水平速度投影到某个径向（略去零次谐波项），并与该径向的视在速度比较，即可判别该径向是否存在整体折叠。

当回波块没有足够多的速度值（纬圈上有速度点的个数少于某个阈值 N_s，如 $N_s=200$），或者当天线仰角较高，不适宜做 VAD 时，用面积比较法确定是否有整体折叠，即认为同一回波块上折叠区的面积总是小于无折叠区的面积。这样，在退除库间折叠以后，累计同一回波块上折叠指数 N 相同的库所占的面积，如果占面积最大的 N 值为零，说明没有整体折叠，如果占面积最大的 N 值非零，说明存在整体折叠，这时将该回波上的每个库都加上 $-2V_m N$，使占面积最大的 N 值为零。

3 个例分析

本算法已在南京气象学院 10 cm 多普勒雷达上实现，采用的资料格式为 360×250 库，距离分辨率在 $150\sim600$ m，Nyquist 速度为 $18\sim25$ m·s^{-1}。

图 2a 为模拟涡旋场的径向速度分布示意图，其流场在极坐标系下满足 $V_R=0$

$$V_\theta = \begin{cases} M_1 e^{-6/150} & R \leqslant 6 \text{ km} \\ M_1 e^{-R/150} & 6 < R \leqslant 90 \text{ km} \\ 0 & R > 90 \text{ km} \end{cases} \quad (5)$$

式中，(R,θ) 为以涡旋中心为原点的极坐标值，涡旋中心相对于雷达站为原点的直角坐标位置为：$X=-50$，$Y=150$。式中，$M_1=35.15$(m·s^{-1})，图中线影部分为负速度区，点影部分为正速度区。图 2b 为退折叠后的涡旋径向速度场。

图 3a 为一次暴雨过程的径向速度示意图，由于种种原因，资料的质量不够理想，图中远处的回波呈辐射状，其中存在大量空隙，形成许许多多的孤立回波块，并有折叠区夹杂其中，普通方法很难处理这种资料，二维膨胀算法则非常有效地处理了这种资料，也为折叠线跟踪算法的正确运行提供了保证。图 3b 是经折叠线跟踪算法处理后的速度回波。

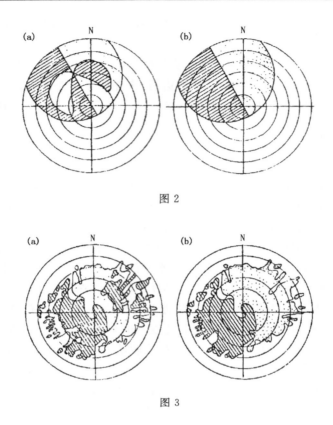

图 2

图 3

4 结论与讨论

本算法与其他现有的算法相比,具有以下几个方面的特点(不包括相对折叠部分):

(1)与 Merritt 提出,后经 Albers 等改进、完善的系统相比,有效率高、速度快的特点。他们采用区域生长法对回波分区,这种方法对无折叠区和折叠区所作的处理几乎相同,这对无折叠区而言,做了许多无用功。而折叠线跟踪的方法只处理存在折叠的区域,主要的时间花在对折叠线的跟踪以及强切变的检出上面,这样,节省了很多不必要的处理。本算法在 VAX-11/750 上处理一幅资料仅需一分钟左右。

(2)本算法与为求实时而沿径向作处理的算法相比,具有考虑全面、判断更准确的优点。通常面向径向作处理的算法,当某径向上存在二段不相连的回波时,由于该算法无法知道这二段回波是属于同一块回波,还是分属于不同的回波块。这样,用一根或几根径向资料难以确定这二段回波间的折叠关系。

二维膨胀方法非常有效地解决了信号质量较差的速度资料退折叠问题,大大简化了对存在大量细碎回波块的资料处理,使很多小回波块的整体折叠问题退化为回波块内库间折叠的问题。

(3)本算法不会发生错误扩散问题。

如何解决多普勒雷达最大测距与最大测速之间的矛盾,探索准实时、高可靠的最佳径向速度退折叠方法,有效地识别风场的强切变和径向速度的折叠,仍然是需要继续研究的重要课题。

参考文献

略，见原文章。

用最大熵法进行多普勒天气雷达资料谱分析的模拟试验[*]

胡明宝[1]，张培昌[2]，汤达章[2]

(1.空军气象学院，南京　211101；2.南京气象学院，南京　210044)

摘　要：本文用数值模拟方法，得到在七种谱分布下的多普勒天气雷达的仿真回波信号，对其分别用周期图法和最大熵法进行谱分析，并将估计谱与原来所给的校准谱进行比较。结果表明：最大熵法对谱线精细结构的分辨率高，谱参数的估计误差小，对谱型的拟合好。

用垂直指向的多普勒天气雷达研究诸如零度层亮带中的多普勒速度变化情况、空气的上升运动、雨滴谱分布及云的液态含水量等问题时，都要涉及对雷达探测资料进行谱分析问题。显然，多普勒谱的正确估计将直接影响到上述物理量的计算精度，较小的谱估计误差有时会给这些物理量带来很大的误差[1]，所以选用合适的谱分析方法，对这些研究结论的适用性就显得很重要，当前所采用的谱分析法都为传统的功率谱分析法。

传统的功率谱分析法在理论上是对无限长的观测数据才能计算出真实谱。因此，在实际工作中对有限个观测样本，就要进行开窗截断和周期性延伸等处理，这样就会在谱中引入本来并不存在的周期性，所得到的估计谱实际上是真实谱与窗函数谱的卷积，于是其统计稳定性和谱的分辨率都与窗函数的选择密切相关，导致了传统的谱分析法精度不高，有时甚至会产生使人误解的或虚假的结论。后来出现的各种改进的谱分析法都未能离开传统法的基本思想，从而难以从根本上克服传统谱估计存在的分辨率不高和有虚假频率分量等缺点，这促使人们进行新的谱估计方法的研究。

1967年，伯格(Burg)提出了最大熵谱分析法，随后出现了各种各样的模型法。Kay等对此进行了总结[2]，并称之为"现代谱分析法"。这些方法都具有谱分辨率高等优点，而且特别适用于短序列的谱估计，受到人们的广泛重视。

为了提高研究工作中的多普勒谱的估计精度，我们准备将最大熵法应用于多普勒天气雷达信号的分析处理，为此进行了下列模拟试验，通过给出作为标准的某一谱分布函数，模拟出对应的时域信号序列，再取其中一部分样本。分别用传统的周期图法(FFT)和最大熵法(MEM)进行分析，从谱型和谱的一阶矩、二阶矩等方面了解最大熵法估计性能的优越性。

1　最大熵法

本文所说的熵是指信息熵，它用来描述对某个随机过程进行实验所得结果中包含的关于

---

　* 本文原载于《气象科学》，1993，13(1)：74-82.

该过程的平均信息量。

对于零均值的高斯过程，其一组随机变量的熵由下式给出：

$$H = \frac{1}{2}\ln[\mathrm{Det}(\boldsymbol{R}_x)] \tag{1}$$

其中 $\boldsymbol{R}_x$ 是过程的自相关阵，即：

$$\boldsymbol{R}_x = \begin{cases} r_x(0) & r_x(1) & r_x(2) & \cdots & r_x(N) \\ r_x(1) & r_x(0) & r_x(1) & \cdots & r_x(N-1) \\ \vdots & \vdots & \vdots & & \vdots \\ r_x(N) & r_x(N-1) & r_x(N-2) & \cdots & r_x(0) \end{cases} \tag{2}$$

其中 $r_x(n)$ 为 x 变量过程延迟 n 步的自相关值，$n = 0,1,2,\cdots,N$。

伯格最大熵法的基本思想是：在保证每一步都取得最大熵的前提下，对自相关函数最大延迟以外的值进行外推，以增加样本长度，理论上可以一直推到所需的样本长度。递推过程中熵取最大值意味着在预测的未知点上功率谱具有最大的不确定性。因此，这样的递推过程对导出的结果不增添任何强加的信息，且避免了加窗等问题，这就使得最大熵法比传统法有更高的谱分辨率和估计精度。

按上述思想进行谱分析是困难的，它涉及自相关阵的求逆运算。伯格再次著文证明了最大熵法与预测误差滤波器的关系，并给出了求滤波器系数的递推算法，这种算法具有简捷的优点，计算精度也较高，获得广泛的应用。该算法所用的一组递推公式为[3]：

$$a(k,k) = -\frac{2\sum_{n=0}^{U-1-k} b_{k-1}^k(n) f_{k-1}(n+1)}{\sum_{n=0}^{N-1-k} (|b_{k-1}(n)|^2 + |f_{k-1}(n+1)|^2)} \tag{3}$$

$$f_k(n) = f_{k-1}(n+1) + a(k,k)b_{k-1}(n) \tag{4}$$

$$b_k(n) = b_{k-1}(n) + a^*(k,k)f_{k-1}(n) \tag{5}$$

$$a(l,k) = a(l,k-1) + a(k,k)a^*(k-1,k-1) \tag{6}$$

$$p_k = p_{k-1}(1 - |a(k,k)|^2) \tag{7}$$

其中 $a^*(k,k)$，$b_{k-1}^*(n)$ 为相应于 $a(k,k)$，$b_{k-1}(n)$ 的复共轭数值，$n = 0,1,2,\cdots,N-1-k$；$l = 1,2,3,\cdots,k-1$；$k = 1,2,3,\cdots,M$；M 为滤波器阶数。当 $k=1$ 时不进行(6)式计算。递推求算的初始值为：

$$f_0(n) = x(n) = b_0(n) \tag{8}$$

$$p_0 = \frac{1}{N}\sum_{n=0}^{N-1} |x(n)|^2 \tag{9}$$

用最终预测误差准则（FPE 准则）来确定上述递推过程何时结束，即确定 M 值。对于零均值随机过程，最终预测误差准则定义为：

$$FPE(k) = \frac{N+(k+1)}{N-(k+1)}p_k \tag{10}$$

当 $FPE(k)$ 取得极小值时，递推过程停止，此时 k 值即为滤波器的最佳阶数 M。它所具有的一组滤波器系数 $\{a(1,m)\}$ 确定了最大熵法估计谱：

$$P_{MEM}(f) = \frac{p_M \cdot \Delta t}{\left|1 + \sum_{l=1}^{M} a(l,M)e^{-j2\pi f l \Delta t}\right|^2} \tag{11}$$

在上述各式中，Δt 为取样时间间隔，p_t 为 k 阶预测误差滤波器的输出功率；f_k，b_k 分别为滤波器的前向和后向预测误差。

2　信号模拟

目前，用于最大的熵谱分析性能模拟研究的时域信号都为实信号，并可分为三类：(1)解析形式的自相关函数表达式；(2)不同周期的正弦波的迭加；(3)已知自回归系数的 AR 过程。我们认为这样做过于简单，因为(1)类没有考虑自相关函数时估计误差对估计谱的影响，(2)类的迭加数目是有限的，考虑到 AR 过程与最大熵法的关系，则(3)类做法很勉强。根据文献[4]的介绍，我们准备模拟一个与降水回波信号具有同样统计特性，并具有给定的功率谱分布形式的复时域信号。结合实际情况，我们对在下列七种谱分布下的仿真回波信号进行了模拟试验，它们是：

(1)两点分布

$$s(f) = \begin{cases} 1 & f = \pm L \\ 0 & \text{其他} \end{cases} \tag{12}$$

(2)双高斯分布，具有同样谱方差 σ_f^2，谱峰间隔为 $2L$ 的两个高斯分布的迭加。

$$S(f) = \frac{1}{\sqrt{2\pi\sigma_f^2}}(e^{-\frac{(f-L)^2}{2\sigma_f^2}} + e^{-\frac{(f+L)^2}{2\sigma_f^2}}) \tag{13}$$

(3)高斯分布

$$S(f) = \frac{1}{\sqrt{2\pi\sigma_f^2}}e^{-\frac{f^2}{2\sigma_f^2}} \tag{14}$$

(4)瑞利分布

$$S(f) = \begin{cases} \dfrac{f}{\lambda^2}e^{-\frac{f^2}{2\lambda^2}} & f \geqslant 0 \\ 0 & f < 0 \end{cases} \tag{15}$$

其谱方差 $\sigma_f^2 = (4-\pi)/2\lambda^2$，$\lambda$ 是参数。

(5)扩展指数型分布

$$S(f) = \lambda e^{-\lambda|f|} \tag{16}$$

其谱方差为 $\sigma_f^2 = 2/\lambda^2$

(6)三角分布

$$S(f) = \frac{\lambda - |f|}{\lambda^2} \tag{17}$$

其谱方差为 $\sigma_f^2 = \lambda^2/6$

(7)均匀分布

$$S(f) = \begin{cases} 1 & |f| < \lambda \\ 0 & \text{其他} \end{cases} \tag{18}$$

其谱方差为 $\sigma_f^2 = \lambda^2/3$ 。

除瑞利分布外，其他都是在 $[-F_N, F_N]$ 区间内相对于 $f = 0$ 对称分布的，F_N 为 Nyquist 频率，取值 F_N 等于 256 Hz。上述(1)和(2)两种谱分布中，谱峰间隔 L 是可变的，试验时分别取 $L = 8,16,32,64,128,256$，用于比较周期图法和最大熵法两者之间谱分频率的高低。另外五种谱型用来比较两种方法对谱的一阶矩和二阶矩的估计精度。考虑到实际气象状况的复杂性，对于上述谱取六个不同的方差值来研究，它们是 $\sigma_f^2 = 200, 400, 800, 1200, 1600, 2400$，对10 cm 雷达就相当于 $\sigma_v^2 = 0.5, 1, 2, 3, 4, 6$。双高斯分布还另外增加 $\sigma_f^2 = 20, 40, 100$ 三种情况。

将上述谱分布函数离散取值，再对离散谱附加一定信噪比的白噪声，加噪公式为：

$$P_n = -\ln(Yn)\left[KSn + \frac{p}{N_{MAX}}\right] \tag{19}$$

式中，Sn 为第 n 点的离散谱值，$n = 1, 2, \cdots, N_{MAX}$。$p$ 为附加的白噪总功率，取 $p = 1$。K 为加噪因子，且 $K = p \cdot 10^{SNR/10}/(\sum_{n=1}^{N_{MAX}} S_n) Y_n$ 为位于 $(0, 1)$ 的随机数，用于加噪的同时对谱进行随机化。SNR 为信噪比，分别取 $-5, 0, 5, 10, 15, 20, 25, 30, 40$(dB) 进行模拟试验。$P_n$ 为加噪后的离散谱值，谱线位置与 S_n 相对应，我们将 $\{P_n\}$ 所具有的分布和谱参数作为两种方法估计结果的比较标准。

N_{MAX} 为总离散取样点数，取 $N_{MAX} = 1024$。

实际工作中多普勒天气雷达接收的时域信号是复信号 (I, Q)，因此对实谱序列 $\{P_n\}$ 附加上 $[0, 2\pi]$ 区间内均匀分布的随机相位谱，计算公式为：

$$\begin{cases} R_n = P_n^{\frac{1}{2}} \cos(2\pi Y_n) \\ I_n = P_n^{\frac{1}{2}} \sin(2\pi Y_n) \end{cases} \tag{20}$$

于是便得到复谱序列 $\{Z_n\}$（$Z_n = R_n + jI_n$）。对它进行反傅立叶变换，即得仿真时域回波信号。由于我们对原谱进行了 1024 点离散取样，因此得到的时域序列总长度为 1024。

图1给出了谱方差 $\sigma_f^2 = 800$ 的双高斯分布经上述各步处理后的结果。图 1a 为所给的原谱分布。图 1b 为对图 1a 附加上信噪比为 10 dB 的噪声后得到的作为比较标准的谱分布，两幅图的横坐标为相对于 Nyquist 频率的归一化频率，纵坐标为功率谱密度的对数值（图2，图3，图4 坐标与此相同，后面不再说明）。图 1c 为对应于图 1b 的模拟时域信号的实部 $I(t)$ 分量。

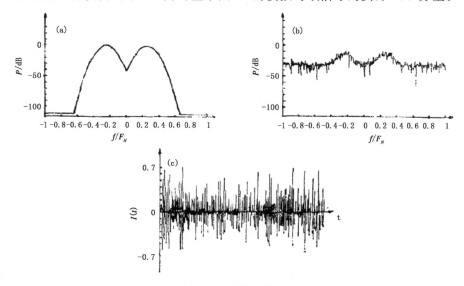

图 1　时域信号模拟过程

(a)给出的原谱分布；(b)加噪后的标准谱分布；(c)模拟的时域信号实部 $I(t)$

3　计算与分析

3.1　计算方法

周期图法：我们采用直接法——周期图法作为传统的功率谱分析法的代表，并且不进行加窗处理，以避免主辨变宽和谱分辨率降等问题，计算公式为：

$$P_{FFT(k)} = \frac{\Delta t}{N} \left| \sum_{n=1}^{N} X_n e^{-j2\pi k^n} \right|^2 \tag{21}$$

最大熵法：我们采用已被广泛认可的伯格递推算法，并用最终预测误差准则来确定最佳阶次 M，所用公式为(3)—(11)式。

3.2　结果分析

从时域序列中选取长度分别为 $N = 16, 32, 64, 128, 256$ 的一段作为观测样本，用上述两种方法分别进行谱分析，将各自的估计谱与标准谱相比较，以了解最大熵法的谱估计性能。

图 2 表示的是对谱方差 $\sigma_f^2 = 100$ 的双高斯谱型模拟试验的结果。谱峰相距 64 Hz，所用样本长度 N 为 16，图 2a 为所给的标准谱，图 2b 为周期图法的估计谱，只显示出一个谱峰，图 2c 为最大熵法的估计谱，具有与标准谱相对应的两个谱峰。

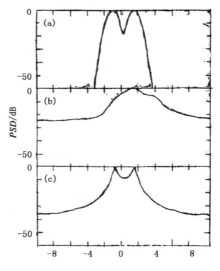

图 2　双高斯分布模拟试验结果
(a)标准谱；(b) FFT 法估计谱；(c) MEM 法估计谱

图 3 表示间隔为 32 Hz 的两点谱分布的模拟结果。所用样本数为 16。图 3a、b、c 分别为标准谱、FFT 法估计谱和 MEM 估计谱。可以看出，最大熵法表现出了明显的对谱线精细结构高分辨率的性能。对所有试验结果的统计表明：凡是周期图法估计谱能够显示出双峰的情况，最大熵法估计谱也能显示出。而逐步缩短谱峰间隔 L，或减少所用的样本数 N，最后都只有最大熵法能分辨出双峰谱形。

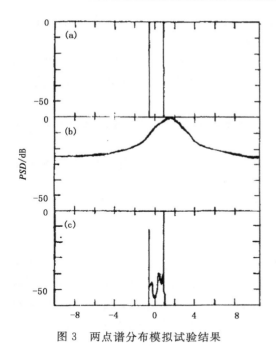

图 3　两点谱分布模拟试验结果

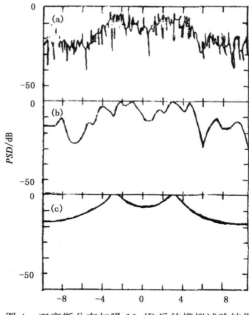

图 4　双高斯分布加噪 10 dB 后的模拟试验结果

图 4 表示对谱峰间隔为 128 Hz，方差 $\sigma_f^2 = 800$ 的双高斯分布加信噪比为 10 dB 的白噪后的模拟实验结果。所用样本为 32。可以看出最大熵法估计谱是标准谱的比较好的统计平滑，即最大熵法有一定的去噪性能，并取得较好的谱型拟合。

为了比较两种方法对谱参数的估计精度，我们对所有的模拟计算个例进行了统计。统计时不分谱型而只分在某个信噪比下取 N 个样本数目的情形，结果见图 5。图 5a 为估计性能随信噪比的变化情况，图 5b 为估计性能随样本数 N 的变化情况，纵坐标值表示最大熵法估计值的误差小于周期图法估计值误差的个例所占统计总个例的百分数。图 5 中实线表示对谱一阶矩的统计结果，虚线表示对谱二阶矩的统计结果。

显然，当图 5 中的统计曲线位于 50 的等值线以上时，说明统计意义上最大熵法的估计性能比周期图法优越。曲线接近于 100 等值线，则最大熵法的优越性能越明显。如曲线位于 50 等值线以下，则结论相反。从图 5 可以看出：

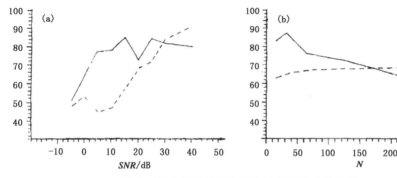

图 5　两种方法对谱参数估计精度的统计比较
(a)估计性能随信噪比的变化；(b)估计性能随样本长度的变化

（1）在信噪比小于 10 dB 的情况下，最大熵法的高精度性能不明显。随着信噪比的提高，它的估计精度提高，相对于周期图法的优越性逐步明显；

（2）对最大熵法而言，样本长度宜取 32～128 为佳，当 N 等于 256 以上时，最大熵法对谱均值的估计精度相对于周期图法的优越性开始丧失。图 5b 中在 N 等于 32 处获得最大值，表明了最大熵法特别适用于短数据样本的情况；

（3）在谱方差的估计上，最大熵法的高精度估计性能表现得更加明显，这也说明了最大熵法能对标准谱取得较好的拟合。

总之，最大熵法在谱线结构分辨率高，谱峰偏倚小和谱参数估计精度高等方面，显示了比周期图法明显的优越性。

4　结论

模拟试验结果表明：最大熵法能够应用于多普勒天气雷达信号的谱分析，并可得到比传统的功率谱分析法更高的估计精度。从计算所花的时间上看，最大熵法所需时间稍长，但没有量级上的差别。如果对最大熵法的算法进行改进和优化，可以更进一步提高其谱分析精度，减少所需时间，则最大熵法无论在雷达气象的研究工作或业务使用中都有很好的应用前景。

参考文献

[1]　Steiner M. A new relationship between mean Doppler velocity and differential reflectivity[J]. Journal of atmospheric and oceanic technology,1991,8(3):430.

[2]　Kay S M, Marple S L. Spectrum analysis——A modern perspective[J]. Proc. IEEE,1981,69(11):1380-1419.

[3]　王宏禹. 随机数字信号处理（第一版）[M]. 北京：科学出版社,1988.

[4]　Sirmans D, Bumgarner B. Numerical comparison of five mean frequency estimators[J]. Journal of Appl Metero,1975,14(9):991-1003.

A New Approach to Suppressing Clutter for a Weather Radar[*]

GU Songshan, GU Heqing, WANG Chunru, ZHANG Peichang, LIU Xiaoyang, HUANG Xingyou

(Department of Atmospheric Physics, Nanjing Institute of Meteorology, Nanjing 210044, PRC)

1. Introduction

Precipitation is one of the most important meteorological elements and the weather radar serves as the most effective tools for remotely sensing large—scale rainfall. The radar usually has a lowered elevated angle for scanning in a given direction where rainfall occurs. In that case, strong ground clutter will contaminate rainfall echoes. In particular, in mountains with peaks around, the antenna is usually mounted at the summit to avoid the shielding of the peaks, thus giving rise to serious pollution of echoes with the radar at a lower angle so that large scale ground clutter almost deprives the tool of its ability to quantitatively measure rainfall. This is true of a radar mounted at a greater height on plain. As we know, there have been several schemes of eliminating or weakening ground clutter for the common digitalized radar system, but the results are not so satisfactory. The limitations lie either in incomplete elimination of the ground clutter or in impairing the strength of the received echoes to great extend. The ground clutter is produced mainly by the main lobe striking ground and side lobes. In the latter case the pollution is especially serious for strong ground clutter is produced because of the radar's high emission power although the electric level is as low as -25 to -27dB. With a high elevated angle to make the zero-point between the main and the first side lobe in a horizontal position, a great deal of ground clutter is still observed. For this reason, an attempt is made to explore an approach to the suppression of the side lobe influence with the aim to screen the side-lobe effect when the antenna strikes the ground in scanning at a low elevated angle.

2 Radiation-Direction Pattern and Aperature Illumination Function

Usually an imagined part of, or close to, the antenna is called the aperture and electro-

---

* 本文原载于 26th International Conference on Radar Meteorology,1993:228-231.

magnetic energy radiates out of the aperture in front to constitute an antenna direction pattern(DP), which is related to the aperture illumination function and screening, and random error.

The unit surface element of the aperture ds has the electric field dE for its generation on E surface in the form

$$dE_r = -(E_v/240\pi^2\omega\varepsilon_0)\sin\theta(-j/r^3 + k/r^2)e^{-jkr}ds$$

$$dE_0 = -(E_v/4\pi\omega\varepsilon_0)(1 + \cos\theta/120\pi)(-j/r^3 + k/r^2 + jk^2/r)e^{-jkr}ds$$

Where $k^2 = \omega^2\varepsilon_0\mu_0$, $\omega = 2\pi c/\lambda$, λ is wavelength, $c = 3\times10^8$ m/s, $\varepsilon_0 = (1/36\pi)\times10^{-9}$ Farad/m, $\mu_0 = 4\pi\times10^{-7}$ Henry/m, θ is the included angle between a ray and the main axis of the aperture. The electric field is obtained by surface integral of dE throughout the aperture area.

It is evident from the above expression that the electric field generated by the unit surface element consists of a few terms. For the area differently distant from the aperlure, these terms differ in their relative magnitudes. Therefore, according to the distance from the aperture, the surroundings are separated into a number of parts, for which simplified expressions of different field intensities are formulated. Normally, the $r \leqslant 5\lambda$ area is specified as the induction area for which only the high-order term of $1/r$ is retained. The $r > 5\lambda$ area is the radiation part that is usually divided into Fresnel and fraunhofer areas, separated by $r = 2D^2/\lambda$ (D being the diameter of the aperture area). In the Fresnel area, the radiation field is related to the distance, i. e., the smaller the r, the faster the change of the direction pattern versus the distance. Suggesting that we have $E = \int_D (dE_r + dE_0)$.

In the Fraunhofer area, the form of the DP is independent on the distance so that only the $1/r$ term is taken for use from the aforementioned field intensity expression. It can be assumed that the rays from all surface elements ds on the aperture surface to the observing points are parallel to each other, with θ being the included angle between a ray and the axis Z. Then we have

$$E = (-j/2r\lambda)(1 + \cos\theta)\int_D E_v e^{-jkr}ds$$

Usually, the radiation DP is shaped by changing the amplitude or phase, or the distribution of both of these electric field E_v over the aperture area. Dolph reported his successful attempt to make DP on a discrete linear source array in terms of the polynomial of Chebyshev[1]. After that, extensive study was by other researchers. Results show that the side lobe is weaker by a conic aperture pattern than by uniform illumination. For the aperture distribution in a Gauss form with the fringe illumination close to zero, a DP is produced without side lobe effects but the gain is decreased[2].

The foregoing analyses indicate that it is desirable to make the weather radar antenna DP into an asymmetric form so as to render zero the fringe illumination on the ground-close side, thus reducing the electric level of the side lobe as much as possible that will be unable to receive the ground clutter at a greater distance. For the needle-form symmetric lobes produced by shaped antenna, they can be damped by screening at a proper location, according to the pattern of the Fresnel radiation field, to make zero the radiation field in fringe part, thus reducing greatly the electric level of the ground-close side lobe in the Fraunhofer area.

3   Experiment

Based on the second scheme we made a calculation, which was quite complicated. With the calculation, a simulation was made in a microwave dark room, in terms of the conventional technique for the antenna radiation field. Fig. 1 shows the DP based on actual measurements from a S-band bugle-like antenna and Fig 2 is the actually measured DP obtained by screening in the Fresnel area. When the screening was in inappropriate, the DP was seriously distorted(figure was omitted).

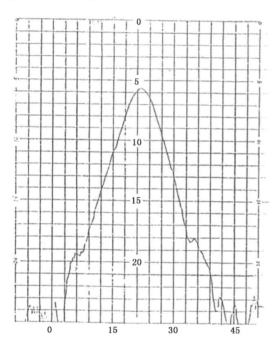
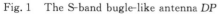

Fig. 1   The S-band bugle-like antenna DP

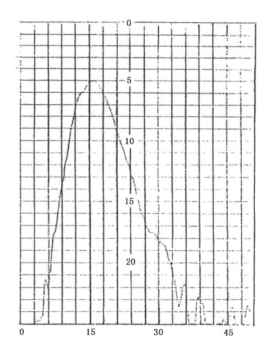

Fig. 2   The DP obtained by screening

4   Conclusion

The simulation shows that screening of the radiation field in the Fresnel area can lead to the suppression of ground-close side lobe effects. This can be viewed as a simulated ground platform, whereby the equivalent height at which the antenna is mounted is reduced, thus eliminating the cutter.

Another potential advantage is that with proper screening the distortion of the main lobe caused by ground reflection in the PPI scanning at a zero elevated angle can be avoided. This is an issue worthy of further study. We will try to make a field experiment in the mountain radar site.

REFERENCES

［1］　Dolph C L. A current distribution for broadside arrays which optimizes the relationship between beam width and side-lobe proceedings of the IRE［J］. 1946,6(34):335-348.

［2］　Ludwigs A C. Low sidelobe aperture distribution for blocked and unblocked circular apertures［R］. RM2367. General Research Corp, Santa Barbara, Calif, Apr.

大气折射指数气候振动特征的最大熵谱分析[*]

张培昌[1]，詹煜[2]，戴铁丕[1]

(1.南京气象学院大气物理学系；2.南京气象学院基础科学系，南京   21004)

摘　要：用最大熵谱分析法对南京、上海两地局地大气折射指数气候变化特征进行诊断，探讨了自回归模式的阶数不同对谱的影响，并从不同样本数的熵谱中提取出稳定的周期和谱峰值，所得结果可以作为预报大气折射指数变化的气候背景。

关键词：最大熵谱；大气折射指数

大气温度、气压和水汽压分布不均匀，造成大气折射指数分布不均匀，从而导致无线电波在大气中传播路径的弯曲、多路传输以及相干信号衰落等。因此，对大气折射指数气候振动特征的研究，是涉及在气象、通信、天文、军事等学科中的实际应用。过去已有许多学者从事这方面的研究。1960 年 Thompson 等[1]用经典的间接傅里叶变换对对流层大气折射指数的时间变化和电波传播路径长度变化进行了谱分析。1968 年 Bean 等[2]较全面、系统地研究了大气折射指数的时空变化，建立了几种大气折射指数垂直分布统计模式及气候平均值的区域分布。1988、1989 年戴铁丕等[3,4]用经典谱分析方法研究了大气折射指数随时间的变化。1990 年张培昌等[5]建立了我国部分地区大气折射指数的垂直分布统计模式，并进行了相应的分析。

本文采用最大熵谱分析法对南京、上海两地区大气折射指数的气候变化特征进行了研究。讨论了自回归模式阶数变化对谱的影响，并从不同样本长度中提取出稳定的振动周期和谱峰值。同时与传统的谱分析法进行了比较。

1　最大熵法

传统的谱分析法包括 BT 法和周期图法。由于它们都采用快速傅里叶变换，故统称为FFT 法。传统谱分析法存在的共同问题是对于不太长的数据资料所估计的谱相对真实谱而言，谱分辨率降低了，原因是用了窗函数的结果。为了从根本上克服上述缺点，我们采用了最大熵法，其基本思想是：对自相关函数最大延迟以外的值在保证每一步都使熵最大的前提下进行外推，以增加样本长度，理论上一直可以推到所需的样本长度。这样既避免了加窗处理，又可提高谱分辨率和估计精度。

理论研究发现[6]，用最大熵外推自相关函数与用 N 阶自回归模型 $AR(N)$ 去确定未知延迟点上自相关函数是等价的，后者只要求出一组自回归系数 $a_l(l=1,2,\cdots,M)$ 就可由下式

---

*　本文原载于《南京气象学院学报》，1995，18(1)：87-92.

$$\hat{G}_x(f) = \frac{P_M}{\left| 1 + \sum\limits_{l=1}^{M} a_l \mathrm{e}^{-j2\pi lf} \right|^2} \tag{1}$$

获得最大熵法的功率谱 $\hat{G}_x(f)$。由于 $AR(N)$ 与 N 阶预测误差滤波器紧密相连,故式中 P_M 既是模型的残余方差,又是滤波器的输出功率。a_l 也成了滤波参数。求解(1)式的关键是如何确定 a_l 及 P_M。为了直接从观测数据 X_t 解决此问题,伯格(Burg)采用使前向与后向预测误差能量之和为最小的最小二乘法估计来估计模型参数。对于 M 阶的模型有以下一组递推公式

$$\left.\begin{array}{l}\varepsilon_+^{(0)} = X_t, \quad \varepsilon_-^{(0)} = X_{t-1}, t = 1, 2, \cdots, N \\[2mm] a_K^{(K)} = \dfrac{\sum\limits_{t=K+1}^{N} 2\varepsilon_+^{(K-1)} \varepsilon_-^{(K-1)}}{\sum\limits_{t=K+1}^{N} \left[(\varepsilon_+^{(K-1)})^2 + (\varepsilon_-^{(K-1)})^2 \right]}, K = 1, 2, \cdots, M \\[4mm] \varepsilon_+^{(K)} = \varepsilon_+^{(K-1)} + a_M^{(K)} \varepsilon_-^{(K-1)} \\[2mm] \varepsilon_-^{(K)} = \varepsilon_-^{(K-1)} + a_K^{(K)} \varepsilon_+^{(K-1)} \\[2mm] a_l^{(K)} = a_K^{(K-1)} + a_K^{(K)} a_{K-l}^{(K-1)}, l = 1, 2, \cdots, K-1 \end{array}\right\} \tag{2}$$

式中,ε_+、ε_- 分别为模型的前向与后向预测误差,ε 及 a 的上标都是模型阶数,a 的下标是参数的序数。

P_M 的递推公式为

$$\left.\begin{array}{l} P_M = P_{M-1}(1 - a_M^{(M)}) \\[2mm] P_0 = \dfrac{1}{N} \sum\limits_{t=1}^{N} X_t^2 \end{array}\right\} \tag{3}$$

2 资料

大气折射指数可通过地面及气象探空资料用下式

$$N = \frac{77.6}{T}p + \frac{3.73 \times 10^5}{T^2}e \tag{4}$$

换算得到。式中,T 为气温(K),p 为大气压,e 为水汽压,单位都是 hPa。N 称为折射指数 N 单位,它与折射指数 n 之间关系为:$N = (n-1) \times 10^6$。(4)式适用于纯洁大气中微波段电磁波的情况。

本文对南京、上海两地区近地面层大气 N 单位资料进行最大熵分析。南京用 1951—1980 年逐年 6 月上旬近地面层大气旬平均的 N 单位资料,共 30 个样本。上海用 1873—1972 年逐年 6 月上旬近地面大气旬平均 N 单位资料,共 100 个样本。我们对资料进行了分析和验算,证明南京、上海两地 N 单位资料基本属于正态分布的平稳随机序列,能满足最大熵谱分析对资料的要求。

3 滤波器阶数及 N 单位气候振动主周期

最大熵谱分析法优良特性的体现,有赖于预测误差滤波器阶数 M 的选择。阶数选取过

小,谱会过于平缓,降低了谱分辨率;阶数选取过大,又会产生谱峰分裂和偏移。目前已有多种确定阶数的方法[6],但并无统一的原则。本文参照文献[7]提出的方法再综合其他方法,形成如下规范化的最终预测误差(FPE)准则

$$FPE = \lg[FPE(M)/(\sum_{i=1}^{N} X_i^2/N)] \tag{5}$$

其中 $FPE(M)$ 为最终预测误差准则

$$FPE(M) = \frac{N+M+1}{N-M-1}P_M \tag{6}$$

式中,N 为总样本数,M 为滤波器阶数(也即自回归模型的阶数),P_M 为滤波器输出功率。(6)式中 P_M 是随阶数 M 增大而减小的,分式部分又将随 M 增大而增大,故存在某几个 M 值使 $FPE(M)$ 取得极小值或最小值。FPE 准则就是把这样的几个 M 值作为最佳的阶数。

我们利用(5)、(6)两式分别计算南京与上海的 FPE 值,南京计算到25阶,上海计算到45阶(一般谱图当 $M = 10 \sim 30$ 时分辨率已较高),然后挑选出 FPE 的极小值所对应的阶数 M,发现南京为1、10、12、16、18阶等,上海为1、6、9、21、25、30、37阶等。根据这些阶数,用 N 单位资料再计算出相应的最大熵谱,并作出谱图。从这些谱图中可以看出,南京在 $M = 1$ 阶时的谱较平缓,$M = 10$ 和 12 阶时,谱估计的稳定性较好,但分辨率仍不够高,$M = 16$ 阶的谱图(图1)分辨率就很高,且与以后 $M = 18$ 阶的谱图基本一致,故可选择 $M = 16$ 作为最佳预测误差滤波器的阶数。上海通过相同分析得 $M = 21$ 阶时谱图分辨率已很高(图2),且与 $M = 25$ 阶时的谱估计基本一致,故选择 $M = 21$ 阶作为最佳阶数。

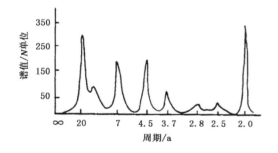 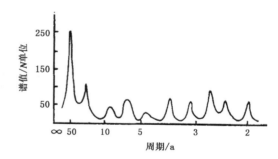

图 1　南京 N 单位资料熵谱,$M = 16$ 阶　　　　图 2　上海 N 单位资料熵谱,$M = 21$ 阶

根据以上确定的最佳阶数 M,从南京 N 单位资料最大熵谱谱图(图1)中可以看出,其 N 单位资料气候振动的主要周期有8个,分别为20.00、12.50、7.14、4.54、3.70、2.85、2.50、2.12年;上海从图2中可见,有10个主要周期,分别为50.00、16.16、8.33、5.88、4.76、3.70、3.12、2.70、2.43、2.12年。

为了证明最大熵谱分析法优于传统的谱分析法,我们还对南京、上海的 N 单位资料分别作加窗的周期图法及 BT 法的谱分析,其结果分别表示在图3与图4中。图中实线为周期图法的结果,虚线为BT法的结果。把它们与前面最大熵谱法所得的图1与图2比较后可见:

(1)最大熵谱谱峰尖锐,分辨率高,因此在低频部分南京分析出20年左右的振动周期,上海分析出50年、16年左右的振动周期,而傅里叶分析谱都较平缓,分析不出这些振动周期。

(2)最大熵谱的谱峰值约要比傅里叶谱的谱峰值大一个量级。

由上可见,由于短序列的资料作傅里叶分析时,分辨率大为降低,而若进行最大熵谱法分析却能持有较高的分辨率,故后者特别适用于短序列资料的分析。

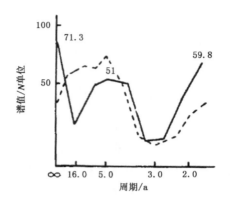

图 3　南京 N 单位资料傅里叶变换后的谱
实线是周期图法加矩形窗,虚线是 BT 法加汉明窗

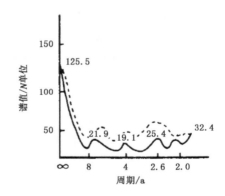

图 4　上海 N 单位资料傅里叶变换后的谱
实线是周期图法加矩形窗,虚线是 BT 法加汉明窗

4　最大熵谱的稳定性

为了研究最大熵谱的稳定性,对已确定最佳阶数(南京 $M = 16$,上海 $M = 21$)的熵谱,再分别变化它们的时间序列样本个数,并按比例改变它们的阶数,从而得到一系列的熵谱,考察熵谱的变化。

南京的 N 单位资料样本个数依次取 30、27、25、23、20,相应的滤波器阶数依次取 16、14、13、12、10。上海的 N 单位资料样本个数依次取 100、90、80、70、60,相应的滤波器阶数依次取 21、18、16、14、12。根据这些数据可以作出南京和上海的最大熵谱图各 5 张(图略)。我们将这些谱图中出现的谱峰所对应的周期及谱值分别列在表 1 与表 2 中。由表 1 可见:

(1)样本个数变化时,谱峰的数目也发生变化;样本多时,一般谱峰数也多,样本少时则反之。

表 1 南京、上海 N 单位资料不同样本数所对应熵谱周期

样本数	周期（南京）								样本数	周期（上海）									
	T_1	T_2	T_3	T_4	T_5	T_6	T_7	T_8		T_1	T_2	T_3	T_4	T_5	T_6	T_7	T_8	T_9	T_{10}
30	20.0	12.5	7.1	4.5	3.7	2.9	2.5	2.1	100	50.0	16.7	8.3	5.9	4.8	3.7	3.1	2.7	2.4	2.1
27	16.7		7.7	4.8	3.6	2.7		2.1	90	50.0		7.1			4.0	3.3	2.7	2.5	2.1
25	16.7		8.3	4.5	3.7	2.6		2.1	80	33.3			6.3		4.2	3.3	2.7		2.3
23	16.7		8.3	4.8	3.7	2.6		2.1	70	33.3			6.3		4.2		2.7		2.1
20	16.7			4.5					60	33.3			5.9			3.3	2.6		
平均值	17.3		7.9	4.6	3.7	2.7		2.1	平均值	40.0			6.1		4.0	3.3	2.7		2.2

表 2 南京、上海 N 单位资料不同样本所对应的熵谱峰值

样本数	周期（南京）						样本数	周期（上海）					
	17.3	7.9	4.6	3.7	2.7	2.1		40.0	6.1	4.0	3.3	2.7	2.2
30	310	204	209	90	34	351	100	249	61	69	60	94	63
27	416	164	320	62	36	177	90	175		39	24	59	41
25	205	221	280	78	57	476	80	196	58	22	26	86	27
23	754	224	470	133	75	256	70	156	64	23		84	29
20	549		84				60	195	42			78	
平均值	447	203	373	91	50.6	315	平均值	194	56	38		80	40

（2）有一部分谱峰几乎在每张谱图上都出现，它们不随样本数的变化而变化，呈现一定的稳定性。但这部分谱峰所对应的振动周期和谱值在各张图中会有一定偏移和变化。

即使在最佳 M 值的最大熵谱图中，也会有一些谱峰是不稳定的。从理论上讲，一个时间序列所包含的真实、可靠的周期不随样本数变化而变化。因此，不稳定的周期应是虚假的周期，必须给予剔除。我们采用这样的原则：凡在 5 张谱图中出现 4 次以上的周期即可认为是稳定的周期，否则就视为不稳定的虚假周期予以剔除。对于各张谱图中的稳定周期，求出其周期平均值及峰值平均值（见表 1、表 2 的末行），把这两个平均值看作是真实可靠的周期和峰值。用这个方法处理后可以明显提高最大熵谱的稳定性和准确性。即使当熵谱的最佳阶数 M 选择不太准时，通过上述修正也可减少很多误差，尤其当 M 选择过大，谱峰过多时，可用上述方法得到几个最主要的、稳定的周期及谱峰值。

5 结论

（1）在分析单站大气折射指数 N 单位资料气候振动特征方面，最大熵谱分析方法比经典的谱分析方法具有明显的优越性。表现在它具有更高的分辨率，能揭示出经典谱方法分辨不出的周期，特别对短序列所包含的长周期振动。

（2）经过稳定化处理后的最大熵谱具有更大的优越性。它不仅仍保持了较高的谱分辨率，且不受样本序列长度影响，同时还使谱结果具有相当的稳定性和可靠性。

（3）通过分析知道，近地面大气折射指数 N 单位是多频振动，振动周期主要是较长的周期,南京是 17.33、4.63、2.12 年这 3 个周期,上海是 39.99、6.07、2.66 年这 3 个周期,这说明 N 单位资料气候振动还具有明显的地理差异和特征。

参考文献

[1] Thompson M C, Janes H B, Kirkpatrich A W. An analysis of time variations in tropospheric refractive index and apparent radio path length[J]. J Geophys Res, 1960, 65: 193—201.

[2] Bean B R, Dutton E J. Radio meteorology[M]. New York: Dover publications Inc. 1968:9-80,89-170, 229-266,333-340.

[3] 戴铁丕,焦玉玲. 南京地区初夏近地面大气折射指数变动的波谱分析[J].气象科学,1988,8:51-66.

[4] 戴铁丕,焦玉玲,马翠平.近百年来上海地区初夏近地面大气折射指数变化趋势和周期[J].气象科学, 1990,10:273-279.

[5] 张培昌,戴铁丕,郑学敏.我国部分地区大气折射指数垂直分布统计模式的建立与分析[J].气象科学, 1991,4:402-413.

[6] 王宏禹.随机数学信号处理[M].北京:科学出版社,1988:264-277,286-287.

[7] 缪锦海.最大熵谱的优良特性和预报误差过滤系数阶数的确定[J].气象学报,1979(37):1-8.

分层均匀介质折射率廓线的重建[*]

涂强[1],王宝瑞[2],张培昌[3]

(1.上海大学上海电子物理研究所,上海　201800;2.南京气象学院基础科学系,南京　210044;

3.南京气象学院大气物理学系,南京　210044)

摘　要:依据电磁逆散射理论,由频域的反射系数或时域的反射脉冲重建分层均匀介质折射率廓线。采用非线性重整化技术对利卡提方程进行化简,并由此导出反射脉冲与折射率廓线分布函数之间的关系。数值模拟结果表明,用非线性重整化技术重建折射率廓线具有物理图像清晰、精度高、稳定性好、抗噪声干扰及简便快捷的优点。

关键词:电磁逆散射;折射率廓线重建;分层均匀介质

电磁逆散射理论是近年来蓬勃发展的应用性理论,正在气象、地球物理、生物医学、雷达成像、无损探伤、水下声传播等领域得到广泛应用[1]。电磁波传播过程中,如遇介质不均匀或突变,将向各个方向散射出携带着大量关于散射体信息的散射波。气象雷达可利用后向散射波来了解大气中散射体的性质。通常,散射问题是已知入射波及散射体的大小、形状、位置和介质性质等条件,研究时域或频域中散射波分布,称之为正散射问题。逆散射问题则是根据测量得到的散射波数据,反演散射体的几何特性和物理性质。逆散射问题可分为对散射体形状、尺度等因子的反演和对散射体特性参量的反演,本文讨论介质折射率廓线的重建,属于对散射体特性参量的反演内容。

美国宾夕法尼亚大学的 D L Jaggard 教授领导的研究小组在 1985 年提出了一种以利卡提方程(Riccati Equation)为出发点,求解分层均匀介质特性参量廓线的方法[2,3]。该法较之以前的各种求解一维逆散射问题的方法更为简单,物理图像更加清晰。本文在此基础上,讨论求解利卡提方程的数值方法以及噪声对反演结果的影响。

1 利卡提方程的数值解

由麦克斯韦方程组导出的利卡提方程是一个非线性控制方程,描述了反射系数 $r(z,k)$ 与圆波数 k 、折射率 n 及折射率梯度之间的关系[4]

$$\frac{dr(z,k)}{dz} = -j2kn(z)r(z,k) + \frac{1}{2}\frac{d[\ln n(z)]}{dz}[1 - r^2(z,k)] \qquad (1)$$

在已知折射率廓线分布函数 $n(z)$ 的情况下,可以通过上式求得反射系数 $r(z,k)$,此即电磁散射的正问题。

设折射率廓线分布函数为 $n = n(z)$ 的介质充满 $0 \leqslant z \leqslant d$ 空间,$z \leqslant 0$ 和 $z \geqslant d$ 的空间

* 本文原载于《南京气象学院学报》,1995,18(2):179-186.

为真空(图 1)。单位振幅 TE 波 e^{jkz} 由 $z \leqslant 0$ 空间垂直入射到 $z = 0$ 的界面上。在 $z < 0$ 的空间接收到的反射波为 $r(k)e^{-jkz}$。对于不同圆波束 k 的入射电磁波,在介质内某个平面 z 处的反射系数 $r(z,k)$ 满足利卡提方程(1)。在 TE 波垂直入射情况下,由菲涅耳定律求得在前($z = 0$)、后($z = d$)两个界面上的反射系数分别为

$$r_{\perp}(0) = \frac{n(0) - 1}{n(0) + 1}$$

$$r_{\perp}(d) = \frac{1 - n(d)}{1 + n(d)} \tag{2}$$

下标 $\perp$ 表示 TE 波的电矢量与入射面垂直。设介质内从 $z = d$ 到 $z = 0$ 各个面上的反射系数的迭加为 $r(0,k)$,在 $z \leqslant 0$ 空间接收到的反射系数实质上是 $z = 0$ 界面产生的反射系数 $r_{\perp}(0)$ 与 $r(0,k)$ 之和,令为 $r(k)$,在不发生混淆的情形下也称为反射系数,它仅是圆波数 k 的函数。

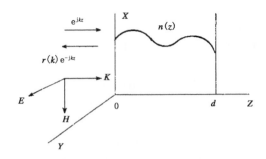

图 1　单位振幅 TE 波垂直入射到介质厚度为 d 的表面上

利卡提方程的解析解只在少数情形下可得,大多需采用数值方法求解。一般采用龙格—库塔方程,该法在步长选得足够小时才能得到收敛的数值解,计算时间很长。我们经过对各种数值方法试验研究后发现吉尔(Gill)方法能在步长不太小的情况下获得收敛解。由于吉尔方法中引入了一组辅助参量 q_i,在计算过程中抵消了每一步所积累的舍入误差,从而提高了精度,消除了发散的隐患。这是吉尔方法能在步长较大的情况下求解利卡提方程的关键[5]。一般吉尔方法的步长可选得比龙格—库塔方法大 $1 \sim 2$ 个数量级,大大地减少了计算时间。

利卡提方程是复数方程,反射系数 $r(z,k)$ 也是复数,设

$$r(z,k) = r_R(z,k) + jr_I(z,k) \tag{3}$$

代入(1)式可得

$$\frac{\mathrm{d}r_R}{\mathrm{d}z} = 2kn(z)r_R + \frac{1}{2}\frac{\mathrm{d}[\ln n(z)]}{\mathrm{d}z}[1 - r_R^2 + r_I^2] \tag{4}$$

$$\frac{\mathrm{d}r_I}{\mathrm{d}z} = -2kn(z)r_R - \frac{\mathrm{d}[\ln n(z)]}{\mathrm{d}z}r_R r_I$$

边界条件为

$$r_R = \frac{n(d) - 1}{n(d) + 1}, \quad r_I = 0 \tag{5}$$

编制吉尔方法的 FORTRAN 77 程序,在固定步长 h 下,以(5)式作为初始条件,逐步从 $z = d$ 积分到 $z = 0$,再加上 $r_{\perp}(0)$ 后得到 $r(k)$。改变圆波数,求得与一组圆波束 $\{k_i\}$ 对应的

反射系数 $\{r(k_i)\}$，作为下节反演过程的输入数据。

2　分层均匀介质折射率反演理论

本节讨论如何由模拟计算或实际探测得到的 $\{r(k_i)\}$ 求出折射率廓线 $n(z)$。

用 $[1-r^2(z,k)]$ 除利卡提方程两边得

$$\frac{\dfrac{\mathrm{d}r}{\mathrm{d}z}}{1-r^2} = -j\frac{2kn(z)r}{1-r^2} + \frac{1}{2}\frac{\mathrm{d}[\ln n(z)]}{\mathrm{d}z} \tag{6}$$

在 $|r| \ll 1$ 的情形下可引入新变量 $\xi(z,k)$

$$\xi(z,k) = \tanh^{-1}r(z,k) \approx \frac{r(z,k)}{1-r^2(z,k)} \tag{7}$$

因此利卡提方程可写为

$$\frac{\mathrm{d}\xi(z,k)}{\mathrm{d}z} = -j2kn(z)\xi(z,k) + \frac{1}{2}\frac{\mathrm{d}[\ln n(z)]}{\mathrm{d}z} \tag{8}$$

显然这是关于 $\xi(z,k)$ 可积的一阶线性复数微分方程，而变换式（7）则是非线性的。当介质厚度 d 很大，在积分（8）式时，上限取为无穷，即

$$\xi(0,k) = -\frac{1}{2}\int_0^{\infty} \frac{\mathrm{d}}{\mathrm{d}z}[\ln n(z)]\mathrm{e}^{j2k\int_0^z n(z')\mathrm{d}z'}\mathrm{d}z \tag{9}$$

式中 z' 与 z 为积分变量。定义 $\eta(k)$ 为

$$\eta(k) = \xi(0,k) \approx \frac{r(k)}{1-r^2(k)} \tag{10}$$

这里 $\eta(k)$ 与 $r(k)$ 的区别在于 $\eta(k)$ 不满足能量守恒定律，可能出现大于 1 的模值。再引入一个新的坐标变量 ζ，称为光程

$$\zeta = \int_0^z n(z')\mathrm{d}z' \tag{11}$$

这是路程 z 与光程 ζ 之间的变换。在反演过程中，我们先寻求光程表示的折射率廓线 $n(\zeta)$。最后再恢复到以路程表示的折射率廓线 $n(z)$。

引入 $\eta(k)$ 和 ζ 两个变量后，（9）式表示成

$$\eta(k) = -\frac{1}{2}\int_0^{\infty}\frac{\mathrm{d}[\ln n(\zeta)]}{\mathrm{d}\zeta}\mathrm{e}^{-j2k\zeta}\mathrm{d}\zeta \tag{12}$$

为了用拉普拉斯变换简洁地表示上式，令 $p = -j2k$ 则

$$\eta(p) = -\frac{1}{2}\mathcal{L}\{\frac{\mathrm{d}[\ln n(\zeta)]}{\mathrm{d}\zeta}\} \tag{13}$$

上式作拉普拉斯逆变换后即得频域中反演公式

$$n(\zeta) = \mathrm{e}^{\{-2\int_0^{\zeta}\mathcal{L}^{-1}[\eta(p)]\mathrm{d}\zeta\}}\Big|_{\zeta=\int_0^z n(z')\mathrm{d}z'} \tag{14}$$

另一方面，时域中的脉冲响应 $a^-(t)$ 与 $r(k)$ 构成傅里叶逆变换关系

$$a^-(t) = \frac{1}{2\pi}\int_{-\infty}^{+\infty}r(k)\mathrm{e}^{-jkct}c\,\mathrm{d}k \tag{15}$$

注意到光程 $\zeta = \frac{1}{2}ct$，上式可写成

$$a^-(\zeta) = \frac{c}{2}\mathcal{L}^{-1}[r(p)] \tag{16}$$

当入射波 $a^+(t)$ 为 δ 脉冲波时可得

$$\int_{-\infty}^{+\infty} a^+(\zeta)\mathrm{d}\zeta = \frac{c}{2} \tag{17}$$

比较(16)与(17)式知

$$\mathcal{L}^{-1}[r(p)] = \frac{a^-(\zeta)}{\int_{-\infty}^{+\infty} a^+(\zeta)\mathrm{d}\zeta} \equiv a_n^-(\zeta) \tag{18}$$

$a_n^-(\zeta)$ 表示 $r(p)$ 的拉普拉斯逆变换,这样可以从(14)式得到时域中的反演公式。

$$n(\zeta) = \mathrm{e}^{\{-2\int_0^\zeta [\tanh^{-1}\mathcal{L}^{-1}[r(p)]]\mathrm{d}\zeta\}}$$

$$= \mathrm{e}^{\{-2\int_0^\zeta (\mathcal{L}^{-1}[r(p)] + \frac{1}{3}\mathcal{L}^{-1}[r^3(p)] + \frac{1}{5}\mathcal{L}^{-1}[r^5(p)] + \cdots)\mathrm{d}\zeta\}} \tag{19}$$

由(18)式及其拉普拉斯变换的卷积形式

$$\mathcal{L}^{-1}[r(p)] = a_n^-(\zeta) \otimes a_n^-(\zeta)$$

即

$$n(\zeta) = \mathrm{e}^{\{-2\int_0^\zeta (a_n^-(\zeta) + \frac{1}{3}a_n^-(\zeta) \otimes a_n^-(\zeta) \otimes a_n^-(\zeta) + \cdots)\mathrm{d}\zeta\}}|_{\zeta = \int_0^z n(z')\mathrm{d}z'} \tag{20}$$

式中 $\otimes$ 表示卷积运算。上式即为用时域中的反射脉冲进行反演折射率廓线的公式,一般计算到五阶卷积就足够了。这样把正切双曲函数展开后,应用拉普拉斯变换的卷积性质化成时域反射脉冲的卷积,并且略去高阶卷积的方法称为重整化。重整化使得计算更加方便、快捷。

3 数值结果

根据(20)式进行数值计算时,$a_n^-(\zeta)$ 可以通过对 $r(k)$ 进行傅里叶变换而得,在

$$\Delta\zeta \cdot \Delta k_z = \frac{1}{N}$$

的约束条件下,(15)式的离散结果为[6]

$$a_n^-(n \cdot \Delta\zeta) = \sum_{-N/2}^{N/2} r(m \cdot \Delta k_x)\mathrm{e}^{-j2\pi mn/N}\Delta k_x \tag{21}$$

这里 k_x 为波数($k_x = \frac{1}{\lambda}$),N 为波数抽样数,取 2 的幂次方值。m、n 为整数。根据反射脉冲 $a_n^-(n \cdot \Delta\zeta)$ 为实时间信号的要求,在负波数域内的反射系数是正波数域内的反射系数作共轭延拓而成的,即

$$r(-k) = r^*(k) \tag{22}$$

离散表达式为

$$r_{N-n} = r_n \tag{23}$$

$*$ 表示复数的共轭运算。

在作离散傅里叶变换时需要考虑怎样选择波数抽样间隔 Δk_x、波数抽样数 N、波数上界 k_{xm}($k_{xm} = (\frac{N}{2}-1) \cdot \Delta k_x$)的取值问题。根据抽样定理以及频率对应波数、时间对应距离的思想,波数上界不小于"临界"波数的两倍。"临界"波数是反射系数接近零的那一点,与介质厚度

及介质内部结构有关。

图 2 为折射率呈四个周期($m=4$)余弦函数变化,介质厚度 10 m 时的反射系数 $r(k)$ 的谱线。可见"临界"波数约为 2。实际计算该例时,我们取波数上界 $k_{xm}=4$。满足抽样定理的要求。在波数较小的区域,反射系数呈现周期性剧烈变化,随着波数的增大,反射系数急剧减少,但仍呈现出周期变化,根据 $\Delta\zeta\cdot\Delta k_x=\dfrac{1}{N}$ 约束关系知

$$\Delta k_x=\frac{1}{N\cdot\Delta\zeta} \tag{24}$$

$\Delta N\cdot\Delta\zeta$ 为最大光程值,显然应该有

$$N\cdot\Delta\zeta>d \tag{25}$$

因此

$$\Delta k_x<\frac{1}{d} \tag{26}$$

令

$$\Delta k_x=\frac{1}{bd} \tag{27}$$

考虑到 $\Delta k_x=\dfrac{2\Delta k_{xm}}{N}$,比较(27)式得

$$k_{xm}=\frac{N}{2bd} \tag{28}$$

该式表示了 k_{xm}、N、d 之间的关系。当介质厚度 d 确定之后,选择 N 和 k_{xm} 使得 Δk_x 值小于反射系数谱线的周期。在图 2 中,谱线的周期约为 $\dfrac{1}{d}=0.1$。因此 b 可以看成是在一个谱线周期中抽样点的个数。依抽样定理,b 在 3 ~ 10 选取。这里的 b 为 3.2。

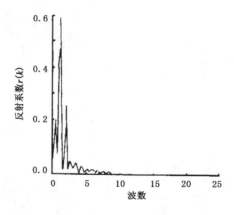

图 2 折射率廓线分布函数为 $n(z)=1.2-0.2\cos(\dfrac{2\pi mz}{d})$ 的反射系数谱图

反演方法抗噪声的能力是衡量一种方法的优劣与实用的关键。在数值模拟计算过程中,引入在($-1,+1$)区域内平均分布的随机数 $noise(k)$,作为对反射系数的噪声干扰,即受噪声干扰的反射系数为

$$\tilde{r}(k)=(1+\frac{noise(k)}{s/n})\cdot r(k) \tag{29}$$

式中,s/n 为信噪比值。

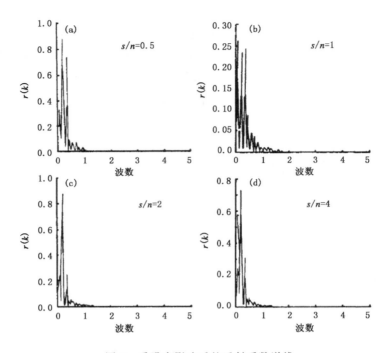

图 3　受噪声影响后的反射系数谱线

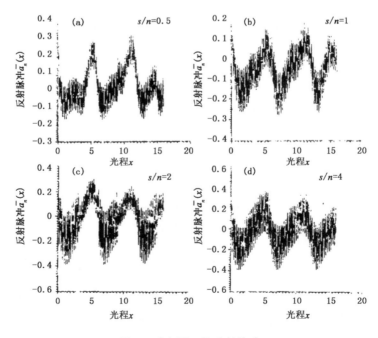

图 4　对应图 3 的反射脉冲

图 3 表示了与图 2 相同折射率廓线分布函数的反射系数谱线受噪声的影响。一般噪声越大,谱线受的影响也越大,影响主要表现在峰值大小的改变。但也有例外,由图 3b 可见,前三

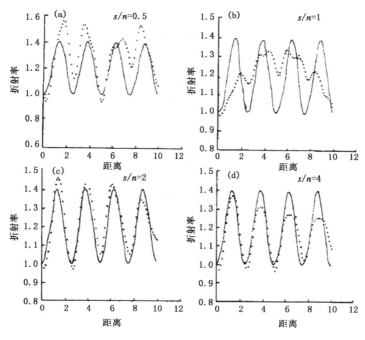

图 5　噪声加在反射系数上时的反演结果
—精确廓线　　…重建廓线

个峰值改变了相互间的比例与大小,特别是第二个峰值减少了很多。图 4 为相应的反射脉冲曲线,已经可以看出呈规则的三角函数周期变化,噪声越大影响也越大,图中的毛刺是噪声的结果,主要看曲线的形态。图 5 则是在不同的噪声加在反射系数上时的反演结果。图 5 中(c)、(d)由于噪声小于信号而得到满意的重建廓线。图 5a 为噪声大于信号的情形,重建廓线与精确廓线相差较大,但仍能比较准确地表现折射率的变化情况。图 5b 就反映了由于噪声使得第二个峰值变化太大而导致重建廓线与精确廓线不相似。反射系数谱线携带者介质内部特征参量的结构信息,噪声破坏了这些信息后将导致反演结果变坏甚至失败。

4　结论

非线性重整化技术使用非线性变换使得利卡提方程变成可积形式,采用傅里叶变换和卷积避免了其他反演方法中进行矩阵运算或反复迭代所产生的"病态"问题,而且计算速度快,适应实时重建廓线的需要。通过利卡提方程求解反射系数时采用了吉尔方法,在精确性、稳定性及计算速度上都比常用的龙格—库塔方法有明显提高。本文明确地提出介质的前后界面的反射作用是求解利卡提方程初值问题的条件。根据抽样定理导出了介质厚度,波数上界和抽样数之间的关系,指出波数抽样间隔的选取应符合在反射系数谱线的每一个周期中包含数个抽样点,以保证折射率分布结构信息不致于丢失。通过对噪声加在反射系数上的反演结果的讨论,认识到非线性重整化方法具有较强的抗噪声能力,但若改变主要谱线的强度会导致反演结果变坏甚至失败。总之,非线性重整化技术是一种有效的反演方法,其应用范围可以推广到遥感物质的物理性质参量的领域,即所有涉及参量反演的问题都可以考虑应用它。

参考文献

[1] 葛得彪.电磁逆散射原理[M].西安:西北电讯工程学院出版社,1987.

[2] Jaggard D L,Kim Y. Accurate one-dimensional inverse scattering using a nonlinear renormalization technique[J]. J Opt Soc YAMY A,1985,2(11):1922-1930.

[3] Kim Y,Cho N,Jaggard D L. Time-domain inverse scattering using a nonlinear renormalization technique [J]. Journal of Electromagnetic Waves and Applications,1990,4(2):99-111.

[4] Ulaby F T,Moore R K,Fung A K. Microwave remote sensing[M]. 侯世昌等译. 北京:科学出版社,1988.

[5] 刘德贵,费景高,于泳江,等.FORTRAN 算法汇编,第一分册[M].北京:国防工业出版社,1980:407-413.

[6] William H Press,et al. Numerical recipes-the art of scientific computing[J].Computer Methods & Programs in Biomedicine,1986,381-453.

用非线性重整化方法反演大气折射率廓线的数值试验[*]

王宝瑞[1],张培昌[1],涂强[2]

(1.南京气象学院,南京　210044;2.上海大学电子物理研究所,南京　201800)

摘　要:本文研究采用非线性重整化方法反演大气折射率廓线,以代替传统的探测方法,结果表明非线性重整化方法能够反演出人们所关心的局部大气折射率廓线的改变。

关键词:大气折射率廓线;反演;非线性重整化方法

1　引言

大气折射率廓线的改变对微波传播路径影响很大,因而人们十分注意对大气折射率廓线的探测和研究。大气折射率是大气温度、湿度、压强的函数。由于大气的温、压、湿等气象要素在局部范围内可视为水平均匀,仅随高度改变,故在一定范围内大气可看成水平方向均匀,垂直方向上的分层均匀介质。

探测大气折射率传统上有两种方法[1]。一是利用高空气球探空仪发回的温、压、湿数据代入下式进行计算。

$$N = (n-1) \times 10^6 = \frac{77.6}{T}(P + \frac{4810e}{T}) \tag{1}$$

式中,N 称为大气折射指数 N 单位,n 为折射率,N 是为了方便起见而引入的物理量,N 一般在 $260 \sim 460$ 变化。式中 P 表示大气压强,e 为水汽压,T 为温度。

第二种方法是折射计法。利用飞机或气球携带微波折射计测量经过空间点的折射率。微波折射计十分灵敏、准确,可作为标准仪器使用。上述两种方法各具优缺点。前者只要利用探空资料即可,简单方便,但误差较大。后者的优点是精确,但成本高,不经济,不能作常规探测用;且它所得的也是路径上折射率的分布。另外,两种方法的共同点是要求把测量仪器带到高空逐点测量。尽管这两种方法有着不可忽视的缺点,由于没有更好的测量理论与先进的仪器来替代。几十年来,人们仍用这种方法,进展不大。

在研究大气折射率垂直廓线时,一般采用统计的方法,讨论不同气候区域的折射率变化情况及其对电磁波传播的影响[2]。对实时、局地的大气折射率廓线的分析则较少。20 世纪 60 年代初,英国雷达气象学家 Saxton 等人利用微波折射计由飞机携带测量得大气折射率廓线,并且与雷达回波图像上的层状回波对照,发现层状回波与折射率梯度剧烈变化或湍流相对应,

　　* 本文原载于《气象科学》,1996,16(2):120-129.

验证了层状雷达回波产生的两种机制——部分反射机制和湍流散射机制的存在[3]。随着高功率高灵敏度的 VHF/UHF 雷达投入使用,人们越来越多地观察到晴空回波。Balsely、Gage 等人在分析因折射率梯度产生的部分反射时,假设了四种简单的折射率分布来计算电磁波在整个不均匀层内产生的反射率,以此来估计部分反射波的强度和不均匀层中折射率变化情况[4]。但是由于 MST 雷达的距离分辨力在百米量级,不可能对折射率分布的精细结构进行探测[5]。

近年来迅速发展的电磁逆散射理论在各类遥感领域中均有涉及,但对大气折射率廓线探测方面的应用则很少见。本文探讨电磁逆散射理论对分层均匀介质折射率的反演,采用非线性重整化技术,对不同尺度、不同折射率分布形式的大气折射率廓线进行反演,并给出数值结果。

2 理论与公式

研究一维分层均匀介质对电磁波的反射的控制方程是利卡提方程。它是由麦克斯韦方程组推导而得[6]。我们考虑介质充满 $0 \leqslant z \leqslant d$ 的空间,在 $z < 0$ 和 $z > d$ 的空间为真空,设电矢量为沿 Y 方向的单位振幅平面波(TE 波)$E(z) = e^{jkz}$,垂直入射到 $z = 0$ 表面,入射面为 xoy 面(见图 1)。

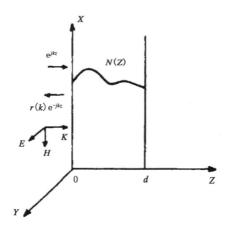

图 1 TE 波垂直入射到分层均匀介质

图中 $k = 2\pi/\lambda$ 为圆波数,为区别起见,令 $k_x = 1/\lambda$,并称其为波数。就分层均匀煤质而言,描写介质特性的参量只与分层介质法向坐标(例如坐标 Z)有关,即认为折射率是 Z 的函数

$$n = n(z) \tag{2}$$

就图 1 情形由麦克斯韦方程组可导出反射系数与折射率及圆波数所满足的利卡提方程(Riccati equation)

$$\frac{dr(z,k)}{dz} = -j2kn(z)r(z,k) + \frac{1}{2}\frac{d[\ln n(z)]}{dz}[1 - r^2(z,k)] \tag{3}$$

利卡提方程为一阶非线性常微分复数方程,反射系数 $r(z,k)$ 与圆波数、折射率及折射率梯度有关,它描述了介质内任意一点上的反射系数随入射波波数(频率)变化的规律。在介质

前($z=0$)、后($z=d$)两个界面上的电磁波反射满足费涅耳定律,在界面上的反射率 $r(0)$ 与 $r(d)$ 分别为

$$r_\perp(0) = \frac{n(0)-1}{n(0)+1}$$

$$r_\perp(d) = \frac{1-n(d)}{1+n(d)} \tag{4}$$

下标"$\perp$"表示 TE 波电矢量与入射面垂直。用利卡提方程(3)和边界条件(4),在给定折射率廓线和入射波圆波数 K 时,通过数值计算可以求得在 $z=0$ 处的反射系数 $r(0,k)$。它的物理意义是介质层内各处产生的反射波在"$z=0$"处的迭加,事实上在 $z<0$ 的空间接收到的反射波应该是来自介质层内的反射波与 $z=0$ 界面的反射波之和,设接收到的反射波用 $Er(z)=r(k)\exp(-jkz)$ 来表示,则 $r(k)$ 为

$$r(k) = r(0,k) + r_\perp(0) \tag{5}$$

在 $n(0)=1$,$r_\perp(0)=0$ 的情况下,$r(k)$ 即为 $r(0,k)$。对于半无限空间,则边界条件可表示成

$$\lim_{d\to\infty} r(d) = 0 \tag{6}$$

利卡提方程是非线性重整化反演理论的出发方程。将方程两边同除 $(1-r^2)$,并令 $\xi = \tanh^{-1} r(k) = r/(1-r^2)$ 后积分可得

$$\xi(0,k) = -\frac{1}{2}\int_0^\infty \frac{\mathrm{d}}{\mathrm{d}z}[\ln n(z)]\mathrm{e}^{j2k\int_0^z n(z')\mathrm{d}z'}\,\mathrm{d}z \tag{7}$$

式中,z' 与 z 为积分变量,定义

$$\eta(k) = \xi(0,k) \approx \frac{r(k)}{1-r^2(k)} \tag{8}$$

为反射系数的变形,也称为反射系数。$\eta(k)$ 与 $r(k)$ 的区别从定义式(8)知,$\eta(k)$ 不满足能量守恒定律,可能出现大于 1 的模值。再引入一个新的坐标变量 ζ,定义成

$$\zeta = \int_0^z n(z')\mathrm{d}z' \tag{9}$$

这是物理路径 z 与光学路径(光程)ξ 之间的刘维(Liouville)变换,在反演过程中,我们寻求光程表示的折射率廓线 $n(\zeta)$,最后再恢复到以物理路径 z 表示的折射率廓线 $n(z)$。这样就能消除相位误差累积产生的纵向移位。引入 $\eta(k)$ 与 ζ 两个新变量后,(7)式表示成

$$\eta(k) = -\frac{1}{2}\int_0^\infty \frac{\mathrm{d}}{\mathrm{d}\zeta}[\ln n(\zeta)] \cdot \mathrm{e}^{(-j2k\zeta)}\,\mathrm{d}\zeta \tag{10}$$

为了应用拉普拉斯变换,令 $p=-j2k$ 后得

$$\eta(p) = -\frac{1}{2}L\left\{\frac{\mathrm{d}}{\mathrm{d}\zeta}[\ln n(\zeta)]\right\} \tag{11}$$

对上式作拉普拉斯逆变换,再由光程转变成物理路径,得到折射率廓线表达式

$$n(z) = \mathrm{e}^{(-2\int_0^\zeta L^{-1}[\eta(p)]\mathrm{d}\zeta)}|_{\zeta=\int_0^z n(z')\mathrm{d}z'} \tag{12}$$

该式表示了应用频域中的反射系数 $\eta(p)$ 来反演折射率廓线的公式[7]。

为了用时域中的反射脉冲反演折射率廓线,令

$$a_n^-(\zeta) = L^{-1}[r(p)] \tag{13}$$

用 $a_n^-(\zeta)$ 表示 $r(p)$ 的拉普拉斯逆变换,这样可以从反演公式(12)推导出 $n(\zeta)$ 与 $a_n^-(\zeta)$

的关系

$$n(\zeta) = e^{\{-2\int_0^\zeta L^{-1}[\tanh^{-1} r(p)]d\zeta\}}$$

$$= e^{\{-2\int_0^\zeta [L^{-1}[r(p)]+\frac{1}{3}L^{-1}[r^3(p)]+\cdots]d\zeta\}} \tag{14}$$

应用拉普拉斯变换的卷积性质,

$$L^{-1}[r^2(p)] = a_n^-(\zeta) \otimes a_n^-(\zeta) \tag{15}$$

代入到(14)式中得

$$n(\zeta) = e^{\{-2\int_0^\zeta [a_n^-(\zeta)+\frac{1}{3}a_n^-(\zeta)\otimes a_n^-(\zeta)\otimes a_n^-(\zeta)+\cdots]d\zeta\}} \tag{16}$$

式中 $\otimes$ 表示卷积运算。该式即是用时域中反射脉冲进行反演折射率廓线的计算式[8],由于卷积的阶数越高其值越小,一般只计算到五阶卷积就足够了。这种把反正切双曲函数展开后,应用拉普拉斯变换的卷积性质,化成成反射脉冲的卷积,并且略去高阶卷积的过程称为重整化,重整化的结果使得计算变得简便有效了。

在对(13)式进行离散变换时,根据抽样定理,我们得到介质厚度 d 与波数上界 K_{xm} 及抽样数 W 的关系,即

$$K_{xm} = \frac{W}{2\alpha d} \tag{17}$$

当介质厚度确定之后,再选择抽样数,定出波数抽样间隔,即最大波长

$$\lambda_{\max} = \alpha \cdot d \tag{18}$$

和最小波长

$$\lambda_{\min} = 2\alpha \cdot d/w \tag{19}$$

从式中可见,探测波长与介质厚度相当,最大波长为介质厚度的 α 倍,α 在 3~10 选取,最小波长与抽样数有关。改变入射波的波数可适应不同尺度的介质折射率廓线的反演。

3 数值计算

关于利卡提方程和用离散傅里叶快速变换作拉普拉斯变换的数值计算已在文[9]中论述,这里讨论利用探空资料进行反演大气折射率廓线时所作的资料预处理。由探空仪获得的记录分标准层和特性层。标准层记录了地面、1000 hPa、850 hPa、500 hPa 等层的数据(P_i,T_i,T_{di})。特性层则是对有明显变化的层记录一个数据,例如在等温层、逆温层、对流层顶有记录。每个层次上的记录(P_i,T_i,T_{di})并不能直接代入(1)式求折射率,而应知道各层的高度。为此首先用压高公式

$$z_1 - z_2 = 18400 \times (1 + \frac{T}{273}) \times \lg \frac{P_1}{P_2} \tag{20}$$

计算两个压强值之间的距离。若已知高度值,此计算可省去。然后用露点温度与水汽压的关系

$$e = E_0 \cdot (\frac{T_0}{T_d})^{C_L/R_W} \cdot e^{(\frac{L_0+C_L T_0}{R_W T_0} \cdot \frac{T_d-T_0}{T_d})} \tag{21}$$

求出与 T_d 对应的水汽压 e。式中 E_0 为在 0℃时饱和水汽压,T_0 为水的三相点温度开尔文,T_d 为露点温度,C_L 为水汽的凝结潜热随温度的变化率,R_W 为水汽的比气体常数,L_0 为 0℃时水汽凝结潜热。根据(20)、(21)二式可由(P_i,T_i,T_{di})得到(Z_i,P_i,T_i,T_{di},e_i),于是可

通过(1)式计算出不同高度上大气折射率 $N_i(Z_i)$。

由于在十几公里高度范围内只有十几组数据,折射率廓线还是很粗糙的,不能满足求解利卡提方程的需要,必须在 $N_i(Z_i)$ 基础上进行插值,插值的间隔等于求利卡提方程时的积分步长 h。插值的方法很多,我们选用了光滑性较好的三次样条插值法。三次样条插值法的另一优点是在产生函数值的同时也产生一、二阶导数值。采用三次样条插值产生较密的(Z_j,N_i,dN_i,Z_i)即可求解反射系数 $\{r(k_i), k_i = k_1, k_2, \cdots, k_n\}$。

4 实例

应用分层均匀介质的反演理论与数值方法,结合大气折射率的变化规律,设计了几种不同类型的折射率连续分布函数,对于不同尺度的介质进行了数值模拟计算,最后给出根据高空资料计算的大气折射率廓线反演实例。

4.1 余弦分布

考虑大气中存在稳定的逆温层,形成大气波导时,分布呈余弦函数的形式,因此大气折射率廓线用下列公式

$$n(z) = 1.000618 - 0.00003\cos(\frac{2\pi m z}{d} + 0.758) \tag{22}$$

来模拟。其中 $m=1$, $d=3000$ m。图 2 中分别表示无噪声,$S/N = 1.0, 0.1, 0.01$ 等四种情形。结果表明,无噪声或噪声不大时,能获得很好的重建廓线,在噪声强度是信号强度的 100 倍时($S/N = 0.01$),仍能将廓线变化情况反映出来。随着噪声的增强,重建廓线锯齿明显,整体向左移,数值减少。这里反演条件为 $N = 256$,$K_{xm} = 0.01$,$\Delta K_x = 7.8 \times 10^{-5}$。

4.2 指数分布

大气折射率沿高度分布的统计结果为指数分布,设折射率廓线在十公里以下的分布函数为

$$n(z) = 1.0 + 0.000315\mathrm{e}^{(-0.000135z)} \tag{23}$$

式中,z 的单位是 m,在反演条件 $N = 256$,$K_{xm} = 0.00628$,$\Delta K_x = 5 \times 10^{-5}$ 下得到如图 3 所示结果,图中重建廓线与精确廓线几乎完全重合,圆点标号代表精确廓线。

图 4a 模拟了在小范围内,如在 1000 m 高度上的 200 m 内有一个幅度为 10 N 单位的大气折射率变化,从 Saxton 等的测量结果看,这一类小锯齿形的变化相当多。重建结果表明,能精确地将这类变化的幅度及位置反映出来。图 4b 表示该例反射系数谱,横坐标为圆波数,该例的反演条件为 $N = 256$,$K_{mc} = 0.1$,圆波数抽样间隔 $\Delta k = 7.8 \times 10^{-4}$。从图中清楚地看到,当圆波数 $K > 0.06$ 后,反射系数不再变化,在实际探测时,可以考虑"临界"圆波数 K_{mc} 作为圆波数的最大值。在 $K < 0.06$ 的区域内,反射系数作几乎等周期的变化。图 4c 为反射系数的傅里叶变换,显然它指出在 1000 m 附近有一折射率变化区域,产生了反射脉冲。3000 m 附近的剧烈反射是由后边界产生的。

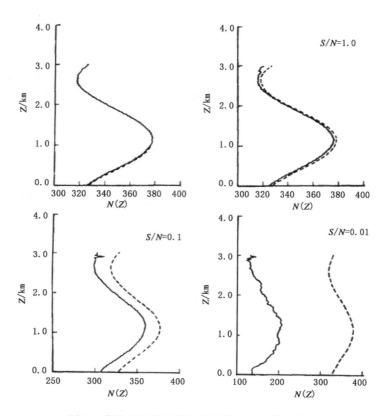

图 2　模拟大气波导折射率廓线重建及噪声影响

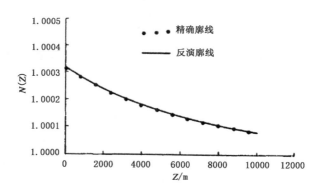

图 3　$d = 10$ km，指数分布廓线重建结果

4.3　由探空资料进行折射率廓线的重建

这里选择了 1980 年 11 月 7 日广州站晨 7 时和傍晚 19 时的探空资料。温度、压强、露点温度见表 1。

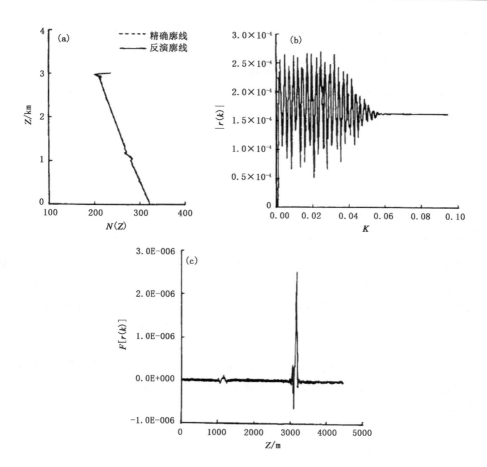

图 4 小范围内折射率变化的模拟结果

(a)折射率变化的模拟；(b)反射系数谱；(c)时域中的反射系数

表 1 广州站 1980 年 11 月 7 日 7:00 和 19:00 的温度、压强、露点温度表

07:00			19:00		
P (hPa)	T (℃)	T_d (℃)	P (hPa)	T (℃)	T_d (℃)
1022.0	15.2	11.8	1023.0	15.8	9.8
1000.0	13.6	10.2	1000.0	15.0	9.0
977.0	12.2	9.0	912.0	8.2	5.0
902.0	12.2	10.2	890.0	9.8	6.5
863.0	14.6	14.3	862.0	15.2	11.6
850.0	14.0	13.7	850.0	14.8	10.8
780.0	8.0	7.7	753.0	6.8	4.0
751.0	12.2	9.2	742.0	9.8	6.2
700.0	9.8	4.8	700.0	6.6	4.0
651.0	5.8	−2.5	688.0	5.6	2.5

续表

07:00			19:00		
P (hPa)	T (℃)	T_d (℃)	P (hPa)	T (℃)	T_d (℃)
634.0	4.4	−1.4	643.0	4.2	−3.5
600.0	3.2	−11.8	500.0	−6.9	−22.7
513.0	−5.7	−14.5	400.0	−16.7	−31.7
500.0	−6.3	−17.3	363.0	−21.3	−35.5
482.0	−7.3	−21.3	341.0	−24.5	−31.2
400.0	−17.1	−28.7	318.0	−27.9	−35.4
286.0	−33.7	−43.0			
174.0	−59.3	−67.0			

从这两组数据中可见,当天早晨 7 时 902 hPa,傍晚 862 hPa 高度附近有明显的逆温、增湿的情况,而且早晨和傍晚都有,说明当天的逆温层比较稳定,折射率廓线在相应的高度上有较大起伏,这种起伏对电波传播影响较大。在反演条件 $N = 256$,波数抽样间隔为 $K_{xm} = 0.00628$,$\Delta K_x = 5 \times 10^{-5}$ 下进行了反演,重建廓线(点线)与从探空数据中经三次样条插值后的测量廓线(实线)重合,在同一高度上两值之差在 1 个 N 单位左右,精度很高,达到测量精度要求。图 5a 为早晨 7 时的测量廓线(实线)与重建廓线(点线)。图 5b 为傍晚 19 时的结果。

此例及前面对大气折射率模拟廓线的重建结果说明,非线性重整化技术可以应用于对大气折射率廓线的重建。其精度和定位能力已达到测量要求。

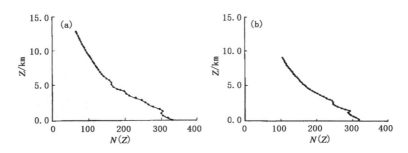

图 5　根据探空资料得到的折射率廓线重建结果
(a)7 时;(b)19 时　—精确廓线　…反演廓线

5　结论

非线性重整化技术是一种很好的反演方法,该方法对微小变化敏感,而又有很强的抗噪声能力,既能对简单的廓线进行重建,又能对复杂的廓线进行重建。因此,其应用范围可以推广到遥感物质的物理性质参量的领域,即所有涉及参量反演的问题都可以考虑应用它。本文首次使用探空资料,使用自编的计算程序算得的折射率廓线作为精确廓线进行数值模拟,计算的重建廓线与精确廓线吻合一致。非线性重整化技术处理一维逆散射问题非常简便、快捷、准确,对折射率较大的介质及其折射率接近 1 的大气折射率均能得到很好的重建结果,精度达到测量要求。就数值模拟而言,只要正确地给出折射率分布廓线,本方法可以精确地反演出其廓线。在实际应用中,必须探测到正确的频域的反射率系数,方可反演出折射率分布廓线。对于人们最感兴趣的大气中折射率梯度较大的区域厚度在百米数量级情形,可以考虑用 VHF/UHF 雷达加上扫频技术后进行探测。如何实现大气折射率廓线的直接遥感尚有大量工作要做,许多问题有待深入讨论。

参考文献

[1] 张培昌,戴铁丕,杜秉玉,等. 雷达气象学[M]. 北京:气象出版社,1988.
[2] 张培昌,戴铁丕,郑学敏. 我国部分地区大气折射指数垂直分布统计模式[J]. 气象科学,1991,11(4):402-413.
[3] Saxton J A, J Alane, R W Meadons, et al. Layer structure of the troposphere simultaneous radar and microwave refractometer investigations[J]. Proc IEE, 1964,111(2):275-283.
[4] Balsley B B, K S Gage. The MST radar technique Potential for middle Atmospheric studies[J]. Pageooh, 1980,118:452-493.
[5] Gage K S, B B Balsley, J L Green. A fresnel-scattering model for the specular echoes observed by VHF radar[J]. Radio Sci, 1981,16:1447-1453.
[6] Ulaby F T, R K Moore, A K Fung. Microwave Remote Sensing[M]. 侯世昌等译,北京:科学出版社.
[7] Jaggard D L, Y Kim. Accurate one-dimensional inverse scattering using a nonlinear renomalization technique[J]. J Opt Soc Am,1985,2(2):1922-1930.
[8] Kim Y, Cho N. Jaggard D L. Time-domain inverse scattering using a nonlinear renomalization technique [J]. Journal of Electronmagnetic Waves and Applications,1990,4(2):99-111.
[9] 涂强,王宝瑞,张培昌. 分层均匀介质折射率廓线的重建[J]. 南京气象学院学报,1995,18(2):179-186.

第 5 部分　降水粒子微波特性研究

Theories and Calculation of Electromagnetic Scattering from Inhomogeneou Spheroidal Particles[*]

WANG Baorui, ZHANG Peichang, JI Yimin

(Nanjing Institute of Meteorology, Nanjing 210044)

ABSTRACT: The solution of electromagnetic scattering by an inhomogeneous spheroidal particle is found for any polarized incident wave by solving Maxwell's equations under given boundary conditions. And calculations are made of a radar back-scattering cross-section of a melting and sponge ice hailstone with an arbitrary size and shape.

With Lorentz normalized transform, Maxwell's equations concerning spheroidal particle scattering are analytically converted into scalar and vector wave equations. In the spheroidal coordinate system (η, ξ, φ) separation is made of variables in the scalar wave equation and the scattering field is represented as an infinite serious of the spheroidal vectorwave functions by Lorentz transform and relationship between scalar and vector wavefunctions. For oblique incidence the polarized incident wave is resolved into the components[1]: TE mode in which the electric vector of the incident wave vibrates perpendicular to the plane and TM mode in which the magnetic to the plane. Here only the expression of the scattering field for TE mode in a prolate spheroidal system is given, i. e. ,

$$^{(5)}\vec{E} = \sum_{m,n} i^n [\beta_{1,mn} \vec{M}_{omn}^{(3)}(C_3; \eta, \xi, \varphi) + i\alpha_{1,mn} \vec{N}_{omn}^{(3)}(C_3; \eta, \xi, \varphi)]$$

$$^{(5)}\vec{H} = \sum_{m,n} i^n H_3 [\alpha_{1,mn} \vec{M}_{omn}^{(3)}(C_3; \eta, \xi, \varphi) - i\beta_{1,mn} \vec{N}_{omn}^{(3)}(C_3; \eta, \xi, \varphi)]$$

where $\vec{M}_{omn}^{(3)}(C_3; \eta, \xi, \varphi)$ and $\vec{N}_{omn}^{(3)}(C_3; \eta, \xi, \varphi)$ represent the third type of vector functions[2], $i = \sqrt{-1}$, $C_3 = K_3 d$, $\alpha_{1,mn}$ and $\beta_{1,mn}$ are unknown coefficients requiring to be determined to satisfy the boundary conditions(BC). A system of linear equations are established for the coefficients by use of the BC equations for two layer boundaries, whereby quasi-analytical solutions of scattering are obtained to the two-layered spheroidal particles. In dealing with the BC equations the inner-field angular wavefunctions are expanded using the outer one, with only three of the equations being shown in the following:

$$(1-\eta^2)^{\frac{1}{2}} S_{mn}(c, \eta) = \sum_{i=0}^{\infty} \vec{A}_t^{mn}(c) S_{m-1,m-1+t}(C_3, \eta)$$

* 本文原载于《Computational Physics》,1989,1

$$(1-\eta^2)^{-\frac{1}{2}}\eta S_{mn}(c,\eta) = \sum_{i=0}^{\infty}\overrightarrow{D}_i^{mn}(c)S_{m-1,m-1+t}(C_3,\eta)$$

$$(1-\eta^2)^{\frac{3}{2}}\frac{dS_{mn}(c,\eta)}{d\eta} = \sum_{t=0}^{\infty}\overline{I}_t^{mn}(c)S_{m-1,m-1+t}(c_3,\eta)$$

Where c denotes c_1, c_2 or c_3, and the coefficients of these expansions can be evaluated through integration over the domain $-1 \leqslant \eta \leqslant 1$. For the scattering field at an infinite distance highly concise expressions are developed for the back and lateral (the latter two) cross sections, respectively, i. e. ,

$$\sigma(\pi) = \frac{4\pi}{k_0^2}\Big|\sum_{n=1}^{\infty}\Big[\sum_{r=0,1}'\frac{(r+1)(r+2)}{2}d_r^{1n}(c_3)\Big](-1)^n(\alpha_{1,1n}-\beta_{1,1n})\Big|^2$$

$$\sigma_1(\theta_s) = \frac{4\pi}{k_0^2}[S_1(\theta,0)S_1^*(\theta,0)+S_2(\theta,0)S_2^*(\theta,0)] \qquad\qquad \text{,and}$$

$$\sigma_2(\theta_s) = \frac{4\pi}{k_0^2}[S_1(\theta,\frac{\pi}{2})S_1^*(\theta,\frac{\pi}{2})+S_2(\theta,\frac{\pi}{2})S_2^*(\theta,\frac{\pi}{2})]$$

All these theoretical formulae are valid for direct calculations.

If a scattering particle is assumed to be inhomogeneous in its outer layer, this feature is presumably caused by the inclusions mixed up in the even medium (matrix), and they are thought of as oblate spheroidal particles with the size far shorter than the wavelength. Note that the size, shape and orientation are independent of each other as parameters and all orientations are equally possible. With these assumptions an average field theory[3] is introduced, which leads to an expression for an equivalent complex index of refraction of the non-uniform medium, i. e. ,

$$H_{av} = \sqrt{\varepsilon_{av}/\varepsilon_0}$$

and

$$\varepsilon_{av} = \frac{(1-f)\varepsilon_m + f\beta\varepsilon}{1-f+f\beta}$$

where

$$\beta = \frac{1}{2}\chi^*\Big[\ln\Big|\frac{\chi^*+1}{\chi^*+\frac{1}{3}}\Big|-4\ln\Big|\frac{\chi^*}{\chi^*+\frac{1}{3}}\Big|\Big]$$

$$\chi^* = \varepsilon_m/(\varepsilon-\varepsilon_m)$$

in which f and $1-f$ are the volume fractions of inclusions and matrix, ε and ε_m are their complex dielectric functions, respectively.

When incoming waves are different in the incident or polarized direction, various kinds of information on scattering can be gained from the results of this paper and therefore the regimes of the particles (e. g. , the size spectrum) can be acquired by altering the incident or polarized direction. The theory is, in principle, applicable to spheroidal particles of any size and axis length ratio for any incident and polarized direction.

As an example, numerical results are given of the cross sections of melting and sponge ice particles shaped into oblate spheroids to scatter radar waves, which is of much importance to atmospheric sciences. For calculation the following assumptions are employed: radar wavelength of 10.0 cm, major axis length of 4 cm, complex refraction index $H_{uuter} = 8.99 - 1.47i$ and $H_{ice} = 1.78 - 0.0024i$ and axis length ratio 0.5～1.0. Clearly, for the ratio 1.0, the spheroid becomes a sphere. In that case results obtained by the expressions presented are greatly simplified in operation and agree well with Mie. Calculations show that if the size parameter of a particle $2\pi a_2/\lambda < 0.5$ (where a_2 is half the long axis of its outer-layer boundary and λ the length of the incident wave), then the value of the back scattering cross section increases rapidly with the growth of water content and if > 0.5 the variation fluctuates, depending on the size; as the incident wave is directionally vertical to the rotational axis (vertical incidence), the value of the cross section of a given particle is smaller than when it comes parallel (parallel incidence). Some of our numerical results are shown in Figs. 1—4.

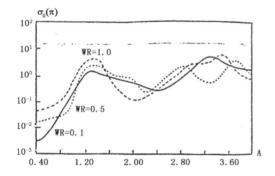

Fig. 1   Variation in a normalized back-scattering cross section of sponge ice oblate spheroids as a function of the length of the major axis (A) for parallel incidence ($\zeta = 0°$). WR is water content of the shell.

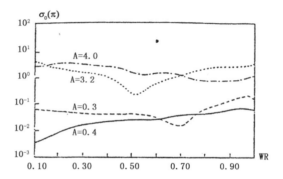

Fig. 2   Similar to Fig. 1, but for as a function of water content of the shell (WR).

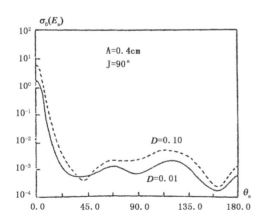

Fig. 3   Angular distribution of a normalized lateral cross section of melting ice oblate spheroids for vertical incidence($\zeta = 90°$).

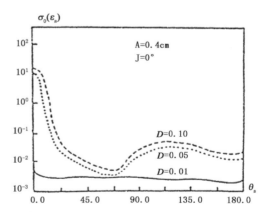

Fig. 4   Same as Fig. 3, but for parallel incidence ($\zeta = 0°$).

Scattering of slender rod- and thin disc-like bodies can be roughly dealt with by setting the ratio (B/A) to approach zero, according to the theories developed. The theories and calculation methods presented are not confined to the use of atmospheric sciences but applicable to corresponding scattering problems of some other sciences, e. g. , theory of antennae and biological engineering.

REFERENCE

[1]　Asano S, Yamamoto G. Light scattering by a spheroidal particle[J]. App Optics, 1975,14:29-49.

[2]　Flammer G. Spheroidal Wave Functions[M]. Stanford Univ Press, 1957:69-84.

[3]　Maxwell J C. A Treatise on Electricity and Magnetism[M]. 3rd ed. Reprinted by Dover, 1954:506.

A Theortical Method for Radar Probing Physical of Precipitus Spheroidal Particle[*]

ZHANG Peichang, WANG Baorui, JI Yimin

(Nanjing Institute of Meteorology, Nanjing 210044)

ABSTRACT:A scheme is developed for improving the theoretical method of radar determination of the size spectrum of precipitation particle (raindrops and hailstones) group, together with precipitation rate, and, when these particles are spheroids, a quantitative relationship between the two parameters, on one hand, and radar reflectivity and extinction coefficient, on the other hand, is established.

With the physical property of the back-scattering particle expressed by the scattering cross section σ , the radar equation takes the form $P_r = (C^* / r^2) \cdot \eta$, where P_r is the received power; C^* the radar constant; r the distance from the sample; $\eta = \sum \sigma$, the radar reflectivity, defined as the sum of back-scattering cross sections of all particles per unit volume of sampling. When the scattering particles are spheroids, η has the form

$$\eta = \int_k N(K)\sigma(K)\mathrm{d}K \tag{1}$$

where K is the integration variable with respect to the size, shape and orientation of the particle; $N(K)$ the size distribution; $\sigma(K)$ the back-scattering cross section with a given size, shape and orientation. Derivation of Ji's M. S. thesis shows that for TE mode (i. e. , incident wave is transverse electric one), $\sigma(K)$ is in the form (based on calculation of oblate spheroids)

$$\sigma_E(K) = \frac{4\pi}{K_0^2} \left| \sum_{n=1}^{\infty} \left[\sum_{r=0,1}^{\infty} {}' \frac{(r+1)(r+2)}{2} d_r^{\ln}(-iC_3) \right] (-1)^n (\alpha_{1,\ln}, \beta_{1,\ln}) \right|^2$$

and for TM mode (i. e. , incident wave in transverse magnetic one), have

$$\sigma_M(K) = \frac{4\pi}{K_0^2} \left| \sum_{n=1}^{\infty} \left[\sum_{r=0,1}^{\infty} {}' \frac{(r+1)(r+2)}{2} d_r^{\ln}(-iC_3) \right] (-1)^n (\alpha_{2,\ln}, \beta_{2,\ln}) \right|^2$$

where $K_0 = 2\pi/\lambda$ is the wave number of incident wave; $C_3 = K_0 d_0$, in which d_0 is the semifocal length of the oblate spheroid; $d_r^{\ln}(-iC)$ the expansion coefficient of wave function; $\alpha_{1,\ln}$, $\beta_{1,\ln}$, $\alpha_{2,\ln}$ and $\beta_{2,\ln}$ the coefficients of orders of the scattering fields with incident waves of the two types, respectively. When radar transmits polarized waves in different directions, vari-

* 本文原载于《Computational Physics》,1981,1.

ous scattering power can be obtained, and the reflectivity for the case are, respectively,

$$\eta_E = \int_K N(K)\sigma_E(K)\,\mathrm{d}K$$

$$\eta_M = \int_K N(K)\sigma_M(K)\,\mathrm{d}K$$

(2)

The rotation axis for a falling particle can be viewed as being vertical. Hence all particles are oriented in the same direction when the working antenna points vertically and horizontally. A vast number of measurements show that the size of a raindrop is related to the shape. Following [1], the relationship is given by

$$\frac{b}{a} = \begin{cases} 1.0 & 0 < D_e \leqslant 0.028 \ \mathrm{cm} \\ [1 - 9D_e\rho\upsilon_T^2/(32\mu)]^{\frac{1}{2}} & 0.021 < D_e \leqslant 0.1 \ \mathrm{cm} \\ 1.03 - 0.62D_e & 0.10 < D_e \leqslant 1.0 \ \mathrm{cm} \end{cases}$$

(3)

where D_e is the diameter of the a ball-shaped drop of the same volume as the spheroidal raindrop; b/a the axis length ratio of the raindrop ($\frac{b}{a} \leqslant 1$); ρ the air density at saturation; μ the coefficient of the water surface tension; υ_T the terminal speed of the drop. Eq. (2) can be simplified as

$$\eta_E = \int_{D_e} N(De)\sigma_E(D_e)\,\mathrm{d}D_e$$

$$\eta_M = \int_{D_e} N(D_e)\sigma_M(D_e)\,\mathrm{d}D_e$$

(4)

Eq. (4) determines the relationship between the reflectivity and size distribution function. The size distribution for the liquid drops has a general relation

$$N(D_e) = \frac{1}{\sqrt{2\pi \overline{D_e}^2}}e^{[-\frac{(D_e-Dem)^2}{2\overline{D_e}^2}]}$$

where $\overline{D_e}^2 = \frac{1}{(D_e - Dem)^2}$, in which Dem is the median volume diameter. $N(D)$ takes the form that is generally accepted in radar meteorology[2]

$$N(D_e) = N_0 e^{(-3.67D_e/D_0)}$$

(5)

With the aid of Eq. (4), N_0 and D_0 can be easily determined. N_0 limits are included in our calculation scheme to the size and incident wave. Since $D_0 = \beta_1 R^{\beta_2}$, where R is the rainfall rate, and β_1, β_2 constants, Eq. (4) also indicates the functional relationship between the reflectivity and rainfall rate.

Considering the extinction due to polarized waves passing through the precipitus body, we have $\mathrm{d}\overline{R_r} = -2K_{ext}\overline{P_r}\mathrm{d}r$, where

$$K_{ext} = \sum Q_{ext} = \int_K N(K)Q_{ext}(K)\,\mathrm{d}K$$

(6)

is the extinction coefficient; Q_{ext} the extinction cross section of a single particle. For a spheroidal particle with incident wave of TE mode, we get

$$Q_{ext} = -\frac{\lambda^2}{\pi}\mathrm{Re}\sum_{m,n}[\alpha_{1,mn}\tau_{mn}(\zeta) + \beta_{1,mn}\chi_{mn}(\zeta)]$$

and for TM type

$$Q_{ext} = -\frac{\lambda^2}{\pi}\mathrm{Re}\sum_{m,n}\left[\alpha_{2,mn}\tau_{mn}(\zeta) + \beta_{2,mn}\chi_{mn}(\zeta)\right]$$

where

$$\tau_{mn}(\zeta) = m[S_{mn}(\cos\zeta)/\sin\zeta]$$

$$\chi_{mn}(\zeta) = \frac{d}{d\zeta}[S_{mn}(\cos\zeta)]$$

in which ζ is the angle between the incident wave vector and rotation axis; $S_{mn}(\cos\zeta)$ the angular wave function of the spheroid.

Using Eq. (5), we obtain the expression for calculating the extinction coefficient of a raindrop, i. e. ,

$$K_{ext} = N_0\int_{De} e^{(-3.67D_e/D_0)} Q_{exp}(D_e)dD_e$$

For hailstones, of which data are meager, the empirical expression, currently employed, is

$$N(D_e) = N_0 e^{-3.09D_e}$$

If the difference in complex refraction index between a particle and its medium is not too large, then, for TE mode, Q_{ext} can be simplified as[3]

$$Q_{ext} = 1 - \frac{\sin 2\delta}{\delta} + \frac{1 - \cos 2\delta}{\delta^2}$$

where $\delta = 2\pi(m-1)(D_e/\lambda)$. Here we rewrite (6) as

$$K_{ext}(\frac{x}{2}) = \int_{}^{\infty} Q_{ext}(\frac{r_0 x}{2}) f^*(r_0)dr_0 \tag{7}$$

where $\frac{x}{2} = \frac{D_0}{\lambda} \cdot 2\pi(m_1 - 1)$, in which m_1 is the real part of the complex refraction index, $Q_{ext} = D_0 K_{ext}$; $r_0 = D_e/D_0$; $f^*(r_0) = 2\pi r_0^2 N_0 D_0^4$. If Wellin transform is made with Eq. (7), the size spectrum distribution function is in the form

$$f^*(r_0) = -\frac{1}{\pi}\left\{\frac{1}{2\pi i}\int_{c-i\infty}^{c+i\infty}(1+p)\Gamma(p)\cos\frac{\pi p}{2}D_e^{-p}\nu(p)dp\right. \quad (-2 < c < 0)$$

where

$$\nu(p) = \int_0^{\infty} K_{ext}^*(\frac{x}{2})x^{-p}dx$$

Numerical results obtained by the theoretical formulae presented are illustrated in Figs. 1. and Fig. 2.

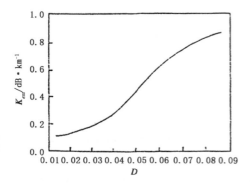

Fig. 1   Extinction coefficient as a function of the thickness D (cm) of a water shell of ice oblate spheroids. The maximum length of axis $A_{max} = 2$ cm, and incident wavelength $\lambda = 10$ cm.

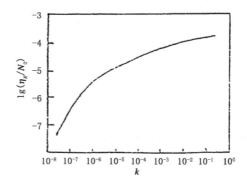

Fig. 2   Normalized radar reflectivity log (η_E/N_0)as a function of precipitation rate R(mm/h). $A_{max} = 1$ cm and $\lambda = 10$ cm.

REFERENCES

[1]   Pruppacher H R, Besrd K V. A wind tunnel investigation of the internal oiroulation and shape of water drops falling at terminal velocity in air[J]. Quart Soc, 1976,96:247-256.

[2]   Seliga T A, Eringi V N. Potential use of radar differencial reflectivity measurements at orthogonal polarizations for measuring precipitation[J]. J Appl Met, 1976,15:69-76.

[3]   Tander Eulst E O. Light Scattering by Small Particles[M]. London:Ohapman and Eall,1957.

椭球状降水粒子群微波特性的理论计算[*]

张培昌，王宝瑞，嵇驿民

（南京气象学院，南京　210044）

摘　要：本文使用椭球粒子对微波散射的精确解，计算了雨滴、冰雹等降水粒子群的雷达反射率、衰减系数与电磁波波长、波型、粒子谱参数、含水率等的定量关系，用图线表示出了这些关系，并和以前只考虑球形粒子情况的结果进行比较。

降水中的大雨滴、冰雹等粒子都是非球形的。若按粒子真实的几何形状去处理它们对微波的散射是很困难的，通常只能抓住其主要特点——非球形对称性进行分析，最简单的情形就是旋转椭球体。Van de Hulst[1] 给出了小椭球粒子散射的表示式，Atlas 等[2] 给出了这类粒子散射和衰减的一些结果。王宝瑞等[3]、嵇驿民[4] 用严格的电磁场理论和数学分析方法获得了旋转椭球散射的精确解。本文利用文献[3][4]的结果计算了降水粒子群的雷达反射率、衰减系数与电磁波波长、波型、粒子谱参数、含水率等的定量关系，并分析了这些结果。

1　基本理论公式

降水粒子群的雷达反射率 η，可以用实测或理论计算这两种途径确定。当使用微波雷达进行实测时，回波功率 P_r 与降水粒子群雷达反射率 η 之间满足雷达气象方程

$$P_r = \frac{C^*}{r^2}\eta \tag{1}$$

式中，C^* 为雷达常数，r 为取样体积到雷达之间的距离。当采用理论关系计算 η 值时，可用 η 的定义式

$$\eta = \int_k N(k)\sigma(k)\mathrm{d}k \tag{2}$$

式中，k 表示对粒子的尺度、形状和取向进行积分，$N(k)$ 为降水粒子的谱分布，$\sigma(k)$ 为给定尺度、形状、取向时粒子的后向散射截面。

对于扁旋转椭球，当入射电磁波为 TE 波时，计算后向散射截面的理论公式为[3]

$$\sigma_E(k) = \frac{4\pi}{k_0^2} \mid \sum_{n=1}^{\infty} \left[\sum_{v=0,1}^{\infty}{}' \frac{(v+1)(v+2)}{2} d_v^{1n}(-ic_3) \right] (-1)^n (\alpha_{1,1n} - \beta_{1,1n}) \mid^2 \tag{3}$$

当入射波为 TM 时，则有

$$\sigma_M(k) = \frac{4\pi}{k_0^2} \mid \sum_{n=1}^{\infty} \left[\sum_{v=0,1}^{\infty}{}' \frac{(v+1)(v+2)}{2} d_v^{1n}(-ic_3) \right] (-1)^n (\alpha_{2,1n} - \beta_{2,1n}) \mid^2 \tag{4}$$

[*]　本文原载于《南京气象学院学报》，1990，13(2)：158-166.

式中，$k_0 = 2\pi/\lambda$ 为入射波的波数，λ 为入射波长，$c_3 = k_0 d_0$，而 d_0 为扁旋转椭球粒子的半焦距，$d_v^{1n}(-ic_3)$ 为扁旋转椭球函数的展开系数，$\alpha_{1,1n}$、$\beta_{1,1n}$ 是入射 TE 波时散射场的级数系数，$\alpha_{2,1n}$、$\beta_{2,1n}$ 是入射 TM 波时散射场的级数系数，求和号上"′"号表示 $n-m$ 为偶数时，r 取偶数且从 $0 \to \infty$，$n-m$ 为奇数时，r 取奇数且从 $0 \to \infty$。以上二式适用于分层均匀扁旋转椭球散射问题，粒子状态不同时，散射场的级数系数不同。根据以上讨论，当入射波分别为 TE 波和 TM 波时，扁旋转椭球粒子群的雷达反射率 η_E、η_M 可分别表示为

$$\eta_E = \int_k N(k)\sigma_E(k)\mathrm{d}k$$
$$\eta_M = \int_k N(k)\sigma_M(k)\mathrm{d}k \tag{5}$$

对于下落的雨滴，其旋转轴可以认为在垂直方向上，即粒子的取向可看作是相同的。另外，Pruppacher 等[5] 提出，雨滴形状与尺度之间有如下关系

$$\frac{b}{a} = \begin{cases} 1.0 & 0 < D_e \leqslant 0.028 \\ [1 - (\frac{9}{32}D_e\rho v_T^2)/\mu] & 0.028 < D_e \leqslant 0.1 \\ 1.03 - 0.62D_e & 0.1 < D_e \leqslant 1.0 \end{cases} \tag{6}$$

式中，D_e 为与旋转椭球同体积的球形水滴的直径（单位 cm），b/a 为旋转椭球状雨滴的轴长比（$b/a \leqslant 1$），b 为短半轴，a 为长半轴。ρ 是饱和空气的水汽密度，μ 是水的表面张力系数，v_T 是雨滴的下落末速度。于是，(5)式可简化为

$$\eta_E = \int_{D_e} N(D_e)\sigma_E(D_e)\mathrm{d}D_e$$
$$\eta_M = \int_{D_e} N(D_e)\sigma_M(D_e)\mathrm{d}D_e \tag{7}$$

积分(7)式，还需要知道雨滴的尺度分布 $N(D_e)$ 的具体函数形式，其一般形式为

$$N(D_e) = \frac{1}{\sqrt{2\pi \overline{D_e^2}}} \mathrm{e}^{\left[-\frac{(D_e - D_{e0})^2}{2\overline{D_e^2}}\right]} \tag{8}$$

式中，D_{e0} 为雨滴的中值体积直径，$\overline{D_e^2} = \overline{(D_e - D_{e0})^2}$ 为样本方差。气象上常用的雨滴尺度分布公式为

$$N(D_e) = N_0 \mathrm{e}^{(-3.67D_e/D_0)} \tag{9}$$

式中，N_0 和 D_0 是谱参数，它们与降雨率 R 之间有以下经验关系

$$D_0 = b_1 R^{b_2} \quad , \qquad N_0 = d_1 R^{d_2}$$

b_1、b_2、d_1、d_2 均为常数，这些常数的数值由所考虑的降水类型决定。因此，(7)式也可以表示成雷达反射率与降水率之间的关系。

降水粒子群的衰减系数 K_e 在用雷达回波功率 P_r 确定时，有下面的定义式

$$\mathrm{d}P_r = -2K_e P_r \mathrm{d}r \tag{10}$$

在用粒子谱进行理论计算时，有

$$K_e = \sum Q_e = \int_k N(k)Q_e(k)\mathrm{d}k \tag{11}$$

式中，Q_e 是单个粒子的衰减截面。对于扁旋转椭球粒子，当入射波为 TE 波时，Q_e 的理论关系为[3]

$$Q_{eE} = -\frac{\lambda^2}{\pi}\mathrm{Re}\sum_{m,n}\left[\alpha_{1,mn}\tau_{mn}(\zeta)+\beta_{1,mn}\chi_{mn}(\zeta)\right] \tag{12}$$

当入射波为 TM 波时,有

$$Q_{eM} = -\frac{\lambda^2}{\pi}\mathrm{Re}\sum_{m,n}\left[\alpha_{2,mn}\tau_{mn}(\zeta)+\beta_{2,mn}\chi_{mn}(\zeta)\right] \tag{13}$$

其中

$$\tau_{mn}(\zeta) = m[S_{mn}(\cos\zeta)/\sin\zeta]$$

$$\chi_{mn}(\zeta) = \frac{\mathrm{d}}{\mathrm{d}\zeta}S_{mn}(\cos\zeta)$$

ζ 为入射波矢与旋转轴之间的夹角,$S_{mn}(\cos\zeta)$ 为旋转椭球的角波函数。

当雨滴谱形式取(9)式时,衰减系数 K_e 的计算公式可以表示成

$$K_e = N_0\int_{D_e}\mathrm{e}^{-3.67D_e/D_0}Q_e(D_e)\mathrm{d}D_e \tag{14}$$

冰雹谱资料很少,当冰雹较接近球状时,可采用下面的经验公式

$$N(D_e) = N_0\mathrm{e}^{-3.09D_e} \tag{15}$$

旋转椭球冰雹的形状与尺度之间的关系,本文采用下式

$$\frac{b}{a} = \begin{cases} 1.0-0.2a & 0 < a \leqslant 0.5\mathrm{cm} \\ 1.0-0.22a & 0.5\mathrm{cm} < a \leqslant 0.5\mathrm{cm} \end{cases} \tag{16}$$

来确定。其中 a、b 分别为长半轴和短半轴。有了关系式(15)和(16),冰雹的衰减系数和雷达反射率也就能进行计算。

2 数值计算结果

根据上面给出的公式,便可通过计算机计算各种尺度谱分布下的雨云和冰雹云对微波产生的衰减和雷达反射率。由于(3)、(4)式和(12)、(13)式是分层均匀旋转椭球的解,因此对雨滴、溶化冰雹或软雹均适用。在雨滴时,退化为单个均匀旋转椭球,溶化冰雹时,考虑将冰雹分为二层,内核为冰,外层为水(相应于外包水膜冰粒)或冰水混合物(相应于海绵状冰雹)。在本文的计算中,当 $\lambda = 10$ cm 时,取冰的复折射指数 $\chi_1 = 1.78 - 0.0024i$,水的复折射指数 $\chi_2 = 8.99 - 1.47i$。考虑海绵状冰雹的散射和衰减时,根据文献[4]给出的公式

$$\varepsilon_{av} = \frac{(1-f)\varepsilon_m + f\beta\varepsilon}{1-f+f\beta} \quad \text{及} \quad \chi^2 = \varepsilon_{av} \tag{17}$$

计算冰雹外层的等效复介电常数 ε_{av} 和等效复折射指数 χ,上式中 ε_m 和 ε 分别是水和冰的复介电常数,$1-f = W$ 为冰雹外层的含水率,而

$$\beta = \frac{1}{2}X\left[\ln\left|\frac{X+1}{X+1/3}\right| - 4\ln\left|\frac{X}{X+1/3}\right|\right]$$

式中,$\chi = \dfrac{\varepsilon_m}{\varepsilon - \varepsilon_m}$。

在计算中,入射波波长分别取 3.2 cm 和 10 cm 两个值,溶化冰雹最大长轴取为 4,溶化层厚度小于 0.1 cm,冰雹的 D_e 值范围为 0.01~4 cm,雨滴的 D_e 值范围为 0.01~1 cm,雨滴谱除

采用气象上常用的公式(9)外,也使用一般公式(8)进行计算,雨滴形状与尺度的关系由(6)式确定,D_e 的计算步长 ΔD_e 分别为 0.01 cm(对冰雹云)和 0.005 cm(对雨云)。

2.1 衰减系数的计算结果

图 1 给出了在两种尺度分布下,外包海绵冰雹云的衰减系数 K_e 随冰雹中含水率 W 的变化。冰水混合层厚度取 0.1 cm,入射波波长 $\lambda = 10$ cm,入射波型为 TE 波。实线与虚线分别对应于冰雹的最大尺度 D_{em} 为 4 cm 和 2 cm 的情形,这里 D_{em} 是指椭球的长轴。由图中曲线可见,当含水率 W 增大时,衰减系数 K_e 随之增大,且两种尺度分布造成的衰减值差异也变大。当 D_{em} 为 4 cm 时,最大双程衰减系数可达 1.5 dB·km^{-1},这个值比 Battan[6] 给出的球形冰雹的衰减系数稍小一些,原因是冰雹尺度较大时,轴长比 b/a 较小,偏离球形较大,冰雹的实际体积并不太大。当 D_{em} 取 2 cm 时,若含水率低,衰减系数就很小,若含水率增大,衰减就不能忽略。

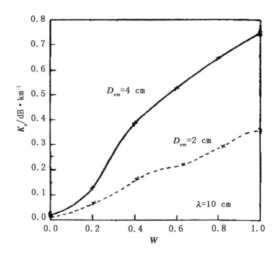

图 1 衰减系数随冰雹含水率、尺度分布的变化

$\chi_1 = 1.78 - 0.0024i$ $\chi_2 = 8.99 - 1.47i$

图 2 给出了外包海绵冰雹在入射波波长 $\lambda = 10$ cm、波型分别为 TE 和 TM 波时,其衰减系数 K_e 随含水率变化情况。由图可见,在相同含水率时,冰雹云对 TE 波产生的衰减比对 TM 波产生的衰减大,而且这种差异随着含水率的增大而增大,最大可达 0.2 dB·km^{-1},这种差异正是偏振分集雷达探测非球形粒子的物理基础之一。

图 3 给出了外包海绵冰雹在不同含水率时,其衰减系数随雹谱中最大粒子尺度 D_{em} 变化的情形。由图可见,当冰雹含水率较小时,随着 D_{em} 增大,衰减系数仅缓慢增大,总的看来,衰减值不大;但当外层含水率较大时,随着 D_{em} 的增大,衰减系数就迅速增大,而且即使在 $D_{em} = 0.8$ cm 时,双程衰减将达 0.8 dB·km^{-1},这已超过一般情况下雨云的衰减。原因是冰雹外层附有液体水时,其单个粒子的衰减截面基本与同体积纯水滴相同,而具有这种分布的雨的降水强度是很大的。

图 4 给出了外包海绵冰雹在入射波为 TE 波、波长分别为 3.2 cm(这时水的复折射指数取为 $\chi_2 = 7.14 - 2.89i$)和 10 cm 时,衰减系数随含水率的变化情况。其中取 $D_{em} = 2$ cm。由图

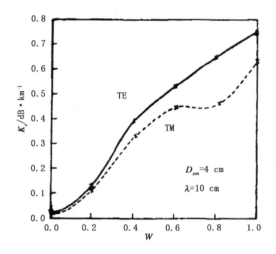

图 2　衰减系数随冰雹含水率、入射波波型的变化

$$\chi_1 = 1.78 - 0.0024i \qquad \chi_2 = 8.99 - 1.47i$$

可见,当波长 λ＝3.2 cm 时,衰减明显增大,双程衰减最大可达 3 dB·km^{-1},而且两种波长造成的衰减值的差异随着含水率增加而变大。这个结果比 Battan[6] 给出的球形冰雹的衰减要小。

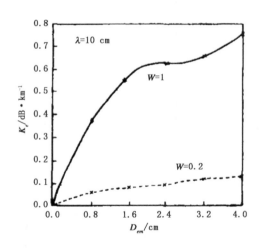

图 3　衰减系数随冰雹最大长轴、含水率的变化

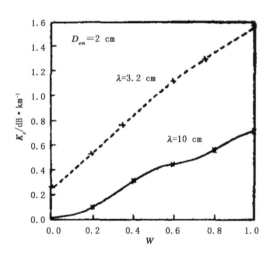

图 4　衰减系数随含水率、入射波波长的变化

　　图 5 给出了外包水膜冰雹在 D_{em}＝4 cm、λ＝10 cm、波型为 TE 波时,衰减系数随水膜厚度 D 的变化情况。由图可见,衰减系数随水膜厚度增加而迅速增大,这与 Battan 给出的球状冰雹的结果相似,但这里给出的衰减值比较大些。

　　图 6 是雨滴在入射波为 TE 波、波长分别为 3.2 cm 和 10 cm 时,其衰减系数与降雨强度 R(mm·h^{-1})之间的关系。显然,波长为 3.2 cm 时雨云的衰减值要比波长为 10 cm 时大,特别当 R 不很小时,仍可产生较大的衰减而不可忽略。图中的衰减值要比球形雨滴 M-P 分布时得到的结果大一些。

图 7 是采用(8)式计算的雨滴在入射波为 TE 波、波长分别取 3.2 cm 和 10 cm 时,衰减系数随雨滴中值体积直径 D_{e0} 的变化。由图可见,当 $D_{e0}=0.05$ cm 时,衰减值已超过降雨强度 $R=1$ mm·h^{-1} 时的衰减值。

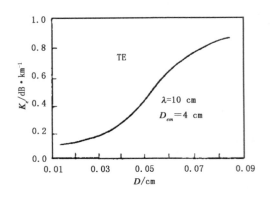

图 5 衰减系数随冰雹外层水膜厚度的变化

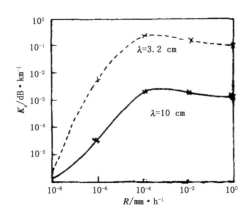

图 6 雨云的衰减系数随降水率、入射波波长的变化

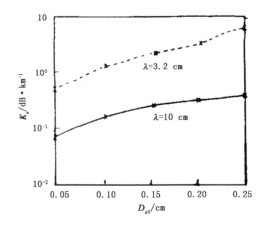

图 7 雨云的衰减系数随雨滴中值体积直径、波长的变化

2.2 雷达反射率的计算结果

图 8 给出了入射波波长为 10 cm,波型分别为 TE 波和 TM 波时,雨的雷达反射率 η 与降水强度 R 之间的关系,由图可见,发射 TE 波时的 η 值要比发射 TM 波时大,两者差异将随 R 变大而增大,最大差值可达两个数量级。这就有利于使用正交偏振雷达确定雨滴的非球形程度。

图 9 给出了入射波为 TE 波时,雨滴的雷达反射率 η 随雨滴谱中值体积直径 D_{e0} 的变化情况,与图 8 相比可见,对一般的雨型,雨滴的中值体积直

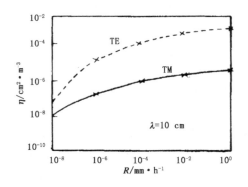

图 8 雷达反射率随降水率、波型的变化

径很小,通常小于 0.2 cm。

　　图 10 给出了外包海绵冰雹在 D_{em} =4 cm,入射波波长为 10 cm,波型分别为 TE 波和 TM 波时,其雷达反射率随含水率的变化情况。由图可见,TE 波时的雷达反射率要比 TM 波时大,而且两者的差值将随含水率增加而变大,但这个差值比雨滴时要小些。

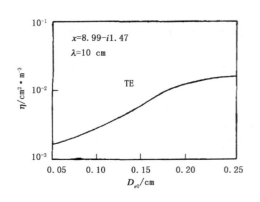

图 9　雷达发射率随雨滴谱中值体积直径的变化

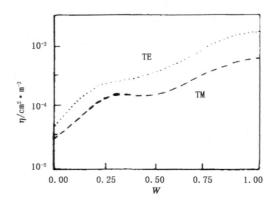

图 10　雷达反射率随波型、含水率的变化

　　图 11 给出了外包海绵冰雹在 D_{em} 分别为 4 cm 和 2 cm 时,雷达反射率随含水率 W 的变化,入射波波长为 10 cm,波型为 TE 波。由图可见,雷达反射率随含水率的变化没有像图 1 中考虑衰减系数那么大。D_{em} =4 cm 与 D_{em} =2 cm 时的雷达反射率之差最大可达两个量级。

　　图 12 是外包海绵冰雹在 D_{em} =2 cm、入射波波型为 TE 波、波长分别为 3.2 cm 和 10 cm 时,雷达反射率随含水率的变化情况。由图可见,λ =3.2 cm 时,冰雹的雷达反射率很大,在曲线起始的一段,随着含水率增大 η 值迅速变大;在 λ =10 cm 时,η 值随含水率的变化比较缓慢。

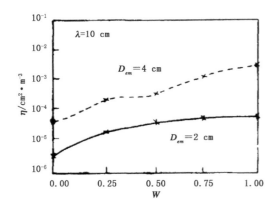

图 11　雷达反射率随雹粒含水率、最大轴长的变化

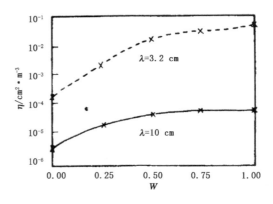

图 12　雷达反射率随含水率、波长的变化

参考文献

[1]　Van de Hulst H C. Light scattering by small particles[M]. Hoboken：John Wiley and Sons Press,1957：470-490.

[2]　Atlas D，Hitschfeld W. Scattering and attenuation by non-spherical atmospheric particle[J]. J Atm Terr Phys，1953(3)：108-109.

[3]　王宝瑞,嵇驿民.分层均匀旋转椭球体对偏电磁波散射的理论及数值计算[J].大气科学,1989,13(3)：329-342.

[4]　嵇驿民,王宝瑞.扁旋转椭球状冰水混合粒子对偏振雷达波的散射[J].南京气象学院学报,1989,12(1)：56-66.

[5]　Pruppacher H R，Beard K V. A wind tunnel investigation of the internal circulation and shape of water drops falling at terminal velocity in air[J]. Quart J Roy Meteor Soc，1970(96)：247-256.

[6]　Battan L J. Radar attenuation by wet ice spheres[J]. J Appl Met,1971(14)：247-252.

微波衰减的准解析计算方法[*]

王宝瑞，张培昌，嵇驿民

（南京气象学院，南京　210044）

摘　要：本文讨论了具有轴对称形状宏观粒子对微波散射和衰减的准解析计算方法，并给出了非球形降水粒子对微波衰减的数值计算结果。

关键词：微波衰减；准解析计算方法；非球形降水粒子

近年来，应用数值方法已得到了微波散射和衰减的大量问题的详细解，成功地解释了大气遥感过程中一些极为重要的现象。这种方法首先导出在适当的边界面上未知场的积分方程，然后用矩量法把积分方程转换成一个无限矩阵方程，最后把无限矩阵方程截断成有限的矩阵方程并用计算机求解。数值方法比解析法应用广泛，对散射粒子形状的限制不很严格，但也有对计算机内存储要求较高、程序的执行时间较长以及解中存在数值误差等缺点。对于某些易用解析法处理的典型散射源的变形问题而言，通过解析法和数值方法相结合的办法即准解析法来处理，可以得到更理想的效果。这种方法要求在作数值计算前先进行一定的解析预运算，使得能够导出一个具有明显的数值计算优点的辅助矩阵方程。

本文采用准解析法研究具有轴对称形状的均匀和非均匀吸收粒子对微波的衰减问题，在与这一类形状相对应的正交曲线坐标系中，麦克斯韦方程可通过标势方程和矢势方程求解，且这些标势波函数和矢势波函数均可精确求得。在大气中，气象粒子（雨滴、冰雹、软雹及气溶胶粒子等）通常具有轴对称形状，因此它们对微波的散射和衰减问题易于用准解析法来研究。

1　解的一般形式

对于具有轴对称的正交曲线坐标系（η, ξ, φ），一般可通过分离变量求解标势方程或矢势方程，并将散射场表示成矢势波函数的无穷级数形式[1]

$$\vec{E} = \sum_{m=0}^{\infty} \sum_{n=0}^{\infty} (\alpha_{mn} \vec{M}_{mn}^{(j)} + \beta_{mn} \vec{N}_{mn}^{(j)})$$

$$\vec{H} = \sum_{m=0}^{\infty} \sum_{n=0}^{\infty} \chi (\alpha_{mn} \vec{N}_{mn}^{(j)} + \beta_{mn} \vec{M}_{mn}^{(j)}) \tag{1}$$

其中 χ 为所在区域介质的复折射指数，α_{mn}、β_{mn} 为待定系数，$\vec{M}_{mn}^{(j)}$ 和 $\vec{N}_{mn}^{(j)}$ 为矢量波函数，上标 j 与介质区域有关，在不同的空间，j 的数值不同。

在正交曲线坐标系中，有 11 个坐标系可对标势方程进行分离变量，而矢量波函数原则上

---

* 本文原载于《南京气象学院学报》，1991，14(1)：34-42.

可通过标势波函数来表达[2]，因此对这些坐标系(包括球、柱、圆锥、旋转椭球和一般椭球坐标系等)，原则上可以确定 $\vec{M}_{mn}^{(j)}$ 和 $\vec{N}_{mn}^{(j)}$ 的准确形式。对球和圆柱坐标系(1)式中的 $m \neq 1$ 的项全部消失，在球坐标系 (r, θ, φ) 中，矢量波函数为

$$\vec{M}_{{}_{0}^{e}n}^{(j)} = \mp \frac{1}{\sin\theta} Z_n^{(j)}(kr) P_n^1(\cos\theta) \frac{\sin\varphi}{\cos\varphi} \hat{\theta} - Z_n^{(j)}(kr) \frac{\mathrm{d}P_n^1(\cos\theta)}{\mathrm{d}\theta} \frac{\cos\varphi}{\sin\varphi} \hat{\varphi}$$

$$\vec{N}_{{}_{0}^{e}n}^{(j)} = \frac{n(n+1)}{kr} Z_n^{(j)}(kr) P_n^1(\cos\theta) \frac{\cos\varphi}{\sin\varphi} \hat{r} + \frac{1}{kr} - \frac{\mathrm{d}}{\mathrm{d}r}[rZ_n^{(j)}(kr)] \frac{\mathrm{d}P_n^1(\cos\theta)}{\mathrm{d}\theta} \cdot$$

$$\frac{\cos\varphi}{\sin\varphi} \hat{\theta} \mp \frac{1}{kr\sin\theta} \frac{\mathrm{d}}{\mathrm{d}r}[rZ_n^{(j)}(kr)] P_n^1(\cos\theta) \frac{\sin\varphi}{\cos\varphi} \hat{\varphi}$$

式中，$j = 1, 2, 3, 4$，$Z_n^{(1)}(kr)$ 表示球贝塞尔函数，$Z_n^{(3)}$ 表示球汉克尔函数，$k = \frac{2\pi}{\lambda}\chi$ 为介质中的波数，λ 为入射波长。上标 $\wedge$ 表示单位矢量。$P_n^1(\cos\theta)$ 为缔合勒让德函数。

类似地，可以给出柱坐标系中矢量波函数的形式，它们一般与柱贝塞尔函数及入射角 ζ (旋转轴与入射波矢量间的夹角)有关[3]。

根据文献[2]提出的方法，原则上可求出各种坐标系中矢量波函数的形式，但推导过程很复杂。文献[1]给出了在旋转椭球坐标系 (η, ξ, φ) 中矢量波函数的分量形式，它们是用角波函数 $S_{mn}(c, \eta)$ 以及辐径函数 $R_{mn}^{(j)}(c, \xi)$ 表示的，其中 $c = kd$，d 为旋转椭球半焦距。对一般椭球和圆锥坐标系，矢量波函数的形式还有待于进一步的研究。

2 边界条件方程

从(1)式中不难看到，当矢量波函数确定后，散射和衰减问题的关键是求出场的级数系数。将空间各区域场的方程代入边界条件

$$\hat{n} \times (\vec{E_2} - \vec{E_1}) = 0$$
$$\hat{n} \times (\vec{H_2} - \vec{H_1}) = 0 \tag{2}$$

中去，原则上可以求出这些系数。对球形粒子，由于缔合勒让德函数的正交性，方程两边的级数可以逐项匹配，由此可得到系数的解析形式，对长圆柱散射体也有类似的结果。但在一般情况下，由于界面内外介质不同，而通常角波函数是介质参量 c 的函数，因此方程两端级数中包含具有不同参量的角波函数，这些函数之间不具备正交性，因此，得不到级数系数的解析形式。为此我们采用适当的正交函数作为基函数，将任意角波函数展开成基函数的级数形式，再利用基函数的正交性即可得到一个二重无限方程组。在通常情况下，这方程组的系数矩阵可有效地截断成一些有限小块矩阵的组合，而每一矩阵元的计算直接且简单。

2.1 一个界面的情况

对均匀散射体，只有一个边界面，这时可将场分为内场和外场，根据(1)式，设外场由入射场和散射场合成，散射场系数为 α_{mn}、β_{mn}，入射场系数为 f_{mn}、g_{mn}，内场系数为 υ_{mn}、δ_{mn}，其中 $m = 0, 1, 2, \cdots, M$；$n = m, m+1, \cdots, N$。M 及 N 的取值与入射波长、散射体的物理特性以及入射方向等有关。显然 f_{mn} 和 g_{mn} 对确定的入射波是已知的。为方便起见，把这些系数表示成矢量形式即 $\vec{\alpha}$、$\vec{\beta}$、$\vec{f}$、$\vec{g}$、$\vec{\upsilon}$ 和 $\vec{\delta}$。把内、外场代入边界条件方程(2)，并将角波函数严格按照

某一基函数展开,即可得到求解 $\vec{\alpha}$、$\vec{\beta}$、$\vec{v}$ 及 $\vec{\delta}$ 的矩阵方程

$$
\begin{bmatrix}
V^{(3)}_{(C_1)} & U^{(3)}_{(C_1)} & V^{(1)}_{(C_2)} & U^{(1)}_{(C_2)} \\
Y^{(3)}_{(C_1)} & X^{(3)}_{(C_1)} & Y^{(1)}_{(C_2)} & X^{(1)}_{(C_2)} \\
U^{(3)}_{(C_1)} & V^{(3)}_{(C_1)} & U^{(1)'}_{(C_2)} & V^{(1)'}_{(C_2)} \\
X^{(3)}_{(C_1)} & Y^{(3)}_{(C_1)} & X^{(1)'}_{(C_2)} & Y^{(1)'}_{(C_2)}
\end{bmatrix}
\begin{bmatrix}
\vec{\alpha}\\ \vec{\beta}\\ \vec{v}\\ \vec{\delta}
\end{bmatrix}
=
\begin{bmatrix}
V^{(1)}_{(C_1)} & U^{(1)}_{(C_1)} \\
Y^{(1)}_{(C_1)} & X^{(1)}_{(C_1)} \\
U^{(1)}_{(C_1)} & V^{(1)}_{(C_1)} \\
X^{(1)}_{(C_1)} & Y^{(1)}_{(C_1)}
\end{bmatrix}
\begin{bmatrix}
\vec{f}\\ \vec{g}
\end{bmatrix}
\tag{3}
$$

式中,$c_1 = k_1 d$、$c_2 = k_2 d$ 是反映粒子物理特性的参量,$U^{(j)}$、$V^{(j)}$、$X^{(j)}$ 及 $Y^{(j)}$($j=1,3$)均为 $M \times N$ 阶的小块矩阵,这些小块矩阵元的计算与基函数的选择有关,文献[1]给出了基函数为缔合勒让德函数时矩阵元的计算公式。对旋转椭球而言,当入射波矢量与旋转轴平行时 $m \neq 1$ 的项全部消失,而 N 一般取 20 即可计算尺度与入射波长同一量级粒子的散射和衰减问题。

2.2 两个或多个界面的情形

当散射体分层均匀时,由于各层(或各部分)的物理特性不同,因此将有两个或更多个界面存在,在这种条件下,在不包括原点和无穷远处的那些区域,由于没有矢量波函数奇异性的限制,场量必须写成如下形式

$$
\vec{E} = \sum_{m=0}^{\infty}\sum_{n=m}^{\infty}\left[A_{mn}\vec{M}^{(1)}_{mn} + B_{mn}\vec{M}^{(3)}_{mn} + C_{mn}\vec{N}^{(1)}_{mn} + D_{mn}\vec{N}^{(3)}_{mn}\right]
$$
$$
\vec{H} = \sum_{m=0}^{\infty}\sum_{n=m}^{\infty}\chi\left[C_{mn}\vec{M}^{(1)}_{mn} + D_{mn}\vec{M}^{(3)}_{mn} - A_{mn}\vec{N}^{(1)}_{mn} - B_{mn}\vec{N}^{(3)}_{mn}\right]
\tag{4}
$$

式中,A_{mn}、B_{mn}、C_{mn} 及 D_{mn} 为待求系数,也可用列矢量 $\vec{A}$、$\vec{B}$、$\vec{C}$ 及 $\vec{D}$ 来表示。把各个区域场的形式代入各个界面的边界条件方程,按照本节给出的方法即可得到决定系数的矩阵方程,并由此求出各个区域的产量。由于内场和散射场同时得到,因此也适用于某些研究粒子内部物理性质变化的场合。

为简便起见,以下仅给出两个界面时,求解场系数的矩阵方程

$$
\begin{bmatrix}
V^{(3)}_{2(C_1)} & U^{(3)}_{2(C_1)} & V^{(1)}_{2(C_2)} & U^{(1)}_{2(C_2)} & V^{(3)}_{2(C_2)} & U^{(3)}_{2(C_2)} & & \\
Y^{(3)}_{2(C_1)} & X^{(3)}_{2(C_1)} & Y^{(1)}_{2(C_2)} & X^{(1)}_{2(C_2)} & Y^{(3)}_{2(C_2)} & X^{(3)}_{2(C_2)} & 0 & \\
U^{(3)}_{2(C_1)} & V^{(3)}_{2(C_1)} & U^{(1)'}_{2(C_2)} & V^{(1)'}_{2(C_2)} & U^{(3)}_{2(C_2)} & V^{(3)}_{2(C_2)} & & \\
X^{(3)}_{2(C_1)} & Y^{(3)}_{2(C_1)} & X^{(1)'}_{2(C_2)} & Y^{(1)'}_{2(C_2)} & X^{(3)}_{2(C_2)} & Y^{(3)}_{2(C_2)} & & \\
& V^{(1)}_{1(C_2)} & U^{(1)}_{1(C_2)} & V^{(1)}_{1(C_2)} & U^{(1)}_{1(C_2)} & V^{(1)}_{1(C_3)} & U^{(1)}_{1(C_3)} \\
0 & Y^{(1)}_{1(C_2)} & X^{(1)}_{1(C_2)} & Y^{(1)}_{1(C_2)} & X^{(3)}_{1(C_2)} & Y^{(1)}_{1(C_3)} & X^{(1)}_{1(C_3)} \\
& U^{(1)}_{1(C_2)} & V^{(1)}_{1(C_2)} & U^{(3)}_{1(C_2)} & V^{(3)}_{1(C_2)} & U^{(1)}_{1(C_3)} & V^{(1)}_{1(C_3)} \\
& X^{(1)}_{1(C_2)} & Y^{(1)}_{1(C_2)} & X^{(3)}_{1(C_2)} & Y^{(3)}_{1(C_2)} & X^{(1)}_{1(C_3)} & Y^{(1)}_{1(C_3)}
\end{bmatrix}
\begin{bmatrix}
\vec{\alpha}\\ \vec{\beta}\\ \vec{A}\\ \vec{B}\\ \vec{C}\\ \vec{D}\\ \vec{v}\\ \vec{\delta}
\end{bmatrix}
$$

$$= \begin{bmatrix} V_{2(C_1)}^{(1)} & U_{2(C_1)}^{(1)} \\ Y_{2(C_1)}^{(1)} & X_{2(C_1)}^{(1)} \\ U_{2(C_1)}^{(1)} & V_{2(C_1)}^{(1)} \\ X_{2(C_1)}^{(1)} & Y_{2(C_1)}^{(1)} \\ & 0 \end{bmatrix} \begin{bmatrix} \vec{f} \\ \vec{g} \end{bmatrix} \tag{5}$$

式中，c_1、c_2 及 c_3 是 3 个区域的物理参数，也与界面坐标值有关，$X_l^{(j)}$、$Y_l^{(j)}$、$U_l^{(j)}$、$V_l^{(j)}$ 的形式与(3)式中各相应量相同，增加的下标 l（$l=1,2$）用于区别两个界面的径向坐标值。

比较(3)及(5)式可知，当边界面增多时，并不出现新的算式，因此理论计算没有困难，但由于待求系数的增多，矩阵方程的阶数将迅速增大，从而造成数值计算的困难。

3　数值计算

当处理球的变形问题（旋转椭球、一般椭球等）时，一般可选择缔合勒让德函数作为基函数，即令

$$S_{mn}(c,\eta) = \sum_{r=0,1}^{\infty}{}' d_r^{mn}(c) P_{m+r}^m(\eta) \tag{6}$$

求和号上" ' "号表示为 $n-m$ 为偶数时，r 取偶数且从 $0 \to \infty$，$n-m$ 为奇数时，r 取奇数且从 $0 \to \infty$。利用缔合勒让德函数的递推公式，可以得到 $d_r^{mn}(c)$ 满足的关系

$$\frac{(2m+r+2)(2m+r+1)c^2}{(2m+r+3)(2m+r+5)} d_{r+2}^m(c) + \Big[(m+r)(m+r+1) - \lambda_{mn}(c)$$
$$+ \frac{2(m+r)(m+r+1) - 2m^2 - 1}{(2m+2r-1)(2m+2r+3)}c^2\Big]d_r^{mn}(c)$$
$$+ \frac{r(r-1)c^2}{(2m+2r-3)(2m+2r-1)} d_{r-2}^{mn}(c) = 0 \tag{7}$$

改变(7)式的写法，并令

$$v_r^m = (m+r)(m+r+1) + \frac{1}{2}c^2\Big[1 - \frac{4m^2-1}{(2m+2r-1)(2m+2r+3)}\Big]$$

$$\beta_r^n = \frac{r(r-1)(2m+r)(2m+r-1)c^4}{(2m+2r-1)^2(2m+2r-3)(2m+2r+1)}$$

$$N_r^m = \frac{(2m+r)(2m+r-1)c^2}{(2m+2r-1)(2m+2r+1)} \frac{d_r^{mn}(c)}{d_{r-2}^{mn}(c)}$$

可得

$$N_r^m = \frac{\beta_r^m}{v_r^m - \lambda_{mn} - N_{r+2}^m} \tag{8}$$

为了获得收敛的 $d_r^{mn}(c)$ 值，必须满足

$$\lim_{r \to \infty} N_r^m = 0$$

由此得到计算 N_r^m 的连分数形式

$$N_r^m = \frac{\beta_r^m}{v_r^m - \lambda_{mn}} - \frac{\beta_{r+2}^m}{v_{r+2}^m - \lambda_{mn}} - \frac{\beta_{r+4}^m}{v_{r+4}^m - \lambda_{mn}} - \frac{\beta_{r+6}^m}{v_{r+6}^m - \lambda_{mn}} - \cdots \tag{9}$$

其中 λ_{mn} 可用下式借助于完备度量空间压缩映射原理来计算

$$\lambda_{mn} = v_{n-m}^m - \frac{\beta_{n-m}^n}{v_{n-m-2}^m - \lambda_{mn}} - \frac{\beta_{n-m-2}^n}{v_{n-m-4}^m - \lambda_{mn}} - \cdots - \frac{\beta_{n-m+2}^n}{v_{n-m+2}^m - \lambda_{mn}} - \frac{\beta_{n-m+4}^n}{v_{n-m+4}^m - \lambda_{mn}} - \cdots \quad （10）$$

通过以上二式可得到 $d_r^{mn}(c)$ 相对于某一任意量的比值,我们的经验表明这种连分数的形式是数值计算中最有效的形式之一。要求出 $d_r^{mn}(c)$ 还须考虑角波函数 $S_{mn}(c,\eta)$ 在 $\eta=0$ 的性质,即

$$S_{mn}(c,0) = P_n^m(0) \qquad n-m \text{ 为偶数}$$

$$S'_{mn}(c,0) = P_n^{m'}(0) \qquad n-m \text{ 为奇数}$$

由此得出

$$\sum_{r=0,1}^{\infty}{}' \frac{(-1)^{r/2}(r+2m)!}{2^r(\frac{r}{2})!(\frac{r+2m}{2})!} d_r^{mn}(c) = \frac{(-1)^{(n-m)/2}(n+m)!}{2^{n-m}(\frac{n-m}{2})!(\frac{n+m}{2})!} \qquad n-m \text{ 为偶数}$$

$$\sum_{r=0,1}^{\infty}{}' \frac{(-1)^{(r-1)/2}(r+2m+1)!}{2^r(\frac{r-1}{2})!(\frac{r+2m+1}{2})!} d_r^{mn}(c) = \frac{(-1)^{(n-m-1)/2}(n+m+1)!}{2^{n-m}(\frac{n+m+1}{2})!(\frac{n-m-1}{2})!} \qquad n-m \text{ 为奇数}$$

$$（11）$$

由(9)—(11)式可确定 $d_r^{mn}(c)$ 的值,并由此通过(6)式计算角波函数。对辐径波函数也可作类似的展开,这时基函数一般可选择球贝塞尔函数或球汉克尔函数。文献[2]给出了旋转椭球辐径波函数的展开式

$$R_{mn}^{(j)}(c,\xi) = \frac{(1-1/\xi^2)^{1/2}}{\sum_{r=0,1}^{\infty}{}' \frac{(2m+r)!}{r!} d_r^{mn}(c)} \sum_{r=0,1}^{\infty}{}' i^{r+m-n} \frac{(r+2m)!}{r!} d_r^{mn}(c) Z_{m+r}^{(j)}(c\xi)$$

式中,$j=1$ 时,$Z_{m+r}^{(j)}(c\xi)$ 取球贝塞尔函数,$j=3$ 时,$Z_{m+r}^{(j)}(c\xi)$ 取球汉克尔函数,j 的取值由所考虑的空间区域决定。

考虑圆柱的变形问题时,方法完全相同,但一般应以柱函数为基函数作级数展开。

(3)式及(5)式给出了分块矩阵的形式,在数值计算上,把这些分块矩阵转换成一个大矩阵更为方便。我们严格按照下式

$$Q_{(2m-1)(2n-1)} = [Q_1]_{mn}$$

$$Q_{(2m-1)(2n)} = [Q_2]_{mn}$$

$$Q_{(2m)(2n-1)} = [Q_3]_{mn}$$

$$Q_{(2m)(2n)} = [Q_4]_{mn}$$

$$（12）$$

将小块矩阵归一到一个大矩阵,以便于求逆运算,这时式(3)或式(6)可表示为

$$T\vec{a} = \vec{b}$$

当矢量 $\vec{a}$ 求出后,按(12)式的相反过程来得到散射场及内场的级数系数。

若散射源各层含有杂质(例如冰水混合体或冰气混合体),则可按照文献[3]的方法先求出各层等效复介电常数,然后按照以上给出的办法处理。

4 数值结果

根据文献[1],散射场系数得到后,衰减截面可表示为

$$Q_{ext} = -\frac{\lambda^2}{\pi} R_e \sum_{m=0}^{\infty} \sum_{n=m}^{\infty} \left[\alpha_{mn} \tau_{mn}(\zeta) + \beta_{mn} \chi_{mn}(\zeta) \right]$$

式中，ζ 为入射角，而

$$\tau_{mn}(\zeta) = m S_{mn}(\cos\theta)/\sin\theta$$

$$\chi_{mn}(\zeta) = \mathrm{d} S_{mn}(\cos\theta)/\mathrm{d}\theta$$

由此，可根据前几节给出的方法计算衰减截面，本文仅给出分层均匀旋转椭球的计算结果，当散射体外层为两种介质混合体时，我们先按照文献[3]的办法求出等效复折射指数，然后将其视为分层均匀体处理。

图 1 给出了表面附水冰粒标准化衰减截面 $Q_{ext}{}'$ 随尺度 A 的变化关系。入射波长为 10 cm，波型为 TE 波，两支曲线分别相应于不同的水膜厚度。当粒子尺度较小时，衰减可忽略，即使尺度较大，对 10 cm 波长的衰减仍很小，但当表面水膜增厚时，衰减将增大，这种状况对小尺度粒子更为明显。

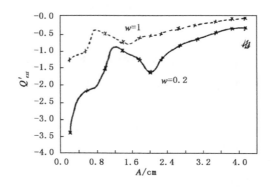

图 1　入射波为 TE 波时，外包水膜冰粒对 10 cm 波长的衰减

图 2 类似于图 1，但入射波长为 3.2 cm，在这种入射条件下，粒子产生的衰减显著，不同尺度粒子产生的衰减分布与图 1 也明显不同。这一结果与 Joss 等[4] 的实验结果基本一致。

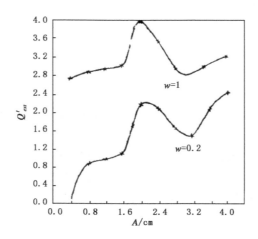

图 2　入射波为 TE 波时，外包水膜冰粒对 3.2 cm 波长的衰减

　　图 3 与图 1 类似,但入射波为横磁波,即 TM 波。与图 1 比较可知,降水粒子对 TM 波产生的衰减要比对 TE 波产生的衰减小。

　　图 4 是海绵状冰粒标准化衰减截面随其含水率 W 的变化关系。当冰粒中含水率增大时,衰减截面也增大,这个结果与外包水膜冰粒的计算结果一致,也与 Battan[5] 等根据球形粒子计算的结果一致。

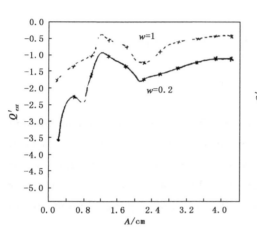

图 3　入射波为 TM 波时,外包水膜冰粒 　　　图 4　入射波为 TM 波时,海绵状冰粒
　　　　　对 10 cm 波长的衰减 　　　　　　　　　　　　对 10 cm 波长的衰减

5　结语

　　本文的方法原则上适用于具有轴对称形状特征的宏观粒子对微观衰减的数值计算,但要求首先确定与这些形状相对应的正交曲线坐标系中矢量波函数的形式。对工程上类的求解麦克斯韦方程的问题,本文的方法仍然适用。

参考文献

略,见原文章。

Radar Reflectivity Factors for Groups of Rotational and Spheroidal Rainfall[*]

ZHANG Peichang, LIU Chuancai

(Nanjing Institute of Meteorology, Nanjing 210044)

A definitive formula of radar reflectivity factors Z is usually obtained by presuming to raindrops be spherical and satisfying the requirement of Rayleigh scattering. In fact, deformation of the raindrop will take place in the process of its falling, and the larger the drop is, the more violently it deviates from spherical one[1,2]. In regard of intensive rainfalls containing a great number of raindrops, therefore, an influence of non-spherical raindrops on back-scattering power must be taken into account.

1 Basic Equation

On condition of spherical drops and Rayleigh scattering Probert-Jones[3] in 1962 established an equation of radar meteorology:

$$P_r = \frac{C}{R^2} Z \tag{1}$$

Where P_r is an echo power, R is a distance of rainfall target from radar set. Z is a radar reflectivity factor for groups of small spherical drops, and C is a radar constant. Eq. (1) also can be rewritten into

$$P_r = C^* \frac{\pi^5}{\lambda^4} \mid \frac{m^2-1}{m^2+1} \mid^2 \frac{1}{R^2} Z \tag{2}$$

It is clear that the relation between constant C and C^* is defined as

$$C = C^* \frac{\pi^5}{\lambda^4} \mid \frac{m^2-1}{m^2+2} \mid^2 \tag{3}$$

Commonly, the falling larger drops are considered approximately as rotational spheroids. When relation between radar antenna and rotating spheroids is shown as in Fig. 1. the back-scattering intensity, according to Gans's theory, can be described by Eqs. (4) and (5) if it satisfies the requirement of Rayleigh scattering.

$$I_x \approx P_x^2 = [(g-g')\alpha_1(\alpha_2 \sin\alpha + \alpha_1 \cos\alpha) + g' \cos\alpha]^2 \tag{4}$$

---

　* 本文发表于 27th International Conference on Radar Meteorology, 1995, 121-123.

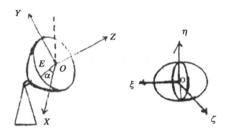

Fig. 1   Relation betwean non-spherical drops and antenna

$$I_y \approx P_y^2 = [(g - g')\alpha_2(\alpha_2 \sin\alpha + \alpha_1 \cos\alpha) + g' \sin\alpha]^2 \tag{5}$$

Here I_x and I_y stand for contribution from direction components of x and y in scattering electric fields to backscattering, P_x and P_y for electro-dipole moments in x and y directions, g and g' for polarization coefficients of spheroids in the direction of rotary and symetric axe, α_1 and α_2 for direction cosines comprised by coordinates in $OXYZ$ and $O\xi\eta\zeta$ coordinate systems, respectively.

2   Radar Reflectivity Factors for Groups of Rotational Spheroidal Drops

If radar transmits horizontal polarization waves, the radar reflectivity factors for groups of spheroidal drops can be derived by taking three different orientations of their rotary axes:

(1) Taking rotary axes of oblate spheroids in vertical direction

In this case, $\alpha = 0$ $\alpha_1 = 0$ and $\alpha_2 = 1$. To substitute them into Eqs. (4) and (5) can get $I_x = g'^2$ and $I_y = 0$. In normal state, radar can only receive energy of I_x. According to a definitive formula of radar section $\sigma_{h_1} \cdot S_0 = 4\pi R^2 \cdot S_x$, where $S_0 = \dfrac{C}{8\pi}$. C is velocity of light, and $S_x = \dfrac{C}{8\pi} \dfrac{K^4 P_x^2}{R^2}$, an energy flow density of back-scattering generated by component of x in scattering electric fields, where K is wave number, it can be changed into

$$\sigma_{h_1} = \frac{64\pi^5}{\lambda^4} g'^2 \tag{6}$$

The equation of radar meteorology expressed by the use of radar section is

$$P_r = \frac{C^*}{R^2} \int_0^\infty \sigma_{h_1} N(D_e) \mathrm{d}D_e \tag{7}$$

Here D_e representing spherical diameter with a same volume as spheroidal one is called an equivalent diameter of a spheroid. By substituting Eq. (6) into Eq. (7), Eq. (8) is then garnered.

$$P_r = \frac{C}{R^2} 64 \mid \frac{m^2 + 2}{m^2 - 1} \mid^2 \int_0^\infty g'^2 N(D_e) \mathrm{d}D_e \tag{8}$$

Through comparing Eq. (8) with Eq. (1), new radar reflectivity factors can be defined as

$$Z_{h_1} = 64 \mid \frac{m^2+2}{m^2-1} \mid^2 \int_0^\infty g'^2 N(D_e) dD_e \qquad (9)$$

Eq. (2) Taking rotary axes of a prolate spheroid in random direction within horizontal plane. Eqs. (10) and (11) are obtained by means of derivation which is similar to that mentioned above.

$$\sigma_{h_2} = \frac{64\pi^5}{\lambda^4}\left[\frac{3}{8}(g-g')^2 + (g-g')g' + g'^2\right] \qquad (10)$$

$$Z_{h_2} = 64 \mid \frac{m^2+1}{m^2-1} \mid^2 \int_0^\infty \left[\frac{3}{8}(g-g')^2 + (g-g')g' + g'^2\right] N(D_e) dD_e \qquad (11)$$

Eq. (3) Taking rotary spheroid in random direction in space. As a rotary axe of spheroid is taken with an equal opportunity in all orientations in space, the scattering intensity that returns to antenna by scattering is independent on elevation angle and polarization direction of transmitted beams. Through deriving, we also can attain:

$$\sigma_{h_3} = \frac{64\pi^5}{5\lambda^4}\left(g^2 + \frac{4}{3}gg' + \frac{8}{3}g'^2\right) \qquad (12)$$

$$Z_{h_3} = \frac{64}{5} \mid \frac{m^2+2}{m^2-1} \mid^2 \int_0^\infty \left(g^2 + \frac{4}{3}gg' + \frac{8}{3}g'^2\right) N(D_e) dD_e \qquad (13)$$

The accuracy of the three reflectivity factors Z_{h_1}、Z_{h_2} and Z_{h_3} defined above can be verified by the definitive formula of radar reflective power Z as spheroids depicted in Eqs. (9), (11) and (13) degenerate into spherical ones.

3　Theoretical Model of Correction Coefficients

The radar constant C in precipitation measuring radar is already fixed. when a radar echo power is contributed by groups of spheroidal drops, the radar reflectivity factors should be renewed into the above mentioned forms of Z_{h_1}、Z_{h_2} and Z_{h_3} in order to keep the form of Eq. (1). If it still needs Z-I relation of groups of spheroidal drops to determine rainfall intensity, the Z_{h_1}、Z_{h_2} and Z_{h_3} must be emended as radar reflectivity factors of spheroidal drops on condition of identical raindrop-size distribution. For this reason, three correction coefficients are introduced:

$$\alpha_1 = \frac{Z}{Z_{h_1}} = \frac{\int_0^\infty N(D)D^6 dD}{64 \mid \frac{m^2+2}{m^2-1} \mid^2 \int_0^\infty g'^2 N(D_e) dD_e}$$

$$\alpha_2 = \frac{Z}{Z_{h_2}} = \frac{\int_0^\infty N(D)D^6 dD}{64 \mid \frac{m^2+2}{m^2-1} \mid^2 \int_0^\infty \left[\frac{3}{8}(g-g')^2 + (g-g')g' + g'^2\right] N(D_e) dD_e} \qquad (14)$$

$$\alpha_3 = \frac{Z}{Z_{h_3}} = \frac{\int_0^\infty N(D)D^6 dD}{\frac{64}{5} \mid \frac{m^2+2}{m^2-1} \mid^2 \int_0^\infty \left(g^2 + \frac{4}{3}gg' + \frac{8}{3}g'^2\right) N(D_e) dD_e}$$

By supposing that a spheroidal raindrop-size distribution has a form of the following exponential distribution

$$N(D_e) = N_0 e^{(-3.67 D_e/D_0)} \tag{15}$$

where parameter N_0 stands for concentration of raindrops, median diameter D_0 for spectrum width, and that the relation between equivalent diameter D_e and elliptic rate of rotary spheroid a/b (a is the length of rotary axe and b is the length of symmetric axe) is expressed by employing those put forward by Pruppacher and Beard[2], a numerical integration can then be conducted to Eq. (14) and its result is shown in Fig. 2. As long as parameter N_0 is given, size of D_0 can exhibit a degree of rainfall intensity, when the curve in Fig. 2 is divided into three sections in accordance with the size of D_0 , the mean correction coefficients $\overline{\alpha_i}$ ($i = 1$, 2, 3) solved from each sections can be regarded as correction coefficients for different rainfall intensities. Selection of subscript i can be determined in line with wind velocity. For example, α_1 is used to represent a calm, α_2 a breeze and α_3 a wind speed stronger than moderate breeze.

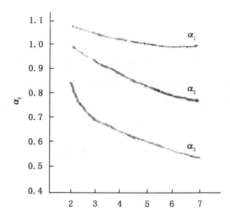

Fig. 2   Curves of correction coefficients

Reference

[1]   Imai I. On the velocity of falling rain drops[J]. Geophys Hag,1950,21:224-249.

[2]   Pruppacher H R, Beard K Y. A wind tunnel investigation of the internal circulation and shave of water drops falling at terminal elocity in air[J]. Quart J Roy Meteor Soc,1970,96:247-256.

[3]   Probert-Jones J R. The Radar Equation in Meteorology, Quart[J]. J Roy Meteor Soc Vol 1962,88:378, 485-495.

[4]   Gans R. Uber die form ultramikro skopischer Goldteilchen[J]. Ann phys,1912,37:881-900.

分层旋转椭球散射场准解析解级数系数的确定[*]

王宝瑞[1],张培昌[2],将修武[1],嵇驿民[3]

(1 南京气象学院基础科学系,南京　210044;2.南京气象学院大气物理学系,南京　210044;

3.马里兰大学,马里兰)

摘　要:推导了计算分层旋转椭球散射场准解析解级数系数的线性方程组,并采用将各区中椭球角波函数展为环境区角波函数之级数的方法解决了不同区中角波函数不具正交性的问题。

关键词:散射;准解析解系数;旋转椭球角波函数

1　散射模型

采用解析法处理分层旋转椭球对偏振电磁波散射问题时,由边界条件方程建立求解散射场级数系数的一组独立的线性方程组是求解的关键。本文就此问题进行讨论。

图1给出了两层长旋转椭球的散射示意图,用旋转椭球坐标系(η, ξ, φ)中的径向坐标值ξ_1和ξ_2表示粒子两个界面的形状特征,在长旋转椭球坐标系(a_2为旋转轴)中,$\xi_2 = \dfrac{1}{\sqrt{1 - (b_2/a_2)^2}}$,$\xi_1 = \dfrac{1}{\sqrt{1 - (b_1/a_1)^2}}$,在扁旋转椭球坐标系($b_2$为旋转轴)中,$\xi_2 = \dfrac{1}{\sqrt{(a_2/b_2)^2 - 1}}$,$\xi_1 = \dfrac{1}{\sqrt{(a_1/b_1)^2 - 1}}$,其中$a_2$和$b_2$分别是粒子外边界旋转椭球面的半长轴

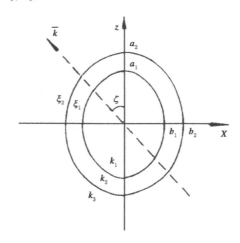

图 1　两层长旋转椭球散射示意图

* 本文原载于《南京气象学院学报》,1997,20(1):1-10.

长和半短轴长，a_1 和 b_1 是内边界面相应的半长轴长和半短轴长。k 表示入射波传播方向，z 轴为旋转轴，ζ 是入射角。对扁旋转椭球可同样定义，但 z 轴应沿 b_2 的方向。以 k_1、k_2 和 k_3 分别表示粒子内核、外壳和环境空间中介质的波数。

在旋转椭球坐标系中分离变量、并将场表示成旋转椭球矢量波函数的无穷级数形式，则平面入射波及各个区域电磁场（以长旋转椭球坐标系中的 TE 波为例）可取为下列形式[1]

入射波（TE 波）

$$\left.\begin{aligned}
{}^{(i)}E &= \sum_{m,n} i^n \big[g_{mn}(\zeta) M_{emn}^{(1)}(c_3;\eta,\xi,\varphi) + i f_{mn}(\zeta) N_{omn}^{(1)}(c_3;\eta,\xi,\varphi) \big] \\
{}^{(i)}H &= \sum_{m,n} k_3 i^n \big[f_{mn}(\zeta) M_{omn}^{(1)}(c_3;\eta,\xi,\varphi) - i g_{mn}(\zeta) N_{emn}^{(1)}(c_3;\eta,\xi,\varphi) \big]
\end{aligned}\right\} \quad (1)$$

环境空间

$$\left.\begin{aligned}
{}^{(s)}E &= \sum_{m,n} i^n \big[\beta_{1,mn} M_{emn}^{(3)}(c_3;\eta,\xi,\varphi) + i\alpha_{1,mn} N_{omn}^{(3)}(c_3;\eta,\xi,\varphi) \big] \\
{}^{(s)}H &= \sum_{m,n} k_3 i^n \big[\alpha_{1,mn} M_{omn}^{(3)}(c_3;\eta,\xi,\varphi) - i\beta_{1,mn} N_{emn}^{(3)}(c_3;\eta,\xi,\varphi) \big]
\end{aligned}\right\} \quad (2)$$

散射体外壳

$$\left.\begin{aligned}
{}^{(2)}E &= \sum_{m,n} i^n \big[A_{1,mn} M_{emn}^{(1)}(c_2;\eta,\xi,\varphi) + \beta_{1,mn} M_{emn}^{(3)}(c_2;\eta,\xi,\varphi) + \\
&\quad i C_{1,mn} M_{omn}^{(1)}(c_2;\eta,\xi,\varphi) + i D_{1,mn} N_{omn}^{(3)}(c_2;\eta,\xi,\varphi) \big] \\
{}^{(2)}H &= \sum_{m,n} k_2 i^n \big[C_{1,mn} M_{omn}^{(1)}(c_2;\eta,\xi,\varphi) + D_{1,mn} M_{omn}^{(3)}(c_2;\eta,\xi,\varphi) - \\
&\quad i A_{1,mn} N_{emn}^{(1)}(c_2;\eta,\xi,\varphi) - i B_{1,mn} N_{emn}^{(3)}(c_2;\eta,\xi,\varphi) \big]
\end{aligned}\right\} \quad (3)$$

散射体内壳

$$\left.\begin{aligned}
{}^{(t)}E &= \sum_{m,n} i^n \big[\delta_{1,mn} M_{emn}^{(1)}(c_1;\eta,\xi,\varphi) + i\gamma_{1,mn} N_{omn}^{(1)}(c_1;\eta,\xi,\varphi) \big] \\
{}^{(t)}H &= \sum_{m,n} k_1 i^n \big[\gamma_{1,mn} M_{omn}^{(3)}(c_1;\eta,\xi,\varphi) - i\delta_{1,mn} N_{emn}^{(1)}(c_1;\eta,\xi,\varphi) \big]
\end{aligned}\right\} \quad (4)$$

以上各式中，c_3，c_1 和 c_2 分别表示环境空间、粒子内核和外壳空间的 c 值，$c = k d_0$，d_0 为长旋转椭球的半焦距，$k = k_0 i$ 是介质中的波数，$k_0 = \dfrac{2\pi}{\lambda_0}$ 为真空中的波数，i 为介质的复折射指数。

2 边界条件方程

为求得上述各级数系数 $\alpha_{1,mn}$，$\beta_{1,mn}$ 等，须将（1）—（4）式代入边界条件方程中去。外边界方程为

$$\left.\begin{aligned}
&\xi = \xi_2, c_3 = \sqrt{a_2^2 - b_2^2}\, k_3, c_2 = c_2' = \sqrt{a_2^2 - b_2^2}\, k_2 \\
&{}^{(i)}E_\eta + {}^{(s)}E_\eta = {}^{(2)}E_\eta, {}^{(i)}E_\varphi + {}^{(s)}E_\varphi = {}^{(2)}E_\varphi \\
&{}^{(i)}H_\eta + {}^{(s)}H_\eta = {}^{(2)}H_\eta, {}^{(i)}H_\varphi + {}^{(s)}H_\varphi = {}^{(2)}H_\varphi
\end{aligned}\right\} \quad (5)$$

内边界方程为

$$\left.\begin{array}{r}\xi = \xi_1, c_2 = c''_2 = \sqrt{a_1^2 - b_1^2}k_2, c_1 = \sqrt{a_1^2 - b_1^2}k_1 \\ {}^{(2)}E_\eta = {}^{(t)}E_\eta, {}^{(2)}E_\varphi = {}^{(t)}E_\varphi \\ {}^{(2)}H_\eta = {}^{(t)}H_\eta, {}^{(2)}H_\varphi = {}^{(t)}H_\varphi \end{array}\right\} \quad (6)$$

处理上述边界条件方程即可建立确定未知级数系数的线性方程组,该计算极为复杂,现给出其中一个方程的详细推导过程,其余各方程的推导完全类似。

根据(5)式,电场矢量的 η 分量和 φ 分量在外边界面满足的边界条件方程分别为

$$\left.\begin{array}{r}\sum_{m,n} i^n \{ [A_{1,mn}M_{emn,\eta}^{(1)}(c'_2;\eta,\xi,\varphi) + B_{1,mn}M_{emn,\eta}^{(3)}(c'_2;\eta,\xi,\varphi) + iC_{1,mn}M_{omn,\eta}^{(1)}(c'_2;\eta,\xi,\varphi) + \\ iD_{1,mn}M_{omn,\eta}^{(3)}(c'_2;\eta,\xi,\varphi) - [\beta_{1,mn}M_{emn,\eta}^{(3)}(c_3;\eta,\xi,\varphi) + i\alpha_{1,mn}N_{omn,\eta}^{(3)}(c_3;\eta,\xi,\varphi)]\backslash\} \\ = \sum_{m,n} i^n [g_{mn}(\zeta)M_{emn,\eta}^{(1)}(c_3;\eta,\xi,\varphi) + if_{mn}(\zeta)N_{omn,\eta}^{(1)}(c_3;\eta,\xi,\varphi)] \end{array}\right\} \quad (7)$$

$$\left.\begin{array}{r}\sum_{m,n} i^n \{ [A_{1,mn}M_{emn,\varphi}^{(1)}(c'_2;\eta,\xi,\varphi) + B_{1,mn}M_{emn,\varphi}^{(3)}(c'_2;\eta,\xi,\varphi) + iC_{1,mn}N_{omn,\varphi}^{(1)}(c'_2;\eta,\xi,\varphi) + \\ iD_{1,mn}N_{omn,\varphi}^{(3)}(c'_2;\eta,\xi,\varphi)] - [\beta_{1,mn}M_{emn,\varphi}^{(3)}(c_3;\eta,\xi,\varphi) + i\alpha_{1,mn}N_{omn,\varphi}^{(3)}(c_3;\eta,\xi,\varphi)]\backslash\} \\ = \sum_{m,n} i^n [g_{mn}(\zeta)M_{emn,\varphi}^{(1)}(c_3;\eta,\xi,\varphi) + if_{mn}(\zeta)N_{omn,\varphi}^{(1)}(c_3;\eta,\xi,\varphi)] \end{array}\right\} \quad (8)$$

长旋转椭球矢量波函数之分量公式为[1,2]

$$\left.\begin{array}{r}M_{\substack{e\\o}mn,\eta}^{(j)}(c;\eta,\xi,\varphi) = \dfrac{m\xi}{\sqrt{\xi^2-\eta^2}\sqrt{1-\eta^2}}S_{mn}(c,\eta)R_{mn}^{(j)}(c,\xi)\substack{\sin m\varphi\\-\cos m\varphi} \\ M_{\substack{e\\o}mn,\xi}^{(j)}(c;\eta,\xi,\varphi) = \dfrac{-m\eta}{\sqrt{\xi^2-\eta^2}\sqrt{1-\eta^2}}S_{mn}(c,\eta)R_{mn}^{(j)}(c,\xi)\substack{\sin m\varphi\\-\cos m\varphi} \\ M_{\substack{e\\o}mn,\varphi}^{(j)}(c;\eta,\xi,\varphi) = \dfrac{\sqrt{1-\eta^2}\sqrt{\xi^2-1}}{\xi^2-\eta^2}[aR_{mn}^{(j)}(c,\xi)\dfrac{\mathrm{d}S_{mn}(c,\eta)}{\mathrm{d}\eta} - \\ \eta S_{mn}(c,\eta)\dfrac{\mathrm{d}R_{mn}^{(j)}(c,\xi)}{\mathrm{d}\xi}]\substack{\cos m\varphi\\\sin m\varphi} \end{array}\right\} \quad (9)$$

$$\left.\begin{array}{r}N_{\substack{e\\o}mn,\eta}^{(j)}(c;\eta,\xi,\varphi) = \dfrac{\sqrt{1-\eta^2}}{c\sqrt{\xi^2-\eta^2}}[\dfrac{\mathrm{d}S_{mn}(c,\eta)}{\mathrm{d}\eta}\dfrac{\partial}{\partial\xi}(\dfrac{\xi(\xi^2-1)}{\xi^2-\eta^2})R_{mn}^{(j)}(c,\xi) - \\ \eta S_{mn}(c,\eta)\dfrac{\partial}{\partial\xi}(\dfrac{\xi^2-1}{\xi^2-\eta^2}\dfrac{\mathrm{d}}{\mathrm{d}\xi}R_{mn}^{(j)}(c,\xi)) + \\ \dfrac{m^2\eta}{(1-\eta^2)(\xi^2-1)}S_{mn}(c,\eta)R_{mn}^{(j)}(c,\xi)]\substack{\cos m\varphi\\\sin m\varphi} \\ N_{\substack{e\\o}mn,\xi}^{(j)}(c;\eta,\xi,\varphi) = -\dfrac{\sqrt{\xi^2-1}}{c\sqrt{\xi^2-\eta^2}}[-\dfrac{\partial}{\partial\eta}(\dfrac{\eta(1-\eta^2)}{\xi^2-\eta^2}S_{mn}(c,\eta))\dfrac{\mathrm{d}}{\mathrm{d}\xi}R_{mn}^{(j)}(c,\xi) + \\ \xi\dfrac{\partial}{\partial\eta}(\dfrac{1-\eta^2}{\xi^2-\eta^2}\dfrac{\mathrm{d}}{\mathrm{d}\eta}S_{mn}(c,\eta))R_{mn}^{(j)}(c,\xi) - \\ \dfrac{m^2\xi}{(1-\eta^2)(\xi^2-1)}S_{mn}(c,\eta)R_{mn}^{(j)}(c,\xi)]\substack{\cos m\varphi\\\sin m\varphi} \\ N_{\substack{e\\o}mn,\varphi}^{(j)}(c;\eta,\xi,\varphi) = \dfrac{-m\sqrt{1-\eta^2}\sqrt{\xi^2-1}}{c(\xi^2-\eta^2)}[\dfrac{1}{\xi^2-1}\dfrac{\mathrm{d}}{\mathrm{d}\eta}(\eta S_{mn}(c,\eta))R_{mn}^{(j)}(c,\xi) + \\ \dfrac{1}{1-\eta^2}S_{mn}(c,\eta)\dfrac{\mathrm{d}}{\mathrm{d}\xi}(\xi R_{mn}^{(j)}(c,\xi))]\substack{\cos m\varphi\\\sin m\varphi} \end{array}\right\} \quad (10)$$

　　将(9)及(10)式中矢量波函数的 η 分量代入(7)式,并在所得方程两边乘以 $\sqrt{(\xi_2^2-\eta^2)^5}=$ $\sqrt{[(\xi_2^2-1)+(\eta^2-1)]^5}$,并利用方程 $\dfrac{\mathrm{d}}{\mathrm{d}\xi}[(\xi^2-1)\dfrac{\mathrm{d}R_{mn}^{(j)}(c_h,\xi)}{\mathrm{d}\xi}]-[\lambda_{mn}-c^2\xi^2+\dfrac{m^2}{\xi^2-1}]R_{mn}^{(j)}(c_h,$ $\xi)=0$,以及 $\sin m\varphi$ 的正交性,可得

$$\sum_{n=m}^{\infty}i^n\{\frac{m\xi_2[(\xi_2^2-1)+(1-\eta^2)]^2}{\sqrt{1-\eta^2}}[A_{1,mn}R_{mn}^{(1)}(c'_2,\xi)+B_{1,mn}R_{mn}^{(3)}(c'_2,\xi)]S_{mn}(c'_2,\eta)+$$

$$\frac{i\sqrt{1-\eta^2}}{c'_2}[C_{1,mn}[((3\xi_2^2-1)((\xi_2^2-1)+(1-\eta^2))-2\xi_2^2(\xi_2^2-1))R_{mn}^{(1)}(c'_2,\xi)\frac{\mathrm{d}S_{mn}(c'_2,\eta)}{\mathrm{d}\eta}+$$

$$\xi_2(\xi_2^2-1)((\xi_2^2-1)+(1-\eta^2))\frac{\mathrm{d}R_{mn}^{(1)}(c'_2,\xi)}{\mathrm{d}\xi}\frac{\mathrm{d}S_{mn}(c'_2,\eta)}{\mathrm{d}\eta}-$$

$$\eta((\xi_2^2-1)+(1-\eta^2))(\lambda_{mn}-c'^2_2\xi_2^2+\frac{m^2}{\xi_2^2-1})R_{mn}^{(1)}(c'_2,\xi)S_{mn}(c'_2,\eta)+$$

$$2\eta\xi_2(\xi_2^2-1)\frac{\mathrm{d}R_{mn}^{(1)}(c'_2,\xi)}{\mathrm{d}\xi}S_{mn}(c'_2,\eta)+\frac{m^2\eta[(\xi_2^2-1)+(1-\eta^2)]^2}{(\xi_2^2-1)+(1-\eta^2)}R_{mn}^{(1)}(c'_2,\xi)S_{mn}(c'_2,\eta)]+$$

$$D_{1,mn}[((3\xi_2^2-1)((\xi_2^2-1)+(1-\eta^2))-2\xi_2^2(\xi_2^2-1))R_{mn}^{(3)}(c'_2,\xi)\frac{\mathrm{d}S_{mn}(c'_2,\eta)}{\mathrm{d}\eta}+$$

$$\xi_2(\xi_2^2-1)((\xi_2^2-1)+(1-\eta^2))\frac{\mathrm{d}R_{mn}^{(3)}(c'_2,\xi)}{\mathrm{d}\xi}\frac{\mathrm{d}S_{mn}(c'_2,\eta)}{\mathrm{d}\eta}-$$

$$\eta((\xi_2^2-1)+(1-\eta^2))(\lambda_{mn}-c'^2_2\xi_2^2+\frac{m^2}{\xi_2^2-1})R_{mn}^{(3)}(c'_2,\xi)S_{mn}(c'_2,\eta)+$$

$$2\eta\xi_2(\xi_2^2-1)\frac{\mathrm{d}R_{mn}^{(3)}(c'_2,\xi)}{\mathrm{d}\xi}S_{mn}(c'_2,\eta)+$$

$$\frac{m^2\eta[(\xi_2^2-1)+(1-\eta^2)]^2}{(\xi_2^2-1)+(1-\eta^2)}R_{mn}^{(3)}(c'_2,\xi)S_{mn}(c'_2,\eta)]]-$$

$$\frac{m\xi_2[(\xi_2^2-1)+(1-\eta^2)]^2}{\sqrt{1-\eta^2}}\beta_{1,mn}R_{mn}^{(3)}(c_3,\xi)S_{mn}(c_3,\eta)-$$

$$\frac{i\sqrt{1-\eta^2}}{c_3}\alpha_{1,mn}[((3\xi_2^2-1)((\xi_2^2-1)+(1-\eta^2))-2\xi_2^2(\xi_2^2-1)R_{mn}^{(3)}(c_3,\xi)\frac{\mathrm{d}S_{mn}(c_3,\eta)}{\mathrm{d}\eta}+$$

$$\xi_2^2(\xi_2^2-1)((\xi_2^2-1)+(1-\eta^2))\frac{\mathrm{d}R_{mn}^{(3)}(c_3,\xi)}{\mathrm{d}\xi}\frac{\mathrm{d}S_{mn}(c_3,\eta)}{\mathrm{d}\eta}-$$

$$\eta((\xi_2^2-1)+(1-\eta^2))(\lambda_{mn}-c_3^2\xi_2^2+\frac{m^2}{\xi_2^2-1})R_{mn}^{(3)}(c_3,\xi)S_{mn}(c_3,\eta)+$$

$$2\eta\xi_2(\xi_2^2-1)\frac{\mathrm{d}R_{mn}^{(3)}(c_3,\xi)}{\mathrm{d}\xi}S_{mn}(c_3,\eta)+\frac{m^2\eta[(\xi_2^2-1)+(1-\eta^2)]^2}{(\xi_2^2-1)+(1-\eta^2)}R_{mn}^{(3)}(c_3,\xi)S_{mn}(c_3,\eta)]\}$$

$$=\sum_{n=m}^{\infty}i^n\{\frac{m\xi_2^2[(\xi_2^2-1)+(1-\eta^2)]^2}{1-\eta^2}g_{mn}(\zeta)R_{mn}^{(1)}(c_3,\xi)S_{mn}(c_3,\eta)+$$

$$\frac{i\sqrt{1-\eta^2}}{c_3}f_{mn}(\zeta)[((3\xi_2^2-1)((\xi_2^2-1)+(1-\eta^2))-2\xi_2^2(\xi_2^2-1)R_{mn}^{(1)}(c_3,\xi)\frac{\mathrm{d}S_{mn}(c_3,\eta)}{\mathrm{d}\eta}+$$

$$\xi_2(\xi_2^2-1)((a_2^2-1)+(1-\eta^2))\frac{\mathrm{d}R_{mn}^{(1)}(c_3,\xi)}{\mathrm{d}\xi}\frac{\mathrm{d}S_{mn}(c_3,\eta)}{\mathrm{d}\eta}-$$

$$\eta((\xi_2^2-1)+(1-\eta^2))(\lambda_{mn}-c_3^2\xi_2^2+\frac{m^2}{\xi_2^2-1})R_{mn}^{(1)}(c_3,\xi)S_{mn}(c_3,\eta)+$$

$$2\eta\xi_2(\xi_2^2-1)\frac{\mathrm{d}R_{mn}^{(1)}(c_3,\xi)}{\mathrm{d}\xi}S_{mn}(c_3,\eta)+$$

$$\frac{m^2\eta[(\xi_2^2-1)+(1-\eta^2)]^2}{(\xi_2^2-1)+(1-\eta^2)}R_{mn}^{(1)}(c_3,\xi)S_{mn}(c_3,\eta)]\} \tag{11}$$

(11)式即为电场矢的 η 分量在旋转椭球外边界面所满足的边界条件方程。

3　旋转椭球角函数的正交性

　　边界条件要求(5)式及(6)式对 $-1\leqslant\eta\leqslant1$ 以及 $0\leqslant\varphi\leqslant2\pi$ 范围内长旋转椭球角坐标 η 和 φ 的任意值都成立。根据(9)及(10)式，由于旋转椭球的轴对称性，偏振角波函数为 $\cos m\varphi$ 或 $\sin m\varphi$，利用正弦和余弦函数的正交性，在边界条件方程中 m 给定时，对任意的 φ 值，方程两边的相应系数必定相等，于是对任给的 m 可得到一组独立的方程。但对 η 而言，由于角波函数 $S_{mn}(c,\eta)$ 不仅是 η 的函数，也是参量 c 的函数，含有不同参量 c 的角波函数之间不具有相互正交性，因此对给定的 n,η 任意时不能要求边界条件方程中两边的相应系数相等。这一点由方程(11)式可明显看出，该方程中旋转椭球角波函数 $S_{mn}(c_2,\eta)$ 与 $S_{mn}(c_3,\eta)$ 不能相互正交，因此求和号不能去掉。这意味着对任意的 n 不能得到一组独立的方程，这正是旋转椭球散射问题极为复杂的原因之一。为解决上述困难，我们采用 Wait[5] 提出的方法，将各区域所有角波函数展成环境区域正交角波函数 $S_{mn}(c^3,\eta)$ 的级数形式

$$\left.\begin{array}{l}
\sqrt{1-\eta^2}\,S_{mn}(c^{(h)},\eta)=\displaystyle\sum_{t=0}^{\infty}\overline{A}_t^{mn}(c^{(h)})S_{m-1,m-1+t}(c_3,\eta)\\[3mm]
\dfrac{1}{\sqrt{1-\eta^2}}S_{mn}(c^{(h)},\eta)=\displaystyle\sum_{t=0}^{\infty}\overline{B}_t^{mn}(c^{(h)})S_{m-1,m-1+t}(c_3,\eta)\\[3mm]
\eta\sqrt{1-\eta^2}\,S_{mn}(c^{(h)},\eta)=\displaystyle\sum_{t=0}^{\infty}\overline{C}_t^{mn}(c^{(h)})S_{m-1,m-1+t}(c_3,\eta)\\[3mm]
\dfrac{\eta}{\sqrt{1-\eta^2}}S_{mn}(c^{(h)},\eta)=\displaystyle\sum_{t=0}^{\infty}\overline{D}_t^{mn}(c^{(h)})S_{m-1,m-1+t}(c_3,\eta)\\[3mm]
\sqrt{(1-\eta^2)^3}\,S_{mn}(c^{(h)},\eta)=\displaystyle\sum_{t=0}^{\infty}\overline{E}_t^{mn}(c^{(h)})S_{m-1,m-1+t}(c_3,\eta)\\[3mm]
\eta\sqrt{(1-\eta^2)^3}\,S_{mn}(c^{(h)},\eta)=\displaystyle\sum_{t=0}^{\infty}\overline{F}_t^{mn}(c^{(h)})S_{m-1,m-1+t}(c_3,\eta)\\[3mm]
\sqrt{1-\eta^2}\,\dfrac{\mathrm{d}S_{mn}(c^{(h)},\eta)}{\mathrm{d}Z}=\displaystyle\sum_{t=0}^{\infty}\overline{G}_t^{mn}(c^{(h)})S_{m-1,m-1+t}(c_3,\eta)\\[3mm]
\eta\sqrt{1-\eta^2}\,\dfrac{\mathrm{d}S_{mn}(c^{(h)},\eta)}{\mathrm{d}\eta}=\displaystyle\sum_{t=0}^{\infty}\overline{H}_t^{mn}(c^{(h)})S_{m-1,m-1+t}(c_3,\eta)\\[3mm]
\sqrt{(1-\eta^2)^3}\,\dfrac{\mathrm{d}S_{mn}(c^{(h)},\eta)}{\mathrm{d}\eta}=\displaystyle\sum_{t=0}^{\infty}\overline{I}_t^{mn}(c^{(h)})S_{m-1,m-1+t}(c_3,\eta)
\end{array}\right\} \tag{12}$$

式中，$c^{(h)}$ 表示 c^1，c'^2，c^3 或 c''^2，$h=1,2,3$。

　　将(12)式中各式代入边界条件方程，由于求和指数 n 和 t 相互独立，可以交换求和指数 n 和 t。显然对 t 而言，旋转椭球角波函数是正交函数，于是，对任一给定的 t，η 任意变化时方

程两端相应系数必须相等,因此可得到一组独立的方程并由此解出散射场级数系数。本文仍以(11)式为例讨论之。

将(12)式代入(11)式可得

$$\sum_{n=m}^{\infty} i^n \{ A_{1,mn} [m\xi_2 R_{mn}^{(1)}(c'_2,\xi) [(\xi_2^2-1)^2 \overline{B}_t^{mn}(c'_2) + 2(\xi_2^2-1) \overline{A}_t^{mn}(c'_2) + \overline{E}_t^{mn}(c'_2)]] +$$

$$B_{1,mn} [m\xi_2 R_{mn}^{(3)}(c'_2,\xi) [(\xi_2^2-1)^2 \overline{B}_t^{mn}(c'_2) + 2(\xi_2^2-1) \overline{A}_t^{mn}(c'_2) + \overline{E}_t^{mn}(c'_2)]] +$$

$$C_{1,mn} \frac{i}{c'_2} [\frac{m^2}{\xi_2^2-1} R_{mn}^{(1)}(c'_2,\xi) [(\xi_2^2-1)^2 \overline{D}_t^{mn}(c'_2) + 2(\xi_2^2-1) \overline{C}_t^{mn}(c'_2) + \overline{F}_t^{mn}(c'_2)] -$$

$$R_{mn}^{(1)}(c'_2,\xi) [\lambda_{mn} - c'^2_2 \xi_2^2 + \frac{m^2}{\xi_2^2-1}] [(\xi_2^2-1) \overline{C}_t^{mn}(c'_2) + \overline{F}_t^{mn}(c'_2)] +$$

$$R_{mn}^{(1)}(c'_2,\xi) [(\xi_2^2-1)^2 \overline{G}_t^{mn}(c'_2) + (3\xi_2^2-1) \overline{I}_t^{mn}(c'_2)] + \xi_2(\xi_2^2-1) \frac{dR_{mn}^{(1)}(c'_2,\xi)}{d\xi} \times$$

$$[(\xi_2^2-1) \overline{G}_t^{mn}(c'_2) + 2 \overline{C}_t^{mn}(c'_2) + \overline{I}_t^{mn}(c'_2)]] + D_{1,mn} [\frac{m^2}{(\xi_2^2-1)} R_{mn}^{(3)}(c'_2,\xi) [(\xi_2^2-1)^2 \overline{D}_t^{mn}(c'_2) +$$

$$2(\xi_2^2-1) \overline{C}_t^{mn}(c'_2) + \overline{F}_t^{mn}(c'_2)] - R_{mn}^{(3)}(c'_2,\xi) [\lambda_{mn} - c'^2_2 \xi_2^2 + \frac{m^2}{(\xi_2^2-1)}] [(\xi_2^2-1) \overline{C}_t^{mn}(c'_2) +$$

$$\overline{F}_t^{mn}(c'_2)] + R_{mn}^{(3)}(c'_2,\xi) [(\xi_2^2-1)^2 \overline{G}_t^{mn}(c'_2) + (3\xi_2^2-1) \overline{I}_t^{mn}(c'_2)] +$$

$$\xi_2(\xi_2^2-1) \frac{dR_{mn}^{(3)}(c'_2,\xi)}{d\xi} [(\xi_2^2-1) \overline{G}_t^{mn}(c'_2) + 2 \overline{C}_t^{mn}(c'_2) + \overline{I}_t^{mn}(c'_2)]] -$$

$$\beta_{1,mn} m\xi_2 R_{mn}^{(3)}(c'_3,\xi) [(\xi_2^2-1)^2 \overline{B}_t^{mn}(c'_3) + 2(\xi_2^2-1) \overline{A}_t^{mn}(c_3) + \overline{E}_t^{mn}(c_3)] -$$

$$\alpha_{1,mn} \frac{i}{c_3} [\frac{m^2}{(\xi_2^2-1)} R_{mn}^{(3)}(c_3,\xi) [(\xi_2^2-1)^2 \overline{D}_t^{mn}(c_3) + 2(\xi_2^2-1) \overline{C}_t^{mn}(c_3) +$$

$$\overline{F}_t^{mn}(c_3)] - R_{mn}^{(3)}(c_3,\xi) [\lambda_{mn} - c_3^2 \xi_2^2 + \frac{m^2}{(\xi_2^2-1)}] [(\xi_2^2-1) \overline{C}_t^{mn}(c_3) + \overline{F}_t^{mn}(c_3)] +$$

$$R_{mn}^{(3)}(c_3,\xi) [(\xi_2^2-1)^2 \overline{G}^{mn}(c_3) + (3\xi_2^2-1) \overline{I}_t^{mn}(c_3)] + \xi_2(\xi_2^2-1) \frac{dR_{mn}^{(3)}(c_3,\xi)}{d\xi} \times$$

$$[(\xi_2^2-1) \overline{G}_t^{mn}(c_3) + 2 \overline{C}_t^{mn}(c_3) + \overline{I}_t^{mn}(c_3)]] \}$$

$$\sum_{n=m}^{\infty} i^n \{ g_{mn}(\zeta) m\xi_2^2 R_{mn}^{(1)}(c_3,\xi) [(\xi_2^2-1)^2 \overline{B}_t^{mn}(c_3) + 2(\xi_2^2-1) \overline{A}_t^{mn}(c_3) + \overline{E}_t^{mn}(c_3)] +$$

$$f_{mn}(\zeta) \frac{i}{c_3} [\frac{m^2}{(\xi^2-1)} R_{mn}^{(1)}(c_3,\xi) [(\xi_2^2-1)^2 \overline{D}_t^{mn}(c_3) + 2 \overline{C}_t^{mn}(c_3) + \overline{F}_t^{mn}(c_3)] -$$

$$R_{mn}^{(1)}(c_3,\xi) [\lambda_{mn} - c_3^2 \xi_2^2 + \frac{m^2}{(\xi_2^2-1)}] [(\xi_2^2-1) \overline{C}_t^{mn}(c_3) + \overline{F}_t^{mn}(c_3)] +$$

$$R_{mn}^{(1)}(c_3,\xi) [(\xi_2^2-1)^2 \overline{G}_t^{mn}(c_3) + (3\xi_2^2-1) \overline{I}_t^{mn}(c_3)] +$$

$$\xi_2(\xi_2^2-1) \frac{dR_{mn}^{(1)}(c_3,\xi)}{d\xi} \times [(\xi_2^2-1) \overline{G}^{mn}(c_3) + 2 \overline{C}_t^{mn}(c_3) + \overline{I}_t^{mn}(c_3)]] \} \tag{13}$$

引入下列矩阵元符号:

$$U_{mn}^{(j)}(c^{(h)},\xi_l) = m\xi_l R_{mn}^{(j)}(c^{(h)},\xi_l) [(\xi_l^2-1)^2 \overline{D}_t^{mn}(c^{(h)}) +$$

$$2(\xi_l^2-1) \overline{A}_t^{mn}(c^{(h)}) + \overline{E}_t^{mn}(c^{(h)})]$$

$$V_{mn}^{(j),t}(c^{(h)},\xi_l) = \frac{1}{c^{(h)}} \{ \frac{m^2}{\xi_l^2-1} R_{mn}^{(j)}(c^{(h)},\xi_l) [(\xi_l^2-1)^2 \overline{D}_t^{mn}(c^{(h)}) +$$

$$2(\xi_l^2-1) \overline{C}_t^{mn}(c^{(h)}) + \overline{F}_t^{mn}(c^{(h)})] - R_{mn}^{(j)}(c^{(h)},\xi_l) [\lambda_{mn}(c^{(h)}) -$$

$$(c^{(h)}\xi_l)^2 + \frac{m^2}{\xi_l^2-1}\big][(\xi_l^2-1)\,\overline{C}_t^{mn}(c^{(h)}) + \overline{F}_t^{mn}(c^{(h)})]\} +$$

$$\xi_l(\xi_l^2-1)\frac{\mathrm{d}R_{mn}^{(j)}(c^{(h)},\xi_l)}{\mathrm{d}\xi_l}\big[2\,\overline{C}_t^{mn}(c^{(h)}) + (\xi_l^2-1)\,\overline{G}_t^{mn}(c^{(h)}) + \overline{I}_t^{mn}(c^{(h)})\big] +$$

$$R_{mn}^{(j)}(c^{(h)},\xi_l)\big[(\xi_l^2-1)^2\,\overline{G}_t^{mn}(c^{(h)}) + 3(\xi_l^2-1)\,\overline{I}_t^{mn}(c^{(h)})\big] \tag{14}$$

式中，$j=1,3$，$l=1,2$，$h=1,2,3$，利用(14)式可将(13)式写为

$$\sum_{n=m}^{\infty} i^n\big[A_{1,mn}U_{mn}^{(1),t}(c'_2,\xi_2) + B_{1,mn}U_{mn}^{(3),t}(c'_2,\xi_2) + C_{1,mn}V_{mn}^{(1),t}(c'_2,\xi_2) +$$

$$D_{1,mn}V_{mn}^{(3),t}(c'_2,\xi_2) - \beta_{1,mn}U_{mn}^{(3),t}(c_3,\xi_2) - \alpha_{1,mn}V_{mn}^{(3),t}(c_3,\xi_2)\big]$$

$$= \sum_{n=m}^{\infty} i^n\big[g_{mn}(\zeta)U_{mn}^{(1),t}(c_3,\xi_2) + f_{mn}(\zeta)V_{mn}^{(1),t}(c_3,\xi_2)\big] \tag{15.1}$$

若将(9)及(10)式中矢量波函数的 φ 分量代入(8)式，并在所得方程两边乘以 $\dfrac{1}{\sqrt{\xi_2^2-1}}(\xi_2^2$ $-\eta^2)$，仿照上述方法可得电场矢的 φ 分量在外边界面所满足的边界条件方程

$$\sum_{n=m}^{\infty} i^n\big[A_{1,mn}X_{mn}^{(1),t}(c'_2,\xi_2) + B_{1,mn}X_{mn}^{(3),t}(c'_2,\xi_2) + C_{1,mn}Y_{mn}^{(1),t}(c'_2,\xi_2) +$$

$$D_{1,mn}Y_{mn}^{(3),t}(c'_2,\xi_2) - \beta_{1,mn}X_{mn}^{(3),t}(c'_2,\xi_2) - \alpha_{1,mn}Y_{mn}^{(3),t}(c'_2,\xi_2)\big]$$

$$= \sum_{n=m}^{\infty} i^n\big[g_{mn}(\zeta)X_{mn}^{(1),t}(c_3,\xi_2) + f_{mn}(\zeta)Y_{mn}^{(1),t}(c_3,\xi_2)\big] \tag{15.2}$$

其中

$$X_{mn}^{(j),t}(c^{(h)},\xi_l) = \xi_l R_{mn}^{(j)}(c^{(h)},\xi_l)\,\overline{G}_t^{mn}(c^{(h)}) - \frac{\mathrm{d}R_{mn}^{(j)}(c^{(h)},\xi_l)}{\mathrm{d}\xi_l}\,\overline{C}_t^{mn}(c^{(h)})$$

$$Y_{mn}^{(j),t}(c^{(h)},\xi_l) = \frac{mi}{c^{(h)}}\{(\xi_l^2-1)^{-1}R_{mn}^{(j)}(c^{(h)},\xi_l)\big[\overline{A}_t^{mn}(c^{(h)}) + \overline{H}_t^{mn}(c^{(h)})\big] +$$

$$\big[R_{mn}^{(j)}(c^{(h)},\xi_l) + \xi_l\frac{\mathrm{d}R_{mn}^{(j)}(c^{(h)},\xi_l)}{\mathrm{d}\xi_l}\big]\overline{B}_t^{mn}(c^{(h)})\}$$

采用类似方法可得其余边界条件方程

$$\sum_{n=m}^{\infty} i^n\{x_2\big[C_{1,mn}U_{mn}^{(1),t}(c'_2,\xi_2) + D_{1,mn}U_{mn}^{(3),t}(c'_2,\xi_2) + A_{1,mn}V_{mn}^{(1),t}(c'_2,\xi_2) +$$

$$B_{1,mn}V_{mn}^{(3),t}(c'_2,\xi_2)\big] - \kappa_3\big[\alpha_{1,mn}U_{mn}^{(3),t}(c_3,\xi_2) + \beta_{1,mn}V_{mn}^{(3),t}(c_3,\xi_2)\big]\}$$

$$= \sum_{n=m}^{\infty} i^n\kappa_3\big[f_{mn}(\zeta)U_{mn}^{(1),t}(c_3,\xi_2) + g_{mn}(\zeta)V_{mn}^{(1),t}(c_3,\xi_2)\big]$$

$$\sum_{n=m}^{\infty} i^n\{x_2\big[C_{1,mn}X_{mn}^{(1),t}(c'_2,\xi_2) + D_{1,mn}X_{mn}^{(3),t}(c'_2,\xi_2) + A_{1,mn}Y_{mn}^{(1),t}(c'_2,\xi_2) +$$

$$B_{1,mn}Y_{mn}^{(3),t}(c'_2,\xi_2)\big] - \kappa_3\big[\alpha_{1,mn}X_{mn}^{(3),t}(c_3,\xi_2) + \beta_{1,mn}Y_{mn}^{(3),t}(c_3,\xi_2)\big]\}$$

$$= \sum_{n=m}^{\infty} i^n\kappa_3\big[f_{mn}(\zeta)X_{mn}^{(1),t}(c_3,\xi_2) + g_{mn}(\zeta)Y_{mn}^{(1),t}(c_3,\xi_2)\big]$$

$$\sum_{n=m}^{\infty} i^n\big[A_{1,mn}U_{mn}^{(1),t}(c''_2,\xi_1) + B_{1,mn}U_{mn}^{(3),t}(c''_2,\xi_1) + C_{1,mn}V_{mn}^{(1),t}(c''_2,\xi_1) +$$

$$D_{1,mn}V_{mn}^{(3),t}(c''_2,\xi_1) - \delta_{1,mn}U_{mn}^{(3),t}(c_1,\xi_1) - \gamma_{1,mn}V_{mn}^{(1),t}(c_1,\xi_1)\big] = 0$$

$$\sum_{n=m}^{\infty} i^n\big[A_{1,mn}X_{mn}^{(1),t}(c''_2,\xi_1) + B_{1,mn}X_{mn}^{(3),t}(c''_2,\xi_1) + C_{1,mn}Y_{mn}^{(1),t}(c''_2,\xi_1) +$$

$$D_{1,mn}Y_{mn}^{(3),t}(c''_2,\xi_1) - \delta_{1,mn}X_{mn}^{(1),t}(c'',\xi_1) - \gamma_{1,mn}Y_{mn}^{(1),t}(c_1,\xi_1)] = 0$$

$$\sum_{n=m}^{\infty} i^n \{\kappa_2[C_{1,mn}U_{mn}^{(1),t}(c''_2,\xi_1) + D_{1,mn}U_{mn}^{(3),t}(c''_2,\xi_1) + A_{1,mn}V_{mn}^{(1),t}(c''_2,\xi_1) +$$

$$B_{1,mn}V_{mn}^{(3),t}(c''_2,\xi_1)] - \kappa_1[\gamma_{1,mn}U_{mn}^{(1),t}(c_1,\xi_1) + \delta_{1,mn}V_{mn}^{(1),t}(c_1,\xi_1)]\} = 0$$

$$\sum_{n=m}^{\infty} i^n \{\kappa_2[C_{1,mn}X_{mn}^{(1),t}(c''_2,\xi_1) + D_{1,mn}X_{mn}^{(3),t}(c''_2,\xi_1) + A_{1,mn}Y_{mn}^{(1),t}(c''_2,a_1) +$$

$$B_{1,mn}Y_{mn}^{(3),t}(c''_2,\xi_1)] - \kappa_1[\gamma_{1,mn}X_{mn}^{(1),t}(c_1,\xi_1) + \delta_{1,mn}Y_{mn}^{(1),t}(c_1,\xi_1)]\} = 0 \qquad (15.3)$$

以上各式中的 $\overline{A}_t^{mn}(c^{(h)}) \cdots \overline{I}_t^{mn}(c^{(h)})$ 可利用角波函数 $S_{m-1,m-1+t}(c_3,\eta)$ 的正交性来计算,即通过在(12)式各方程的两边乘 $S_{m-1,m-1+t}(c_3,\eta)$,然后从 -1 到 $+1$ 对 η 积分得到。例如,在(12)式的第一个方程两边乘 $S_{m-1,m-1+t}(c_3,\eta)$ 并对 η 积分,可得

$$\overline{A}_t^{mn}\int_{-1}^{+1}[S_{m-1,m-1+t}(c_3,\eta)]^2 d\eta = \int_{-1}^{+1}\sqrt{1-\eta^2}S_{mn}(c^{(h)},\eta)S_{m-1,m-1+t}(c_3,\eta)d\eta$$

其中

$$\int_{-1}^{+1}[S_{m-1,m+t}(c_3,\eta)]^2 d\eta = \int_{-1}^{+1}[\sum_{r=0,1}{}'d_r^{m-1,m-1+t}(c_3)P_{m-1+r}^{m-1}(\eta)]^2 d\eta$$

$$= [\sum_{r=0,1}{}'d_r^{m-1,m-1+t}(c_3)]^2 \frac{2(r+2m-2)!}{(2r+2m-1)r!} = \Lambda_{m-1,m-1+t}(c_3)$$

而

$$\int_{-1}^{+1}\sqrt{1-\eta^2}S_{mn}(c^{(h)},\eta)S_{m-1,m-1+t}(c_3,\eta)d\eta$$

$$= \int_{-1}^{+1}\sqrt{1-\eta^2}\sum_{r=0,1}{}'d_r^{mn}(c^{(h)})P_{m+r}^m(\eta)\sum_{\lambda=0,1}{}'d_\lambda^{m-1,m-1+t}(c_3)P_{m-1+\lambda}^{m-1}(\eta)d\eta$$

$$= \int_{-1}^{+1}\sum_{r=0,1}{}'d_\lambda^{m-1,m-1+t}(c_3)P_{m-1+\lambda}^{m-1}(\eta)\sum_{\lambda=0,1}{}'\frac{d_r^{mn}(c^{(h)})}{2m+2r+1}[(2m+r)(2m+r-1)P_{m+r-1}^{m-1}(\eta) -$$

$$(r+2)(r+1)P_{m+r+1}^{m-1}(\eta)d\eta(显然仅当 r=\lambda,r=\lambda-2,积分不为零)$$

$$= \sum_{r=0,1}{}'d_\lambda^{m-1,m-1+t}(c_3)[\frac{d_\lambda^{mn}(c^{(h)})}{2m+2\lambda+1}(2m+\lambda)(2m+\lambda-1)\frac{2(\lambda+2m-2)!}{(2\lambda+2m-1)\lambda!} -$$

$$\frac{d_{\lambda-2}^{mn}(c^{(h)})}{2m+2\lambda-3}(\lambda(\lambda-1))\frac{2(\lambda+2m-2)!}{(2\lambda+2m-1)\lambda!}]$$

$$= \sum_{\lambda=0,1}{}'\frac{d_\lambda^{m-1,m-1+t}(c_3)}{2m+2\lambda-1}[\frac{2(\lambda+2m)!}{(2\lambda+2m-1)\lambda!}d_r^{mn}(c^{(h)}) - \frac{2(\lambda+2m-2)!d_{\lambda-2}^{mn}(c^{(h)})}{(2\lambda+2m-3)(\lambda-2)!}]$$

由此可见 λ 与 r 的差只能为偶数,因此,当 $t+n-m = (m-1+t)-(m-1)+(n-m)$ 为偶数时上式成立,当 $t+n-m$ 为奇数时,上式不成立,积分为零。由此得到

$$\overline{A}_t^{mn}(c^{(h)}) = \begin{cases} 0 & n-m+t = 奇数 \\ \frac{1}{\Lambda_{m-1,m-1+t}(c_3)}\sum_{\lambda=0,1}{}'\frac{d_\lambda^{m-1,m-1+t}(c_3)}{2m+2\lambda-1}[\frac{2(\lambda+2m)!}{(2\lambda+2m+1)\lambda!}d_\lambda^{mn}(c^{(h)}) - \\ \frac{2(\lambda+2m-2)!}{(2\lambda+2m-3)(\lambda-2)!} \quad d_{\lambda-2}^{mn}(c^{(h)})] \quad n-m+t = 偶数 \end{cases} \qquad (16)$$

上述运算中使用了缔合勒让德函数的正交归一关系

$$\int_{-1}^{+1}[P_l^m(x)]^2 dx = \frac{2(l+m)!}{(2l+1)(l-m)!}$$

以及递推关系式

$$(2l+1)\sqrt{(1-x^2)}P_l^m(x)$$
$$= (l+m)(l+m-1)P_{l-1}^{m-1}(x) - (l-m+2)(l-m+1)P_{l+1}^{m-1}(x)$$

采用类似方法可求出 $B_t^{mn}(c^{(h)}) \cdots \overline{I}_t^{mn}(c^{(h)})$。

　　(15)式为两层长旋转椭球对 TE 波的边界条件方程,用类似方法可求得对 TM 波的相应方程。在(15)式中,对任意的 m 值,适当选取 t 值可构成 8 N 阶复系数线性方程,因此在一般情况下需通过求解一个二重的线性方程组来求得散射场的级数系数 $\alpha_{1,mn}$, $\beta_{1,mn}$ 等,计算中取 $m=0,1,2,\cdots,M$, $n=m,m+1,\cdots,m+N$ 。对于平行入射情况,即 $\zeta=0$ 时,入射波展开系数中 $m\neq1$ 的项全部消失,则计算简化很多。当长旋转椭球蜕化为球时,在(15)式各方程中只有 $n=t+1$ 的项存在,线性方程只有 8 个,且可由此得到散射场级数系数的解析形式,该结果与用 Mie[6] 理论求解的结果一致。

　　在上述所有方程中作变换 $c \rightarrow -ic$, $\xi \rightarrow -i\xi$,则可得扁旋转椭球的相应结果。本文对两层旋转椭球散射问题的处理方法可推广应用于求解多层结构的旋转椭球散射问题。

参考文献

[1]　王宝瑞,嵇驿民. 分层均匀旋转椭球体对偏振电磁波的散射理论及数值计算[J]. 大气科学,1989,13(3): 329-342.

[2]　Flammer C. Spheroidal Wave function[M]. Stanford: Calif Stanford University Press, 1957:1-81.

[3]　Straton J A. Electromagnetic Theory[M]. New York: MeGraw-Hill book Company, 1941.

[4]　Asano S G, Yamamoto. Light scattering by a spheroidal particle[J]. Appl Opt. 1975,14,29-49.

[5]　Wait J R. Theories of prolate spheroidal antennas[J]. Radio Sci (New Series), 1966(1):474-511.

[6]　Mie G. Beitrage zur optik truber mediem[J]. Ann Physic, 1908,25:377-445.

小旋转椭球粒子群的微波散射特性[*]

张培昌，殷秀良

（南京气象学院，南京 210044）

摘　要：文中从不同方向线性偏振的入射波对小旋转椭球状降水粒子极化产生的散射出发，推导出散射能流密度函数，以及降水粒子群旋转轴处于不同状态下的散射截面，得出散射截面随降水粒子相态和入射波波长变化的一些曲线，其结果可供遥感反演计算使用。

关键词：小旋转椭球；散射能流密度；散射截面

1　引言

理论和实践均已证明降水粒子在重力场和空气的共同作用下，其形状是非球形的，通常近似于旋转椭球。而解释小椭球状粒子散射的高斯（Gans）理论，其适用范围要比满足小圆球形粒子散射的瑞利条件宽，故在用地面或星载的微波雷达测降水时，一般可以用此理论处理。这样既可以避免用普遍的椭球粒子散射理论处理时所遇到的数学上的复杂性，又可以得到精确的解析结果，便于在天气雷达和气象卫星遥感反演降水中使用。特别对于目前正在试验推广的双线偏振多普勒天气雷达[1,2]的探测反演更有直接意义。

2　散射能流密度

一般天气雷达发射的是线偏振单色平面波，建立在天线上的直角坐标系为 $oxyz$，发射波的电场 E^i 在 oxz 平面内且与 x 轴具有交角 α，一般设电场振幅为单位振幅，则电场在 3 个轴上的分量为

$$E_x^i = E^i \cos\alpha = \mathrm{e}^{ikt}\cos\alpha, E_z^i = E^i \sin\alpha = \mathrm{e}^{ikt}\sin\alpha, E_y^i = 0 \tag{1}$$

再设另一直角坐标系 $o\xi\eta\zeta$ 建立在小旋转椭球粒子上（图 1），在入射波作用下由于粒子在 ξ,η,ζ 3 个轴上分别受到极化而产生的散射电场为

$$\begin{cases} E_\xi^S = \dfrac{k^2 P_\xi \sin\theta_\xi}{R}\mathrm{e}^{-ikR} \\[2mm] E_\eta^S = \dfrac{k^2 P_\eta \sin\theta_\eta}{R}\mathrm{e}^{-ikR} \\[2mm] E_\zeta^S = \dfrac{k^2 P_\zeta \sin\theta_\zeta}{R}\mathrm{e}^{-ikR} \end{cases} \tag{2}$$

---

*　本文原载于《气象学报》，2000，58（2）：250-256.

式中，$k = \dfrac{2c}{\lambda}$ 为入射波的波数，λ 为波长，R 是场点到粒子中心即 $o\xi\eta\zeta$ 坐标系原点的距离，电

场 E 的右上标 s 表示散射波，$\theta_\xi, \theta_\eta, \theta_\zeta$ 分别是 R 方向与 ξ, η, ζ 3 个轴之间的夹角，P_ξ, P_η, P_ζ 是在粒子 3 个轴方向上的电偶极矩，根据高斯理论[3]，它们分别为

$$\begin{cases} P_\xi = g_\xi(\alpha_1\cos\alpha + \alpha_3\sin\alpha)e^{ikt} \\ P_\eta = g_\eta(\beta_1\cos\alpha + \beta_3\sin\alpha)e^{ikt} \\ P_\zeta = g_\zeta(\gamma_1\cos\alpha + \gamma_3\sin\alpha)e^{ikt} \end{cases} \tag{3}$$

式中，$\alpha_1, \alpha_3, \beta_1, \beta_3, \gamma_1, \gamma_3$ 分别是两直角坐标系各轴之间的方向余弦，g_ξ, g_η 和 g_ζ 分别是旋转椭球在 3 个轴方向上的极化系数，它们可由下式

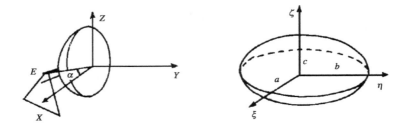

图 1　建立在微波天线与非球形粒子的两个直角坐标系

$$\begin{cases} g_\xi = \dfrac{abc}{3} \cdot \dfrac{\varepsilon - 1}{1 + (\varepsilon - 1)n(a)} \\[2mm] g_\eta = \dfrac{abc}{3} \cdot \dfrac{\varepsilon - 1}{1 + (\varepsilon - 1)n(b)} \\[2mm] g_\zeta = \dfrac{abc}{3} \cdot \dfrac{\varepsilon - 1}{1 + (\varepsilon - 1)n(c)} \end{cases} \tag{4}$$

确定。a, b, c 是椭球的 3 个轴的半轴长，ε 是椭球粒子的介电常数。$n(a), n(b), n(c)$ 是椭球的形状因子。

我们再在 $o\xi\eta\zeta$ 坐标系上建立一个球坐标系 (R, θ, φ)，θ 角自 Y 轴算起顺转为正，φ 角自 ξ 轴算起逆转为正，则有

$$\begin{cases} \sin^2\theta_\xi = \sin^2\varphi + \cos^2\varphi\cos^2\theta \\ \sin^2\theta_\eta = \cos^2\varphi + \sin^2\varphi\cos^2\theta \\ \sin^2\theta_\zeta = \sin^2\theta \end{cases} \tag{5}$$

于是，由于椭球受极化在 3 个轴上感生出振荡电偶极矩而产生的散射能流密度为

$$\begin{cases} S_\xi = \dfrac{c}{8\pi}E_\xi^s \cdot E_\xi^{s*} = \dfrac{ck^4}{8\pi R^2}\,|\,g_\xi\,|^2(\alpha_1\cos\alpha + \alpha_3\sin\alpha)^2(\cos^2\varphi\cos^2\theta + \sin^2\varphi) \\[2mm] S_\eta = \dfrac{c}{8\pi}E_\eta^s \cdot E_\eta^{s*} = \dfrac{ck^4}{8\pi R^2}\,|\,g_\zeta\,|^2(\beta_1\cos\alpha + \beta_3\sin\alpha)^2(\sin^2\varphi\cos^2\theta + \cos^2\varphi) \\[2mm] S_\zeta = \dfrac{c}{8\pi}E_\zeta^s \cdot E_\zeta^{s*} = \dfrac{ck^4}{8\pi R^2}\,|\,g_\zeta\,|^2(\gamma_1\cos\alpha + \gamma_3\sin\alpha)^2\sin^2\theta \end{cases} \tag{6}$$

式中，上标 $*$ 表示共轭，$|\,|$ 表示取复数的模。

如果我们考虑的是 $a = b > c$ 的扁旋转椭球，其椭率 e 定义为：$e = \sqrt{a^2/c^2 - 1}$，则它们的

形状因子分别可由

$$\begin{cases} n(c) = \dfrac{1+e^2}{e^3}(e - \arctan e) \\ n(a) = n(b) = \dfrac{1}{2}[1 - n(c)] \end{cases} \tag{7}$$

确定。若考虑的是 $a = c < b$ 的长旋转椭球,这时椭率 e 定义为:$e = \sqrt{1 - a^2/b^2}$,则形状因子为

$$\begin{cases} n(b) = \dfrac{1-e^2}{2e^3}\left[\ln\dfrac{1+e}{1-e} - 2e\right] \\ n(a) = n(c) = \dfrac{1}{2}[1 - n(b)] \end{cases} \tag{8}$$

3 散射截面

小旋转椭球粒子的散射截面,既与旋转轴的取向有关,又与入射波偏振状况及入射方向有关。下面将推导出相同形状的旋转椭球粒子群在下述几种状态下的散射截面表达式。

3.1 状态 1

扁旋转椭球粒子旋转轴在空间作一致铅直取向,入射波分两种线偏振状态考虑:

(1)入射波为水平发射水平偏振波

即 $\alpha = 0°$,这时可令 $OXYZ$ 坐标系各轴与 $o\xi\eta\zeta$ 坐标系相应各轴平行,扁旋转椭球只在 ξ 轴方向上受到极化,且有

$$\begin{cases} E_x^i = \mathrm{e}^{\mathrm{i}kt} \\ E_Y^i = E_Z^i = 0 \end{cases}$$

方向余弦中除 $\alpha_1 = \gamma_3 = 1$ 外,其他均为零。于是可得扁旋转椭球粒子散射能流密度

$$S_{O,\xi}^s = \frac{c}{8\pi}\frac{k^4}{R^2}|g_\xi|^2(\cos^2\varphi\cos^2\theta + \sin^2\theta) \tag{9}$$

该粒子散射到整个空间的总功率 $P_{O,\xi}^s$,可以通过式(9)对以粒子为中心的一个球面积分而获得:

$$P_{O,\xi}^s = \oiint S_{O,\xi}^s \mathrm{d}A$$

当上式中面积元 $\mathrm{d}A$ 用球坐标表示后,经积分有

$$P_{O,\xi}^s = \frac{8\pi}{3}S^i k^4 |g_\xi|^2 \tag{10}$$

其中 $S^i = \dfrac{c}{8\pi}$ 是入射波的能流密度。再根据散射截面 $Q_{O,\xi}^s$ 的定义:$Q_{O,\xi}^s = P_{O,\xi}^s/S^i$,便可得

$$Q_{O,\xi}^s = \frac{8\pi}{3}k^4 |g_\xi|^2 \tag{11}$$

(2)入射波为水平发射垂直偏振波

即 $\alpha = 90°$,这时扁旋转椭球只在 ζ 轴方向上受到极化,经同样的分析和推导可得

$$Q_{O,\zeta}^{s} = \frac{8\pi}{3} k^4 \mid g_\zeta \mid^2 \tag{12}$$

3.2 状态 2

扁旋转椭球粒子群旋转轴在空间作均匀随机取向,入射波分两种线偏振状态:

(1)入射波为水平发射水平偏振波

从两个直角坐标系之间的相对关系考虑,这种情况可等效于把扁旋转椭球旋转轴看成铅直一致取向,而入射波以不同仰角及不同方位发射水平偏振波的机会相等。注意到 $\alpha = 0$, $\sin\alpha = 0$,而对于全部粒子旋转轴各种可能的取向,从统计平均而言,等效于式(6)中的 α_1^2, β_1^2, γ_1^2,应分别以平均值代之,据平均值的积分定义可得:$\overline{\alpha_1^2} = \overline{\beta_1^2} = \overline{\gamma_1^2} = \frac{1}{3}$。将这些结果代入式(6)后,可得

$$\begin{cases} S_{O,\xi}^{s} = \dfrac{S^i k^4 \mid g_\xi \mid^2 \overline{\alpha_1^2}}{R^2} (\cos^2\theta\cos^2\varphi + \sin^2\varphi) \\[2mm] S_{O,\eta}^{s} = \dfrac{S^i k^4 \mid g_\eta \mid^2 \overline{\beta_1^2}}{R^2} (\cos^2\theta\sin^2\varphi + \cos^2\varphi) \\[2mm] S_{O,\zeta}^{s} = \dfrac{S^i k^4 \mid g_\zeta \mid^2 \overline{\gamma_1^2}}{R^2} = \sin^2\theta \end{cases} \tag{13}$$

上式对一个圆球面进行积分,就得到由于粒子在 3 个轴方向上受极化而分别产生的散射平均总功率

$$\begin{cases} P_{O,\xi}^{s} = \dfrac{8\pi}{9} S^i k^4 \mid g_\xi \mid^2 \\[2mm] P_{O,\zeta}^{s} = \dfrac{8\pi}{9} S^i k^4 \mid g_\eta \mid^2 \\[2mm] P_{O,\zeta}^{s} = \dfrac{8\pi}{9} S^i k^4 \mid g_\zeta \mid^2 \end{cases} \tag{14}$$

整个粒子散射总功率为

$$P_O^s = P_{O,\xi}^{s} + P_{O,\eta}^{s} + P_{O,\zeta}^{s} = \frac{8\pi}{9} S^i k^4 [\mid g_\xi \mid^2 + \mid g_\eta \mid^2 + \mid g_\zeta \mid^2] \tag{15}$$

再据散射截面定义,就可得散射截面函数式:

$$Q_{O,h}^{s} = P_O^s / S^i = \frac{8\pi}{9} k^4 [\mid g_\xi \mid^2 + \mid g_\eta \mid^2 + \mid g_\zeta \mid^2] \tag{16}$$

(2)入射波为水平发射垂直偏振波

经类似上面的分析和推导可得粒子平均散射截面为

$$Q_{O,v}^{s} = \frac{8\pi}{9} k^4 [\mid g_\xi \mid^2 + \mid g_\eta \mid^2 + \mid g_\zeta \mid^2] \tag{17}$$

3.3 状态 3

长旋转椭球旋转轴在 η 方向作水平一致取向,入射波分以下两种线偏振状态:

(1)入射波为水平发射水平偏振波

即 $\alpha = 0°$,这时可令 $oxyz$ 坐标系各轴与 $o\xi\eta\zeta$ 坐标系相应各轴平行,这时长旋转椭球只在

ξ 轴方向上受到极化,故有

$$\begin{cases} E_x^i = E^i = \mathrm{e}^{ikt} \\ E_Y^i = E_Z^i = 0 \end{cases}$$

散射能流密度函数形式与式(9)相同,但其中 $|g_\xi|^2$ 所含有的形状因子要用式(8)替代。粒子散射总功率的形式也与式(10)相同。因此,散射截面为

$$Q_{P,\xi}^S = \frac{8\pi}{3} k^4 |g_\xi|^2 \tag{18}$$

(2)入射波为水平发射垂直偏振波

这时 $\alpha = 90°$,同样的分析和推导可得粒子散射截面为

$$Q_{P,\zeta}^S = \frac{8\pi}{3} k^4 |g_\zeta|^2 \tag{19}$$

3.4 状态 4

长旋转椭球粒子群的旋转轴在水平面内作均匀随机分布,入射波分以下两种线偏振状态考虑:

(1)入射波为水平发射水平偏振波

这种情况可以等效于长旋转椭球粒子群旋转轴在 η 方向作一致取向,水平发射的入射波射到不同方位上的机会相等;这也相当于 $oxyz$ 坐标系中 z 轴与 $o\xi\eta\zeta$ 坐标系中 ζ 轴平行且恒在垂直方向不变,而 oxy 平面绕 z 轴转动且其 x 轴、y 轴与 ξ 轴、η 轴成不同交角的机会相等。注意到 $\alpha = 0°$,对于所有粒子旋转轴作水平均匀随机取向,从统计平均而言只考虑 α_1^2,β_1^2 的平均值,且可得 $\overline{\alpha_1^2} = \overline{\beta_1^2} = \frac{1}{2}$,把这些结果代入式(6)后,就有

$$\begin{cases} S_{P,\xi}^S = \dfrac{S^i k^4 |g_\xi|^2 \overline{\alpha_1^2}}{R^2} (\cos^2\theta\cos^2\varphi + \sin^2\varphi) \\ S_{P,\eta}^S = \dfrac{S^i k^4 |g_\eta|^2 \overline{\beta_1^2}}{R^2} (\cos^2\theta\sin^2\varphi + \cos^2\varphi) \end{cases} \tag{20}$$

粒子群在 ξ,η 轴方向上受到极化产生的散射总功率经积分后得

$$\begin{cases} P_{P,\xi}^S = \dfrac{4\pi}{3} S^i k^4 |g_\xi|^2 \\ P_{P,\zeta}^S = \dfrac{4\pi}{3} S^i k^4 |g_\zeta|^2 \end{cases} \tag{21}$$

于是,粒子平均散射截面为

$$Q_{P,h}^S = P^s / S^i = \frac{4\pi}{3} k^4 [|g_\xi|^2 + |g_\eta|^2] \tag{22}$$

(2)入射波为水平发射垂直偏振波

这时粒子只在 ζ 轴方向上受极化,$\alpha = 90°$,经同样的分析可得散射截面

$$Q_{P,v}^S = \frac{8\pi}{3} k^4 |g_\zeta|^2 \tag{23}$$

上面推导所得各种情况下散射截面关系式的正确性,可以通过当旋转椭球粒子蜕化为小圆球粒子时,能获得与雷利近似时完全相同的散射截面关系式而得到证实。

4　一些计算结果及讨论

根据式(11)、(12)、(16)~(19)、(22)和(23),若考虑波长 3~10 cm、温度在−8~20℃,水与冰的介电常数分别为 $\varepsilon_w = 80, \varepsilon_i = 3.2$,则经计算后得到一系列结果,图 2~4 是其中的一部分。

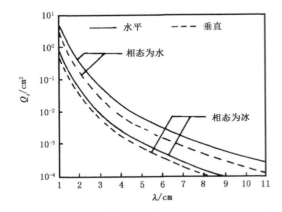

图 2　一致铅直取向的粒子(直径取为 5 mm)
其散射截面随波长的变化曲线

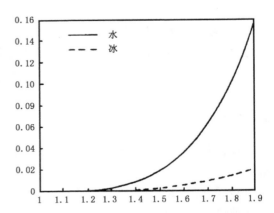

图 3　一致铅直取向的扁椭粒子其相态为水或冰时对雷达水平发射偏振波的散射截面随 a/c 的变化曲线

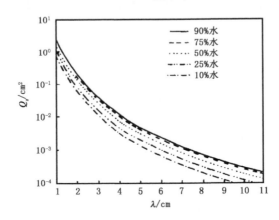

图 4　空间随机取向的冰水混合粒子其散射截面随波长的变化曲线

产生这些结果的原因在于:

(1)图中曲线均随波长的增大而下降,这是因为在所有各种状态下,小椭球粒子的散射截面 Q_s 均与波长的 4 次方成反比。

(2)图中散射粒子相态为冰时,散射截面随 Q_s 波长的变化曲线恒处于相态为水时的曲线下方,这是由 $Q_s \propto |g|^2$,据式(4)当椭球粒子大小及形状一定时,g 只取决于水或冰的介电常数值。显然 ε_i 比 ε_w 小得多,则 $g_w > g_i$,故会出现图中的情形。

(3)发射波偏振方向对 Q_s 的影响主要反映在旋转椭球中那个轴受极化方面。例如,当扁旋转椭球旋转轴一致铅直取向,雷达水平发射水平偏振波,这时较长的对称轴受到极化,激发出的电偶极矩较大,因此,其散射截面随波长变化的曲线出现在水平发射垂直偏振波时曲线的上面。

（4）图 3 中给出了小旋转椭球粒子一致铅直取向,雷达水平发射水平偏振波时,散射截面 Q_s 随粒子轴长比 a/c 变化的曲线。显然,当雨滴愈大,a/c 及 a^2c 均变大,$n(a)$ 则变小,这些量在式（4）中均使 g 值变大,故图 3 中散射截面 Q_s 随 a/c 的增大而变大。由于水的介电常数值比冰大得多,所以这种变化在水时比冰更明显。

参考文献

[1] Ryzhkov A V, Zrnić D S. Comparison of dual-polarization radar estimators of rain[J]. J Atmos Oceanic Techno, 1995, 12(2):249-256.

[2] 徐宝祥,等. 双偏振雷达的气象应用[J]. 气象科技. 1987(4):86-92.

[3] Gans R. Uber die form ultramikro skopischer Goldteilchen[J]. Ann Phys, 1912(37):881-900.

小旋转椭球粒子群的微波衰减特性[*]

张培昌，殷秀良，王振会

（南京气象学院，南京　210044）

摘　要：从计算任意形状粒子的衰减截面普遍公式出发，推导出了小旋转椭球粒子群旋转轴处于不同状态时的衰减截面函数表达式，并计算分析各种状态下衰减截面随降水粒子相态、形状和入射波波长的变化特征，所得结果可用于降水微波遥感。

关键词：小旋转椭球；衰减截面；偏振波。

1　引言

在微波遥感测量降水中，一般需要考虑一群降水粒子中大雨滴的非球形以及降水区对微波能量衰减。特别是对于暴雨更是如此。目前正在试验推广的双线偏振多普勒天气雷达在探测中也需要解决好这两个问题。为此，Glanfranco 等[1]对 C 波段双线偏振雷达测降水时的衰减用统计方法进行了处理。蔡启铭等[2]用椭球形雨滴对电磁波散射的一般解研究了降雨强度、雨区衰减与双线偏振雷达测量数据之间的关系，但他们只考虑雨滴的旋转轴为铅直取向这一种情况。研究中根据 Gans[3]的小旋转椭球散射理论，求出小旋转椭球粒子群在各种情况下的散射场强，再使用波恩等[4]的衰减截面普遍公式，就可得到在这些情况下小旋转椭球粒子群的衰减截面或平均衰减截面。这样，既可获得物理意义清晰的精确解，又可以考虑椭球粒子群旋转轴的不同取向对衰减特性的影响，同时避免了使用普遍椭球粒子散射公式在数学上的极其复杂性。所得结果在满足理论假设的许多情况下，可以用于微波遥感反演降水等方面。

2　衰减截面的普遍公式

设（E^i, H^i）和（E^s, H^s）分别是入射波和散射波的电场与磁场强度，入射波为单色平面波，其电场与磁场强度可分别表示为

$$\begin{cases} E^i = e \cdot e^{ik(n_0 \cdot R)} \\ H^i = h \cdot e^{ik(n_0 \cdot R)} \end{cases} \tag{1}$$

式中，n_0 是入射波传播方向的单位矢量。当入射波为线偏振时，振幅矢量 e 和 h 可假定为实数常量。对于散射波，只考虑远场情形，其普遍形式为

$$\begin{cases} E^s = a(n) e^{ikR}/R \\ H^s = b(n) e^{ikR}/R \end{cases} \tag{2}$$

---

　* 本文原载于《气象学报》，2001,59(2)：226-233.

式中，n 是所考虑的散射方向上的单位矢量，R 是场点离粒子中心的距离，矢量 $a(n)$ 和 $b(n)$ 表示 n 方向上的散射振幅。根据以上两式可导出[4]任意形状粒子衰减截面的普遍公式：

$$Q_t = 2\lambda \mathrm{lm}\left(\frac{e \cdot a(n_0)}{e^2}\right) \tag{3}$$

式中，λ 为波长，lm 表示对括号内的计算取虚部。

3　小旋转椭球粒子群的衰减截面

天气雷达发射的电磁波通常是线偏振单色平面波。设在雷达天线上建立一个直角坐标系 $oxyz$，其发射波的电场 E^i 在 oxz 平面内且与 x 轴呈夹角 α（图 1）。设发射电场振幅为单位振幅，则电场在 $oxyz$ 坐标系 3 个轴上的分量为

$$\begin{cases} E_x^i = \mathrm{e}^{ikt}\cos\alpha \\ E_z^i = \mathrm{e}^{ikt}\sin\alpha \\ E_y^i = 0 \end{cases} \tag{4}$$

其中 k 是发射波的角频率，$k = 2\pi/\lambda$。

另外，在小旋转椭球粒子上建立一个直角坐标系 $o\xi\eta\zeta$（图 1）。根据 Gans 理论，在入射波作用下由于粒子在 ξ,η,ζ 3 个轴上均受到极化而产生的散射电场为

$$\begin{cases} E_\xi^s = -k^2 P_\xi \sin\theta_\xi \dfrac{\mathrm{e}^{ikR}}{R} \\[2mm] E_\eta^s = -k^2 P_\eta \sin\theta_\eta \dfrac{\mathrm{e}^{ikR}}{R} \\[2mm] E_\zeta^s = -k^2 P_\zeta \sin\theta_\zeta \dfrac{\mathrm{e}^{ikR}}{R} \end{cases} \tag{5}$$

式中，$\theta_\xi,\theta_\eta,\theta_\zeta$ 分别是所考虑的 R 方向与 ξ,η,ζ 3 个轴之间的夹角，P_ξ,P_η,P_ζ 是粒子在这 3 个轴方向上的电偶极矩。再在坐标系 $o\xi\eta\zeta$ 上建立一个球坐标系 (r,θ,φ)，θ 角自 ζ 轴算起逆转为正，φ 角自 ξ 轴算起逆转为正，则上式可写成

$$\begin{cases} E_\xi^s = -k^2 P_\xi (\sin^2\varphi + \cos^2\varphi\sin^2\theta)^{1/2}\dfrac{\mathrm{e}^{ikR}}{R} \\[2mm] E_\eta^s = -k^2 P_\eta (\cos^2\varphi + \sin^2\varphi\cos^2\theta)^{1/2}\dfrac{\mathrm{e}^{ikR}}{R} \\[2mm] \qquad E_\zeta^s = -k^2 P_\zeta \sin\theta \dfrac{\mathrm{e}^{ikR}}{R} \end{cases} \tag{6}$$

电偶极矩 P_ξ,P_η,P_ζ 可分别表示为

$$\begin{cases} P_\xi = g_\xi(\alpha_1\cos\alpha + \alpha_3\sin\alpha)\mathrm{e}^{i\omega t} \\ P_\eta = g_\eta(\beta_1\cos\alpha + \beta_3\sin\alpha)\mathrm{e}^{i\omega t} \\ P_\zeta = g_\zeta(\gamma_1\cos\alpha + \gamma_3\sin\alpha)\mathrm{e}^{i\omega t} \end{cases} \tag{7}$$

式中，$\alpha_1,\alpha_3,\beta_1,\beta_3,\gamma_1,\gamma_3$ 分别是两直角坐标系各轴之间的方向余弦，g_ξ,g_η,g_ζ 分别是粒子在这 3 个轴方向上的极化系数[5]。

现以下面 4 种情况为例来推导小椭球粒子群对两种偏振状态的水平入射波的衰减公式。

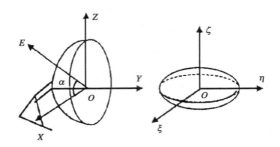

图 1　建立在微波天线与非球形粒子上的两个直角坐标系

3.1　小扁旋转椭球粒子旋转轴在空间作一致铅直取向

（1）入射波为水平发射水平偏振波

设 $\alpha = 0°$ 时，可令 $oxyz$ 坐标系各轴与 $o\xi\eta\zeta$ 坐标系相对应的各轴相互平行，扁旋转椭球只在 α 轴方向上受到极化，故只需使用式（6）中 E_ξ^s 的关系式在入射波传播方向（即 n_0 方向或 $\theta = \varphi = \dfrac{\pi}{2}$ 的散射方向）上的情形，即有

$$E_a^s \mid_{\theta = \varphi = \frac{\pi}{2}} = - k^2 P_\xi \frac{\mathrm{e}^{ikr}}{R}$$

把上式与式（2）比较后可得

$$a(n_0) = - k^2 P_\xi$$

再将此结果代入式（3），并注意到 $|e| = 1, e^2 = 1, k = \dfrac{2\pi}{\lambda}$，就可以得到散射截面

$$Q_{t,h}^o = \frac{8\pi^2}{\lambda} \mathrm{lm}(- g_\xi) \tag{8}$$

式中，上标 o 表示扁椭球，下标 h 表示水平偏振。

（2）入射波为水平发射垂直偏振波

设 $\alpha = 90°$ 时，扁旋转椭球只在 ζ 轴方向上受到极化，在散射波前向 $\theta = \varphi = \dfrac{\pi}{2}$ 的方向上使用式（6）中 E_ξ^s 关系式后，有

$$E_\xi^s \mid_{\theta = \frac{\pi}{2}} = - k^2 P_\zeta \frac{\mathrm{e}^{ikr}}{R}$$

把上式与式（2）比较后可得

$$a(\boldsymbol{n}_0) = - k^2 P_\zeta$$

将此结果代入式（3）可得

$$Q_{t,v}^o = \frac{8\pi^2}{\lambda} \mathrm{lm}(- g_\zeta) \tag{9}$$

下标 v 表示垂直偏振。

3.2　扁旋转椭球粒子群旋转轴在空间作均匀随机取向

（1）入射波为水平发射水平振偏振波

从两个直角坐标系之间相对关系考虑,这种情况可等效于把扁旋转椭球粒子群旋转轴看成铅直一致取向,入射波以不同仰角不同方位发射水偏振波的机会相等。根据两个直角坐标系各轴之间的方向余弦,并注意到 $E_y^i = E_z^i = 0$ 则 E_x^i 在 $o\xi\eta\zeta$ 坐标系中各轴上的分量略去时间因子 e^{ikt} 后,即只考虑其振幅值时有

$$\begin{cases} E_\xi^i = \alpha_1 \\ E_\eta^i = \beta_1 \\ E_\zeta^i = \gamma_1 \end{cases} \quad (10)$$

它们将在扁旋转椭球的 3 个轴方向上产生极化,从而激发出电偶极矩在 3 个轴上的分量

$$\begin{cases} P_\xi = g_\xi \alpha_1 \\ P_\eta = g_\eta \beta_1 \\ P_\zeta = g_\zeta \gamma_1 \end{cases} \quad (11)$$

这些电偶极矩就会引起散射场。将以上结果代入式(6)有

$$\begin{cases} E_\xi^s = -k^2 g_\xi \alpha_1 (\sin^2\varphi + \cos^2\varphi \sin^2\theta)^{1/2} \dfrac{e^{ikR}}{R} \\ E_\eta^s = -k^2 g_\eta \beta_1 (\cos^2\varphi + \sin^2\varphi \cos^2\theta)^{1/2} \dfrac{e^{ikR}}{R} \\ E_\zeta^s = -k^2 g_\zeta \gamma_1 \sin\theta \dfrac{e^{ikR}}{R} \end{cases} \quad (12)$$

前面的等效情况从统计平均来看,还相当于入射波电场在 ξ,η,ζ 3 轴上的投影平均值相等,即有 $\bar{\alpha}_1 = \bar{\beta}_1 = \bar{\gamma}_1$ 。可以证明,对于 E_ξ^s,由 E_ξ^i 造成的平均前向散射方向在 $\bar{\theta} = \bar{\varphi} = \dfrac{\pi}{2}$ 的方向上;对于 E_ζ^s,由 E_ζ^i 造成的平均前向散射在 $\bar{\theta} = \dfrac{\pi}{2}$, $\bar{\varphi} = \pi$ 的方向上;对于 E_η^s,平均前向散射在 $\bar{\theta} = \bar{\varphi} = \dfrac{\pi}{2}$ 方向上。于是从式(12)可得

$$\begin{cases} E_\xi^s \mid_{\bar{\varphi}=\bar{\theta}=\frac{\pi}{2}} = -k^2 g_\xi \bar{\alpha}_1 \dfrac{e^{ikR}}{R} \\ E_\eta^s \mid_{\bar{\theta}=\frac{\pi}{2},\bar{\varphi}=\pi} = -k^2 g_\zeta \bar{\beta}_1 \dfrac{e^{ikR}}{R} \\ E_\zeta^s \mid_{\bar{\varphi}=\bar{\theta}=\frac{\pi}{2}} = -k^2 g_\zeta \bar{\gamma}_1 \dfrac{e^{ikR}}{R} \end{cases} \quad (13)$$

将式(13)的各式分别与式(2)比较后,可得

$$\begin{cases} a(\boldsymbol{n}_0) \mid_\xi = -k^2 g_\xi \bar{\alpha}_1 \\ a(\boldsymbol{n}_0) \mid_\eta = -k^2 g_\eta \bar{\beta}_1 \\ a(\boldsymbol{n}_0) \mid_\zeta = -k^2 g_\zeta \bar{\gamma}_1 \end{cases} \quad (14)$$

再将此结果分别代入式(3)并注意到现在的 $|e| = \bar{\alpha}_1 = \bar{\beta}_1 = \bar{\gamma}_1$,$e^2 = \overline{\alpha_1^2} = \overline{\beta_1^2} = \overline{\gamma_1^2}$,则有

$$\begin{cases} Q_{t,h}^o \mid_\xi = \dfrac{8\pi^2}{\lambda} \mathrm{Im}(-g_\xi) \\ Q_{t,h}^o \mid_\eta = \dfrac{8\pi^2}{\lambda} \mathrm{Im}(-g_\eta) \\ Q_{t,h}^o \mid_\zeta = \dfrac{8\pi^2}{\lambda} \mathrm{Im}(-g_\zeta) \end{cases} \quad (15)$$

这一结果与粒子作铅直一致取向,而入射波分别为 ξ 方向、η 方向水平偏振及 ζ 方向垂直偏振时所得结果相同。由于衰减截面积只应取决于粒子本身特性及波长而与入射波振幅大小无关,故这些结果是必然的。另外,上述 $Q_{t,h}^o \big|_{\xi,\eta,\zeta}$ 均是一个粒子的值,而不是 1/3 个粒子的值,故从统计平均而言,单个小扁旋转椭球的衰减截面应该是以上 3 种衰减截面的平均值,故有

$$Q_{t,h}^o = \frac{8}{3} \frac{\pi^2}{\lambda} \mathrm{lm}(-g_\xi, -g_\eta, -g_\zeta) \tag{16}$$

(2)入射波为水平发射垂直偏振波

这时 $\alpha = 90°$,$E_z^i = \mathrm{e}^{i\omega t}$,$E_y^i = E_x^i = 0$。做与上面类似的分析和推导,可得粒子平均衰减散射截面

$$Q_{t,v}^o = \frac{8}{3} \frac{\pi^2}{\lambda} \big[\mathrm{lm}(-g_\xi) + \mathrm{lm}(-g_\eta) + \mathrm{lm}(-g_\zeta) \big] \tag{17}$$

3.3 长旋转椭球粒子群旋转轴在 η 方向作水平一致取向

(1)入射波为水平发射水平偏振波

这时类似 3.1 中(1)的情况,可得衰减截面

$$Q_{t,h}^P = \frac{8\pi^2}{\lambda} \mathrm{lm}(-g_\xi) \tag{18}$$

上标 P 表示长椭球。

(2)入射波为水平发射垂直偏振波

同样的分析和推导可得

$$Q_{t,v}^P = \frac{8\pi^2}{\lambda} \mathrm{lm}(-g_\zeta) \tag{19}$$

3.4 长旋转椭球粒子群的旋转轴 b 在水平面内作均匀随机分布

(1)入射波为水平发射水平偏振波

从两个直角坐标系之间相对关系考虑,这种情况可以等效于长旋转椭球粒子群旋转轴在 η 方向作一致取向,水平发射的入射波入射到不同方位上的机会相等;这也相当于 $oxyz$ 坐标系中 z 轴与 $o\xi\eta\zeta$ 坐标系中 ζ 轴平行且恒在铅直方向不变,而 oxy 平面绕 z 轴转动且其 x 轴、y 轴与 ζ 轴、η 轴成不同交角的机会相等。注意到 $\alpha = 0°$,$E_z^i = \mathrm{e}^{i\omega t}$,$E_y^i = E_z^i = 0$。作类似于 3.2 中(1)中的分析,从统计平均来看,

$$E_\xi^i = \bar{\alpha}_1 \qquad E_\eta^i = \bar{\beta}_1 \tag{20}$$

及

$$P_\xi = g_\xi \bar{\alpha}_1 \qquad P_\eta = g_\eta \bar{\beta}_1 \tag{21}$$

从而有

$$\begin{cases} E_\xi^s = -k^2 g_\xi \bar{\alpha}_1 (\sin^2\varphi + \cos^2\varphi \cos^2\theta)^{1/2} \dfrac{\mathrm{e}^{ikR}}{R} \\[2mm] E_\eta^s = -k^2 g_\eta \bar{\beta}_1 (\cos^2\varphi + \sin^2\varphi \cos^2\theta)^{1/2} \dfrac{\mathrm{e}^{ikR}}{R} \end{cases} \tag{22}$$

同样的分析可知,对于 E_ξ^s,由 E_ξ^i 造成的平均前向散射方向在 $\bar{\varphi} = \dfrac{\pi}{2}$ 的方向上;对于 E_η^s,由 E_η^i 造成的平均前向散射在 $\bar{\varphi} = \pi$ 的方向上,故有

$$\begin{cases} E_\xi^s \mid_{\bar{\varphi}=\frac{\pi}{2}} = -k^2 g_\xi \bar{\alpha}_1 \dfrac{\mathrm{e}^{ikR}}{R} \\[3mm] E_\eta^s \mid_{\bar{\varphi}=\pi} = -k^2 g_\eta \bar{\beta}_1 \dfrac{\mathrm{e}^{ikR}}{R} \end{cases} \tag{23}$$

把式(23)中两式分别与式(2)比较后,可得

$$\begin{cases} a(\boldsymbol{n}_0) \mid_\xi = -k^2 g_\xi \bar{\alpha}_1 \\[2mm] a(\boldsymbol{n}_0) \mid_\eta = -k^2 g_\eta \bar{\beta}_1 \end{cases} \tag{24}$$

再将以上两式分别代入式(3)中,并注意到现在的 $\mid e \mid = \bar{\alpha}_1 = \bar{\beta}_1$,$e^2 = \bar{\alpha}_1^2 = \bar{\beta}_1^2$,就有

$$\begin{cases} Q_{t,h}^P \mid_\xi = \dfrac{8\pi^2}{\lambda} \mathrm{lm}(-g_\xi) \\[3mm] Q_{t,h}^P \mid_\eta = \dfrac{8\pi^2}{\lambda} \mathrm{lm}(-g_\eta) \end{cases} \tag{25}$$

从统计平均而言,单个小长旋转椭球粒子的衰减截面应该是以上两式的平匀值,即有

$$Q_{t,v}^P = \frac{8\pi^2}{2\lambda} \big[\mathrm{lm}(-g_\xi) + \mathrm{lm}(-g_\eta) \big] \tag{26}$$

(2) 入射波为水平发射垂直偏振波

这时粒子只在 ζ 轴方向上受极化,与旋转轴在水平面内随机取向与否无关。它类似于 3.1 中(2)的情况,故有

$$Q_{t,v}^P = \frac{8\pi^2}{\lambda} \mathrm{lm}(-g_\zeta) \tag{27}$$

上面推导所得各种情况下衰减截面关系式的正确性,可以通过小旋转椭球粒子蜕化小圆球粒子时,这些公式均能化成瑞利近似时的衰减截面关系式而得到证实。

4 计算结果和分析

利用上述推导所得衰减截面的计算式,可以计算各种情况下的衰减截面,分析小椭球粒子衰减截面与波长和粒子直径之间的关系。图2~5给出部分计算结果。对于图中的情况,给出如下的解释:

(1)由图2中曲线可见,衰减截面随波长增加而呈下降趋势,这是因为所得式中衰减截面与波长成反比,这也正是 S 波段雷达在测雨中不需要衰减订正的原因。

(2)图2中粒子对雷达发射水平偏振波的衰减截面普遍大于垂直偏振波的衰减截面,这与所假设的粒子旋转轴取向有关。铅直取向的扁椭球在水平方向的平均尺度大于在垂直方向的平均尺度。

(3)图3中给出了波长为 5.0 cm 时小旋转扁椭球粒子旋转轴一致铅直取向,雷达水平发射水平偏振波时,衰减截面随粒子轴长比 a/c 变化的曲线。一般地,雨滴愈大,a/c 愈大,$n(a)$ 则愈小,这些量均使 g 值变大,故图3中衰减截面 Q 随 a/c 的增大而变大。由于水的介电常数值比冰大得多,所以这种变化在水时比冰更明显。

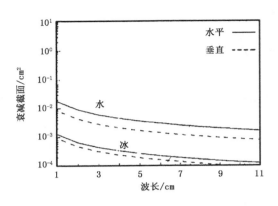

图2 旋转轴一致铅直取向的扁椭球粒子群衰减截面随波长的变化(直径取为5 mm，$a/c=1.5$)

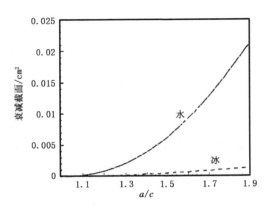

图3 $\lambda=5.0$ cm时旋转轴一致铅直取向的扁椭球粒子群其相态为水和冰时对雷达水平偏振波的衰减截面随a/c的变化

（4）椭球粒子群中各粒子的旋转轴在空间作随机取向时，其衰减截面比同体积球形粒子的衰减截面大，与水平入射波的偏振方式无关，如图4所示。与图2比较可见，随机取向的扁椭球粒子群的衰减截面与一致铅直取向时比较，小于其水平偏振截面，而大于其垂直偏振截面。

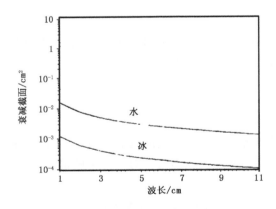

图4 旋转轴在空间作随机取向的扁椭球粒子群衰减截面随波长的变化(直径取为5 mm，$a/c=1.5$)

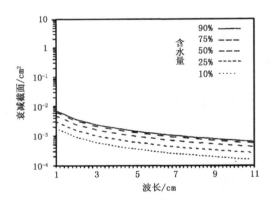

图5 旋转轴一致铅直取向的冰水混合扁椭球粒子群衰减截面随波长的变化(入射波为垂直偏振波)

（5）由图2和图3可见，冰粒子的衰减截面比水滴小得多，这是因为冰的复折射指数远小于水。再由图5，冰水均匀混合粒子的衰减截面随水所占比例的增加而增大。

（6）由于上述公式是在雷莱假设条件下得出的，因此对于某一波长的雷达波，当粒子直径很大时上述公式就不适用了。例如，波长为3 cm时，则可适用最大直径为4.2 mm；波长为5 cm时，最大直径为5.6 mm；波长为10 cm，则可适用最大直径为8 mm。

参考文献

[1] Glanfranco S，EuGenio G，et al. Rainfall estimation using polarimetric techniques at C-Band Frequencies

[J]. J Appl Meteor，1993,32(6):1150-1160.

[2] 蔡启铭,等. 降水强度、雨区衰减与双线偏振雷达观测量关系的研究[J]. 高原气象，1990，(4)：347-355.

[3] Gans R. Uber die form Ultramikro Skopischer Goldteilchen[J]. Ann Phys，1912, 37：881-900.

[4] 波恩 M，沃尔夫 E. 光学原理[M]. 北京：科学出版社，1981:875-878.

[5] 张培昌，王振会. 大气微波遥感基础[M]. 北京：气象出版社，1995:14-18.

Microwave Absorption by and Scattering from Mixed Ice and Liquid Water Spheres[*]

WANG Zhenhui[*] , ZHANG Peichang

(Department of Electronic Engineering, Nanjing Institute of Meteorology, Nanjing 210044, People's Republic of China)

Abstract: This paper is devoted to the calculation of ice content-dependent refractive index of mixed ice-water particles in clouds and precipitation from Debye's, Maxwell Garnet's and other models and the effects of differently structured particles upon microwave absorption, scattering and back-scattering cross-sections. Evidence suggests that while both the real and imaginary parts of the refractive index diminish with increased ice content of such a sphere, the radiation intensity variation differs from one model to another. The results from the commonly used Debye's algorithm go to an extreme. Mie's theoretical calculations show that for a fixed sized mixture its absorption cross-section may exceed that of a pure water particle of the same size. At a small physical parameter $|2\pi mr/\lambda|$, the scattering cross-section decreases with increased ice content f, and at a bigger value of the parameter, the cross-section may be greater at a certain f range than that of a pure water sphere of the same volume. The absorption, scattering and back-scattering cross-sections of a mixture change with f in an oscillatory manner. However, differing algorithms of the refractive index give different oscillation's features. Since these algorithms are based on particular assumptions of the physical properties of these mixtures, our conclusions achieved here can be utilized as a reference in the study of microwave transfer and atmospheric remote sensing.

Key words: Absorption; Scattering; Spheres of mixed ice and liquid water

1　Introduction

A greater part of precipitation particles consist of inhomogeneous media. Dry snow and soft hailstone, for example, are made up of ice and air whereas wet snow and spongy hailstones are composed of ice and water. In carrying out microwave remote sensing of cloud and rainfall events, it is often required to compute microwave scattering and absorption features of hydrometers inside these systems, leading to the need of knowledge of their dielectric constants. Bohren et al[1,2] presented an overview of a few algorithms for such constants of mixed particles that were then assessed using measured dielectric constants of ice-air particles

---

* 本文原载于 Journal of Quantitative Spectroscopy & Radiative Transfer,2004,(83):423-433.

and back-scattering cross-section of ice-water spheres. Algorithms for dielectric constants are based upon the assumptions of different structures of mixtures so that we investigate the microwave scattering and absorption features of ice-water particles in terms of developed models for such constants together with their effects on the features explored. Our results, while awaiting test against observations, are of utility to the research of microwave radar and radiometer remote sensing of cloud and precipitation particles and to the analysis of data although we are not fully aware of the melting or solid precipitation particles and variation in supercooled droplets after their agglomeration.

2 Calculation of Dielectric Constants of Ice-water Spheres

Assume ε_i and ε_w to be the dielectric constants of a pure ice sphere and a pure water particle, respectively. The constant $\varepsilon = \sqrt{m}$, where $m = n - ik$, denoting a complex refractive index, n and k its real and imaginary part, respectively. Set V to be the volume of an ice-water sphere and V_i to be the volume of ice inside, thus leading to the ratio $f = V_i/V$. The dielectric constant, ε_m, of a water-ice mixture can be obtained from each of the following models:

(a) Scheme based on volumetrically weighted averaged refractive index

$$\varepsilon_m = m_m^2, \qquad m_m = (1-f)m_w + fm_i \tag{1}$$

(b) Scheme based on volumetrically weighted averaged dielectric constant

$$\varepsilon_m = \varepsilon_e, \varepsilon_e = (1-f)\varepsilon_w + f\varepsilon_i \tag{2}$$

(c) Scheme based on volumetrically weighted averaged K-parameter, i. e., Debye's algorithm

$$\varepsilon_m = \varepsilon_D, \quad \varepsilon_D = (1+2K)/(1-K)$$
$$K = (1-f)K_w + fK_i \tag{3}$$

in which $K = K_w = (\varepsilon_w - 1)/(\varepsilon_w + 2)$, $K_i = (\varepsilon_i - 1)/(\varepsilon_i + 2)$

(d) Bruggeman's model

With the aid of the functional expression[1], we have

$$\varepsilon_m = \varepsilon_B, \quad \varepsilon_B = (B + \sqrt{B^2 + 8\varepsilon_w \varepsilon_i})/4$$
$$B = \varepsilon_w + (3f - 1)(\varepsilon_i - \varepsilon_w) \tag{4}$$

(e) Maxwell Garnet's scheme

$$\varepsilon_m = \varepsilon_G, \varepsilon_G = \varepsilon_w[1 + 3fG/(1 - fG)]$$
$$G = (\varepsilon_i - \varepsilon_w)/(\varepsilon_i + 2\varepsilon_w) \tag{5}$$

(f) Bohren's scheme when the ice particles or water droplets contained in the matrix are rotational ellipsoids

$$\varepsilon_m = \varepsilon_R, \varepsilon_R = \frac{(1-f)\varepsilon_w + f\beta\varepsilon_i}{1 - f + f\beta}$$
$$\beta = \frac{2\varepsilon_w}{\varepsilon_i - \varepsilon_w}\left[\frac{\varepsilon_i}{\varepsilon_i - \varepsilon_w}\ln\frac{\varepsilon_i}{\varepsilon_w - 1}\right] \tag{6}$$

(g) Bohren's technique when the ice particles or water droplets contained in the matrix are rotational oblates

$$\varepsilon_m = \varepsilon_O, \quad \varepsilon_O = \frac{(1-f)\varepsilon_w + f\beta\varepsilon_i}{1 - f + f\beta}$$

$$\beta = \frac{1}{2}p[\ln \mid \frac{p+1}{p+1/3} \mid -4\ln \mid \frac{p}{p+1/3} \mid]$$

$$p = \frac{\varepsilon_w}{\varepsilon_i - \varepsilon_w} \tag{7}$$

It is appropriate to intuitively group algorithms 1-3 into one kind, which takes the volumetrically weighted averaged physical characteristic quantities(PCQ) of ice and water as the PCQ of the mixture. Putting ε_m into a Taylor's series, we find

$$\varepsilon_m = \varepsilon_w + \sum_{j=1}^{\infty} c_j (\varepsilon_i - \varepsilon_w)^j$$

It has been proved[1] that the scheme of volumetrically weighted averaged dielectric constant serves as an approximate method to the models of Debye, Bruggemen and Maxwell Garnet. Debye's model finds a wide range of applications in the calculation of radar electromagnetic wave back-scattering[1-4] but it has an assumption that the mixture consists of homogeneously mixed media of two kinds. In fact, in cloud and precipitation there are mixed ice-water particles called spongy spheres, which are formed with ice particles contained in the water matrix[5] and vice versa[6]. In Bruggemen's scheme, ice-water spheres are studied as spongy spheres of ice particles and water droplets at scales much smaller than microwave length. In contrast, the Maxwell Garnet algorithm deals with the problem by separating spongy spheres into a type of ice particles included in a water body(type 1) and an opposite type(type 2). Eq. (5)is applicable to the type-1 spheres and also to the type-2 ones by substituting f, ε_i and ε_w with ($1-f$), ε_i and ε_w, respectively. Bohren and Battan[2] extended ice particles contained in a water matrix (type 1)in Maxwell garnet's theory into rotational ellipsoids consisting of general spheres, rotational ellipsoids, both oblate and elongated, with equal probability of their existence and axis directed randomly, leading to Eq. (6)and also Eq. (7) when the water matrix includes only rotational oblates of differing ovalness [5]. Eqs. (6) and (7) have similar properties to Eq. (5), meaning that substitution of ($1-f$), ε_i and ε_w into f, ε_i and ε_w of Eq. (5) yields an expression for dielectric constant of a spongy sphere with water droplets contained in the ice matrix. For this reason, we assume that each of these models is applicable to a particular structure of the mixture only. Models $1-7$ are denoted as $S1$, $S2$, ..., $S7$, in order, for later use, and $S5$, $S6$, and $S7$, when used for spongy spheres with water droplets included in an ice matrix, are referred to as $S8$, $S9$ and $S10$, respectively.

Fig. 1 presents dielectric constants calculated from these models at $m_i = 1.78 - 0.0024i$ and $m_w = 8.10205i$ (corresponding to electromagnetic wavelength $\lambda = 5.05$ cm). From Fig. 1a one notices that $m_m = n - ik$ computed from all these schemes has its real n and imaginary part k decreasing with increased ice content f of the mixture except that the change differs greatly due to the structures of the spheres. At $f = 40\%$, for example, $m_m = 6.3687$

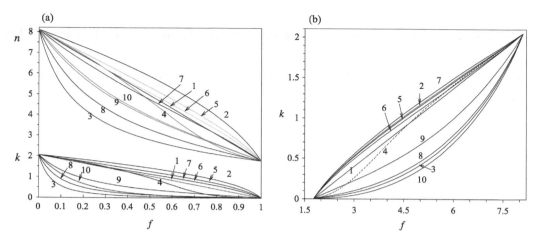

Fig. 1 Complex refractive index of a mixture made up of ice and liquid water. Numbers 1—10 on the lines denote, in order, the 10 models. Panel (a) shows the refractive index, $m = n - ik$, as a function of fractional ice content, f; Panel (b) shows the relationship between n and k in complex refractive index, $m = n - ik$

$-1.5646i$ comes from S2 as compared to $m_m = 3.1259 - 0.0891i$ from S3. Eq. (1) shows that the n and k of S1-given m_m are each in proportion to f, and that n and k are linearly related. Hence, relative to curve 1 (almost a straight line in reality) of Fig. 1, the others are curved in- or outwards, with curves 3, 8, 9 and 10 (2 and 5) taking an inward (outward) shape (Fig. 1a). For n, lines 6 and 7 are curved slightly inwards (outwards) at a smaller (bigger) f. For k, lines 6 and 7 coincide essentially one with another, showing a little curving outward at a larger f; line 4 is a bit curved out-(inwards) at a smaller (larger) f, approximating to line 5 (8). In Fig. 1b, lines 2, 5, 6 and 7 (3, 8, 9 and 10) form a family of lines curved slightly outwards (greatly inwards); line 4 falls into an in-(outward) category in the neighborhood of pure ice (water) spheres. Consequently, the 10 algorithms of dielectric constants are classified into two kinds, one covering S2, S5, S6 and S7 and the other including S3, S8, S9 and S10. As for S1, it is close to the former class and so is S4 only when f is smaller, but it falls into the latter class at greater f. Viewed from f-varying m_m, S2 and S3 each represent an extreme case and so do S7 and S10 based on the $n - k$ relation.

While S3 (Debye's scheme) finds a wide range of applications in the study of radar wave back-scattering[1,4,5], its representativeness is dubious. Since different algorithms of dielectric constants relate to differing assumptions of mixtures' structures, the above models each correspond to a particular structure. In atmospheric precipitation, these structures of the spheres bear a relation to more than one factor[5,6]. However, it is difficult to determine the structure of a mixture at a given time on a local basis in remote sensing and data analysis. We shall deal with the dielectric constants computed from the 10 models to investigate the effects of the algorithms upon the calculation of microwave absorption by and scattering from the mixtures.

3　Microwave Absorption by and Scattering from Ice-water Particles

Following Mie's theory, the scattering, back-scattering, absorption and extinction cross-sections of a mixed ice-water sphere with a radius of r can be expressed as the following:

$$Q_s(r) = \frac{\lambda^2}{2\pi} \sum_{l=1}^{\infty} (2l+1)(|a_l|^2 + |b_l|^2)$$

$$Q_e(r) = \frac{\lambda^2}{2\pi} \sum_{l=1}^{\infty} (2l+1)\mathrm{Re}\{a_l + b_l\},$$

$$Q_b(r) = \frac{\lambda^2}{4\pi} \sum_{l=1}^{\infty} (-1)^l (2l+1)(a_l - b_l)^2,$$

$$Q_a(r) = Q_e(r) - Q_s(r) \tag{8}$$

where a and b are Mie's coefficients determined by the dielectric constant ε_m and scale factor $x = 2\pi r/\lambda$ of the particle[4,5]. For spherical particles satisfying the condition of $|m_m x \ll 1|$ (wherein is included $x \ll 1$, see[3, 4, 7, 8]), these four cross-sections can be dealt with for their approximate calculations through the Rayleigh formula, viz.,

$$Q_s(r) = \frac{128\pi^5}{3\lambda^4} r^6 |K|^2,$$

$$Q_a(r) = \frac{8\pi^2}{\lambda} r^3 \mathrm{Im}(-K),$$

$$Q_b(r) = \frac{64\pi^5}{\lambda^4} r^6 |K|^2 = 1.5 Q_s,$$

$$Q_e(r) = Q_a(r) + Q_s(r) \tag{9}$$

where $K = (\varepsilon_m - 1)/(\varepsilon_m + 2)$. With m_m of Fig. 1 and $r = 0.05$ cm, Q_s and Q_a are obtained by Rayleigh formula, as shown in Fig. 2, where m_m differ greatly from one model to another. At $f = 50\%$, for instance, S5-given Q_s (see Fig. 2a) is about twice as big as the S3 result; Q_s and Q_b (where $Q_b = 1.5 \cdot Q_s$ from Eq. (9) and thus its figure is not shown) decrease with increased f, a variation that is analogous to the change in n and k as a function of f in Fig. 1a. Comparison of Figs. 1a to 2a indicates that for the same f, the bigger the n, the larger the Q_s and Q_b. Fig. 2b depicts that all but S3, S8 and S10 cause Q_a and Q_e to display a peak at a certain f (Q_e figure not shown because of $Q_e = Q_a + Q_s \approx Q_a$) which is even more than threefold higher than the peaks of Q_a and Q_e of a pure water sphere. If the 10 curves are separated according to the peak's values. we have the same result as that from their division by the n-k relation of Fig. 1b. For example, line 7 has the highest peak of all and it is curved most outward in Fig. 1b with its position on the x-axis well corresponding to the condition in Fig. 1a. At $f > 60\%$, for example, S2 produces maximum n and k compared to the other algorithms, leading to Line 2 having its peak rightward of the others in Fig. 2b.

The errors from the Rayleigh formula increase as the size of sphere increases. For $r = 0.5$ cm shown in Fig. 3, for example, Mie's calculations differ greatly in shape from those

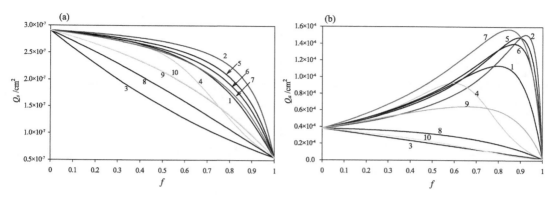

Fig. 2   Computed Rayleigh scattering and absorption cross-sections at $\lambda = 5.05$ cm as a function of ice content f in a spongy spherical particle with $r = 0.05$ cm. Digits $1-10$ on the lines stand for the related models. (a) Scattering cross-section, Q_s; (b) absorption cross-section, Q_a.

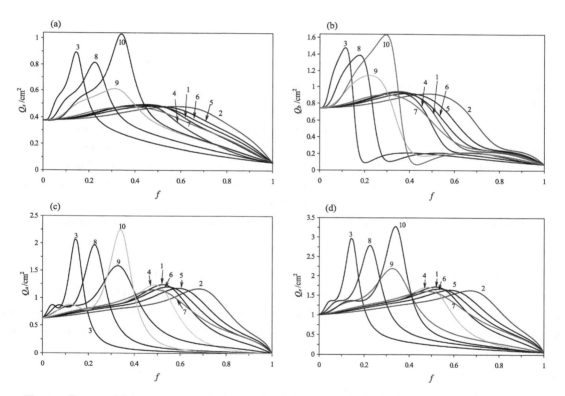

Fig. 3   Computed Mie scattering, back-scattering, absorption and extinction cross-sections at $\lambda = 5.05$ cm as a function of ice content f in a spongy spherical particle with $r = 0.5$ cm. Numbers $1 \sim 10$ on the curves stand for the 10 refractive index models. (a) Scattering cross-section, Q_s; (b) back-scattering cross-section, Q_b; (c) absorption cross-section, Q_a; (d) extinction cross-section, Q_e with $Q_e = Q_a + Q_s$.

in Fig. 2, especially curves 3, 8, 9 and 10. Q_s, Q_b, Q_a and Q_e of Fig. 3 have maximum values as their common features. Putting the curves in descending order of maximum values, we

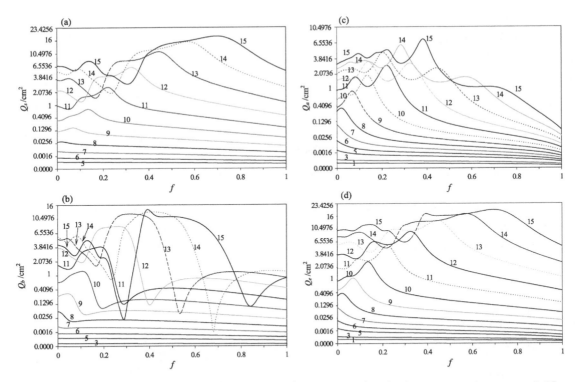

Fig. 4　Computed Mie scattering, back-scattering, absorption, and extinction cross-sections at $\lambda = 5.05$ cm as a function of both ice content f in a spongy spherical particle and its size. Numbers $1-15$ on curves denote 15 radii as follows: 1 for 0.04, 2 for 0.05, 3 for 0.07, 4 for 0.10, 5 for 0.14, 6 for 0.19, 7 for 0.25, 8 for 0.32, 9 for 0.40, 10 for 0.49, 11 for 0.59, 12 for 0.70, 13 for 0.82, 14 for 0.95 and 15 for 1.09. The refractive indices are determined with Debye, 's model(S3). (a) Scattering cross-section, Q_s; (b) back-scattering cross-section, Q_b; (c) absorption cross-section, Q_a; (d)extinction cross-section, Q_e.

have an arrangement of lines 3, 8, 9, 1, 4, 2, 8 and 7, an order that is in good correspondence with that given in Fig. 1b. For example, line 10 has the highest peak in Fig. 3 and is thus curved most inwards in Fig. 1b. This is in contrast with the case for smaller spheres aforementioned. In Fig. 3, the maxima alongside the x-axis range leftwards as Lines 2, 5, 6, 1, 4, 7, 10, 9, 8, and 3, an order that is similar to that of the curves for n in Fig. 1a. This is in good agreement with the case for smaller spheres. Fig. 3 also shows that all the curves change as a function of f in an oscillatory manner.

　　For still larger particles the oscillations are even more noticeable. Take S3 and S5 (as the in- and outward curved kinds, respectively) for example to investigate the r-dependent relations between the 4 cross-sections(Q_s, Q_b, Q_a, Q_e) and f, with the analysis shown in Figs. 4 and 5, in order. We notice that the bigger the sphere, the stronger the oscillation in cross-section relative to f, with the maximum values moving rightwards as the particle gets larger. The difference between Figs. 4 and 5 displays that the different algorithms of m_m lead to differing oscillation's range and the maximum magnitude's position for equal-size particles. S3 results indicate that for bigger particles, each of the cross-sections experiences stronger oscillation and for smaller spheres the oscillation decreases monotonously. In contrast, S5 findings show that although the oscillation's range is weaker compared to S3 calculations for bigger particles, Q_a gives its maximum at a certain f for smaller spheres. These differences are similar to those between Figs. 2 and 3.

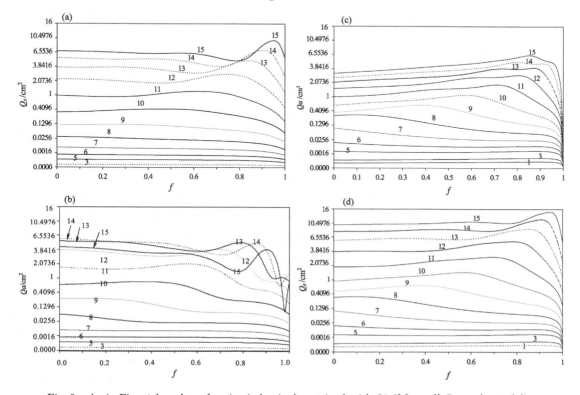

Fig. 5   As in Fig. 4 but the refractive index is determined with S5 (Maxwell Garnet's model).

Figs. 3−5 portray that ice-water particles structured differently have highly different features of microwave radiation. Even for particles of the same radius and ice content, the cross-sections are likely to differ by one or more times from one structure to another. When the structure is unknown, the difference affects rainfall remote sensing accuracy because of no way to choose an appropriate dielectric constant's algorithm. However, it is possible to acquire the phase state and structures of hydrometers together with their changes during precipitation procedure in terms of a theoretical model and observations with weather radar, satellite and ground devices. This is therefore of significance to the research of rainfall physics and applications in rainfall remote sensing, but awaits further study.

4   Conclusion

From the foregoing analysis we come to the conclusions as follows:

(1) Ten models for dielectric constants of mixed water-ice particles are introduced. Calculations show that both n and k, the real and imaginary parts of a refractive index, decrease with increased ice content f, differing only in development. In accordance with the difference and effect upon microwave absorption and scattering characteristics we assume that the volumetrically weighted averaged dielectric constant's scheme($S2$), the Maxwell Garnet's model for ice particles included in a water matrix ($S5$), and Bohren's algorithms($S6$ and $S7$) fall into category 1, revealing that n and k have greater magnitudes; that S3 (Debye's model), the Maxwell Garnet's model for water droplets contained in an ice matrix($S8$) and Bohren's schemes($S9$, $S10$) are grouped into category 2, indicating smaller values of n and k; the scheme of volumetrically weighted average over refractive indices($S1$) falls into category 1; the Bruggeman's model($S4$) into category 1(2)at smaller (bigger) f.

(2) For small-sized mixed spheres, the category-2 models make Q_a and Q_e diminish monotonously as a function of increased f; the category-1 schemes cause Q_a and Q_e to grow with f at its smaller values(and thus the values may be greater than those from a pure-water sphere of the same size) and decrease versus increased f after the maximum has been achieved. The maximum depends both upon k and n in such a way that the maximum is the higher, the larger the k and the smaller the n. The maximum positioned alongside the x-axis(for f) is related to the values of n and k, and the bigger the n and k, the more rightwards its position. The Q_s and Q_b decrease always with increased f and for the same f, the larger the n, the greater the Q_s and Q_b cross-sections.

(3) For large-sized mixed spheres, values of these cross-sections can surpass at a certain f those from a pure-water sphere of the same size. They change with f in an oscillatory manner and the bigger the particle, the stronger the oscillation. For big spheres, the produced oscillations differ from one model to another for dielectric constants(each model relates to a particular structure of a mixed particle). In comparison, the category-1 algorithms give weaker oscillations and the maximum values correspond to a greater f.

Acknowledgements

The work is sponsored by the National Natural Sciences Foundation of China under Grants 49675256 and 40275010.

References

[1] Bohren C F, Battan L J. Radar back-scattering by inhomogeneous precipitation particles[J]. J Atmos Sci,1980,37(8): 1821-7.

[2] Bohren C F, Battan L J. Radar back-scattering of microwaves by spongy ice spheres[J]. J Atmos Sci, 1982,39(11): 2623-8.

[3] Zhang Peichang, Dai Tiepi, Du Binyu. Tang Dazhang Radar Meteorology[J]. J Atmos Sci, 1982,39 (11): 329(in Chinese).

[4] Zhang Peichang, Wang Zhenhui. Foundations of atmospheric microwave remote sensing[M]. Beijing: China Meteorological Press, 1995:412(in Chinese).

[5] Knight C A. On the mechanism of spongy hailstone growth[J]. J Atmos Sci, 1968,25: 440-444.

[6]   Mason B J. The physics of clouds[M]. 2nd ed. Oxford: Oxford University Press, 1971:671.

[7]   Ulaby F T, et al. Microwave remote sensing, active and passive, vol. 1: microwave remote sensing fundamentals and radiometry[M]. Reading, MA, USA: Addison-Wesley, 1981.

[8]   Bohren C F, Hufman D R. Absorption and scattering of light by small particles[M]. New York: Wiley, 1983.

双/多基地天气雷达探测小椭球降水粒子的侧向散射能力[*]

张培昌[1,2] 王蕙莹[1,2] 王振会[1,2]

(1. 南京信息工程大学,气象灾害省部共建教育部重点实验室,南京　210044;
2. 南京信息工程大学大气物理学院,南京　210044)

摘　要:首先给出小椭球粒子侧向和后向散射截面的表达式,将其中相关参数用双基地雷达坐标系中的量表示,在定义小椭球粒子侧向散射能力后,分别推导出发射水平与垂直偏振波条件下估算侧向散射能力的算式,并通过仿真计算,获得各高度上的侧向散射能力和分布情况。得出的主要结果为:(1)发射水平偏振波时,在低高度的等高面上,当离开基线垂直向上或向下距离增加时,侧向散射能力先逐渐变小到最小值后,再逐渐增大。在基线左、右的延线上也基本呈这种分布,仅在主站与子站的垂直方向上存在侧向散射能力的最低区域。随着等高面高度升高,侧向散射能力分布情况基本相似,仅子站上下的弱侧向散射值有所提高。(2)发射垂直偏振波时,在低高度水平面上无论被探测的扁旋转椭球粒子处在该平面上(除主站与子站的位置以外)的任何处,侧向散射能力均为最大值。当高度升高时,在主站与子站相对应位置左右两侧出现了侧向散射能力小值区,越靠近主站与子站,侧向散射能力越小,当高度继续升高时,这种两侧出现的侧向散射能力的小值区面积进一步扩大。

关键词:双/多基地天气雷达;旋转椭球粒子;侧向散射能力

1　引言

单部多普勒天气雷达能够获取探测范围内降水回波的强度、平均径向速度与速度谱宽,并可形成一系列气象产品供监测灾害性天气使用,但风场反演时需作一定假设。采用双/多基地天气雷达探测时,能够不作假设实现同时探测同一目标进行风场反演。因此,一些学者先后开展了这方面的探测研究。Wurman 等[1,2]、Satoh 等[3]构建了第一部双/多基地天气雷达系统网络,Protat 等[4]根据三维的双基地多普勒天气雷达资料,采用变分法反演风场。McGill 大学建立的双基地雷达系统已于 1995 年年底正式运行,给机场提供精确的三维风场,并开展对中小尺度天气系统的研究。Aydin 等[5]等研究了雨滴和冰雹对 S 波段的双/多基、双偏振散射特征。中国安徽四创电子股份有限公司及信息产业部南京第 14 研究所分别研制出 C 波段和 S 波段的双/多基地天气雷达系统,准备进行外场试验。

双/多基地天气雷达系统是由一个主站(包括具有发射与接收的完整雷达系统)和一个或多个设置在一定距离外的子站(仅有接收系统)组成。主站发射的雷达波束遇到降水目标时,其后向散射波被主站接收,同时侧向散射波被子站接收。子站获得的回波功率大小与降水粒

───────────────
　* 本文原载于《气象学报》,2012,71(3):538-546.

子侧向散射能力有关。莫月琴等[6]推导并估算出了小圆球形降水粒子的侧向散射能力。但暴雨中的大雨滴、冰粒、雹粒等一般均为非球形,通常可以用椭球形粒子去逼近,其散射特性与球形粒子有差异。

本文在前期工作[7]的基础上,首先给出小椭球粒子侧向散射截面和后向散射截面的函数表达式,为了能使用双基地天气雷达中探测到的量进行估算,将函数表达式中相关参数用双基地坐标系中的量表示。在对小椭球粒子侧向散射能力进行定义后,分别推导出发射水平偏振波与垂直偏振波时估算侧向散射能力的算式,并通过仿真计算,获得各高度上侧向散射能力的分布情况,对这些分布情况进行分析后,得到一些可供参考的结果。

2 坐标系的建立

在主站天线上建立的直角坐标系为 $O'X'Y'Z'$(图 1),其中 X' 轴始终在水平方向,Y' 方向是雷达天线发射波束的能流密度方向,发射波电场 E^i 偏振方向与 X' 轴的夹角为 α。当 $\alpha=0$ 时为发射水平偏振波,$\alpha=\pi/2$ 时为发射垂直偏振波。椭球上建立的直角坐标系为 $O\xi\eta\zeta$。对于图 1 中的旋转椭球,$O\zeta$ 轴为旋转轴,$O\xi$、$O\eta$ 轴为相等轴。

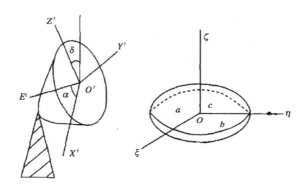

图 1 主站天线直角坐标系与椭球形粒子直角坐标系

设 R 是所考虑的散射方向上某一点离椭球的距离矢量,距离 $|\vec{R}|=R$,ξ、η、ζ 三个轴与 R 的夹角分别为 θ_ξ、θ_η、θ_ζ,它们与建立在椭球上的球坐标(R,θ,φ)的关系从图 2 中可得

$$\sin^2\theta_\xi = \cos^2\varphi\cos^2\theta + \sin^2\varphi$$
$$\sin^2\theta_\eta = \sin^2\varphi\cos^2\theta + \cos^2\varphi$$
$$\sin^2\theta_\zeta = \sin^2\theta \qquad (1)$$

图 2 中,R' 是 R 在 $O\xi\eta$ 平面上的投影。φ 是 ξ 轴与 R' 的夹角,θ 是 ζ 轴与 R 的夹角。

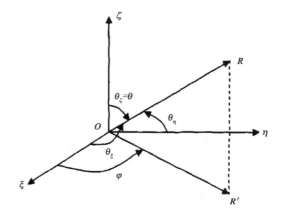

图 2 散射方向角(θ_ξ,θ_η,θ_ζ)与(θ,φ)的关系

3 小椭球粒子的侧向散射截面

入射波以不同的仰角及方位角射到旋转轴任意取向的椭球上时,会在 ξ、η、ζ 方向长度分别为 a、b、c 的 3 个椭球轴上产生不同的极化电偶极矩分量 P_ξ、P_η、P_ζ,椭球相对接收站会产生 3 个侧向散射截面。

3.1 发射水平偏振波时侧向散射截面的表达式

由小椭球粒子 3 个电偶极矩分量产生的侧向散射截面在 ξ、η、ζ 方向上分别为[8]

$$\sigma_{B,h}^\xi = \frac{64\pi^5}{\lambda^4} \mid g_\xi \mid^2 \alpha_1^2 \sin^2\theta_\xi \tag{2}$$

$$\sigma_{B,h}^\eta = \frac{64\pi^5}{\lambda^4} \mid g_\eta \mid^2 \beta_1^2 \sin^2\theta_\eta \tag{3}$$

$$\sigma_{B,h}^\zeta = \frac{64\pi^5}{\lambda^4} \mid g_\zeta \mid^2 \gamma_1^2 \sin^2\theta_\zeta$$

$$= \frac{64\pi^5}{\lambda^4} \mid g_\xi \mid^2 \gamma_1^2 \sin^2\theta \tag{4}$$

式中,λ 是入射波波长,α_1、β_1、γ_1 是 X' 轴在 $O\xi\eta\zeta$ 坐标系中的方向余弦。g_ξ、g_η、g_ζ 是在椭球 3 个轴方向上的极化系数。椭球在 (θ,φ) 方向上的总散射截面 $\sigma_{B,h}$ 应为三者之和,即有

$$\sigma_{B,h} = \sigma_{B,h}^\xi + \sigma_{B,h}^\eta + \sigma_{B,h}^\zeta \tag{5}$$

3.2 发射垂直偏振波时侧向散射截面的表达式

发射垂直偏振波时,小椭球粒子 3 个电偶极矩分量产生的侧向散射截面在 ξ、η、ζ 方向上分别为

$$\sigma_{B,v}^\xi = \frac{64\pi^5}{\lambda^4} \mid g_\xi \mid^2 \alpha_3^2 \sin^2\theta_\xi \tag{6}$$

$$\sigma_{B,v}^\eta = \frac{64\pi^5}{\lambda^4} \mid g_\eta \mid^2 \beta_3^2 \sin^2\theta_\eta \tag{7}$$

$$\sigma_{B,v}^\zeta = \frac{64\pi^5}{\lambda^4} \mid g_\zeta \mid^2 \gamma_3^2 \sin^2\theta_\zeta \tag{8}$$

式中,α_3、β_3、γ_3 是 Z' 轴在 $O\xi\eta\zeta$ 坐标系中的方向余弦。同理,总散射截面 $\sigma_{B,v}$ 应为三者之和,即

$$\sigma_{B,v} = \sigma_{B,v}^\xi + \sigma_{B,v}^\eta + \sigma_{B,v}^\zeta \tag{9}$$

4 双基地雷达系统坐标系 $Oxyz$ 中 $\sin^2\theta_\xi$、$\sin^2\theta_\eta$、$\sin^2\theta_\zeta$ 的表达式

4.1 双基地雷达系统各坐标系的关系

双基地雷达系统坐标系 $Oxyz$ 是这样建立的(图 3):$Oxyz$ 坐标系的原点放在主站,即主站坐标为 $O(0,0,0)$,令 x 轴指向正东,y 轴指向正北,并作为方位角 a_1 的起始位置,z 轴垂直

指向,图 3 中 a_1 和 e_1 分别表示主站相对于椭球目标的方位角和仰角,R_1 表示主站到目标的距离。子站(接收站)坐标为 $O_1(x_1,y_1,z_1)$,为简便起见,假设主站与子站在同一水平面高度上,相距的距离即基线长度为 L_0,a_1、e_1 分别是子站相对椭球目标的方位角及仰角。

椭球目标位于坐标 $O_s(x_s,y_s,z_s)$ 处。在椭球上建立一个与发射天线上的坐标系平行的 $O_s X'Y'Z'$ 坐标系。当发射水平偏振波时,E^i 就在 $O_s X'$ 轴方向上,这时 Y' 方向是入射波能流密度方向,Z' 是发射波磁场 H^i 的方向。另外,还在椭球上建立一个与椭球 3 个轴平行的 $O_s \xi \eta \zeta$ 直角坐标系。

令 R_1 为椭球散射时射向子站的径向距离矢量,R'_1 是 R_1 在 OXY 平面上的投影,R_1 在 $O_s \xi \eta$ 平面上的投影线与 ξ 轴的夹角为 φ,R_1 与 ζ 轴的夹角为 θ,故 (R,θ,φ) 是建立在椭球上的球坐标。

θ_ξ、θ_η、θ_ζ 分别是 ξ、η、ζ 三轴与散射方向 R_1 的夹角,它们与 (θ,φ) 的关系见式(1)。

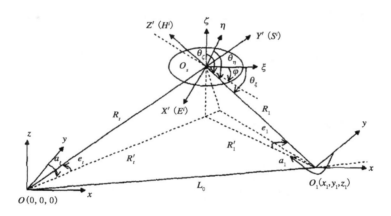

图 3 双基地系统中各坐标间的关系

4.2 用双基地雷达系统坐标 $Oxyz$ 表示 $\sin^2\theta_\xi$、$\sin^2\theta_\eta$、$\sin^2\theta_\zeta$

首先推导 $\sin^2\theta_\xi$ 在双基地系统中的表示式。为了清晰,将图 3 改绘成图 4。

图 3 中的 O_s、R_t、R_1、$O_s X'$、$O_s Y'$、$O_s \xi$、$O_s \eta$ 在 Oxy 平面上的投影分别为 O_s'、R_t'、R_1'、$O_s'X''$、$O_s'Y''$、$O_s'\xi'$、$O_s'\eta'$(图 4),由图 4 可知,$O'_s\xi' \parallel Ox$ 轴,故 R'_1 在 $O'_s\xi'$ 上的投影值为

$$x_1 - x_s = O'_s D = R'_1 \cos\theta'_\xi$$

式中,θ'_ξ 是 R'_1 与 $O'_s\xi'$ 的夹角,$R'_1 = R_1 \cos e_1$,其中,

$$R_1 = \sqrt{(x_1-x_s)^2 + (y_1-y_s)^2 + (z_1-z_s)^2} \tag{10}$$

$$e_1 = \arctan(z_s / \sqrt{(x_1-x_s)^2 + (y_1-y_s)^2}) \tag{11}$$

故有

$$\cos\theta'_\xi = \frac{(x_1-x_s)}{R_1 \cos e_1} \tag{12}$$

注意到建立在 $O_s \xi \eta \zeta$ 坐标系上的球坐标 (R,θ,φ),φ 角是由 $O_s\xi$ 轴开始按顺时针进行计算的,θ 角自 $O_s\zeta$ 轴开始按顺时针向下计算,则有

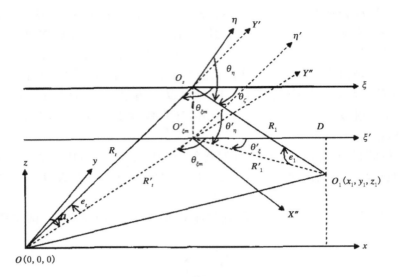

图 4　双基地系统中各坐标变量关系的另一种描述

$$\varphi = \theta'_{\xi}, \theta = \frac{\pi}{2} + e_1 \tag{13}$$

另外，据式（1）及图 4 中几何关系可得

$$\sin^2 \theta_{\xi} = \cos^2 \theta'_{\xi}(\sin^2 e_1 - 1) + 1$$

式中，$\cos^2 \theta'_{\xi}$ 用式（12）代入后，即得

$$\sin^2 \theta_{\xi} = (\frac{x_1 - x_s}{R_1 \cos e_1})^2 (\sin^2 e_1 - 1) + 1$$

$$\sin^2 \theta_{\xi} = 1 - (\frac{x_1 - x_s}{R_1})^2 \tag{14}$$

类似上述推导，并参阅图 4 可得

$$\cos \theta'_{\eta} = \frac{y_1 - y_s}{R_1 \cos e_1} \tag{15}$$

$$\sin^2 \theta_{\eta} = (\frac{y_1 - y_s}{R_1 \cos e_1})^2 (\sin^2 e_1 - 1) + 1$$

$$= 1 - (\frac{y_1 - y_s}{R_1})^2 \tag{16}$$

同样，还可得

$$\sin^2 \theta_{\zeta} = \sin^2 (\frac{\pi}{2} + e_1) = \cos^2 e_1 \tag{17}$$

4.3　后向散射时的 $\sin^2 \theta_{\xi}$、$\sin^2 \theta_{\eta}$、$\sin^2 \theta_{\zeta}$ 值

设 $\sin^2 \theta_{\xi}$ 在后向方向上的值用 $\sin^2 \theta_{\xi m}$ 表示，由于电偶极矩 P_{ξ} 的入射能流密度在水平的 η 方向上，故其后向方向在 $\varphi = -\frac{\pi}{2}$、$\theta = \frac{\pi}{2}$ 的方向，则据式（1）可得

$$\sin^2 \theta_{\xi m} = 1 \tag{18}$$

同样分析可得

$$\sin^2\theta_{\eta m} = 1 \tag{19}$$

4.4 用双基地坐标表示的方向函数 α_1、α_2、α_3、β_1、β_2、β_3、ν_1、ν_2、ν_3

根据图 4 中各角的几何及三角关系,可得一组公式

$$\alpha_1 = \cos(x',\xi) = \cos a_t \tag{20}$$

$$\alpha_2 = \cos(y',\xi) = \sin a_t \cos e_t \tag{21}$$

$$\alpha_3 = \cos(z',\xi) = -\sin a_t \sin e_t \tag{22}$$

$$\beta_1 = \cos(x',\eta) = -\sin a_t \tag{23}$$

$$\beta_2 = \cos(y',\eta) = \cos a_t \cos e_t \tag{24}$$

$$\beta_3 = \cos(z',\eta) = -\cos a_t \sin e_t \tag{25}$$

$$\gamma_1 = \cos(x',\zeta) = 0 \tag{26}$$

$$\gamma_2 = \cos(y',\zeta) = \sin e_t \tag{27}$$

$$\gamma_3 = \cos(z',\zeta) = \cos e_t \tag{28}$$

5 发射水平偏振波时小椭球粒子的侧向散射能力

5.1 后向散射截面

将式(18)、(19)结果代入式(2)、(3)、(4)后可得各个后向散射截面分别为

$$\sigma_{B,h,m}^{\xi} = \frac{64\pi^5}{\lambda^4} \mid g_\xi \mid^2 \alpha_1^2 \tag{29}$$

$$\sigma_{B,h,m}^{\eta} = \frac{64\pi^5}{\lambda^4} \mid g_\eta \mid^2 \beta_1^2 \tag{30}$$

$$\sigma_{B,h,m}^{\zeta} = \frac{64\pi^5}{\lambda^4} \mid g_\zeta \mid^2 \gamma_1^2 \tag{31}$$

5.2 小椭球粒子在接收站方向的侧向散射能力的表示式

为了用小椭球粒子在接收站方向总的侧向散射截面与后向散射截面之比(R_T^h)来表示相应方向上的侧向散射能力,故可用式(2)、(3)、(4)之和,除以式(29)、(30)、(31)之和来获得,并注意到对于旋转扁椭球而言,在 ξ、η 轴方向上存在相等轴即 a 与 b 轴,故有 $g_\xi = g_\eta$,且 $\gamma_1 = 0$,则有

$$\begin{aligned} R_T^h &= \frac{\mid g_\xi \mid^2 \alpha_1^2 \sin^2\theta_\xi + \mid g_\eta \mid^2 \beta_1^2 \sin^2\theta_\eta}{\mid g_\xi \mid^2 \alpha_1^2 + \mid g_\eta \mid^2 \beta_1^2} \\ &= \frac{\alpha_1^2 \sin^2\theta_\xi + \beta_1^2 \sin^2\theta_\eta}{\alpha_1^2 + \beta_1^2} \end{aligned} \tag{32}$$

注意到式(10)、(14)、(16)及式(20)、(23),上式可写成

$$\begin{aligned} R_T^h &= \frac{\cos^2 a_t \left[1 - \dfrac{(x_1-x_s)^2}{R_1^2}\right] + \sin^2 a_t \left[1 - \dfrac{(y_1-y_s)^2}{R_1^2}\right]}{\cos^2 a_t + \sin^2 a_t} \\ &= \frac{\cos^2 a_t \left[(y_1-y_s)^2 + (z_1-z_s)^2\right] + \sin^2 a_t \left[(x_1-x_s)^2 + (z_1-z_s)^2\right]}{R_1^2} \end{aligned} \tag{33}$$

6 发射垂直偏振波时小椭球粒子的侧向散射能力

6.1 后向散射截面

将上述式(18)、(19)结果代入式(6)、(7)、(8)后,可得各个后向散射截面分别为

$$\sigma^{\xi}_{B,V,m} = \frac{64\pi^5}{\lambda^4} \mid g_{\xi} \mid^2 \alpha_3^2 \tag{34}$$

$$\sigma^{\eta}_{B,V,m} = \frac{64\pi^5}{\lambda^4} \mid g_{\eta} \mid^2 \beta_3^2 \tag{35}$$

$$\sigma^{\zeta}_{B,V,m} = \frac{64\pi^5}{\lambda^4} \mid g_{\zeta} \mid^2 \gamma_3^2 \tag{36}$$

6.2 小椭球粒子在接收站方向的侧向散射能力的表示式

为了用小椭球粒子在接收站方向总的侧向散射截面与后向散射截面之比(R_T^V)来表示相应方向上的散射能力,故可以用式(6)、(7)、(8)之和除以式(34)、(35)、(36)之和,并注意到对于旋转扁椭球而言,在 ξ、η 轴方向上存在相等轴——a 与 b 轴,故有 $g_{\xi} = g_{\eta}$,则

$$R_T^V = \frac{\mid g_{\xi} \mid^2 (\alpha_3^2 \sin^2\theta_{\xi} + \beta_3^2 \sin^2\theta_{\eta}) + \mid g_{\zeta} \mid^2 \gamma_3^2 \sin^2\theta_{\xi}}{\mid g_{\xi} \mid^2 (\alpha_3^2 + \beta_3^2) + \mid g_{\zeta} \mid^2 \gamma_3^2}$$

将式(14)、(16)、(17)及式(22)、(25)、(28)代入上式得

$$R_T^V = \frac{\mid g_{\xi} \mid^2 \{\sin^2 a_t \sin^2 e_t [1 - \frac{(x_1 - x_s)^2}{R_1^2}] + \cos^2 a_t \sin^2 e_t [1 - \frac{(y_1 - y_s)^2}{R_1^2}]\} + \mid g_{\zeta} \mid^2 \cos^2 e_t \sin^2 e_t}{\mid g_{\xi} \mid^2 (\sin^2 a_t \sin^2 e_t + \cos^2 a_t \sin^2 e_t) + \mid g_{\zeta} \mid^2 \cos^2 e_t} \tag{37}$$

上式中[9]

$$g_{\xi} = \frac{abc}{3} \frac{m^2 - 1}{1 + (m^2 - 1)n(a)} \tag{38}$$

$$g_{\eta} = \frac{abc}{3} \frac{m^2 - 1}{1 + (m^2 - 1)n(b)} \tag{39}$$

$$g_{\zeta} = \frac{abc}{3} \frac{m^2 - 1}{1 + (m^2 - 1)n(c)} \tag{40}$$

其中

$$n(a) = n(b) = \frac{1}{2}(1 - n(c)) \tag{41}$$

$$n(c) = \frac{1 + e^2}{e^3}(e - \arctan e) \tag{42}$$

$$e = \sqrt{\frac{a^2}{c^2} - 1} \tag{43}$$

有了上面这些公式,就可对小椭球粒子在发射不同偏振波时的侧向散射能力作仿真试验。

7 小椭球粒子侧向散射能力的仿真试验

设在双基地坐标中 $O(0,0)$ 为主站雷达坐标,$O_1(20,0)$ 为子站接收天线坐标,即基线长度

$L_0 = 20$ km。目标位置(X_S, Y_S, Z_S)是变数,从图3、图4中可知e_t、a_t可以由(X_S, Y_S, Z_S)确定。其中,R_t以及R_t在水平面上的投影R'_t已转化成(X_S, Y_S, Z_S)决定的量,R_1及R_1在水平面上的投影R'_1,已由(X_S, Y_S, Z_S)和(X_1, Y_1, Z_1)共同确定。通过仿真计算可以得到粒子侧向散射能力随高度的分布。因此,只要给定一个(X_S, Y_S, Z_S)值,就可分别由式(33)、(37)计算出发射水平偏振波和垂直偏振波到小旋转扁椭球粒子上时的侧向散射能力在不同高度上的分布。

7.1 发射水平偏振波时

由0.1 km高度水平面(图5a)上可见,在主站与子站的基线及向左、向右的延线附近,存在侧向散射能力高值区:当离开基线垂直向上或向下距离增大时,侧向散射能力先逐渐变小到最小值后,再逐渐增大。在基线左、右的延线上也基本呈这种分布,仅在主站与子站的垂直方向上存在侧向散射能力的最低区域。2.0 km高度水平面(图5b)上的侧向散射能力分布情况与图5a基本相似,仅子站上下的弱侧向散射值0.1消失了,即侧向散射能力稍有提高。5.0 km高度水平面(图5c)上的侧向散射能力分布情况与图5b基本相似,但主站与子站上、下的

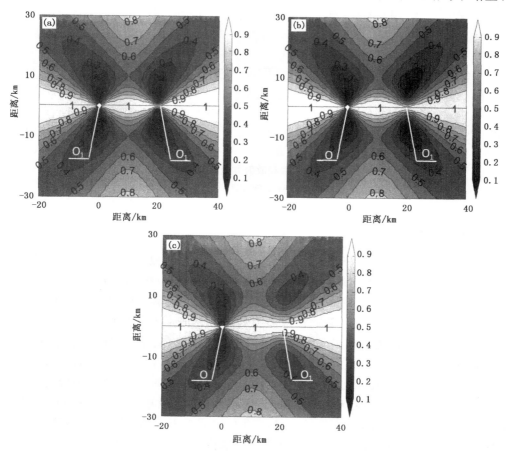

图5　水平偏振时侧向散射能力随高度的分布

(a)0.1 km高度;(b)2.0 km高度;(c)5.0 km高度

弱侧向散射值进一步提高。

　　不同高度上侧向散射能力呈上述分布及变化的原因,可以根据瑞利散射方向函数(图6)给予解释。图6a中小旋转扁椭球粒子位于坐标原点,y、x、z坐标方向分别与入射电磁波能流密度、电场以及磁场方向一致,在yOz平面内散射方向函数是个圆(图6b),表明在离粒子等半径的距离上散射能流密度是处处相同的,在xOy平面内散射方向函数呈横的8字形(图6c),这表明在y轴方向的前向与后向,具有最大的散射能流密度,而在x轴方向上无散射波能流密度。[10]　因为发射水平偏振波时,散射方向函数在发射方向上近似呈8字形分布,它在基线中心点垂直方向上某特定距离点处射向子站的侧向散射,恰好来自8字形的腰部,故最弱,在这特定距离点的上方或下方,侧向散射来自散射方向函数其他部位,侧向散射能力就如图5中那样逐渐变化。应注意,在对离地面一定高度平面上的气象目标探测中,发射波束的仰角不为0°,且各探测点上的仰角与方位角均不相同,这时发射波束将斜穿扁椭球粒子,由电场使其极化产生的电偶极矩和方向函数也将发生变化,这是不同等高面上形成侧向散射能力分布图的物理原因。在实际双基地雷达探测时,主站发射波束有一定宽度,子站接收天线波束更是宽达几十度,在接收的有效照射体内存在大量散射粒子,它们也不会完全呈一致的取向,故实际的侧向散射能力要比上述仿真分布强。

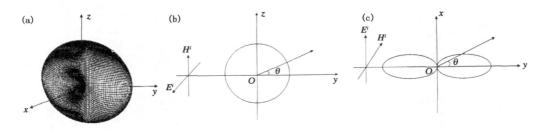

图 6　瑞利散射方向函数图
(a)立体图;(b)yOz剖面图;(c)xOy剖面图

7.2　发射垂直偏振波时

　　取式中等效半径$r_e = 0.076$ cm,轴比$a/c = 7/3$,复折射指数$m = 2.764 + 1.412\,i$,根据式(36)—(42)计算得到以下3个高度平面上的侧向散射能力的分布(图7)。

　　由0.1 km高度水平面上(图7a)可见,无论被探测的扁旋转椭球粒子处在该平面上(除主站与子站的位置以外)的任何处,侧向散射能力均为最大值。当高度升高到2.0 km时,在主站与子站的相应位置左、右两侧出现了侧向散射能力小值区,越靠近主站与子站,侧向散射能力越小,最小达0.1(图7b)。当高度升高到5.0 km时,这种两侧出现的侧向散射能力的小值区面积进一步扩大(图7c)。以上侧向散射能力分布及随高度的变化,仍可用瑞利散射方向函数分布值随天线仰角不同引起对扁椭球粒子极化产生的偶极矩不同给予解释,当仰角为0°时,垂直偏振使扁椭球极化发生在短轴方向,产生的电偶极矩小,散射方向函数值也较小,随着仰角抬高,极化产生的电偶极矩变大,散射方向函数值也变大,仰角为90°时达最大。还应注意,当以0°仰角发射垂直偏振波时,若探测高度就在天线高度上,则被探测目标无论处在此高度平面上哪一点,其在此高度平面上产生的散射方向函数均呈圆形分布,故它射向子站的侧向散射能力均接近最大值 1.0（图 7a）。当高度升高到 2.0 km 和 5.0 km 时，发射波束的仰角就不为 0°，且该高度平面各探测点的仰角与方位角均不相同，这时发射波束将斜穿扁椭球粒子，由入射电场使其极化产生的电偶极矩和方向函数也将随仰角增大而变大，这是不同等高面上形成侧向散射能力分布如图 7b 与图 7c 那样变化的物理原因。

以上虽然仅是对单个小椭球降水粒子侧向散射能力的仿真，但可以推断，当雷达波束有效照射体内存在一群小椭球降水粒子时，若它们的旋转轴是一致铅垂取向，其侧向散射能力应与上述结果基本相同；若旋转轴在空间作均匀随机取向，其结果应与小球形粒子侧向散射能力基本相似。由于目前中国尚无双线偏振多普勒双/多基地天气雷达设备，因此，还缺乏实际资料的对照验证，这里只能先做一些前期的基础理论分析研究。

根据上述小椭球粒子侧向散射能力的仿真试验结果，可以给出双/多基地天气雷达接收子站的布站建议：（1）鉴于降水粒子侧向散射能力比后向散射能力弱，故子站离主站距离一般不宜太远，可以按主站发射功率去确定基线，一般在几十千米左右；（2）由图 5 知，发射水平偏振波时，几个高度平面上除基线方向及垂直于基线中心点方向附近散射很弱外，在东北、西北、东南、西南方向散射均较强；从图 7 可知，发射垂直偏振波时，2.0 km 及其以上高度平面上，除主

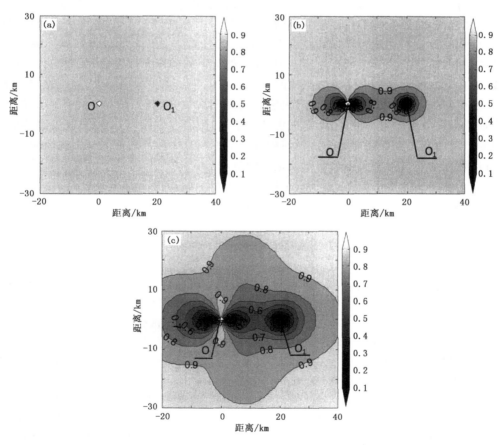

图 7　垂直偏振时侧向散射能力随高度的分布
(a)0.1 km 高度；(b)2.0 km 高度；(c)5.0 km 高度

站与子站相对应的位置附近散射很弱外,其他位置上侧向散射能力均很大。综合以上情况考虑,建议主站的南北方向以及东北、西北、东南、西南方向,分别设置接收子站,形成多条基线,这样可以保证降水云出现在主站附近一定距离内的任意方向或多个方向时,总会有一个以上子站能接收到较强的回波。

8 结语

(1)首先给出发射水平与垂直偏振波条件下,小扁椭球粒子在各粒子坐标上的侧向散射截面以及总的侧向散射截面的表达式,在建立双基地雷达系统中各种坐标系间各量的关系后,将其中相关参数用双基地雷达坐标系中的量表示,并获得后向散射截面的表达式。

(2)定义小扁椭球粒子在接收站方向总的侧向散射截面与总的后向散射截面之比来表示小扁椭球粒子总的侧向散射能力,并分别推导出发射水平与垂直偏振波条件下估算侧向散射能力的算式。

(3)通过仿真计算,获得发射水平与垂直偏振波时,各高度上小扁椭球粒子侧向散射能力分布情况,得到如下结果:发射水平偏振波时,在低高度的等高面上,当离开基线垂直向上或向下距离增加时,侧向散射能力先逐渐变小到最小值后,再逐渐增大。在基线左、右的延线上也基本呈这种分布,仅在主站与子站的垂直方向上存在侧向散射能力的最低区域。随着等高面高度升高,侧向散射能力分布情况基本相似,仅子站上下的弱侧向散射值有了提高。发射垂直偏振波时,在低高度水平面上无论被探测的扁旋转椭球粒子处在该平面上(除主站与子站的位置以外)的任何处,侧向散射能力均为最大值。当高度增加时,在主站与子站相对应位置左右两侧出现了侧向散射能力小值区,越靠近主站与子站,侧向散射能力越小,当高度继续增加时,这种两侧出现的侧向散射能力的小值区面积进一步扩大。侧向散射能力呈上述分布及变化的原因,可以根据瑞利散射方向函数图给予定性的解释。

(4)为了使子站能获得较强的回波,子站应设置在主站周围一定半径以内,并在不同方向设置不同子站,以便形成多子站系统、提高探测效率。

参考文献

[1] Wurman J, Heckman S, Boccippio D. A bistatic multiple-Doppler radar network[J]. J Appl Meteor, 1993,32(12):1802-1814.

[2] Wurman J, Randall M, Burghart C. Bistatic radar networks //30th International Conference on Radar Meteorology. Munich: Amer Meteor Soc, 2001:130-133.

[3] Satoh S, Wurman J. Accuracy of wind fields observed by a bistatic Doppler radar network[J]. J Atmos Oceanic Technol, 2003,20(8):1077-1091.

[4] Protat A, Zawadzki I. A variational method for real-time retrieval of three-dimensional wind field from multiple-Doppler bistatic radar network data[J]. J Atmos Oceanic Technol, 1999,16(4):432-449.

[5] Aydin k, Park S H, Walsh T M. Bistatic dual-polarization scattering from rain and hail at S-and C-band frequencies[J]. J Atmos Oceanic Technol, 1998,15(5): 1110-1121.

[6] 莫月琴,刘黎平,徐宝祥,等. 双基地多普勒天气雷达探测能力分析[J]. 气象学报,2005,63(6): 994-1005.

［7］ 张培昌,王振会,胡方超. 双/多基地天气雷达探测小椭球粒子群的雷达气象方程[J].气象学报,2012,70 (4):867-874.

［8］ 张培昌,王振会. 大气微波遥感基础[M]. 北京:气象出版社,1995:41.

［9］ 张培昌,股秀良. 小旋转椭球粒子群的微波散射特性[J]. 气象学报,2000,58(2):250-256.

［10］ 张培昌,戴铁丕,杜秉玉. 雷达气象学[M]. 北京:气象出版社,2001,88.

第 6 部分　其他

GMS 双光谱云图云分类微机处理系统[*]

郁凡,张培昌,陈渭民

(南京气象学院,南京 210044)

摘　要:GMS双光谱云图云分类微机处理系统(简称云分类系统)除可完成云图资料的量化采集、存储、显示、局部放大等常规功能外,主要可进行单光谱图像和双光谱图像的多种处理。对单光谱图像,可作一维直方图分析,并实现任意值域内的对比度扩展和像素频数统计;对双光谱图像,利用双变量像素分布图和二维直方图,采用框式分类法和空间相干法实现云分类。输出云分类、降水云分类的分布图像和各类云、各类降水云的像素总数及云量比例。

关键词:双光谱云图;框式分类法;空间相干法;云分类;降水云分类

1　硬件配置与资料采集

云分类系统的基本硬件配置包括:IBM-PC 型微机、接口、A/D 卡、时钟卡、高分辨图形适配器及 16 色彩显终端。接口将云图接收机输出的 2400 Hz 副载波调幅模拟信号解调还原成图像信号,经 A/D 卡采样后输入计算机,把模拟图像信号转换成云图数据。据双光谱图像处理的需要,主要接收低分辨 GMS 极射投影的同时次红外和可见光云图(H、I 图)。采样过程中,用软件保证图像的同步和同相,同时按 8 或 16 色在彩显终端上显示。每幅云图用波段和日期命名,以 8 比特数据文件形式存储,存储采用 BSQ 格式,即按图像波段排列,每一分量图像作一文件存放。云图按每行 800 个像素的步距均匀逐行采集,云图数据基本保持原始云图数据的分辨率。采样域设定为 448×392 个像素,使一张 360 k 软盘在存贮域内同时次红外和可见光 8 比特数值云图各一幅后还能略有节余。采样域的位置,改变两个参数即可在全幅云图上任意选择,目前设定第 250 行、第 1 列起始的 448×392 个像素的矩形区域为基本采样域,此采样域包括了我国的绝大部分地区。

2　单光谱图像处理原理与软件设计

图 1 是云分类系统单光谱图像处理的软件框图。处理单光谱图像,在将软盘上的全采样域云图数据调入内存并显示后,即可按菜单任选各项功能,对图像进行处理分析。云分类系统所作的一维直方图,以亮度值为横轴,表示亮度等级;以像素频数为纵轴,表示在 $M×N$ 个像素构成的图像上亮度级 g_i 所出现的像素个数 $H(i)$。一维直方图的分布函数由下式[1]定义

＊ 本文原载于《南京气象学院学报》,1992,15(1):96-102.

$$H(i) = \sum_{y=1}^{N} \sum_{x=1}^{M} \lambda_i[g(x,y)] \qquad i = 1,2,\cdots,k$$

式中，$g(x,y)$ 为像素 (x,y) 的亮度值，k 表示亮度值范围（8 比特云图数据为 0～255）划分的间隔数，$\lambda_i[g(x,y)]$ 的意义如下

$$\lambda_i(g) = \begin{cases} 1 & g_{i-1} \leqslant g < g_i \\ 0 & g < g_{i-1} \text{ 或 } g \geqslant g_i \end{cases}$$

为尽量准确地反映图像亮度概率密度函数的分布和充分利用云图亮度等级，k 值取为 256，故 $\lambda_i[g(x,y)]$ 的意义相应于本系统可进一步表述为

$$\lambda_i(g) = \begin{cases} 1 & g = g_i \\ 0 & g \neq g_i \end{cases}$$

在微机彩显终端上以 16 色显示的云图，每一种色调表示了 16 个相邻的不同亮度值，这必然会造成云图细节的损失。对比度扩展是在一维直方图基础上通过增加显示层次改善图像判读效果的一种处理方法。若云图某一局部区域层次较少，表明该区域内的亮度值只占很小的动态范围，一维直方图相应表现狭窄。为突出云图的细节和内部层次，云分类系统采用线性扩展方法，将图像原有的亮度范围（$g_1 - g_n$），按比例扩展到显示的整个动态范围 0～255 上。云分类系统的对比度扩展公式[2] 为

$$g'_h = g'_1 + \frac{g'_n - g'_1}{g_n - g_1}(g_h - g_1)$$

式中，g_h、g'_h 分别表示对比度扩展前、后的亮度值，g_1、g_n 表示原图像的最小和最大亮度值，g_1' 和 g'_n 为增强图像的最小和最大亮度值。为应用方便，云分类系统在一维直方图横坐标轴上设置了两条平行于纵轴的游动纵线光标，它们的位置和间距可通过功能键调整，用于直接从一维直方图上选择待扩展的原图像某一亮度范围（g_a, g_b）。经过对比度扩展后，不仅可以将图像原有的亮度范围（$g_a = g_1, g_b = g_n$）扩展到显示的整个动态范围上，还可将原亮度范围内更小的亮度范围（$g_1 \leqslant g_a < g_b \leqslant g_n$）扩展到显示的整个动态范围上，使图像上令人感兴趣的部分得以充分展示其层次。被扩展的局部区域图像仍显示在全幅图像的原位置，同时输出扩展后图像每一层次的亮度值域。局部放大功能可将对比度扩展前后的云图作放大处理。

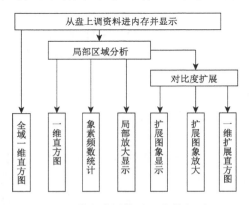

图 1　单光谱图像处理软件框图

为输出定量统计的结果，云分类系统利用一维直方图，设计了像素频数统计的功能。分析人员在对某一局部区域进行处理时，可通过两游动纵线光标，在反映该区域像素频数分布的一

维直方图上进行选择,直接输出某一亮度值或任一亮度值域内的像素总数及占该区域内云图全部像素的百分比。

3　双光谱图像处理原理与软件设计

图 2 是云分类系统双光谱图像处理的软件框图。受内存局限,不能一次调入全采样域的同时次红外和可见光数据云图,故在全采样域红外云图上,设计了一个 256×240 个像素矩形线框,可由功能键控制在该幅云图上自由游动,供分析人员选择感兴趣的区域作双光谱图像的处理域。处理域一经确定,云分类系统即将此域内的同时次红外和可见光云图数据调入内存。

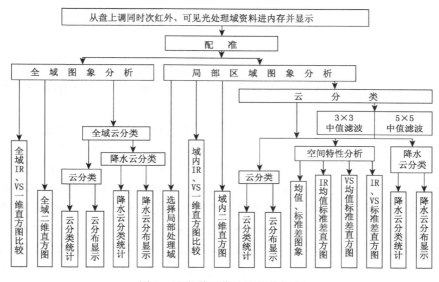

图 2　双光谱图像处理软件框图

空间配准即要保证红外—可见光光谱特征空间的某一个测量向量(红外、可见光图像上的一对同名像素)是由一个共同的地面分辨元素得到。GMS 云图是经日本地面处理中心处理过的,已套上经纬网格和海岸线,这经纬网格即可作为红外、可见光图像配准的控制网格。云分类系统用绝对配准方式实现空间配准,具体方法为:当双光谱图像处理域确定后,将相应区域的可见光图像以较慢速度逐条扫描线覆盖在同区域红外图像上,同时检查两图的经纬线重合情况,若两图经纬线不重合,就表明可见光图像尚未与选定的红外图像配准。此时可用功能键对红外、可见光云图逐个像素或逐行在上、下、左、右方向调整,直至两图经纬网格完全重合。

双光谱图像的处理主要在红外—可见光二维光谱特征空间进行,这二维光谱特征空间就是以红外和可见光图像数据作相互正交的分量构成的测度空间。每维坐标代表相应波段图像的亮度值,双光谱图像中任一同名像素都可用它在红外图像和可见光图像中的亮度值作为分量来构成一个光谱特征向量,对应光谱特征空间的一个点。显然,光谱特征越相似的像素,在各波段图像上的亮度值越接近,在光谱特征空间其对应点位置就越相邻,处理域内所有光谱特征相似的像素,就会在光谱特征空间形成相应的集群。各种反映不同光谱特征的集群,一般对应于云图中不同类的云类或地表。依此,云分类系统中设置了红外—可见光双变量像素分布图和红外—可见光二维直方图。双变量像素分布图是二维光谱特征空间的具体表现形式,它以红外亮度值作横轴,可见光亮度值作纵轴,亮度间隔均为 256(0~255),云分类系统以红外和可见光图像上同名像素的红外亮度值 $g_I(x,y)$ 和可见光亮度值 $g_V(x,y)$ 作分量,构成光谱特征向量 $[g_I(x,y),g_V(x,y)]$,在双变量像素分布图上布点。各类云和地表对应于双变量像素分布图上不同位置的集群。红外—可见光二维直方图则用于反映光谱特征向量 (g_I,g_V) 的频数分布。二维直方图的分布函数由下式定义

$$H(i) = \sum_{y=1}^{N} \sum_{x=1}^{M} \lambda_{ij} [g_I(x,y),g_V(x,y)] \qquad i=1,2,\cdots,k_1 ; j=1,2,\cdots,k_2$$

M 为处理域图像每行像素数,N 为图像行数,k_1、k_2 分别表示红外和可见光亮度范围划分的间隔数。云分类系统中 k_1 和 k_2 均取为 64,二维光谱特征空间由此划分成 64×64 个 4×4 亮度值的单位方格。$\lambda_{ij}(g_I,g_V)$ 的意义为(包含左端点)

$$\lambda_{ij}(g_I,g_V) = \begin{cases} 1 & \begin{cases} g_{Ii-1} \leqslant g_I < g_{Ii} \\ g_{Vj-1} \leqslant g_V < g_{Vj} \end{cases} \\ 0 & \text{其他情况} \end{cases}$$

为能直观反映光谱特征向量的频数分布,对各单位方格,按像素频数值大小赋予 8 种不同颜色

$H(i,j)=0$ 时	黑色;	$0<H(i,j)<2^{P+1}$ 时	蓝色
$2^{P+1} \leqslant H(i,j)<2^{P+2}$ 时	绿色;	$2^{P+2}<H(i,j)<2^{P+3}$ 时	青色
$2^{P+3} \leqslant H(i,j)<2^{P+4}$ 时	大红;	$2^{P+4} \leqslant H(i,j)<2^{P+5}$ 时	洋红
$2^{P+5} \leqslant H(i,j)<2^{P+6}$ 时	黄色;	$2^{P+6} \leqslant H(i,j)$	白色

指数 P 据处理域大小或不同需要调整。二维直方图上的高频数分布区揭示了集群的中心。

不同云类和地表在双变量像素分布图和二维直方图上表现为不同位置、不同形状的像素集群分布,局部区域图像分析的功能为确定各类云及地表的特定分布创造了条件。局部区域图像分析的处理域由活动窗选择,活动窗的大小可在 $12\times 12\sim 136\times 136$ 像素范围内调整。云分类系统采用框式法分类判决[3]进行云分类,为准确确定区分各类云的阈值,首先选择相当数量的已知样本,样本上的云类经同时地面观测记录校验和对同时次传真云图有经验的分析已获确认。继而用活动窗逐一选取各种已知云类和地表,分析它们在双变量像素分布图和二维直方图上的普遍落区和集群范围,四周用直线构成矩形框,确认其为该类云或地表的特定分布区。以后再分析新云图资料时,当某一同名像素落在包络某类集群的矩形框中,就认为该同名像素属于相应此集群的云类和地表。显然,准确设定区分每两类相邻集群的矩形框边界,是保证分类精度的关键。云分类系统一方面利用与传真云图和地面观测资料相应的大量数值云图作分类统计实验;另一方面还采用空间相干法[4],利用云或地表的空间特性作辅助分类,帮助提高云分类的准确性。

反映云或地表空间特性的主要因子是局地标准差,红外云图 2×2 像素矩阵的局地标准差表达式为

$$ISLD = \left[\frac{1}{4} \sum_{i=1}^{4} (I_i - \overline{I})^2 \right]^{\frac{1}{2}}$$

同理,有可见光云图 2×2 像素矩阵的局地标准差($VLSD$),$\overline{I}$ 和 $\overline{V}$ 分别为红外和可见光 2×2 像素矩阵亮度值的均值。若 2×2 矩阵内 4 像素同为一类云或地表,其亮度值基本相同,局地标准差则较小;反之,若这 4 像素表征不同云类或地表,局地标准差比较大。基于这一原理,云

分类系统中设置了均值—局地标准差双变量像素分布图和二维直方图。以均值作横轴,局地标准差作纵轴,用处理域上依次排列的每一个 2×2 像素矩阵的均值和局地标准差构成一个空间特征向量(红外云图为:$(\bar{I}, ILSD)$;可见光云图为:$(\bar{V}, VLSD)$),在此二维空间上布点。当一局部处理域内存在两种不同的云类或地表时,均值—局地标准差二维空间就会出现一个拱状点聚图形(如图 3),两拱的拱脚分别由不同云类或地表中局地标准差较小的空间特征向量构成,那些在 2×2 像素矩阵中,包含两种不同云类或地表的空间特征向量,因局地标准差较大,就构成了拱顶。因此,两拱脚之间稀疏带所处的亮度均值,即可作为区分两类云或云与地表的参考阈值。

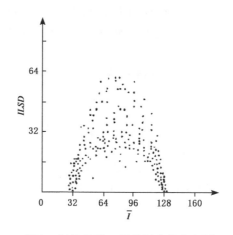

图 3 红外均值—局地标准差直方图

云分类系统为实现对各类云的定量估计和分析,设计了云分类统计的功能。用两条游动横线光标和两条游动纵线光标在双变量像素分布图上,利用功能键控制其自由游动,用四游动光标中部的矩形框选择要作统计分析的云类或地表,直接输出框中该类集群的像素总数及占处理域全部像素的百分比。为准确地确定各集群中心的像素频数,最小统计框为 4×4 亮度值的单位方格。

在云分类过程中,经纬线和海岸线往往也被作为云或地表参与了分类,这必然对分类的效果,尤其对分类统计的精度要产生影响。为尽量消除或减少这种影响,云分类系统中采用了两种中值滤波[2]方法。中值滤波是能有效消除孤立点、细线等尖峰噪声而不引起模糊的滤波技术,3×3 中值滤波适宜于消除较细的经纬线,而较粗的经纬线及海岸线则需用 5×5 中值滤波滤除。

4 软件总体设计和主要产品

云分类系统的管理程序用 BASIC 语言编写,采用人机对话方式,管理程序运行时,输出多级功能菜单或文字提示,分析人员按自己所要选择的功能或处理要求,只要输入预定的功能键或有关参数,就可完成图像的相应处理。为尽量节省图像处理的时间,所有处理程序均用汇编语言编写,除滤波约需 1～6 分钟外,其余各项功能都可在 20 秒内实现。云分类系统普遍采用活动窗显示处理技术,单、双光谱图像均可用活动窗选择局部区域作处理域,进行各项功能的处理。活动窗的大小和位置,可依需要用功能键灵活调整,并可用预定功能键在屏幕空白处输出活动窗的长、宽和位置坐标,依次可保证在单、双光谱图像交替处理时所选区域的一致。

云分类系统利用各类云不同的光谱特性和空间特性,并经 1990 年春和初夏 50 余个个例的分析检验,已初步确定了对云和降水云进行框式法分类判决的阈值。应用云分类功能,除晴空区外,可分出积雨云、厚卷云、薄卷云、中云、低云、浓积云和多层云等 7 种主要云型。应用降水云分类功能,则可对不同强度降水区进行识别分类,大致区分出特强降水云、强降水云、中等程度降水云、弱降水云、非降水云及晴空区。云分类系统以图像和统计量两种形式输出最终的分析结果,归纳起来,主要产品有:以不同色调分别表示诸云类的云分类分布图像和各类云的像素总数统计量及云量比例;以不同色调分别表示诸降水云类的降水云分类分布图像和各类降水云像素总数统计量及云量比例;单光谱图像的局部区域对比度扩展图像和任意亮度值域内的像素频数统计量。

接口由南京汽轮电机厂李研同志帮助研制,特此致谢。

参考文献

[1]　郭德方. 遥感图像的计算机处理和模式识别[M]. 北京:气象出版社,1987:197,208.

[2]　余松煜,周源华,吴时光. 数字图像处理[M]. 北京:电子工业出版社,1989:73,93.

[3]　布朗宁 K A. 现时预报[M].周凤仙,马振骅,李泽椿,译. 北京:气象出版社,1986:171-179.

[4]　Coakley Jr J A, Baldwin D G. J Climate Appl Meteor, 1984,23(7):1065-1099.

大气边界层湍流的混沌特性[*]

郭光,严绍瑾,张培昌

(南京气象学院,南京 210044)

摘 要:引用大气边界层湍流资料计算和分析了有关测量混沌的特征量:功率谱,关联维数,Lyapunov 指数和 Kolmogorov 熵。结果表明:大气边界层湍流是一种混沌运动,在相空间中为一奇怪吸引子,为了在相空间中支撑起这样的吸引子,至少需要由 7~8 阶的确定性非线性偏微分方程(或者说需要由 7~8 个变量)才能对大气湍流进行描述。

关键词:大气边界层;湍流;混沌

近些年来,随着非线性动力学理论的发展和对混沌研究的深入,混沌的概念愈来愈广泛地运用于研究湍流,使湍流研究在理论本身和研究方法两方面都取得了进展,为进一步深入地讨论和研究大气边界层湍流的性质和规律提供了条件。首先,过去人们把湍流这样的随机现象看成是大量自由度系统中外部涨落所造成的,现在愈来愈清楚,随机的原因在内部[1],湍流的终态将落在一个低维(有限维)的奇怪吸引子上。因此,用有限个变量完全可以描述湍流。其次,湍流与混沌一样都具有敏感于初始条件的特性。即初始条件稍有变化,最终将导致输出毫不相关(混乱的输出),并且长时间后不可预测。这样,人们有理由用混沌的概念来解释湍流,即通过计算机系统的分维数、Lyapunov 指数和 Kolmogorov 熵的性质来研究湍流。第三,在非线性动力学理论中,根据变量的时间序列重新构造并估计动力学及其特征的方法的建立[2-5],使人们有可能根据一些物理量随时间的变化,来重新恢复系统的动力学,讨论它们的混沌性态。事实上,人们利用观测资料的时间序列,已经发现了一些气候吸引子和天气吸引子,并且证实了他们具有混沌特性[6-8]。

基于上述考虑,本文用大气近地面层湍流的观测资料做功率谱分析,并计算它们关联维数、Lyapunov 指数和 Kolmogorov 熵,以揭示大气边界层湍流的混沌本质。

1 功率谱、分维数、Lyapunov 指数和 Kolmogorov 熵的计算

本文计算所用资料是"重庆市区雾害的形成原因及潜势预警报服务系统研究"课题组,1991 年 1 月 11 日 15 时 30 分用 FSY-1 风速仪在重庆观测到的三维湍流风速资料,观测的时间间隔为 2 s,高度为 8 m。本文列出的计算结果是用其中 w 分量的一维时间序列得到的,单位为 m·s^{-1},序列长度 $N = 2700$。为方便起见,将该序列记为 $\{x(t)\}$,即

$$x(t_i) = x(t_0 + i\Delta t) \quad i = 1, 2, \cdots, N \tag{1}$$

* 本文原载于《南京气象学院学报》,1992,15(4):476-484.

式中，t_0 为观测的起始时间，Δt 为观测的时间间隔，N 为序列长度。计算时分别取 N 为 900，1800 和 2700 三个长度的时间序列进行比较。

1.1 功率谱

用 FFT 方法分析 $\{x(t)\}$ 的功率谱，图 1 是谱图的一部分（a. $N=900$，b. $N=1800$，c. $N=2700$）。从图 1 可以看出：小幅度的波动夹杂着不规则的尖峰，没有明显的周期，与白噪声序列功率谱极其相似。由此可以认为，计算所用资料反映出大气湍流运动功率谱具有混沌运动功率谱的特征。

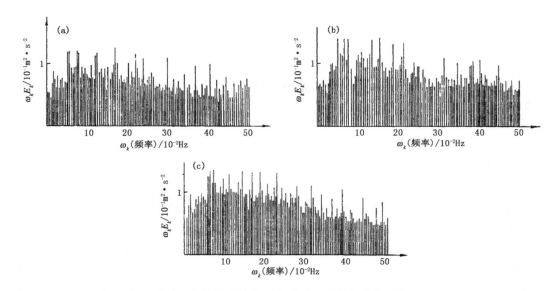

图 1　大气湍流风速 w 分量时间序列的功率谱图

1.2 分维数

维数可以广义理解为描述物理系统所必须的物理量的数目。而事实上，维数不必是整数，分维数是描述相空间中一个不规则的、支离破碎的几何对象。为了从实测的一段时间序列中计算吸引子的维数，必须建立嵌入 m 维相空间 R^m。我们通过引入一个时间滞后 τ，重新构造相空间 R^m，并在这个相空间中恢复原来的动力学系统。即

$$\vec{x}_m(t) = \{x(t_i), x(t_i+\tau), x(t_i+2\tau), \cdots, x(t_i+(m-1)\tau)\}$$
$$i = 1, 2, \cdots, N-(m-1)\tau \qquad (2)$$

可以证明，只要 m 足够大，重建的系统（2）与原来的动力学系统的几何性质等价[2]。

Grassberger 等[3]曾经给出了一个应用单变量时间序列估计吸引子维数的方法，其要点为：首先建立系统（2），并计算它的关联系数

$$C_m(\varepsilon) = \frac{1}{N'^2} \sum_{\substack{i,j=1 \\ i \neq j}}^{N'} \theta(\varepsilon - |\vec{x}_m(t_i) - \vec{x}_m(t_j)|) \qquad (3)$$

其中 $\theta(y)$ 是 Heaviside 函数

$$\theta(y) = \begin{cases} 1 & y > 0 \\ 0 & y < 0 \end{cases}$$

$N' = N - (m-1)\tau$ 是相点的个数，$|\vec{x}_m(t_i) - \vec{x}_m(t_j)|$ 表示吸引子上相关点 $\vec{x}_m(t_i)$ 与 $\vec{x}_m(t_j)$ 之间的距离，ε 为一给定的正值。实际上，$C_m(\varepsilon)$ 是一个累积距离分布函数，它描述了相空间 R^m 中吸引子上两点之间的距离小于 ε 的概率。于是，对于足够大的 m，当 $\varepsilon \to 0$ 时有标度律[9]

$$C_m(\varepsilon) \propto \varepsilon^{D_2} \tag{4}$$

$$D_2 = \frac{|\ln C_m(\varepsilon)|}{|\ln(\varepsilon)|} \tag{5}$$

D_2 称为关联维数，它是 Housdorff 维数 D_0 和信息维 D_1 的一个下限[3]，即有 $D_0 \geqslant D_1 \geqslant D_2$。$D_2$ 比 D_0 和 D_1 容易计算，在大多数情况下是这些量的很好近似，我们就用 D_2 作为吸引子维数的估计值。

为了保证各个滞后坐标相互独立，选取时间序列的退相关时间作为滞后时间 τ 的值。就本文截取的序列长度（$N = 900, 1800, 2700$）而言，其退相关时间分别为 $\tau = 9\,\text{s}, 10\,\text{s}, 25\,\text{s}$。计算结果表明：只要 τ 在退相关时间附近取值，系统的动力学特征量对于 τ 都有稳定的值。图 2 给出了对数坐标系中 $\ln C_m(\varepsilon) - \ln(\varepsilon)$ 曲线，从图中看出：三种情况（a. $N = 900$，b. $N = 1800$，c. $N = 2700$）的曲线都满足（4）式的标度律，在标度区中直线部分的斜率随着嵌入维数的增加而趋于收敛。这点从图 3 中可看得更清楚。显然，D_2 对于 m 来说是收敛的。m 足够大时 D_2 趋于定值（饱和值）是具有动力吸引子的序列与随机序列的重大区别，后者的特点是 $D_2 - m$ 曲线与对角线 $D_2 = m$ 虽然有所偏离，但不会趋于饱和值（表 1）。有理由认为：本文所用的大气近地面层风速时间序列能够反映出大气湍流的动力学性质。

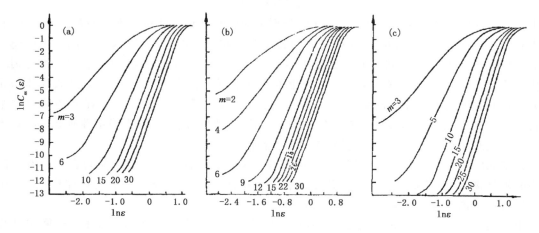

图 2   对应于不同嵌入维数 m 的累积分布函数 $C_m(\varepsilon)$

表 1 D_2 和 m_∞ 的计算值

N	900	1800	2700	平均值
D_2	6.9	6.9	7.4	7.1 ± 0.2
m_∞	15	12	15	14.0 ± 1.3

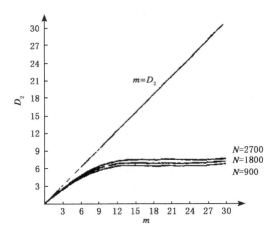

图 3　关联维数 D_2 随嵌入维数 m 的变化

1.3　Lyapunov 指数及其提取

Eckmann 和 Ruelle[10]系统地阐述了混沌和奇怪吸引子的遍历理论。本文按照 Eckmann 和 Ruelle 的理论和 Wolf[5]算法，计算 Lyapunov 指数。

按定义切空间的 Lyapunov 指数 LE 为

$$LE = \lim_{t\to\infty} \frac{1}{t} \ln \| \vec{\omega}(t) \| \qquad (6)$$

$$= \lim_{t\to\infty} \frac{1}{t} \lim_{\| \vec{\delta x}(0)\|\to 0} \ln \frac{\| \vec{\delta x}(t) \|}{\| \vec{\delta x}(0) \|}$$

式中，$\vec{\omega}(t)$ 是轨道切向量，$\vec{\delta x}(0)$ 和 $\vec{\delta x}(t)$ 分别是初始时刻和 t 时刻的轨道偏差。若 $\vec{\omega}(t)$ 的基为 $\vec{e}_1$，$\vec{e}_2$，$\cdots$，$\vec{e}_m$，那么，对 $\vec{\omega}(t)$ 的基底的每个分量按(6)式计算 LE，就得到了 m 个 Lyapunov 特征指数谱，按大小排列有 $LE_1 \geqslant LE_2 \geqslant \cdots \geqslant LE_m$。(6)式表明，$LE$ 表示初始时刻的小扰动量(或 m 维相体元)长时间增长和收缩的平均速度，则 $LE_i (i=1,2,\cdots,m)$ 表现体积元在 i 方向上的平均伸缩率，显然，$LE_i > 0$ 说明该方向趋于膨胀。对于一个耗散的动力学系统，若含一个以上的正指数，则系统存在奇怪吸引子。表明由任意一种不确定性所规定的系统初态经过长时间演变后，无法预测其状态，即为混沌状态。

在实际问题中，最大的特征指数 LE_1 有重要意义。它不仅是判断系统是否存在具有混沌行为的极好指标，而且是 Lyapunov 指数谱中最容易计算的一个分量。本文只计算 LE_1，用 LE_1 的特性讨论系统在相空间中的几何结构特征。

用时间序列计算 LE_1 的算法是由 Wolf 提供的，其要点是：重建相空间，在相空间中计算吸引子上两个非常接近的相点 $\vec{x}_m(t_i)$ 和 $\vec{x}_m(t_j)$ 构成的向量长度在 T 时间内的平均伸缩率，即

$$LE_1^{(i)} = \frac{1}{T} \log_2 (L_{i+1}/L_i)$$

式中，$L_i = | \vec{x}_m(t_i) - \vec{x}_m(t_j) |$，$L_{i+1} = | \vec{x}_m(t_i+\tau) - \vec{x}_m(t_j+\tau) |$，它们的平均收缩率为最大的 Lyapunov 指数估计值。即有

$$LE_1 = \frac{1}{S} \sum_{i=1}^{s} \frac{1}{T} \log_2 (L_{i+1}/L_i) \qquad (7)$$

式中 T 为步长，S 为总步数。

表 2　不同参数* 值下最大 Lyapunov 指数 LE_1 的计算值，单位：bit・s^{-1}

N	$T(s)$				
	2	6	10	14	18
900	0.210	0.075	0.036	0.030	0.013
1800	0.259	0.091	0.012	0.040	0.027
2700	0.281	0.103	0.062	0.045	0.034

　* N 是原序列的长度；T 是演变步长；LE_1 是最大的 LE 指数，嵌入维数 $m=8$。

从表 2 中看出：(1) $LE_1 > 0$，这与理论分析一致。当 $T=2$ 秒时，LE_1 的值在 $0.2\sim0.3$；当 $T>2$ 秒时，LE_1 的数值都在 0.1 左右或 0.1 以下。(2) LE_1 与原序列长度 N（或转化为嵌入空间的点数）有一定的关系。一般来说序列长，对应的 LE_1 大些。

1.4　Kolmogorov 熵

在混沌和奇怪吸引子的遍历理论中，除了上述的分数维和特征指数之外，Kolmogorov 熵（简称 K 熵）也是一个重要的物理量。用 K 熵的数值可以直接分辨系统的运动状态。$K=0$，运动为有序；$K\to\infty$，运动为随机状态；当 K 值介于零和无穷大之间，对应的系统便是作混沌运动。

直接从实测的一维时间序列 $\{x(t_i)\}$ 来估计 K 值的近似方法是由 Grassberger 等[4] 提出的。其要点为：按(2)式重建相空间，并按(3)式计算 m 维和 $(m+R)$ 维关联函数 $C_m(\varepsilon)$ 和 $C_{m+R}(\varepsilon)$，在 m 足够大，$\varepsilon\to0$ 的条件下，可以得到二阶 Reyni 熵 K_2

$$K_2(\varepsilon) = \frac{1}{kR}\ln\frac{C_m(\varepsilon)}{C_{m+R}(\varepsilon)} \tag{8}$$

式中，k 为时间序列的取样间隔。这里可以证明[4] K_2 保持了 K 的主要性质，我们用 K_2 来研究系统的性质，它的倒数 $T=\frac{1}{K_2}$ 则是表征系统可预报的时间尺度。

图 4 给出了 ε 分别取几个较小值时，$K_2(\varepsilon)-m$ 的曲线。可以看出，$K_2(\varepsilon)$ 对 m 来说是收敛的。同时，把 $K_2(\varepsilon)$ 对 ε 进行平均得到的 K_2-m 曲线（图略）仍然是对 m 收敛的。因此，只要 ε 取值很小，嵌入维数 m 取得足够大，用(7)式得到的 K_2 值是收敛、稳定和可靠的。表 3 给出了 K_2 和 T 的计算结果。

表 3　K_2 和 T 的计算结果

	N			平均值
	900	1800	2700	
$K_2(bit\cdot s^{-1})$	0.102	0.097	0.105	0.101 ± 0.002
$T=\frac{1}{K_2}(s)$	9.80	10.31	9.52	9.88 ± 0.33

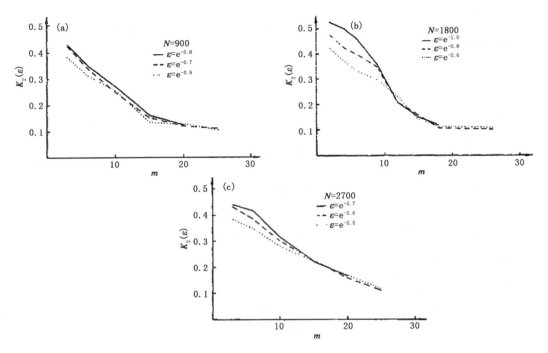

图 4　Kolmogorov 熵的估计值 $K_2(\varepsilon)$ 随嵌入维数 m 的变化

2　讨论和结论

本文利用大气边界层内测得的风速时间序列计算了有关测量混沌的特征量功率谱 $E(\omega)$、关联维数 D_2、Lyapunov 指数 LE_1 和 Kolmogorov 熵的近似值 K_2。计算结果如表 4。

表 4　混沌特征量的计算结果

特征参数	结果	性质
功率谱 $E(\omega)$	如图 1	具有混沌运动功率谱的特征
关联维数 D_2	$6.9 \sim 7.4$	分数值
LE_1^*（T=2 秒）	$0.2 \sim 0.3$	$LE_1 > 0$
K_2	$0.105 \sim 0.11$	$0 < K_2 < \infty$

* T 为演变步长，LE_1 和 K_2 的单位均为 bit·s^{-1}。

上述结果表明：大气边界层风速时间序列具有混沌运动功率谱的特征；关联维数是一个分数值；对于不同序列长度 N 和不同演变步长 T，最大的 Lyapunov 指数 LE_1 的值都大于零；二阶 Kolmogorov 熵 K_2 是大于零的有限值。这些特征参量从不同的角度表征了大气边界层湍流的混沌特性。因此有充分的理由认为：大气湍流是一种混沌运动，在相空间中为一奇怪吸引子。用混沌的概念来解释和研究湍流无论从理论上还是从方法上都是湍流研究的重大进展，它为研究大气运动和湍流提供了新的途径。

最后需要说明，由于所用资料仅是大气边界层内风速垂直分量的时间序列，而且参数的取值也有限,因而本文的计算结果带有一定的局限性。鉴于目前国内外关于大气湍流与混沌的理论研究尚在深入,继续在这方面作更多的探索很有必要。

参考文献

［1］ 刘式达. 气象学报,1990,48:117-121.

［2］ Takens F. Lecture notes in mathematics［M］. Berlin:Springer,1981,898:366-381.

［3］ Grassberger P,Procaccia I. Physica,1983,90:189-208.

［4］ Grassberger P,Procaccia I. Physical keview(A),1983,28:2591-2593.

［5］ Wolf A,Swift J B,Suinney H L,et al. Physica,1985,16D:285-317.

［6］ Nicolis C,Nicolis G. Nature,1984,311:529-532.

［7］ 杨培才,陈烈庭. 大气科学,1990,14:64-71.

［8］ Freadrich K. JAS,1987,44:722-728.

［9］ 严绍瑾,彭永清. 非平衡理论与大气科学［M］.北京:学苑出版社,1989:307-308.

［10］ Eckmann J D,Ruelle D. Rev of Mod Physics,1985,57:617-656.

用多重网格法解赫姆霍兹型欧拉方程[*]

张培昌,李建通,顾松山

(南京气象学院大气物理学系,南京　210044)

摘　要:讨论了用多重网格方法(MGM)求解亥姆霍兹(Helmholtz)型欧拉方程第一边值的五个定解问题,并与变系数超松弛迭代法作了比较。结果表明,在相同的精度条件下,前者所需的计算时间要比后者少,时间效率比随着网格数的增加而明显提高,反映了用多重网格方法求解大型差分方程组数值解的优越性。

关键词:多重网格方法;超松弛迭代;定量测量降水;亥姆霍兹型欧拉方程

天气雷达定量测定区域降水量,是暴雨落区和移动预报以及防汛抗洪的重要依据。目前普遍认为,采用天气雷达和雨量计联合探测区域降水量的方案,是一个能很好保证测量精度的方法。它包括平均校准法、空间校准法、卡尔曼滤波校准法[1]以及变分校准法[2,3]。其中变分校准法既能把雷达探测到的结果校准成雨量计的观测结果,又能保持雨量计之间雷达探测到的降水变化,对于降水引起的衰减也在校准中获得订正。因此,它是一种能较精确测定区域降水量的方法。

用变分法解决定量测量区域降水量的问题,最终归结为求解亥姆霍兹型欧拉方程

$$\nabla^2 CR - \frac{\alpha}{\lambda}CR = -\frac{\alpha}{\lambda}\widetilde{CR} \tag{1}$$

式中,$\widetilde{CR}$ 是校正因子的实测场;CR 是校正因子的分析场;α 是观测权重;λ 是约束权重。微分方程(1)只能采用数值解法,文献[2,3]都是采用超松弛迭代法(简称 SOR 方法)求解。尽管它比普通迭代法收敛快,但仍需作多次迭代才能满足精度的要求。特别是当求解网格的划分加细,即差分方程组的数目增加时,迭代次数明显增多,时间延长,对实时地获得区域降水十分不利。本文采用近十年来迅速发展起来的多重网格法(简称 MGM)[4]求解欧拉方程,并与变系数超松弛迭代法做了比较。

1　MGM 的基本思想和计算步骤

研究表明,细网格上松弛迭代的慢收敛性是由于作为解误差量的低频分量造成的,而其高频分量在细网格上的收敛还是相当快的,这启示人们去寻找一个能够快速压缩低频分量从而加快收敛速度的办法。研究还发现,利用粗网格上的粗网校正可以有效地压缩解误差量的低频分量,只是这种校正方法不能有效地压缩在粗网上表现出来的高频分量,且其收敛性无保

----

　*　本文原载于《南京气象学院学报》,1995,18(2):263-268.

障。于是结合二者优点的多重网格法由此产生。它的主要思想是：利用粗网校正压缩解误差低频分量,利用细网上的松弛迭代压缩解误差高频分量,从而达到加速收敛的目的。为了方便说明实现这种方法的基本步骤,我们以二重网格(TGM)为例进行分析。它主要包括细网松弛和粗网校正两个过程。

与方程(1)相应的差分方程用矩阵形式表示为

$$A_h u_h = f_h \tag{2}$$

其中, u_h 和 f_h 为具有 N 个分量的列向量, A_h 为 $N \times N$ 阶矩阵, h 是在边值问题定义域 Ω 内剖分的网格步长,即 $\Delta x = \Delta y = h$,这种剖分得到的网格点的集合称为 Ω_h ,设 u_h^j 是(2)式的初始近似值,则可用

$$V_h^j = u_h - u_h^j \tag{3}$$

表示 u_h^j 的误差(或订正)。由于 u_h^j 并不满足(2)式,称

$$d_h = f_h - A_h u_h^j \tag{4}$$

为 u_h^j 的剩余(或亏损)。将(2)式代入(4)式并注意到(3)式,有

$$A_h V_h^j = d_h^j \tag{5}$$

(5)式称为剩余方程。若对(5)式作合理的逼近,求出它的近似解 $\tilde{V}_h^j$,则可以给出(2)式的一个新的近似解

$$u_h^{j+1} = u_h^j + \tilde{V}_h^j \tag{6}$$

(3)~(6)式实际上描述了一个经典迭代过程的基本框架。但二重网格与一般的迭代法不同,它选用了一个比 h 更粗的网格步长 H ($H = 2h$)。相应地,以网格算子 A_H 来逼近 A_h 。这时(5)式由

$$A_H \tilde{V}_H^j = d_H^j \tag{7}$$

代替。显然,这就存在如何将 $\tilde{V}_h^j$ 转移到 $\tilde{V}_H^j$ 的问题。

在平凡单射的条件下,有[4]

$$d_H^j = I_h^H d_h^j \tag{8}$$

式中, I_h^H 定义为 $G(\Omega_h) \rightarrow G(\Omega_H)$ 上的变换算子,即将 Ω_h 上的 d_h^j 限制到 Ω_H 上。常用的限制算子是完全加权算子

$$I_h^H = \frac{1}{16} \begin{bmatrix} 1 & 2 & 1 \\ 2 & 4 & 2 \\ 1 & 2 & 1 \end{bmatrix} \tag{9}$$

由(7)式求得 V_H^j ,然后应用

$$\tilde{V}_h^j = I_H^h \tilde{V}_H^j \tag{10}$$

将 $\tilde{V}_H^j$ 变换到细网 Ω_h 上,式中 I_H^h 定义为 $G(\Omega_H) \rightarrow G(\Omega_h)$ 上的变换算子,即 I_H^h 将 Ω_H 上的 $\tilde{V}_H^j$ 插值(或延拓)到 Ω_h 上。常用的变换算子是双线性插值算子

$$I_H^h = \frac{1}{4} \begin{bmatrix} 1 & 2 & 1 \\ 2 & 4 & 2 \\ 1 & 2 & 1 \end{bmatrix} \tag{11}$$

通过以上各式求得 V_H^j ,最后就可用(6)式得到 Ω_h 上的校正近似值 u_h^{j+1} 。显然,从 u_h^{j+1} 用粗网校正计算 u_h^{j+1} 比用(5)式直接迭代求解 u_h^{j+1} 的工作量要少得多。考虑到粗网校正的收敛性差,故将细网上的松弛迭代和粗网校正结合起来,这样就得到一个迭代步。

有了上述二重网格的迭代步,我们可以方便地拓展到多重网格。注意到(7)式与原问题(2)式具有相同的形式,因此二重网格方法可用到(7)式上来,即不在 Ω_H 上迭代求精确解,而是由网格步长 $K = 2H$ 组成更粗网格 Ω_K,然后在 (H,K) 的二重网格上对(7)式迭代求解。反复运用这个思想就构成了多重网格方法。

多重网格方法的基本计算步骤如下。

(1)在细网格 Ω_{K+1} 上作 v_1 次迭代使误差光滑化;

(2)计算较粗网格 Ω_K 上的剩余量;

(3)以 Ω_K 为细网格,重复(1)(2)步,直至求得最粗网格上的剩余量;

(4)以 Ω_H 为粗网,计算较细网格 Ω_{H+1} 上的订正值 V_{H+1};

(5)在 Ω_{H+1} 作 v_2 次光滑,使误差光滑化;

(6)重复(3)(4)步,直至最细网格为止。

从 (1)—(6) 就完成了多重网格的一个迭代步,重复上述过程,直到 Ω_{K+1} 上收敛为止。在上述过程中,粗网校正的循环参数取 $r = 1$,称为 V 型迭代;取 $r = 2$,称为 W 型循环。图1表示了四重网格时的情况。

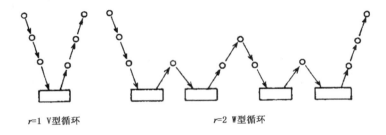

$r=1$ V型循环 $r=2$ W型循环

图1　四重网格法

图 1 中圆圈表示在某一层上用迭代使误差光滑化;↓表示从细网到粗网上的限制变换;↑表示从粗网到细网的插值变换;□表示在最粗的网格上求解。本文采用的是 $r = 2$ 的 W 型循环,$v_1 = 1$,$v_2 = 2$。

2　MGM 和 SOR 解法的比较试验

为了对不同的亥姆霍兹方程的第一边值问题作比较,我们求解了下面五个定解问题。求解区域为单位正方形,将该区域分为 9×9(相应于三重网格)、17×17(相应于四重网格)、33×33(相应于五重网格)三种情况。五个定解问题为

$$\left.\begin{array}{l} \nabla^2 u_{i,j} - A_{i,j} u_{i,j} = [1 - A_{i,j}(x_i^2 + y_j^2)/4] \\ u\mid_{x=0} = y_j^2/4; \quad u\mid_{x=1} = (1 + y_j^2)/4 \\ u\mid_{y=0} = x_i^2/4; \quad u\mid_{y=1} = (1 + x_i^2)/4 \end{array}\right\} \qquad \text{I}$$

相应的解析解为 $u = (x + y)/4$;

$$\left.\begin{array}{l} \nabla^2 u_{i,j} - A_{i,j} u_{i,j} = -A_{i,j}(x_i + y_j) \\ u\mid_{x=0} = y_j; \quad u\mid_{x=1} = 1 + y_j \\ u\mid_{y=0} = x_i; \quad u\mid_{y=1} = 1 + x_i \end{array}\right\} \qquad \text{II}$$

相应的解析解为 $u = x + y$ ；

$$\left.\begin{array}{l} \nabla^2 u_{i,j} - A_{i,j} u_{i,j} = -2A_{i,j} \\ u\mid_{x=0} = 2; \quad u\mid_{x=1} = 2 \\ u\mid_{y=0} = 2; \quad u\mid_{y=1} = 2 \end{array}\right\} \qquad \text{Ⅲ}$$

相应的解析解为 $u = 2$ ；

$$\left.\begin{array}{l} \nabla^2 u_{i,j} - A_{i,j} u_{i,j} = -A_{i,j} x_i y_j \\ u\mid_{x=0} = 0; \quad u\mid_{x=1} = y_j \\ u\mid_{y=0} = 0; \quad u\mid_{y=1} = x_i \end{array}\right\} \qquad \text{Ⅳ}$$

相应的解析解为 $u = x + y$ ；

$$\left.\begin{array}{l} \nabla^2 u_{i,j} - A_{i,j} u_{i,j} = (x_i + y_j) - A_{i,j}(x_i^2 + y_j^2)/6 \\ u\mid_{x=0} = y_j^3/6; \quad u\mid_{x=1} = (1 + y_j^3)/6 \\ u\mid_{y=0} = x_i^3/6; \quad u\mid_{y=1} = (1 + x_i^3)/6 \end{array}\right\} \qquad \text{Ⅴ}$$

相应的解析解为 $u = (x^3 + y^3)/6$ 。

在 SOR 计算中，采用变松弛系数 ω [5]

$$\omega = (\sqrt{2} + \frac{B_{i,j}}{2\sqrt{2}})^2 - (\sqrt{2} + \frac{B_{i,j}}{2\sqrt{2}})\big[B_{i,j}(1 + \frac{B_{i,j}}{8}) + (\frac{\pi}{M})^2 + (\frac{\pi}{N})^2\big]^{1/2}$$

式中，M、N 为 x、y 上的网格数，$B_{i,j} = A_{i,j} d^2$ ，d 为网格距。并采用五点差分格式

$$\nabla^2 u = \frac{1}{d^2}(u_{i,j-1} + u_{i,j+1} + u_{i+1,j} + u_{i-1,j} - 4u_{i,j})$$

将微分方程转化成差分方程

计算时规定误差 $err < 10^{-4}$ 。方程中的 $A_{i,j}$ 分别取为常数和 (x,y) 的函数共 4 种情况，实际计算了 20 个方程。计算结果见表 1。平均误差按下式估计

$$err = \sqrt{\sum_{j=1}^{N-1} \sum_{i=1}^{N-1} (u_{i,j} - u'_{i,j})^2/(N-1)^2}$$

式中，$u'_{i,j}$ 为从解析解离散化所得的真解；$u_{i,j}$ 为迭代后所得的解。

从表中我们可看出

(1)在相同的误差条件下（$err < 10^{-4}$），MGM 的收敛速度比变松弛系数的 SOR 方法快。MGM 的收敛时间和 SOR 方法收敛时间之比随多重网格层数的增加而减小，说明用 MGM 求解大型差分方程组的时效要比变松弛系数的 SOR 方法高得多。

(2)当 $A_{i,j}$ 为常数时，尽管两种方法收敛到规定误差的运算时间都比较短，时间比比较大，但结论(1)依然成立；当 $A_{i,j}$ 为 x、y 的函数时，MGM/SOR 平均值小。说明 $A_{i,j}$ 为常数时，多重网格的收敛的改善要比 $A_{i,j}$ 为 x、y 函数时小。

(3)对于上述 20 种方程，在使用 MGM 方法，v_1 取 $1 \sim 2$ 次，v_2 取 $1 \sim 2$ 次时，都只要进行 $3 \sim 4$ 个迭代步就可达到相当的精度，而 SOR 方法则要进行十几次乃至几十次迭代才可达到。试验中还对 MGM 方法前后光滑部分的迭代次数进行了试验。在采用相同松弛方法的条件下，对不同的 v_1、v_2 组合（v_1、v_2 取 $1 \sim 2$），它们的计算时效还可以有 $10\% \sim 20\%$ 的差异（表略）。当 v_1、v_2 的松弛次数增加，时间也明显地增加，因此，v_1 和 v_2 取 $1 \sim 2$ 是合适的。针对具体问题适当地选取 v_1、v_2 能获得更好的收敛时效。

另外，为了验证变松弛系数的 SOR 方法是一个很有效的迭代方法，我们除了参考文献[5]

的结果外,还对所给方程计算了一般的 SOR 方法和变松弛系数的 SOR 方法的时间比。结果表明,后者比前者要快一倍以上。在 $A = \sin x \sin y$ 时,甚至可以节省 3/4 的时间(表略)。

表 1　MGM 和 SOR 解欧拉方程的时间效率比

网格数	方程	迭代次数		$A(i,j)$（%）				平均值
		1	2	$\sin(x)\sin(y)$	x^2-y^2	x^2+y^2	50	（%）
9×9 (L=2)	I	3~4	15~30	54.6	43.1	45.7	48.9	48.1
	II			62.6	48.8	51.7	69.1	58.1
	III			75.1	66.4	70.7	97.3	77.4
	IV			46.5	35.4	35.6	58.0	43.9
	V			59.6	51.0	56.0	77.7	61.1
16×16 (L=3)	I	3~4	25~50	36.2	28.6	29.4	46.3	35.1
	II			43.1	34.0	35.4	45.7	39.6
	III			43.2	38.4	40.3	71.3	48.3
	IV			31.7	24.5	24.8	38.5	29.9
	V			54.3	37.3	40.7	52.0	46.1
33×33 (L=4)	I	3~4	40~85	22.7	17.8	19.5	29.3	22.3
	II			19.9	15.6	16.3	26.7	19.6
	III			26.9	23.8	25.1	44.6	30.1
	IV			20.7	15.9	20.1	25.3	20.5
	V			28.1	23.7	26.1	40.2	29.5

注:本文计算在 PC286 无协处理器计算机上运算,结果只是相对标准。

3　结语

从本文求解的 20 个亥姆霍兹方程第一边值问题可以得出以下结论:在相同的误差条件下,多重网格方法要优于变松弛系数的 SOR 方法,而且随网格层数增加(层数 $L \leqslant 4$),MGM/SOR 的时间比将变小。在 33×33 网格中,MGM 方法要比变松弛系数的 SOR 方法节省大约 2/3 的时间;在 17×17 网格中约节省 1/2 的时间。即使在 $A = 50$ 时的方程III中。在 17×17 和 9×9 网格中,两种方法的用时差不多的情况下,若扩展到 33×33 网格中仍然可以节约 50% 的时间。因此,总的来说,MGM 具有收敛快、精度高的优点,尤其对于大型方程组的求解,其效果更为明显。

参考文献

[1] Ahner P R, Krajewski W F, Johson E R. Validation of the "on-site" precipitation processing system for NEXRAD[R]. 22nd Con on Radar Meteor, 1984:192-201.

[2] Ninomiya K, Akiama T. Objective analysis of heavy rainfalls based on radar and gauge measurement[J]. J Meteor Soc Japan, 1978, 50: 206-210.

[3] 张培昌,戴铁丕,傅德胜,等. 用变分方法校准数字化天气雷达测定区域降水量基本原理和精度[J].大

气科学,1992,16(2):248-256.

[4] 哈克布恩 W. 多重网格方法[M]. 林群,译. 北京:科学出版社,1988:22-100.

[5] 刘金达. Helmholtz 方程差分解的迭代方法[J]. 大气科学, 1990, 14(4):404-412.

有云大气微波辐射传输模式反演
辐亮温的数值试验[*]

罗云峰，张培昌，王振会

(南京气象学院，南京　210044)

摘　要：本文用 Eddington 近似及有云大气的数值模拟，对国际上采用的七个微波通道的辐亮温 T_b 与频率 f、云高 z_t 及云中含水量 W_ρ 的关系进行计算。结果表明，有云时较低的 5 个通道 T_b 值均较晴空时高。另外，水面上 18.0，21.0，37.0 GHz 以及陆面上 37.0 GHz 这些通道的 T_b 对 z_t 变化的反应较敏感，这些通道可以用于监测高云变化。水面上 18.0，21.0，37.0 GHz 及陆面上 37.0，85.6 GHz 通道的 T_b 值对 W_ρ 的反应也很敏感，故这些通道可以用于对云中含水量变化的监测。

目前，美国建立的空间大型极轨平台上，将携带 20 个通道的 AMSU 高级微波传感器组和 AMSIR5 通道高级微波扫描辐射计。我国已列入"九五"计划的风云三号（FY-3）卫星上也将载有微波通道。因此，对不同微波通道的辐亮温 T_b 随云参数变化的理论研究，将具有实际意义。本文用 Eddington 近似并对云参数进行数值模拟，以便从理论上求取不同下垫面情况下 T_b 与云参数之间的关系。文中选用了国际上通用的七个星载微波通道。

1　Eddington 近似下的基本方程[1]

Eddington 近似的假设如下：

(1)辐亮温 T_b 可以写成下面形式

$$T_b(z) = I_0(z) + I_1(z)\cos\theta \tag{1}$$

(2)相函数 $\Psi(\cos\Theta)$ 可以表示成

$$\Psi(\cos\Theta) = 1 + 3g\cos\Theta \tag{2}$$

式中，g 为相函数的不对称因子，I_0 和 I_1 为 T_b 的展开系数，Θ 是入射波和散射波传播方向间的夹角，称为散射角，θ 是辐射能向辐射计传播方向的天顶角。使用辐射传输方程经推导后可得到下面一组微分方程

$$\frac{\mathrm{d}I_1}{\mathrm{d}z} = -3f_{k_e}(1-\alpha)(I_0 - T) \tag{3}$$

$$\frac{\mathrm{d}I_0}{\mathrm{d}z} = -f_{k_e}(1-g\alpha)I_1 \tag{4}$$

由文献[2]可知，其边界条件为

---

　　[*] 本文原载于《中国气象学会大气探测与气象仪器专业委员会大气遥感论文集》，1997：12-16.

$$I_0(H) = \frac{2}{3}I_1(H) + 2.7 \tag{5}$$

$$I_{0(0)} = \frac{2}{3e_\beta}(2 - e_\beta)I_{1(0)} = T_o \tag{6}$$

式中，f_{k_e} 为衰减系数，α 为单次散射反照率，e_β 为下垫面的比辐射率，T 是温度。

2　微分方程的数值解

由于微分方程(3)、(4)中的 f_{k_e}，α，g 和 T 均随高度变化，故无法求解析解，只能求数值解，我们在厚度为 $(0, H)$ 区间内将大气离散化成 $2n$ 个薄层。Eddington 近似(3)式用离散形式表示

$$T_b(z_i) = I_{0,i} + I_{1,i}\cos\theta, \quad i = 1, 2, \cdots, n$$

其中

$$I_{0,i} = I_0(z_i)$$

$$I_{1,i} = I_1(z_i) = \frac{(I'_{1,i+1}, I'_{1,i})}{2}$$

式中，带撇的值是处在不带撇的相邻两层之间那一层上的值。则(3)和(4)式的差分形式为

$$I'_{1,i+1} - I'_{1,i} = -F_i(1_{0,i} - T_i) \quad 0 \leqslant i \leqslant n \tag{7}$$

$$I_{0,i+1} - I_{0,i} = -E_{i+1}I_{1,i+1} \quad 0 \leqslant i \leqslant n-1 \tag{8}$$

其中

$$E_i = f_{k_e}(z_i)\Delta z(1 - \alpha_i g_i) \tag{9}$$

$$F_i = 3f_{k_e}(z_i)\Delta z(1 - \alpha_i) \tag{10}$$

边界条件(5)、(6)式可写成

$$I'_{1,n+1} = 3(I_{0,n} - 2.7) - I'_{1,n} \tag{11}$$

$$I'_{1,0} = (T_0 - I_{0,0})\frac{3e_\beta}{2 - e_\beta} - I'_{1,1} \tag{12}$$

方程(7)、(8)、(11)、(12)共含 $2n+3$ 个方程，完全可以确定 $I_{0,0}$，$I_{0,1}$，$\cdots$，$I_{0,n}$，$I'_{1,0}$，$I'_{1,1}$ $\cdots$，$I'_{1,n+1}$ 共 $2n+3$ 个未知数，但在求解时必须首先求出由下面式子定义的各层的 g，f_{k_e} 及 α 值

$$g = \frac{1}{2}\int_{-1}^{+1}\psi(\theta)\cos\theta d\cos\theta \tag{13}$$

$$f_{k_e} = K_e + k_{H_2O} + k_{O_2} \tag{14}$$

$$\alpha = \frac{K_s}{f_{k_e}} \tag{15}$$

式中，K_e 是粒子衰减系数，K_s 是粒子散射系数，k_{H_2O} 及 k_{O_2} 分别是水汽及氧的衰减系数，$\Psi(\theta)$ 为粒子的散射相函数。在球形粒子假定下，当已知入射辐射波长、粒子复折射率和粒子谐分布时，我们用半散射理论计算出了这些参数。

3　云参数垂直分布模式

对云中粒子用 Khrgian 和 Mazin 的滴谱表示式[3]

$$n(r)\mathrm{d}r = Ar^2 \mathrm{e}^{-Br}\mathrm{d}r = \frac{2}{5\pi}\frac{W_\rho(z)}{\rho}\frac{r^2}{r_\rho(z)}\mathrm{e}^{-B_r/r_\rho(z)} \tag{16}$$

式中，$n(r)\mathrm{d}(r)$ 为高度 z 处半径为 r 的云滴谱分布，$W_\rho(z)$、$r_\rho(z)$ 分别为高度 z 处水成物含量和众数半径，ρ 为水成物密度，A，B 是参数。其中 $r_\rho(z)$ 和 $W_\rho(z)$ 随高度变化的模式分别为

$$r_\rho(z) = \begin{cases} 0 & z \geqslant z_t \\ \dfrac{r_\rho}{z_{\rho r} - z_t}(z - z_t) & z_{\rho r} \leqslant z < z_t \\ \dfrac{r_\rho}{z_{\rho r} - z_b}(z - z_\rho) & z_b < z < z_{\rho r} \end{cases} \tag{17}$$

$$W_\rho(z) = \begin{cases} 0 & z \geqslant z_t \\ \dfrac{W_\rho}{z_{\rho w} - z_t}(z - z_t) & z_{\rho w} \leqslant z < z_t \\ \dfrac{W_\rho}{z_{\rho w} - z_b}(z - z_\rho) & z_b < z < z_{\rho w} \end{cases} \tag{18}$$

当有云无雨 $z \leqslant z_b$ 时，有 $r_\rho(z) = 0$，$W_\rho(z) = 0$，式中 z_b 和 z_t 分别为云底和云顶高度（km）；$z_{\rho r}$、$z_{\rho w}$ 分别为云内粒子众数半径最大处和云中含水量最大处的高度。

4 数值试验结果

地表比辐射率 e_ρ 在陆面取 0.9，洋面取 0.61，初始温、压、湿值取 AFGL（美国空军地球物理实验室）的中纬夏季模式[1]。利用 Eddington 近似解法可以得到十三个高度的辐亮温值。最高一层（$n = 12$，$z = 24$ km）的辐亮温值 $T(12)$ 即相当于卫星上微波辐射计观测到的辐亮温（取卫星观测角 $\theta = 130°$）。在数值试验中选用了 7 个典型的可用于测量大气水汽、云和降雨的频率（即 6.6，10.7，18.0，21.0，37.0，85.6，183.0 GHz）进行研究。

1. 晴空天气下，T_b 在几个不同频率 f 处的值如表 1 所示。由表 1 中可见：

（1）除在 183.0 GHz 处陆面与水面的辐亮温相同外，其他频率上无论陆面还是水面的 T_b 值均随频率增加而增大，且在水面上更为明显。

（2）在 6.6，10.7，18.0，21.0，37.0 GHz 这五个通道，洋面上空辐亮温值约在 150 K 左右；陆面上空约在 270 K，此结果与 Westwater[4] 计算结果吻合。

表 1　晴空和有云条件下 f 与 T_b 的关系

晴空时 T_b 随 f 的变化			有云条件下 f 与 T_b 的关系		
f(GHz)	e_ρ		f(GHz)	e_ρ	
	0.461	0.9		0.461	0.9
6.6	141.5	264.9	6.6	143.19	265.09
10.7	142.2	265.1	10.7	146.61	265.53
18.0	16.6	266.5	18.0	158.36	267.26
21.0	155.0	268.8	21.0	169.60	269.51
37.0	158.6	269.1	37.0	195.94	270.19
85.6	195.8	278.2	85.6	263.29	275.64
183.0	263.7	263.7	183.0	263.64	263.64

衰减系数随高度变化如图 1 所示。即随频率 f 增加衰减系数增大,低层增加更为明显。183.0 GHz 通道衰减系数较其余通道大几个量级。

2. 有云大气时,我们设计了一种云参数模式如下:

$$z_b = 2.0 \text{ km}$$
$$z_t = 5.0 \text{ km}$$
$$z_{\rho r} = z_{\rho v} = 2.5 \text{ km}$$
$$r_\rho(2.5 \text{ km}) = 0.008 \text{ cm}$$
$$W_\rho(2.5 \text{ km}) = 0.30 \text{ g} \cdot \text{m}^{-3}$$

云滴半径下限 $r_1 = 0.0005$ cm,上限 $r_2 = 0.1$ cm。计算结果如下:

(1)频率 f 与 T_b 关系如表 1 所示。有云大气的特征和晴空大气基本相同。不同之处有两类:第一,除高频通道外(水面上为 183.0 GHz,陆面上为 85.6 和 183.0 GHz),其余各通道辐亮温值均较晴空时高,水面上增加更明显。第二,在 183.0 GHz 通道不同下垫面上的辐亮温值仍相同,但较晴空稍有一些减少;其余各通道 T_b 值则均随频率 f 增加而增大。

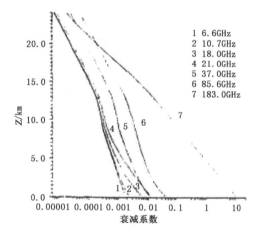

图 1　晴空条件下七个不同频率衰减系数的垂直变化

(2)云高 z_r 变化与 T_b 的关系。由图 2 可见,水面上频率为 18.0,21.0,37.0 GHz 三通道对云高变化较敏感,故可用这些通道监测云顶高度的变化。陆面上 37.0 GHz 的 T_b 对 Z_r 变化较敏感,而 85.6 GHz 在云顶高于 7 km 后 T_b 值随云高增加而减少(图略)。在 183.0 GHz 通道,无论水面或陆面,T_b 均随高度的增加而减小,这与云顶的冰晶散射效应有关。

(3)云下部含水量 W_ρ 与 T_b 的关系。水面上,频率 $f \leqslant 37.0$ GHz 的几个通道的 T_b 值均随 W_ρ 增加而增大(图 3),故这个通道均可用于监测云中含水量。陆面上,所有 7 个通道的 T_b 值都随 W_ρ 增加而增大,特别是 37.0,85.6 GHz 两个通道的灵敏度最高,故是监测陆面上云中含水量的理想通道。

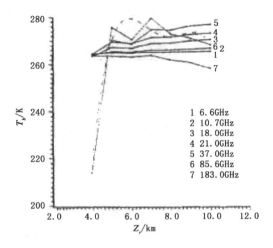

图 2 $e_\beta = 0.9$ 时 z_r 与 T_b 的关系（虚线为拟合线）

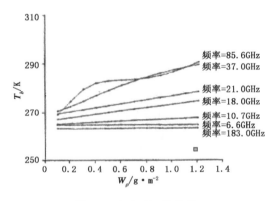

图 3 W_ρ 与 T_b 的关系

参考文献

[1] 刘长盛,刘文保.大气辐射学[M].南京:南京大学出版社,1990.

[2] 张培昌,王振会.大气微波遥感基础[M].北京:气象出版社,1995.

[3] 王鹏飞,李子华.微观云物理学[M].北京:气象出版社,1989.

[4] Westwater E R. Atmospheric microwave radiometry[R]. Lecture Notes for IGARSS 84, Short course, France,1984.

降水云含有水膜冰球时的微波辐亮温*

王振会,张培昌

(南京气象学院,南京 210044)

摘 要:利用 Eddington 近似解析算法和一含有冰水相态混合层的降水云模型,改变滴谱,并/或使云中冰球带上水膜,可以改变云内一些高度上的辐射通量,而对降水云在云顶和地面两处的射出辐亮温的影响,则与雨强和微波频率以及水膜冰球谱和水膜厚度有关。云中相态混合层内水成物相态和滴谱对 6.6、10.7 和 18 GHz 辐射传输和射出辐亮温有较大的影响,对更高的频率(37.0、85.6 和 183 GHz)影响较小。

关键词:降水云;微波辐亮温;滴谱;水膜冰球

1 引言

由于云和降水在各种尺度天气学和气候研究中的重要性,关于云和降水参数的测量,尤其是如何利用遥感方法获得常规测站稀疏地区的云和降水资料,有很多研究。船载和地基测云雨雷达和微波辐射计以较高的时空分辨率获得云雨资料,覆盖周围几百公里的范围。利用业务气象卫星可见光、红外和微波各波段辐射计,可遥感测量更大范围的云和降水参数。但各种测量技术都存在这样或那样的不足。例如,地基雷达受地面条件的限制,星载红外辐射计因强衰减而难以获得降水云内部的信息。如何开发探测技术、处理遥感信息、取得云和降水资料,仍是目前的重要研究领域。微波,因其对云和降水有较好的穿透性,可以获得较多的云内部信息。利用美国国防气象卫星(DMS)所携带的 SSM/I 19~85 GHz 波段内 4 个频率处的观测资料,可以估计全球降水[1]以及云中液水含量等[2]。美日联合发射的热带降水测量卫星(TRMM)携带微波波段的雷达和微波辐射计,将为研究热带和副热带地区降水及其对全球大尺度环流特征的影响,提供云和降水遥感资料[3]。

正由于微波可以获得来自云内部的辐射信息,根据云和降水粒子的微波辐射特征,建立微波辐射在云中的传输模型,快捷而又准确地进行辐射传输模拟计算,对于海量卫星资料的处理和解译,是非常必要的。Kummerow[4]列举了一些常用的辐射传输算法,如 Eddington 近似有限差分解法[5],迭代法[6],多流倍加法,以及多流离散纵标法[7],就 6.6~183 GHz 波段微波在平面平行介质内传输的计算,对 Eddington 近似和多流离散纵标两种方法进行了比较,结果表明,仅包含散射相函数二阶矩的 Eddington 近似解析与 8 流离散纵标法所得解差别很小,但计算速度快得多,对计算机资源要求也比较低。一些微波辐射传输模式已逐渐考虑降水云中水

* 本文原载于《气象科学》,1999,19(4):351-359.

成物形状和相态对射出辐射的影响。例如，Spencer 等[8]在模式中把云体分上下两层，上部为球形冰晶，下部为球形水滴，证明卫星测得的微波辐亮温因冰晶散射而降低。Wu 等[5]在模式中考虑了非球形水滴和冰晶，模拟出垂直极化亮温比水平极化亮温高。尽管 Battan[9]早就指出，在降水云中，冰晶在下落运动中会融化，也会与上下运动的水滴碰撞，因而形成云中的水膜冰粒，但是关于水膜冰粒（球形或非球形的）对微波辐亮温的影响尚未见报道。本文利用 Kummerow[4]的 Eddington 近似解析算法和其源程序，先讨论由雨强模拟冰水相态混合层内水成物滴谱的方案及在辐亮温计算中所产生的差异，再在原程序 中引入水膜冰球散射，讨论降水云中含水膜冰球时的情况 。

2 微波辐射传输理论

在平面平行大气中高度 z 处，沿天顶角 θ、方位角 ψ 传输的辐亮度 $I(z,\theta,\psi)$，可以表示为

$$\cos\theta \frac{\mathrm{d}I(z,\theta,\psi)}{\mathrm{d}z} = -k_e(z)\big[I(z,\theta,\psi) - J(z,\theta,\psi)\big] \tag{1}$$

其中，$k_e(z)$ 为大气的体积消光系数，$J(z,\theta,\psi)$ 为源函数，

$$J(z,\theta,\psi) = [1-\alpha(z)]B(T(z)) + \frac{\alpha(z)}{4\pi}\int_0^{2\pi}\mathrm{d}\psi'\int_{-1}^{+1}P(\theta,\psi;\theta',\psi')I(z,\theta',\psi')\mathrm{d}\cos\theta' \tag{2}$$

其中，$\alpha(z)$ 为介质单次散射反照率，$T(z)$ 为介质环境温度，$B(T(z))$ 为 Planck 函数，$P(\theta,\psi;\theta',\psi')$ 为散射相函数，表示来自 θ',ψ' 方向的辐亮度 $I(z,\theta',\psi')$ 被散射到 θ,ψ 方向的大小。

利用 Eddington 近似[10]，$I(z,\theta,\psi)$ 可表示为

$$I(z,\theta,\psi) = I_0(z) + I_1\cos\theta \tag{3}$$

则

$$P(\theta,\psi;\theta',\psi') = 1 + 3g[\cos\theta'\cos\theta + \sin\theta'\sin\theta\cos(\psi-\psi')] \tag{4}$$

其中，g 为相函数不对称因子，考虑到在已知大气状态参数和降水云中水成物滴谱的情况下，k_e、α 和 g 可以计算得出，再利用 Kummerow[4]提出的算法，可以由方程(1)、(2)、(3)和(4)解出 $I_0(z)$ 和 $I_1(z)$，进而由方程(3)、(4)和(2)计算出源函数 $J(z,\theta,\psi)$。假设把含有降水云的平面平行大气分成 N 层（如图 1），各辐射量与方位 ψ 无关，上行辐亮度 $I(z,\theta)$ 和下行辐亮度 $I(z_i,-\theta)$ 可分别用由方程(1)确定的递推公式给出，

$$I(z_i,\theta) = I(z_{i-1},\theta)\mathrm{e}^{[-k_e(i)\cdot(z_i-z_{i-1})/\cos\theta]}$$
$$+ \int_{z_{i-1}}^{z_i}J(z,\theta)K_e(i)\mathrm{e}^{[-k_e(i)\cdot(z_i-z)/\cos\theta]}\,\mathrm{d}z/\cos\theta \tag{5}$$

$$I(z_{i-1},-\theta) = I(z_i,\theta)\mathrm{e}^{[-k_e(i)\cdot(z_i-z_{i-1})/\cos\theta]}$$
$$+ \int_{z_{i-1}}^{z_i}J(z,-\theta)K_e(i)\mathrm{e}^{[-k_e(i)\cdot(z-z_{i-1})/\cos\theta]}\,\mathrm{d}z/\cos\theta \tag{6}$$

$$(i=1,2,\cdots,N)$$

下行辐亮度的递推起始为 $I(z_N,-\theta) = B(T_{BB})$，其中 $T_{BB} = 2.7$ K 为外空背景辐亮温。对于上行辐亮度，则需考虑地表热辐射和地表对下行辐射的反射[11]。对于陆地性地表，可设 其为朗伯面，则上行辐亮度的递推起始为

$$I_{(z_0,\theta)} = \varepsilon B(T_s) + 2\int_0^1(1-\varepsilon)I(z_0,\theta')\cos\theta'\mathrm{d}\cos\theta' \tag{7}$$

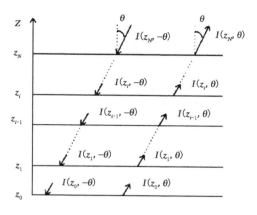

图 1　平面平行大气分层示意

其中 ε 和 T_s 分别为地表比辐射率和温度。对于海洋性地表,可设其为镜面,则上行辐亮度的递推起始为

$$I(z_0,\theta) = \varepsilon B(T_s) + (1-\varepsilon)I(z_0,-\theta) \tag{8}$$

其中,ε 和 T_s 分别为海表比辐射率和温度。在微波波段,通常根据 Rayleigh—Jeans 近似,用辐亮温表示辐亮度。因此,由方程(5)和(6)得到 $I(z_0,-\theta)$ 和 $I(z_N,\theta)$,即是大气在地表和大气顶处的射出辐亮温 $T_B^{\downarrow}$ 和 $T_B^{\uparrow}$。

由 Mie 理论可以求出半径为 r 的单个球形水成物(水滴,冰晶,和水膜冰球)的消光截面和散射截面[11,12],再由云雨内各类球形水成物的滴谱计算各类水成物的消光系数、单次散射反照率和不对称因子,最后迭加得到

$$k_e = k_{atm} + \sum_i k_i; \alpha = \sum_i \alpha_i, k_i/k_e; g = \sum_i g_i \alpha_i k_i/\alpha k_e$$

其中 k_{atm} 表示大气中非降水成分(氧气,水汽等)的体积吸收系数,下标 i 表示降水成分水成物类型。通常取降水云中水成物滴谱为 M-P 分布,由雨强 R(或与雷达反射率因子等效的雨强)确定滴谱,

$$n(R,r) = 16e^{(-8.2R^{-0.21}r)}$$

可见,在冰和水同时存在的相态混合层内,各类水成物滴谱的模拟方案,会有如下两种:

(1) $N_i(r) = n(R,r) \cdot f_i$

(2) $N_i(r) = n(R_i,r) = 16\exp\{-8.2R_i^{-0.21}r\}$

其中,$N_i(r)$ 为第 i 类水成物滴谱,$R_i = R \cdot f_i$ 为第 i 类水成物分雨强,f_i 为比例因子,满足 $\sum_i f_i = 1$。显然,方案 1 产生的滴谱中大粒子较多,方案 2 产生的滴谱中小粒子较多。Kummerow[4] 使用方案 2。

3　滴谱对辐亮温的影响

为计算分析在总雨强不变情况下滴谱对辐亮温的影响,取降水云模型与 Kummerow[4] 所用相似,如图 2 所示。云高 11 km,4～8 km 层为含有等量水球和冰球的相态混合层,雨滴最大直径为 1 cm。降水云内雨强 $R = 16$ mm · h^{-1},相对湿度=80%,非降水性液态水浓度

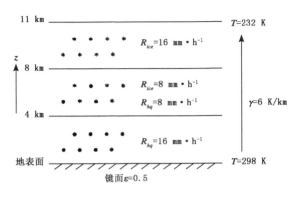

图 2　降水云模型

=0.1 g · m^{-3}。计算中,取云顶为大气顶,$N=11$,即每层厚度为 1 km。天顶角 θ 取 50°,即 SSM/I 的观测角。对于微波遥感常用的 6 个频率,计算得两种滴谱方案情况下的射出辐亮温以及 6～7 km 层水滴、冰晶的体积吸收系数,如表 1 列出。可见,由于方案 2 减少了相态混合层大粒子数密度(相应增加了小粒子数密度,以使总雨强不变),较之方案 2,$T_B^\uparrow$ 在较低的三个频率减小,$T_B^\downarrow$ 在 6.6 GHz 减小,在 10.7、18 和 37 GHz 增加。在更高的频率处,$T_B^\uparrow$ 和 $T_B^\downarrow$ 不变。

表 1　由图所示云模型确定的射出辐亮温及 6～7 km 层水球和冰球体积吸收系数和散射系数(频率:GHz;T_B:K;k_a,k_s:km^{-1})

频率	$T_B^\uparrow$		$T_B^\downarrow$		k_a,水球		k_s,水球		k_a,冰球		k_s,冰球	
	方案 1	方案 2	方案 1	方案 2	方案 1	方案 2	方案 1	方案 2	方案 1	方案 2	方案 1	方案 2
6.6	62.9	61.9	200.1	199.4	0.0134	0.0128	0.0004	0.0003	0.0001	0.0002	0.0001	0.0001
10.7	169.2	167.3	252.9	253.0	0.0400	0.0383	0.0032	0.0022	0.0022	0.0003	0.0006	0.0004
18.0	270.7	270.1	252.8	255.1	0.1129	0.1114	0.0257	0.0187	0.0004	0.0004	0.0047	0.0034
37.0	294.1		206.7	207.8	0.3731	0.4037	0.2063	0.1895	0.0016	0.0017	0.0753	0.0578
85.6	296.2		137.5		0.6893	0.8515	0.5263	0.6026	0.0118	0.0120	0.7250	0.7087
183.0	297.8		186.9		0.7448	0.9566	0.6862	0.8679	0.0514	0.0558	1.5339	1.8701

　　不同滴谱有不同的微波散射和吸收。即使这种不同对射出辐亮温影响很小,甚至无影响,但对云内各薄层辐射通量的传输还是有影响的。以 6～7 km 层为例,滴谱对散射和吸收系数的影响(表 1),在较高的三个频率比在较低的三个频率更明显。根据式(5)、(6)计算出云内各层辐亮温递推增值,表 2 列出两滴谱方案的辐亮温递推增值之差。由表 2(a)部可见,在 6.6、10.7 和 18 GHz,4～8 km 层内大粒子密度大的效果是增加该层内的下行辐亮温递推增值,原因是在这些频率处大气总消光系数主要由水滴的吸收作用决定,吸收系数增大,导致微波比辐射率增大,对下行辐射的发射增强大于起始值本来就比较小的下行辐射的衰减,因而使下行辐亮温递推增值差为正,但随着高度降低,下行辐亮温递推增值差减小,甚至为负值,这是由下行辐射的大气透过率来决定的。6.6 GHz 大气吸收和散射系数都较小,故大气透过率较大,下行辐亮温在 4～8 km 层 1.2 K 增值差可以很容易地传输到低层而不受强烈衰减(仅衰减 0.2 K)。而在 18 GHz,大气透过率较小,4～8 km 层的 3.9 K 增值差在向下传输过程中不断被强烈衰减,到达地面时已被抵消 3.3 K,只剩下原来的 15%。在 37 和 85.6 GHz,与方案 2

相比,方案 1 使水球吸收系数减小是使下行辐亮温递推增值差在 7~8 km 层为负的主要原因。由于这两频率的大气薄层透过率更小,滴谱对下行辐亮温的影响很快被模糊直至消失。滴谱方案 1 使 183 GHz 水和冰的吸收系数同时减小,特点应与 85.6 GHz 相似。但在 183 GHz 处,大气中非降水成分(尤其是水汽)的吸收系数很大,对辐射传输起决定作用,只有令大气非降水成分的吸收系数为零,才能凸出滴谱的影响(如表 2(b)部所示)。

表 2　两滴谱方案的辐亮温递推增值之差 ($R=16$ mm·h^{-1})

(单位:K;差={方案 1-方案 2},↓:下行辐射;↑:上行辐射)

层序	6.6 GHz		10.7		18.0		37.0		85.6		183.0	
i	↓	↑	↓	↑	↓	↑	↓	↑	↓	↑	↓	↑
(a)大气含降水和空气												
11	0.0	0.0	0.0	-0.1	0.1	-0.1	0.2	0.0	0.0	0.0	0.0	0.0
10	0.0	0.0	0.0	0.1	-0.1	0.1	-0.1	0.2	0.0	0.0	0.0	0.0
9	0.0	0.1	0.0	-0.1	0.1	0.0	0.1	0.2	0.0	-0.1	0.0	-0.1
8	0.1	-0.1	0.5	-0.2	1.2	-0.8	-2.2	-0.8	-2.3	0.1	-0.1	0.1
7	0.3	0.1	0.7	-0.2	1.2	-0.7	0.6	-0.4	1.4	-0.2	0.1	0.1
6	0.3	0.2	1.0	-0.2	0.9	-0.6	0.6	-0.3	0.5	0.0	0.2	0.0
5	0.5	0.1	1.0	0.0	0.6	-0.6	0.6	-0.1	0.4	0.0	0.1	0.0
4	-0.1	0.0	-0.4	-0.1	-1.3	0.1	0.5	-0.1	0.4	0.0	0.0	0.0
3	0.0	-0.1	-0.3	0.0	-1.0	0.1	0.2	0.0	0.1	0.0	0.0	0.0
2	0.0	0.0	-0.2	0.0	-0.6	0.0	0.0	0.0	0.0	0.0	0.0	0.0
1	-0.1	-0.1	-0.2	-0.1	-0.4	-0.2	0.0	0.0	0.0	0.0	0.0	0.0
(b)大气仅含降水												
11	0.0	-0.1	0.0	0.0	0.0	-0.1	-0.2	0.2	-0.1	0.1	0.1	-0.1
10	0.0	0.1	0.0	-0.1	0.0	0.1	0.1	-0.1	0.1	0.1	0.1	-0.1
9	0.0	0.0	0.0	-0.1	0.0	0.1	-0.3	0.1	-0.1	0.0	0.2	-0.3
8	0.1	0.0	0.5	-0.1	1.4	-0.8	-3.0	-1.0	-4.5	0.4	-2.6	0.4
7	0.3	0.0	0.8	-0.2	1.4	-0.8	0.7	-0.7	3.0	-0.5	1.4	-0.2
6	0.4	0.1	1.0	-0.2	1.1	-0.6	0.5	-0.4	1.0	-0.1	0.2	0.0
5	0.5	0.1	1.2	0.0	0.8	-0.7	0.5	-0.2	0.2	0.2	0.1	0.5
4	-0.1	0.0	-0.5	-0.1	-1.5	0.1	0.9	-0.1	0.1	0.0	0.0	-0.1
3	0.0	0.0	-0.4	0.0	-1.1	0.0	0.2	0.0	0.1	0.0	0.0	0.0
2	-0.1	0.0	-0.3	0.0	-0.7	-0.1	0.0	0.0	0.0	0.0	0.0	0.0
1	0.0	0.0	-0.3	-0.1	-0.4	-0.1	0.0	0.0	0.0	0.0	0.0	0.0

由于上行辐亮温的递推起始值决定于 T_s 和 T_B^i(见式(8)),而下行辐亮温的递推起始值仅为 2.7 K,故上行辐射递推起始值比下行辐射递推起始值大。因此,滴谱方案对上行辐射的影响没有对下行辐射的影响明显。这在表 2 中可以清楚地看出。但各频率的差异,则由云对上行辐射的衰减作用和增强作用共同决定(已取 $\varepsilon=0.5$ 与频率无关)。6.6 GHz 处递推起始值较小,大气透过率较大,4~8 km 层滴谱引起吸收系数增大,其对上行辐亮温的增强作用几乎与对

递推起始值的衰减作用相同,故上行辐亮温递推增值差很小,仅约 0.1 K。在 10.7 和 18 GHz,大气透过率较小,滴谱方案 1 使吸收系数增大则进一步减小 4～8 km 层透过率,对上行辐射的影响以衰减作用为主,故上行辐亮温递推增值差多为负值。在 37 GHz,大气薄层透过率更小,整层透过率几乎为 0,4～8 km 层滴谱不影响近地面几层的辐射特征,但增大了对上行辐射的衰减,递推增值差全为负。而在 8 km 高度以上,递推增值差均为正,共有 0.6 K,这是 8～11 km 层大气衰减的抵挡作用。对 85.6 和 183 GHz,4～8 km 层滴谱对上行辐射递推增值差影响更小,且由于大气透过率很小而使此影响衰减消失。若消除大气非降水成分的吸收模糊作用,由 4～8 km 层滴谱引起的递推增值差就会更明显(如表 2(b)部所示)。

　　滴谱方案对 $T_B^{\downarrow}$ 和 $T_B^{\uparrow}$ 的影响程度,显然与降水强度有关。仅改变图 1 所示云中雨强,计算结果如表 3 给出。4～8 km 层滴谱对 6.6 GHz $T_B^{\downarrow}$ 和 18 GHz $T_B^{\uparrow}$ 影响较大,在 $R = 32$ mm·h^{-1} 时分别为 2.4 和 -3.0 k。因 85.6 和 183 GHz 大气吸收强,$T_B^{\downarrow}$ 和 $T_B^{\uparrow}$ 不受 4～8 km 层滴谱影响。

4　云中水膜冰球对辐射传输的影响

　　根据 Mie 理论计算,冰球的吸收截面总比同体积水球的小。冰球的散射截面,在尺度因子 $x = 2\pi r/\lambda$ 小于大约 1.5 时,小于同体积水球的散射截面;在 x 大于大约 1.5 时,大于同体积水球的散射截面。但当冰球表面带有一层水膜时,其散射和吸收截面就发生很大的变化。虽然变化量与 x 和水膜厚度有关,但即使是一层薄薄的水膜,也能使冰球的散射和吸收截面非常接近于同体积水球。因此,降水云中当有冰球带上水膜后,体积吸收系数将增大,体积散射系数的变化性质决定于波长和滴谱。在降水强度相同的情况下,滴谱中小水膜冰球越多,越有利于散射增大。水膜冰球带来的相态混合层内体积吸收和散射系数的变化对辐射传输的影响,如同滴谱方案对辐射传输的影响,使云内个别高度上(尤其是相态混合层内)辐射通量发生变化,而对射出辐亮温的影响还要看大气透过率。

　　图 3 是降水强度为 16 mm·h^{-1} 情况下用滴谱方案 1 计算得到的低频段射出辐亮温随冰球水膜厚度的变化。计算中仍以图 1 模型为例,设 4～8 km 混合层内有半数冰球变为水膜冰球。由图可见,在冰球表面水膜很薄时,射出辐亮温随水膜增厚而增大较快;水膜厚度占半径的百分比为 5% 左右时射出辐亮温达到最大。然后随水膜厚度增大,射出辐亮温不变或缓缓减小,渐趋向于同体积水球的值。这种变化特点在低频段较明显,是由于在低频段大气衰减较小,能看到水膜的作用。而这种变化特点的原因,是很复杂的。例如,部分原因可能是在雨滴谱中,有些球使从球前表面反射的波与冰水交界面以及球的背部内面的反射波产生干涉。这也待于深入细致研究。

　　取水膜厚度为各冰球半径的,计算得 8～48 mm·h^{-1} 不同雨强时 $T_B^{\downarrow}$ 和 $T_B^{\uparrow}$ 的变化列于表 4。可见,冰球带上水膜,使 $T_B^{\downarrow}$ 在 6.6 GHz 增加 10～22 K 左右,在 10.7 GHz 增加 5～20 K 左右,与雨强有关;随频率增高,主要因透过率减小而受的影响也减小;$T_B^{\uparrow}$,总的来说是增大,如在 6.6 GHz 为 5～11 K,但在 10 和 18 GHz 和某些雨强处,$T_B^{\uparrow}$ 也会减小(表中负值),主要因为雨强较大时,低层辐射更难以透过相态混合层来增大 $T_B^{\uparrow}$。在 37 和 85.6 GHz,$T_B^{\uparrow}$ 的微增主要是因为相态混合层内水膜冰球增大了能透过上部冰晶层的散射辐射。这一效果在 18 GHz、雨强达 48 mm·h^{-1} 时也能看出。由表 4 中辐亮温增加量随雨强变化可见,在雨强更

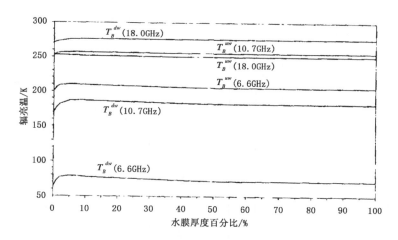

图 3　降水云射出辐亮度随云内水膜冰球厚度变化,设 4～8 km 混合层内有半数冰球变为水膜冰球。
图中 T_B^{dw} 和 T_B^{uw} 分别表示 $T_B^{\downarrow}$ 和 $T_B^{\uparrow}$

大范围内的计算也表明,雨强太大或太小都可能不利于观察水膜冰球对辐亮温的影响。雨强太小,辐亮温本身变化太小;而雨强太大,则辐亮温的变化因衰减太强而被模糊消失。对于研究射出辐亮温受水膜冰球的影响,应作用衰减较小的低频率。若用地基辐射计,6.6 GHz 对应的最佳雨强是在 32 mm·h^{-1} 以上,10.7 GHz 是在 16 mm·h^{-1} 左右,而更高的频率对应更小的雨强;若用空载辐射计,6.6G Hz 和 10.7 GHz 对应的最佳雨强分别是在 24 和 8 mm·r^{-1} 左右,同样更高的频率对应更小的雨强。

5　结论

利用求解含有冰水相态混合层的降水云微波辐射传输方程的 Eddington 近似解析算法,由一简单的降水云模型,计算了相态混合层内滴谱的两种模拟方案的差别以及云中含有水膜冰球时对微波辐亮温的影响。由各相态水成物分雨强确定滴谱(方案 2),与把由总雨强确定的滴谱按分雨强比例化分成不同相态水成物的滴谱(方案 1)相比,方案 1 产生的大粒子数密度较大,因此使云内一些高度上的辐射通量不同,而对降水云在云顶和地面两处的射出辐亮温的影响程度,与雨强和微波频率有关。在 8～48 mm·h^{-1},4～8 km 层滴谱对 6.6 GHz$T_B^{\downarrow}$ 和 18 GHz$T_B^{\uparrow}$ 影响较大。云中水膜冰球对辐亮温的影响,与水膜冰球谱、水膜厚度、雨强和微波频率有关。当云中冰球带上水膜时,6.6、10.7 和 18 GHz 辐亮温受影响较大。总之,云内水成物相态和滴谱对 6.6、10.7 和 18 GHz 辐射传输和射出辐亮温有较大的影响,这对总雨强遥感是噪声,但对云、降水物理研究是信息。怎样把信息提取出来,是大气遥感进一步研究的问题。

表 3　图 1 模型中不同雨强对应的辐亮温及两滴谱方案的辐亮温差别

$(T_B^\downarrow$ 和 $T_B^\uparrow$ 自方案 1;$dT_B^\downarrow$,$dT_B^\uparrow$ =(方案 1-方案 2))

频率	$R = 8$ mm·h⁻¹				$R = 16$ mm·h⁻¹				$R = 24$ mm·h⁻¹				$R = 32$ mm·h⁻¹				$R = 48$ mm·h⁻¹			
	$T_B^\downarrow$	$dT_B^\downarrow$	$T_B^\uparrow$	$dT_B^\uparrow$	$T_B^\downarrow$	$dT_B^\downarrow$	$T_B^\uparrow$	$dT_B^\uparrow$	$T_B^\downarrow$	$dT_B^\downarrow$	$T_B^\uparrow$	$dT_B^\uparrow$	$T_B^\downarrow$	$dT_B^\downarrow$	$T_B^\uparrow$	$dT_B^\uparrow$	$T_B^\downarrow$	$dT_B^\downarrow$	$T_B^\uparrow$	$dT_B^\uparrow$
6.6	36.3	0.2	179.8	0.1	62.9	1.0	200.1	0.7	90.0	1.7	217.9	0.9	116.4	2.4	232.6	0.9	163.2	3.2	252.2	0.5
10.7	103.1	0.9	225.1	0.3	169.2	1.9	252.9	-0.1	215.0	1.9	262.1	-0.7	244.6	1.6	263.0	-1.3	274.5	0.9	258.1	-2.2
18.0	220.0	1.0	258.7	-1.2	270.7	0.6	252.8	-2.3	286.0	0.3	244.1	-2.8	290.9	0.1	236.9	-3.0	293.9	0	225.2	-2.9
37.0	289.9	0	229.5	-1.5	294.1	0	206.7	-0.9	295.3	0	188.8	-0.9	295.9	0	174.1	-0.7	296.5	0	151.4	-0.5
85.6	295.3	0	168.4	0	296.2	0	137.5	0	296.6	0	121.4	0	296.8	0	111.6	0	297.0	0	100.3	0
183.0	297.8	0	200.9	0	297.8	0	186.9	0	297.8	0	178.2	0	297.8	0	172.0	0	297.8	0	163.7	0

表 4　图 2 模型中不同雨强时相态混合层内半数冰球变为水膜冰球(水膜厚度为各冰球半径的 10%)后辐亮温的增加量

($\Delta T_{B,1}^\downarrow$ 和 $\Delta T_{B,1}^\uparrow$ 自方案 1;$\Delta T_{B,2}^\downarrow$ 和 $\Delta T_{B,2}^\uparrow$ 自方案 2;R:mm·h⁻¹)

频率	$\Delta T_{B,2}^\downarrow$					$\Delta T_{B,1}^\downarrow$					$\Delta T_{B,2}^\uparrow$					$\Delta T_{B,1}^\uparrow$				
	$R = 8$	16	24	32	48	8	16	24	32	48	8	16	24	32	48	8	16	24	32	48
6.6	10.4	16.5	20.4	22.4	22.6	8.7	14.1	17.5	19.3	19.7	8.0	10.9	11.1	9.7	5.4	6.7	9.2	10.5	8.3	4.5
10.7	17.7	20.2	17.0	12.7	5.9	15.4	17.6	15.1	11.3	5.2	8.8	4.5	0.4	-1.8	-2.8	7.5	3.9	0.1	-1.8	-2.5
18.0	13.7	6.2	2.1	0.7	0	12.2	5.6	1.9	0.6	0	0.6	-1.2	-0.6	0	1.1	0.5	-1.1	-0.4	0.3	1.3
37.0	0.5	0.1	0	0	0	0.5	0.1	0	0	0	0.5	1.1	1.1	1.0	0.7	0.4	0.9	0.9	0.8	0.7
85.6	0	0	0	0	0	0	0	0	0	0	0.3	0.2	0.1	0.1	0	0.3	0.2	0.1	0.1	0
183.0	0	0	0	0	0	0	0	0	0	0	0	0	0	0	0	0	0	0	0	0

参考文献

[1] Weng Fuzhong,Ferraro R R,Grody N C. Global precipitation estimations using Defense Meteorological Satellite Program F10 and F11 special sensor microwave imager data[J]. J Geopys Res, 1994, 99 (D7): 14493-14502.

[2] Ferraro R R, Weng F, Grody N C, et al. An eight-year(1987—1994)time series of rainfull, clouds, water vapor, snow cover, and sea ice derived from SSM/I measurements[J]. Bull Am Meteorol Soc, 1996, 77(5): 891-905.

[3] Simpson J, Adler R F, Noth G. A Proposed tropical rainfall measuring mission (TRMM) satellite[J]. Bull Am Meteorol Soc, 1998, 69:278-295.

[4] Kummerow C. On the accuracy of the Eddington approximation for radiative transfer in the microwave frequencies[J]. J Geophys Res,1993,98(D2):2757-2765.

[5] Wu R, Weinman J A. Microwave radiances from precipitation clouds containing aspherical ice,combined phase and liquid hydrometeors[J]. J Geophys Res,1984,89(D5):7170-7178.

[6] Wilheit T T,Chang A T, Rao M S V,et al. A satellite technique for quantitatively mapping rainfall rates over the ocean[J]. J Appl Meteorol,1997,16:551-560.

[7] Stamnes K,Tsay S-C,Wiscombe W,et al. Numerically stable algorithm for discrete-ordinate-method radiative transfer in multiple scattering and emitting layered media[J]. Appl Opt,1988,27:2502-2509.

[8] Spencer R W, Olson W S,Wu Rongzhang, et al. Heavy thunderstorms observed over land by the Nimbus 7 scanning multichannel microwave radiometer[J]. J Climat Appl Meteorol,1983,22:1041-1046.

[9] Battan L J. Radar observations of the atmosphere[M]. Chicago:The University of Chicago Press,1973.

[10] Liou K N. An introduction to atmospheric radiation[M]. New York:Academic,1980:392.

[11] 张培昌,王振会. 大气微波遥感基础[M]. 北京:气象出版社,1995.

[12] Bohren C F, Huffmar D R. Absorption and scattering of light by small particles[M]. John Wiley and sons,1983.

新中国成立 **70** 年以来的中国大气科学研究：大气物理与大气环境篇（节选）*

摘　要： 新中国成立 70 年以来，中国大气物理与大气环境学科不断发展，为大气科学的发展提供了重要支撑，为国民经济的发展提供了重要保障。文章着重介绍新中国成立 70 年以来中国大气物理与大气环境学科发展的总体概况，梳理改革开放 40 年大气物理与大气环境学科的主要研究进展，总结 21 世纪以来的突出研究成果，指出面临的重大问题和挑战，提出未来的重点方向和发展建议。

关键词： 大气物理；大气环境；大气探测；大气化学；大气遥感

3.7.4　科学观测和科学试验

多个具有中国特色的科学观测计划和科学观测站推动了综合观测组织和处理能力的提高。1980 年开始的华东中尺度天气试验[1]，首次整合了 27 个无线电探空和测风站、13 个雷达站、260 个地面气象观测站和 1315 个水文站的资料，为了解掌握对流性天气规律、建立预报模式和方法、改善预报能力提供了重要数据。1990 年 6 月至 1991 年 10 月之间的"黑河地区地气相互作用观测试验研究（HEIFE）"计划，专门建立了一个微气象自动观测网。每个微气象站包括近地面 6 层风、温、湿，2 层地热流量、6 层地温以及向上、向下的长波辐射、短波辐射和净辐射，实现了自动连续采样。"西北干旱区陆-气相互作用野外试验（NWC ALIEX）"计划中[2]，采用了铁塔的风、温、湿梯度观测，地表各辐射分量观测，地表和土壤温度观测，土壤空隙的气湿观测，土壤湿度观测和土壤热流量观测，超声观测风、温、湿脉动量，系留气球观测的气压、风速、风向、温度和湿度、小球探测观测等等多种手段。继 1979 年和 1998 年之后，中国于 2014 年起开展第三次青藏高原科学试验（ITEPX）[3]，建立新一代卫星遥感、探空、雷达、地面长期综合观测系统，进行边界层、探空、卫星产品地面校验、雷达、雷达飞机等综合观测，为深入认识青藏高原陆面过程、边界层过程、云降水物理过程、对流层-平流层交换过程提供了大量综合观测数据及其融合分析产品。

科学观测试验需要理论与方法的指导，取得的数据可以直接服务与天气气候预测。中国学者提出了可预报性研究的条件非线性最优扰动方法（CNOP）[4]。该方法可应用于大气探测的目标观测敏感区确定。考虑不同观测平台的特点，给出各观测平台应该优先进行目标观测的区域和要素，从而为数值天气预报和气候预测提供更准确的初始场，进而提高预报技巧。他们在台风的目标观测研究方面的观测系统模拟实验研究结果表明，因为该方法考虑了非线性过程的影响，因而更有利于提高台风路径预报技巧[5,6]。此外，他们也开展了北大西洋涛动、

* 本文章原载于《中国科学：地球科学》，2019(12)：1833-1874，本附录只节选张培昌教授撰写部分，其余部分参见原文。

厄尔尼诺-南方涛动、以及印度洋偶极子等极端天气、气候事件的目标观测研究，识别了它们应该优先增加观测的区域，并用观测系统模拟试验验证了这些区域的目标观测对提高预报技巧的有效性[5,7]。

3.8 气象雷达探测

随着中国进入改革开放时期，气象雷达的发展也驶入了快车道。20 世纪 80 年代研制出具有数字处理系统的 714S 波段天气雷达，90 年代研制出 714CD，714SD 型脉间相参多普勒天气雷达。1999 年以后，在对美国 WSR-88D 天气雷达进行改进的基础上，生产出了先进的 S 波段及 C 波段 CINRAD/SA 与 CINRAD/CB 型全相参脉冲多普勒天气雷达，改进生产了 CIN-RAD/SB 型、CINRAD/SC 型、CINRAD/CD 型、CINRAD/CC 型天气雷达。在 20 世纪 90 年代末，X、C 及 S 波段的双线偏振多普勒天气雷达也研发出来。除了常规和双偏振多普勒天气雷达外，中国在晴空探测风廓线雷达（WPR）也有突破性工作。在 20 世纪末，继美欧等国后，中国第一部风廓线雷达研制成功，并研制出了探测不同高度、多种型号的 L 及 P 波段风廓线雷达，XYE01 型边界层风廓线雷达也研制成功。

21 世纪以来，气象雷达的发展更加迅速和多样化。2007 年，中国第一部波长 8.6 mm 测云雷达研制成功。近年来，国内还研制出具有多普勒功能的 3 mm 测云雷达。此外，中国在相控阵气象雷达方面也取得了一定的突破，在相控阵多波束雷达天气探测模式、危险天气识别算法以及数字阵列技术应用等方面有了深入研究和验证。21 世纪初，国内主要生产新一代天气雷达的单位同时开始研制国产的信号处理器。目前研制出的国产气象雷达数字信号处理器已应用在多种型号的雷达上，其性能指标与美国 VAISALA 公司先进的 RVP-8、RVP-9 相近。

除了气象雷达的不断研发更新外，提高雷达数据质量的新算法也在不断地创新。国内学者实现了将多部天气雷达转换成同一等高面上各格点的拼图资料，并对不同雷达间存在的强度差异进行合理处理，在国内首次实现南京、上海、盐城三地天气雷达回波准实时自动拼图[8,9]，并通过气象雷达资料的应用得到了很多理论成果。建立了尺度与入射波波长同量级的均质和非均质（指冰与水两种相态结构）旋转椭球、锥球、短圆柱状这些逼近降水粒子形状的模型[10]，并从电磁场理论出发，采用分离变量法、积分方程法等求解出这些粒子的散射场：用椭球函数展开法编制了计算粒子散射、吸收特性的程序。对于在气象上有重要应用价值的降水粒子雷达截面、衰减系数以及雷达反射率因子等随电磁波型、波长和降水粒子参数变化的数据进行了计算，这些都是雷达气象以及微波大气工程技术中的重要物理参数[11,12]。此外，有学者研究利用 TRMM 星载 Ku 波段雷达，对中国江苏地区内 S 波段业务雷达群的雷达反射率因子进行一致性标定与评估[13,14]，研究解决了星载测雨雷达（PR）与地基 S 波段业务雷达探测存在时空不一致性词、有效照射体积的时空不匹配、地基雷达波束下完全充塞以及星载雷达在探测强降水时存在 Mie 散射效应等质量控制与预处理问题。

在中国气象雷达业务建设方面，以气象部门为主，联合水利、民航部门共同形成了新一代天气雷达网；初步建成了风廓线雷达 69 部，并且在气象预报业务和北京奥运会、上海世博会、广州亚运会、西安世园会等重大活动的气象保障服务中发挥了积极作用。进入 21 世纪，中国自主开发了天气雷达产品生成软件 ROSE 和天气雷达资料短时临近预报平台 SWAN；天气雷达单站软件和组网拼图中使用了部分质控算法；风廓线雷达开展了组网数据质量控制及数值预报模式中的同化试验。中国气象雷达资料产品质量和在天气预报及气象服务业务中的应用水平不断提高。

4.8　气象雷达探测

近 20 年中国在气象雷达探测方面取得的突出研究成果如下：

(1)初步形成了对大中小尺度灾害性天气有监测能力的天气雷达观测网。目前中国已经形成由 S 波段、C 波段新一代天气雷达组成的国家骨干网和常规数字化天气雷达为补充的局地警戒天气雷达网，初步具备了对大中小尺度灾害性天气的监测能力，是世界上规模最大、技术水平较为先进的雷达观测网之一[15]。近年来，中国业务天气雷达开始升级为双线偏振雷达，多家研究机构和生产企业都开展了 S、C 及 X 波段双偏振多普勒天气雷达的研制和生产，并提供给国内外多个用户。此外，相控阵技术应用于天气雷达也得到快速发展。自 2005 年起，中国 S 波段[16]、X 波段[17]相控阵天气雷达相继成功研制，为监测快速变化中小尺度天气过程(如冰雹、龙卷、微下击暴流、风切变等过程)提供了有效途径。

(2)机载气象雷达云雨探测系统研制取得突破。由中国气象局气象探测中心、中国电子科技集团第 14 研究所和第 38 研究所联合承担的国家"863"s 计划项目"机载气象雷达云雨探测系统"，实现了国内机载气象雷达的首次成功探测，填补了国内空白。此外，还研究了机载雷达对不同云雨的扫描模式、飞行路径、雷达数据质量控制以及气象产品生成算法等问题，并通过试飞获取相关气象回波资料，能够较好地反映实际云况[18-20]。

(3)实现了中国自主知识产权的天气雷达应用软件系统研制。中国原有新一代天气雷达应用软件基于引进国外技术，缺乏针对中国灾害性天气特征的自有产品。为此，中国气象局气象探测中心于 2012 年提出开发有自主知识产权的软件产品生成子系统-ROSE，其目的是为了充分发挥新一代天气雷达网的建设效益，进一步提高天气雷达资料在天气预报和气象服务业务中的应用水平。此外，中国气象局研发了以天气雷达探测数据应用为主体的短时临近预报平台 SWAN。该系统提供实况数据、雷达数据、雷达拼图产品、雷达特征量数据、算法产品和算法检验产品、报警数据六大类产品，基于这一共享的短时临近预报系统平台，便于对各种短时临近预报方法进行本地化试验与改造，提高短时临近预报的准确率。

(4)在雷达气象理论与数据处理和应用方面不断创新。主要包括：推导了小椭球雨滴群在旋转轴不同取向、发射不同偏振波时的雷达气象方程[21]；提出了适用于"双/多基地双线偏振气象雷达探测小椭球粒子群"的雷达气象方程[22]。此外，系统地开展了多普勒雷达反演风场方面的研究工作；证实了单多普勒雷达采用涡度-散度方法、改进的 VVP 法、VAP 方法进行三维风场反演具备一定的业务应用条件；发展了 MUSCAT 方法[23]、变分方法[24]进行双多普勒雷达三维风场反演方法，提高了反演风场的准确性。利用天气雷达资料，中国学者还开展了强对流天气降水特征观测分析[25,26]；使用天气雷达网资料对林业和电力部门关注的林火自动识别与预警进行了深入研究[27]等一系列有特色的研究工作。

参考文献

[1]　张丙辰,杨国祥,章震越,李建辉.华东中尺度天气试验概述[J].气象,1986,12:2-5.
[2]　张强,黄荣辉,王胜,等.西北干旱区陆-气相互作用试验(NWC-ALIEX)及其研究进展[J].地球科学进

展,2005,20:427-441.

[3] 赵平,李跃清,郭学良,等.青藏高原地气耦合系统及其天气气候效应:第三次青藏高原大气科学试验[J].气象学报,2018,76:833-860.

[4] Mu M, Duan W S, Wang B. Conditional nonlinear optimal perturbation and its applications[J]. Nonlin Processes Geophys, 2003, 10:493-501.

[5] Qin X H, Mu M. Influence of conditional nonlinear optimal perturbations sensitivity on typhoon track forecasts[J]. Q J R Meteorol Soc, 2012, 138:185-197.

[6] Chen B Y, Mu M, Qin X H. The impact of assimilating dropwindsonde data deployed at different sites on typhoon track forecasts[J]. Mon Weather Rev, 2013, 141:2669-2682.

[7] Mu M, Duan W, Chen D, Yu W. Target observations for improving initialization of high-impact ocean-atmospheric environmental events forecasting[J]. Nat Sci Rev, 2015, 2:226-236.

[8] 张培昌,李晓正,顾松山.天气雷达组网拼图的思维同化方法[J].南京气象学院学报,1989,12:22-28.

[9] 袁招洪,张培昌,顾松山.一种数字化天气雷达回波原始资料的数据压缩方法[J].南京气象学院学报, 1993,16:432-438.

[10] 王宝瑞,张培昌,蒋修武,等.分层旋转椭球散射场准解析解级数系数的确定[J].南京气象学院学报, 1997,20:1-10.

[11] 王宝瑞,张培昌,嵇驿民.微波衰减的准解析计算方法[J].南京气象学院学报,1991,14:34-42.

[12] 王振会,张培昌.冰水混合球的微波吸收与散射[J].南京气象学院学报,1998,21:469-477.

[13] Han J, Chun Z G, Wang Z H, et al. The establishment of optimal ground-based radar datasets by comparison and correlation analyses with space-borne radar data[J]. Met Apps, 2018, 25:161-170.

[14] Li N, Wang Z H, Xu F, et al. Theassessment of ground-based weather radar data by comparison with TRMM PR[J]. IEEE Geosci Remote Sens Lett, 2017, 14:72-76.

[15] 沈瑾,甘泉,邓小丽,等.天气雷达的现状及发展趋势[J].电子设计工程,2011, 19:82-85.

[16] 张志强,刘黎平.S波段相控阵天气雷达与新一代天气雷达探测云回波强度及结构误差的模拟分析[J].气象学报,2011,69:729-735.

[17] 刘俊,黄兴友,何雨芩,等.X波段相控阵气象雷达回波数据的对比分析[J].高原气象,2015,34: 1167-1176.

[18] 刘黎平,吴林林,吴翀,等.X波段相控阵天气雷达对流过程观测外场试验及初步结果分析[J].大气科学,2014,38:1079-1094.

[19] 高仲辉,黄兴玉,魏鸣,等.机载W波段双线偏振测云雷达回皮分析[J].雷达科学与技术,2014,12: 561-568.

[20] 魏鸣,张思进,刘佳,等.机载气象雷达扫描的理想模型仿真算法[J].大气科学学报,2011,34:28-35.

[21] 张培昌,胡方超,王振会.双线偏振雷达探测小椭球粒子群的雷达气象方程[J].热带气象学报,2013,29: 505-510.

[22] 张培昌,王振会,胡方超.双/多基地天气雷达探测小椭球粒子群的雷达气象方程[J].气象学报,2012, 70:867-874.

[23] 周海光,张沛源.笛卡儿坐标系的双多普勒天气雷达三维风场反演技术[J].气象学报,2002,60: 585-593.

[24] 刘黎平,莫月琴,沙雪松,等.C波段双多基地多普勒雷达资料处理和三维变分风场反演方法研究[J].大气科学,2005,29:144-154.

[25] Wang M J, Zhao K, Xue M, et al. Precipitation microphysics characteristics of a Typhoon Matmo (2014) rainband after lanfall over eastern China based on polarimetric radar observations[J]. J Geophys Res, 2016, 121:12415-12433.

［26］ Wen J，Zhao K，Huang H，et al. Evolution of microphysical structure of a subtropical squall line observed by a polarimetric radar and a disdrometer during OPACC in Eastern China［J］. J Geophys Res-Atmos，2017，122：8033-8050.

［27］ 张沈寿，魏鸣，赖巧珍. 两次火情的新一代天气雷达回波特征分析［J］.气象科学，2017，37：359-367.

艰苦创业，硕果累累，忆罗漠院长

——在罗漠院长塑像揭幕时的讲话

张培昌

（曾任南京气象学院党委书记、院长）

尊敬的各位领导，各位来宾：

上午好！在今天 2020 年 5 月 10 日建校 60 周年的喜庆日子里，我们在这里举行罗漠院长塑像揭幕活动，这是学校历史上一件十分重要而有深远意义的事情。因此，我作为罗漠院长的学生和事业的继承者之一，感到非常高兴。

罗漠院长是 1938 年参加革命的老干部，曾参加过抗日战争与解放战争，新中国成立后，先任南京雷达修理所（即现在的信息产业部第 14 研究所）的领导，接着又调至华东军区司令部气象处当政委。1952 年，我到华东军区司令部丹阳气象训练大队学习，这时我就是罗院长管辖下的一名学生了。1962 年，我从北京大学地球物理系毕业分配到南京气象学院当教师，罗院长更是我的直接领导。在与罗院长长期相处的岁月中，使我回忆起罗漠院长对学院的建立和发展所做出的重大贡献。

1960 年建院初期，条件十分艰苦，学院是在龙王山下一片荒草地上建立起来的。在仅建了一座宿舍楼、医务室及食堂的情况下，1961 级学生就是在工地草棚内举行了开学典礼，当时没有自来水、没有水泥路，食品与生活用品非常短缺，出行更是十分不方便。罗院长就号召全体师生员工自力更生，到离校较远但清洁一些的水塘去拉水回来喝、把泥草路改造成石子路，改善与美化周围环境，解决各种困难。罗院长作为主要领导，带头与大家同吃同住同劳动，朝夕共处，平易近人。他确信能够把学院建设成一座国内外有影响的高等学府。并亲笔题词："艰苦朴素，勤奋好学"作为校风，这就成为建校以来的优良传统。

罗院长十分重视教育与教学，关心学生与教师。例如：

（1）罗漠院长常亲自到教室听课，听取学生意见，发现教课好的老师，就请他们在大会上做经验介绍，发现学生反映效果差的老师，就限期改进，实在不行就撤换。

罗院长要求开新课的年轻教师必须先试讲，听取意见改进后才能上讲台。记得 1962 年 11 月，我到学院报到并安排在气象教研室任教后，王鹏飞系主任交待我下学期要为 60 级大气物理专业学生讲授云的观测，按学院规定，要我备好课后先试讲。这件事充分表明当时各级领导对教学质量的重视。

1962 级校友蒋伯仁向我讲起一件事，有一次，罗漠院长到他们教室去听课，见到他光着脚走进教室。罗院长就批评他不文明。他说，我只有一双鞋，雨天把鞋搞湿了，现在凉晒，不得已才光脚进教室的。罗院长知道情况后，一方面向该学生表示歉意，另外，就立即买了两双鞋送给他。蒋伯仁十分感动，学习更刻苦认真，毕业后工作出色，曾先后担任过两个省的气象局局长。

罗院长还经常到学生食堂检查伙食好不好,自己和学生一起在食堂吃饭。有一次发现食堂下水道阻塞是由于剩菜剩饭乱倒引起的,同时还发现饭桌上有剩下的馒头。他立即对食堂管理人员提出,将馒头冲洗后蒸一蒸可以再吃,并说现在粮食这么困难,随意浪费是极不应该的。这件事学生知道后很感动,以后这种浪费粮食的现象大有好转。

(2)罗漠院长在1965年4月还亲自带队,按照中国气象局对学院人才培养目标的要求,做教学改革调研活动。当时抽调了王鹏飞、章基嘉、张培昌、陈玉麟、林守廉组成教学改革调研组,到当时气象业务改革工作做得较好的四川省气象局进行调研。这次调研主要了解气象部门对学校教学计划和课程内容设置的建议,以及对学生培养目标与从事实际气象业务工作能力的要求。在到达成都后,罗院长与我留在四川省气象局,对天气预报、测报等工作进行现场察看,听取气象局经验介绍并进行座谈。其他同志分成两组下到基层台站进行有关内容调研,最后对调研内容进行归纳总结,作为学校教学改革的重要参考。这是建校后,由学院主要领导亲自组织和带队的首次教学改革调研活动。

1966年5月,"文化大革命"开始后,罗院长等被造反派打成走资派进行批斗,但他坚信自己参加革命与肩负学校建设的责任,是按照党的方针政策尽心尽职进行工作的,事实会还自己一个清白。

罗院长家中的子女,都按当时的规定到内蒙古、山东等地进行插队锻炼,她爱人顾蓉也是早年参加新四军的军医,她医术精湛,担任学院医务所所长。她积极支持罗院长工作,同甘共苦,一家人均无任何特殊化。

1972年,罗院长恢复工作后,与当时的党委书记黄鹏同志一起,为恢复学校教学而忘我工作。1973年黄鹏书记和罗院长高瞻远瞩,根据国际、国内气象探测技术中天气雷达、气象卫星等的新发展,决定要筹建一个大气探测专业,任命我担任大气探测专业委员会主任,这是国内第一个新的大气探测专业,培养出来的学生以及由师生们开展的科研成果,均获得国内有关单位的一致好评。

1976年3月,黄鹏书记调离学校后,江苏省委任命罗明任学院党委书记,罗明与罗院长都非常重视教学质量,十分关心教师队伍建设以及培养年轻接班人。他们一起向上级推荐章基嘉与我担任学院副院长获得批准。1978年又破格推荐我到中央党校"高中级干部班"学习培养。

罗院长与老一辈领导对学院建设与发展的主要贡献,我认为:

(1)根据党的教育方针及中国气象局的指示,制定学校长远的教育规划与具体的实施方案。

(2)在"文化大革命"前后,不断整顿教学秩序,制定与完善各种规章制度。

(3)整顿与充实教师和干部队伍,为了能满足扩大了的招生规模以及举办数学、物理及外语师资班等的需要,从有关单位调进了一批急需的师资。孙照渤、何金海教授就是当时从基层商调回学校的优秀毕业生,充实了教师队伍。

(4)抓好教学质量,结合实际做好政治思想工作,充分调动教师教学与学生学习的积极性,使培养出来的学生既具有很好政治觉悟,又具有优良的基础与专业知识,受到用人单位的好评。

因此,1978年2月17日,经国务院批准,南京气象学院被列为全国88所重点高校之一,这是学院在发展过程中的一个重要里程碑。

今天,在 60 周年校庆并为罗漠院长塑像揭幕的隆重时刻,我相信当今学校的领导,一定会继承罗院长等老一辈的优良传统,并遵照新时期党对高校培养目标的新要求,带领全体师生员工,共同努力,抓住机遇,改革创新,经过顽强拼搏,不仅使南京信息工程大学保持国内双一流大学的荣誉称号,同时向着有专业特色的国际著名大学这一更高目标继续奋斗。最后,在今天 60 周年校庆的喜庆日子里,祝参加罗漠院长塑像揭幕仪式的罗院长家属、校友、学校领导以及师生员工们,工作顺利,身体健康,家庭幸福! 谢谢大家!(根据 5 月 6 日提前录制音频整理)

附　录

附录 A

已发表论文清单(按年代排序)

1.张培昌.711 测雨雷达探测及摄取回波资料的一些考虑.南京气象学院学报,1979,5 (1):30-33.

2.汤达章,张培昌,楼文珠,杜秉玉,戴铁丕.雨滴在静止大气中的平均多普勒速度.南京气象学院学报,1980,(1):60-68.

3.戴铁丕,汤达章,张培昌.用雷达反射率因子 Z 和衰减系数 K 确定雨强 I 的方法.南京气象学院学报,1980,(2):176-185.

4.张培昌,戴铁丕,楼文珠.711 测雨雷达进行单点降水测量的试验.南京气象学院学报,1981,(2):171-177.

5.张培昌.711 雷达测定回波数据订正的方法.南京气象学院学报,1982,(1):83-90.

6.袁立功,张培昌.气象回波宽度与雷达最小可测功率关系的研究.南京气象学院学报,1983,(1):122-126.

7.戴铁丕,张培昌,薛根源.确定 Z-I 关系的几种方法及其在定量测雨中的精度.南京气象学院学报,1983,(2):215-222.

8.汤达章,张培昌.用雷达反射因子 Z 和雨强 I 估算雨滴谱的方法.南京气象学院学报,1984,(2):211-218.

9.张培昌.立足改革开拓前进——南京气象学院建院二十五周年.南京气象院学报,1985,(2):115-121.

10.戴铁丕,张培昌,魏鸣.713 测雨雷达测定区域降水量初探.南京气象学院学报,1987,(1):87-94.

11. Zhang Peichang, Wang Baorui, Ji Yimin. A theories method for radar probing physical of precipitus spheroidal particle. Group International conference on computatinal physics. 1988.

12.张培昌,戴铁丕,曾春生.用 Z 和 I 确定雨滴在静止大气中的多普勒速度标准差.南京气象学院学报,1989,(2):129-136.

13.张培昌,李晓正,顾松山.天气雷达组网拼图的四维同化方法.南京气象学院学报,1989,12(3):22-28.

14.顾松山,张培昌.天气雷达数字图像的无失真编码.南京气象学院学报,1989,12(3):181-187.

15.伍志方,戴铁丕,张培昌.用变分方法校准天气雷达测定区域降水量的数值计算和精度分析.气象科学,1989,9(3):223-235.

16. Wang Baorui, Zhang Peichang, Ji Yimin. Theories and calculation of Electromagnetic scattering from Inhomogeneou spheroidal particles. Computatinal Physics. 1989.

17.邓勇,张培昌.利用数字雷达柱体最强回波图像作强对流天气路径临近预报.南京气象学院学报,1989,12(4):405-414.

18.张培昌,陈仲荣. 从非多普勒天气雷达信号中获取湍流信息的有关模拟试验. 南京气象学院学报,1990,13(1):1-10.

19.张培昌,王宝瑞,嵇驿民. 椭球状降水粒子群微波特性的理论计算. 南京气象学院学报,1990,13(2):158-166.

20.嵇驿民,王宝瑞,张培昌. 计算雷达截面的积分方程法. 南京气象学院学报,1991,14(1):61-72.

21.王宝瑞,张培昌,嵇驿民. 微波衰减的准解析计算方法. 南京气象学院学报,1991,14(1):34-42.

22.戴铁丕,张培昌,梁汉明,邓志. 锋面附近折射场结构及其雷达水平探测误差. 南京气象学院学报,1991,14(2):186-194.

23.郑学敏,戴铁丕,张培昌,郑克刚. 四种表征折射率指数垂真剖面物理量的比较及其应用. 气象教育与科技,1991,(2):53-59.

24.张培昌,戴铁丕,郑学敏. 我国部分地区大气折射指数垂直分布统计模式. 气象科学,1991,11(4):402-413.

25.袁立功,陈仲荣,张培昌. 常规天气雷达涨落回波中湍流速度的伪彩色 PPI 显示. 南京气象学院学报,1991,14(4):575-580.

26.郁凡,张培昌,陈渭民. GMS 双光谱云图云分类微机处理系统简介. 南京气象学院学报,1991,14(1):132-134.

27.伍志方,戴铁丕,张培昌. 天气雷达定量测量区域降水量的校准技术及误差分析. 气象,1991,17(10):9-14.

28.郁凡,张培昌,陈渭民. GMS 双光谱云图云分类微机处理系统. 南京气象学院学报,1992,15(1):96-102.

29.张培昌,戴铁丕,傅德胜,伍志芳. 用变分方法校准数字化天气雷达测定区域降水量基本原理和精度. 大气科学,1992,16(2):248-256.

30.戴铁丕,张培昌,郑学敏. 射线弯曲度 τ 的几种计算方法和精度比较. 气象科学,1992,12(2):221-229.

31.张培昌,戴铁丕,王登炎,林炳干. 最优化法求 Z-I 关系及其在测定降水量中的精度. 气象科学,1992,12(3):333-338.

32.王登炎,张培昌,顾松山. 天气雷达 RHI 上 0℃层亮带模式识别系统. 长江三角洲灾害性天气研究文集,1992:34-39.

33.刘晓阳,张培昌,顾松山. 用折叠线跟踪算法退除多卜勒速度折叠. 南京气象学院学报,1992,15(4):493-499.

34.郭光,严绍瑾,张培昌. 大气边界层湍流的混沌特性. 南京气象学院学报,1992,15(4):476-484.

35.詹煜,戴铁丕,张培昌. 长期大气折射指数预报研究. 气象科学,1993,13(4):427-431.

36.胡明宝,张培昌,汤达章. 用最大熵法进行多普勒天气雷达资料谱分析的模试拟验. 气象科学,1993,13(1):74-82.

37.张培昌,袁招洪,顾松山. 数字化天气雷达资料的一种无失真压缩方法. 南京气象学院学报,1993,16(2):139-147.

38. 胡雯,张培昌,顾松山,王春茹. 多普勒天气雷达预报强对流回波移动模式. 南京气象学院学报,1993,16(3):302-307.

39. 袁招洪,张培昌,顾松山. 一种数字化天气雷达回波原始资料的数据压缩方法. 南京气象学院学报,1993,16(4):432-438.

40. 张培昌,王登炎,顾松山,戴铁丕. 多普勒天气雷达 PPI 上 0℃ 层亮带模式识别系统. 南京气象学院学报,1993,16(4):399-405.

41. 戴铁丕,张培昌,申培鲁,江航东. 我国西北地区大气折射指数垂直分布统计模式. 高原气象,1993,12(1):48-55.

42. Gu Songshan, Gu Heqing, Wang Chunru, Zhang Peichang. A New Approach to Suppressing Clutter for a weather Radar. 26th International Conference on Radar Meteorology. 1993:228-231.

43. 张培昌,胡明宝,汤达章. 多普勒天气雷达复信号最大熵分析的数值模拟. 大气科学发展暨海峡两岸天气气候学术研讨会论文摘要汇编. 1994. 10 月 217.

44. 詹煜,张培昌,戴铁丕. 北半球中纬度地区大气折射指数多年时空振荡研究. 南京气象学院学报,1994,17(2):205-212.

45. 顾松山,张培昌,孙海冰. 雷达估测区域降水量的外场试验流程. 中国气象学会大气专业委员会大气探测论文集,1994. 56.

46. Zhang Peichang, Liu Chuancai. Radar reflectivity factors for groups of rotational and spheroidal rainful. 27th International Conference on Radar Meteorology. 1995. 121-123.

47. 张培昌,詹煜,戴铁丕. 大气折射指数气候振动特征的最大熵谱分析. 南京气象学院学报,1995,18(1):87-92.

48. 涂强,王宝瑞,张培昌. 分层均匀介质折射率廓线的重建. 南京气象学院学报,1995,18(2):179-186.

49. 张培昌,李建通,顾松山. 用多重网格法解赫姆霍兹型欧拉方程. 南京气象学院学报,1995,18(2):263-268.

50. 李建通,张培昌. 最优插值法用于天气雷达测定区域降水量. 厦门市科协首届青年学术年会论文集. 1995:99-103.

51. 詹煜,戴铁丕,张培昌. 大气折射指数垂直分布的气候特征计算. 南京气象学院学报,1995,18(4):578-583.

52. 李建通,张培昌. 最优插值法用于天气雷达测定区域降水量. 台湾海峡(应用海洋学学报),1996,15(3):255-259.

53. 戴铁丕,张培昌,詹煜. 我国 20 个地区大气折射指数垂直分布的三种统计模式. 南京气象学院学报,1996,19(4):456-463.

54. 王宝瑞,张培昌. 用非线性重整化方法反演大气折射率廓线的数值实验. 气象科学,1996,16(2):120-129.

55. 王宝瑞,忻翎艳,张培昌,蒋修武. 锥球状粒子对偏振雷达电磁波的散射和衰减特性. 南京气象学院学报,1996,19(4):387-392.

56. 罗云峰,张培昌,王振会. 有云大气微波辐射传输模式反演辐亮度的数值实验. 中国气象学会大气探测与气象仪器专业委员会大气遥感论文集,1997:12-16.

57. 王宝瑞,张培昌,蒋修武,嵇驿民. 分层旋转椭球散射场准解析解级数系数的确定. 南京气象学院学报,1997,20(1):1-9.

58. 林炳干,张培昌,顾松山. 天气雷达测定区域降水量方法的改进与比较. 南京气象学院学报,1997,20(3):334-340.

59. 李建通,张培昌. 欧拉方程中三个参数选取与雷达测定区域降水量的精度. 气象,1997,23(9):3-7.

60. 张培昌,刘传才. 旋转椭球雨滴群的雷达气象方程及测雨订正. 南京气象学院学报,1998,21(3):307-312.

61. 王振会,张培昌. 冰水混合球的微波吸收与散射. 南京气象学院学报,1998,21(suppl):469-477.

62. Wang Zhenhui, Zhang Peichang. Microwave brightness temperatures from precipitating cloud with water-coated ice particles. Proceedings of SPIE Vol. 3503 Microwave Remote Sensing of the Atmosphere and Environment. 1998. 3503:252-258.

63. Zhang Peichang, Wang Zhenhui. Attenuation of microwaves by poly-disperse small spheroid particles. Proceedings of SPIE Vol. 3503 Microwave Remote Sensing of the Atmosphere and Environment. 1998. 3503:259-264.

64. 潘江,张培昌. 不同类型降水回波的自动识别方法. 南京气象学院学报,1999,22(3):398-402.

65. 王振会,张培昌. 降水云含有水膜冰球时的微波辐亮温. 气象科学,1999,19(4):351-359.

66. 马翠平,张培昌. 用单多普勒雷达确定中尺度气旋环流中心及最大风速半径. 南京气象学院学报,1999,22(3):403-407.

67. Wang Zhenhui, Zhang Peichang. A study on the algorithm for attenuation correction to radar observations of radar reflectivity factor. 29th International Conference on Radar Meteorology,1999:910-913.

68. 张培昌. 中国新一代天气雷达系统简介. 山东气象,2000,20(2):6-9.

69. 张培昌. 多普勒天气雷达探测原理简述. 山东气象,2000,20(3):9-13.

70. 王振会,张培昌. 小旋转椭球粒子群的微波衰减系数与雷达反射率因子之间的关系. 气象学报,2000,58(1):123-128.

71. 张培昌,殷秀良. 小旋转椭球粒子群的微波散射特性. 气象学报,2000,58(2):250-259.

72. 马翠平,张培昌,匡晓燕,牛淑贞. 单多普勒天气雷达反演中尺度气旋环流场的方法. 南京气象学院学报,2000,23(4):579-585.

73. 潘江,张培昌. 利用垂直积分含水量估测降水. 南京气象学院学报,2000,23(1):87-92.

74. 殷秀良,张培昌. 双线偏振雷达测雨公式的对比分析. 南京气象学院学报,2000,23(3):428-434.

75. 陈家慧,张培昌. 用天气雷达回波资料作临近预报的 BP 网络方法. 南京气象学院学报,2000,23(2):283-287.

76. 张培昌,殷秀良,王振会. 小旋转椭球粒子群的微波衰减特性. 气象学报,2001,59(2):226-233.

77. 张培昌,王振会. 天气雷达回波衰减订正算法的研究——理论分析. 高原气象,2001,20(1):1-5.

78. 王振会,张培昌. 天气雷达回波衰减订正算法的研究——数值模拟与个例实验. 高原气象,2001,20(2):115-120.

79. 张培昌. 两种中层大气测风雷达探测原理简介. 山东气象,2003,23(4):1-4.

80. 王振会,王庆安,张培昌,官莉. 小旋转椭球粒子群降水区雷达回波衰减订正模拟实验. 遥感学报,2003,7(1):31-36.

81. Wang Zhenhui, Guan Li, Zhang Peichang, et al. Attenuation correction algorithms for precipitating area with poly-disperse small spheroid raindrops. Proceedings of SPIE Vol. 4894 Microwave Remote Sensing of the Atmosphere and Environment Ⅲ, edited by Christian Kummerow, JingShang Jiang, Seiho Uratuka. 2003,4894-66:339-344.

82. Wang Zhenhui, Zhang Peichang. Microwave absorption by and scattering from mixed ice and liquid water spheres. Journal of Quantitative Spectroscopy and Radiative Transfer. 2004. 83(3-4):423-433.

83. 殷秀良,孙成志,袁群哲,张培昌. 雨区衰减对双线偏振雷达测雨的影响研究. 南京气象学院学报,2006,29(3):402-407.

84. 殷秀良,张培昌. 雨区衰减影响双线偏振雷达测雨的仿真实验. 中国气象学会年会"气象雷达及其应用"分会场. 2006:838-843.

85. 黄兴友,王振会,张培昌,顾松山,刘慧娟. 提高雷达测量降雨精度的几个可行方法. 海峡两岸气象科学技术研讨会. 2007:5-11.

86. 杨通晓,王振会,张培昌,胡方超. 椭球雨滴群旋转轴取向对双线偏振多普勒雷达参量影响的计算分析. 高原气象,2009,28(5):997-1005.

87. 张培昌,王振会,胡方超. 双/多基地天气雷达探测小椭球粒子群的雷达气象方程. 气象学报,2012,70(4):867-874.

88. 胡明宝,郑国光,张培昌. 最大熵法在风廓线雷达谱分析中的应用研究. 光谱学与光谱分析. 2012,32(4):1085-1089.

89. 纪雷,王振会,黄兴友,滕煊,赵凤环,吴彬,张培昌. 机载雷达探测数据仿真平台设计与实现. 热带气象学报,2012,28(4):557-563.

90. 王振会,吴迪,王蕙莹,胡方超,张培昌. 双基地天气雷达系统的有效照射体积. 南京信息工程大学学报(自然科学报),2012,4(2):139-144.

91. 郭丽君,王振会,董慧杰,吴迪,张培昌. 旋转扁椭球水滴散射特性的快速算式研究. 高原气象,2012,31(4):1081-1090.

92. 张培昌,胡方超,王振会. 双线偏振雷达探测小椭球粒子群的雷达气象方程. 热带气象学报,2013,29(3):505-510.

93. 张培昌,王蕙莹,王振会. 双/多基地天气雷达探测小椭球降水粒子的侧向散射能力.

气象学报,2013,71(3):538-546.

94.胡方超,张培昌,王振会.天线仰角对双线偏振雷达探测 Z_{DR} 值的影响.高原气象,2013,32(6):1658-1664.

95.董慧杰,王振会,纪雷,郭丽君,张培昌.基于 SimRAD 平台的零度层亮带特征模拟试验.热带气象学报,2013,29(1):136-142.

96.郭丽君,王振会,张培昌,郭学良,董慧杰.扁椭球雨滴后向散射的 Gans 理论和 T 矩阵差异对雷达探测释义的影响.热带气象学报,2014,30(4):755-762.

97.周生辉,魏鸣,张培昌,徐洪雄,赵畅.简化 VVP 反演算法在台风风场反演中的应用.遥感学报,2014,18(5):1128-1137.

98.周生辉,魏鸣,张培昌,徐洪雄,赵畅.单多普勒天气雷达反演降水粒子垂直速度Ⅰ:算法分析.气象学报,2014,72(4):760-771.

99.周生辉,魏鸣,张培昌,徐洪雄,张明旭.单多普勒天气雷达反演降水粒子垂直速度Ⅱ:实例分析.气象学报,2014,72(4):772-781.

100. Wu Juxiu, Wei Ming, Hang Xin, Zhou Jie, Zhang Peichang, Li Nan. The first observed Cloud Echoes and Microphysical Parameter Retrievals by China's 94-GHz Cloud Radar. Journal of Meteorological Research. 2014,28(3):430-443.

101.魏鸣,张明旭,张培昌,郭巍,周生辉.机载雷达风切变识别算法及在机场预报中的应用.大气科学学报,2014,37(2):129-137.

102.杨通晓,王振会,王蕙莹,张培昌,胡方超.双基地偏振雷达探测时小旋转椭球雨滴的侧向散射特性.南京信息工程大学学报(自然科学版),2014,6(3):249-256.

103.周生辉,魏鸣,张培昌,张明旭,赵畅.多普勒雷达反演风场的风切变识别研究.热带气象学报,2015,31(1):119-127.

104.胡方超,辛岩,张培昌,王振会.偏振雷达探测小椭球粒子群 LDR 的雷达气象方程.大气科学学报,2017,40(5):715-720.

105.冯爽,魏鸣,张培昌.双基地雷达合成风场仿真与莫兰蒂台风的风场试验.科学技术与工程,2017,17(29):19-26.

106.纪雷,王振会,黄兴友,张培昌.机载 W 波段雷达衰减订正方法的不同云型模拟对比研究.热带气象学报,2018,34(2):260-267.

107.新中国成立 70 年以来的中国大气科学研究:大气物理与大气环境篇.中国科学,地球科学,2019(12):1833-1874.

附录 B

刊物登载的传文以及同事、学生的一些回忆 *

B.1 自传

张培昌,江苏省无锡人,1962 年毕业于北京大学,教授,雷达气象专家,曾任南京气象学院院长和党委书记,中国气象学会理事及中国灾害防御协会理事。创建国内第一个大气探测专业。他负责研发的《雷达定量估算降水强度和区域降水量监测技术》课题,全面系统地研究了利用天气雷达估测降水强度分布与区域降水量的原理、方法与技术,建成国内第一个数字化天气雷达定量估测区域降水的系统。该课题获得中国气象局科学技术成果二等奖,包含此课题的项目获得国家重大科技成果二等奖。为了扩大气象台站使用天气雷达探测降水区域的范围,有效地追踪和预警灾害性天气降水系统的移动、演变等情况,设计了多部天气雷达回波拼图和数据压缩的方法,在国内率先实现南京、上海、盐城三市天气雷达回波的自动拼图,为以后进一步扩大拼图范围、提高拼图质量及业务化应用奠定了基础。在雷达气象基础理论方面,深入研究了小椭球形云和降水粒子的微波散射特性和衰减特性,首次建立了适用于小旋转椭球粒子群的雷达气象方程;并从理论上求解出几种非均质轴对称粒子对电磁波散射的精确解,计算出一些与雷达气象以及微波大气工程技术有关的重要物理参数。以他为主于 2001 年第二次改写、充实大量新内容后出版的《雷达气象学》,公认是国内最全面、系统、深入论述雷达气象学原理、方法、技术与应用的一本专著。该书不仅确定为普通高等教育"九五"国家级重点教材,而且被气象业务与科研人员广泛采用,有关雷达气象方面的许多学术论文将它列为重要参考文献,并获国家气象局优秀教材二等奖。

一、成长经历

1.童年回忆,少年成长

张培昌 1932 年农历 7 月 14 日出生于上海,是长子,有三个弟弟,一个妹妹,母亲苏州人,父亲及祖母无锡人。起初全家住在苏州柳巷,六岁进入附近培德小学学习,当时正值日本帝国主义占领东北后,又侵占沪苏浙等大片国土,伪政府当局强迫学校学生要学习日语,师生以各种方式抵制,不愿当亡国奴。后因祖籍无锡,先后与大弟弟随祖母回家乡定居,算是无锡人。小学最后两年就读于无锡连元街小学,这是一所至今公认的名牌小学,师资很好。张培昌特别

---

　　* 来自科学出版社 2013 年出版的"国家重点图书出版规划项目"——《20 世纪中国知名科学家学术成就概览》,总主编钱伟长。《环境与轻纺工程卷》主编魏复盛。张培昌传文在该卷第一分册 227-239 页。

喜欢算术课中的应用题,例如,由父子年龄的和与差求父子各几岁等题,使用作图法能清晰掌握解题方法,有些较难的题也能通过反复思考得出正确答案。小学毕业后,同时考取无锡县中(今无锡一中)与辅仁中学(今无锡二中),这也是当时和目前无锡最好的两所中学。经亲戚介绍与推荐,上了可以免去大部分学费的辅仁中学。学校的教师水平很高。例如,初一的班主任沈制平老师教英语,他同时还兼任江南大学的英语教师。张培昌除了喜欢数学课外,对物理、化学也很感兴趣。有时将学到的知识在家中做些小实验,如将镜片、小灯泡及干电池等组装在盒内,用自制的幻灯片在墙上放映;将起检波作用的矿石与可变电容等连接后,用耳机就能收听到附近电台的广播。在体育方面,喜欢打乒乓球,在家中用两张方形餐桌拼接起来当乒乓桌练球。中学时又爱踢足球,利用学校附近东林书院外面的草地踢球,虽然踢的只是中等大小的橡皮球,但也十分过瘾。还爱游泳,没有游泳池,就先到郊区渔塘中练习,基本学会后再到运河中作较长距离的侧游、仰游等。那时的生活内容比较丰富多彩,并非只死啃书本,初一、初二时成绩保持在前三名。父亲解放前先是自己经商,后在一家面粉厂当采购员,家庭经济时好时差。父亲认为自己没有专业技术,造成家庭生活不稳定,因此,从小就教育子女今后要掌握一门科学技术,以便依此谋生。1949 年读完高一时无锡已解放,父亲因工厂倒闭失业,因此就暂时失学在家,父亲希望他先在家自学,待找到工作后继续支持读完高中。但解放后许多在校的大学、中学学生都纷纷离校参加革命,张培昌也不例外地走上了这条道路。

　　2. 投身革命,结缘气象

　　1951 年初,张培昌报考并被录取到在苏州的华东人民革命大学第三期参加革命和学习,被分在一部三班二组,组内共有男女同学十人。校长舒同、副校长匡亚明、温仰春、李正文等都是共产党的高级干部,由这些领导和水平很高的教师讲授《中国革命基本问题》。三个月生动有效、理论联系实际的革命教育,使刚涉足社会的青年知识分子感触极深,初步树立起要为人民服务的思想,这是张培昌一生中的一个重大转折点。1951 年 6 月 18 日毕业时,从在校约六千名学员中挑选出包括张培昌在内的 789 名年轻单纯、家庭没有政治问题的学员集体参军,到在南京的华东军区司令部青年干校学习《社会发展史》。学员编成七个中队,张培昌被分配在一中队。通过学习,基本能够从辩证唯物主义与历史唯物主义的角度去认识社会发展规律以及中国革命的必然性。当时,还看了一些康德的《天体演化论》等书籍,激发了对探索社会与自然发展规律的浓厚兴趣。同时,也初步确立了个人的世界观与人生观。1952 年底毕业时,又选出包括张培昌在内的 300 多名学员,到在江苏省丹阳县的华东军区司令部丹阳气象训练大队学习气象观测,他被分配在一中队八班,并任班长,从此就与探索天气变化奥秘的气象结下了情缘。由于数理基础较好,又喜爱学习自然科学,结业时获得各门课程平均 99.6 分的优异成绩,加之担任班长工作认真负责,还经常自编一些小品之类节目参加文艺晚会演出等,据此荣立了一次三等功,并在全大队展出相关事迹。两次在军队的学习生活,可以用团结、紧张、严肃、活泼八个字来概括,不仅学到革命及气象方面的知识,而且培养了良好的组织纪律与生活作风。

　　毕业后留在丹阳气象训练大队当教员,首次任务是为水利部门代培具有中专以上水平的现职人员学习气象知识,张培昌担任助教,帮助学员识别各种云类及天气现象,并在另一个气象训练中队讲授一部分气象观测课程。第二次任务是为农林部门代培从各单位抽调的人员学习气象与农业气象知识,学员来自各个农业大学和科研单位,文化水平都较高。当时聘请中国科学院研究员、解放前中央气象局局长吕炯先生讲授《农业气象》课程,指派张培昌当其助手,帮助他整理从德、英、俄文文献中翻译摘编出来的讲稿,以及按书上草图加工一些测量土壤水分及蒸发量等的仪器,供教学使用,做到边干边学。参加以上两期教学后深深体会到非常需要充实自己的基础与专业知识,才能适应不断变化的教学需要。1954年初在南京参加了一个地面气象仪器检定与维修短训班,接着在南京又为农业部门代培一批已从农业专科学校毕业,需要学习气象知识的农业气象学员。为了加强这些学员学习气象所需的数学基础,张培昌承担数学课程教学,并指导学员测云观天。这期培训结束后,他被调到新成立的北京气象学校担任教员,先后承担《地面气象观测》和《光学经纬仪测高空风》的课程。当时按照苏联的教学模式进行教学,教案要经教研室主任审批后才能上课,因此,备课十分认真,要求理论联系实际,并自己动手绘制各种图表、教具,便于学生更好掌握有关内容,在讲课时基本能做到不需看教案。由于教学效果好,被学校评为社会主义青年积极分子,并认为是进一步培养的苗子。1956年初学校领导动员他报考大学,通过短期复习,填报了北京大学物理系气象专业一个志愿,表示要在气象领域继续深造的决心。通过参加高考,被北京大学通知录取。1958年北京大学系科调整后,又被分到新成立的地球物理系大气物理专业学习,学制也由五年改为六年。北大是一所治学严谨、学术气氛浓厚的名校,无论基础及专业课程,任课教师水平都很高。例如,《统计物理学》由副校长、著名物理学家王竹溪教授讲授;《原子物理学》由物理系主任、著名教授褚圣麟讲授;《云雾物理学》《天气学》分别由造诣较深的优秀中青年教师赵柏林、陈受均讲授。另外,还十分重视实验实习,如开设《中级物理实验》《气象仪器检定、测试实验》和参加校外综合气象探测科学试验等。在那个政治运动不断,先大搞教育"改革",后进行教育调整的年代,对每个学生均有得有失。六年大学生活无论在科学知识及思想认识上都受益匪浅。科学精神就是实事求是,但要真正坚持实事求是在那个年代是何等不易啊!

3. 毕生奉献,气象教育

1962年从北京大学毕业后被分配到新建的南京气象学院,先在气象系气象教研室当教师,为60、61届气候专业学生讲授《气象观测》课程。由于上述个人经历和认真备课,使这门内容比较枯燥的课程,通过重点阐述观测仪器与观测方法的原理而讲出了水平,受到学生好评。1963年暑假后调到物理教研室担任副主任,先后讲授过《普通物理学》《热力学》《流体力学》课程。1966年"文化大革命"开始,教学工作全部停顿,直到1972年重新开始招收三年制工农兵大学生。张培昌又被调到气象研究室担任主任,并承担《气象学》教学任务。这时的学生文化基础参差不齐,讲课内容采取生动、直观而又确切的形式表达,使不同水平的学生都能获得不同收获。1973年学院领导根据气象业务新发展的需要,任命张培昌担任大气探测专业委员会主任,组织创建国内第一个大气探测专业。通过对国内外大气探测情况的调研,确定该专业以新发展起来的天气雷达和气象卫星探测原理及其资料在气象中应用为主干课程,并拟定出该专业的教育计划及教学大纲,同时组织任课教师到已具有这些先进装备的气象台站实习,掌握操作这些先进设备的技能和积累分析探测资料的经验,然后编写出理论联系实际的教材,这样在讲课时就有生动的实例。张培昌编写出了第一本《雷达气象学讲义》,并为74、75届大气探测专业学生开设这门课程。讲课采用提出问题,逐步启发深入,通过讨论归纳,最后引出结论的方式。有的学生反映,听这门课是一种获得知识的享受。该课程1993年获江苏省教育委员会优秀教学成果二等奖。2001年第二次改写和充实许多新内容后出版的《雷达气象学》教材,被确定为普通高等教育"九五"国家级重点教材,并获国家气象局优秀教材二等奖,张培昌均名列第一。在大气探测专业教育计划中,设置了开门办学,教学与生产劳动相结合,并为生产服务的内容。1975年他组织74届师生带着车载天气雷达、气象卫星接收设备及探空测风雷达等,到经常受冰雹灾害的安徽省灵璧县农村进行边教学、边劳动、边消雹。当时师生住在条件很差的农舍内,看到农民生活非常艰苦,主动要求降低伙食费标准,为农民多做实事,向劳动人民学习,改造知识分子身上的骄娇二气。当使用天气雷达指挥设置在周围的三七高炮进行消雹并取得明显效果时,深受当地农民及乡、县领导欢迎,并对师生及炮点解放军进行了热情慰问。通过开门办学,师生们很受教育,临别时大家都热泪盈眶,培养了与劳动人民之间的感情。大家深切体会到,教学、科研必须服务于生产,才会产生经济效益和社会效益。1976年他担任大气物理系副主任。1977年开始通过全国统考招收录取四年制大学生。为了加强77届大气探测专业学生的专业基础,他编写了《大气探测基础》新教材,并承担这门课程的教学任务。1978年张培昌被任命为南京气象学院副院长。1982年起他开始招收培养大气探测硕士研究生,为研究生编写并讲授《大气微波遥感基础》这门具有理论深度的课程。1983—1992年期间,他先后担任南京气象学院院长及党委书记,但讲授上述研究生课程一直坚持到1999年,由于该课程以讲清楚物理概念和解决问题的思路、步骤为主,并列出专题进行课堂讨论,要求学生对有关问题写小结等,使学生在掌握知识和方法上均有较多收益,该门课程多次被评为优秀研究生课程。同时,还结合科研培养了二十六名研究生。在指导研究生过程中,他强调要加强与研究课题有关的基础知识,探索解决问题的新方法,培养独立科研能力,严格把握研究生论文质量等,因此1988年被江苏省教育委员会评为优秀研究生导师。在几十年的教学实践中深深体会到,要当好一名教师,无论讲哪门课,必须经得起学生问几个为什么。这除了要认真备好课,深入掌握教材内容外,还要扩大相关知识面以及不断吸收新的知识,包括社会实际和气象业务应用方面的经验与知识,同时还要结合每门课的具体特点研究启发式的教学方法,这样才能使学生不仅学到知识,更重要的是培养学生掌握思考、分析和解决问题的能力,树立严谨治学和勇于探索的创新的精神。

1985年,中国气象局为了用好世界银行给中国气象教育与科研的贷款,组织中国气象教育考察团赴美国进行考察。团员由南京气象学院和北京气象学院选派的成员组成,张培昌任代表团团长。对美国纽约州立大学、迈阿密大学和迈阿密台风中心、怀俄明大学、华盛顿大学、夏威夷大学以及NOAA(美国国家海洋和大气管理局)与NCAR(美国国家大气研究中心)的有关科研机构进行访问与交流,了解美国大学的管理制度,气象类系科的教育计划、课程设置、科研情况以及不同学历人才的培养模式,大型仪器设置管理与使用方式,图书馆信息化、现代化建设等。由于出访前已与上述单位联系说明访问目的与要求,并作了充分的出访准备,又是新中国派出的首个气象教育代表团,有的单位已有南京气象学院毕业的学生在攻读博士学位,成绩和表现优秀,因此,代表团受到较为隆重而热情的接待。通过考察总结,为出访的两所学院教学改革提供了有启发的参考,其中开放式教育、重视对学生能力培养、以及博士生质量的严格把关,至今仍值得借鉴。那次出访,同时也为以后与这些单位开展进一步交流合作奠定了基础。1996年,南京气象学院与中国气象科学研究院利用世界银行贷款,向美国EEC公司采购两部先进的全相参多普勒天气雷达要进行出厂验收。验收专家组成员由两个单位指派专业技术人员组成,张培昌担任验收组组长。验收过程中严格按照合同规定的指标、性能要求,认真进行逐项测试,发现问题及时与美方协商解决方案,使验收工作圆满完成。EEC公司的天气雷达供应给世界许多国家,该公司总经理Braswell说,像中国这样认真仔细又很熟悉专业的验收组还是第一次遇到。这两部雷达的引进,不仅为教学、科研发挥了重要作用,也为我国雷达生产单位提供了先进气象雷达系统的实体样本,加快了自主研发国产新一代多普勒天气雷达的速度。张培昌从 1997 年起,一直担任中美合资北京敏视达雷达有限公司董事,他作为公司决策层成员和雷达气象专家,对公司在筹建、发展过程中要解决的一些关键性问题,能经常提出切合实际的建议,对中美股东双方有时产生的一些矛盾,他也能提出一些双方均接受的方案使问题获得解决,因此他受到双方董事的尊敬。目前,该公司生产的新一代天气雷达不仅满足国内的需求,还通过国际招标竞争,出口到罗马尼亚、韩国、印度等国。

1997 年他退休后,继续指导已招收的硕士研究生两名,完成由他主持和主要参加的自然科学基金项目。他将多年来不断总结、整理的《雷达气象学》《大气微波遥感基础》等课程的讲稿,无条件提供给中青年教师使用,帮助他们提高教学质量,并积极指导和推荐年青教师参加一些重要研究课题。张培昌还经常受邀参加各种重要的气象科技及气象工程项目的评审、鉴定、验收;以及受邀作一些专题学术报告。2009 年,信息产业部第十四研究所根据天气雷达向双偏振多普勒体制升级的趋势,以及国内已生产多部双线偏振多普勒天气雷达的实际情况,组织人员对美国 V N Bringi, V Chandrasekar 所著的 Polarimetric Doppler Weather Radar : Principles and Applications(偏振多普勒天气雷达原理与应用)进行了翻译。由于译者对气象缺少了解,有些内容难以做出确切翻译,故诚请张培昌作校对。通过断断续续约一年时间,对全书八章及五个附录共四百多页作了仔细认真的校对和改错。目前,该书已正式出版,它将对新型偏振多普勒天气雷达的改进与使用起到重要的作用。

4. 正学立言,笑看风云

中国气象学会雷达气象学委员会主办的《雷达气象》2008 年第 2 期中,介绍著名雷达气象学家张培昌教授的文章《正学立言,笑看风云》,其中部分段落作如下评述:“张培昌教授学识渊博,数理功底深厚,他不同于一般的学者,并不固守于一个狭窄的专业领域,也不拘泥于用本专业人员的观点和方法去解决专业问题,常将其他学科的观点和方法引入到本专业中来。他不仅是雷达气象学科的权威,对其他学科如大气物理、大气遥感、天气动力、临近预报,乃至电子线路、微波技术及激光探测等学科,都有不同程度地涉及,有些还有独到的见解,使他成为我国雷达气象学的主要奠基者之一。”,“张培昌教授至今培养了大批学生,其中很多人成为众多领域的骨干和带头人。张培昌教授厚积薄发,言传身教,不求闻达,淡泊名利,关心年轻人的成长和学术梯队的建设,深受师生员工和社会各界人士的爱戴。”,“他为人谦虚朴实,作风民主,充分肯定每个成员的贡献,善于发挥科研集体中每个成员的积极性。对于纷至沓来的种种荣誉,他一再表示,成绩是集体共同努力取得的,他只是集体的一员。”,“从‘文章’来说,并不仅仅在于能讲清楚雷达气象学的原理,或是气象雷达的应用,更重要的在于说明科学知识是如何形成的,其深切含义何在,如何可得到创造性的应用等等。张培昌教授有很深的哲理修养,这是长期磨练中得来的‘功夫’”。

张培昌在 1983 年至 1993 年期间曾担任江苏省第六、七届省人民代表,中国气象学会理事。1992 年获国务院颁发证书享受政府特殊津贴。1995 年被江苏省教育委员会评为优秀学科带头人。目前还担任南京气象雷达开放开发实验室专家委员会主任,北京敏视达雷达有限公司董事,以及中国灾害防御协会理事等职务。

二、张培昌主要研究领域及学术成就

雷达气象是第二次世界大战期间发展起来的一门新兴边缘学科。天气雷达对监测、跟踪以及预警台风、冰雹、龙卷、暴雨等灾害性天气是具有独特优势的探测工具,其高时、空分辨率的探测资料还能弥补数值天气预报模式中格点资料的不足,有利于提高模式预报准确率。20世纪70年代随着半导体技术、数字技术以及计算机技术引入天气雷达,使它形成一个完整的系统。80年代全相干脉冲多普勒雷达在美国、加拿大等国家开始研制,具有代表性的是美国于90年代业务布网的WSR-88D型雷达。我国在20世纪70年代前后已生产出711、713等模拟型天气雷达,90年代开始先后生产出脉间相干和全相干多普勒天气雷达,其中以中美合资北京敏视达雷达有限公司生产的新一代多普勒天气雷达最具代表性,并相继在全国布网。天气雷达网的逐步建设和升级,要求气象工作者能充分发挥其实际使用效益。张培昌正是根据这一客观需求开展了以下研究。

1. 建立双因子算法精确测定降水诸物理量

多普勒天气雷达估测与降水有关的物理量,通常使用雷达反射率因子 Z 反演出雨强 I、雨滴在静止大气中下落末速度 V_T 以及多普勒速度标准差等,它们进行反演的依据是这些量之间的统计关系,这对于某一次实例而言,往往会产生很大误差。张培昌仔细分析其原因后认识到,由于这些物理量均取决于降水云中的雨滴谱,而雨滴谱分布由两个参数决定,且参数会随时空变化,因此必须在 Z 值之外再增加一个已知量,才能较精确测定 I、V_T、这些与降水有关的物理量。为此开展了《雷达定量测定降水诸物理量方法研究》研究项目,在该研究中,率先提出用雷达反射率因子 Z 及由雨量计测定的雨强 I 这两个参数,推导出降水云中雨滴谱、静止大气中雨滴平均多普勒速度、以及速度标准差的理论关系式。使用实测雨滴谱资料进行验证表明,这种双因子关系要比通常使用的单因子统计关系在精度上有很大提高,物理意义更清晰。专家鉴定认为,该成果处于当时国内领先水平。

2. 国内首次实现南京、上海、盐城三地天气雷达回波的自动拼图

大尺度天气系统及其活动范围达数千千米,而单部雷达探测半径一般在300~400 km以内。为了扩大气象台站了解和使用雷达资料的范围,很需要将多部雷达资料能够实时自动拼接成符合天气分析需求的综合图。这方面美国在20世纪80年代已有专利产品,价格昂贵,而国内这项工作当时基本处于空白。因此,在"七五"国家重大科技攻关项目《天气雷达资料的收集和预处理方法研究》中,张培昌承担了《天气雷达组网拼图技术的研究》这一核心专题内容。经过对雷达资料特点分析,提出采用一组算法,将多部天气雷达以不同天线仰角作锥面扫描获得的回波强度资料,经插值后转换成同一等高面上各格点的资料,再经坐标变换生成用统一的地理经纬坐标和底图直角坐标表示的拼图资料,并对不同雷达间存在的强度差异进行合理处理。同时,又根据雷达图像资料信息量大,当时通讯传输速率慢不能准实时完成自动拼图的情况,设计了一套针对雷达回波图像资料特点进行数据压缩编码的软件,用于数据传输,最终在国内首次实现南京、上海、盐城三地天气雷达回波准实时自动拼图,从而扩大了雷达资料的可视范围,能够实时、有效地追踪和预警灾害性天气系统降水回波的移动、演变等情况,为短时和临近天气预报提供直观的分析依据。随后,上海气象局在此基础上扩大到13部天气雷达拼图。专家评审认为:包含此核心专题的项目达到国内领先,优于20世纪80年代初国际水平,1991年获江苏省重大科技成果三等奖。

3. 建成国内第一个《数字化天气雷达定量估测区域降水量业务系统》

暴雨是重要的天气过程,致洪暴雨以及引发的泥石流可以造成巨大经济损失和危及人民生命和生活,世界各国都十分重视对暴雨的监测。天气雷达能快速获取探测半径内的降水强度分布及区域累积降水量,并通过通讯网络及时将这些信息传送到有关部门,它已成为组织防

灾抗洪的重要手段。20世纪80年代,英国在Dee河流域对上述技术进行试验后投入了业务使用。日本由东京中心站对5 km分辨率的数字化雷达资料进行收集,再和AMEDAS系统中收集的17 km分辨率自动雨量计资料相结合估测降水。美国在20世纪90年代布网的新一代多普勒天气雷达WSR-88D中,有专门配置用于估测区域降水的应用软件。我国80年代初已在国产天气雷达上装备了数字处理终端,并对雷达估测降水的相关问题做过一些分散的初步研究,但没有形成一个完整的、具有一定精度且可供业务使用的降水探测系统。因此,在"八五"国家重大科技攻关项目中,专门设立了一个《雷达定量估算降水强度和区域降水监测技术的研究》子专题,要求对此开展深入系统地研究,解决以往工作中存在的资料缺少预处理和不能作实时处理,以及测雨精度不高,又没有形成完整探测系统等诸多问题。项目负责人选定该子专题由张培昌负责。他在对国内外情况进行调研后,制定了实施计划和技术路线,带领课题组并亲自开展了研究。首先从理论和实验两个方面,全面、深入地研究了雷达反射率因子 Z 与雨强 I 的各种关系及其适用条件。为了保证雷达测雨精度,提出了采用雷达与地面雨量计联合估测降水强度分布的多种方法,包括平均及分区平均校正法、最优插入法、以及两种变分校正法等。经实例试验表明,不同方法对估算降水强度的精度均有不同程度的提高,其中变分校正法通过对滤波系数的试验以及计算时采用多重网格算法,使测雨精度与速度有较明显提高。试验还发现,最优插入法在一定条件下更具优势。同时,还对提高雷达资料质量和测雨精度有关的问题提出可行的解决方案。例如,为了减少近处地物的干扰,采用复合平面上的回波强度资料反演降水强度分布;为了识别与消除超折射回波的影响,用资料统计获得的反射率因子 Z 随高度 H 变化的实际分布,作连续性检查和超折射处理;对雷达波束有一部分受地形地物阻挡产生局部资料缺失,在通过仿真和对实际资料分析基础上进行插补处理;在反演降水强度时,所使用的雷达常数中有关降水形态已设定为液态水滴,为了保证探测与估算降水强度也只限于液态降水部分,避免由于探测到零度层亮带以及在其上部固态降水粒子带来测定降水强度的误差,设计了自动识别零度层亮带的模式;鉴于雷达反演雨强 I 的物理量即雷达反射率因子 Z 的算式,是建立在球形降水粒子群基础上,但暴雨中许多雨滴为非球形,项目负责人要求张培昌必须研究解决这一涉及暴雨估测精度的难题。他通过理论思考与数学推导建立了新的雷达气象方程,重新定义了非球形雨滴群的雷达反射率因子 Z ,并提出误差修正方案。在上述研究基础上,以天气雷达、雨量计、计算机和相应的通讯手段作为硬件支撑,在Windows操作环境下采用C++语言,通过设计、开发,率先建立国内第一个先进的《数字化天气雷达定量估测区域降水量的实时系统》,该系统采用先进的动态链接库技术,这对系统设计和修改带来很大方便。该系统能自动采集和输入有关资料,并进行一系列质量控制与预处理,通过人机交互,可以选择适合当时条件下估测区域降水分布的算法,并在雷达探测的全域或特定窗口内,生成降水强度和不同时段内累积降水量分布以及降水回波移动实况等的显示产品。专家组鉴定认为:该成果整体上达到当时90年代国际先进水平,部分内容已进入当时国际前列。1996年该课题获得中国气象局科学技术二等奖,包含此课题的项目1997年获得国家重大科技成果二等奖。

在研究地物干扰对估测降水影响时,张培昌曾考虑一种新的方法。他与同行专家讨论提出,能否利用新一代天气雷达具有天线罩的特点,在天线罩内的下部铺一层能对雷达电磁波吸收的材料,这样就能较大削减向下的副瓣波束辐射,从而大大减少近处地物干扰。同时,若雷达塔楼建在居民区附近,也能使射向居民区的辐射强度远低于国家规定标准。于是与同行专家一起开展了这种"遮挡法"的试验,实测数据表明确有明显效果。重庆、武汉气象部门在居民区内新建雷达塔时,遇到了环保部门及居民的质疑,甚至限令停建。当张培昌详尽计算出天气雷达向下辐射能量小于国家标准,并指出如果雷达安装到塔上后,在地面用仪表实测辐射量超过标准时,还可以用上述"遮挡法"解决。环保部门邀请的专家组听取这一有说服力的介绍以后,一致同意通过新建雷达塔的科学论证。

4.为了提高雷达回波数据反演有关物理参数的质量,开展对非球形降水粒子微波电磁特性的研究

雷达发射电磁波,遇到气象目标(主要是云雨降水及晴空大气)经散射或衍射返回雷达并被接收的回波功率也是电磁量,将雷达参数与气象目标特性参数联系起来的是雷达气象方程。其中气象目标参数是了解天气特征的重要内容,例如目标的雷达截面就是一个关键参数。因此,从理论上弄清这些参数的电磁特征及其规律是一项基础性研究,为各国雷达气象专家所关注。它的成果对改进和建立新的雷达气象方程,改善和提高雷达信号处理以及数据质量均有十分重要的意义。

云雨气象目标由降水粒子组成,1961 年 Probert-Jones 推导出了"小球形"降水粒子的雷达气象方程。但大雨滴、冰雹等是非球形,因此,探讨非球形粒子的微波电磁特性,是一项既有理论意义,又有实际应用价值的研究。有一次张培昌在拜访同行前辈时提出想开展这方面的研究,前辈好心地劝说这种研究难度很大,应该由理论物理学家去探索,我们做些雷达气象应用研究就可以了。但张培昌认为要搞好应用研究,提高雷达资料的处理精度和质量,就必须开展有关基本理论的研究,若等待别人解决就不知要到何时,况且这种研究涉及对各种气象云雨降水粒子特点的了解,这正是气象专家的长处,因此,必须有"明知山有虎,偏往虎山行"的精神去探索。

张培昌首先考虑到许多非球形降水粒子相对短波长雷达而言,不满足瑞利散射所要求的"小粒子"条件,于是在 1993 年与一位物理教授一起组建科研团队,共同负责承担国家自然科学基金课题:《非均质轴对称形状气象粒子电磁波散射理论研究(含实验)》。研究中首先建立了尺度与入射波同量级的均质和非均质(指冰与水两种相态结构)旋转椭球、锥球、短圆柱状这些逼近降水粒子形状的模型,并从电磁场理论出发,采用分离变量法、积分方程法等求解出这些粒子的散射场;用椭球函数展开法编制了计算粒子散射、吸收特性的程序。对于在气象上有重要应用价值的降水粒子雷达截面、衰减系数以及雷达反射率因子等随电磁波型、波长和降水粒子参数变化的数据进行了计算,这些都是雷达气象以及微波大气工程技术中的重要物理参数。专家鉴定一致认为,该项研究当时达到国内领先、国际先进水平,并获中国气象局气象科学奖三等奖。

随后,张培昌又考虑到天气雷达探测的不是单个降水粒子,而是一群大小不等的球形或非球形降水粒子。于是在 1997 年他又主持了国家自然科学基金项目《旋转椭球水滴群的微波辐射特征及降水遥感研究》,他以电磁散射的 Gans 理论为依据,推导出小椭球雨滴群在旋转轴三种不同取向时的雷达反射率因子 Z、衰减截面 σt 和衰减系数 k 的函数表达式,并给出用于订正的相应曲线和数表。

5.根据国际国内天气雷达向多普勒双线偏振体制升级的趋势,需要建立与其相适应的、实用的雷达气象方程。2001 年由 V N Bringi 和 V Chanddrasekar 所写的著作 *Polari Doppler Weather Radar Principles and Applications* 中,已给出用雷达反射率 η 表示的适用于非球形降水粒子的双线偏振雷达气象方程;实际使用上希望能在雷达气象方程中采用仅取决于降水

粒子自身的形状、相态及轴取向特点的雷达反射率因子 Z 这个量,这样就可以用完全符合定义原意:$Z_{dr} = 10\lg[Z_{hh}/Z_{vv}]$ 的表示式来确定差分反射率因子 Z_{DR} 这个重要的物理参数;另外,由于雷达实际探测时,并不知道探测到降水的回波是由球形粒子还是非球形粒子或者两者共存所组成,因此,在信号处理器中希望使用统一的雷达常数 C 进行处理,以适应对不同粒子形状的探测。解决以上这些问题,涉及需要重新建立能反演双线偏振雷达反射率因子 Z_{hh} 与 Z_{vv} 的雷达气象方程。张培昌在国家自然科学基金课题:《双线偏振雷达探测小旋转椭球粒子群的雷达气象方程》支持下,从电磁波与粒子相互作用的理论出发,导出了双线偏振雷达探测小椭球粒子群的雷达气象方程,并重新定义了相应的雷达反射率因子表达式,为偏振雷达信号处理提供了依据。同时还对双线偏振雷达获得的差分反射率因子 Z_{DR} 在所设定精度内,雷达天线抬升仰角的极限进行仿真数值计算,其结果对双线偏振雷达探测有实际指导意义。他还推导出适用于双/多基地双线偏振气象雷达探测小椭球粒子群的雷达气象方程组,为反演双/多基地雷达有关物理参数给出了理论算式。

6. 对回波衰减订正这一难题进行有效改进

鉴于雷达回波在降水区内会受到衰减,造成回波面积减小和远距离处雷达探测值小于真实值,故在用 Z-I 关系把雷达反射率因子 Z 转换成雨强 I 之前,必须对 Z 值进行衰减订正。针对早先用于衰减订正的解析法和迭代法存在的问题,根据雷达观测资料在空间离散取样的特征,2001年与合作者共同设计了衰减订正的逐库解法及由此产生的逐库近似算法,定量给出影响数值计算稳定性的临界值,有效防止过量订正和提高订正计算效率,通过实例试验证明此法有效。

7. 为了提高雷达探测精度,开展大气折射指数对雷达波束影响的研究

用雷达波束测定远处降水云回波的顶、底高度和方位、斜距时,既要受地球曲率影响,还会因大气密度随着空间变化使波束发生折射而产生误差,通常测定回波高度时是根据标准大气折射进行高度订正,这样常因与实际情况不相符出现测高偏差,至于水平方向因大气密度不均匀而产生的折射一般未作考虑。为此,开展了相关研究。在 1991—1993 年,首先建立了国内几个地区大气微波折射指数垂直分布的统计模式,在一定高度范围内采用这些模式可提高雷达探测回波高度的精度,且使用方便。同时还研究了三种计算雷达波束轴线总折射角的方法,分析它们各自特点及使用要求。这些成果经试用表明,确能提高雷达探测精度。为了进一步了解对大气折射指数的气候振荡特征,对北半球中纬地区大气折射指数进行了交叉谱、时空谱以及最大熵谱分析,获得大气折射指数多年时空振荡特征,给出不同地域多频振荡周期和时空演变规律,这样就可从气候角度对大气折射指数进行估测。这部分成果也为 1995 年编写出版的《雷达气候学》中有关章节提供了基本材料(该书张培昌为第二作者)。

三、张培昌的主要论文

张培昌,汤达章. 雨滴在静止大气中的平均多普勒速度. 南京气象学院学报,1980 年第一期.

Zhang Peichang,Wang Baorui,Ji Yimin. A theories method for radar probing physical of precipitus spheroidal particle Group International Conference on Computatinal Physics,1988.

张培昌,李晓正,顾松山. 天气雷达组网拼图的四维同化方法. 南京气象学院学报,1989 年第三期.

张培昌,王宝瑞,嵇驿民. 椭球状降水粒子群微波特性的理论计算. 南京气象学院学报,1990 年第二期.

张培昌,戴铁丕,郑学敏. 我国部分地区大气折射指数垂直分布统计模式. 气象科学,1991 第

四期.

张培昌,袁招洪,顾松山.数字化天气雷达资料的一种无失真压缩方法.南京气象学院学报,1993 第二期.

张培昌,王登炎,顾松山,戴铁丕.多普勒天气雷达 PPI 上 00C 层亮带模式识别系统.南京气象学院学报,1993 第四期.

Zhang Peichang, Lin Bingan, Gu Songshan. Iprovement of weather radar measued rainfall over a region with comparison to other Techniques. GAME SCI ALS, 1994(21).

张培昌,詹煜,戴铁丕.大气折射率指数气候振动特征的最大熵谱分析.南京气象学院学报 1995 第一期.

Zhang Peichang, Lin Chuancai. Radar reflectivity factors for groups of rotational and spheroidal raindrops. 27th Conf on Radar Met, 1995, 121—123

Wang Zhenhui, Zhang Peichang. Microwave brightness temperatures of precipitating cloud with water—coated ice particles. Proceedings of SPIE on Microwave Remote Sensing of the Atmospheric and Environment, on 15—17 Sept. 1998 in Beijing, Edited by T Hayasaka et al, 1998, 252—258.

张培昌,李建通,顾松山.用多重网格法解赫姆霍兹型欧拉方程.南京气象学院学报,1995 第二期.

张培昌,殷秀良.小旋转椭球粒子群的微波散射特性.气象学报,2000 年第二期.

王振会,张培昌.小椭球粒子群微波衰减系数 kt 与雷达反射率因子 Z 的关系,气象学报,2000,58(1),123—128.

张培昌,殷秀良,王振会.小椭球粒子群的微波衰减特性.气象学报,2001,59(2),226—233.

张培昌,王振会.雷达回波的衰减订正方法研究:I 理论,高原气象.2001(1),1—5.

Zhang Peichang, Wang Zhenhui. Attenuation of microwaves by poly-disperse small spheroi-particles, Proceedings of SPIE on Microwave Remote Sensing of the Atmospheric and Environment, on 15—17.

Wang Zhenhui, Zhang Peichang. Microwave absorption by and scattering from mixed ice and liquid water spheres, Journal of Quantitative Spectroscopy and Radiative Transfer, Volume 83, Issues 3—4, 1 February 2004, Pages 423—433. (SCI 源刊)

张培昌,王振会,胡方超.双/多基地天气雷达探测小椭球粒子群的雷达气象方程.气象学报,2012 年第 4 期 867—874 页.

张培昌,王振会,胡方超.双线偏振雷达探测小椭球粒子群的雷达气象方程.热带气象,2011.

四、主要论著

张培昌,杜秉玉,戴铁丕.雷达气象学.北京:气象出版社,2001.

张培昌,王振会.大气微波遥感基础.北京:气象出版社,1995.

中国气象学会雷达气象学委员会主办《雷达气象》2008 年第 2 期,介绍著名雷达气象学家张培昌教授的文章《正学立言,笑看风云》

撰稿人

张培昌　南京信息工程大学教授

B.2　正学立言　笑看风云——记著名雷达气象学家张培昌教授

曾经有学生这样描述张培昌教授:他给人一种似曾相识的感觉,朴素得体的衣着,花白的头发,亲切而随和的言谈举止,让你一点也看不出他就是原南京气象学院(现南京信息工程大学)院长、著名的雷达气象学家。的确,作为气象学界的著名科学家、优秀学科带头人以及国家发明奖、省部级科技进步奖等多个重要奖项的获得者,张培昌教授始终保持着谦虚谨慎的工作作风,保持着求真务实的科学精神。而平凡的外表下,是他不平凡的科学追求和高尚的精神境界。

张培昌教授历任物理教研室副主任、大气物理教研室主任、大气物理系副主任、副院长、院长、党委书记等职,曾任江苏省第六、七届省人民代表,中国气象学会理事。1992 年获国务院颁发证书,享受政府特殊津贴。先后被江苏省教育委员会评为优秀学科带头人及优秀研究生导师。现为南京信息工程大学教授,现任中国灾害防御协会理事,南京地区新一代天气雷达开发应用开放实验室技术委员会主任等职。

张培昌教授(前排中)与雷达气象学委员会主任委员合影

执著不懈　攀登高峰

张培昌教授 1932 年 8 月出生于上海,1951 年 3 月入华东人民革命大学参加革命,1951 年 6 月在华东军区青年干校参加中国人民解放军,从此确立了他的革命人生观与世界观。1952 年 4—10 月在华东军区气象训练大队学习气象观测,毕业时因学习成绩优异,工作认真积极而荣立三等功一次,后留队任教,1954 年调入北京气象学校担任地面观测、高空测风等课程的教学,1956 年考入了北京大学物理系(后新分出几个系,他转入地球物理系),这正值新中国蓬勃火热的建设年代,年轻的张培昌对未来充满了美好的憧憬,立下了献身科学、为我国气象事业而奋斗终身的志向。1962 年大学毕业后分配到南京气象学院(南京信息工程大学前身),从此张培昌教授继续了与祖国气象事业的不解情缘。

当时,南京气象学院刚从南京大学中独立出来,一切都是空白,年轻的张培昌一到学院后,立刻投入到学校的课程建设中。学院创建初期,由于缺乏师资力量,张教授一人先后讲授"普通物理""流体力学""热力学""大气物理""气象观测"等课程。"文革",给教学和科研工作带来了巨大的冲击,各项工作在当时陷于停顿状态。自1971年起逐渐恢复了招生与教学,张培昌教授和一些同志又站到教学科研一线,坚持气象教学与研究,并于1974年负责创建我国第一个大气探测专业。他带领有关教师到测雨雷达站、无线电探空站以及校内新建的气象卫星接收站,边实践、边总结、边编写教材,先后开设了崭新的、处于学科前沿的雷达气象、大气探测基础以及大气微波遥感基础等课程。正是由于张培昌和其他专业许多教师们的努力,学校领导的正确决策及引导,才在"文革"结束后不久的1978年,学院被批准为全国重点高校,该年张培昌被任命为副院长,不久张培昌教授也成为大气物理系的第一批硕士生导师。

张培昌教授学识渊博,数理功底深厚。他不同于一般的学者,并不固守于一个狭窄的专业领域,也不拘泥于用本专业人员的观点和方法去解决专业问题,常将其他学科的观点和方法引入到本专业中来。他不仅是雷达气象学科的权威,对其他学科如大气物理、大气遥感、天气动力、临近预报,乃至电子线路、微波技术及激光探测等学科,都有不同程度的涉及,有些还有独到的见解。张培昌教授把经典的电磁场理论、物理学、大气物理、天气系统与雷达探测及信号处理等技术有机地结合起来,使雷达气象学在理论、技术与资料分析方法等方面达到新的高度,使他成为我国雷达气象学的主要奠基者之一。张培昌教授善于把握事物的内在联系和规律,注重学科的渗透、贯通与融合,并以此来处理学科的问题,这种创新的胆略和开阔的思路,正是当今科研工作者所急需的。

近三十年来,他在寒暑假、公休日几乎没有休息过,即使是春节也仅休息一两天,靠着坚忍不拔的毅力和艰苦奋斗的精神,攻克了一个又一个高难课题。他主持和主要参加国家"七五","八五"重大科技攻关项目:"天气雷达资料的收集和预处理方法的研究"、"雷达定量估算降水强度和区域降水量监测技术的研究"、"台风暴雨灾害性天气监测预报技术研究"及国家自然科学基金项目"非均匀轴对称形状气象粒子散射理论研究(含实验)"、"旋转椭球雨滴群的微波辐射特征及降水遥感研究"等。在"天气雷达资料的收集和预处理方法的研究"项目中,在国内首次研究并实现天气雷达组网拼图,解决了拼图技术、不同雷达强度资料同化以及回波数据压缩编码等一整套技术,实现了南京、上海、盐城三市天气雷达回波的自动拼图。在"雷达定量估算降水强度和区域降水量监测技术的研究"项目中,全面深入研究了雷达反射率因子与雨强之间的关系,雷达—雨量计联合估测降水的各种方法,以及提高雷达资料质量和测雨精度的方法,设计并建立了一个先进的"数字化天气雷达定量估测区域降水业务系统",其中对非球形雨滴群雷达反射率因子理论表达,和用吸收法消除地杂波的实验分析,专家们验收时认为已处于当时国际研究水平前列。在《非均匀轴对称形状气象粒子散射理论研究(含实验)》中,对大雨滴、冰雹等非球形降水粒子的散射,用椭球粒子、锥形粒子去迫近,并采用难度较大的分离变量法求精确解。这些成果对改进辐射传输方程和雷达气象方程有重要理论意义。在"旋转椭球雨滴群的微波辐射特征及降水遥感研究"中,推导出了椭球粒子旋转轴三种取向下的平均衰减截面公式及确定衰减系数的方法,以便能对雨区中测得的雷达反射率因子进行订正,并计算分析不同状态下衰减截面随降水粒子相态、形状、大小和入射波波长变化的特征,研究了小旋转椭球粒子群的微波衰减系数 k 与 Z 之间的关系。根据雷达气象方程和 k-Z 关系,导出了雷达反射率因子径向积分取样观测资料衰减订正的逐库算法、逐库近似算法及稳定性判据;同时还建立雨区中水滴旋转轴不同取向时的辐射传输模式,求解含散射的微波辐射传输方程,模拟研究了星载微波辐射计对降水云中粒子谱和相态的敏感性。

在我国新一代天气雷达建设方面,他作为著名的雷达气象专家,在 1995 年任专家组长主持了中国气象局"十五"期间"新一代天气雷达建设方案"的论证。接着在中国气象局邹竞蒙局长倡导下,他又作为专家组长积极参与中美合资北京敏视达雷达有限公司(前期称为华云—罗奥公司)的筹建,并指派为公司的中方董事,指导公司的建设与发展。为了加速我国新一代天气雷达的建设,他主持过国内多种新型天气雷达的方案评审、招标评审、雷达出厂、安装验收,以及硬软件改进、开发等项目的论证。他还主持过国内多种风廓线雷达、新型探空、测风设备的方案论证及验收,同时,还主持过部队的能见度仪、毫米波测云雷达、激光测云雷达、雷电定位仪等的方案评审、产品验收及成果鉴定,指导有关厂、科研单位更好掌握有关原理及关键技术,设计考核试验方法等。

张培昌教授主持课题汇报

杰出师表　甘为人梯

作为优秀的学术带头人,张培昌教授在自己的科研组大力弘扬科学、奉献、团结等精神。

张培昌教授在工作中注意发挥好党员团结群众的作用,并做好培养年轻人的工作。针对个别青年学生中存在的不愿意、不善于或没有足够能力从事解决实际问题的现象时,他把共产党的优良作风用在了教育自己的学生上,要求学生从事科学研究必须有明确目标和坚强毅力,真知来自实践,要坚持理论联系实际,实事求是,要正确认识科研内容的特点,找出客观事物的主要矛盾;对自己提出的计算方法及结果要用实测数据检验,看看是否合理;要树立正确的为国家气象事业服务的观点,培养严谨求实的学术作风。

张培昌教授自 30 岁走上讲台,至今培养了大批学生,其中很多人成为众多领域的骨干和带头人。张培昌教授厚积薄发,言传身教,不求闻达,淡泊名利,关心年轻人的成长和学术梯队的建设,深受师生员工和社会各界人士的爱戴。在教育思想上,他经过多年的教育实践形成了许多独到的见解:反对教师对学生实行灌输式的教学,强调发挥学生的主观能动性,提倡科研与教学相结合的思想并始终带头加以实行。有一位听过他讲课的学生(现任某省气象局局长)反映,"听张培昌教授的课是一种享受"。许多研究生把他开设的"大气微波遥感基础"课评为收获最大的研究生必修课程之一,主要是他能从基本概念、物理意义、处理问题的思路与方法等方面启发学生掌握有关内容,并经常组织讨论,引导学生从不同角度思考问题。他在培养研究生过程中,重视研究生的基础与能力培养,掌握新的研究方法。例如,要求研究生推导的公式或掌握的新概念及新方法,自己必先推导与掌握,这样被指导的研究生才感到有很大的收获。在他已培养出的研究生中,有的已成为美国 NOAA 卫星处负责人兼南京信息工程大学遥感学院海外名誉院长,有的是中国气象局职能司、省气象局和职能处的负责人,有的是省气象台首席预报员和首席科学家,有的在国内、外大学担任教授及博士生导师,有的成为其他部门的主要骨干。去年他的研究生到南京聚会为他祝寿时一致认为:张培昌教授不仅给他们传授了严谨治学的精神,还教导了他们如何做人处事。一位已是博士生导师的学生写的祝寿词"青松赞"为:"苍梧青松荫桃李,青蚕明烛为谁究。杏檀不倦授业道,海内未止传学舟。天眼雷达观万里,卫星电波知春秋。莫道孔明借东风,且看张葛竞风流"。

张培昌教授不赞成那种"功成身退"、不培养青年人的观点,也不赞成那种对青年人不放心、不敢放手把担子交给青年人的作法。他注意选拔培养人品好、业务基础扎实、事业心强、勇于攀登科学高峰的好苗子。为了使青年人更快成长,张培昌教授主动退居二线,有些本请他主要负责的课题,他推荐让青年人挑担子,自己甘愿做人梯。正是在他的带动及关心下,雷达气象及大气探测与遥感方面形成了多梯度的人才队伍,在国际气象界也有一定影响和知名度。

1991年,张培昌教授出任南京气象学院副校长,后又出任校长、党委书记等职。他在担任南京气象学院院领导职务期间,积极拥护和贯彻党的基本路线和方针、政策,善于团结领导班子共同搞好学院工作,在教育改革、干部和师资队伍建设,以及加强思想政治工作等方面做了大量有成效的工作,并以廉洁清正、坚持原则、生活俭朴、求真务实的作风而著称。他始终把提高人的思想素质放在教育工作的首位,注意从精神和物质两个方面调动师生员工的积极性,强调要像对待自己子女一样关心、爱护和教育学生。他注重以重点学科建设为结合点,带动基础课与专业课、教学与科研、重点学科与非重点学科、专业与行政管理、后勤服务等各方面的结合,并在南京气象学院的学风和校风建设上倾注了大量心血,为将学校办成国内外知名的高水平的大学做出了不懈的努力。在以他为主要领导的各级组织以及全体教职工积极努力下,经联合国世界气象组织批准,1993年在学校正式成立"世界气象组织区域气象培训中心",承担世界各国中高级气象科技人员的培训任务。1992年底他从学院主要领导岗位上退下来时,中国气象局温克刚副局长代表局党组给他在任职期内的评价是:在"文革"后为学院的恢复和发展作出了重要贡献。

张培昌教授在为大学生授课

道德文章　堪为楷模

张培昌教授在我国气象学界享有极高的声誉,是公认的大师。他的道德和文章都是知识分子学习的楷模。他为人谦虚朴实,作风民主,充分肯定每个成员的贡献,善于发挥科研集体中每个成员的积极性。对于纷至沓来的种种荣誉,他一再表示,成绩是集体共同努力取得的,他只是集体的一员。他把党和国家所给的荣誉当作新的起点。

张培昌教授一生献身科学,不求闻达。他几十年如一日,只要学生、同事或气象界同仁向他请教问题,他总是热情接待,并不厌其烦地给予详尽指导。有时,为了讨论某个学术问题,他能陆续写出上万字的讨论修改意见,送给别人。他先后帮助别人解决了许多个气象雷达、大气探测新设备设计和应用中的重大问题,但他从不求名图利。他的创见和成果,有时常常在别人的论文中和著作中首次发表,他不仅不计较,而且不在这些论文上署上自己的名字,反而为同行队伍的日益壮大而感到高兴。

张培昌教授编著出版的有研究生教材《大气微波遥感基础》、国家本科重点教材《雷达气象学》(获气象系统优秀教材二等奖),合编出版《雷达气候学》,合译出版《大气科学概观》。他主持的《雷达气象学》课程建设1993年被江苏省教育委员会评为优秀教学成果二等奖。

在完成教学任务的同时,张培昌教授积极开展科研活动。他除主持和主要参加国家"七五""八五"重大科技攻关项目及国家自然科学基金项目外,还先后在国内、外学术刊物及国际学术会议上发表学术论文60余篇,内容除涉及雷达气象的基础理论、基本方法与技术外,还包含气象卫星资料反演、大气折射指数的气候特征、新型气象雷达探测原理等诸多内容。

辛勤耕耘,硕果累累。张培昌教授分别获得国家重大科技成果二等奖、江苏重大科技成果三等奖、中国气象局气象科技成果二等奖及气象科学奖三等奖。

从"道德"方面来说,学生们从来没有看见过张教授板着面孔说教,然而他的为人处事的形象光辉照人,有很强的感召力,他用实际表现告诉人们做人的道理。从"文章"来说,并不仅仅在于能讲清楚雷达气象学的原理,或是气象雷达的应用,更重要的在于说明科学知识是如何形成的,其深切含义何在,如何可得到创造性的应用等等。张培昌教授有很深的哲理修养,这是长期磨练中得来的"功夫"。在一次接受采访时,张培昌教授说:"我一直是在干着自己觉得应该干也乐于干的事情。我之所以能在专业上干出一些成绩,也主要在于我一直心无旁骛,从没有停止过自己的科研工作。"

朴素简单的衣着,平实质朴的语言,宠辱不惊的淡定,处处展现着这位表里如一的科学家的谦谦君子之风。

随着他年龄的增加,有一些好心人劝张培昌教授:奋斗这么多年,该休息休息了。可他仍然在力所能及的范围内积极为祖国的气象事业发挥余热。他说:"年纪大不要紧,重要的我是一名党员,还要根据自己的特长为党的气象事业发挥一定的作用。"工作的激情使他不现老态,仿佛焕发出别样的青春。人生七十古来稀,在人类漫长的历史上,七十年如白驹过隙般短暂,而对于年逾古稀的张培昌教授来说,他的生命历程没有丝毫的浪费,为气象事业做出了卓越的贡献。

(来自中国气象学会雷达气象学委员会主办的《雷达气象》,2008 年第 2 期)

B.3 八十岁生日感言——张培昌教授八十寿辰庆祝会暨现代大气探测技术高层论坛会上的发言

刚才,李刚书记宣读了中国气象局及郑局长的贺信,李校长发表了热情洋溢的讲话,葛文忠教授、王振会书记、翁富忠院长也都作了对我鼓励性的讲话,真有些感到不敢当。实际上,在我以后的学校领导,魄力比我大,工作得比我出色。而我无论在教学科研、领导工作等方面,仅是做了很少一点工作。即使在雷达气象方面的研究,也是在团队协作以及大家的支持、帮助下完成的。实际上,在气象雷达方面,今天到会的大桥机器有限公司亢玉庭总经理、14 所恩威特公司的张越副总经理、38 所四创电子有限公司原总经理、现总工程师高仲辉先生、以及北京敏视达雷达有限公司张建云总经理和前任王永增总经理、徐宝祥总经理等这些管理层的领导,都曾经组织和带领好一支优秀的技术团队,进行攻关、创新,使得无论在天气雷达、风廓线雷达、云雷达、以及探空测风雷达等方面,做出了非常突出和有成效的贡献。丁荣安教授在这方面高水平的教学与研究,编写优质教材,以及指导生产单位工作等方面,也做出了重要贡献。在雷达气象方面,即使在老一辈专家中,像葛文忠教授、汤达章教授、顾松山教授、以及北京的葛润生教授、张沛源教授等等,都做出过出色而重要的贡献。所以,我的工作是非常有限的,我要有自知之明。

下面再谈一点在我八十岁生日时的感言吧!

尊敬的各位领导、各位来宾!首先,我要衷心感谢前来参加《现代大气探测技术高层论坛》以及我 80 岁生日的所有同志们。

80 年对个人一生而言,已算是很漫长的了,但从历史长河来看又是短暂的。总结我 80 年的生活,可以归纳为这么几句话:"党和人民的悉心栽培,领导及同志们的关怀帮助,家庭及亲友们的深情支持,使自己能为气象教育和科研事业做一点工作。"为什么这样讲呢?因为我的经历就是如此。

我在 1951 年 3 月到华东人民革命大学学习,参加革命,这是我一生中的一个重大转折,使我初步树立了要为人民服务的信念。1951 年 6 月,分配到华东军区司令部青年干校学习《社会发展史》,进一步确立了自己辩证唯物主义与历史唯物主义的世界观和人生观。1952 年初,分配到华东军区司令部丹阳气象训练大队学习气象,这就定位了自己为人民服务的具体工作方向。以后,在气象训练大队和北京气象学校当教员。1956 年学校领导动员我报考大学,这是进一步对我的培养和期望。1962 年从北京大学毕业后,分配到南京气象学院工作,在教学、科研以及不同的岗位上,都得到学院领导、老专家以及同事们的鼓励、支持与热情帮助。在这里,我特别怀念已故的罗漠院长、黄鹏书记、武士魁副院长、陈鹤泉副书记,以及还健在的罗明书记、程万淮副院等学院的老领导,特别怀念已故的、曾经指导、帮助及支持我的老专家、老同事:如朱和周、王鹏飞、冯秀藻、顾钧禧、田明远、章基嘉、申忆铭、朱乾根等教授。同时,也非常感谢在我退休以后的历届学校领导以及许多教职员工一直对我的热情关心与照顾。

另外,在我的工作和生活方面,也得到了家庭、父母、弟妹们的支持和关怀,特别是我爱人吴桂云同志,她既要做好自己的工作,又要操劳家务,养育孩子,她还十分孝顺我的父母,关心我的弟妹,让我安心工作与生活。因此,我也要向她表示由衷的感谢,说一声"你辛苦了"。

在我 80 年的工作与生活中,若要说有什么感悟与体会的话,我认为是:要在许多问题上坚持实事求是,既是最重要,又是最困难的。例如:

无论教书或从事科研,只有进行认真、踏实、一丝不苟,实事求是的探索,才会有真正的收获和成果。但是,浮躁肤浅,急于求成,急功近利,往往干扰着实事求是。

在工作上,特别当领导时,要能结合本单位实际,把党的方针、政策贯彻好,就要坚持一切从实际出发,做到实事求是,这也很不容易。回顾过去自己当领导时,在有些事情上没有处理好,就是因为没有作全面深入的调查研究,偏听偏信,不注意听取不同意见,或者跟错了风等等造成的。这些都是实事求是的障碍。

在我参加革命后的 20 世纪 50 年代、60 年代、70 年代,政治运动不断,在当时条件下,要在政治上做到实事求是,更是非常艰难。只要回顾一下那段时间内,有一些高级领导和学者,因为如实反映"左"的错误和直言意见后的不幸遭遇,就可以深刻理解在政治上要做到实事求是,有时是要做出很大牺牲,甚至要冒生命风险的。但是历史已经证明,违背实事求是,使我们的国家和人民付出了多么巨大的代价啊!

以上虽然是我的一点体会,可能也是很多人的共识,但如前面提到的,这并不意味着我都能按照实事求是的要求去做了。只能说,当进一步认识到实事求是的重要性后,会更加鞭策自己向这方面去努力,尽量减少一些不实事求是带来的损失和遗憾!

父亲给我取的姓名叫张培昌,这个名字与我一生经历比较相符:"培"就是培养,"昌"就是"昌盛"。我一生既受到党和人民的长期培养,又较长期地从事培养学生的工作,因此可以说,在培养方面是很昌盛的,所以名叫张培昌嘛!

我一生从事教育工作,是"苦在其中,乐在其中"。当根据工作需要去开设一门门新课和编写出新的教材时,确实很辛苦;但当看到一批批学子毕业成才,在不同岗位上为祖国气象事或其它事业发挥作用时,就会感到丰收般的喜悦。因此,献身于教育事业,使自己一生过得比较充实,很有意义。

古人说:"人生七十古来稀",如今,由于物质生活及医疗条件的提高,变成"人生八十勿稀奇"了。经常有人问我"健康有何秘诀",我说记住以下十六个字,即:"心宽不贪,动腿用脑,多做善事,忘掉烦恼",就会延迟衰老,有利健康,就能多活几年,多做一些自己喜爱做的事情,多看看学校和祖国美好的变化,这就足矣!

最后,我要再一次感谢大家对我生日的祝福及热情安排。我也要祝在位的领导、教师及同志们工作顺利,事业有成;祝已退休的老同志们,不论是否还在发挥余热,都能晚年生活幸福;祝参加会议的同学们学习成才,毕业后能找到理想的工作;祝全体同志们身体健康,万事如意!谢谢大家!

2011 年 8 月 6 日

午餐讲话

尊敬的各位来宾,各位领导,各位友好! 在这十分炎热的八月上旬,在过去曾被称为火炉的南京,大家以火一般的热情,来参加为我安排得火热热的八十岁生日聚会,真像夏天里的一把火了,是热上加热,热情洋溢啊! 这使我感到非常亲切,非常感动。因此,我要再一次衷心感谢大家的到来。我也要乘此机会,再祝大家万事如意,生活和美,祝大家到八十岁的时候,一定会比我更健康! 有一首宋祖英经常唱的歌,叫"好日子",里面有这样两句歌词:"今天是个好日子,心想的事儿都能成"。让我们为:今天是个好日子,祝大家心想的事儿都能成而干杯吧!

2011 年 8 月 6 日

师生聚会,增强友情
张培昌

尊敬的各位来宾:晚上好!

今天是我感到十分幸福的日子。从我的人生经历中体会到,个人幸福有三个要素:

幸福的第一个要素是:事业有成。不管你从事什么岗位,当组织上和同志们确认你对工作做出一定贡献时,就会收获到了一份耕耘得来的幸福。

幸福的第二个要素是:身体健康。不是说地位、财富等都是 0,而健康是前面的 1 吗。没有了前面的 1,后面的 0 就变成无多大意义了。因此,大家要珍惜和保持健康,才能多多享受幸福。

幸福的第三个要素是:"三情,即爱情、亲情、友情":婚姻是否圆满,亲情是否浓浓,这确实是幸福的组成部分。而今天大家在这里进行师生、同学、朋友聚会,是一次增强友情的好机会。无论是在你事业腾达的时候,还是工作或生活遇到挫折的时候,真诚的友情极为珍贵,它最终会使你感到,有几个挚友也是一种幸福。所以,让我们一起,通过今晚的团聚,进一步增强这份珍贵的师生情、同学情、朋友情吧! 为这份师生情、同学情、朋友情的地久天长而干杯! 谢谢大家!

2011 年 8 月 6 日

B.4　我校隆重庆祝张培昌教授八十华诞

8月6日,我校隆重召开张培昌教授八十寿辰庆祝活动暨现代大气探测技术高层论坛。百余名嘉宾和师生代表欢聚一堂,其乐融融,共贺这位为我国大气探测事业的发展做出卓越贡献的老一辈雷达气象学家生日快乐。

张培昌教授1962年到南京气象学院任教,长期从事大气物理和大气探测的教学和研究,创建了我国第一个大气探测专业,是我国现代雷达探测的开拓者和奠基人之一,培养了大批优秀气象人才,科学研究成绩卓著。历任大气物理教研室主任、大气探测专业委员会主任、大气物理系副主任、南京气象学院副院长、南京气象学院院长、南京气象学院党委书记。曾任中国气象学会理事,江苏省第六、第七届人民代表。先后被江苏省教育委员会评为优秀学科带头人及优秀研究生导师。1992年获国务院颁发证书,享受政府特殊津贴。

中国气象局科技司、中国气象局培训中心、中国科学院大气物理研究所、中国气象局气象探测中心、安徽省气象局、江苏省气象局、江苏省气象学会、福建省气象局、上海市气象局、山东省气象局、河北省气象局、中国气象局武汉暴雨研究所、北京市气象台、广州中心气象台、重庆市气象台、南京大学、南京理工大学、解放军理工大学、北京敏视达公司、南京大桥机器有限公司、安徽四创电子股份有限公司、南京十四所恩瑞特公司等单位的领导和专家以及来自国内外的张培昌教授的十几位高足到会祝贺。校领导李廉水、李刚、江志红参加庆祝活动,校有关职能部门及大气物理学院师生代表参会。庆祝会由大气物理学院院长银燕教授主持。

首先,校党委副书记李刚教授宣读了中国气象局局长郑国光给张教授发来的贺词。"感谢母校、感谢张教授等一大批优秀的老师教育培养了一批又一批的气象人才,感谢张教授为中国气象探测事业做出的卓越贡献",并祝张教授身体健康,生活幸福,心情愉快。

校党委书记、校长李廉水教授代表全校三万余名师生祝张教授八十寿辰快乐。李校长说,张教授德高望重,多年来在他的辛勤培育下人才辈出、硕果累累,桃李满天下,为新中国的气象探测事业做出了杰出贡献,是学校的骄傲,是中国气象事业的骄傲。他号召大家学习张老严谨的治学精神和崇高的思想品德,为学校的进一步发展和建设做出更大的贡献。

随后,特邀嘉宾南京大学葛文忠教授做了题为《张培昌教授学术成就对建立我国现代雷达探测的贡献——人正业精、永攀高峰》的报告,从雷达气象学基础理论、天气雷达应用研究、我国大气探测雷达新技术发展、跨学科学术研究等4个方面对张教授在现代雷达探测方面的贡献给予高度评价。

大气物理学院党委书记王振会教授代表大气物理学院全体师生以及我校大气探测专业首届毕业生,向张教授表示热烈的祝贺和美好的祝福,并就我校大气探测专业的建立、发展、展望做了精彩的报告,表示我们要继承和发扬张教授等老一代教师在专业发展和学科建设中在教学、科研、队伍培养等方面的宝贵财富。

来自美国国家海洋大气局的翁富忠教授作为张教授高足代表发言,他说"为有这样的老师感到自豪和欣慰",要向张教授学习做人、学习做学问,并代表弟子向张教授表示了美好的祝愿。

中国气象局气象探测中心李柏研究员、中国科学院大气物理研究所陈洪滨研究员应邀分别做了大气探测前沿学术报告。

寿星张培昌教授做了热情洋溢的致谢发言,回忆了自己与气象探测事业的不解之缘,并表示很高兴看到现代大气探测和雷达气象事业的发展,言语中流露出张教授对学校、对祖国气象事业一如既往的挚爱,并希望所有人在如今的盛世都能长寿比南山。

张培昌教授人正业精,执著不懈,永攀高峰的精神为我们树立起表率。衷心祝福张培昌教授南山不老,松柏常青!

（文/林晓玲,图/战子秋　2011年8月7日）

B.5　郑国光*为张培昌教授八十年华诞致贺信

尊敬的张培昌老师:

辛卯夏末,欣逢老师八十寿诞,我给老师祝寿,并向老师致以崇高的敬意!我为老师一生奉献祖国教育事业和气象事业所做出的杰出贡献感到赞颂和自豪!由衷地祝愿老师和师母身体健康,生活愉快!

老师八十年风雨人生,六十载辛勤耕耘在教育和气象领域,成就辉煌,桃李满天下。在科学研究方面,老师孜孜以求,潜心钻研,在我国气象雷达理论研究和应用研究领域成果丰硕,在开创我国气象雷达技术应用、推动我国气象雷达学科不断进步和气象雷达探测业务不断发展中做出了杰出贡献;在气象学科建设方面,老师创建了我国第一个以雷达气象和卫星气象为主的大气探测专业,亲自主编了《雷达气象学》《大气微波遥感技术》等一批堪称经典之作的优秀教材;在气象教育方面,老师的教学风格如春雨润物,绵绵悠长,呕心沥血,教书育人,培训了一大批气象人才,成为我国气象事业建设和发展的主力军。老师担任南京气象学院院长多年,积极推进气象教学改革和学科建设,为学院的发展和气象教育事业留下了大量的宝贵财富;在气象现代化建设方面,老师以其发自内心的爱国情怀和敏锐的学术视野,始终站在气象科技的前沿,为气象现代化建设出谋划策,积极推动建设气象强国,积淀了一个甲子。老师的诸多成就和贡献,老师的丰富经验和肺腑敬言,老师的高尚品质和学风,一直助学生不断成长,推动学生不断前进。

君颂南山是说南山春不老,我倾北海希如北海量尤深。我再次献上我衷心的祝福,祝福老师生活之树常绿,生命之水长流,寿诞快乐,春辉永绽!

学生:郑国光
2011年8月6日

---

* 时任中国气象局局长。

B.6 银燕在张培昌教授八十华诞庆祝会上的主持词

尊敬的张培昌教授：

尊敬的李廉水书记校长、各位领导、各位来宾：

上午好！

张培昌教授1962年到南京气象学院任教，长期从事大气物理和大气探测的教学和研究，创建了我国第一个大气探测专业，培养了大批优秀气象人才，科学研究成绩卓著。历任大气物理教研室主任、大气探测专业委员会主任、大气物理系副主任、南京气象学院副院长、南京气象学院院长、南京气象学院党委书记。曾任中国气象学会理事，江苏省第六、第七届人民代表。先后被江苏省教育委员会评为优秀学科带头人及优秀研究生导师。1992年获国务院颁发证书，享受政府特殊津贴。

近逢张教授八十寿辰，今天我们在南京信息工程大学隆重举行张培昌教授八十寿辰庆祝活动暨现代大气探测技术高层论坛。

今天参会的来宾有：

中国气象局科技司、中国气象局培训中心、中国科学院大气物理研究所、中国气象局气象探测中心以及安徽省气象局、江苏省气象局、江苏省气象学会、福建省气象局、上海市气象局、山东省气象局、河北省气象局、中国气象局武汉暴雨研究所、北京市气象台、广州中心气象台、重庆市气象台、南京大学、南京理工大学、解放军理工大学、北京敏视达公司、南京大桥机器有限公司、安徽38所四创电子股份有限公司、南京14所恩瑞特公司等单位的领导和嘉宾。今天参会的还有本校和校内兄弟单位的领导和嘉宾。

发来贺信的单位和个人有：

中国气象局郑国光局长、中国气象局武汉暴雨研究所、安徽四创电子股份有限公司，中国气象局气象培训中心高学浩主任，大气探测系退休教师戴铁丕教授。

让我们以热烈的掌声欢迎大家的到来！

我代表大气物理学院对大家的到来和发来贺信的单位和个人表示衷心的感谢！现在我宣布庆祝活动正式开始，

1.首先请校党委副书记——李刚教授宣读中国气象局局长郑国光的贺词。

2.下面请校党委书记、校长李廉水教授致辞。

3.下面请南京大学葛文忠教授致辞。

4.下面请大气物理学院党委书记王振会教授致辞。

5.下面请美国NOAA翁富忠教授致辞。

6.下面请寿星张教授致谢词。

7.开幕式到此结束，请大家到气象楼南门阶梯前与寿星教授合影留念。合影后，请大家回到这里参加"现代大气探测技术高层论坛"。

（银燕 大气物理学院院长）

B.7 葛文忠为张培昌教授八十华诞致贺辞

人正业精,永攀高峰
——张培昌教授学术成就对建立我国现代雷达探测的贡献
葛文忠
（南京大学教授）

尊敬的张培昌教授：

尊敬的校长,尊敬的各位嘉宾和朋友：

今天是个喜气洋溢、气象万千的日子,我们大家欢聚一堂,为正学立言的张培昌教授祝寿,向张教授的八十华诞表示最热烈的祝贺和最美好的祝福！

今天我们躬逢盛世,作为气象科学的基础,我国现代大气探测和雷达探测有了飞速的发展,天气雷达与计算机技术相结合开始了现代雷达探测的新时期。张培昌教授笑看风云六十载,为我国现代大气探测的发展做出了卓越贡献。张教授是我国现代雷达探测的开拓者和奠基人之一。张教授的学术研究始终围绕着发挥雷达实际使用效益的客观需求这一目标进行,张教授的主要贡献表现在以下四个方面：一是对雷达气象学基础理论的贡献；二是对天气雷达应用研究的贡献；三是对我国大气探测雷达新技术发展的贡献；四是对跨学科学术研究工作的贡献。这在我国雷达气象和气象雷达学界已成共识。这些研究成就已作为雷达设计,数字信号处理技术,气象观测解释和实践的理论依据,推进了我国现代大气探测向深度和广度发展。

1 雷达气象学基础理论方面的研究贡献

1.1 创建了适用于小旋转椭球粒子群的雷达气象方程

（1）建立单偏振雷达小旋转椭球雨滴群的雷达气象方程

目前的天气雷达大部分都是工作在单偏振的基础上,当使用天气雷达定量估测降水时,作为定量测量基础的雷达气象方程是在假设雨滴呈球形,而且满足瑞利散射条件下得到的,它适用于探测小的球形雨滴。但是探测强度较大的降水时,降水中包含了大量的雨滴,这些雨滴在下落过程中会产生形变,它一般不是球形。当雨滴的直径超过 2 mm,它的底部近似于平的,它可以近似地看作绕椭圆的短轴或长轴旋转而成的旋转椭球体。它们的散射能力即雷达后向散射截面和球形雨滴相比有明显的差别,如果雷达探测到的雨滴是一群旋转椭球体,利用在球形雨滴条件下得到的雷达反射率因子 Z 来确定降水强时就会产生较大的误差。为了解决这一涉及暴雨估测精度的难题,张教授根据小旋转椭球散射的 Gans 理论,并且考虑到天气雷达一般都是发射水平偏振波,推导出了适用于旋转椭球雨滴群在旋转轴（水平、垂直和随机）三种不同取向情况下的雷达气象方程,并且定义了新的非球形雨滴群的雷达反射率因子。如果将它们与同体积球形雨滴的雷达反射率因子比较,在弱风暴雨情况下小椭球雨滴群的雷达反射率因子将偏大 30％左右。张教授研究建立的小椭球粒子群的雷达气象方程,提高了雷达估测大雨和暴雨的精度,为雷达定量测量强降水提供了一种新的理论方法。

（2）建立双线偏振雷达小椭球粒子群的雷达气象方程

双线偏振体制的多普勒天气雷达可以发射水平偏振的电磁波和垂直偏振的电磁波,它不仅能够探测回波强度和多普勒速度,而且还可以对降水目标水凝物的相态(液态雨滴和固态冰粒)进行分类,目前正在国际上兴起而成为业务天气雷达发展的主导方向。例如美国国家布网的多普勒天气雷正在升级为双线偏振多普勒雷达,用于云物理研究和人工影响天气的雷达都有升级为双线偏振体制的趋势,国内也已经少量生产出了这种雷达。但是国际上至今还没有适用于双线偏振雷达探测小椭球粒子群的雷达气象方程,对于降水定量探测的精度无疑有很大的影响。因此,如何建立适用于双线偏振发射的雷达气象方程,具有现实的理论意义和实际应用价值。张教授考虑到 Gans 的小椭球粒子散射理论适用范围要比满足小圆球形粒子的瑞利散射条件宽,依此理论从小椭球粒子群旋转轴在空间的不同取向(铅直取向和均匀随机取向)的情况,分别推导出了发射水平偏振波与垂直偏振波时的雷达气象方程,定义了相应的雷达反射率因子表示式。小旋转椭球粒子群的雷达气象方程,具有形式简洁、适用性广泛和实时处理的优点,避免了处理普遍的椭球粒子散射理论时遇到的数学上的复杂性。

(3)建立双/多基地双线偏振天气雷达小椭球粒子群的雷达气象方程

为了反演降水区的二维和三维的真实风场,采用双/多基地天气雷达探测,要比采用多部多普勒天气雷达经济得多。双/多基地天气雷达系统是由一个主站(包括具有发射与接收的完整雷达系统)和一个或多个设置在一定距离外的子站(仅有接收系统)所组成。主站发射的雷达波束遇到降水目标时,其后向散射波被主站接收,侧向散射波同时被子站接收。国内已有人推导出小圆球形降水粒子群的双基地双线偏振雷达气象方程,但是还没有适用于像暴雨中的大雨滴以及冰粒、雹粒等非球形状降水粒子的方程。张教授详细推导了小椭球散射的方向函数及侧向散射截面的表达式,分别建立了适用于双/多基地双线偏振雷达接收子站的一组雷达气象方程,提高了双/多基地雷达探测大雨和暴雨的精度。

1.2　小旋转椭球粒子群的微波偏振特性的研究

理论上研究云和降水对电磁波的散射和吸收特性时,一般假定气象粒子是球形的。由于天气雷达探测的不是单个降水粒子,而是一群大小不等的球形或非球形降水粒子,当雷达发射水平和垂直偏振的电磁波时探讨非球形粒子的微波电磁特性,是一项既有理论意义,又有实际应用价值的研究。这在雷达气象上解释偏振波的性质显得尤为重要。当电磁波的频率高于 10 GHz 时,在它穿过降水雨滴群时会引起衰减。经过实际测量知道水平偏振的电磁波它的衰减大于垂直偏振波的衰减。在微波遥感测量降水时,降水粒子的非球形,以及降水区对微波能量的衰减是不可回避的两个重要问题。张教授以 Gans 的电磁波散射理论为基础,推导出小椭球雨滴群在旋转轴三种不同取向时的雷达反射率因子 Z、衰减截面 σt 和衰减系数 k 的函数表达式,并给出用于实际观测数据订正的相应曲线和数表。

(1)建立小旋转椭球粒子群的精确实用的散射截面计算公式,满足了地面或星载的微波雷达探测降水时需要对水平和垂直偏振波散射截面的实时处理需要,对于双线偏振多普勒天气雷达的业务探测和云雷达反演更具有应用价值。

(2)建立小旋转椭球粒子群的衰减截面计算公式,求得小椭球粒子群的衰减截面或平均衰减截面的精确解,同时避免了理论形式的繁琐和复杂,很方便于实际应用。张教授从各种状态下小椭球粒子衰减截面与波长和粒子直径之间的关系,合理解释了在雷达气象上常见的一些现象,例如:因为衰减截面与波长成反比,正是 S 波段雷达在测雨中不需要衰减订正的原因等。这些结果在满足理论假设的许多情况下,不仅对于微波遥感反演降水适用,而且可以延伸到对冰晶云和冰水混合云的物理参数反演等方面。

1.3　与波长相当的非均质轴对称形状气象粒子电磁波散射理论研究

对于降水粒子尺度与入射波同量级的均质和冰与水分层的非均质粒子,张教授与合作者通过建立这些粒子近似于旋转椭球、锥球、短圆柱状等形状的模型,从电磁场理论麦克斯威尔方程出发,求解出这些粒子的散射场;用椭球函数展开法编制了计算粒子散射、吸收特性的程序,并对降水粒子雷达截面、衰减系数以及雷达反射率因子等随电磁波型、波长和降水粒子参数变化进行了计算。这些数据在微波遥感和雷达气象上有重要的应用价值。

张教授在雷达基础理论研究上的成果对改进和建立新的雷达气象方程,改善和提高雷达信号处理以及数据的质量控制,对正在发展的双线偏振雷达的应用和开展建立适用于双线偏振雷达的小椭球粒子群雷达方程组的后续理论研究均有十分重要的作用。

2　天气雷达应用研究的贡献

张教授在天气雷达应用领域的研究涉及广泛的内容,诸如降水的诸物理量测定,雷达定量估测降水量,短波长雷达降雨衰减订正,天气雷达组网拼图,信号处理,多普勒天气雷达在强对流预报中的应用,大气折射指数,大气边界层湍流,微波辐射传输和微波大气遥感,雷达气候学等各个方面,张培昌教授堪称是我国现代雷达探测技术的开拓者和奠基人。

2.1　建立双因子算法精确测定降水诸物理量

张教授认识到雨滴大小分布是由两个参数决定,而且参数会随时空变化的物理概念启发,与合作者一起建立了由雷达反射率因子 Z,及由雨量计测定的雨强 I 这两个参数导出的反演雨滴谱、静止大气中雨滴平均多普勒速度、以及速度标准差的理论关系式。经过实际雨滴谱资料的验证,它比通常使用单因子雷达反射率因子 Z 和这些量的统计关系在精度上有了很大的提高。

2.2　国内首次实现南京、上海、盐城三地天气雷达回波的自动拼图

多部雷达回波资料实时自动拼接成符合天气分析需求的综合图,对于大尺度天气系统和多尺度系统的分析研究和预报具有重要的意义。20 世纪 80 年代美国雷达拼图技术的专利产品,价格十分昂贵。为了扩大气象台站了解和使用雷达资料的可视范围,张教授提出并与合作者一起将多部天气雷达以不同天线仰角作锥面扫描获得的回波强度资料,经插值后转换成同一等高面上格点资料,再经坐标变换生成用统一的地理经纬坐标和底图直角坐标表示的拼图资料等的一组算法,并对不同雷达间存在的强度差异进行合理处理。针对当时雷达图像资料信息量大,通讯传输速率慢的情况下,与合作者一起研究和设计了针对雷达回波图像资料特点进行数据压缩编码的方法和软件,在我国第一次实现多部天气雷达回波准实时自动拼图,从而在业务上扩大了雷达资料的可视范围,实现实时、有效地追踪和预警灾害性天气系统降水回波的移动、演变等情况,为短时和临近天气预报提供直观的分析依据,为我国天气雷达拼图技术业务化应用奠定了基础。随后,上海气象局在此基础上扩大到 13 部天气雷的拼图。

2.3　雷达定量估测降水的研究

(1)建成国内第一个《数字化天气雷达定量估测区域降水量业务系统》

20 世纪 80 年代初我国已在部分国产天气雷达上装备了数字处理终端,同时开展了雷达定量估测降水的研究,但是仅限于一些基础问题如雷达反射率因子 Z 和雨强 I 的关系,雷达估测降雨校准方法等的研究,而且比较分散。为了形成一个完整的、具有一定精度,并且可以提供业务使用的雷达降水探测系统,张教授从理论和实验两个方面进行全面系统地研究,提出采用雷达与地面雨量计联合估测降水强度分布的方法,指导研究生研究了多种雷达估测降雨

校正算法如平均及分区平均校正法、最优插入法、以及两种变分校正法等；设计了自动识别零度层融化带的模式、资料的质量控制算法，采用了包含小椭球粒子散射的新雷达气象方程，提高测雨精度与计算速度，并与合作者一起建成国内第一个数字化天气雷达定量估测区域降水的系统。系统设计灵活，便予升级修改。自动采集和输入有关资料，并进行质量控制与预处理，通过人机交互，可以选择适合当时条件下估测区域降水分布的校正算法，并在雷达探测的全域或特定窗口内，生成降水强度和不同时段内累积降水量分布以及降水回波移动实况等的显示产品。

（2）雷达估测降水校准方法研究

我国新一代多普勒天气雷达估测降雨的算法是沿用美国适用于夏季的固定的雷达反射率因子 Z 和雨强 I 的关系式，常常引起误导。早在 20 世纪 80 年代张教授研究用最优化方法，设计一个判别函数，求得最优的 Z-I 关系。最优化方法物理意义清晰，在一定条件下较其他方法更具优势，易于推广应用。

张教授为了能找到一种更好的雷达和雨量计资料的内插方法，对雷达估测降雨实行雨量计实时校准，为求得每个网格点上的校准因子，在国内最早开展变分校准法的研究，利用泛函求极值的原理，求解最优校准因子，用变分方法校准雷达估测区域降水量，校准后的降水量分布形势场比较符合实际观测。对于分布不均匀的对流性降水效果更为明显。

2.4 雷达回波的衰减订正方法研究

当利用短波长雷达（波长 5 cm 和 3 cm）探测降水时，雷达回波在降水区内会受到衰减的影响，造成回波面积减小和远距离处的雷达探测值小于真实值。故在将雷达反射率因子 Z 转换成降雨强度 I 之前，必须对 Z 值进行衰减订正。针对早先用于衰减订正的解析法和迭代法存在的问题，根据雷达观测资料在空间离散取样的特征，2001 年张教授与合作者共同设计了在距离上衰减订正的逐库解法，并且防止过量订正，形成了逐库近似算法，已在雷达实际探测和研究中得到广泛应用。

2.5 大气折射指数对雷达探测影响的研究

当利用雷达探测远处降水云回波顶、底的高度和距离时，雷达波束既要受地球曲率影响，还会因大气密度随着空间变化使波束发生折射而产生误差，为此张教授开展了大气折射指数的研究。在 1991—1993 年，首先建立了国内几个地区大气微波折射指数垂直分布的统计模式，使用方便，提了高雷达探测精度。为了进一步了解对大气折射指数的气候振荡特征，张教授与指导的研究生一起对北半球中纬地区大气折射指数的变化进行了研究，获得大气折射指数多年时空振荡特征，给出不同地域多频振荡周期和时空演变规律。上述研究成果对于评估大气环境对电磁波传播和通信系统、雷达探测系统性能具有重要的理论意义和实际应用价值。这部分成果也为 1995 年编写出版的《雷达气候学》中有关章节提供了基本材料（该书张培昌教授为第二作者）。

3. 对我国大气探测雷达新技术发展的贡献

我国大气探测雷达新技术的发展起步较晚，例如多普勒天气雷达、风廓线雷达、双线偏振多普勒雷达和云雷达等都是在 20 世纪 90 年代末和本世纪初兴起研制的探测设备，包含很多新技术。张教授为新一代天气雷达发展规划、大气探测系统发展规划、新一代天气雷达软件移植及自主研发项目、不同生产单位多种风廓线雷达对比试验与静态测试的评估、以及边界层风廓线雷达的行业标准的审定等认真参加审查，积极提出意见及建议，参与各省及地区建设新一代天气雷达的选址、方案评审、出厂及现场验收等各项工作,为天气雷达新技术的发展做出重要贡献。

张教授从1997年起,一直担任中美合资北京敏视达雷有限公司董事,他作为公司决策层成员和雷达气象专家,对公司在筹建、发展过程中要解决的一些关键性问题,能经常提出切合实际的建议,因此他受到双方董事的尊敬。目前,该公司生产的新一代天气雷达不仅满足国内的需求,还通过国际招标竞争,出口到罗马尼亚、韩国、印度等国。

张教授常受邀参加各种重要的气象科技及气象工程项目的评审、鉴定、验收;以及受邀请作一些专题学术报告。在参加各种评审会、成果鉴定会时,绝大多数担任专家组组长,主持会议,并以他的领导艺术妥善解决一些矛盾及问题。

2009年,信息产业部第十四研究所根据天气雷达向双偏振多普勒体制升级的趋势,以及国内已生产多部双线偏振多普勒天气雷达的实际情况,组织人员对美国V N Bringi, V Chandrasekar 所著的 *Polarimetric Doppler Weather Radar ：Principles and Applications*(偏振多普勒天气雷达原理和应用)进行了翻泽。由于译者是雷达专家,对气象了解欠深,对有些内容难以做出确切的翻译,故诚请张培昌教授作校对,通过断断续续约一年时间,对全书作了仔细认真的校对和改错。目前,该书已正式出版,它将对新型偏振多普勒天气雷达的改进与使用起到指导性作用。

以张培昌教授为主所编著的《雷达气象学》著作,公认是国内最全面、系统、深入论述雷达气象学原理、方法、技术与应用的一本专著。该书不仅确定为普通高等教育"九五"国家级重点教材,不仅被气象业务与科研人员,而且被相关领域的科研人员广泛采用,有关雷达气象方面的许多学术论文将它列为重要参考文献,此外以张教授为主所编著的《大气微波遥感基础》也受到科研人员的广征博引。

4. 对跨学科学术研究工作的贡献

张教授以解决客观需求作为学术研究的目标,研究成果常被学科领域以外的研究人员所应用。清华大学水利水电工程系研究城市排水管理的研究人员利用张培昌教授研究的最优化方法,对北京天气雷达资料进行处理,将所得到时空分辨率很高的降雨数据与分布式城市洪水模型相结合,精确计算洪水流量过程和捕捉局部积水区域。随着经济社会城市化进程的加快和全球气候变暖的影响,城市受到极端暴雨事件的频率增高,危害加重,雷达定量估测降雨在洪水预报预警中具有更好的应用前景。

随着对飞行安全性的要求越来越高,现代机载雷达的设计中也需要具有气象探测功能(WA),以帮助载机回避复杂的气象环境。但是在机载气象雷达数据处理方式的设计中大多没有考虑雨区衰减的影响,有数据分析证明由于飞行路径上降雨云层的衰减导致了多起载机误入气象环境恶劣的区域而坠毁。

南京电子技术研究所的研究人员在机载雷达上实现气象方式的降雨衰减补偿,他们采用张教授研究的天气雷达回波衰减订正算法,设计了一种具有降雨路径补偿的机载雷达气象方式。机载雷达的气象方式可以更准确地反映气象环境,保证飞行安全。

张培昌教授治学严谨,硕果累累,正式出版的著作三本,正式发表的学术论文近60篇。张培昌教授为建立我国现代气象雷达探测原理与应用做出了杰出的贡献,开创了国内雷达探测研究应满足气象业务需求之先河,推进了我国现代雷达探测和遥感事业的建设和发展。

张培昌教授人正业精,执著不懈,永攀高峰的精神是我们的表率。衷心祝福张培昌教授南山不老,生命常青!

B.8　戴铁丕为张培昌教授八十华诞致贺函

为学校建设作出了杰出贡献的兄长——张培昌教授

戴铁丕

（大气物理系退休教师）

喜悉 2011 年 8 月 6 日学校将隆重举行张培昌教授八十寿辰活动暨现代大气遥感探测技术高层论坛,心里非常高兴。半个世纪以来张教授为学校建设、发展做了卓有成效的工作,倾吐了大量的心血。很多教职工和学生不但对他很尊重,且有爱慕之心。由于我长期在他领导下工作、学习,和他接触很多,现将有关他的杰出贡献回忆如下。

一、在十年"文革"期间

1966 年 6 月"文革"一开始,在横扫"一切牛鬼蛇神"的错误号召下,"红卫兵"到处冲击所谓"四旧",打倒所谓走资本主义道路当权派和反动学术权威。师生中成立各种战斗队,由于观点不同,到处"内战"。在危急时刻,毛主席号召各派大联合,当时学校气象系教职工,成立气象教工联合会（简称气教联）,老师们选举原来不参加任何组织与派别的张培昌担任气教联领导成员之一。气教联不受学生战斗队影响,独立开展工作,单独成立"专案组",我参加并负责了这项工作。后来在解放干部时,进驻学校的工、军宣传队听取了我们较客观的汇报材料,并综合其他材料报送上一级组织,证明敬爱的罗漠院长在历史上没有任何问题,第一个得到解放,很快大批干部也随之解放。故气教联在解放干部中起到了积极作用,这与张培昌同志要求不能仅根据大字报上的猜测与跨大之词,应实事求是搞清楚干部历史问题的指导思想分不开的。老张威信日益提高。

在"文革"后期,20 世纪 70 年代末期,学校开始大批招生,但很多骨干教师夫妻仍分居两地。为了稳定教师队伍,提高教学质量,把学校办得更出色,张培昌同志想尽一切办法,把这些教师配偶调来学校工作,我也是他关心的其中一个,使得这些教师过上了家庭团聚的生活。老师扎根学校,工作积极性大大提高,这对提高教学质量起到重要作用,为学校今后大发展奠定了精神力量。因此,部分同志形成了有困难找老张,有心里话与老张讲的风气。

二、创办大气探测专业初期

1975 年正逢创办大气探测专业关键时期,为了培养、锻炼专业教师,促其快速成长,采取了"走出去,请进来"的办学模式。1975 年 10 月—1976 年 1 月张培昌同志和我到福建建阳去创办雷达气象短训班三个多月。这段时间,我们一方面备课讲课,另一方面,利用雷达观测资料,抓紧实践知识的积累。在近 100 天里老张和我日日夜夜一起工作、学习和生活。我从他身上学到了如何做人,怎样处理疑难问题和关心他人,又怎样教书育人等等。他处处以身作则,言传身教,以兄长身份悉心关心我,给我以后成长指明方向。

为了锻炼师生成长,同时又为了服务社会,由张培昌同志带队,教研室专业教师参加奔赴安徽灵璧县尹集乡参加消雹工作,雷达观测到强对流天气时,我们真枪实弹的干。当雷达观测到雹云形成就指挥高炮把碘化银炮弹打入雹云上升气流最强区,最后降了软雹,降到地面很快融化。据当地有经验老农说,若你们不打炮消雹,那么历史经验告诉我们降下来一定是硬雹,这样我们小麦就绝收了,人工消雹共进行了两次。当我们与当地农民离别时,他们含着热泪隆重欢送,并说希望下次再来,场面喜人。

1976年9月初由张教授提议我们举办了一次全国性雷达气象短训班,有近百人参加,唐山地震灾区也派学员来。全国各地学员相聚学习约六周,后来了解到这批学生在全国各雷达站工作中发挥了积极作用。

请进来的老师主要是大气所、中国气象局的一些雷达气象和大气遥感方面专家。国外著名雷达气象专家、英国皇家气象学会院士布朗宁,在张培昌教授努力下也请来了。上述办学模式对专业发展起到了重要作用,培养出来了大批优秀学生,老师通过教学与实践,业务水平也快速提高。

三、教学

老张刻苦备课,写过了大量讲稿,备完课后,从77级学生开始他本人首先讲雷达气象理论部分等以做样板,从78级开始由我和另一位老师轮流主讲,他自己又新准备"大气微波遥感基础"的研究生课程,并请我协助。但他自始至终关心雷达气象课教学,经过对教材逐步补充更新完善,最后,由气象出版社出版,并作为国家重点教材使用。该课程的教学团队和教材分别获江苏省和中国气象局二等奖。教学成果得到社会认可,显然张培昌教授的功劳是第一位的。

在硕士研究生教学中,经过多年教学,教材成熟,与王振会老师共同编著的《大气微波遥感基础》,也由气象出版社出版。该书在国内教育界、科技界有较高的评价。

另外,利用大量雷达探测资料与我一起编著了《雷达气候学》,由气象出版社出版。

四、科研

教材内容更新与科研工作所取得的成果分不开。以张教授为首的科研团队,研究项目较多,涉及到大气探测、大气遥感各个领域,尤其以强对流天气的临近预报方法,回波图像模式识别与数字化处理、雷达定量测定降水、不同形状与相态降水粒子对电磁波的散射、新的雷达气象方程建立以及大气折射指数研究等为重点。鉴予上述研究内容,多次申请到国家自然科学基金和参予了国家"七五""八五"科技攻关项目。并组织团队各人分工合作开展研究,最终均很好地完成了任务,并获得多项省部级奖励。通过科研工作,还使大批参与的学生迅速成长。

目前我国短时、临近预报,特别对强对流天气、灾害性天气预报准确性大大提高,这要归功于新一代多普勒天气雷达的建立。迄今为止,此类雷达在全国已安装了150多部,新疆、西藏也有了这类雷达。主要生产这种雷达的中美合资北京敏视达雷公司聘请张培昌教授担承董事与专家顾问,在研制、生产、验收这类新型雷达中发挥了重要作用。

另外,双线偏振多普勒天气雷达、微波测云雷达研制过程中,张教授也向有关生产单位提出了一些重要的建议,并被采纳。

五、培养、关心研究生

为了满足大气探测专业发展的需要、培养研究生队伍是重要措施之一,而当时有高级职称能带硕士研究生的师资很短缺。在这种情况下,张教授招了较多研究生,除大部分自己直接指导外,有些研究生在对研究课题把关条件下,请其他老师协助进行指导,我也是其中一个。在张教授掌舵情况下,大批硕士研究生带出来了。要记住这时张教授还担任了院长、党委书记的重要党政职务,有很多工作要处理,可见他的工作量有多大,担子有多重。故有时他病倒了,甚至住院,治好出院后,又忘我再干,为了培养学生成材付出了多少心血。

在他培养出的硕士研究生中,有许多人不仅质量高,工作能力也强。以我接触较多的上海市气象局副局长袁招洪为例,他不但业务水平高,科研能力强,多次申请到国家自然科学基金,并带领团队获得许多研究成果,而且在行政领导工作中,组织能力也很强。他能协调好各种关系,处理解决诸多重要而困难问题,这就是一个培养研究生成才的例子。

最后,值此张教授八十寿辰庆祝活动之际,祝愿他全家欢乐、健康长寿、万事如意、心想事成。

(2011 年 7 月 26 日)

B.9　王振会*为张培昌教授八十华诞致贺辞

大气探测专业的建立、发展与展望
王振会

尊敬的寿星老师张培昌教授,
尊敬的各位领导、各位嘉宾朋友、各位同学:

大家上午好!

今天,我们大家欢聚一堂,为我们现代大气探测专业的创始人张培昌教授庆祝八十大寿暨现代大气探测技术高层论坛,我代表大气物理学院,同时,也代表我校大气探测专业首届毕业生,向我们尊敬的张老师——张培昌教授表示最热烈的祝贺和最美好的祝福!

一、现代大气探测专业的创始

说起"现代大气探测专业的创始",我们都会看到在 20 世纪 60 年代末至 70 年代初,国际上雷达和卫星技术迅速应用于气象探测。1972 年,在全国大学恢复招生之际,在校领导罗漠院长等组织学校教师经过一年多的调查研究之后,于 1973 年成立了我校的"大气探测专业",张培昌教授任专业委员会主任,开始带领大家确定培养目标,制定教学计划,编写教材讲义,筹建气象雷达、卫星接收、电子技术等一系列实验室。

1974 年我校"大气探测专业"开始面向全国招生。很荣幸我是该专业招进来的第一级学生(74 级)。

1978 年南京气象学院恢复成立大气物理系,有大气探测和大气物理两个专业教研室。

1978 年大气探测专业"硕士培养点"和"中国气象局重点学科"获批准。张培昌教授是首批导师之一。1982 年开始招研究生。

1998 年以南京气象学院为主,联合中国气象科学研究院,申请并获得大气科学之二级学科"大气物理学与大气环境"博士学位授予权,包涵大气探测、大气物理、大气环境等方向。

---

*　学生代表,时任大气物理学院党委书记

2004年我国首批公布的"自主设置二级学科"博士点目录中含有我校申请的"大气遥感科学与技术专业"。2005年开始招生。

2006年,大气探测专业教研室更名为遥感学院大气探测系。2008年大气探测系参与成立大气物理学院。

雷达气象学、卫星气象学,一直是该专业最重要的课程,奠定了该专业近40年的特色。目前,本专业的主要方向依然是:雷达气象、卫星气象,其他还有临近天气预报、大气环境监测、气象仪器研制等。近五年,大气遥感科学与技术团队先后承担国家自然科学基金课题10项、国防科工委课题4项、气象行业专项1项,省部级科研项目30多项,市厅级科研项目20多项。在大气遥感科学与技术学科及相关领域,共发表高水平学术论文近200篇,其中权威及以上级别期刊论文近50篇。

二、专业和学科建设主要经验

在过去的近40年里,张培昌教授等一批老教师在专业和学科建设方面,给我们积累了大量的宝贵经验。例如,

1.教书育人,理论与实践相结合

张老师等老一代教师紧紧抓住本专业和学科发展以及人才需求的特点,引导师生共同注重"理论联系实际"、注重"提高分析问题和解决问题的能力",教师组队,并带领学生,赴气象业务部门测雨雷达站、无线电探空站以及校内新建的气象卫星接收站等本专业对口单位,如,河南省气象局、江苏省射阳气象局、安徽省阜阳气象局、无锡无线电二厂、桂林长海雷达厂、南京大桥机器厂等,边调研、边实践、边总结,针对业务实际需求,编制教学计划及相应教材,张老师等老一代教师就是这样写出了第一本《雷达气象学》讲义,并为74、75级大气探测专业学生开设"雷达气象学"课程。此课程和此教材已经历了近40年的历史、已在国内外很有影响,很荣幸我成为使用此教材、聆听此课程的第一批学生。

张老师等老一代教师亲自带领学生到社会需要第一线,一边为学生授课、一边为社会服务。老师各方面言传身教、影响深远。如赴安徽灵璧参与人工消雹作业,深得学生和社会的好评。我很荣幸是学生中的一员。

张老师等老一代教师在专业和学科建设中,积极参加气象业务部门的相关培训班和交流会,先做"学生"、学习业务、了解需求,再联系理论、编写教材、走上讲台、成为"先生"。这为我们教师树立了很好的榜样。

张培昌教授等老一代教师的努力,得到气象部门和当时校领导的认可。国家气象局先后为学校配备711型天气雷达、701测风雷达、气象卫星APT接收机等先进的设备仪器。1986年集中使用世界银行贷款引进当时世界上最先进的多普勒雷达,为我国新一代天气雷达网的建设和专业人才的培养搭建了重要的平台。

2.师资队伍建设,引进与培养相结合

在师资队伍建设上,张老师在做室、系、院(校)各级领导期间,一方面从气象业务部门及科研单位先后引入多位专家和专业技术骨干,充实壮大教师队伍。另一方面,积极开展国际学术交流,先后邀请国内外著名大气探测专家(如,英国雷达气象学家布朗宁,日本名古屋大学武田乔男教授,美国强风暴实验室范森特,等)来校讲学;利用世界银行贷款陆续派出多名教师出国进行学术访问进修。

3.科学研究,紧密结合气象业务需求和学科发展前沿

科学研究方面,在大气探测专业和学科成长发展过程中,张老师等老一代始终十分重视紧密结合气象业务需求和学科发展前沿来选题并展开研究。早在 20 世纪 70 年代末至 80 年代初,张老师等老一代教师就开展雷达定量估测降水强度和区域降水量、灾害天气临近预报技术方法的系列研究,曾主持国家级课题多项。

三、展望

如今,新一代的大气探测专业师资队伍正在建设发展,我们要向老一辈学习,继续在现代大气探测领域"每天挖山不止"。

1.在师资队伍方面,向老一辈学习,加强师资队伍建设,通过实施"人才建设工程",坚持培养和引进并举,努力建成一支结构合理、教学水平高、科研能力强、在国内外有一定知名度的师资队伍。

我们要做好学术带头人以及中青年骨干教师的引进和培养工作。选拔一批优秀中青年教师到国外高校或科研院所进修,积极开展国内外学术交流,经常邀请国内外高水平专家做学术报告。积极寻求国内外科研合作。

我们要力争实验技术队伍有较大发展。大气探测专业与学科是一门理论和技术相结合的学科,需要建成一支结构合理、能胜任教学科研工作需要的实验技术队伍。

2.在科学研究方面,我们要继续以天气雷达和气象卫星为主要遥感观测平台,以地球及其大气的各种状态参数为遥感观测对象,以发展遥感及其信息处理和应用技术为目的,继续在雷达、卫星等遥感探测新技术、遥感信息反演、遥感图像处理、遥感资料在各种时空尺度天气分析预报中的应用等领域开展研究,为我国气象事业和相关行业服务。

3.在教书育人方面,我们要继承老一代认认真真备课、勤勤恳恳耕耘的精神,踏踏实实地工作。继续探索多媒体时代不断提高教学效果的新方法。结合教学需要,新编、重编一批研究生和本科生教材,力争把"雷达气象学""卫星气象学"课程建设成为省级以上精品课程。

要稳步扩大研究生培养规模,加强研究生学术科研能力、实践能力和创新精神培养,为气象部门和气象科研机构培养既具有气象特色又广泛适应于大气遥感相关行业的高层次专门人才。

我们要继承老一代"理论联系实际"的人才培养模式,进一步加强校内实验室与实习基地的建设,发挥气象综合探测基地、大气遥感信号与信息处理研究所、气象台等在实践实习中的重要作用。此外,继续建设校外生产实习基地,为本科生、研究生和教师自己提供更广阔的"理论联系实际"的舞台。

(结语)

回顾过去,展望未来。如今,大气探测学科已经成为大气科学学科的最重要分支之一,得到学校和中国气象局的大力支持,专门研究探测地球大气中各种现象的技术方法,对获得的各种信号、数据进行加工处理提取温、压、湿、风、云、雾、雨、雪、冰雹、雷电、大气成分等描述地球大气物理及化学性质的各种信息,进而综合分析应用,直接为社会生产和人类生活服务。今天,张老师的弟子之一袁招洪正在上海市气象局操控他的"千里眼顺风耳",力克"梅超风"(梅花超级台风可能即将在江浙一带登陆,故袁招洪未能按既定计划来参加今天的庆典)。

大气探测专业的发展已取得累累硕果,面对大气探测领域国内外前沿科学和先进技术的快速发展和学校快速发展的契机,结合我国气象事业对大气探测的科研和业务需求,我们对大气探测专业的发展前景充满了信心。我们要为大气探测事业的新发展做出贡献。

祝张培昌教授身体健康、精神愉快！

谢谢大家！

（2011 年 8 月 6 日）

附录 C

在大气物理学院成立 10 周年大会上的发言

张培昌

尊敬的各位领导、专家、老师们和同学们：

大家上午好！今天，我作为一名老的大气物理学院教师，受邀请参加大气物理学院成立10周年大会，感到非常高兴！

今天我的发言内容是三句话："回顾历史；总结经验与肯定成绩；抓住机遇以改革创新实现更高目标"。

一、回顾历史

大气物理学院的前身，是南京气象学院大气物理系。1960年建院初期，教育部批复可设有天气动力、大气物理、气候和农业气象四个系，招生最大规模2000人。1961年，根据党中央提出的"八字方针"，中央气象局指示：将原来的天气动力和大气物理这两个系合并为气象系，朱和周、王鹏飞分别任系正、副主任，赵维乐任系总支书记。气象系下设天气动力和大气物理两个专业，并设有天气动力教研室、气象教研室以及数学、物理、外语等共五个教研室。文革中又将气象教研室放到了农业气象系。

"文革"结束后的1978年，恢服了大气物理系，王鹏飞任系主任，常德顺任系总支书记，我任副系主任，配合王鹏飞主任开展工作。以后换届直到1999年前，先后接任大气物理系正、副主任与总支书记的有汤达章、顾松山、章澄昌、周文贤、陈建勋、李子华、王振会、蔡桂香、刘晓阳、黄兴友等老师。

随着学校2004年更名为南京信息工程大学，当时在院系调整中要求恢复大气物理系、成立大气物理学院的呼声很高。2008年学校决定成立大气物理学院。

在至今的10年中，银燕与王振会担任首任院长与党委书记，历届正、副领导还有黄兴友、杨军、朱彬、张其林、张京波、郑友飞、陈爱军、马革兰、陈建坤、陆春松、卜令兵等。

以上是对大气物理系与大气物理学院历史沿革的简要回顾。

二、总结经验与肯定成绩

我个人认为，有以下几点经验和体会，不一定全面，仅供参考：

（一）上级组织和学校领导对大气物理学院的重视与支持，是办好学院的关键。

有以下几个例子可以说明：

例一：1973年，当时的气象教研室还在农业气象系，南京气象学院党委书记黄鹏、院长罗漠高瞻远瞩，根据国际、国内气象探测技术的新发展，决定要筹建一个大气探测专业，并任命我担任大气探测专业委员会主任，储长树为党支部书记。经过调研后确定，大气探测专业要以雷达气象、卫星气象作为重点方向，这是国内第一个有特色的大气探测专业。这个专业招收和培养的学生，适应了当时气象业务发展的需求，深受社会欢迎。

例二：1984年，在中央气象局对学校的高度关心与支持下，为学校争取到了一笔世界银行贷款。当时,南京气象学院分管该项目的章基嘉副院长能从全局考虑,果断决定花巨资引进一部当时最先进的 S 波段多普勒天气雷达,这样,就先于业务部门十多年,使大气探测专业拥有了世界一流、能定量探测云雨降水和监测预警强对流天气的有力手段,也为争取重大科研项目以及培养学生创造了优越条件。

例三:南京信息工程大学大气物理学院成立后,前大气物理系优秀硕士毕业生、原中国气象局局长郑国光教授,通过局党组研究,一致同意要对气象人才培养的摇篮——南京信息工程大学在气象装备、学生培养等方面给予大力支持,特别及时赠送了一部当代最先进的 C 波段双线偏振多普勒天气雷达,并提供多种先进遥感探设备,在校内建立了一个有特色的大气探测基地。这又为先进设备超前业务部门得到应用、并为开展科学研究与培养学生实际动手能力提供了极好的基础。

以上三个例子虽然并不全面,但足以说明办好大气物理学院,领导重视与切实支持十分关键。

另外,我认为中国气象局在原有国家气象中心、气候中心基础上,先后又建立了卫星气象中心、气象探测中心与气象信息中心。这也说明,不断更新升级的探测设备,需要对其资料同步做新的分析处理,并形成气象应用产品,这是一项艰巨而复杂的研发工作,但这对于做好天气预报及灾害性天气预警和临近预报极为重要。这方面的研发,涉及到大气探测的原理、方法、技术和算法本地化等诸多问题,不是一个单位能一次单独完成。因此,开展对与卫星、雷达等新的先进设备资料方面的研究与人才培养,是社会的迫切需求。

我相信,目前南京信息工程大学的领导,通过深入调研,听取多方面专家和业务部门的意见后,一定也会从全局出发,更加重视对大气物理学院的建设与发展,将创建世界一流的大气物理学院,作为南京信息工程大学建设成"双一流"世界著名大校的一个重要组成部分,并采取有力措施,大力加强对大气物理学院今后发展的切实支持。

(二)大气物理系与大气物理学院历届领导班子团结协作是各个专业获得很好发展的保障。

我从大气物理系到大气物理学院这两个阶段来加以说明。

(1)大气物理系的创建者和首任领导是王鹏飞教授。"文革"结束后的 1978 年,王鹏飞教授又任大气物理系主任,常德顺任系总支书记,我任系副主任。系领导之间配合默契,相互关心。王鹏飞主任为了使这个系发展与壮大,使各个专业能跟踪学科前沿,并满足社会需求而进行了有成效的工作,做出了重大贡献。王主任还积极指导一部分教师把大气探测、云雾物理、人工影响天气、大气环境监测与评估等方面的工作,都搞得有声有色,得到外界同行的一致好评。在教学方面,他鼓励有关教师编写出了多门课程的教材,如《雷达气象学》《卫星气象学》《大气微波遥感基础》《大气探测学教程》《微观云物理学》《雷电学原理》等,并指导多位教师翻译出版了美国的《大气科学概观》教材,供教学使用。同时,还改进了教学计划,适当扩展基础与专业课程,使大气物理系一届届毕业生,均受到气象业务部门及其他用人单位的欢迎。许多国内的毕业生,在各业务单位成为首席科学家与首席预报员。继续出国深造的毕业生,有的成为国外大学终身教授和业务部门的重要骨干。当然,上述许多工作成绩,也与换届接任大气物理系的正、副主任与总支书记们对大气物理系各个专业进一步发展所做出的、有成效的贡献分不开。

(2)大气物理学院成立后的十年,是大气物理学院各个专业发展最好的十年。

科研方面,有特色的省部级重点实验室的建立,获得主持重点基金项目、行业专项、973 课题等,其研究成果在 SCI 等刊物上发表了大量文章。教学方面,获得省级优秀论文的学生数在学校名列前茅,编写出版了《云降水物理学》《大气气溶胶》《大气探测学》《气象卫星资料的多学科应用》等诸多教材,满足了教学使用。由于教学与科研成果显著,获得各级、各类奖励达数十项。师资队伍的建设,以及在培养本科生、硕士、博士研究生等方面,都达到了历史上最好的水平,并且多个专业得到有成效的发展。例如防雷专业结合外界需求,既培养了人才,又研发了许多实用的成果。在探测领域,增加了激光雷达,使得微波、红外、激光三种波段的特点相互补充,能更好地对气象参数、大气成分及云粒子相态等,获得更全面与高精度的廓线资料。在对边界层及云内粒子相态与夹卷过程参数化方面的研究,其创新成果产生了很好的国际影响力。学院还重视科技团队建设,近五年学院先后获批江苏省高校优秀学科梯队——“大气物理学科梯队”、江苏高等学校优秀科技创新团队——“大气成分变化及其环境和气候效应团队”、江苏省高校“青蓝工程科技创新团队”——“云雾降水与气溶胶团队”,成效显著。

以上成果的得来,大气物理学院领导班子的团结是重要保证。大气物理学院首届院长银燕与党委书记王振会教授密切配合,相互支持,推动了各专业的改革创新。以后各届领导,虽然中间存在专业调整等问题,但班子是团结、稳定的,因此才有今天的大好局面。

(三)对外开放,合作共赢是良策

(1)在 20 世纪 80、90 年代的大气物理系,对科研与培养研究生方面,就与校内、校外有关单位合作,共同申请课题和指导,从而争取到了参加国家“七五”“八五”重大科技攻关项目以及自然科学基金项目等。科研所取得的成果,为项目获得国家科技进步二等奖和多项省部级科学技术奖作出了贡献。

(2)今天,大气物理学院把开放的门开得更大,各重点实验室、各重大研究课题以及培养硕士、博士研究生,都与兄弟高校、气象业务单位,生产、研发单位合作共同承担。这不仅达到了优势互补,还有利于研究成果尽快转化成业务使用。学院还广泛开展国际交流与合作,先后与美国的耶鲁大学、马里兰大学、威斯康星大学、德克萨斯大学、科罗拉多大学、斯蒂文森理工学院,英国曼彻斯特大学、雷丁大学等多所国外著名高校、学术研究机构,建立了科学研究、人才培养的合作关系。

(四)不拘一格引进人才与培养高素质师资,这是实现学院更大发展目标的基础。

(1)20 世纪 80 年代的大气物理系,就从科研单位与业务部门引进了一部分专业人才,使从事科研与教学的师资获得很大充实。当时还利用世界银行货款,选送了一批教师出国进修培养,大部分教师回国后成为教学与科研的骨干。

(2)目前,大气物理学院通过“请进来,走出去”,已拥有中国科学院双聘院士 1 人、江苏省特聘教授 1 人,还聘任海外知名高校的 6 位专家担任学院的非全时教授,近 20 位海内外知名专家学者担任学院的兼职教授。通过选派出国进修与引进,目前具有海外工作经历的教师达60％,多位教师入选江苏省“普通高校优秀学科带头人”、入选“江苏省青蓝工程”和“333 人才工程”、享受江苏省“六大人才高峰”计划资助。十分可喜的是,一批年轻教师如陆春松、刘超等成为科研、教学的主要骨干。

总结以上经验与成果,深感成绩来之不易,这是几代人奋力拼博,不断改革创新,才换来今天大气物理学院欣欣向荣、蒸蒸日上的大好局面。

三、抓住机遇,改革创新,为实现更高目标奋力拼博

　　对这个问题,我还缺乏调查研究与深入思考,只能提几点原则性建议,供大气物理学院制定战略目标时参考。

　　(1)随着 IT、AI 技术的迅猛发展,大数据、云计算向各个领域渗透,大气物理学院各个专业要紧跟这个大趋势,考虑如何用改革创新去推动各个专业结构与内容的改革创新,研发出新的开发平台。

　　(2)凡是有重大意义的创新,往往主要出现在基础性研究及交叉学科、边缘学科方面。要梳理出大气物理学院各个专业在那些方面、存在那些关键性的、有重要意义的创新点,需要进行克难攻关。

　　(3)要引导有能力的骨干教师组织团队,静下心来,耐得住寂寞,克服急功近利,专心一致进行长期的攻关研究,以获得较重大的创新成果。

　　(4)人生观、世界观及爱国情怀,决定一个人对所从事事业的态度。二弹一星诸多元勋功臣、屠呦呦、黄大年等的生动事例,充分证明了这一点。学校领导和大气物理学院党组织,既要在生活上、工作上对教师们多加关心,又要在政治上给予亲切地、非说教式的引导,使每位教师能心情舒畅地工作。另外,学院内的教辅人员、行政人员也是保障学院各项工作顺利运转不可或缺乏的重要组成部分,对这些同志也要经常加以关怀与鼓励。我相信,整个大气物理学院的同志们,将会拧成一股绳,朝着一个更高的目标,共同努力奋斗。最后,祝建成世界一流大气物理学院的美梦一定能早日实现。

（2018 年 12 月 1 日）

附录 D

张培昌教授学术论文整理与分类研究[*]

王振会[1]，王雪婧[1,2]

(1.南京信息工程大学，南京　210044；2.甘肃省白银市气象局，甘肃白银　730900)

摘　要：张培昌教授是著名的雷达气象专家，是我国天气雷达发展过程（尤其是在我国新一代天气雷达建设）中的参与者和主要倡导者。初步整理张培昌教授已发表的论文 106 篇，内容涵盖张教授及其团队重点研究的方向有：雷达气象领域中天气雷达组网拼图与定量估测降水，雷达气象方程与衰减订正、雷达数据反演产品及应用、大气折射指数与雷达数据质量控制和降水粒子微波特性研究等。本文介绍张培昌教授论文整理和分类研究初步结果，对张教授论文发表时间特征、论文内容分类特征以及论文作者群体特征进行了分析，希望此工作能有助于张教授的《张培昌雷达气象文选》早日出版。该文选的出版将帮助我们了解张教授对我国天气雷达和雷达气象学发展所做的贡献，有助于我们学习张教授的科研和教学经验，为我国天气雷达和雷达气象的进一步发展做出更大的贡献。

关键词：张培昌；雷达气象；论文整理；论文分类

　　雷达气象学是一门在第次世界大战期间因为微波雷达的使用而发展起来的新兴边缘学科[1]。雷达气象学主要研究利用雷达发射电磁波对大气进行探测，研究雷达波与大气中的粒子相互作用，通过识别大气中粒子散射回来的电磁波特性来观测云、雨、冰雹等粒子特性以及降水位置和灾害性天气生消过程[2]。雷达气象学的形成，促进了雷达技术发展和气象雷达的出现，而由于气象雷达的发展，又使得一系列新的雷达气象问题得以解决，促进了雷达气象学的发展。雷达气象学和气象雷达技术的相互促进发展极大地促进了大气科学的发展，在探测理论和技术以及灾害性天气的监测和预报等方面发挥了重要作用[3-8]。

　　张培昌教授是这一发展过程的参与者和主要倡导者。尤其是在我国新一代天气雷达建设中，张培昌教授作为著名的雷达气象专家，1995 年任专家组长主持了中国气象局"十五"期间"新一代天气雷达建设方案"的论证。随后，在中国气象局原局长邹竞蒙倡导下，他参与了中美合资北京敏视达雷达有限公司（前期称为华云-罗奥公司）的筹建工作，作为专家组组长并被任命为公司的中方董事，指导公司的建设和发展。张培昌教授主持过国内多种新型天气雷达的方案评审、招标评审、雷达设备出厂、安装验收及软硬件开发、改进等项目论证，加速了我国新一代气象雷达网的系统建设和业务应用。他还主持过国内多种风廓线雷达、新型探空、测风设备的方案论证及验收工作；军队的毫米波测云雷达、能见度仪、雷电定位仪、激光测云雷达等方案评审、产品验收及成果鉴定工作，指导相关工厂和科研单位更好地掌握相关原理和关键技术，设计评估试验方法等。

---

　*　本文原载于《大气科学学报》，2019，42(6)：953-960。

　　张培昌,籍贯江苏省无锡市,我国雷达气象专家、教授。1962年毕业于北京大学大气物理专业,多年来一直在南京信息工程大学(原南京气象学院)工作,曾任南京气象学院院长及中国共产党南京气象学院委员会书记,曾先后为本科生讲授气象观测、普通物理、流体力学、热力学、气象学、雷达气象学、大气探测基础,为研究生讲授大气微波遥感基础等课程。先后出版了《大气微波遥感基础》[2]、《雷达气象学》[1]《雷达气候学》[9]、《双线偏振多普勒天气雷达探测原理与应用》[10]《龙卷形成原理与天气雷达探测》[11]等著作,都是研究生教材、本科生国家级重点教材,也是我国气象部门和相关科研院所的重要参考书。曾主持并参与了许多重大科研项目,在国内外发表论文100余篇,对从事大气遥感、雷达气象与气象雷达的研究和业务应用以及高校相关专业学生学习,都是非常宝贵的重要资料。

　　近20年来,我国气象领域的专家不断有论文选集出版。例如,丑纪范院士,我国现代长期数值天气预报和非线性大气动力学的创建人之一,2013年出版了《丑纪范文选》[12]。梁必骐教授,我国知名热带气象学专家,于2015年出版《热带气象研究:梁必骐学术论文选集》[13]。王鹏飞教授,我国著名气象学家,长期从事云雾物理、人工影响天气等方面的研究,2001年出版了《王鹏飞气象史文选》[14],2010年再次出版了《王鹏飞气象史文选(Ⅱ)》[15],内容较第一部更加丰富,涵盖了更广泛的领域,涉及了他一生的研究兴趣。云雾物理专家李子华教授2014年出版《李子华云雾物理文选》[16]。在其他学科领域,也有越来越多的专家专业文集出版。例如,《王性炎学术论文集》[17],2001年出版,包括有我国著名经济林专家王性炎教授关于中国漆和漆树等研究的47篇论文。2008年出版的《蔡睿贤论文选集》[18]是我国工程热物理学家、能源动力科学家蔡睿贤院士关于叶轮机械气动热力学、能源动力系统等方面的学术论文精选。

　　众所周知,我国天气雷达网已经遍布全国并在继续快速发展[19]。但在雷达气象研究领域,目前还没有一本科学、系统的专家论文集。张培昌教授从我国“雷达气象”学科初期开始,就是该领域的领军人物,现在是国内外著名雷达气象专家。因此,整理张教授雷达气象论文、并能出版论文选集,是一件非常有意义的事。为此,在张教授的支持下,我们收集了张教授发表的100余篇论文,并结合雷达气象的发展历史、文章发表年代、作者次序等因素,对论文作了排序和分类,为《张培昌雷达气象文选》的出版做些准备工作。本文简要介绍此工作进展和我们的点滴体会。

1　张培昌教授学术论文状况概述

　　根据张教授提供的素材以及我们的广泛查阅,现收集并整理出论文共106篇(清单略)。下面从论文的发表时间、出版物类型、作者群体等3方面进行特征分析和描述。

1.1　论文发表时间特征

　　张教授发表的106篇论文的年代分布,如图1所示,清晰地反映了我国天气雷达和雷达气象发展史。

　　据葛润生[20]研究表明,1943年美国开始使用3 cm军用机载雷达AN-/APQ-13对降水天气进行监视,1944年建立第一个可用于天气监测的雷达站网,20世纪50年代开始设计专门用于天气监测的气象雷达,1959年定型生产WSR-57,并用于强对流灾害性天气的警戒。同时,日本、英国、苏联等其他一些国家也相继建立天气雷达观测站网。我国60年代着手研制测雨

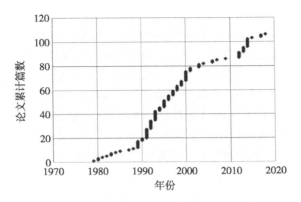

图 1　张教授 106 篇论文的发表年代统计

雷达,70 年代初定型并生产 711 型 X 波段测雨雷达,随着 711 测雨雷达的普遍使用,我国雷达进入 711 时代。张教授和他的一批同事在南京气象学院大气探测专业首次开设了"雷达气象学"和"气象雷达原理"课程,利用 711 雷达进行实物教学实验,并带着学校新购置的 711 雷达到校外参加人工防雹实验,在现场收集数据、为学生讲课、为社会献策。那时候的雷达数据主要显示在荧光屏上,完全靠眼睛观看和手工素描来记下回波特征,即使配有一部照相机也需要观测员视情况来判断是否拍照。如何充分用好雷达并记录下回波数据,是雷达生产单位工程技术人员和气象用户普遍关心的问题。针对这一实际问题,张培昌教授对亲历的实际观测经验和资料进行分析总结,一边开展讲课讲学,一边发表了他第一篇期刊论文《711 测雨雷达探测及摄取回波资料的一些考虑》[21]。该文对利用平面位置显示器(PPI)和距离高度显示器(RHI)进行回波资料摄取时具体需要考虑的问题进行了细致讨论,对当时的雷达观测与应用工作起到了指导性作用。在 711 雷达在业务部门普遍使用时,我国雷达探测资料的观测使用急需由定性向定量发展,张教授发表的"711 雷达测定回波数据订正的方法"[22]一文为雷达定量化计算作了突出贡献。在人们意识到单部雷达探测范围有限、需要开展多部雷达组网观测时,张教授在"天气雷达组网的四维同化方法"[23]一文中详细介绍了首次实现的我国天气雷达组网技术。不过由于那时的技术限制,多部雷达组网主要是体现在将分布在不同地点的多部雷达的观测图像"拼接"成一幅图像,即雷达拼图,这面临数据量庞大而当时计算机资料处理与传输速率慢的问题,张培昌教授指导团队开展研究、发表数篇论文(如"天气雷达数字图象的无失真编码"[24]、"数字化天气雷达资料的一种无失真压缩方法"[25]"一种数字化天气雷达回波原始资料的数据压缩方法"[26],设计了一套针对雷达回波图像资料特点进行数据压缩编码的软件,用于数据传输。为了提高雷达资料反演大气中气象粒子特性的精度,提出了能准确自动识别 0 ℃层亮带的三级识别方式。20 世纪 70 年代我国不仅能生产 711 型气象雷达,还生产了 713 型 C 波段气象雷达[1]。张培昌教授及其合作者探讨了 713 测雨雷达探测区域降水量的可能性,并提出采用雷达-雨量计系统联合探测降水时精度会进一步提高[27,28]。

　　随着数字技术、半导体技术以及计算机技术的出现和发展,形成了数字化雷达系统[29],并开始有条件可以考虑用球形粒子反演降水时产生的误差,因此对非球形粒子的电磁波特性研究显得尤为重要。张培昌教授带领团队发表多篇论文(如"小旋转椭球粒子群的微波衰减系数与雷达反射率因子之间的关系"[30]"小旋转椭球粒子群的微波散射特性"[31]"旋转扁椭球水滴散射特性的快速算式研究"[32],分别讨论小旋转椭球、圆锥球等不同形状粒子的微波散射和衰减特性及与雷达反射率因子之间的关系,有关研究成果为提高反演精度提供了理论依据。

20世纪80年代我国研制成功了具有数字处理系统的714型S波段天气雷达,美国研制出S波段全相干脉冲多普勒天气雷达。之后不久,在中国气象局支持下,张培昌教授率领团队从美国引进我国第一部多普勒天气雷达,安装位置就是现在的南京信息工程大学长望塔,于1986年开始在南京信息工程大学(原南京气象学院)应用于教学、科研、人才培养和师资队伍建设,并不断接待气象业务和科研部门专家的参观访问,对促进我国大气科学探测发展、及时跟上发达国家水平,起到了重要作用。1988年美国全相干脉冲多普勒雷达研制定型为WSR-88D,该型雷达在90年代作为美国"新一代雷达"(NEXRAD)在美国国内进行业务布网[37]。1997年上海市气象局从美国引进了一部WSR-88D雷达。在这一时期,我国先后研制成功714CD、714SD型脉间相干多普勒天气雷达和C波段3824型全相干多普勒天气雷达[1],1998年研制出第一部CINRAD-A/S(即S波段A型全相干脉冲多普勒天气雷达)雷达。其后不久(20世纪末),我国开始在全国对新一代气象雷达进行布网建设。新一代天气雷达网由数百部多普勒雷达组成。对于雷达本身技术而言,如何保证数百部雷达的技术性能指标和运行的稳定是一项新的挑战[33,34]。针对国家这一需求,张教授带领团队开展相关研究并撰写文章如"多普勒天气雷达探测原理简述"[35],对新一代天气雷达进行系统的介绍,并详细介绍雷达系统原理、多普勒速度及速度谱宽数据的获取与处理、数据产品的生成和显示、数据的分析与应用方法等。因此,统计(图1)表明,张培昌教授在20世纪90年代发表文章最多,恰逢我国新一代天气雷达业务应用快速发展阶段。

张教授在退休期间及退休以后,依然保持对雷达气象科技的关注。2014年,南京信息工程大学在中国气象局支持下建设了我国第一部双偏振C波段多普勒天气雷达。随着双线偏振多普勒天气雷达的普及,我们又面临着新的雷达参量怎么用的问题[36]。实际上张培昌教授提前考虑到了这些问题,指导雷达研究团队针对双偏振雷达在数据处理和业务运行中发挥作用的关键问题,研究了非球形粒子群的微波衰减和散射特性,并对雷达新参量的应用做了具体讨论,尤其对检测强风、暴雨、台风、飑线以及超级对流单体等灾害性天气系统有巨大价值。例如,雷达衰减校正是雷达回波定量计算中的重要问题,发表的"天气雷达回波衰减订正算法的研究(Ⅰ):理论算法"[37]和"天气雷达回波衰减订正算法的研究(Ⅱ)数值模拟与个例实验"[38]提出了逐库订正算法并验证了在衰减订正中的优势。张培昌教授发表的"双/多基地天气雷达探测小椭球粒子群的雷达气象方程"[39]"双线偏振雷达探测小椭球粒子群的雷达气象方程"[40]"偏振雷达探测小椭球粒子群LDR的雷达气象方程"[41],详尽推导了小椭球散射的方向函数及侧向散射截面表达式,并重新定义了相应的雷达反射率因子。针对多普勒雷达反演风场问题,国内外很多学者提出很多反演风场的方法。张教授指导他的学生针对实际个例情况,推导出改进后的反演公式,在"单多普勒天气雷达反演中尺度气旋环流场的方法"[42]"简化VVP反演算法在台风风场反演中的应用"[43]等文中做了详细解释。

1.2 论文内容分类特征

张培昌教授一直致力于对天气雷达和雷达气象的教学和科研研究,曾主持并主要参与国家"七五""八五"重大科技攻关项目"天气雷达资料的收集和预处理方法的研究""雷达定量估算降水强度和区域降水量监测技术的研究""台风暴雨灾害性天气监测预报技术研究"以及国家自然科学基金项目"旋转椭球雨滴群的微波辐射特征及降水遥感研究""非均匀轴对称形状气象粒子散射理论研究（含实验）""建立适用于双线偏振雷达的雷达气象方程组""零度层亮带的成因理论模拟与分析研究"等。因此，张培昌教授的论文在内容上涵盖"天气雷达组网拼图与定量估测降水研究""大气折射指数与雷达数据质量控制研究""雷达气象方程与衰减订正研究""降水粒子微波特性研究""雷达数据反演产品及应用研究"等 5 个主要方面。因此张教授发表的论文初步分为 5 类，如图 2a 所示。

依据张培昌教授对文集所选录论文的思考，参考其他专家论文选集[13−18]，并结合论文集篇幅计划，初步确定从 106 篇论文中选 49 篇文章全文录入文集。图 2b 为 49 篇论文的分类统计。在拟全文收录的 49 篇文章中，"天气雷达组网拼图与定量估测降水研究"一类收录了 7 篇代表作，包括使用变分方法对雷达估算的降水强度和区域降水量进行校准、用最优化原理求 Z-I 关系的新方法、对数字化天气雷达回波图像的无失真压缩等。雷达气象方程与衰减订正研究依然是目前提高雷达回波强度定量处理精度的研究热点，这一类包含了 9 篇代表作，在讨论了双/多基地天气雷达、双线偏振雷达探测非球形粒子、小椭球粒子群电磁波特性基础上，提出对探测数据进行衰减订正的方法。利用雷达回波反演出气象数据产品及其应用，也是张教授重点研究的对象，这一类收录 9 篇文章，涵盖雨滴谱估算、湍流信息获取、0 ℃层亮带识别以及风场反演和利用天气雷达回波资料作临近预报等。大气折射指数与雷达数据质量控制一类共收录了 9 篇文章，例如，以 711 测雨雷达为例，研究由于雷达电磁波折射而产生的天气过程位置和强度的偏差，提出对其进行质量控制的理论和方案。关于降水粒子微波特性研究的文章数占比为 21%（图 2a），收录其中的 10 篇代表作（图 2b 所示为 13%）重点讨论了非球形降水粒子在不同取向时的电磁波特性。

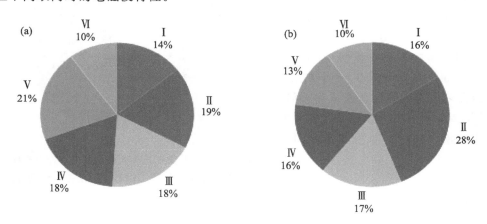

图 2　张培昌教授论文内容分类（Ⅰ-天气雷达组网拼图与定量估测降水；Ⅱ-雷达气象方程与衰减订正；Ⅲ-雷达数据反演产品及应用；Ⅳ-大气折射指数与雷达数据质量控制；Ⅴ-降水粒子微波特性研究；Ⅵ-其他）：（a）106 篇论文的内容分类；（b）拟全文录入文选的 49 篇论文内容分类

张教授发表的论文所覆盖的上述 5 个方面，代表了雷达气象学的研究热点，也反映出南京信息工程大学的雷达气象研究高地。尤其是在天气雷达组网拼图与定量估测降水研究方面，张教授及其团队应我国雷达业务应用的需求，率先开展天气雷达组网拼图研究，解决了雷达组网拼图、不同雷达强度数据同化以及回波数据压缩编码等一系列关键技术，在国内首次实现了南京、上海、盐城三市天气雷达回波的自动拼图。气象雷达研究人员在张教授及其团队发表的有关雷达组网四维同化方法的文章的基础上，陆续实现了 7 部、13 部雷达组网，直至现今实现全国雷达组网。有关定量估测降水强度和区域降水量监测技术研究的文章中，全面深入研究了雷达反射率因子与雨强之间的关系，提出利用雷达和雨量计联合观测确定雨滴谱的新方法，建立了雷达反射率因子 Z 与雨强 I 的关系，提出最优化 Z-I 关系、利用变分法校准雷达测定区域降水量的新方法。对大雨滴、冰雹等非球形降水粒子的散射，用椭球粒子、锥形粒子去迫近，并采用难度较大的分离变量法求精确解。在有关旋转椭球雨滴群的微波辐射特征及降水遥感的研究论文中，推导出了椭球粒子旋转轴三种取向下的平均衰减截面公式及确定衰减系数的方法，以便能对雨区中测得的雷达反射率因子进行订正，并计算分析不同状态下衰减截面随降水粒子相态、形状、大小和入射波波长变化的特征，研究了小旋转椭球粒子群的微波衰减系数 k 与 Z 之间的关系。在有关雷达波传输特征的研究论文中，对雷达探测降水过程中出现的衰减、折射等误差因素作了深度分析，提出了雷达反射率因子径向积分取样观测资料衰减订正的逐库订正算法、逐库近似算法及稳定性判据，研究了大气折射对雷达探测方向的影响，，以提高雷达探测和估算降水的精度。这些研究提出的理论和方法成果对改进辐射传输方程和雷达气象方程有重要理论意义，如今依然是进一步提高雷达定量估测降水精度的工作基础。设计并建立了"数字化天气雷达定量估测区域降水业务系统"的先进系统，其中，非球形雨滴群雷达反射率因子的理论表达和用吸收法消除地杂波的实验分析，被认为是当时国际研究的前沿水平。

1.3　论文作者群体特征

在张培昌教授发表的 106 篇文章中，以第一作者或指导第一作者以第二作者发表的文章为 73 篇，其余为和其他合作者合作发表的文章，如图 3 所示。合作者共涉及 77 名，其中本单位教师 20 名、研究生 57 名，如今这些研究生和当年的年轻教师绝大多数人在国内已经成为科研、业务、教学或管理单位的骨干，折射出南信大雷达气象人才培养与科学研究团队建设状况的一角。

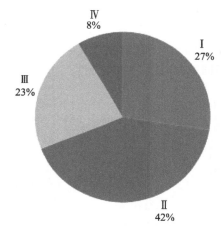

图 3　张培昌教授在其 106 篇论文中的作者次序统计
（Ⅰ-第一作者；Ⅱ-第二作者；Ⅲ-第三作者；Ⅳ-其他）

2　结语

我们很高兴在张培昌教授的指导和支持下初步完成了对张培昌教授已发表论文的整理。

我们希望此工作能促进张教授的《张培昌雷达气象文选》早日出版。张教授初步确定此文选全文收录具有代表性的近 50 篇文章。当然，文选出版前还需要对一些文章中模糊的文字、公式、图表进行仔细修改、校对和标注，尤其是对发表年代久远的文章，可能需要修复甚至重新录入。但我们相信，文选的出版将有助于我们了解张教授、了解张教授对我国天气雷达和雷达气象发展所做的贡献，有助于促进我们向张教授学习、为我国天气雷达和雷达气象的进一步发展做出我们的贡献。

致谢：感谢张培昌教授提供了他和他的同事们发表的论文稿，以及他对论文收集和整理工作的支持和指导。感谢气象出版社和出版社黄红丽老师对本文所述工作的支持，并感谢她将为后续的《张培昌雷达气象文选》编辑出版工作所做的付出。感谢李晓、王雨润等大气探测专业 2019 届毕业生所参与的工作以及在文献收集中给予支持的所有单位和个人。感谢两位匿名审稿专家对本工作的肯定以及为本文修改所提出的宝贵建议。

参考文献

[1] 张培昌,杜秉玉,戴铁丕.雷达气象学[M].2 版.北京:气象出版社,2001.

[2] 张培昌,王振会.大气微波遥感基础[M].北京:气象出版社,1995.

[3] 孙继松,何娜,郭锐,等.多单体雷暴的形变与列车效应传播机制[J].大气科学,2013,37(1):137-148.

[4] 刘红艳,魏鸣,管理.多普勒雷达风场资料在临近预报中的应用[J].大气科学学报,2015,38(4):483-491.

[5] 闵锦忠,刘盛玉,毕坤,等.基于 Hybrid EnSRF-En3DVar 的雷达资料同化研究[J].大气科学学报,2015,38(2):231-221.

[6] 沈菲菲,闵锦忠,许冬梅,等.Hybrid ETKF-3DVAR 方法同化多普勒雷达速度观测资料 I:模拟资料试验[J].大气科学学报,20216,39(1):81-89.

[7] 孙娟珍,陈明轩,范水勇.雷达资料同化方法:回顾与前瞻[J].气象科技进展,2016,6(3):17-27.

[8] 唐顺仙,吕达仁,何建新,等.天气雷达技术研究进展及其在我国天气探测中的应用[J].遥感技术与应用,2017,32(1):1-13.

[9] 戴铁丕,张培昌.雷达气候学[M].北京:气象出版社,1995.

[10] 张培昌,魏鸣,黄兴友,等.双线偏振多普勒天气雷达探测原理与应用[M].北京:气象出版社,2018.

[11] 张培昌,朱君鉴,魏鸣.龙卷形成原理与天气雷达探测[M].北京:气象出版社,2019.

[12] 丑纪范.丑纪范文选[M].北京:气象出版社,2013.

[13] 梁必骐.热带气象研究:梁必骐学术论文选集[M].北京:气象出版社,2015.

[14] 王鹏飞.王鹏飞气象史文选[M].北京:气象出版社,2001.

[15] 王鹏飞.王鹏飞气象史文选(Ⅱ)[M].北京:气象出版社,2010.

[16] 李子华.李子华云雾物理文选[M].北京:气象出版社,2014.

[17] 王性炎.王性炎学术论文集[M].成都:四川民族出版社,2001.

[18] 蔡睿贤.蔡睿贤论文选集[M].北京:清华大学出版社,2008.

[19] 简菊芳.天气雷达 40 年:从"引进来"到"走出去"[N].中国气象报,2018,2018-10-30(3).

[20] 葛润生.气象雷达发展概况及趋势[J].气象科技资料,1974,2(4):8-12.

[21] 张培昌.711 测雨雷达探测及摄取回波资料的一些考虑[J].南京气象学院学报,1979,5(1):30-33.

[22] 张培昌.711 雷达测定回波数据订正的方法[J].南京气象学院学报,1982,5(1):83-90.

[23] 张培昌,李晓正,顾松山.天气雷达组网拼图的四维同化方法[J].南京气象学院学报,1989,12(3):22-28.

[24] 顾松山,张培昌.天气雷达数字图象的无失真编码[J].南京气象学院学报,1989,12(3):181-187.

[25] 张培昌,袁招洪,顾松山.数字化天气雷达资料的一种无失真压缩方法[J].南京气象学院学报,1993,16(2):139-147.

[26] 袁招洪,张培昌,顾松山.一种数字化天气雷达回波原始资料的数据压缩方法[J].南京气象学院学报,1993,16(4):432-438.

[27] 戴铁丕,张培昌,魏鸣.713 测雨雷达测定区域降水量初探[J].南京气象学院学报,1987,10(1):87-94.

[28] 张培昌,戴铁丕,傅德胜,等.用变分方法校准数字化天气雷达测定区域降水量基本原理和精度[J].大气科学,1992,16(2):248-256.

[29] 葛润生,余志敏.我国雷达气象工作的新进展[J].气象,1984,10(10):15-18.

[30] 王振会,张培昌.小旋转椭球粒子群的微波衰减系数与雷达反射率因子之间的关系[J].气象学报,2000, 58(1):123-128.

[31] 张培昌,殷秀良.小旋转椭球粒子群的微波散射特性[J].气象学报,2000,58(2):250-256.

[32] 郭丽君,王振会,董慧杰,等.旋转扁椭球水滴散射特性的快速算式研究[J].高原气象,2012,31(4): 1081-1090.

[33] 许小峰.中国新一代多普勒天气雷达网的建设与技术应用[J].中国工程科学,2003,5(6):7-14.

[34] 高玉春.气象业务发展对新一代天气雷达技术性能提升的要求[J].气象科技进展,2017,7(3):16-21.

[35] 张培昌.多普勒天气雷达探测原理简述[J].山东气象,2000,20(3):9-13.

[36] 刘黎平,胡志群,吴翀.双线偏振雷达和相控阵天气雷达技术的发展和应用[J].气象科技进展,2016,6 (3):28-33.

[37] 张培昌,王振会.天气雷达回波衰减订正算法的研究(Ⅰ):理论分析[J].高原气象,2001,20(1):1-5.

[38] 王振会,张培昌.天气雷达回波衰减订正算法的研究(Ⅱ):数值模拟与个例实验[J].高原气象,2001,20 (2):115-120.

[39] 张培昌,王振会,胡方超.双/多基地天气雷达探测小椭球粒子群的雷达气象方程[J].气象学报,2012,70 (4):867-874.

[40] 张培昌,胡方超,王振会.双线偏振雷达探测小椭球粒子群的雷达气象方程[J].热带气象学报,2013,29 (3):505-510.

[41] 胡方超,辛岩,张培昌,等.偏振雷达探测小椭球粒子群 LDR 的雷达气象方程[J].大气科学学报,2017, 40(5):715-720.

[42] 马翠平,张培昌,匡晓燕,等.单多普勒天气雷达反演中尺度气旋环流场的方法[J].南京气象学院学报, 2000,23(4):579-585.

[43] 周生辉,魏鸣,张培昌,等.简化 VVP 反演算法在台风风场反演中的应用[J].遥感学报,2014,18(5): 1128-1137.